第2版

一级注册计量师基础知识及专业实务

YIJI ZHUCE JILIANGSHI JICHU ZHISHI JI ZHUANYE SHIWU

中国计量测试学会　组编

上册

中国质检出版社
北京

图书在版编目(CIP)数据

一级注册计量师基础知识及专业实务:全 2 册 / 中国计量测试学会组编 .—2 版 .—北京:中国质检出版社,2011(2012.8 重印)

ISBN 978-7-5026-3511-4

Ⅰ.①一… Ⅱ.①中… Ⅲ.①计量—资格考试—自学参考资料 Ⅳ.①TB9

中国版本图书馆 CIP 数据核字(2011)第 205971 号

内容提要

《一级注册计量师基础知识及专业实务》分上、下两册,内容包括上、下两篇,上篇是计量法律法规及综合知识,下篇是测量数据处理与计量专业实务。本书是依据现行有效的计量法律法规和各项规定,针对一级注册计量师应该熟悉和掌握的计量基础知识及应具备的计量业务能力而编写的。上篇内容主要包括:计量的法律和法规、计量的监督管理、量和单位、测量仪器及其特性、测量标准、计量技术机构质量管理体系的建立和运行、计量安全防护及职业道德教育等。下篇内容主要包括:测量误差的处理,测量不确定度的评定与表示,计量检定、校准和检测的实施,计量标准的建立、考核及使用,计量检定规程和校准规范的使用和编制,比对和测量审核的实施,期间核查的实施,型式评价的实施等。每节都提供了一些案例、思考题和选择题,以便于读者自我检查学习的效果。

本书可供准备参加一级注册计量师考试的人员以及已经获得注册计量师资格的计量技术人员使用,也可供计量管理人员以及需要了解计量业务的其他有关人员作为参考。

中国质检出版社出版发行
北京市朝阳区和平里西街甲 2 号(100013)
北京市西城区三里河北街 16 号(100045)
网址 www.spc.net.cn
总编室:64275323 发行中心:51780235
读者服务部:68523946
中国标准出版社秦皇岛印刷厂印刷
各地新华书店经销
*
开本 880×1230 1/16 印张 13.5 字数 342 千字
2011 年 11 月第 2 版 2012 年 8 月第 5 次印刷
*
定价:**88.00** 元(上、下册)

《注册计量师基础知识及专业实务》
审定委员会

《注册计量师基础知识及专业实务》
编写委员会

主　编： 叶德培

副主编： 金华彰　陆祖良

委　员：（按姓氏笔画排序）

丁跃清　马彦冰　马睿松　王为农　王　池　王建平
王顺安　邓媛芳　史子伟　叶德培　李慎安　吴晓敏
陆祖良　陈　红　苗　瑜　金华彰　赵天川　高　蔚
原遵东　黄广龙　黄耀文　薛新法

序 言

当今世界，国家或地区之间经济实力的竞争，其实质是创新能力的竞争。创新的关键在人才，人才培养尤为重要。20世纪80年代以来，中国通过改革开放，实现了近30年经济社会的持续快速发展，取得了举世瞩目的成就，成为世界经济稳定和发展的重要支持因素。进入21世纪，面对新一轮的发展机遇和挑战，中国政府提出积极实施"科技兴国"和"人才强国"战略，进一步确立了科技人才特别是高科技人才在经济社会发展中的突出地位和作用，必将有力地促进中国经济增长方式的有效转变和经济社会的持续快速发展。

计量是科技、工业、经济发展的重要技术基础之一。计量不仅关系到科技进步，也关系到企业的产品质量与效益，关系到人民群众的健康和安全，关系到人类与自然环境的和谐发展。国家质检总局要求全国各级质监部门和计量技术机构认真贯彻落实科学发展观，紧紧围绕经济建设这个中心，全面提升计量工作水平，进一步发挥计量在经济建设中的基础作用，加强计量人员的队伍建设，提高计量为社会服务的能力和水平。

目前我国有20多万计量专业技术人员，按照《计量法》的规定，计量检定人员从事计量检定工作，须经计量行政部门考核合格。据此，我国建立了计量检定员考核制度，20多年来，基本满足了计量工作发展的需要。随着经济、社会的不断发展，对计量专业技术人员以及相应管理制度提出了更高的要求。为此，2006年4月，原国家人事部和国家质检总局联合发布了《注册计量师制度暂行规定》、《注册计量师资格考试实施办法》和《注册计量师资格考核认定办法》，今后要全面推行注册计量师制度，为全社会的广大计量专业技术人员提供一个以能力为核心的现代职业考核与职业教育体系平台。

中国计量测试学会组织国内一批具有丰富专业知识和实践经验的专家，按照以能力为核心的要求，编写了《一级注册计量师基础知识及专业实务》和《二级注册计量师基础知识及专业实务》。该书内容丰富，知识面广，而且附有很多实例。使用该书，面向广大计量工作者，尤其是年轻同志进行培训，有利于提高他们的业务知识和素质，逐步建立健全培养人才、聚集人才、激励人才和人尽其才的机制，培养一大批计量事业的后继人才，必将促进计量事业的繁荣兴旺和蓬勃发展。希望该书的出版，能够对广大计量工作者丰富业务知识和提高业务素质发挥积极的作用。

国家质量监督检验检疫总局副局长 [签名]

2009年7月

第 2 版前言

2011 年 6 月 18 日至 19 日，在全国举行了首次注册计量师资格考试。考前各地陆续举办了注册计量师资格考试培训，并以《一级注册计量师基础知识及专业实务》、《二级注册计量师基础知识及专业实务》作为培训教材，对提高广大考生的基础知识和计量专业技术实务水平发挥了积极作用。结合教材的使用情况，以及对应于国家计量技术规范 JJF 1002《国家计量检定规程编写规则》、JJF 1071《国家计量校准规范编写规则》、JJF 1016《计量器具型式评价大纲编写导则》、JJF 1117《计量比对》等的修订，我们组织一些专家对《一级注册计量师基础知识及专业实务》、《二级注册计量师基础知识及专业实务》的相关内容作了修改，并对培训教材第一版的一些错误和不足之处作了更正和修改。

为了使教材更加完善，使其更好地为广大计量工作者学习培训服务，我们真诚欢迎广大读者提出批评意见和修改建议，读者可将意见和建议发至 csmwu1413@yahoo. com. cn。

中国计量测试学会

2011 年 10 月

第1版前言

为了提高计量技术机构的服务质量和服务水平，为社会提供公共计量服务，保护计量科技工作者的合法权益，促进我国经济社会发展和科技进步，2006年4月，原国家人事部和国家质检总局联合发布了《注册计量师制度暂行规定》、《注册计量师资格考试实施办法》和《注册计量师资格考核认定办法》，要全面推行注册计量师制度，为全社会的广大计量专业技术人员提供一个以能力为核心的现代职业考核与职业教育体系平台。

以上规定、办法发布后，国家质检总局、人力资源和社会保障部按照严格的审查程序，组织了注册计量师资格的考核认定工作，549人通过认定取得一级注册计量师资格。经国家质检总局拟定，人力资源和社会保障部审定，完成了注册计量师资格考试大纲的编制。但作为一项新的制度，还需要做大量的开创性工作，如建立和规范注册计量师相关考试的师资队伍、组织命题考试等。

根据实施注册计量师制度的需要，中国计量测试学会组织一批具有丰富专业知识和实践经验的专家，根据注册计量师资格考试大纲的要求编写了《一级注册计量师基础知识及专业实务》和《二级注册计量师基础知识及专业实务》。本书可以作为广大计量工作者，尤其是年轻同志申请注册计量师资格的培训教材，也可作为各级质监部门、计量技术机构、企事业单位各类专业技术人员的参考资料。

今后，中国计量测试学会还将在全国面向广大计量工作者，尤其是年轻同志组织培训，以便提高他们的业务知识和素质，为计量事业的发展培养大批后继人才。

本书在编写过程中得到国家质检总局和总局计量司有关领导的大力支持，众多国内知名计量专家参加了编写工作。作为组编单位，我们向为编写出版本书做出重要贡献的各位领导和专家表示衷心的感谢，尤其要向叶德培、金华彰、陆祖良三位专家表示特别的感谢，可以说没有他们的辛勤付出，本书很难及时完成。在编辑出版本书的过程中，中国计量出版社做了大量工作，在此一并表示感谢。

在本书编写的过程中，虽然经过多次研讨，有些内容可能还存在一定的缺陷和不足，因此，我们恳请广大读者批评指正。

中国计量测试学会

2009年6月

目　　录

上　　册

上篇　计量法律 法规及综合知识

下　　册

下篇　测量数据处理与计量专业实务

上　篇

计量法律 法规及综合知识

第一章 计量法律、法规及计量组织机构

本章重点介绍计量法律、法规及计量监督管理。内容主要包括：计量立法的宗旨，我国的计量法规体系与计量监督管理体制，计量法律责任，计量基准、计量标准、计量检定、计量器具产品的法制管理。还介绍了计量检定规程、国家计量检定系统表及校准规范的应用，国际计量技术规范，OIML证书制度及互认协议。

第一节 计量法律、法规及计量监督管理

一、计量立法的宗旨和调整范围

（一）计量立法的宗旨

计量是经济建设、科技进步和社会发展中的一项重要的技术基础。经济越发展，越需要加强计量工作；科技越先进，越需要准确的计量；社会越进步，越需要在全国范围实现计量单位制的统一和量值的准确可靠，因而越需要加强计量法制监督。所以，计量立法的宗旨，首先要加强计量监督管理，健全国家计量法制。而加强计量监督管理的核心内容是要解决国家计量单位制的统一和全国量值的准确可靠的问题，也就是要解决可能影响经济建设、科技进步和社会发展、造成损害国家和人民利益的计量问题，这是计量立法的基本点。由于计量单位制的统一和量值的准确可靠是保证经济建设、科技进步和社会发展能够正常进行的必要条件，计量法中的各项规定都是紧紧围绕着这一基本点进行的。世界各国也都把统一计量单位、保障本国量值准确可靠作为政权建设和发展经济的重要措施。

但加强计量监督管理，保障计量单位制的统一和量值的准确可靠，还不是计量立法的最终目的，计量立法的最终目的是为了促进国民经济和科学技术的发展，为社会主义现代化建设提供计量保证；为保护广大消费者免受不准确或不诚实测量所造成的危害；为保护人民群众的健康和生命、财产的安全，保护国家的权益不受侵犯。

在《中华人民共和国计量法》（以下简称《计量法》）第一条中把计量立法的宗旨高度概括

为:“加强计量监督管理,保障国家计量单位制的统一和量值的准确可靠,有利于生产、贸易和科学技术的发展,适应社会主义现代化建设的需要,维护国家、人民的利益。”

计量立法使我国计量工作全面纳入了法制管理的轨道。计量专业技术人员从事计量检定及其他计量专业技术工作有了明确的行为准则。计量检定人员既要通过计量检定来确保计量单位的统一和量值的准确可靠,更要通过计量检定来履行服务经济建设、促进科技发展、维护国家和人民的利益的根本职责。无论是计量检定规程的制定和实施,还是计量器具新产品的型式评价、计量器具产品的质量监督等工作,都应按计量监督管理的要求,从有利于经济发展、有利于科技进步、有利于保护国家和人民的利益的高度出发,正确地处理工作中所发生的各种问题,认真做好为经济服务、为企业服务、为消费者服务的各项工作。

(二)《计量法》的调整范围

任何一部法律法规,都有其调整范围。《计量法》第二条说明了计量法适用的地域和调整对象,即在中华人民共和国境内,所有公民、法人和其他组织,凡是使用计量单位,建立计量基准、计量标准,进行计量检定,制造、修理、销售、使用计量器具和进口计量器具,开展计量认证,实施仲裁检定和调解计量纠纷,进行计量监督管理方面所发生的各种法律关系,均为《计量法》适用的范围,都必须按照《计量法》的规定加以调整,不允许随意变更,各行其是。

根据我国的实际情况,《计量法》侧重调整的是国家计量单位制的统一和量值的准确可靠,以及影响社会经济秩序,危害国家和人民利益的计量问题,不是计量工作中所有的问题都要立法。也就是说,主要限定在对社会可能产生影响的范围内。如教学示范中使用的计量器具或家庭自用的部分计量器具,量值准确与否对社会经济活动没有太大的影响,就不必立法调整。如果不适当地将调整范围规定得过宽,一是没有必要,二是难以实施,反而失去了法律的严肃性。

二、我国计量法规体系的组成

法规体系,是由母法及从属于母法的若干子法所构成的有机联系的整体。按照审批的权限、程序和法律效力的不同,计量法规体系可分为三个层次:第一层次是法律;第二层次是行政法规;第三层次是规章。此外,按照立法的规定,省、自治区、直辖市及较大城市也可制定地方性计量法规和规章。目前,我国已形成了以《计量法》为基本法,若干计量行政法规、规章以及地方性计量法规、规章为配套的计量法律法规体系。

(一)计量法律

1985年9月6日,第六届全国人民代表大会常务委员会审议通过了《计量法》。《计量法》作为国家管理计量工作的基本法,是实施计量监督管理的最高准则。制定和实施《计量法》,是国家完善计量法制、加强计量管理的需要,是我国计量工作全面纳入法制化管理轨道的标志。《计量法》的基本内容:计量立法宗旨、调整范围、计量单位制、计量基准器具、计量标准器具和计量检定、计量器具管理、计量监督、计量机构、计量人员、计量授权、计量认证、计量纠纷处理和计量法律责任等,共计六章三十五条。

(二)计量行政法规

国务院制定(或批准)的计量行政法规主要包括:

——《中华人民共和国计量法实施细则》(以下简称《计量法实施细则》)。1987 年 1 月 19 日国务院批准，1987 年 2 月 1 日原国家计量局发布。主要对《计量法》中有关计量基准器具和计量标准器具、计量检定、计量器具的制造和修理、计量器具的销售和使用、计量监督、产品质量检验机构的计量认证、计量调解和仲裁检定、费用及法律责任等进行了细化。

——《国务院关于在我国统一实行法定计量单位的命令》。1984 年 2 月 27 日由国务院发布。主要目的是明确我国在采用国际单位制的基础上，进一步统一我国的计量单位。该命令规定了《中华人民共和国法定计量单位》。

——《全面推行我国法定计量单位的意见》。1984 年 1 月 20 日国务院第 21 次常委会通过。主要对全面推行我国法定计量单位的目标、要求、措施等做出了具体规定。

——《中华人民共和国强制检定的工作计量器具检定管理办法》。1987 年 4 月 15 日国务院发布。主要对强制检定的工作计量器具的目录、检定机构、检定的程序等做出了具体规定。

——《中华人民共和国进口计量器具监督管理办法》。1989 年 10 月 11 日国务院批准。主要对进口计量器具的型式批准、进口计量器具的审批、进口计量器具的检定、法律责任等做出了规定。

——《国防计量监督管理条例》。1990 年 4 月 5 日国务院、中央军事委员会发布。为加强国防计量工作的监督管理，保证军工产品的量值准确，对国防计量机构及职责、计量标准、计量检定、计量保证与监督做出了明确规定。

——《关于改革全国土地面积计量单位的通知》。1990 年 12 月 18 日国务院批准。主要对我国土地面积计量单位做出了具体规定。

(三) 计量规章

国务院计量行政部门发布的有关计量规章主要包括:《中华人民共和国计量法条文解释》、《中华人民共和国强制检定的工作计量器具明细目录》、《中华人民共和国依法管理的计量器具目录(型式批准部分)》、《计量基准管理办法》、《计量标准考核办法》、《标准物质管理办法》、《法定计量检定机构监督管理办法》、《计量器具新产品管理办法》、《中华人民共和国进口计量器具监督管理办法实施细则》、《计量检定人员管理办法》、《计量检定印、证管理办法》、《计量违法行为处罚细则》、《仲裁检定和计量调解办法》、《零售商品称重计量监督管理办法》、《定量包装商品计量监督管理办法》、《商品量计量违法行为处罚规定》、《计量授权管理办法》、《计量监督员管理办法》、《专业计量站管理办法》、《社会公正计量行(站)监督管理办法》、《制造、修理计量器具许可监督管理办法》等。

此外，一些省、自治区、直辖市人大和政府，以及较大城市人大也根据需要制定了一批地方性的计量法规和规章。

在我国的计量法律、计量行政法规和计量规章中，对我国计量监督管理体制、法定计量检定机构、计量基准和标准、计量检定、计量器具产品、商品量的计量监督和检验、产品质量检验机构的计量认证等计量工作的法制管理要求，以及计量法律责任都做出了明确的规定。

三、计量监督管理的体制

(一) 计量监督管理的概念

计量监督是计量管理的一种特殊形式。计量监督管理体制是指计量监督工作的具体组织形式，它体现国家与地方各级计量行政部门之间，各主管部门、各企业、事业单位之间在计量监督中的关系。

我国的计量监督管理实行按行政区划统一领导、分级负责的体制。全国的计量工作由国务院计量行政部门负责实施统一监督管理。县级以上地方行政区域内的计量工作由当地计量行政部门负责实施监督管理，县级以上计量行政部门是本行政区域内的计量监督管理机构。县级以上计量行政部门要监督本行政区域内的机关、团体、企事业单位和个人遵守与执行计量法律、法规。中国人民解放军的计量工作，按照《中国人民解放军计量条例》实施。各有关部门设置的计量行政机构，负责监督计量法律、法规在本部门的贯彻实施。

计量行政部门所进行的计量监督，是纵向和横向的行政执法性监督；部门计量行政机构对所属单位的监督，则属于行政管理性监督，一般只对纵向发生效力。从全国来讲，国务院计量行政部门和其他各部门的计量监督是相辅相成的，各有侧重，相互配合，互为补充，构成一个有序的计量监督网络。从法律实施的角度讲，部门和企事业单位的计量机构，不是专门的行政执法机构。因此，对计量违规行为的处理，部门和企事业单位或者上级主管部门只能给予行政处分。而县级以上地方计量行政部门对计量违法行为，则可依法给予行政处罚，因为计量行政处罚是由特定的具有执法监督职能的计量行政部门行使的。

（二）我国计量监督管理体系

《计量法》第四条明确规定："国务院计量行政部门对全国计量工作实施统一监督管理。县级以上地方人民政府计量行政部门对本行政区域内的计量工作实施监督管理。"

在《计量法实施细则》第二十六条中进一步明确规定："国务院计量行政部门和县级以上地方人民政府计量行政部门监督和贯彻实施计量法律、法规的职责是：

（一）贯彻执行国家计量工作的方针、政策和规章制度，推行国家法定计量单位；

（二）制定和协调计量事业的发展规划，建立计量基准和社会公用计量标准，组织量值传递；

（三）对制造、修理、销售、使用计量器具实施监督；

（四）进行计量认证，组织仲裁检定，调解计量纠纷；

（五）监督检查计量法律、法规的实施情况，对违反计量法律、法规的行为，按照本细则的有关规定进行处理。"

此外，为了保证计量监督工作的实施，《计量法》第十九条明确规定："县级以上人民政府计量行政部门，根据需要设置计量监督员。计量监督员管理办法，由国务院计量行政部门制定。"

在《计量法实施细则》第二十七条中又进一步明确规定："计量监督员负责在规定的区域、场所巡回检查，并可根据不同情况在规定的权限内对违反计量法律、法规的行为，进行现场处理，执行行政处罚。

计量监督员必须经考核合格后，由县级以上人民政府计量行政部门任命并颁发监督员证件。"

1998 年 2 月，国务院批准《质量技术监督管理体制改革方案》，对质量技术监督管理体制实行重大改革，质量技术监督系统实行省以下垂直管理体制。原国家质量技术监督局对省、自治区、直辖市质量技术监督局（为同级人民政府的工作部门）实行业务领导。

省、自治区、直辖市质量技术监督局的主要职责：领导省以下质量技术监督部门正确执行国家有关质量技术监督的法律法规和方针政策、履行法定职责规定的质量技术监督职能。

2001 年 6 月，为适应完善社会主义市场经济体制的要求，进一步加强市场执法监督，维护市场秩序，国务院决定，将原国家质量技术监督局、原国家出入境检验检疫局合并，组建国家质量监督检验检疫总局（简称国家质检总局）和认证认可监督管理委员会（简称认监委）、标准化管理委员会（简称标准委）。国家质检总局是国务院主管全国质量、计量、出入境商品检验、出入境卫生检疫、出入境动植物检疫、食品生产监督和认证认可、标准化等工作，并行使行政执法职能的直属机构。

目前，我国的各级质量技术监督部门及法定计量技术机构的关系如图 1－1 所示。

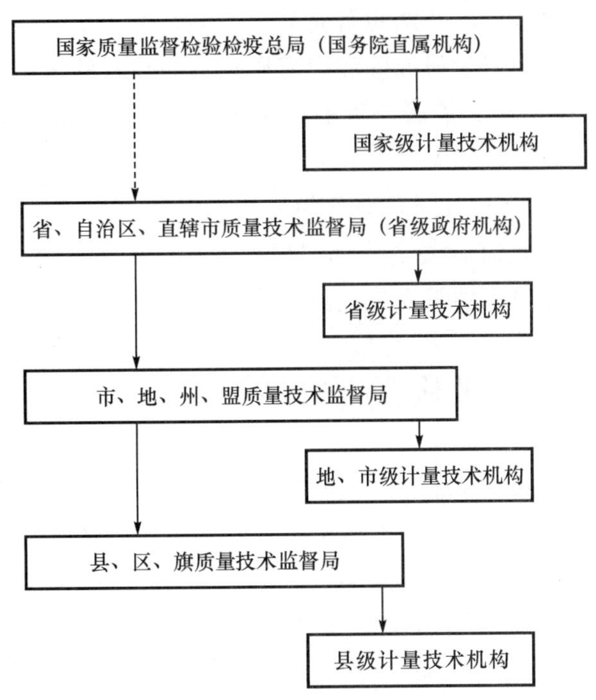

注：图中实线箭头为直属关系

图 1－1　各级质量技术监督部门及法定计量技术机构的关系

（三）我国计量技术机构体系

《计量法》第二十条规定："县级以上人民政府计量行政部门可以根据需要设置计量检定机构，或者授权其他单位的计量检定机构，执行强制检定和其他检定、测试任务。"

《计量法实施细则》第二十八条进一步明确："县级以上人民政府计量行政部门依法设置的计量检定机构，为国家法定计量检定机构。其职责是：负责研究建立计量基准、社会公用计量标准，进行量值传递，执行强制检定和法律规定的其他检定、测试任务，起草技术规范，为实施计量监督提供技术保证，并承办有关计量监督工作。"

在第三十条中又明确规定："县级以上人民政府计量行政部门可以根据需要，采取以下形式授权其他单位的计量检定机构和技术机构，在规定的范围内执行强制检定和其他检定、测试任务：

（一）授权专业性或区域性计量检定机构，作为法定计量检定机构；

（二）授权建立社会公用计量标准；

（三）授权某一部门或某一单位的计量检定机构，对其内部使用的强制检定计量器具执行强制检定；

（四）授权有关技术机构，承担法律规定的其他检定、测试任务。”

因此，我国的计量技术机构包括两种：一是县级以上人民政府计量行政部门依法设置的计量检定机构，为国家法定计量检定机构；二是县级以上人民政府计量行政部门可以根据需要，授权专业性或区域性计量检定机构，作为法定计量检定机构。

此外，还有一些其他的计量检定机构和技术机构，虽然不是法定计量检定机构，但是经过政府计量行政部门的授权，可以承担建立社会公用计量标准，对其内部使用的强制检定计量器具执行检定或承担法律规定的其他检定、测试任务。

我国的各级质量技术监督部门及法定计量技术机构的设置情况见图 1 - 1。图中，国家级计量技术机构中包括中国计量科学研究院和国家质检总局授权的国家专业计量站等机构；省、市、县三级计量技术机构中包括了依法设置的国家法定计量检定机构和依法授权的计量技术机构。

在社会上，除了各级人民政府计量行政部门依法设置和授权的计量技术机构外，还有国务院有关主管部门和省级人民政府有关主管部门根据本部门的特殊需要建立的计量技术机构，以及广大企事业单位根据本单位的需要建立的计量技术机构或计量实验室。

四、法定计量检定机构的监督管理

法定计量检定机构是计量行政部门依法设置或授权建立的计量技术机构，是保障我国计量单位制的统一和量值的准确可靠，为计量行政部门依法实施计量监督提供技术保证的技术机构。为了加强对法定计量检定机构的监督管理，在《计量法》、《计量法实施细则》和《法定计量检定机构监督管理办法》中对法定计量检定机构的组成、职责和监督管理等做出了明确的规定。

（一）法定计量检定机构的组成

《计量法》第二十条规定：“县级以上人民政府计量行政部门可以根据需要设置计量检定机构，或者授权其他单位的计量检定机构，执行强制检定和其他检定、测试任务。”

《计量法实施细则》第二十八条进一步明确：“县级以上人民政府计量行政部门依法设置的计量检定机构，为国家法定计量检定机构。”第三十条第一款规定：“授权专业性或区域性计量检定机构，作为法定计量检定机构。”第三十条第四款规定：“授权有关技术机构，承担法律规定的其他检定、测试任务。”1989 年 11 月 6 日由原国家技术监督局发布的《计量授权管理办法》第四条对计量授权的四种形式做出了具体规定，可以授权有关部门或单位的专业性或区域性计量检定机构，作为法定计量检定机构。1991 年 9 月 15 日原国家技术监督局发布了《专业计量站管理办法》。2001 年 1 月 21 日原国家技术监督局发布了《法定计量检定机构监督管理办法》，其中第二条明确规定：“法定计量检定机构是指各级质量技术监督部门依法设置或者授权建立并经质量技术监督部门组织考核合格的计量检定机构。”

各级质量技术监督部门依法设置的计量检定机构是法定计量检定机构的主体，主要承担强制检定和其他检定、测试任务。专业计量站是根据我国生产、科研需要的一种授权形式，在授权项目上，一般选定专业性强、跨部门使用、急需的专业项目。根据需要，国务院计量行政部门设立大区计量测试中心为法定计量检定机构。地方政府计量行政部门也可以根据本地区的需要，建立区域性的计量检定机构，作为法定计量检定机构，承担政府计量行政部门授权的有关项目的强制检定和其他计量检定、测试任务。这些授权的专业和区域计量检定机构是全国法定计量检定机构的一个重要组成部分，在确保全国量值的准确可靠方面发挥了积极作用。

（二）法定计量检定机构的职责

《计量法实施细则》第二十八条规定，国家法定计量检定机构的职责："负责研究建立计量基准、社会公用计量标准，进行量值传递，执行强制检定和法律规定的其他检定、测试任务，起草技术规范，为实施计量监督提供技术保证，并承办有关计量监督工作。"

《法定计量检定机构监督管理办法》第四条规定："法定计量检定机构应当认真贯彻执行国家计量法律、法规，保障国家计量单位制的统一和量值的准确可靠，为质量技术监督部门依法实施计量监督提供技术保证。"《法定计量检定机构监督管理办法》第十三条明确规定："法定计量检定机构根据质量技术监督部门授权履行下列职责：

（一）研究、建立计量基准、社会公用计量标准或者本专业项目的计量标准；

（二）承担授权范围内的量值传递，执行强制检定和法律规定的其他检定、测试任务；

（三）开展校准工作；

（四）研究起草计量检定规程、计量技术规范；

（五）承办有关计量监督中的技术性工作。"

上述"承办有关计量监督中的技术性工作"，一般包括政府计量行政部门授权或委托的计量标准考核、计量器具新产品型式评价、仲裁检定、计量器具产品质量监督检验，定量包装商品净含量计量监督检验等工作。

（三）法定计量检定机构的行为准则

《法定计量检定机构监督管理办法》第十四条明确规定："法定计量检定机构不得从事下列行为：

（一）伪造数据；

（二）违反计量检定规程进行计量检定；

（三）使用未经考核合格或者超过有效期的计量基、标准开展计量检定工作；

（四）指派未取得计量检定证件的人员开展计量检定工作；

（五）伪造、盗用、倒卖强制检定印、证。"

《计量法实施细则》第三十一条规定：被县级以上人民政府计量行政部门授权，在规定的范围内执行强制检定和其他检定、测试任务的单位，应当遵守下列规定：

"（一）被授权单位执行检定、测试任务的人员，必须经授权单位考核合格；

（二）被授权单位的相应计量标准，必须接受计量基准或者社会公用计量标准的检定；

（三）被授权单位承担授权的检定、测试工作，须接受授权单位的监督；

（四）被授权单位成为计量纠纷中当事人一方时，在双方协商不能自行解决的情况下，由县级以上有关人民政府计量行政部门进行调解和仲裁检定。"

（四）对法定计量检定机构的监督管理

《法定计量检定机构监督管理办法》明确规定了对法定计量检定机构实施监督管理的体制、机制、内容和法律责任。

法定计量检定机构的监督管理体制，根据省以下质量技术监督系统实施垂直管理体制的要求，对法定计量检定机构的管理实施两级管理的模式。《法定计量检定机构监督管理办法》第三条明确规定："国家质量技术监督局对全国法定计量检定机构实施统一监督管理。省级质量技术监督部门对本行政区域内的法定计量检定机构实施监督管理。"

对法定计量检定机构监督管理的机制，主要是实施考核授权制度。《法定计量检定机构监督管理办法》明确规定了法定计量检定机构应当具备的条件、如何组织考核、如何颁发计量授权证书、如何进行复查换证、如何对新增项目进行授权和终止承担的授权项目。法定计量检定机构必须经质量技术监督部门考核合格，经授权后才能开展相应的工作。

《法定计量检定机构监督管理办法》第十五条规定："省级以上质量技术监督部门应当加强对法定计量检定机构的监督，主要包括以下内容：

（一）本办法规定内容的执行情况；

（二）《法定计量检定机构考核规范》规定内容的执行情况；

（三）定期或者不定期对所建计量基、标准状况进行赋值比对；

（四）用户投诉举报问题的查处。"

《法定计量检定机构监督管理办法》中对法定计量检定机构监督管理的措施、要求和法律责任，做出了以下规定：

(1) 对监督中发现的问题，法定计量检定机构应当认真进行整改，并报请组织实施监督的质量技术监督部门进行复查。对经复查仍不合格的，暂停其有关工作；情节严重的，吊销其计量授权证书。

(2) 法定计量检定机构对未经质量技术监督部门授权开展须经授权方可开展的工作的和超过授权期限继续开展被授权项目工作的，可予以警告，并处以罚款。

(3) 对未经质量技术监督部门授权或者批准，擅自变更授权项目的和违反《法定计量检定机构监督管理办法》第十四条第一、二、三、四款规定的，予以警告，处以罚款，情节严重的，吊销其计量授权证书。

(4) 违反《法定计量检定机构监督管理办法》第十四条第五款规定，伪造、盗用、倒卖强制检定印、证的，没收其非法检定印、证和全部违法所得，并处以罚款；构成犯罪的，依法追究刑事责任。

(5) 从事法定计量检定机构监督管理的国家工作人员违法失职、徇私舞弊，情节轻微的，给予行政处分；构成犯罪的，依法追究刑事责任。

五、计量基准、计量标准的建立和法制管理

（一）计量基准的建立原则

《计量法》第五条明确规定："国务院计量行政部门负责建立各种计量基准器具，作为统一全国量值的最高依据。"

计量基准是指经国家质检总局批准，在中华人民共和国境内为了定义、实现、保存、复现量的单位或者一个或多个量值，用作有关量的测量标准定值依据的实物量具、测量仪器、标准物质或者测量系统。全国的各级计量标准和工作计量器具的量值，都应直接或者间接地溯源到计量基准。

国家建立计量基准的原则：一是要根据社会、经济发展和科学技术进步的需要，由国家质检

总局负责统一规划，组织建立。二是属于基础性、通用性的计量基准，建立在国家质检总局设置或授权的计量技术机构；属于专业性强、仅为个别行业所需要，或工作条件要求特殊的计量基准，可以建立在有关部门或者单位所属的计量技术机构。

计量基准是统一全国量值的最高依据，故对每项测量参数来说，全国只能有一个计量基准，由国务院计量行政部门统一安排，其他部门和单位不能随意建立计量基准。2007 年 6 月 6 日国家质检总局修订并发布的《计量基准管理办法》，对计量基准的法制管理，如计量基准的建立、保存、维护、改造、使用、废除以及法律责任等都做出了具体规定。

（二）计量标准的建立和法制管理

计量标准处于国家检定系统表的中间环节，起着承上启下的作用，即将计量基准所复现的单位量值，通过检定逐级传递到工作计量器具，从而确保工作计量器具量值的准确可靠，确保全国计量单位制和量值的统一。

为了使各项计量标准能够在正常的技术状态下进行工作，保证量值的溯源性，按《计量法》规定，县级以上计量行政部门建立的社会公用计量标准和部门、企事业单位建立的各项最高计量标准，都要依法考核合格，才有资格进行量值传递。这是保障全国量值准确一致的必要手段。考核的目的是确认其是否具有开展量值传递的资格。考核的内容主要包括计量标准设备、环境条件、检定人员以及管理制度等四个方面。

1. 社会公用计量标准

社会公用计量标准，是指经过政府计量行政部门考核、批准，作为统一本地区量值的依据，在社会上实施计量监督具有公证作用的计量标准。在处理因计量器具准确度引起的计量纠纷时，只能以计量基准或社会公用计量标准仲裁检定后的数据为准。其他单位建立的计量标准，要想取得上述法律地位，必须经有关政府计量行政部门授权。

《计量法》第六条明确规定："县级以上地方人民政府计量行政部门根据本地区的需要，建立社会公用计量标准器具，经上级人民政府计量行政部门主持考核合格后使用。"社会公用计量标准由各级政府计量行政部门根据本地区需要组织建立，但必须履行法定的考核程序，经考核合格后才能使用。具体地说，下一级政府计量行政部门建立的最高等级的社会公用计量标准，须向上一级政府计量行政部门申请技术考核；其他等级的社会公用计量标准，属于哪一级政府的，就由哪一级地方政府计量行政部门主持考核。经考核合格符合要求并取得计量标准考核证书的，由建立该项社会公用计量标准的政府计量行政部门审批并颁发社会公用计量标准证书。不符合上述要求的，不能作为社会公用计量标准使用。

【案 例】 某市级人民政府计量行政部门设置的法定计量检定机构正在筹建一项新的最高计量标准，准备开展计量检定工作。在计量标准装置安装完毕进行调试时，企业送来了 2 台计量器具，需要使用新的计量标准进行检定。该机构为了满足企业的需要，就帮助企业进行了检定，并出具了检定证书。请问：法定计量检定机构筹建中的某项最高计量标准是否能够对外开展计量检定并出具计量检定证书？

【案例分析】 《计量法》第六条规定："县级以上地方人民政府计量行政部门根据本地区的需要，建立社会公用计量标准器具，经上级人民政府计量行政部门主持考核合格后使用。"《计量法》第九条规定："县级以上人民政府计量行政部门对社会公用计量标准器具，部门和企业、事业单位使用的最高计量标准器具，以及用于贸易结算、安全防护、医疗卫生、环境监测方面的列入强制检定目录的工作计量器具，实施强制检定。未按照规定申请检定或者检定不合格的，不得使用。”所以该法定计量检定机构的这种做法不符合《计量法》第六条、第九条的规定，从社会公用计量标准考核和社会公用计量标准的强制检定两个方面分析，都是不符合有关计量法律规定的。用于计量检定的社会公用计量标准，必须依据计量法律法规的规定，通过计量标准考核，取得相应的计量标准考核证书。

2. 部门计量标准

按照《计量法》第七条规定：“国务院有关主管部门和省、自治区、直辖市人民政府有关主管部门，根据本部门的特殊需要，可以建立本部门使用的计量标准器具，其各项最高计量标准器具经同级人民政府计量行政部门主持考核合格后使用。”部门最高计量标准，经同级人民政府计量行政部门考核合格后由有关主管部门批准使用，作为统一本部门量值的依据。

3. 企业、事业单位计量标准

按照《计量法》第八条规定：“企业、事业单位根据需要，可以建立本单位使用的计量标准器具，其各项最高计量标准器具经有关人民政府计量行政部门主持考核合格后使用。”企业、事业单位有权根据生产、科研和经营管理的需要建立计量标准，在本单位内部使用，作为统一本单位量值的依据。国家鼓励企业、事业单位加强技术设施的建设，以适应现代化生产的需要，尽快改变企业、事业单位计量基础薄弱的状况。因此，只要企业、事业单位有实际需要，就可以自行决定建立与生产、科研和经营管理相适应的计量标准。为了保证量值的准确可靠，《计量法》规定，建立本单位使用的各项最高计量标准，须经与企业、事业单位的主管部门同级的人民政府计量行政部门考核合格后，取得计量标准考核证书，才能在本单位内开展非强制检定。乡镇企业应由当地县级（市、区）人民政府计量行政部门主持考核。

（三）标准物质的法制管理

按照《计量法实施细则》第六十一条规定，用于统一量值的标准物质属于计量器具。根据《计量法实施细则》的规定，原国家计量局于 1987 年 7 月 10 日发布了《标准物质管理办法》。

《标准物质管理办法》适用于统一量值的标准物质，包括化学成分分析标准物质、物理特性与物理化学特性测量标准物质和工程技术特性测量标准物质。凡向外单位供应的标准物质的制造以及标准物质的销售和发放，必须遵守《标准物质管理办法》。

在《标准物质管理办法》第四条中明确规定：“企业、事业单位制造标准物质，必须具备与所制造的标准物质相适应的设施、人员和分析测量仪器设备，并向国务院计量行政部门申请办理《制造计量器具许可证》。”

在《标准物质管理办法》第五条中明确规定：“企业、事业单位制造标准物质新产品，应进行定级鉴定，并经评审取得标准物质定级证书。”

六、计量检定的法制管理

（一）实施计量检定应遵循的原则

计量器具的检定（可简称计量检定或检定），是指“查明和确认计量器具是否符合法定要求的程序，它包括检查、加标记和（或）出具检定证书”（见 JJF 1001—1998《通用计量术语及定义》9.12 款）。

根据此定义，计量检定就是为评定计量器具的计量性能是否符合法定要求，确定其是否合格所进行的全部工作。它是计量检定人员利用计量基准、计量标准对新制造的、使用中的、修理后的和进口的计量器具进行一系列实际操作，以判断其准确度等计量特性及其是否符合法定要求，是否可供使用。因此，计量检定在计量工作中具有非常重要的作用。计量检定具有法制性，其对象是法制管理范围内的计量器具。它是进行量值传递或量值溯源的重要形式，是保证量值准确一致的重要措施，是计量法制管理的重要环节。根据《计量法》及相关法规和规章的规定，实施计量检定应遵循以下原则：

（1）计量检定活动必须受国家计量法律、法规和规章的约束，按照经济合理的原则、就地就近进行。“经济合理”是指计量检定、组织量值传递要充分利用现有的计量设施，合理地布置检定网点。“就地就近”进行检定，是指组织量值传递不受行政区划和部门管辖的限制。

（2）从计量基准到各级计量标准直到工作计量器具的检定，必须按照国家计量检定系统表的要求进行。国家计量检定系统表由国务院计量行政部门制定。

（3）对计量器具的计量性能、检定项目、检定条件、检定方法、检定周期以及检定数据的处理等，必须执行计量检定规程。国家计量检定规程由国务院计量行政部门制定。没有国家计量检定规程的，由国务院有关主管部门或省、自治区、直辖市人民政府计量行政部门制定部门计量检定规程、地方计量检定规程，并向国务院计量行政部门备案。

（4）检定结果必须做出合格与否的结论，并出具证书或加盖印记。计量检定包括检查和加标记、出证书的全过程。检查一般包括计量器具外观的检查和计量器具的计量特性的检查等。计量器具计量特性的检查，其实质是把被检定的计量器具的计量特性与计量标准器的计量特性相比较，评定被检定的计量器具的计量特性是否在计量检定规程规定的允许范围之内。

（5）从事检定的工作人员必须是经考核合格，并持有有关计量行政部门颁发的检定员证。

【案 例】 一个经授权的计量检定机构对外单位送检的计量器具进行计量检定。检定时发现该计量器具是新开发的多功能测量设备。该计量检定机构为了满足用户的需要，自己编制了计量检定规程，经过技术负责人批准后，按规程进行了检定，并出具了计量检定证书。请问：一个经授权的计量检定机构是否可以自己编制计量检定规程，并对外开展计量检定？

【案例分析】 依据《计量法》第十条规定：“计量检定必须执行计量检定规程。国家计量检定规程由国务院计量行政部门制定。没有国家计量检定规程的，由国务院有关主管部门和省、自治区、直辖市人民政府计量行政部门分别制定部门计量检定规程和地方计量检定规程，并向国务院计量行政部门备案。”所以，该计量检定机构自行编制计量检定规程，并开展检定的做法是不符合《计量法》第十条规定的，是不正确的。如果需要，该机构可以根据用户的需要编制相应的校准方法，经过机构批准和用户同意后，进行校准。如果需要制定计量检定规程，则必须按照《国家计量检定规程管理办法》规定的程序和要求进行。

（二）强制检定计量器具的管理和实施

实施计量器具的强制检定是《计量法》的重要内容之一，它既是计量行政部门进行法制监督的主要任务，也是法定计量检定机构和被授权执行强制检定任务的计量技术机构的重要职责。属于强制检定的工作计量器具被广泛地应用于社会的各个领域，数量多，影响大，关系到人民群众身体健康和生命财产的安全，关系到广大企业的合法权益以及国家、集体和消费者的利益。

《计量法》第九条明确规定："县级以上人民政府计量行政部门对社会公用计量标准器具、部门和企业、事业单位使用的最高计量标准器具，以及用于贸易结算、安全防护、医疗卫生、环境监测方面的列入强制检定目录的工作计量器具，实行强制检定。未按规定申请检定或者检定不合格的，不得使用。"强制检定是由县级以上人民政府计量行政部门指定的法定计量检定机构或者授权的计量技术机构，实行定点、定期的检定。使用单位必须按规定申请检定，这是法律规定的义务。

强制检定的范围包括强制检定的计量标准和强制检定的工作计量器具。由于强制检定的计量标准是根据用途决定的，作为社会公用计量标准、部门和企事业单位各项最高等级的计量标准的，才属于强制检定的计量标准，不做上述用途的，就不属于强制检定的计量标准。对于强制检定工作计量器具，按《计量法》规定，应制定强制检定工作计量器具目录，以明确需强制检定的范围。1987 年 4 月 15 日国务院发布了《中华人民共和国强制检定的工作计量器具检定管理办法》，附《中华人民共和国强制检定的工作计量器具目录》。1987 年 5 月 28 日由原国家计量局发布了《中华人民共和国强制检定的工作计量器具明细目录》，共 55 项、111 种。例如：出租汽车里程计价表、酒精计、煤气表、水表、燃油加油机、定量包装机、轨道衡、瓦斯计、水质污染监测仪等。

随着经济的发展和社会的进步，强制检定目录也作了补充和调整，1999 年 1 月 20 日国务院计量行政部门发文新增了电话计时计费装置、棉花水分测量仪、验光仪、验光镜片组、微波辐射与泄漏测量仪 5 种；2001 年 10 月 26 日发文新增了燃气加气机、热能表 2 种；2002 年 12 月 27 日发文取消了汽车里程表，至今为 60 项 117 种。

1991 年 8 月 6 日原国家技术监督局公布了《强制检定工作计量器具实施检定的有关规定（试行）》，附《强制检定的工作计量器具强检形式及强检适用范围表》，进一步推动了强制检定工作的深入开展。

强制检定的主要特点表现在：

（1）县级以上人民政府计量行政部门对本行政区域内的强制检定工作统一实施监督管理，并按照经济合理、就地就近原则，指定所属法定计量检定机构或授权的计量技术机构执行强制检定任务。

（2）固定检定关系，定点送检。属于强制检定的工作计量器具，由当地县（市）级政府计量行政部门安排，由指定的计量检定机构进行检定。政府计量行政部门之间可以协商跨地区委托检定。属于强制检定的计量标准，由主持考核的有关人民政府计量行政部门安排，由指定的计量检定机构进行检定。

（3）使用强制检定计量器具的单位，应按规定登记造册，向当地政府计量行政部门备案，并向指定的计量检定机构申请强制检定。

（4）承担强制检定的计量检定机构，要按照计量检定规程所规定的检定周期，安排好周期检定计划，实施强制检定。

（5）县级以上政府计量行政部门对强制检定的实施情况，应经常进行监督检查；未按规定向政府计量行政部门指定的计量检定机构申请周期检定的，要追究法律责任，责令其停止使用，可并处罚款。

【案 例】 某企业通过当地县计量行政部门申请计量授权项目的考核，取得了计量授权证书，计量行政部门授权其对本单位内部使用的 3 项强制检定工作计量器具执行强制检定。最近，该企业根据生产的需要，新增加了2项本单位最高计量标准，在取得了相应的《计量检定证书》和《计量标准考核证书》后，就对其内部使用的另外两个项目的强制检定工作计量器具实施了强制检定。请问：一个单位被授权对内部使用的强制检定工作计量器具执行强制检定，授权范围外的新建计量标准在取得了《计量检定证书》和《计量标准考核证书》后是否可以开展强制检定工作？

【案例分析】 依据《计量授权管理办法》第十二条规定："被授权单位必须按照授权范围开展工作，需新增计量授权项目，应按照本办法的有关规定，申请新增项目的授权。"所以上述做法不符合《计量授权管理办法》第十二条的规定。一个单位的最高计量标准考核和申请计量授权考核是两个不同性质的考核。在考核程序和要求上是有所不同的。不能用单位的最高计量标准考核代替计量授权考核。被授权单位必须按照授权范围开展工作，需新增计量授权项目，应按照《计量授权管理办法》的有关规定，申请新增项目的授权。

（三）非强制检定计量器具的管理和实施

对属于非强制检定的计量标准器具和工作计量器具，《计量法》第九条规定："使用单位应当自行定期检定或者送其他计量检定机构检定，县级以上人民政府计量行政部门应当进行监督检查。"

《计量法实施细则》第十二条明确规定："企业、事业单位应当配备与生产、科研、经营管理相适应的计量检测设施，制定具体的检定管理办法和规章制度，规定本单位管理的计量器具明细目录及相应的检定周期，保证使用的非强制检定的计量器具定期检定。"本单位不能检定的，送有权对社会开展量值传递工作的其他计量检定机构进行检定。

1999年3月19日原国家质量技术监督局以第6号公告发布了《关于企业使用的非强检计量器具由企业依法自主管理的公告》。在公告中规定："非强制检定计量器具的检定周期，由企业根据计量器具的实际使用情况，本着科学、经济和量值准确的原则自行确定。"有关非强制检定的计量器具的检定方式，公告规定："非强制检定计量器具的检定方式，由企业根据生产和科研的需要，可以自行决定在本单位检定或者送其他计量检定机构检定、测试，任何单位不得干涉。"

【案 例】 某个企业有10台天平，其中2台用于进厂原料分析检测、4台用于工艺过程检测、2台用于产品出厂检验、2台用于环境监测。企业在安排周期检定计划时，出现了三种观点。第一种观点认为：用于原料分析检测、产品出厂检验和环境监测的6台天平需要申请强制检定，用于工艺过程检测的安排周期检定；第二种观点认为：用于环境监测的2台天平需要申请强制检定，用于进厂原料分析检测和产品出厂检验的4台需要按计量检定规程规定周期实施检定，用于工艺过程检测的4台可以不安排检定；第三种观点认为：用于环境监测的2台天平需要申请强制检定；其他的天平应该根据实际使用情况，合理确定检定周期，并选择适当的方式进行非强制检定。请问：企业应该如何区分强制检定和非强制检定的计量器具？属于非强制检定的计量器具企业应如何实施计量检定？

【案例分析】 《计量法》第九条规定："县级以上人民政府计量行政部门对社会公用计量标准器具，部门和企业、事业单位使用的最高计量标准器具，以及用于贸易结算、安全防护、医疗卫生、环境监测方面的列入强制检定目录的工作计量器具，实行强制检定。"1999年3月19日原国家质量技术监督局公告第6号《关于企业使用的非强制检定计量器具由企业依法自主管理的公告》中规定："非强制检定计量器具的检定周期，由企业根据计量器具的实际使用情况，本着科学、经济和量值准确的原则自行确定。非强制检定计量器具的检定方式，由企业根据生产和科研的需要，可以自行决定在本单位检定或者送其他计量检定机构检定、测试，任何单位不得干涉。”所以，上述第一种、第二种观点不符合《计量法》第九条实施强制检定范围的规定，第三种观点是正确的。因为只有用于环境监测的2台天平是用于环境监测并列入强制检定目录的工作计量器具，其他均属于非强制检定计量器具。非强制检定的计量器具也是应该检定的，不过其检定周期和检定方式可以由企业自行确定。

（四）计量仲裁检定的实施和管理

《计量法》第二十一条规定：“处理因计量器具准确度所引起的纠纷，以国家计量基准或者社会公用计量标准器具检定的数据为准。”因计量器具准确度所引起的纠纷，即计量纠纷。由县级以上人民政府计量行政部门用计量基准或者社会公用计量标准所进行的以裁决为目的的计量检定、测试活动，统称为仲裁检定。以计量基准或者社会公用计量标准检定的数据作为处理计量纠纷的依据，具有法律效力。

按照《计量法》第二十一条规定，处理因计量器具准确度所引起的纠纷，以国家计量基准或社会公用计量标准器具检定的数据为准。这就是说，当计量纠纷的双方在相互协商不能解决的情况下，或双方对数据争执不下时，最终应以国家计量基准或社会公用计量标准器具检定的数据来判定。

仲裁检定的实施和管理应按《仲裁检定和计量调解办法》的规定进行，应履行以下程序：

(1) 申请仲裁检定应向所在地的县(市)级人民政府计量行政部门递交仲裁检定申请书；属有关机关或单位委托的，应出具仲裁检定委托书。

(2) 接受仲裁检定申请或委托的人民政府计量行政部门，应在接受申请后7日内发出进行仲裁检定的通知。纠纷双方在接到通知后，应对与计量纠纷有关的计量器具实行保全措施，不允许以任何理由破坏其原始状态。

(3) 仲裁检定由县级以上人民政府计量行政部门指定有关计量检定机构进行。进行仲裁检定时应有纠纷双方当事人在场，无正当理由拒不到场的，可以缺席进行。

(4) 承接仲裁检定的有关计量检定机构，应在规定的期限内完成检定、测试任务，并对仲裁检定结果出具仲裁检定证书。受理仲裁检定的政府计量行政部门对仲裁检定证书审核后，通知当事人或委托单位。当一方或双方在收到通知书之日起15日内不提出异议，仲裁检定证书生效，具有法律效力。

(5) 当事人一方或双方如对一次仲裁检定不服时，可在接到仲裁检定通知书之日起15日内向上一级政府计量行政部门申请二次仲裁检定，也就是终局仲裁检定。我国仲裁检定实行二级终裁制，目的是为了保证检定数据更加准确无误，上级计量检定机构复检一次，充分体现执法的严肃性。

(6) 承办仲裁检定工作的工作人员，有可能影响检定数据公正的，必须自行回避。

（五）计量检定印、证的管理

《计量检定印、证管理办法》第二条规定：“凡法定计量检定机构执行检定任务和县级以上人民政府计量行政部门授权的有关技术机构执行规定的检定任务，出具检定证或加盖检定印，均需遵守本办法。”计量器具经检定机构检定后出具的检定印、证，是评定计量器具的性能和质量是否符合法定要求的技术判断，是评定该计量器具检定结果的法定结论，是整个检定过程中不可缺少的重要环节。经计量基准、社会公用计量标准检定出具的检定印证，是一种具有权威性和法制性的标记或证明，在调解、审理、仲裁计量纠纷时，可作为法律依据，具有法律效力。

1. 计量检定印、证的种类

计量检定印、证包括：

(1) 检定证书：以证书形式证明计量器具已经过检定，符合法定要求的文件。

(2) 检定结果通知书（又称检定不合格通知书）：证明计量器具不符合有关法定要求的文件。

(3) 检定合格证：证明检定合格的证件。

(4) 检定合格印：证明计量器具经过检定合格而在计量器具上加盖的印记。例如，在计量器具上加盖检定合格印（錾印、喷印、钳印、漆封印）或粘贴合格标签。

(5) 注销印：经检定不合格，注销原检定合格的印记。

2. 计量检定印、证的管理

计量检定印、证的管理，必须符合《计量检定印、证管理办法》及有关国家计量检定规程和规章制度的规定。计量器具的检定结论不同，使用的检定印、证也不同。

(1) 计量器具经检定合格的，由检定单位按照计量检定规程的规定出具《检定证书》、《检定合格证》或加盖检定合格印。

(2) 计量器具经周期检定不合格的，由检定单位出具《检定结果通知书》(或《检定不合格通知书》)，或注销原检定合格印、证。

(3)《检定证书》或《检定结果通知书》必须字迹清楚，数据无误，内容完整，有检定、核验、主管人员签字，并加盖检定单位印章。

(4) 计量检定印、证应有专人保管，并建立使用管理制度。检定合格印应清晰完整。残缺、磨损的检定合格印，应立即停止使用。

(5) 对伪造、盗用、倒卖强制检定印、证的，没收其非法检定印、证和全部违法所得，可并处罚款；构成犯罪的，依法追究刑事责任。

(六) 计量检定人员的管理

计量检定人员作为计量检定的主体，在计量检定中发挥着重要的作用。计量检定人员所从事的计量检定工作是一项法制性和技术性都非常强的工作，尤其是作为法定计量检定机构的计量检定人员，不仅要承担计量检定任务，而且还要受计量行政部门的委托承担为计量执法提供计量技术保证的任务，因此不仅要求计量检定人员应全面掌握与所从事的计量检定有关的专业技术知识和操作技能，而且应全面掌握有关的计量法律法规知识，并认真遵守有关计量法制管理的要求，因此必须加强对计量检定人员的管理。

为加强对计量检定人员的管理，完善现行计量检定人员的监管体制，实现计量检定员与注册计量师两种管理制度的衔接，加强对计量检定人员的监管，提高计量检定人员的素质，保证量值传递准确可靠，2007 年 12 月 29 日国家质检总局以总局第 105 号令批准发布了新的《计量检定人员管理办法》，并于 2008 年 5 月 1 日起施行，作为我国对从事计量检定的检定人员的管理依据。

1. 计量检定人员的监督管理体制

国家质检总局对全国计量检定人员实施统一监督管理，省级及市、县级质量技术监督部门在各自职责范围内对本行政区域内的计量检定人员实施监督管理。

《计量检定人员管理办法》适用于在法定计量检定机构等技术机构中从事计量检定活动的计量检定人员的管理。上述“法定计量检定机构等技术机构”指：①质量技术监督部门依法建立的法定计量检定机构；②质量技术监督部门依法授权的法定计量检定机构；③执行质量技术监督部门授权的强制检定和其他检定、测试任务的技术机构。国务院各主管部门和企事业单位执行非强制检定工作的计量检定人员可以向其主管部门申请考核，没有主管部门的可以向当地计量行政部门申请考核。

2. 计量检定人员的资格

计量检定人员从事计量检定活动，必须具备相应的条件，并经质量技术监督部门核准，取得计量检定员资格。

申请计量检定员资格，应当具备以下条件：

(1) 具备中专(含高中)或相当于中专(含高中)毕业以上文化程度；

(2) 连续从事计量专业技术工作满 1 年，并具备 6 个月以上本项目工作经历；

(3) 具备相应的计量法律、法规以及计量专业知识；

(4) 熟练掌握所从事项目的计量检定规程等有关知识和操作技能；

(5) 经有关部门依照计量检定员考核规则等要求考核合格。

此外，具备相应条件，并按规定要求取得《注册计量师注册证》的，可以从事计量检定活动。注册计量师注册管理，依照《注册计量师制度暂行规定》等有关规定执行。

【案 例】 某法定计量检定机构招聘了一批刚从大学毕业的学生从事计量检定工作。由于该机构承担的计量检定任务比较繁重，考虑到这批学生的理论基础比较好，动手能力比较强，所以经过所在实验室的同意和机构领导的批准，就让他们直接从事计量检定工作，并出具计量检定证书。问题：计量检定机构是否能批准未经考核合格取得计量检定员资格的人员从事计量检定工作并出具计量检定证书？

【案例分析】 《计量法》第二十条明确规定：执行计量检定任务的人员，必须经考核合格。《计量检定人员管理办法》第四条规定：“计量检定人员从事计量检定活动，必须具备相应条件，并经质量技术监督部门核准，取得计量检定员资格。”所以，该机构的做法是不正确的，不符合《计量法》第二十条和《计量检定人员管理办法》第四条的规定。新分配的大学生参加工作后，应认真学习相关的计量检定专业知识，熟悉计量检定操作技能，并在计量检定员的监督下参与计量检定过程，但是不能出具计量检定证书。只有在其通过考核取得相应的计量检定员资格，才能独立从事计量检定工作并出具计量检定证书。

3. 计量检定人员的权利

计量检定人员享有下列权利：

(1) 在职责范围内依法从事计量检定活动；

(2) 依法使用计量检定设施，并获得相关技术文件；

(3) 参加本专业继续教育。

4. 计量检定人员的义务

计量检定人员应当履行下列义务：

(1) 依照有关规定和计量检定规程开展计量检定活动，恪守职业道德；

(2) 保证计量检定数据和有关技术资料的真实完整；

(3) 正确保存、维护、使用计量基准和计量标准，使其保持良好的技术状况；

(4) 承担质量技术监督部门委托的与计量检定有关的任务；

(5) 保守在计量检定活动中所知悉的商业和技术秘密。

5. 计量检定人员的法律责任

(1) 计量检定人员出具的计量检定证书，用于量值传递、裁决计量纠纷和实施计量监督等，具有法律效力。任何单位和个人不得要求计量检定人员违反计量检定规程或者使用未经考核合格的计量标准开展计量检定；不得以暴力或者威胁的方法阻碍计量检定人员依法执行任务。

(2) 未取得计量检定人员资格，擅自在法定计量检定机构等技术机构中从事计量检定活动的，由县级以上地方质量技术监督部门予以警告，并处以罚款。

(3) 任何单位和个人不得伪造、冒用《计量检定员证》或者《注册计量师注册证》。构成违法行为的，依照有关法律法规追究相应责任。

(4) 计量检定人员不得有下列行为：

① 伪造、篡改数据、报告、证书或技术档案等资料；

② 违反计量检定规程开展计量检定；

③ 使用未经考核合格的计量标准开展计量检定；

④ 出租、出借或者以其他方式非法转让《计量检定员证》或《注册计量师注册证》。

违反上述规定，构成违法行为的，依照有关法律法规追究相应责任。

(七) 注册计量师的管理

在计量领域实行职业资格准入制度，是为了进一步规范全社会计量专业技术人员的管理，提升计量专业技术人员的素质，以适应国民经济发展对计量技术人才提出的新要求。注册计量师制度的实施，将有利于整合考试资源，为计量专业技术人员的能力考核提供一个社会平台，实现计量专业技术人员资质管理的社会化和分层次管理。

2006 年 4 月 26 日，原人事部和国家质检总局联合发布了《注册计量师制度暂行规定》、《注册计量师资格考试实施办法》和《注册计量师资格考核认定办法》。根据《注册计量师制度暂行规定》的要求，国家对从事计量技术工作的专业技术人员实行职业准入制度，并纳入全国专业技术人员职业资格证书制度统一规划。

1. 注册计量师的含义

注册计量师，是指经考核认定或考试，取得相应级别注册计量师资格证书，并依法注册后，从事规定范围的计量技术工作的专业技术人员。注册计量师应根据国家法律、法规的规定，开展相应专业的执业活动。

注册计量师分为一级注册计量师和二级注册计量师。

2. 注册计量师的管理体制

人力资源和社会保障部、国家质检总局共同负责注册计量师制度工作，并按职责分工对该制度的实施进行指导、监督和检查。各省、自治区、直辖市人事部门、质量技术监督部门，按照职责分工负责本行政区域内注册计量师制度的实施与监督管理。

3. 注册计量师的考试

注册计量师资格实行全国统一大纲、统一命题的考试制度。凡中华人民共和国公民，遵守国家法律、法规，恪守职业道德，并符合注册计量师资格考试相应报名条件的人员，均可申请参加相应级别注册计量师的考试。

一级注册计量师资格考试科目：

科目 1《计量法律法规及综合知识》；

科目 2《测量数据处理与计量专业实务》；

科目 3《计量专业案例分析》。

二级注册计量师资格考试科目：

科目 1《计量法律法规及综合知识》；

科目 2《计量专业实务与案例分析》。

注册计量师的考试按《注册计量师制度暂行规定》、《注册计量师资格考试实施办法》的规定进行。

一级注册计量师资格考试合格，颁发人力资源和社会保障部统一印制，人力资源和社会保障部、国家质检总局共同用印的《中华人民共和国一级注册计量师资格证书》，该证书在全国范围内有效。二级注册计量师资格考试合格，由相应省、自治区、直辖市人事部门颁发人事部门和质量技术监督部门共同用印的《中华人民共和国二级注册计量师资格证书》。

注册计量师资格不能简单理解是职称。但是，为了为广大计量专业技术人员提供方便，取得一级注册计量师资格证书或二级注册计量师资格证书，用人单位可以根据需要聘任为工程师或助理工程师。

4. 注册计量师的注册

国家对从事计量法律、法规规定的计量检定、校准、检验、测试等的计量专业技术人员，实行职业准入制度。取得注册计量师资格证书的人员，经过注册后方可以相应级别注册计量师的名义执业。

国家质检总局为一级注册计量师资格的注册审批机关。各省、自治区、直辖市质量技术监督部门为二级注册计量师资格的注册审批机关，并负责一级注册计量师资格的注册审查工作。

取得注册计量师资格证书并申请注册的人员，应当受聘于一个经批准或授权的计量技术机构，并通过聘用单位报本单位所在地(聘用单位属企业的通过本单位工商注册所在地)的质量技术监督部门，向省级质量技术监督部门提出注册申请。

初始注册者，可自取得注册计量师资格证书之日起 1 年内提出注册申请。

初始注册需要提交下列材料：

(1) 相应级别注册计量师注册申请表；

(2) 相应级别注册计量师资格证书；

（3）申请人与聘用单位签订的劳动或聘用合同；

（4）逾期申请注册人员的继续教育证明材料；

（5）计量专业项目考核合格证明或《计量法》规定的《计量检定员证》；

（6）相应注册审批机构规定的其他条件。

取得注册计量师资格证书的人员，在进行注册时，需提交计量专业项目考核合格证明，或者提交《计量法》规定的《计量检定员证》。

《注册证》有效期为 3 年。《注册证》是注册计量师的职业凭证，由注册计量师本人保管和使用。

注册有效期届满需继续执业的，应当在届满前 30 个工作日内，按照规定的程序申请延续注册。注册审批机构应当根据申请人的申请，在规定的时限内做出是否准予延续注册的决定；逾期未做出决定的，视为准予延续。

延续注册需要提交下列材料：

（1）相应级别注册计量师延续注册的申请表；

（2）相应级别注册计量师资格证书；

（3）与聘用单位签订的劳动或聘用合同；

（4）按规定完成继续教育的证明和聘用单位考核合格证明；

（5）相应注册审批机构规定的其他条件。

在注册有效期内，注册计量师变更专业类别或执业单位的，应当按规定的程序办理变更注册手续。变更注册后，其注册证件在原注册有效期内继续有效。

注册计量师有下列情况之一的，应当由注册计量师本人或聘用单位及时向当地省级质量技术监督部门提出申请，由相应注册审批机关审核批准后，办理注销手续，收回《注册证》。

（1）不具有完全民事行为能力的；

（2）申请注销注册的；

（3）注册有效期满且未延续注册的；

（4）被依法撤销注册的；

（5）受到刑事处罚的；

（6）与聘用单位解除劳动或聘用关系的；

（7）聘用单位被依法取消计量技术工作资质的；

（8）因本人过失造成利害关系人重大经济损失的；

（9）应当注销注册的其他情形。

5. 注册计量师的权利

注册计量师享有下列权利：

（1）使用本专业相应级别注册计量师称谓；

（2）依据国家计量法律、法规和规章，在规定范围内从事计量技术工作，履行相应岗位职责；

（3）接受继续教育；

（4）获得与执业责任相应的劳动报酬；

（5）对不符合规定的计量技术行为提出异议，并向上级部门或注册审批机构报告；

（6）对侵犯本人权利的行为进行申诉。

6. 注册计量师的义务

注册计量师应当履行下列义务：

（1）遵守法律、法规和有关管理规定，恪守职业道德；

（2）执行计量法律、法规、规章及有关技术规范；

（3）保证计量技术工作的真实、可靠，以及原始数据和有关资料的准确、完整，并承担相应责任；

（4）在本人完成的计量技术工作相关文件上签字；

（5）不得准许他人以本人名义执业；

（6）严格保守在计量技术工作中知悉的国家秘密和他人的商业、技术秘密；

（7）接受继续教育，提高计量技术工作水准。

7. 计量检定人员考核制度和注册计量师制度的关系

随着注册计量师制度的推出，计量检定人员的管理模式将发生相应变化。当前，计量检定人员的管理同时执行《计量检定人员管理办法》和《注册计量师制度暂行规定》。

为了实现计量检定员考核制度与注册计量师制度的衔接，经修订的《计量检定人员管理办法》第十二条明确规定“具备相应条件，并按规定要求取得省级以上质量技术监督部门颁发的《注册计量师注册证》的，可以从事计量检定活动”。

七、计量器具产品的法制管理

纳入法制管理的计量器具产品的范围，是指列入《中华人民共和国依法管理的计量器具目录（型式批准部分）》（2005 年 10 月 8 日国家质检总局公告第 145 号发布）的计量装置、仪器仪表和量具。对计量器具产品实施法制管理的措施主要包括计量器具新产品的型式批准制度，制造、修理计量器具许可制度和进口计量器具的型式批准及检定制度。

（一）计量器具新产品管理

《计量法》第十三条规定：“制造计量器具的企业、事业单位生产本单位未生产过的计量器具新产品，必须经省级以上人民政府计量行政部门对其样品的计量性能考核合格，方可投入生产。”1987 年 7 月 10 日原国家计量局发布了《计量器具新产品管理办法》，2005 年 5 月 20 日国家质检总局又以总局第 74 号令发布了经修订的《计量器具新产品管理办法》，对计量器具新产品的管理做出了具体的规定。

1. 计量器具新产品的概念

计量器具新产品是指本单位从未生产过的计量器具，包括对原有产品在结构、材质等方面做了重大改进导致性能、技术特征发生变更的计量器具。

在中华人民共和国境内，任何单位或个体工商户制造以销售为目的的计量器具新产品必须遵守《计量器具新产品管理办法》。

2. 计量器具新产品的型式批准

凡制造计量器具新产品，必须申请型式批准。型式批准是“承认计量器具的型式符合法定要求的决定”。型式评价是“为确定计量器具型式可否予以批准,或是否应当签发拒绝批准文件,而对该计量器具型式进行的一种检查”。型式评价有时也称定型鉴定。

【案 例】 某计量器具生产企业对已经取得型式批准证书和制造计量器具许可证的产品进行了技术创新,扩大了测量范围,提高了测量准确度。为了满足用户的需要,该企业立即组织批量生产,并投放市场销售,取得了很好的经济效益。请问:已经生产的计量器具性能变更后是否需要履行型式批准手续?

【案例分析】《计量器具新产品管理办法》第二条规定:“计量器具新产品是指本单位从未生产过的计量器具,包括对原有产品在结构、材质等方面做了重大改进导致性能、技术特征发生变更的计量器具。”第四条规定:“凡制造计量器具新产品,必须申请型式批准。”所以,上述企业的做法不符合《计量器具新产品管理办法》第二条、第四条的规定。因为该生产企业通过技术创新,导致了原计量器具测量范围扩大、测量准确度提高,即计量器具的性能和技术特征发生了变更,因此必须申请型式批准。

3. 计量器具新产品的管理体制

国家质检总局负责统一监督管理全国的计量器具新产品型式批准工作。省级质量技术监督部门负责本地区的计量器具新产品型式批准工作。

列入国家质检总局重点管理目录的计量器具,型式评价由国家质检总局授权的技术机构进行;《中华人民共和国依法管理的计量器具目录(型式批准部分)》中的其他计量器具的型式评价由国家质检总局或省级质量技术监督部门授权的技术机构进行。

4. 型式批准的申请程序

(1) 单位制造计量器具新产品,在申请制造计量器具许可证前,应向当地省级质量技术监督部门申请型式批准。申请型式批准应递交申请书以及营业执照等合法身份证明。

(2) 受理申请的省级质量技术监督部门,自接到申请书之日起在5个工作日内对申请资料进行初审,初审通过后,按计量器具新产品法制管理的分工,委托相应的技术机构进行型式评价,并通知申请单位。

(3) 承担型式评价的技术机构,根据省级质量技术监督部门的委托,在10个工作日内与申请单位联系,做出型式评价的具体安排。

(4) 申请单位应向承担型式评价的技术机构提供试验样机,并递交有关的技术资料。

5. 型式评价的程序

(1) 承担型式评价的技术机构必须具备计量标准、检测装置以及场地、工作环境等相关条件,按照《计量授权管理办法》取得国家质检总局或省级质量技术监督部门的授权,方可开展相应的型式评价工作。

(2) 承担型式评价的技术机构必须全面审查申请单位提交的技术资料。

(3) 型式评价应按照型式评价大纲进行。国家已经发布了型式评价大纲的或国家计量检定规程中已经规定了型式评价要求的,按国家发布的大纲或规程执行。如果没有上述大纲或规程的,则应由承担型式评价的技术机构根据国家质检总局发布的有关型式评价的技术规范拟定型式评价大纲,并由其技术负责人批准。

(4) 型式评价一般应在3个月内完成。型式评价结束后,承担型式评价的技术机构将型式评价结果报委托的省级质量技术监督部门，并通知申请单位。

（5）型式评价过程中发现计量器具存在问题的，由承担型式评价的技术机构通知申请单位，可在3个月内进行一次改进；改进后，送原技术机构重新进行型式评价。申请单位改进计量器具的时间不计入型式评价时限。

（6）承担型式评价的技术机构在型式评价后，应将全部样机、需要保密的技术资料退还申请单位，并保留有关资料和原始记录，保存期不少于3年。

6. 型式批准的审批程序

（1）省级质量技术监督部门应在接到型式评价报告之日起10个工作日内，根据型式评价结果和计量法制管理的要求，对计量器具新产品的型式进行审查。经审查合格的，向申请单位颁发型式批准证书；经审查不合格的，发给不予行政许可决定书。

（2）对已经不符合计量法制管理要求和技术水平落后的计量器具，国家质检总局可以废除原批准的型式。任何单位不得制造已废除型式的计量器具。

7. 型式批准的监督管理

（1）承担型式评价的技术机构，对申请单位提供的样机和技术文件、资料必须保密。违反规定的，应当按照国家有关规定，赔偿申请单位的损失，并给予直接责任人员行政处分；构成犯罪的，依法追究刑事责任。

（2）技术机构出具虚假数据的，由国家质检总局或省级质量技术监督部门撤销其授权型式评价技术机构资格。

（3）任何单位制造已取得型式批准的计量器具，不得擅自改变原批准的型式。对原有产品在结构、材质等方面做了重大改进导致性能、技术特征发生变更的，必须重新申请办理型式批准。地方质量技术监督部门负责进行监督检查。

（4）申请单位对型式批准结果有异议的，可申请行政复议或提出行政诉讼。

（5）制造、销售未经型式批准的计量器具新产品的，由地方质量技术监督部门按照《计量法》及《计量法实施细则》和《计量违法行为处罚细则》的有关规定予以行政处罚。

（二）制造、修理计量器具许可管理

《计量法》第十二条规定："制造、修理计量器具的企业、事业单位，必须具备与所制造、修理的计量器具相适应的设施、人员和检定仪器设备，经县级以上人民政府计量行政部门考核合格，取得《制造计量器具许可证》或《修理计量器具许可证》。"2007年12月29日国家质检总局以总局第104号令发布了新的《制造、修理计量器具许可监督管理办法》，该办法对制造、修理计量器具许可的适用范围、管理体制、申请与受理、核准与发证、证书和标志、监督管理以及法律责任等做出了规定。其性质是规范制造计量器具许可活动，加强制造计量器具许可监督管理，确保计量器具量值的准确可靠。

1. 调整对象

该办法的调整对象是在中华人民共和国境内，以销售为目的制造计量器具、以经营为目的修理计量器具的企业、事业单位和个体工商户。所称计量器具是指列入《中华人民共和国依法管理的计量器具目录（型式批准部分）》的计量器具。

2. 管理体制

国家质检总局统一负责全国制造、修理计量器具许可的监督管理工作。省级质量技术监督部门负责本行政区域内制造、修理计量器具许可的监督管理工作。市、县级质量技术监督部门在省级质量技术监督部门的领导下负责本行政区域内制造、修理计量器具许可的监督管理工作。制造、修理计量器具许可的监督管理应当遵循科学、高效、便民的原则。

3. 申请条件

申请制造、修理计量器具许可，应当具备以下条件：

(1) 具有与所制造、修理计量器具相适应的固定生产场所及条件；

(2) 具有与所制造、修理计量器具相适应的技术人员和检验人员；

(3) 具有保证所制造、修理计量器具量值准确的检验条件；

(4) 具有与所制造、修理计量器具相适应的技术文件；

(5) 具有相应的质量管理制度和计量管理制度。

申请制造计量器具许可的，还应当按照规定取得计量器具型式批准证书，并具有提供售后技术服务的条件和能力。

4. 许可效力

许可的法律效力主要体现在项目效力、生产地效力、时间效力、委托加工效力四个方面。

(1) 项目效力

制造、修理计量器具许可只对经批准的计量器具名称、型号等项目有效。新增制造、修理项目的，应当另行办理新增项目的制造、修理计量器具许可。制造量程扩大或者准确度提高等超出原有许可范围的相同类型计量器具新产品，或者因有关技术标准和技术要求改变导致产品性能发生变更的计量器具的，应当另行办理制造计量器具许可；其有关现场考核手续可以简化。

【案 例】 某计量器具生产企业为了满足顾客的需要，对已经取得制造计量器具许可证的产品进行了改进，其测量范围扩大了，测量准确度提高了。该产品生产后直接销售给了顾客，得到了顾客的认可。问题：一个企业是否可以生产销售超出了制造许可范围的计量器具？

【案例分析】 《制造、修理计量器具许可监督管理办法》第十五条规定："制造量程扩大或者准确度提高等超出原有许可范围的相同类型计量器具新产品，或者因有关技术标准和技术要求改变导致产品性能发生变更的计量器具的，应当另行办理制造计量器具许可；其有关现场考核手续可以简化。"所以，该企业的上述做法不符合《制造、修理计量器具许可监督管理办法》第十五条的规定。因为该企业为满足顾客需要而新生产的计量器具量程扩大了、准确度提高了，属于超出原有许可范围的相同类型计量器具新产品，应当另行办理制造计量器具许可。

(2) 生产地效力

因制造或修理场地迁移、检验条件或技术工艺发生变化、兼并或重组等原因造成制造、修理条件改变的，应当重新办理制造、修理计量器具许可。

(3) 时间效力

制造、修理计量器具许可证的有效期为 3 年。有效期届满，需要继续从事制造、修理计量器具的，应当在有效期届满 3 个月前，向原准予制造、修理计量器具许可的质量技术监督部门提出复查换证申请。

(4) 委托加工效力

采用委托加工方式制造计量器具的,被委托方应当取得与委托加工产品项目相应的制造计量器具许可,并与委托方签订书面委托合同。委托加工的计量器具,应当标注被委托方的制造计量器具许可证标志和编号。

5. 监督管理

(1) 任何单位和个人未取得制造、修理计量器具许可,不得制造、修理计量器具。任何单位和个人不得销售未取得制造计量器具许可的计量器具。

(2) 各级质量技术监督部门应当对取得制造、修理计量器具许可的单位和个人实施监督管理,对制造、修理计量器具的质量实施监督检查。

(3) 根据不同的情况,原准予制造、修理计量器具许可的质量技术监督部门或者其上级质量技术监督部门可以依法撤回、撤销、注销其制造、修理计量器具许可。

《制造、修理计量器具许可监督管理办法》还规定了相应的法律责任。

(三) 进口计量器具的管理

《计量法》第十六条规定:"进口的计量器具,必须经省级以上人民政府计量行政部门检定合格后方可销售。"1989 年 10 月 11 日经国务院批准,原国家技术监督局发布了《中华人民共和国进口计量器具监督管理办法》。1996 年 6 月 24 日原国家技术监督局发布了《中华人民共和国进口计量器具监督管理办法实施细则》。进口计量器具是指从境外进口在境内销售的计量器具。改革开放以来,我国从国外进口的计量器具日益增多,其中既有技术先进、质量优良的产品,也有型式落后、质量低劣的产品,甚至有不符合我国计量法律、法规要求的产品。因此,必须加强对进口计量器具的监督管理。

1. 调整对象

任何单位或个人进口计量器具,以及外商或者其代理人在中国销售计量器具,必须遵守《中华人民共和国进口计量器具监督管理办法》的规定。上述"外商"指外国制造商、经销商,以及港、澳、台地区的制造商、经销商。

2. 适用范围

办理型式批准的进口计量器具的范围是列入《中华人民共和国进口计量器具型式审查目录》(2006 年 1 月 13 日国家质检总局公告 2006 年第 5 号发布)的计量器具。

3. 管理体制

国务院计量行政部门对全国的进口计量器具实施统一监督管理;县级以上地方政府计量行政部门对本行政区域内的进口计量器具依法实施监督管理;各地区、各部门的机电产品进口管理机构和海关等部门在各自的职责范围内对进口计量器具实施管理。

4. 型式批准

凡进口或者在中国境内销售列入《中华人民共和国进口计量器具型式审查目录》的计量器

具，应当向国务院计量行政部门申请办理型式批准。未经型式批准的，不得进口或者销售。《中华人民共和国进口计量器具型式审查目录》的具体项目与《中华人民共和国依法管理的计量器具目录(型式批准部分)》相同。

5. 进口计量器具的检定

列入《中华人民共和国依法管理的计量器具目录(型式批准部分)》的进口计量器具，在销售之前必须经省级政府计量行政部门检定。当地不能检定的，向国务院计量行政部门申请检定。未经检定合格的，不得销售。

6. 法律责任

《中华人民共和国进口计量器具监督管理办法实施细则》规定了相关的法律责任，其中规定：承担进口计量器具定型鉴定和检定的技术机构及其工作人员，违反实施细则的规定，给申请单位造成损失的，应当按照国家有关规定，赔偿申请单位的损失，并给予直接责任人员行政处分；构成犯罪的，依法追究其刑事责任。

八、商品量的计量监督管理和检验

加强对商品量的计量监督管理是世界各国政府法制计量工作的重要内容，也是我国当前计量工作的重要内容。1985 年颁布的《计量法》是根据我国当时的经济转型期的具体情况，重点规范了计量器具的制造、修理、进口、销售和使用。随着我国社会主义市场经济的发展，利用计量器具进行计量作弊和故意克扣造成商品缺秤少量的情况时有发生。《计量法》对此虽有规定，但过于原则，操作性不强。为加强对商品量的计量监督管理，国家先后出台了《零售商品称重计量监督管理办法》、《定量包装商品计量监督管理办法》、《商品量计量违法行为处罚规定》等规章和《定量包装商品生产企业计量保证能力评价规定》等规范性文件，以及国家计量技术规范 JJF 1070—2005《定量包装商品净含量计量检验规则》，为我国加强对商品量和定量包装商品生产企业的管理提供了依据。

(一) 零售商品称重计量监督管理

在《零售商品称重计量监督管理办法》中，对零售商品称重计量监督管理的对象、要求、核称商品的方法和法律责任等做出了明确的规定。

1. 管理对象

零售商品称重计量监督管理的对象主要是以重量结算的食品、金银饰品。

2. 管理要求

(1) 零售商品经销者销售商品时，必须使用合格的计量器具，其最大允许误差应当优于或等于所销售商品的负偏差。

(2) 零售商品经销者使用称重计量器具当场称量商品，必须按照称重计量器具的实际示值结算，保证商品量计量合格。

(3) 零售商品经销者使用称重计量器具每次当场称重商品，在规定的称重范围内，经核称商品的实际重量值与结算重量值之差不得超过规定的负偏差。

3. 核称商品的方法

零售商品经销者和计量监督人员可以按照如下方法核称商品：

（1）原计量器具核称法

直接核称商品，商品的核称重量值与结算（标称）重量值之差不应超过商品的负偏差，并且称重与核称重量值等量的最大允许误差优于或等于所经销商品的负偏差三分之一的砝码，砝码示值与商品核称重量值之差不应超过商品的负偏差。

（2）高准确度称重计量器具核称法

用最大允许误差优于或等于所经销商品的负偏差三分之一的计量器具直接核称商品，商品的实际重量值与结算（标称）重量值之差不应超过商品的负偏差。

（3）等准确度称重计量器具核称法

用另一台最大允许误差优于或等于所经销商品的负偏差的计量器具直接核称商品，商品的核称重量值与结算（标称）重量值之差不应超过商品的负偏差的 2 倍。

4. 法律责任

零售商品经销者违反管理办法的有关规定的，县级以上地方质量技术监督部门或者工商行政管理部门可以依照《计量法》、《消费者权益保护法》等有关法律、法规或者规章给予行政处罚。

（二）定量包装商品计量监督管理

在《定量包装商品计量监督管理办法》中，对定量包装商品计量监督管理的范围、管理体制、基本要求、净含量标注要求、净含量计量要求、计量监督管理措施、禁止误导性包装、计量保证能力评价和法律责任等内容做出了明确的规定。

1. 管理范围

定量包装商品计量监督管理的对象是以销售为目的，在一定量限范围内具有统一的质量、体积、长度、面积、计数标注等标识内容的预包装商品。在中华人民共和国境内，生产、销售定量包装商品，以及对定量包装商品实施计量监督管理，应当遵守《定量包装商品计量监督管理办法》。

2. 管理体制

国家质检总局对全国定量包装商品的计量工作实施统一监督管理。

县级以上地方质量技术监督部门对本行政区域内定量包装商品的计量工作实施监督管理。

3. 基本要求

定量包装商品的生产者、销售者应当加强计量管理，配备与其生产定量包装商品相适应的计量检测设备，保证生产、销售的定量包装商品符合《定量包装商品计量监督管理办法》的规定。

4. 净含量标注要求

（1）定量包装商品的生产者、销售者应当在其商品包装的显著位置正确、清晰地标注定量包装商品的净含量。

净含量的标注由“净含量”（中文）、数字和法定计量单位（或者用中文表示的计数单位）三个部分组成。法定计量单位的选择应当符合《定量包装商品计量监督管理办法》的规定。以长度、面积、计数单位标注净含量的定量包装商品，可以免于标注“净含量”三个中文字，只标注数字和法定计量单位（或者用中文表示的计数单位）。

（2）定量包装商品净含量标注字符的最小高度应当符合《定量包装商品计量监督管理办法》的规定。

（3）同一包装内含有多件同种定量包装商品的，应当标注单件定量包装商品的净含量和总件数，或者标注总净含量；同一包装内含有多件不同种定量包装商品的，应当标注各种不同种定量包装商品的单件净含量和各种不同种定量包装商品的件数，或者分别标注各种不同种定量包装商品的总净含量。

【案 例】 在对一个超市的定量包装商品的计量监督检查中，发现有6种定量包装商品净含量的标注分别为：A. 含量：500克；B. 净含量：500g；C. 净含量：500Ml；D. 净含量：50L；E. 净含量：5Kg；F. 净含量：100厘米。请指出错误的标注。

【案例分析】 《定量包装商品计量监督管理办法》第五条规定：定量包装商品净含量的标注由“净含量”（中文）、数字和法定计量单位（或者用中文表示的计数单位）三个部分组成。“净含量”不应用“含量”代替，法定计量单位应正确书写，所以在上述6种净含量标注中A，C，E，F四种标注不符合《定量包装商品计量监督管理办法》第五条的规定，是错误的。正确的标注为：A. 净含量：500克；C. 净含量：500mL；E. 净含量：5kg；F. 净含量：1米。

5. 净含量计量要求

（1）单件定量包装商品的实际含量应当准确反映其标注净含量，标注净含量与实际含量之差不得大于《定量包装商品计量监督管理办法》规定的允许短缺量。

（2）批量定量包装商品的平均实际含量应当大于或者等于其标注净含量。用抽样的方法评定一个检验批的定量包装商品，应当按照《定量包装商品计量监督管理办法》的规定，进行抽样检验和计算。样本中单件定量包装商品的标注净含量与其实际含量之差大于允许短缺量的件数以及样本的平均实际含量应当符合《定量包装商品计量监督管理办法》的规定。

（3）强制性国家标准、强制性行业标准对定量包装商品的允许短缺量以及法定计量单位的选择已有规定的，从其规定；没有规定的，按照《定量包装商品计量监督管理办法》执行。

（4）对因水分变化等因素引起净含量变化较大的定量包装商品，生产者应当采取措施保证在规定条件下商品净含量的准确。

【案 例】 计量监督人员在对定量包装商品生产企业进行监督检查时，检查了定量包装商品的净含量标注，并抽样检查了单件定量包装商品的实际含量，没有发现违反《定量包装商品计量监督管理办法》的规定要求，所以评定该企业的定量包装商品符合计量要求。问题：对定量包装商品净含量的计量要求包括哪些方面？

【案例分析】 依据《定量包装商品计量监督管理办法》第八条规定：单件定量包装商品的

实际含量应当准确反映其标注净含量，标注净含量与实际含量之差不得大于规定的允许短缺量。第九条规定，批量定量包装商品的平均实际含量应当大于或者等于其标注净含量。用抽样的方法评定一个检验批的定量包装商品，应当按照办法规定进行抽样检验和计算。样本中单件定量包装商品的标注净含量与其实际含量之差大于允许短缺量的件数以及样本的平均实际含量应当符合办法的规定。所以，上述监督检查不符合《定量包装商品计量监督管理办法》第九条要求的规定，对定量包装商品净含量的监督检查应该包括单件定量包装商品的实际含量的检查和批量定量包装商品的平均实际含量的检查两个方面，只有两个方面都符合《定量包装商品计量监督管理办法》的规定，才能做出合格的结论。仅仅进行单件定量包装商品的实际含量的检查是不能做出合格与否的结论的。

6. 计量监督管理措施

（1）县级以上质量技术监督部门应当对生产、销售的定量包装商品进行计量监督检查。

质量技术监督部门进行计量监督检查时，应当充分考虑环境及水分变化等因素对定量包装商品净含量产生的影响。

（2）对定量包装商品实施计量监督检查进行的检验，应当由被授权的计量检定机构按照《定量包装商品净含量计量检验规则》进行。

检验定量包装商品，应当考虑储存和运输等环境条件可能引起的商品净含量的合理变化。

7. 禁止误导性包装

定量包装商品的生产者、销售者在使用商品的包装时，应当节约资源、减少污染、正确引导消费，商品包装尺寸应当与商品净含量的体积比例相当。不得采用虚假包装或者故意夸大定量包装商品的包装尺寸，使消费者对包装内的商品量产生误解。

8. 计量保证能力评价

（1）国家鼓励定量包装商品生产者自愿参加计量保证能力评价工作，保证计量诚信。

省级质量技术监督部门按照《定量包装商品生产企业计量保证能力评价规范》的要求，对生产者进行核查，对符合要求的予以备案，并颁发全国统一的《定量包装商品生产企业计量保证能力证书》，允许在其生产的定量包装商品上使用全国统一的计量保证能力合格标志。

（2）获得《定量包装商品生产企业计量保证能力证书》的生产者，违反《定量包装商品生产企业计量保证能力评价规范》要求的，责令其整改，停止使用计量保证能力合格标志，可处5000元以下的罚款；整改后仍不符合要求的或者拒绝整改的，由发证机关吊销其《定量包装商品生产企业计量保证能力证书》。定量包装商品生产者未经备案，擅自使用计量保证能力合格标志的，责令其停止使用，可处 30000 元以下罚款。

9. 法律责任

（1）生产、销售定量包装商品违反《定量包装商品计量监督管理办法》的有关规定，未正确、清晰地标注净含量的，责令改正；未标注净含量的，限期改正，逾期不改的，可处 1000 元以下罚款。

（2）生产、销售的定量包装商品，经检验其实际含量违反上述办法的有关规定的，责令改正，可处检验批货值金额3倍以下、最高不超过30000元的罚款。

九、产品质量检验机构计量认证

计量认证是指由政府计量行政部门对产品质量检验机构的计量检定、测试能力和可靠性进行的考核和证明。

《计量法》第二十二条规定："为社会提供公证数据的产品质量检验机构，必须经省级以上人民政府计量行政部门对其计量检定、测试能力和可靠性考核合格。"《计量法实施细则》第三十二条规定："为社会提供公正数据的产品质量检验机构，必须经省级以上人民政府计量行政部门计量认证。"

计量认证考核内容包括：

（1）计量检定、测试设备的性能；

（2）计量检定、测试设备的工作环境和人员的操作技能；

（3）保证量值统一、准确的措施及检测数据公正可靠的管理制度。

属全国性的产品质检机构，向国务院计量行政部门申请计量认证；属地方性的产品质检机构，向所在地的省、自治区、直辖市人民政府计量行政部门申请计量认证。

经考核合格，由接受申请的省级以上政府计量行政部门审查批准，发给计量认证合格证书，并同意使用统一的计量认证标志。合格证的有效期为5年。5年后要重新申请，复查换证。在5年有效期内要进行若干次定期和不定期的监督。经考核不合格，未取得计量认证合格证书的，不得开展产品质量检验。

十、计量法律责任

计量法律责任是指违反了计量法律、法规和规章的规定应当承担的法律后果。根据违法的情节及造成后果的程度不同，《计量法》规定的法律责任有三种。

（1）行政法律责任（包括行政处罚和行政处分）。如未经国务院计量行政部门批准，进口国务院规定废除的非法定计量单位的计量器具和国务院禁止使用的其他计量器具的，责令其停止进口，没收进口计量器具和全部违法所得，可并处相当其违法所得10％～50％的罚款。

（2）民事法律责任。当违法行为构成侵害他人权利，造成财产损失的，则要负民事责任。如使用不合格的计量器具或破坏计量器具准确度，给国家和消费者造成损失的，要责令赔偿损失。

（3）刑事法律责任。已构成犯罪，由司法机关处理的，属刑事法律责任。如制造、修理、销售以欺骗消费者为目的的计量器具，造成人身伤亡或重大财产损失的，伪造盗用、倒卖检定印、证的，要追究刑事责任。

我国《计量法》规定，对计量违法行为实施行政处罚，由县级以上地方人民政府计量行政部门决定。

行政处罚是由国家特定的行政机关给予有违法行为，尚不构成刑事犯罪的法人及公民的一种法律制裁。

按照《中华人民共和国行政处罚法》的规定，行政处罚的种类包括：

(1) 警告；

(2) 罚款；

(3) 没收违法所得、没收非法财物；

(4) 责令停产停业；

(5) 暂扣或者吊销许可证、暂扣或者吊销执照；

(6) 行政拘留；

(7) 法律、行政法规规定的其他行政处罚。

我国《计量法》规定了八种行政处罚的形式：

(1) 责令停止生产(对批量产品)；

(2) 停止制造(对计量器具新产品)；

(3) 停止销售；

(4) 停止营业；

(5) 停止使用；

(6) 没收计量器具；

(7) 没收违法所得；

(8) 罚款。

《计量法实施细则》又补充规定了四种行政处罚形式：

(1) 停止检验；

(2) 停止出厂；

(3) 停止进口；

(4) 吊销营业执照。

《计量法实施细则》还规定了责令改正和封存两种行政强制措施。

习题及参考答案

一、习　题

(一) 思考题

1. 计量立法的宗旨是什么？

2. 法定计量检定机构的基本职能是什么？

3. 什么是国家计量基准？它的主要作用是什么？

4. 什么是社会公用计量标准？它的建立需要履行哪些法定的程序？

5. 什么是部门、企事业单位最高计量标准？如何实施管理？

6. 实施计量检定应遵循哪些原则？

7. 强制检定的范围是什么？实施和管理强制检定的主要特点是什么？

8. 非强制检定的计量器具如何实施计量检定和管理？

9. 什么是仲裁检定？如何实施？

10. 计量检定人员有哪些权利和义务？

11. 计量检定人员的法律责任是什么？为什么要如此规定？

12. 什么是注册计量师制度？注册计量师有哪些权利和义务？

13. 对定量包装商品净含量的计量要求包括哪些内容?
14. 什么是计量器具新产品? 实施管理的范围是什么?
15. 计量器具新产品型式评价和型式批准如何实施管理?
16. 实施计量器具新产品的型式评价应遵循哪些法定的程序?
17. 制造计量器具许可的范围和条件是什么?
18. 什么是进口计量器具? 其依法管理的范围是什么? 有哪几个主要管理环节?
19. 对计量违法行为实施行政处罚的种类包括哪些?

(二) 选择题(单选)

1. 以下哪个内容不属于计量法调整的范围? ________。
   A. 建立计量基准、计量标准　　B. 制造、修理计量器具
   C. 进行计量检定　　D. 使用教学用计量器具
2. 法定计量检定机构不得从事以下哪些行为? ________。
   A. 按计量检定规程进行计量检定
   B. 使用超过有效期的计量标准开展计量检定工作
   C. 指派取得计量检定员证的人员开展计量检定工作
   D. 开展授权的法定计量检定工作
3. 省级以上质量技术监督部门对法定计量检定机构的监督主要包括________。
   A.《法定计量检定机构监督管理办法》规定内容的执行情况
   B.《法定计量检定机构考核规范》规定内容的执行情况
   C. 定期或者不定期对所建计量基、标准状况进行赋值比对
   D. 以上全部
4. 统一全国量值的最高依据是________。
   A. 计量基准　　B. 社会公用计量标准
   C. 部门最高计量标准　　D. 工作计量标准
5. 国家计量检定系统表由________制定。
   A. 省、自治区、直辖市政府计量行政部门　　B. 国务院计量行政部门
   C. 国务院有关主管部门　　D. 计量技术机构
6. 计量师初始注册者,可自取得注册计量师资格证书之日起________内提出注册申请。
   A. 1 年　　B. 2 年　　C. 3 年　　D. 没有时间限制
7. 零售商品称重计量监督管理的对象主要是以重量结算的________。
   A. 食品、金银饰品　　B. 化妆品　　C. 药品　　D. 以上全部
8. 定量包装商品计量监督管理的对象是以销售为目的,在一定量限范围内具有统一的________标注等标识内容的预包装商品。
   A. 质量、体积、长度　　B. 面积
   C. 计数　　D. 以上全部

(三) 选择题(多选)

1. 计量立法的宗旨是________。
   A. 加强计量监督管理,保障计量单位制的统一和量值的准确可靠
   B. 适应社会主义现代化建设的需要,维护国家、人民的利益
   C. 只保障人民的健康和生命、财产的安全

D. 有利于生产、贸易和科学技术的发展

2. 国家法定计量检定机构应根据质量技术监督部门的授权履行下列职责__________。

A. 建立社会公用计量标准 B. 执行强制检定

C. 没收非法计量器具 D. 承办有关计量监督工作

3. 在处理计量纠纷时，以__________进行仲裁检定后的数据才能作为依据，并具有法律效力。

A. 计量基准 B. 社会公用计量标准

C. 部门最高计量标准 D. 工作计量标准

4. 计量检定规程可以由__________制定。

A. 国务院计量行政部门

B. 省、自治区、直辖市政府计量行政部门

C. 国务院有关主管部门

D. 法定计量检定机构

5. 需要强制检定的计量标准包括__________。

A. 社会公用计量标准 B. 部门最高计量标准

C. 企事业单位最高计量标准 D. 工作计量标准

6. 申请注册计量师初始注册需要提交的材料至少包括下列文件中的__________。

A. 相应级别注册计量师资格证书

B. 申请人与聘用单位签订的劳动或聘用合同

C. 计量专业项目考核合格证明或《中华人民共和国计量法》规定的《计量检定员证》

D. 个人身份证

7. 注册计量师享有的权利包括__________。

A. 在规定范围内从事计量技术工作，履行相应岗位职责

B. 晋升高级职称

C. 接受继续教育

D. 获得与执业责任相应的劳动报酬

8. 注册计量师应当履行的义务包括__________。

A. 遵守法律、法规和有关管理规定，恪守职业道德

B. 执行计量法律、法规、规章及有关技术规范

C. 在本人完成的计量技术工作相关文件上签字

D. 不得准许他人以本人名义执业

9.《计量器具新产品管理办法》中，计量器具新产品是指__________。

A. 在中华人民共和国境内，任何单位或个体工商户制造的不以销售为目的的计量器具新产品

B. 对原有产品在外观上做了改动的计量器具

C. 制造计量器具的企业、事业单位从未生产过的计量器具

D. 对原有产品在结构、材质等方面做了重大改进导致性能、技术特征发生变更的计量器具

二、参考答案

(一) 思考题(略)

(二) 选择题(单选)：1. D； 2. B； 3. D； 4. A； 5. B； 6. A； 7. A； 8. D。

（三）选择题（多选）：1. A B D； 2. A B D； 3. A B； 4. A B C； 5. A B C； 6. A B C； 7. A C D； 8. A B C D； 9. C D。

第二节 计量技术法规及国际计量技术文件

一、计量技术法规的范围及其分类

（一）计量技术法规的范围

1. 计量技术法规综述

计量技术法规包括国家计量检定系统表、计量检定规程和计量技术规范。它们是正确进行量值传递、量值溯源，确保计量基准、计量标准所测出的量值准确可靠，以及实施计量法制管理的重要手段和条件。

国家计量检定系统表是国家对量值传递的程序做出规定的法定性技术文件。《计量法》第十条规定："计量检定必须按照国家计量检定系统表进行。国家计量检定系统表由国务院计量行政部门制定。"这就确立了检定系统表的法律地位。

国家计量检定系统表采用框图结合文字的形式，规定了国家计量基准的主要计量特性、从计量基准通过计量标准向工作计量器具进行量值传递的程序和方法、计量标准复现和保存量值的不确定度以及工作计量器具的最大允许误差等。

制定国家计量检定系统表的目的在于把实际用于测量工作的计量器具的量值和国家计量基准所复现的单位量值联系起来，以保证工作计量器具应具备的准确度。国家计量检定系统表所提供的检定途径应是科学、合理、经济的。

计量检定规程是为评定计量器具特性，规定检定项目、检定条件、检定方法、检定结果的处理、检定周期乃至型式评价、使用中检验的要求，作为确定计量器具合格与否的法定性技术文件。《计量法》第十条规定："计量检定必须执行计量检定规程。国家计量检定规程由国务院计量行政部门制定。没有国家计量检定规程的，由国务院有关主管部门和省、自治区、直辖市人民政府计量行政部门分别制定部门计量检定规程和地方计量检定规程，并向国务院计量行政部门备案。"这就确立了计量检定规程的法律地位。

计量技术规范是指国家计量检定系统表、计量检定规程所不能包含的，计量工作中具有综合性、基础性并涉及计量管理的技术文件和用于计量校准的技术规范。它在科学计量发展、计量技术管理、实现溯源性等方面提供了统一的指导性的规范和方法，也是计量技术法规体系的组成部分。

2. 计量技术法规的发展和现状

建立和完善计量技术法规体系是实现单位制的统一和量值的准确可靠的重要保障。尽管我国度量衡的发展已有几千年的历史，但20世纪50年代初中国还没有自己的检定规程，1953年成立的一机部计量检定所按照翻译苏联的检定规程开展有限的检定工作。可以说，从1956年至1965年为创始阶段，1966年至1975年为保持阶段，1976年至1985年为发展阶段，

1986 年至 1995 年为立法繁荣阶段，1996 年至今为调整、提高与国际化阶段。20 世纪 70 年代以前，国家计量检定系统表的大部分是引用苏联的，并将其列入检定规程的附录中。至 1990 年，国务院计量行政部门共颁布了 89 个国家计量检定系统表，对应计量学的 10 大学科的计量基准、计量标准和工作计量器具，概括了我国计量基、标准的水平及量值传递系统的全貌。随着计量基、标准的不断发展，目前我国共有国家计量检定系统表 93 个。

《计量法》的颁布和实施，大大促进了国家计量技术法规的制、修订工作，尤其是 1987 年国务院发布《中华人民共和国强制检定的工作计量器具目录》，针对这 55 项 111 种计量器具迫切需要有相应的国家计量检定规程，才能对其进行定点定期的强制检定，现已制定出近千个国家计量检定规程，基本满足了执法的需要。

随着我国自 1985 年加入国际法制计量组织（OIML），以及经济体制改革的深化，特别是我国于 2001 年加入世界贸易组织（WTO），为消除技术性贸易壁垒（TBT），国家计量技术法规从管理到内容都有了很大的变化。在管理体制上，国家计量技术法规的起草工作从原来的归口单位管理转为技术委员会管理，从内容上要求积极采用 OIML 发布的国际建议、国际文件以及有关国际组织发布的国际标准，从编写结构上要求尽可能包含相关的内容。此外，国家计量检定规程用于强制检定的计量器具是国际趋势，因此在允许的范围内，现在有些计量检定规程已由计量校准规范来代替，因而在计量技术规范中增加了很多计量校准规范。

（二）计量技术法规的分类

1. 计量检定规程

根据《计量法》第十条，计量检定规程分为三类：国家计量检定规程、部门计量检定规程和地方计量检定规程。

国家计量检定规程由国务院计量行政部门组织制定。专业分类一般为：长度、力学、声学、热学、电磁、无线电、时间频率、电离辐射、化学、光学等。

国务院有关部门根据《中华人民共和国依法管理的计量器具目录》和《中华人民共和国强制检定的工作计量器具目录》，对尚没有国家计量检定规程的计量器具，可以制定适用于本部门的部门计量检定规程。部门计量检定规程向国家质检总局备案。在相关的国家计量检定规程颁布实施后，部门计量检定规程即行废止。

省级质量技术监督部门根据《中华人民共和国依法管理的计量器具目录》和《中华人民共和国强制检定的工作计量器具目录》，对尚没有国家计量检定规程的计量器具，可以制定适应于本地区的地方计量检定规程。地方计量检定规程向国家质检总局备案。在相应的国家计量检定规程实施后，地方计量检定规程即行废止。

【案 例】 考评员在考核力学室室主任小姚时，问："你认为计量检定规程制定的范围应如何确定？"小姚想了一下回答说："按《计量法》规定，计量检定必须执行计量检定规程，当然凡计量器具均应制定计量检定规程。"

【案例分析】 按《计量法》规定，计量检定必须执行计量检定规程，是指必须依法进行计量检定的计量器具，应制定计量检定规程，并不是指凡是计量器具就必须制定计量检定规程。不属于依法进行计量检定的计量器具，可不制定计量检定规程。如国家规定，我国对于计量基准不制定检定规程，而是制定各项基准的操作技术规范。从当前的实际情况和国际发展趋势看，对依法实施强制检定的计量器具应制定计量检定规程，其他计量器具可制定计量校准规范，通过校准进行量值溯源。实际上，必须依法进行计量检定的计量器具范围很广，而制定检定规程的重点是：①强制检定的计量器具；②在依法管理的计量器具目录中，属于量大面广的计量器具；③对统一全国量值有重大影响的计量器具。

2. 计量检定系统表

计量检定系统表只有国家计量检定系统表一种。它由国务院计量行政部门组织制定、修订，由建立计量基准的单位负责起草。一项国家计量基准基本上对应一个计量检定系统表。它反映了我国科学计量和法制计量的水平。

3. 计量技术规范

计量技术规范由国务院计量行政部门组织制定。包括：通用计量技术规范，含通用计量名词术语以及各计量专业的名词术语、国家计量检定规程和国家计量检定系统表及国家校准规范的编写规则、计量保证方案、测量不确定度评定与表示、计量检测体系确认、测量仪器特性评定、计量比对等；专用计量技术规范，含各专业的计量校准规范、某些特定计量特性的测量方法、测量装置试验方法等。

（三）计量技术法规的编号

上述三种国家计量技术法规的编号分别为：

国家计量检定规程用汉语拼音缩写 JJG 表示，编号为 JJG ××××—××××；

国家计量检定系统表用汉语拼音缩写 JJG 表示，顺序号为 2000 号以上，编号为 JJG 2×××—××××；

国家计量技术规范用汉语拼音缩写 JJF 表示，编号为 JJF ××××—××××，其中国家计量基准、副基准操作技术规范顺序号为 1200 号以上。

××××—××××为法规的“顺序号—年份号”，均用阿拉伯数字表示（年份号为批准的年份）。

例如：JJG 1016—2006 心电监护仪

JJG 2001—1987 线纹计量器具检定系统

JJG 2093—1995 常温黑体辐射计量器具检定系统

JJF 1001—1998 通用计量术语及定义

JJF 1139—2005 计量器具检定周期确定原则和方法

JJF 1201—1990 3.39 微米波长基准操作技术规范

JJF 1372—1995 硫酸亚铁剂量计 γ 射线辐射加工级水吸收剂量基准操作技术规范

JJF 1049—1995 温度传感器动态响应校准规范

地方和部门计量检定规程编号为 JJG（）××××—××××，（）里用中文字，代表该检定规程的批准单位和施行范围，××××为顺序号，—××××为批准的年份。如 JJG（京）39—2006 智能冷水表检定规程，代表北京市质量技术监督局 2006 年批准的顺序号为第 39 号的地方计量检定规程，在北京市范围内施行。又如 JJG（铁道）132—2005 列车测速仪检定规程，代表铁道部 2005 年批准的顺序号为第 132 号的部门计量检定规程，在铁道部范围内施行。

二、计量检定规程、国家计量检定系统表、计量技术规范的应用

(一) 计量检定规程的应用

计量检定规程是执行检定的依据。检定必须按照检定规程进行。自 1998 年以来,国家计量检定规程的内容向国际建议靠拢,有些规程中增加了型式评价试验的要求和方法,大部分规程除了必须包括首次检定、后续检定的要求外,还增加了使用中检验的要求,因此从设计到制造,一直到使用、修理,检定规程对保障计量器具的量值准确可靠及量值溯源都发挥着重要的作用。

我国按《计量法》规定,对计量器具实施依法管理,采取两种形式。一是国家实施强制检定,主要适用于贸易结算、医疗卫生、安全防护、环境监测四个方面列入强制检定目录的工作计量器具以及社会公用计量标准和部门、企事业单位使用的最高计量标准;二是非强制检定,由企事业单位自行实施。由此可见,需依法实施检定的范围是十分广泛的,凡实施检定的计量器具,必须制定相应的检定规程,作为实施检定的具有法制性的技术依据。我国目前除国家计量检定规程外,还规定可制定部门和地方计量检定规程,开展对各行业专用计量器具的检定,对地方需开展检定的其他计量器具的检定。

从国际发展趋势看,对可能引起利害冲突和保护公众利益的计量器具,需实行法制管理,应制定相应的计量检定规程;而对其他计量器具,则由使用单位依据相应的校准规范进行校准,进行量值溯源。按国际法制计量组织(OIML)第 12 号国际文件《受检计量器具的使用范围》,计量检定规程在依法实施检定领域中的应用,主要包括下列几方面内容:

(1) 贸易用计量器具的检定

贸易用计量器具必须检定。这就是说,在商业活动中,不管什么时候,买方与卖方之间都不应因测量不准而引起利害冲突,为了保护公众利益,所有可能引起争议的计量器具均应置于法制管理之下而加以检定。

在贸易中,测量下述物理量的计量器具,如长度、面积、体积、质量、时间、温度、压力、热能或电能、电功率、容量、液体或气体的流量或热量值、密度或由密度计算出的比重、脂肪中的水分、牛奶中的脂肪含量、谷物或含油食品的湿度和糖的含量等,还包括附属于受检计量器具并用于确定价格的部件,如确定油的装载量时,仅仅测定容积是不够的,这时同时还要测量温度和密度,以计算其质量后才能开具发货单,上述有关的计量器具都需要进行检定。

(2) 官方活动用计量器具的检定

计量器具用于下列官方活动时应进行检定:

与海关、征税或税务有关的测量;

确定为官方机构进行的运输费用(如邮政服务);

测量和检测表征船舶有关的量;

涉及公共利益的监督活动;

涉及由法制权威机构发起的议程或法律程序或其他与官方目的有关的专家报告;

大地测量。

为了提供必要的法律保证,为官方目的进行的测量,为公共利益进行的监督活动,都应该使用专用的、经过检定的计量器具。

(3) 用于医疗、药品制造和试验的计量器具的检定

用于人或动物诊断或处置的计量器具、物质和装置，用于药品制造或医疗环境监测的计量器具应考虑进行检定。

用于医疗及与药品制造和试验有关的检定是为了保护人类和动物的健康。它使得用于人和动物的医疗计量器具具有正确的功能，在检定有效期内符合规程，且保持稳定。

有些计量器具是十分复杂的仪器，它们要求使用者具有丰富的经验，型式评价和随后进行的检定并不总能保证它们获得正确的测量结果。实践表明，用具有明确成分的样品进行的验证测试对于验证与测量方法、测量仪器、环境条件和测量技术有关的问题是有效的。这些样品应不加标记在实验室之间进行适当的比对。用于比对的标准物质和计量标准的关键参数应由官方检定。

(4) 环境保护、劳动保护和预防事故用计量器具的检定

测量声音(噪音)、振动、电离辐射、非电离辐射和空气、水、土壤以及食品的计量器具必须检定；在劳动保护和事故预防中用于确定量值和检查是否小于允许极限的计量器具必须检定；涉及环境保护和安全防护的，如质量、长度、面积、容量、压力、温度、时间、频率、密度、体积或质量浓度、电压和电流测量的计量器具，以及上述测试或校准的标准物质或计量标准，应由官方检定。

(5) 公路交通监视用计量器具的检定

官方用于公路交通监视用的计量器具必须检定。司机是否遵守法定速度限制，司机是否超速，需要用准确的测量仪器进行检测。官方用于公路交通监视用计量器具的检定，有益于司机的安全。

(6) 计量管理的其他方面计量器具的检定

用于以下方面，如建筑(房屋、堤坝和桥梁)、运输(道路、汽车、水路、铁道和航空)、危险场所及危险品(仓库、运输、毒品处理、易燃、易爆和放射性物质)、公共设施(水、能源、下水道、垃圾、废品)、娱乐(投币机和其他博弈设施)的计量器具，应考虑进行检定。

在 OIML 第 12 号国际文件中指出：在有些国家，工业应用的计量器具也置于计量管理之下，以保证所制造的产品具有一致的质量并符合规定的产品特性。

由此可见，按 OIML 国际文件所述，需依法实施检定的范围是十分广泛的，凡实施检定的计量器具，必须制定相应的检定规程，作为实施检定的具有法制性的技术依据。

【案 例】 考评员在考核电磁室主任小黄时问："当需依法进行检定的计量器具没有计量检定规程时，你们如何进行'检定'"? 小黄回答说："通常我们参考相应的其他技术规范如产品标准来进行检定。"

【案例分析】 该室主任对计量检定的法制性认识不够准确，在实际应用中，这种做法是不正确的。我国《计量法》规定，"计量检定必须执行计量检定规程"，凡没有检定规程的，则不能依法进行"检定"，不能颁发检定证书。若为确定计量器具的示值误差或确定有关其他计量特性，以实现溯源性，可以依据计量校准规范进行校准，出具校准报告。如果按一般技术规范(如标准)等对计量器具计量性能进行分项测试，可出具测试报告。

(二) 国家计量检定系统表的应用

国家计量检定系统表即国家溯源等级图，它是将国家计量基准的量值逐级传递到工作计量器具，或从工作计量器具的量值逐级溯源到国家计量基准的一个比较链，以确保全国量值的准

确可靠。它可以促进并保证我国建立的各项计量基准的单位量值准确地进行量值传递，也是我国制定计量检定规程和计量校准规范的重要依据，是实施量值传递和溯源、选用测量标准、测量方法的重要依据。国家计量检定系统表规定了从计量基准到计量标准直至工作计量器具的量值传递链及其测量不确定度或最大允许误差，可以确定各级计量器具的计量性能，有利于选择测量用计量器具，确保测量的可靠性和合理性。国家计量检定系统表还可以帮助地方和企业结合本地区、本企业的实际情况，按所用的计量器具，确定需要配备的计量标准，在经济合理实用的原则下，建立本地区、本企业的量值传递、溯源体系。在进行计量标准考核中，申请单位要填写《计量标准技术报告》，其中第五项内容就是要依据计量检定系统表填报“计量标准的量值溯源和传递框图”，作为考核的重要内容。国家计量检定系统表在实现计量单位制的统一和量值的准确可靠这一计量工作的根本目标方面已经得到了广泛的应用。

（三）计量技术规范的应用

计量技术规范是一个统称，它的内容十分广泛，所涉及的应用面也很宽。如为了统一我国通用计量术语及定义和各专业的计量术语，国家颁布了《通用计量术语及定义》及有关专业计量术语的技术规范；为了推动我国计量校准工作的开展，制定了通用性强、使用面广的计量校准规范；为了促进计量技术工作，制定了不少有关的计量技术规范，如《测量不确定度评定与表示》、《测量仪器特性评定》、《测量仪器可靠性分析》、《计量比对》、《计量器具型式评价和型式批准通用规范》、《计量器具型式评价大纲编导导则》等；为了加强我国计量管理工作，制定了相应的有关计量管理的技术规范，如国家计量检定规程、国家计量检定系统表、国家校准规范的编写规则，《计量标准考核规范》、《法定计量检定机构考核规范》、《定量包装商品净含量计量检验规则》、《计量检测体系确认规范》等；结合计量工作的需要，还制定了计量保证方案（MAP）技术规范，如《长度（量块）计量保证方案技术规范》、《维氏硬度计计量保证方案技术规范》等，以促进计量保证方案的实施；制定测量方法、试验方法及其他技术性规定，如《光子和高能电子束吸收剂量测量方法》、《γ射线辐射加工剂量保证监测方法》、《交流电能表检定装置试验规范》、《机械秤改装规范》等。计量技术规范在规范计量管理工作方面具有十分重要的作用，得到广泛的应用。

三、国际计量组织机构及国际计量技术规范

（一）《米制公约》及相关国际组织

1.《米制公约》

1791 年法国开创米制后，1820 年先后在荷兰、比利时、卢森堡被采用。接着西班牙、意大利、葡萄牙、墨西哥、哥伦比亚相继采用米制。1864 年英国允许米制单位同英制单位并用。1869 年法国政府邀请许多国家的代表到巴黎召开“国际米制委员会”。会议于 1872 年 8 月召开，有 24 个国家派了代表。1875 年 3 月 1 日法国政府召集了“米制外交会议”，20 个国家派了政府代表与科学家出席。1875 年 5 月 20 日由 20 个国家中的 17 位全权代表签订了举世闻名的《米制公约》。该公约规定，由参与国共同出经费在巴黎成立一个常设的科学机构，以保证“米制的国际间的统一和发展”。这个机构就是国际计量局（Bureau International des Poids et

Mesures，简称 BIPM）。《米制公约》还规定设立国际计量委员会（CIPM），由各国科学家组成，负责指导和监督国际计量局的工作。它向定期召开的国际计量大会（CGPM，即米制外交会议的延续）负责，经常地提出有关单位定义、名称符号的推荐书，以供国际计量大会采纳。只有国际计量大会才有权对这些涉及全世界的重大事务做出决议。国际计量大会每 4 年在巴黎举行一次会议。《米制公约》的签订，为全世界统一计量单位打下了基础。我国于 1976 年 12 月经国务院批准参加《米制公约》。

为了加大计量宣传力度，引起世界各国对计量工作的关注，推动计量在促进科技进步、发展经济以及保护公众利益等方面发挥更大作用，1999 年，在纪念《米制公约》签署 125 周年之际，国际计量委员会把每年的 5 月 20 日确定为“世界计量日”。从 2000 年开始，每年的这一天，许多国家都会以各种形式庆祝“世界计量日”。

2．国际米制公约组织

国际米制公约组织是按《米制公约》建立起来的国际计量组织。该组织成立于 1875 年，总部设在法国巴黎，是计量领域成立最早、最主要的政府间国际计量组织，以研究发展基础计量科学技术为主。其最高权力机构是国际计量大会。大会设国际计量委员会，常设机构是国际计量局。

3．国际计量大会（CGPM）

国际计量大会是国际米制公约组织的最高权力机构，每 4 年召开一次。由成员国派代表团参加。其任务是讨论和制定保证国际单位制的推广和发展的必要措施；批准新的基础测试结果，通过具有国际意义的科学技术决议或单位的新定义；通过有关国际计量局的组织和发展的重要决议，如人事、基本建设、经费预算等；必要时，国际计量委员会、国际计量局、各咨询委员会向国际计量大会报告工作。闭会期间，由国际计量局负责日常工作。

4．国际计量委员会（CIPM）

国际计量委员会是国际米制公约组织的常设领导机构，由计量学专家组成，每年在巴黎召开会议。国际计量委员会对国际计量大会负责，在每届国际计量大会上报告它 4 年来的工作，并以书面形式提出建议或决议草案，呈国际计量大会表决通过后，就成为米制公约组织的建议或决议。

国际计量委员会设常设局，常设局由委员会主席、副主席、秘书长组成。每 4 年改选一次，可以连选连任。国际计量委员会每年的会议议程一般包括：秘书长作最近一年来的工作报告；审查国际计量局局长的工作报告，其中包括国际计量局各研究室主任、课题组组长的口头学术报告和参观全部实验室，有关咨询委员会当年会议的汇报；审查国际计量局当年的经费决算与次年的预算；国际计量局人事任免及其他与米制公约组织或与地区性计量组织有关的重大问题。

国际计量委员会下设咨询委员会，包括：电磁咨询委员会、光度学与辐射测量学咨询委员会、温度计量咨询委员会、长度咨询委员会、时间频率咨询委员会、电离辐射计量基准咨询委员会、质量及相关量咨询委员会、物质的量咨询委员会、声学、超声、振动咨询委员会。咨询委员会的成员单位必须是《米制公约》成员国，一般是该成员国的国家计量实验室。各咨询委员会根据会议内容，可以每 2 年、3 年或 4 年召开一次。会议的主要内容围绕实现米制公约组织的总体目标，研讨本学科当前应该进行的工作。近年来，各咨询委员会的工作重点为确定计量的关键量，与国际计量局共同组织国际范围内的关键量比对等。

5. 国际计量局(BIPM)

根据1875年签署的《米制公约》，在法国巴黎建立了国际计量局。国际计量局是《米制公约》各签署国提供经费共同管理的永久性计量实验室。它建筑在巴黎近郊赛弗尔的一个名为圣·克劳公园的小山丘上。1875年法国政府把这块领土赠予国际计量委员会修建实验室，即国际计量局。

国际计量局共有5个实验室：化学实验室、质量与相关量实验室、时间实验室、电学实验室、辐射实验室等。国际计量局的主要任务是保持或复现国际单位制7个基本单位的最高基准值，通过这些基准值满足世界范围内基本物理量值的最高溯源要求，并与国际计量委员会下属的咨询委员会合作，组织和指导关键物理量的国际比对。

（二）《国际法制计量组织公约》及相关组织

1.《国际法制计量组织公约》

1875年《米制公约》的签订和国际计量大会及国际计量局的建立，为全世界统一计量制度打下了基础。但是，随着世界经济和国际贸易的发展，人们注意到，各国计量基准的统一不能充分消除所有与计量有关的国际贸易壁垒。特别是对测量仪器的性能要求、仪器的检定及溯源到国家基准的方法等问题，也需要国际协调。1920年，意大利、波兰、苏联等国家建议在国际范围内共同研究这些法制计量问题。经过各国的磋商和专家的讨论，决定建立一个新的、独立的国际计量组织。1937年在巴黎召开了由37个国家的代表参加的国际法制计量大会。会议决定建立一个临时法制计量委员会，以便起草成立"国际法制计量组织"的程序。第二次世界大战后，国际法制计量组织的重要性越来越明显。1950年6月由国际计量局发起，在巴黎举行了一次国际大会，使临时国际法制计量委员会的活动得以恢复。临时委员会办公室起草了一个政府间组织的公约草案，征求各委员的意见，修订后，于1952年10月在比利时的布鲁塞尔会议上获得通过。1953年～1954年法国外交部的法规部门对这些意见进行了深入研究，临时委员会起草的关于建立国际法制计量组织的国际公约草案于1954年10月在巴黎会议上获得通过，并交各国政府正式批准。至1955年10月12日，有22个国家签署了《国际法制计量组织公约》，随即成立了国际法制计量组织。我国于1985年4月加入该组织，成为该组织的成员国。

《国际法制计量组织公约》共4章40条，主要内容为：

第1章，组织宗旨。目的是交流各国的法制计量情况；确定法制计量的一般原则；制定典型的法律与法规草案；促进法制计量机构之间的联系等。

第2章，组织机构，共22条。分别说明了国际法制计量大会、国际法制计量委员会和国际法制计量局的组成、职能及相互关系等。规定国际法制计量大会每4年召开一次，由各国代表团构成，每个国家只有一个投票权。大会研究有关本组织宗旨问题；确保建立领导机构执行各项工作；研究和批准该机构的工作报告和大会的投票办法等。

第3章，财政条款，共8条。内容为：国际法制计量组织经费来源；会费等级、缴纳、拖欠及其处理；经费的支持等。

第 4 章，总则，共 9 条。内容为公约的签署、生效、修改、失效及解散等问题。

2. 国际法制计量组织(OIML)

按照《国际法制计量组织公约》，1955 年 11 月正式成立了国际法制计量组织。

国际法制计量组织的宗旨为：一是建立并维持一个法制计量信息中心，促进各国之间有关法制计量的信息交流；二是研究并制定法制计量的一般原则，供各国在建立自己的法制计量体系时参考；三是为计量器具的性能要求和检查方法制定“国际建议”，从而促进各国对计量器具的性能要求和检查方法尽可能一致；四是促进各成员国相互接受或承认符合国际法制计量组织要求的仪器和测量结果；五是促进各国法制计量机构之间的合作，在需要和可能时，帮助它们发展其法制计量工作。

国际法制计量组织的机构主要有国际法制计量大会、国际法制计量委员会、主席团理事会、国际法制计量局、发展理事会及有关技术工作组织。

目前我国承担了 OIML TC17/SC1 湿度分技术委员会(秘书处设在中国计量科学研究院)、OIML TC10/SC3 压力分技术委员会(秘书处设在中国计量科学研究院)、OIML TC18/SC1 血压计分技术委员会(秘书处设在上海市计量测试技术研究院)三个国际组织的具体工作。

3. 国际法制计量大会(CGML)

国际法制计量大会是国际法制计量组织的最高权力机构，参加者为成员国代表团。主要负责制定国际法制计量组织的政策、批准国际建议以及财政预算和决算。每 4 年召开一次会议，会议主席由大会选举产生。表决大会决议时，每个代表团只有一票。

4. 国际法制计量委员会(CIML)

国际法制计量委员会是国际法制计量组织的工作机构和执行机构。负责指导并监督整个国际法制计量组织的工作。批准国际建议草案、国际文件。为国际法制计量大会准备决议草案并负责执行大会决议。其成员为每个成员国的一名代表，并必须是该成员国负责法制计量工作的政府官员。从委员会中选举一位主席和两位副主席，任期为 6 年。国际法制计量委员会每年开会一次。

5. 国际法制计量局(BIML)

国际法制计量局是国际法制计量组织的常设机构。它的任务是作为国际法制计量组织的秘书机构和信息中心。由 1 名局长、2 名局长助理和数名工作人员组成。局长和局长助理由各成员国提名，在国际法制计量大会上由正式成员国投票批准任命。国际法制计量局设在巴黎，其经费来源主要是各成员国的会费，其次是通讯成员的资料费及其出版物的销售收入。

国际法制计量局在国际法制计量委员会的领导和监督下工作。它的一个主要任务是负责筹备国际法制计量大会和国际法制计量委员会会议，起草会议文件和决议，整理会议记录，宣传会议情况，执行国际法制计量委员会的决议。

作为秘书机构，它负责与各成员国和有关的国际组织的联络；负责联络各技术委员会和分技术委员会，并指导它们的工作。作为信息中心，国际法制计量局有一个小型图书馆，负责编辑出版国际法制计量组织批准公布的国际建议和国际文件，编辑出版国际法制计量组织的公报。

（三）国际计量技术联合会（IMEKO）

国际计量技术联合会创始于1958年，是从事计量技术与仪器制造技术交流的非政府间的国际计量测试技术组织。主要研究讨论反映当代计量测试、仪器制造发展动态和趋势的应用计量测试技术。它与联合国教科文组织具有协商地位。基本宗旨是促进测量与仪器领域中科技信息的国际交流，加强在研究与工业界科学家与工程师间的国际合作。

IMEKO的最高决策机构是总务委员会（GC），每个国家有一名代表参加，每年召开一次会议。下设技术工作委员会（TB）、顾问委员会（AB）、秘书处和会员大会。目前，IMEKO的主要活动是召开IMEKO大会和技术委员会，组织学术讨论会，出版论文集、教材、术语集等，以及与其他有关国际组织合作。

1979年经中国科学技术协会和外交部批准由中国计量测试学会代表中国作为IMEKO的成员组织。

（四）亚太计量组织

1. 亚太计量规划组织（APMP）

它是亚洲太平洋地区的区域性计量组织，1980年正式成立，现有来自26个国家或经济体的28个正式成员和5个附属成员。其目标是通过加强本地区国家或经济体的计量院或基准实验室的合作，提高本地区的计量技术水平和校准/测量服务能力，以增强本地区计量基、标准溯源性的可信度并获得国际认可。中国计量科学研究院是APMP成员。每年均派代表团出席APMP大会。中国还先后担任了APMP主席、执委会委员和技术委员会主席等职务。

2. 亚太法制计量论坛（APLMF）

亚太法制计量论坛是区域性国际计量组织。APLMF旨在协调和消除本地区法制计量领域中的技术壁垒和管理壁垒，促进地区的贸易自由和开放。目的是提供法制计量机构信息论坛，促进成员间及与其他地区的相互承认，加强与国际法制计量组织和其他机构的合作，接受和采用国际法制计量组织的国际建议及国际文件，协调法制计量培训课程，加强人员交流，为发展法制计量基础提供合作援助。

2007年10月在APMLF上海大会上，中国正式接任亚太法制计量论坛秘书国。国家质检总局副局长蒲长城先生担任主席职务。秘书处设在国家质检总局计量司。

我国积极参与了亚太法制计量论坛组织的各项活动，如成员经济体间的计量比对；参加和组织湿度、衡器和加油机的国际培训；根据亚太法制计量论坛的要求，完成国家法制计量、定量包装培训等情况的调查问卷工作；与澳大利亚国家标准委员会共同举办非自动衡器和加油机国际培训班；派代表参加亚太法制计量论坛历届年会等。

（五）OIML国际建议和国际文件

1. OIML国际建议

OIML国际建议（R）是国际法制计量组织的两类主要出版物之一。它是针对某种计量器具的典型的推荐性技术法规。内容包括对计量器具的计量要求、技术要求和管理要求，以及检定方法、检定用设备、误差处理等。从 1990 年起，为了推行 OIML 证书制度，国际建议中增加型式评价试验方法和试验报告格式。

计量要求规定计量特性和有关影响量参数两个方面。计量特性如分度值、最大允许误差、稳定性、重复性、漂移、准确度等级等；影响量包括温度、振动、电磁干扰、供电电压等。技术要求规定为满足计量要求而必须达到的基本、通用的技术要求，包括外观结构、操作的适应性、安全性、可靠性、防止欺骗以及对显示方式、读数清晰等的要求。管理要求规定计量器具从设计到使用的各个阶段中有关型式批准、首次检定、后续检定、使用中检验、标识、标记、证书及其有效期，密封、锁定和其他计量安全装置的完整性等。最后界定该计量器具法制特性的授予、确认或撤销。

上述要求的目的是确保计量器具准确可靠。为了保护公众利益，首先要使用准确可靠的计量器具，给出准确的测量结果，并防止欺骗性，即决不允许利用计量器具作假行骗。为此，这种计量器具必须是优良的，即在设计上就要考虑这些要求都能得到实现，因此要进行型式评价、型式批准；为保证每台用于法制计量的器具都满足这些要求，使用前要进行首次检定；还必须保证使用中的计量器具能维持所要求的性能，要进行后续检定和使用中检验。这些就是国际法制计量组织认为应该对属于法制管理的计量器具提出的要求，也就是对国际建议所包含内容的要求。国际法制计量组织力图通过各国贯彻这些国际建议，将其转化为各国的国家计量规程，从而协调、统一各国对法制计量器具的要求，实现 OIML 的宗旨。按照《国际法制计量组织公约》的规定，各成员国应当在道义上尽可能履行这些决定，即有义务执行国际建议。国际建议实质上是指导各成员国开展法制计量工作的国际性技术法规，只是因为 OIML 是一个国际性的政府间组织，考虑到各国的主权，不能用法规这一带强制性的名称，而改用建议。OIML 国际建议被世贸组织（WTO）作为国际标准，用于消除技术性贸易壁垒（TBT）。至今，OIML 发布了一百多项国际建议。

2. OIML 国际文件

OIML 国际文件（D）是国际法制计量组织的两类主要出版物之一，这类出版物实质上是提供文件资料，旨在改进法制计量机构的工作。

在 1972 年第四届国际法制计量大会上通过的“国际法制计量组织的工作方针”中指出，国际法制计量组织可能会发布一些文件，以促进各成员国与计量有关的国家技术法规的协调一致，从而会对各成员国之间在建立、组织或扩建计量业务方面的相互合作有所贡献。国际文件主要是关于计量立法和计量器具管理方面的管理性文件，也有一些针对某类计量器具的技术性文件。国际文件不像国际建议那样具有强制性，即 OIML 成员国在执行时不像对国际建议那样具有条约义务约束的强制性，由于各成员国政治体制不同，计量管理模式不同，经济发展水平不同，国际文件提供了对各成员国计量管理工作具有原则性指导意义的重要资料。至今，OIML 发布了 27 个国际文件。

3. 采用国际建议和国际文件的原则

OIML 各成员国有尽可能采用 OIML 国际建议的道义义务，而国际文件包括有关技术和管理性文件，属于非正式法规，各成员国可自行决定是否采用。

从已颁布的国际建议和国际文件的内容来看，所涉及的计量器具主要与贸易结算和公众利益，特别是与国际贸易密切相关，这是因为计量器具不但本身就是国际贸易中的重要商品，而且几乎所有商品的国际贸易都要使用计量器具才能得以进行。因此，近年来各成员国都积极研究采用 OIML 国际建议。特别是 1980 年国际关税和贸易总协定通过“标准守则”，限制在国际贸易中利用技术法规的差异搞贸易保护主义以来，各成员国都在努力加快使本国的计量法令和规程与 OIML 国际建议尽可能取得一致。很显然，不符合国际建议要求的计量器具今后必然难以出口，用在其他商品的国际贸易中也难以得到国际承认。尤其是国际法制计量组织为促进各成员国积极贯彻国际建议，促进成员国计量器具的互认，正在积极推行 OIML 计量器具证书制度，因此积极采用国际建议变得更为重要。

为了积极采用国际建议和国际文件，1986 年 7 月 1 日，原国家计量局印发了《采用国际建议管理办法（试行）》。按国际上的规定，OIML 国际建议和国际文件属于国际标准范畴。2001 年 11 月 21 日国家质检总局发布了《采用国际标准管理办法》。2002 年 12 月 31 日国家质检总局又发布了《国家计量检定规程管理办法》。从上述文件可知，采用国际建议的原则主要有以下几个方面：

（1）国际法制计量组织制定公布的“国际建议”，是为各成员国制定有关法制计量的国家法规而提供的范本，采用“国际建议”是成员国的义务，也是国际上相互承认计量器具型式批准决定和检定、测试结果的共同要求。它有利于发展我国社会主义市场经济，减少技术贸易壁垒和适应国际贸易的需要，提高我国计量器具产品质量和技术水平，确保单位制的统一和量值的准确可靠，促进我国计量工作的发展。

（2）采用“国际建议”应符合《计量法》及国家的其他有关法规和政策，并坚持积极采用、注重实效的方针。

（3）采用“国际建议”是将国际建议的内容，经过分析、研究和试验验证，本着科学合理、切实可行的原则，等同或修改转化为我国的计量检定规程，并按我国计量检定规程的制定、审批、发布的程序规定执行。

（4）采用“国际建议”的形式主要是两种：

等同采用：指与国际建议在技术内容上和文件结构上相同，或者与国际建议在技术内容上相同，只存在少量编辑性修改。

修改采用：指与国际建议之间存在技术性差异，并清楚地标明这些差异以及解释其产生的原因，允许包涵编辑性修改。

（5）凡涉及我国颁发 OIML 计量器具证书的计量检定规程，应达到相应国际建议的全部要求，以实现国际互认。

（6）凡等同采用或修改采用的计量检定规程，在封面和前言中必须明确国际建议的编号、名称和采用程度，并在编制说明中要详细说明采用国际建议的目的、意义、对比分析内容、我国规程和国际建议的主要差异及原因，上报时应附有国际建议的原文和中文版本文件。

采用 OIML“国际文件”，以及其他国际组织的有关计量规范性文件，可参照上述要求进行。

为了积极采用 OIML 国际建议和国际文件，应积极参与 OIML 有关技术活动，国家质检总局计量司下设有 OIML 中国秘书处，并建立了国际法制计量组织指导秘书处（SP）和报告秘书处（SR）在国内的技术负责单位，制定了工作简则和分工，确定了 SP、SR 国内技术负责单位的职责，这些机构不仅要参与 OIML 国际建议、国际文件的收发、报道、宣传、投票及参与制修订，还要积极组织和研究采用 OIML 国际建议和国际文件，以促进我国计量工作的发展。

四、OIML 证书制度

(一) OIML 证书制度的推行

1. OIML 证书制度概述

国际法制计量组织的计量器具证书制度是经过长达 20 年的酝酿和研究，终于在 1990 年 11 月，在葡萄牙召开的第二十五届国际法制计量委员会时通过的。这种合格证书是在自愿的基础上，对符合国际法制计量组织国际建议的计量器具的型式颁发的。

OIML 之所以要推行证书制度，一方面是受认证工作在全世界发展的影响；另一方面是要促进 OIML 国际建议在成员国中的推行。制造厂若要获得证书，其生产的计量器具必须要百分之百满足有关国际建议的要求。这是一种促进执行国际建议的推动力，从而更好地实现其公约规定的协调各国对法制计量器具要求的目的。同时也促进计量器具质量的提高。OIML 证书制度对促进计量器具的国际贸易具有极重要的作用。这是因为在计量器具的进口方面，很多国家都要求进行型式批准，这不仅造成大量重复的工作，有时还形成一种对国际贸易的技术壁垒。证书制度的推行，使 OIML 证书在成员国中普遍得到相互承认，将为消除技术壁垒创造条件。证书制度的另一个目的是在那些不需要进行型式批准的国家，对计量器具的首次检定提供方便，并且有助于促进那些符合 OIML 国际建议的要求，属于非法制管理的计量器具的生产、销售和使用。

证书制度是针对一定范围的计量器具颁发的。之所以要规定范围，一方面是法制计量器具本身就有范围。更重要的原因是，证书制度的目的之一是要实现成员国之间普遍的相互承认，要求各成员国颁发的证书具有可比性。考虑到各成员国技术发展水平不同，必须在国际建议中统一规定进行型式评价的要求、试验用设备、试验方法以及试验报告格式等。目前，大部分国际建议还不能满足这种要求，国际法制计量委员会已经采取措施，加快国际建议的修订，以扩大发证的范围。

2. OIML 证书制度的内容和推行

实施证书制度的具体内容是：对于发证范围内的计量器具，其制造厂可以自愿向所属成员国的发证机构提出申请；发证机构在审查并接受申请后，委托实验室对制造厂提供的样机进行试验；如果试验结果证明该种器具完全符合有关的 OIML 国际建议的要求，则由发证机构颁发 OIML 合格证书；然后由国际法制计量局注册，通知各成员国并在其出版物上发布。发证机构应尽可能准确地估算进行试验和发证所需的费用，并告知申请者所估算的试验发证费以及证书注册所需费用的准确数目；进行试验和发证所需的费用应根据每个国家收费实际情况来确定，注册所需费用由国际法制计量委员会确定。

OIML 证书制度还要求执行成员国，应保证制定一个包括申诉在内的执行、监督和管理这一制度的实施办法，并与本国的法律相符合。为此，我国于 1991 年由原国家技术监督局发布了《关于推行国际法制计量组织证书制度的通知》(技监局量发[1991]369 号文)，对在我国具体推行这一制度规定了具体办法。我国在 1992 年 6 月 9 日由原国家技术监督局向国务院有关部门、各省、自治区、直辖市技术监督(标准计量、计量)局印发送了《关于试行国际法制计量组织证书制度的有关程序》的通知(技监局量法[1992]245号文),并附有关程序18条。

(二)OIML合格证书的使用

OIML合格证书证明试验中以所用的样机代表的该种计量器具的型式符合有关的OIML国际建议中的各项要求。合格证书适用于那些已制定了OIML国际建议的计量器具,颁发证书的具体计量器具种类和适用的国际建议由国际法制计量局公布目录确定。各成员国可结合本国情况确定适用的范围,合格证书由OIML成员国的发证机构颁发,在我国此项工作由国家质量监督检验检疫总局OIML中国秘书处负责。

对于证书所有者,已注册的OIML合格证书和相应的试验报告有以下用途:

(1) 有助于在任何国家或国家集团申请型式批准。申请人的责任是保证申请批准的型式与证书中的型式相同。制造厂或出口商在向进口国申请型式批准时,接受申请的法制计量部门(或其他部门)必须尽量考虑OIML合格证书和所附的试验报告的作用。成员国的法制计量部门尤其应注意到承认证书并接受试验结果报告可以加速和协调国家或地区进行型式批准的过程这一优越性。显然,也有利于成员国之间的互认。

(2) 有助于在不需要型式批准的国家对单个计量器具的首次检定。

(3) 作为获得证书的单位,可告之买主和用户及其他有关方面,通过生产企业的说明书、产品目录或者在刊物上表明该计量器具型式符合有关国际建议的要求。但必须注意,证书不能代表某个具体的计量器具符合有关国际建议的要求,在某个计量器具上既不能使用OIML证书编号,也不能有任何OIML标志。

(4) 在使用中,除了证书的编号和发证成员国的名字外,不得部分引用证书内容或有关试验报告的内容,但可以全文复制。

合格证书如果不符合上述要求使用,则OIML可要求获证者改正,直至撤销注册证书。如果国际建议作了修改,不符合新修订的国际建议,则要求重新申请新的证书。

我国已对国际建议R76非自动衡器、国际建议R60称重传感器二大类产品,向27家计量器具生产企业颁发了69份OIML合格证书。另外还在准备颁发合格证书的有国际建议R117非水液体测量系统(加油机)、国际建议R31膜式燃气表。OIML证书制度的实施,在提高我国计量器具制造水平、产品出口以及促进国际间互认等方面起到了积极作用。

五、"互认协议"(MRA)

顺应经济全球化发展和消除贸易技术壁垒的要求,1999年10月14日,38个米制公约成员国的国家计量院的院长和2个国际组织的代表在位于法国巴黎的国际计量局(BIPM)共同签署了《国家计量基标准和国家计量院颁发的校准和测量证书互认协议》(简称"互认协议",MRA)。MRA的签署是自1875年米制公约诞生及1960年建立国际单位制后,贸易全球化推动全球计量体系发展的又一重大事件,目标是建立一个开放、透明的综合性全球计量体系,向世界各地用户提供各国国家计量院所保存的国家计量基、标准之间可比性和等效度的信息,实现国家计量院签发的校准和测量证书的国际互认,从而为政府部门和有关各方签署国际贸易、商业和法律方面的协议提供可靠的技术基础。经原国家质量技术监督局批准,中国计量科学研究院作为首批签署者之一,于1999年加入了MRA,力争实现国家计量基、标准的国际等效以及我国校准/测量结果获得国际承认,将为我国经济、贸易、社会和科学技术的发展提供有力的支撑。

经过4年的过渡期，MRA已开始正式运行，且影响范围日益扩大。截止到2007年底，共有45个米制公约成员国、20个国际计量大会（CGPM）附属成员的国家计量院以及2个国际组织签署了该协议。

“互认协议”（MRA）是在米制公约的授权下由国际计量委员会（CIPM）起草的，国际计量局（BIPM）为主协调人。其核心内容是在BIPM的主持下，由国际计量委员会10个咨询委员会（CIPM/CC）负责，并由6个区域计量组织（RMO）配合，有计划地开展国家计量基、标准的国际比对，包括关键比对和辅助比对，从而给出各国计量基、标准的等效度。在比对结果的基础上，各国计量院向所在区域的RMO提交其校准和测量能力（CMCs），经RMO组织的评审后，提交区域计量组织和国际计量局联合委员会（JCRB）审查，经过批准后方可进入BIPM编制的关键比对数据库（简称KCDB），获得承认。

简而言之，MRA的实施程序包含以下三个步骤：

· 计量基、标准的关键比对，即由CC、BIPM和RMO选定并组织开展各个技术领域中主要技术和方法的比对，涵盖SI基本单位、导出单位及其倍数或分数单位，以及部分实物标准；

· 计量基、标准的辅助比对，即开展上述关键比对未涵盖的，但有特定需求的比对；

· 国家计量院质量管理体系和能力验证，即国家计量院应建立一个能维护计量基、标准正常运行的质量管理体系，并具备实施校准与测量管理所需的组织机构、程序、过程和资源。

“互认协议”（MRA）的最终结果，即国际计量局（BIPM）编制的关键比对数据库（KCDB），由BIPM负责建立和维护，并在其网站上发布（http://kcdb.bipm.org）。它由以下几部分组成：

· 附录A（MRA签署者）：签署本协议的国家计量院名单。

· 附录B（关键比对和辅助比对结果）：给出所有CC、BIPM和RMO关键和辅助比对的结果，其中包括：每一参加比对的计量院给出的值及其宣称的不确定度；关键比对参考值及其相应的不确定度；各计量院给出值与关键比对参考值的偏离及该偏离的不确定度（置信水平为95%），即其等效度；参加比对的计量院的计量基、标准之间的等效度。

· 附录C（校准和测量能力——CMCs）：各国计量院所出具的校准和测量证书被参加本协议“附录B”部分的其他计量院所认可的量。分别以量、测量范围及不确定度（一般情况下，置信水平为95%）的形式列出每一参加计量院的校准和测量能力。

· 附录D：关键比对和辅助比对目录。

经本国政府主管部门批准签署MRA后，国家计量院应：

· 接受MRA中规定的建立BIPM KCDB的程序；

· 承认BIPM KCDB中公布的关键比对和辅助比对结果；

· 承认BIPM KCDB中公布的其他参加互认的国家计量院的校准与测量能力。

当然，MRA所涉及的校准和测量结果的相关责任将完全由给出该结果的国家计量院承担，而不会通过MRA而延伸至参加互认的其他国家计量院。

鉴于计量、认可和法制计量对于巩固工业、商业和国际贸易所依赖的全球统一的计量体系的重要性，BIPM、国际法制计量（OIML）和国际实验室认可合作组织（ILAC）根据各自的使命，分别建立了不同领域的国际互认协议。考虑到这些互认协议之间的关联性和互补性，三个国际组织于2006年1月23日发表联合声明，邀请各国政府、立法机构、地区和国际贸易或经济组织及其他机构承诺，在一切可能之时合理地采用这些互认协议，承认协议框架下测量结果的可靠性、准确性、溯源性和符合性，从而实现一次测量、全球通用的最终目标，消除国际贸易中因进口国和出口国之间缺乏对测量结果的互认所造成的贸易技术壁垒。

习题及参考答案

一、习　题

（一）思考题

1. 计量技术法规的范围是什么？
2. 计量技术法规的作用是什么？
3. 计量技术法规分哪几类？
4. 计量技术法规的编号规则是什么？
5. 什么是国际建议和国际文件？
6. 采用国际建议、国际文件的原则是什么？
7. 什么是 OIML 计量器具证书制度？
8. 如何推进 OIML 计量器具证书制度？
9. 什么是互认协议(MRA)？

（二）选择题(单选)

1. 根据计量法规定，计量检定规程分三类，即__________。

   A. 几何量、热学、力学专业检定规程，电学、磁学、光学和无线电专业检定规程，化学核辐射及其他专业检定规程

   B. 国家计量检定规程、部门计量检定规程和地方计量检定规程

   C. 国家计量检定规程、地方计量检定规程、企业检定规程

   D. 检定规程、操作规程、校准规程

2. 计量检定规程是__________。

   A. 为进行计量检定，评定计量器具计量性能，判断计量器具是否合格而制定的法定性技术文件

   B. 计量执法人员对计量器具进行监督管理的重要法定依据

   C. 从计量基准到各等级的计量标准直至工作计量器具的检定程序的技术规定

   D. 一种进行计量检定、校准、测试所依据的方法标准

（三）选择题(多选)

1. 计量技术法规包括__________。

   A. 计量检定规程　　B. 国家计量检定系统表

   C. 计量技术规范　　D. 国家测试标准

2. 国家计量检定规程可用于__________。

   A. 产品的检验　　B. 计量器具的周期检定

   C. 计量器具修理后的检定　　D. 计量器具的仲裁检定

3. 国家计量检定系统表是__________。

   A. 国务院计量行政部门管理计量器具，实施计量检定用的一种图表

   B. 将国家基准的量值逐级传递到工作计量器具，或从工作计量器具的量值逐级溯源到国家计量基准的一个比较链，以确保全国量值的统一准确和可靠

   C. 由国家计量行政部门组织制定、修订，批准颁布，由建立计量基准的单位负责起草

的，在进行量值溯源或量值传递时作为法定依据的文件

D. 计量检定人员判断计量器具是否合格所依据的技术文件

二、参考答案

（一）思考题（略）

（二）选择题（单选）：1. B；　2. A。

（三）选择题（多选）：1. A B C；　2. B C D；　3. B C。

第二章 计量综合知识

本章重点介绍计量业务中一些综合通用知识的应用：量和单位的应用，关于测量、计量学、测量结果、测量仪器、测量标准方面的知识，包括被测量、影响量、测量误差、测量准确度、测量不确定度等描述测量结果的术语和示值误差、最大允许误差、分辨力、灵敏度等描述测量仪器特性的术语的应用。还介绍了计量技术机构质量管理体系的建立和运行，计量安全防护及职业道德。

第一节 量和单位

一、量和量值

（一）量

1. 量的概念

自然界的事物通常是由一定的“量”构成的，而且是通过量来体现的。任何现象、物体或物质都以一定的形式存在，其形式又都是通过量来表征的。量（quantity）是指“现象、物体或物质可定性区别和定量确定的属性”。计量学中的量指的是可以测量的量，这种量可以是广义的，如长度、质量（重量）、温度、电流、时间等，也可以是特指的，称特定量，如一个人的身高、一辆汽车的自重等。在计量学中把可直接相互进行比较的量称为同一类量，如宽度、厚度、周长、波长为同一类量。人们通过对自然界各种量的探测、分析和确认，分清量的性质，确定量的大小，以达到认识自然、利用和改造自然的目的。

2. 量的表示

（1）量的符号

① 量的符号通常是单个拉丁字母或希腊字母，如面积的符号 A，力的符号 F，波长的符号

λ等。

② 量的符号都必须用斜体表示，如质量 m，电流 I 等。

(2) 量的符号的下标

① 在某些情况下，不同量有相同的符号或对同一个量有不同的应用或要表示不同的值时，可采用下标予以区分。如电流与发光强度是两个不同的量，电流用符号 I 表示，发光强度用 I_{v} 表示。又如：对于 3 个不同大小的长度，可以分别表示成 l_1，l_2，l_3。

② 量的符号的下标可以是单个或多个字母，也可以是阿拉伯数字、数学符号、元素符号、化学分子式。

下标字体的表示原则为：除用物理量的符号及用表示变量、坐标和序号的字母作为下标时，下标字体用斜体字母外，其他下标用正体。

例如：C_p的下标 p 是压力量的符号，所以为斜体；F_x的下标 x 是坐标 x 轴的符号，L_i，L_k 的下标 i 和 k 以及 x_n，y_m的下标 n 和 m 是序号的字母符号，都应为斜体。

其他下标如：相对标准不确定度 u_{r}的下标 r 表示相对，半周期 $T_{1/2}$的下标 1/2 表示一半，动能 E_{k}的下标 k 表示动，C_{g} 的下标 g 表示气体，标准重力加速度 g_{n}的下标 n 表示标准，B 点的场强 E_{B}的下标 B 表示 B 点位置，最大电压 V_{max}的下标 max 表示最大，这些下标都是用正体。

当下标是阿拉伯数字、数学符号、元素符号、化学分子式时，用正体表示。例如 U_{95} 表示置信水平为 0.95 的扩展不确定度，i_1，i_2，i_3 分别表示第一、第二、第三次谐波分量，由于下标为数字，所以下标用正体；ρ_{Cu}表示铜的电阻率，下标 Cu 是铜元素的符号，用正体。当下标用∥、⊥、∞等数学符号时，用正体。

3. 基本量和导出量

计量学中的量，可分为基本量和导出量。基本量(base quantity)是指“在给定量制中，约定地认为在函数关系上彼此独立的量”。例如在国际单位制中，基本量有 7 个，即长度、质量、时间、电流、热力学温度、物质的量和发光强度。导出量(derived quantity)是指“在给定量制中，由基本量的函数所定义的量”。导出量是通过基本量的相乘或相除得到的量。如国际单位制中的速度是导出量，它是由基本量长度除时间来定义的。导出量很多，如力、压力、能量、电位、电阻、摄氏温度、频率等。

(二) 量　值

1. 量值的概念

一个量的大小可以用量值来表示，量值(value of a quantity)是指“一般由一个数乘以计量单位(测量单位)所表示的特定量的大小”。例如 3m，15kg，30s，20℃，220V 等。其中 3，15，30，20 和 220 为数值，m(米)、kg(千克)、s(秒)、℃(摄氏度)和 V(伏)为计量单位。

2. 量值的表达

量值应该正确表达，如 18℃～20℃或(18～20)℃、180V～240V 或(180～240)V，但不能表示为 18～20℃；180～240V，因为 18 和 180 是数字，不能与量值等同使用。

二、量制、量纲和无量纲量

(一) 量 制

在科学技术领域中，使用着许多种量，所以出现了不同的量制。量制是指“彼此间存着确定关系的一组量”。也可以说，量制是在科学技术领域中约定选取的基本量和与之存在确定关系的导出量的特定组合。通常以基本量符号的组合作为特定量制的缩写名称，如基本量为长度(l)、质量(m)和时间(t)的力学量制的缩写名称为 l,m,t 量制。

(二) 量 纲

1. 基本量的量纲

“以给定量制中基本量的幂的乘积表示某量的表达式”称为量纲。量纲都以大写的正体拉丁字母或希腊字母表示。例如：在国际单位制中七个基本量的量纲见表 2-1。

表 2-1 基本量的量纲

基本量	长度	质量	时间	电流	热力学温度	物质的量	发光强度
基本量量纲	L	M	T	I	Θ	N	J

2. 量纲的表示

量纲的符号为 dim，对于任何一个量，它的量纲可以表示为：

$$\dim Q = \mathrm{L}^{\alpha}\mathrm{M}^{\beta}\mathrm{T}^{\gamma}\mathrm{I}^{\delta}\Theta^{\varepsilon}\mathrm{N}^{\xi}\mathrm{J}^{\eta} \tag{2-1}$$

式(2-1)中，α,β,γ,δ,ε,ξ 和 η 称为量纲指数。

基本量的量纲的表示，举例说明如下：

长度的量纲 $\dim l=\mathrm{L}$

质量的量纲 $\dim m=\mathrm{M}$

时间的量纲 $\dim t=\mathrm{T}$

导出量的量纲表示，举例说明如下：

速度 $v=l/t$ 的量纲 $\dim v=\dim l/\dim t=\mathrm{L}/\mathrm{T}=\mathrm{LT}^{-1}$

加速度 $a=v/t$ 的量纲 $\dim a=\dim v/\dim t=\mathrm{LT}^{-1}/\mathrm{T}=\mathrm{LT}^{-2}$

力 $F=ma$ 的量纲 $\dim F=\dim m\dim a=\mathrm{LMT}^{-2}$

压力 $p=F/l^2$ 的量纲 $\dim p=\dim F/\dim l^2=\mathrm{L}^{-1}\mathrm{MT}^{-2}$

动能 $E=\dfrac{1}{2}mv^2$ 的量纲 $\dim E=\dim m\dim v^2=\mathrm{M}(\mathrm{LT}^{-1})^2=\mathrm{L}^2\mathrm{MT}^{-2}$

功 $W=Fl$ 的量纲 $\dim W=\dim F\dim l=\mathrm{L}^2\mathrm{MT}^{-2}$

3. 量和量纲之间的关系

量纲仅表明量的构成，而不能充分说明量的内在联系。例如：在给定量制中，同种量的量纲一定相同，但具有相同量纲的量却不一定是同种量。如在国际单位制中，功和力矩的量纲相同，都是 L^2MT^{-2}，但它们是完全不同性质的量。

4. 量纲的意义

在实际工作中，了解和应用量纲有什么意义？量纲的意义在于定性地表示量与量之间的关系，尤其是基本量和导出量之间的关系。量纲是一个量的表达式，在实际工作中，任何科技领域中的规律、定律，都可通过各有关量的函数式来描述。也就是说，所有的科技规律、定律，都可以通过一组选定的基本量以及由它们得出的导出量来表述。而所有的量，又都具有一定的量纲，所以量纲可以反映出各有关量之间的关系，从而使它们所描述的科技规律、定律获得统一的表示方法。通过量纲可得出任何一个量与基本量之间的关系，以及检验量的表达式是否正确。如果一个量的表达式正确，则其等号两边的量纲必然相同，通常称它为“量纲法则”。利用这个法则可用来检查物理公式的正确性。例如冲量 $Ft=m(v_2-v_1)$，其等号左边的量纲为 $\dim(Ft)=LMT^{-1}$；等号右边的量纲是 $\dim[m(v_2-v_1)]=LMT^{-1}$，两边具有相同的量纲，表明上述公式是正确的。

(三) 无量纲量

“在量纲表达式中，其基本量量纲的全部指数均为零的量”称为无量纲量。如平面角、线性应变、摩擦因数、折射率等。这些量并不是没有量纲，只不过它的量纲指数皆为零。由于任何指数为零的量皆等于 1，所以量纲为 1 的量，也就是无量纲量，无量纲量也称为量纲为 1 的量。

三、计量单位和单位制

(一) 计量单位

1. 计量单位的概念

计量离不开计量单位，如果没有计量单位，计量也就无法进行。前面已经讲过，量值是由数值和计量单位的乘积来表示的，所以没有计量单位，量值也无从谈起。为了定量表示同种量的大小，就必须选取一个其数值为 1 的特定量，以便作为比较的基础。计量单位就是“为定量表示同种量的大小而约定地定义和采用的特定量”。计量单位也叫做测量单位。

计量单位的定义，特别是基本单位的定义，并不是一成不变的，它可能随着科学技术的进步和发展而重新定义，体现当代计量学的水平。计量单位定义的更改不等于单位量值的变化，而是要在保持量值一致的前提下，提高其实现的准确度。

2. 计量单位的符号

每个计量单位都有规定的代表符号，为了方便世界各国统一使用，国际计量大会有统一的规定，并把它叫做国际符号。如在国际单位制中，长度计量单位米的符号是 m，力的计量单位牛顿的符号为 N；我国选定的非国际单位制单位吨的符号为 t、平面角单位度的符号为(°)等。

计量单位的中文符号，通常由单位的中文名称的简称构成，如电压单位的中文名称是伏特，简称为伏，则电压单位的中文符号就是伏。若单位的中文名称没有简称，则单位的中文符号用全称，如摄氏温度单位的中文符号为摄氏度。若单位由中文名称和词头构成，则单位的中文符号应包括词头，如压力单位的中文符号为千帕等。

3. 计量单位与量值

同一个量可以用不同的计量单位来表示，但无论何种量，其量的大小与所选择的计量单位无关，即一个量的量值大小不随计量单位的改变而改变，而量值则因计量单位选择不同而表现形式各异。原因是一个量的量值，在计量单位改变的同时，数值也随之改变，而量值大小是不变的。如一张桌子的长度为 1.20 米，也可以讲桌子的长度为 120 厘米。

4. 计量单位的选择

计量单位的单位量值选取多大，最初带有一定的任意性，如长度计量单位，过去世界各国不相同，有英尺、市尺、俄尺等。即使在同一个国家，单位的实际值也随着历史的发展而变化。我国古代的尺相当于现代尺的三分之二左右，所以计量的任务首先是要统一计量单位，并以法律来加以保证，规定它的量值，并尽可能与国际上广泛采用的单位相一致。

（二）基本单位和导出单位

1. 基本单位

在“给定量制中基本量的计量单位”称为基本单位。如在国际单位制中，基本单位有七个，它们的名称分别为米、千克、秒、安培、开尔文、摩尔和坎德拉。

在给定的量制中，基本量约定地认为是彼此独立的，但相对应的基本单位并不都是彼此独立的，如长度是独立的基本量，但其单位新的米定义中，却包含了时间基本单位秒，所以在现代计量学中，一般不再用“独立单位”这个名词。

2. 导出单位

在“给定量制中导出量的计量单位”称为导出单位。导出单位是由基本单位按一定的物理关系相乘或相除构成的新的计量单位，如速度单位是由长度单位和时间单位相除而得到的，即米/秒；力的单位牛顿是由质量单位与加速度单位相乘而得到的，即千克·米/秒^2，其中加速度单位也是导出单位。

（1）具有专门名称的导出单位

为了表示方便，对有些导出单位给予专门的名称和符号，称它们为具有专门名称的导出单位，如压力单位帕斯卡（Pa）、电阻单位欧姆（Ω）、频率单位赫兹（Hz）、光通量单位流明（lm）等。

（2）导出单位的构成

导出单位的构成可以有多种形式：

① 由基本单位和基本单位组成，如速度单位米/秒。

② 由基本单位和导出单位组成，如力的单位牛顿为千克·米/秒^2，其中千克为基本单位，而米/秒^{2}为加速度单位，它是导出单位。

③ 由基本单位和具有专门名称的导出单位组成，如功、热的单位焦耳为牛·米，其中牛为具有专门名称的导出单位，米为基本单位。

④ 由导出单位和导出单位组成，如电容单位法拉为库/伏，库仑和伏特均为导出单位。

3. 一贯导出计量单位和倍数单位

（1）一贯导出计量单位

“可由比例因数为1的基本单位幂的乘积表示的导出计量单位”称为一贯导出计量单位，简称为一贯单位。在国际单位制中，全部导出单位都是一贯单位，如力的单位牛顿，$1N=1kg\cdot m\cdot s^{-2}$；功、能的单位焦耳，$1J=1N\cdot m$；电压单位伏特，$1V=1\Omega\cdot A$等。

（2）倍数单位

由于科技领域不同和被测对象的不同，一般都要选用大小恰当的计量单位，如机械加工时，加工余量用米表示则太大，一般采用毫米或微米表示。若要测量北京至上海之间的直线距离，用米表示又太小，应该用千米。在计量实践中，人们往往从同一种量的许多单位中选用某一个单位作为基础，并赋予它独立的定义，把这个单位叫它为主单位，如米、千克、秒、安、牛、伏等。

为了使用方便，表达一个量的大小，仅用一个主单位显然很不方便。1960年第十一届国际计量大会上对国际单位制构成中的十进倍数和分数单位进行了命名。它是在主单位前加上一个符号，使它成为一个新的计量单位。“按约定的比率，由给定单位构成的更大的计量单位”称为倍数单位，如千米（km）、兆帕（MPa）等。“按约定的比率，由给定单位构成的更小的计量单位”称为分数单位，如毫伏（mV）、微瓦（μW）等。其中千（10^3）、兆（10^6）、毫（10^{-3}）和微（10^{-6}）均称为词头。k、M、m和μ为词头的国际符号，千、兆、毫和微为词头的中文符号。1993年12月27日原国家技术监督局发布的GB 3100—93《国际单位制及其应用》国家标准中，国际单位制的构成由SI单位的十进倍数和分数单位，改成了SI单位的倍数单位，不再分倍数单位和分数单位，统称为倍数单位。

在实际选用倍数单位时，一般应使量的数值在0.1～1000范围以内，如0.00758m可写成7.58mm；15263Pa可以写成15.263kPa；8.91×10^{-8}s可以写成89.1ns。但真空中光的速度299792458m/s，为了在使用中对照方便，一般数位不受限制。

4. 制外计量单位

“不属于给定单位制的计量单位”称为制外计量单位，简称制外单位。例如：我国法定计量单位中，国家选定的非国际单位制单位，对国际单位制来讲就是制外单位。有一些单位本身具有重要作用，而且使用广泛，但它们没有包括在国际单位制中，所以就是国际单位制的制外单位，如时间单位的分（min）、时（h）、天（日）（d），以及表示体积单位的升（L）和质量单位吨（t）等。

（三）计量单位制和国际单位制（SI）

1. 计量单位制

“为给定量制按规定规则确定的一组基本单位和导出单位”称为计量单位制，简称单位制。“按规定规则确定”是指规定每一个基本单位和导出单位的定义，及其大小单位之间的进位和单位名称及符号，也就是有了给定量制。同一个量制可以有不同的单位制，因基本单位选取的不同，单位制也就不一样。如力学量制中基本量是长度、质量和时间，而基本单位可选用长度为米、质量为千克、时间为秒，则叫它为米·千克·秒制（MKS制）。若长度单位采用厘米、质量用克、时间用秒，则叫它为厘米·克·秒制(CGS制)。还有米·千克力·秒制(MKGFS制)、米·吨·秒制(MTS制)等。

2. 一贯计量单位制

"一贯计量单位制是指全部导出单位均为一贯单位的计量单位制"，简称一贯单位制，如国际单位制。这种单位制使用方便，单位之间换算简捷。

3. 国际单位制(SI)

(1) 米制的建立

米制是国际上最早建立的一种计量单位制度，在17、18世纪，人们感到计量单位和计量制度比较混乱，影响着国际贸易的开展和经济的发展及科技的交流，迫切希望科学家们探索研究一种新的、通用的、适合所有国家的计量单位和计量制度。于是在1791年经法国科学院的推荐，法国国民代表大会确定了以长度单位米为基本单位的计量制度。当时米的定义是地球子午线长的四千万分之一，这也就是米的最初定义。规定了面积的单位是平方米，体积的单位为立方米。同时给质量单位作了定义，采用1m^{3}的水在其密度最大时的温度(4℃)下的质量。因为这种计量制度是以米为基础，所以把它叫做米制。

为了进一步统一世界的计量制度，1869年法国政府向一些国家发出邀请，希望他们派代表到巴黎召开"国际米制委员会"会议。在1872年8月开会时，共有24个国家派出了代表，会议决定以巴黎档案局所保存的米和千克原器为基准，复制一些新原器发给与会各国。1875年3月1日法国政府又召集了有20个国家的政府代表与科学家参加的"米制外交会议"，并于1875年5月20日由17个国家的代表签署了《米制公约》，为米制的传播和发展奠定了国际基础。由各签字国的代表组成的国际计量大会(CGPM)是米制公约的最高组织形式，下设国际计量委员会(CIPM)，其常设机构为国际计量局(BIPM)，局址设在巴黎。1889年召开了第一届国际计量大会，会上决定将复制的30支新米原器中最接近"档案局米"的一支(No.6)定为国际米原器，称为"国际米"，并保存在国际计量局。会上还承认了根据"档案局千克"复制的国际千克原器，也保存在国际计量局。目前，米制公约正式成员国已发展到51个。我国于1977年加入《米制公约》。

(2) 国际单位制(SI)的形成

计量单位制的形成和发展，与科学技术的进步、经济和社会的发展、国际间的贸易发展和科技交流，以及人们生活等紧密相关。1948年召开的第九届国际计量大会做出了决定，要求国际计量委员会创立一种简单而科学的并供所有米制公约成员国都能使用的实用单位制。1954年第十届国际计量大会决定采用米、千克、秒、安培、开尔文和坎德拉作为基本单位。1960年第十一届国际计量大会决定把以上述六个单位为基本单位的实用计量单位制命名为"国际单位制"，并规定其国际符号为"SI"，取自法文 Le Système International d'Unités 的字头。1974年第十四届国际计量大会决定增加将物质的量的单位摩尔作为基本单位。目前国际单位制共有七个基本单位。国际单位制在科学技术的发展中产生，它也将随着科学技术的发展而不断发展和完善。

(3) 国际单位制的特点

国际单位制是在米制基础上发展起来的，它继承了米制的合理部分，克服了米制的弱点。它比米制更加科学、合理，是米制的现代化形式，也有人称它为"现代米制"。它是当今世界上比较科学和完善的计量单位制，并将随着科技、经济和社会的发展而进一步发展和完善。它的主要特点是：

① 统一性

国际单位制包括了力学、热学、电磁学、光学、声学、物理化学、固体物理学、分子物理学、原子物理学等各理论学科和各科学技术领域的计量单位。国际单位制的七个基本单位都具有严格的科学定义，其导出单位则是通过选定的方程式用基本单位来定义的，从而使量的单位之间有直接的内在物理联系。这样，科学技术、工业生产、国内外贸易以及日常生活中所使用的计量单位都统一在一个单位制之中。国际单位制能实现统一的原因，除了它的科学结构外，还在于从单位制本身到各个单位的名称、符号和使用规则都是标准化的，而且一般一个单位只有一个名称和一个国际符号。

② 简明性

国际单位制取消了相当数量的繁琐的制外单位，简化了物理定律的表示形式和计算手续，省去了很多不同单位制之间的单位换算。如在力学和热学中采用了国际单位制后，就可省去热功当量、千克力和牛顿之间的换算，这样就不必编制很多的计算表，避免了繁琐的计算，节省了人力、物力和时间，同时也减少了计算和设计上可能出现的差错。

由于国际单位制是一种十进单位制，使用十进制词头，贯彻了一个单位只有一个名称和一个符号的原则及一贯性原则，使国际单位制显得简单明了，非常方便使用。

③ 实用性

国际单位制的基本单位和大多数导出单位的大小都很实用，其中大部分已经得到了广泛的应用，例如安培(A)、焦耳(J)、伏特(V)等。国际单位制对大量常用的量的单位，没有增添不习惯的新单位。国际单位制还包括数值范围很广的词头，并构成十进倍数单位，可以使单位大小在很大范围内调整，以便适用于大到宇宙、小到微观粒子的领域。

④ 合理性

国际单位制坚持“一个量对应一个单位”的原则，避免了多种单位制和单位的并用及换算，消除了许多不合理甚至是矛盾的现象。如在力学、热学和电学中的功、能和热量这几个量，虽然测量形式不同，但它们在本质上是相同的量。在过去多种单位制并用时，它们常用的单位有千克力米、克力米、尔格、千卡、卡、电子伏特、瓦特小时、千瓦小时等很多米制单位。此外，还有磅力英尺、马力小时和英热单位等多种英制及其他单位制单位。而使用国际单位制时，只用焦尔一个单位就能代替所有这些常用单位。这不仅反映了这几个量之间的物理关系，而且也省略了很多运算，避免了同类量具有不同量纲和不是同类量却具有相同量纲的矛盾。

⑤ 科学性

国际单位制的单位是根据科学实验所证实的物理规律严格定义的，它明确和澄清了很多物理量与单位的概念，并废弃了一些旧的不科学的习惯概念、名称和用法。例如：过去长期以来，把千克(俗称公斤)既作为质量单位，又作为重力单位，而质量和重力是两个性质完全不同的物理量。在国际单位制中，明确了质量单位是千克、重力的单位是牛顿，区分了质量和重力之间的不同概念。

⑥ 精确性

国际单位制的七个基本单位，目前基本上都能以当代科学技术所能达到的最高准确度来复现和保存，目前我国七个 SI 基本单位复现的不确定度情况见表 2-2。

表 2-2　我国复现七个 SI 基本单位的标准不确定度

单位名称	复现不确定度
米	2×10^{-11}m
千克	优于 1×10^{-8}kg
秒	5×10^{-15}s
安培	1×10^{-6}A
开尔文	0.16mK
坎德拉	2.0×10^{-3}cd
摩尔	我国暂未复现此单位

⑦ 继承性

在国际单位制中，对基本单位的选择，除了新增加的物质的量的单位摩尔以外，其余六个都是米制单位原来所采用的。所以国际单位制是在米制的基础上发展起来的，它克服了旧米制的缺点，同时又继承了旧米制的优点，如采用了十进制，一贯性原则，应用上保持了米制的习惯等。另外，国际单位制的许多国际基准就是原来米制的国际基准，这对原来使用米制的国家和地区，在贯彻国际单位制时较为顺利。

除上述特点外，国际单位制还具有通用性强的特点，到目前为止，世界上有许多国家和地区采用了国际单位制，并有 20 多个国际性的科学、政治与经济组织，也都推荐使用国际单位制。国际单位制比较稳定，它是建立在严密的科学基础上的一个完整体系，所以它具有长期稳定性，并随着科学和社会的进步，可在现有的基础上得到进一步的补充和完善。

（4）国际单位制的构成

国际单位制（SI）由 SI 基本单位（7 个）和 SI 导出单位及 SI 单位的倍数单位构成。SI 导出单位包括 SI 辅助单位在内的具有专门名称的 SI 导出单位（21 个）和组合形式的 SI 导出单位两部分。SI 单位的倍数单位由 SI 词头（共 20 个）与 SI 单位（包括 SI 基本单位和 SI 导出单位）构成。

国际单位制的具体构成如下：

国际单位制（SI）
- SI 基本单位（7 个）
- SI 导出单位
  - 包括 SI 辅助单位在内的具有专门名称的 SI 导出单位（21 个）
  - 组合形式的 SI 导出单位
- SI 单位的倍数单位

① SI 基本单位

国际单位制选择了彼此独立的七个量作为基本量，即长度、质量、时间、电流、热力学温度、物质的量和发光强度。对每一个量分别定义了一个单位，称为基本单位，SI 基本单位见表2-3。

a. 长度单位——米（m）

米是长度的 SI 单位名称，长度、宽度、厚度、半径、周长、距离等物理量的单位，都是用米或它的十进倍数单位来表示的。

长度是人们最早认识和使用的一个物理量。自法国人建立米制至今，米定义经历了四个阶段。

第一阶段，米的定义为“地球子午线长的四千万分之一”。

表 2-3　SI 基本单位

基本量的名称	量的符号	单位名称	单位符号	
			国际符号	中文符号
长度	l,h,r	米	m	米
质量	m	千克(公斤)	kg	千克
时间	t	秒	s	秒
电流	I	安[培]	A	安
热力学温度	T	开[尔文]	K	开
物质的量	$n,(\nu)$	摩[尔]	mol	摩
发光强度	I_v	坎[德拉]	cd	坎

注:① 圆括号中的名称,是它前面名称的同义词;

② 方括号[ ]内的字,在不致混淆的情况下,可以省略。

第二阶段,在 1889 年 9 月 20 日,第一届国际计量大会根据瑞士制造的米原器,给米的定义是:“0℃时,巴黎国际计量局的截面为 X 形(见图 2-1)的铂铱合金尺两端刻线记号间的距离。”

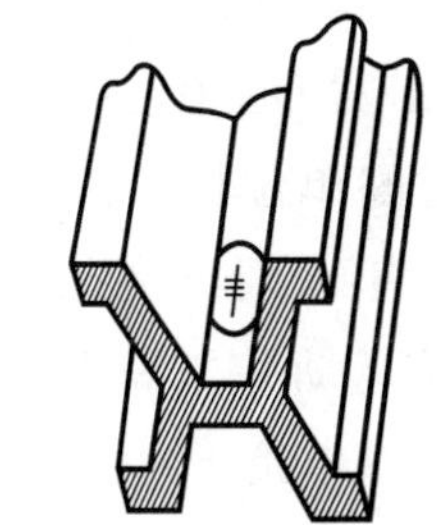

图 2-1　米原器的一端

第三阶段,在 1960 年 10 月的第十一届国际计量大会上给米下了第三次定义:“米等于氪 86 原子 $2p_{10}$ 和 $5d_5$ 能级间跃迁所对应的辐射在真空中的 1650763.73 个波长的长度。”以自然基准代替实物基准,这是计量科学的一次革命。用光波波长定义米的主要优点是稳定、不受环境的影响,只要符合定义规定的物理条件,就能复现。在特殊的技术条件下,氪 86 用起来很困难,仍不是科学家理想的“米原器”,在用了 23 年后就被淘汰了。

第四阶段,就是现在的米定义,是在 1983 年第十七届国际计量大会定义的,为“光在真空中(1/299792458)秒的时间间隔内所经路径的长度”。因为光速在真空中是永远不变的,因而基准米就更加精确了,其依据是真空中光速 c_0 准确等于 299792458 米/秒。

米定义的每次变化,都使得其复现的不确定度进一步减小,第二阶段米定义的复现不确定度为 1×10^{-7},第三阶段米定义的复现不确定度为 1×10^{-9},第四阶段米定义的复现不确定度达 1×10^{-11}。

经过了一百多年,米的定义由宏观自然基准到实物基准,然后又发展到微观自然基准,并且正在继续向不确定度更小的微观自然基准方向发展。

b. 质量单位——千克(kg)

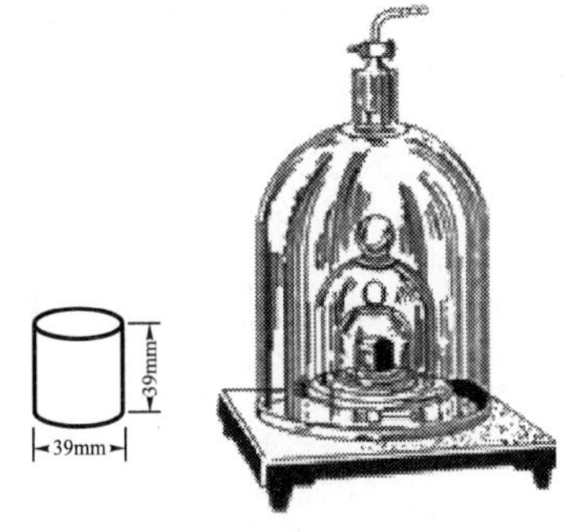

图 2-2　国际千克原器

千克是质量的 SI 单位名称,其国际符号为“kg”,中文符号为千克。定义是:“千克是质量单位,等于国际千克原器的质量。”质量单位千克在 1791 年制定长度单位米时就确定了,当时它采用 1 立方分米的水在最大密度(4℃)时的质量,叫它为 1 千克。

在国际单位制基本单位中,千克是惟一的实物基准。1883 年法国用 90% 的铂和 10% 的铱所组成的铂铱合金,制成了直径和高都为 39 毫米的圆柱体千克原器,并于 1889 年被第一届国际计量大会所承认，在1901年第三届国际计量大会上被正式定义。该原器一百多年来一直被保存在国际计量局的地下室里，被精心地安置于有三层钟罩保护的托盘上（见图2-2）。

千克是实物基准，它的缺点是易磨损，表面也会污染，这些都造成了千克原器质量的不稳定。因此，国际上一些科学家试图用自然基准来取代这一实物基准，但到目前为止，尚未取得成功。千克基准的比对不确定度约为10^{-9}量级。

我国在日常生活和贸易中，习惯地把质量称为重量。过去，在物理学中，常常把重量和重力混在一起，把质量和力相混淆。国际单位制中，重量是指质量，是标量，而重力是力，是矢量，力不仅有大小，还有方向和作用点。因此，要注意在指力的场合，一定不要用重量而是用重力，千万不能混淆。质量（重量）的单位为千克，重力的单位为牛顿。

质量单位千克中的千不是词头，要把千克作为一个整体来使用。因为千克是质量的基本单位，克是千克的倍数单位，不能说千克是克的倍数单位。

c. 时间单位——秒（s）

秒是时间的SI单位名称，现在秒的定义是："秒是铯-133原子基态的两个超精细能级之间跃迁相对应的辐射的9192631770个周期的持续时间。"

时间单位秒最初是根据地球自转一周，即太阳日的1/86400来定义的，但由于在一年的持续时间里太阳日是变化的，就采用平均太阳日的1/86400作为时间单位秒。后来又发现地球的自转运动并非等速进行，于是就以地球绕太阳的公转周期（回归年）作为确定时间单位的基础，1960年第十一届国际计量大会正式承认，以回归年的1/31556925.9747为秒。这时的不确定度已达10^{-9}量级，相当于三十万年仅差一秒。由于回归年仍有变化，为了减小秒的复现不确定度，1967年第十三届国际计量大会决定采用现在的秒的定义，称它为原子时。从而使秒的复现不确定度进一步减小，不确定度达到10^{-15}量级，相当于三千万年只差一秒。这一定义对于其他计量单位复现准确度的提高具有重要影响。

d. 电流单位——安培（A）

安培是国际单位制中电流的SI单位名称，其定义是："在真空中，截面积可忽略的两根相距1m的无限长平行圆直导线内通以等量恒定电流时，若导线间相互作用力在每米长度上为2×10^{-7}N，则每根导线中的电流为1A。"在1948年以前，很长时期一直采用"国际安培"。定义为"当恒定电流通过硝酸银水溶液时，每秒钟能析出0.001118g银的恒定电流强度值。"虽然在1933年第八届国际计量大会一致要求采用所谓"绝对"单位来代替国际安培，但直到1948年的第九届国际计量大会才正式废除国际安培，并批准现在使用的定义。

现在使用的安培定义是一个理论上的定义，实际要用这个定义来复现安培，会遇到难以克服的难题，所以目前用约瑟夫森效应保持电压伏特基准（不确定度为10^{-13}），用霍尔效应（或称克里青效应）保持电阻欧姆基准（不确定度为10^{-10}），再利用欧姆定律实现电流基准。

e. 热力学温度单位——开尔文（K）

开尔文是国际单位制中热力学温度的SI单位名称，它的定义是："热力学温度开尔文是水三相点热力学温度的1/273.16。"水的三相点是指水的固态、液态和汽态三相间平衡时所具有的温度。水的三相点温度为0.01℃。水的三相点温度和三相点压力是唯一确定的。

热力学温度单位开尔文是在1954年第十届国际计量大会上正式定义的，当时叫"开氏度"（°K）。1967年第十三届国际计量大会上决定改为开尔文（K）。

除热力学温度以外，还有华氏温度（℉）、摄氏温度（℃）等。华氏温标由德国人华伦海特于

1710 年提出，1942 年建立的。规定水的冰点为 32 ℉，水的沸点为 212 ℉，两点之间等分为 180 格，每格为一个华氏度(℉)。至今还在英、美等国民间流行。摄氏温标由瑞士天文学家摄尔萨斯在 1942 年提出，他的方案是以水的沸点为零摄氏度，冰点为 100 摄氏度，每一格为 1℃。次年法国人克里斯丁把两个标度倒过来，便成了现在通用的摄氏温标。摄氏温度的单位摄氏度(℃)广泛使用于日常生活，由于其会出现 0℃以下的负温，于是 1948 年英国物理学家开尔文提出了热力学温标。因摄氏度是以水的冰点为零摄氏度，它等于 273.15K，故摄氏温度(t)与热力学温度(T)之间的关系为 $t=T-T_0$($T_0=273.15$K)，从而当摄氏温度出现负值温度时，而热力学温度仍是正值。温度间隔或温差，既可以用摄氏度，也可以用开尔文表示。但在日常生活中，一般都用摄氏度表示，如天气温度、实验室温度等。

f. 物质的量单位——摩尔(mol)

摩尔是物质的量的 SI 单位名称，用于表示物质的量，其国际符号为 mol，中文符号为摩。1971 年第十四届国际计量大会决定把摩尔作为一个基本单位列入国际单位制之中，它的定义是："摩尔是一个系统的物质的量，该系统中所包含的基本单元(原子、分子、离子、电子及其他粒子，或这些粒子的特定组合)数与 0.012kg 碳 12 的原子数目相等。"由于 0.012kg 碳 12 含有原子数目是 6.022045×10^{23} 个(相对标准不确定度为 5.1×10^{-6})，这个数目叫做阿伏加德罗常数。因此，1 摩尔中的基本单元数等于 6.022045×10^{23} 个。用摩尔来描述化学和物理化学的量，废除了"克原子"、"克分子"、"克离子"、"克当量"等单位。根据摩尔的定义，对物质的量可以这样理解：含有 6.022045×10^{23} 个碳原子，它们的质量是 12g，或 1mol 的碳 12 原子含有 6.022045×10^{23} 个原子，其质量为 12g。同样，1mol 的水分子含有 6.022045×10^{23} 个水分子，则它的质量为 18g。

在使用物质的量单位摩尔时还应注意：

· 摩尔是一个独立的基本单位，它既不是一个简单的数目，又与质量的概念不同；

· 物质的量与质量概念不同，但它们之间有着内在的联系，即某系统物质所具有的质量与该系统物质所具有的物质的量的比值称为摩尔质量，即 $M=m/n$，其中 M 为摩尔质量；m 为物质的质量；n 为物质的量。

· 当使用摩尔时，必须明确基本单元是分子、原子、离子、电子及其他粒子，或者是这些粒子的组合。如 1 摩尔的氧分子和 1 摩尔的氧原子所表示的物质的量虽然都是 1 摩尔，但是它们的质量却相差一倍。

g. 发光强度单位——坎德拉(cd)

坎德拉是发光强度的 SI 单位名称，国际符号是 cd，中文符号为坎。发光强度单位坎德拉是在 1948 年第十三届国际计量大会通过定义的，后经修改，于 1979 年第十六届国际计量大会对坎德拉通过了新的定义，即"坎德拉是一光源在给定方向上的发光强度，该光源发出频率为 540×10^{12} Hz 的单色辐射，且在此方向上的辐射强度为(1/683)W/sr"。其中频率 540×10^{12} Hz 的辐射波长为 555nm 的波是人眼感觉最灵敏的波长。

发光强度是表示光源发光强弱程度的量。光是能量的一种形式，发光体就是以光辐射的形式把能量向外发射和传播的。发光强度单位最初是用蜡烛(或其他火焰)来定义的，称它为"烛光"。后来逐渐采用黑体辐射原理对发光强度单位进行研究，并于 1948 年采用处于铂凝固点温度的黑体作为发光强度的基准，定名为坎德拉，也一度称它为"新烛光"。从 1979 年开始用现在的定义。

② SI 导出单位

SI 导出单位是按一贯性原则，由 SI 基本单位通过相乘或相除形式表示的单位。SI 导出单位由两部分组成，一部分是包括 SI 辅助单位在内的具有专门名称的 SI 导出单位(见表2-4)。另一部分是组合形式的 SI 导出单位。

表 2-4　国际单位制中具有专门名称的导出单位

量的名称	单位名称	单位符号
[平面]角	弧度	rad
立体角	球面度	sr
频率	赫[兹]	Hz
力	牛[顿]	N
压力，压强，应力	帕[斯卡]	Pa
能[量]，功，热量	焦[耳]	J
功率，辐[射能]通量	瓦[特]	W
电荷[量]	库[仑]	C
电压，电动势，电位	伏[特]	V
电容	法[拉]	F
电阻	欧[姆]	Ω
电导	西[门子]	S
磁通[量]	韦[伯]	Wb
磁通[量]密度，磁感应强度	特[斯拉]	T
电感	亨[利]	H
摄氏温度	摄氏度	℃
光通量	流[明]	lm
[光]照度	勒[克斯]	lx
[放射性]活度	贝可[勒尔]	Bq
吸收剂量	戈[瑞]	Gy
剂量当量	希[沃特]	Sv

注：① 单位名称来源于人名时，符号的第一个字母要大写，第二个字母小写，但必须是正体。如 N(牛顿)、Pa(帕斯卡)、Hz(赫兹)等，不能写成 n、PA、HZ。

② 一个单位的名称不得分开，如温度为 20℃ 即 20 摄氏度，不能说成摄氏 20 度。

a. 具有专门名称的 SI 导出单位

包括 SI 辅助单位在内的具有专门名称的 SI 导出单位共有 21 个。由于 SI 导出单位中有的量的单位名称太长，读写都不方便，所以国际计量大会决定对常用的 19 个 SI 导出单位给予专门名称。如把力的单位 $kg \cdot m/s^2$ 称为牛[顿]；把电压的单位 $m^2 \cdot kg \cdot s^{-1} \cdot A^{-1}$ 称为伏[特]，这样读写都很方便。这些专门名称大多数是以科学家名字命名的。

1984 年我国公布法定计量单位时，把平面角弧度(rad)和立体角球面度(sr)称为 SI 辅助单位。1990 国际计量委员会规定它们是具有专门名称的 SI 导出单位的一部分。我国国家标准

GB 3100—1993《国际单位制及其应用》也已将平面角弧度和立体角的单位球面度列入了具有专门名称的 SI 导出单位。所以具有专门名称的 SI 导出单位现共有 21 个。

国际单位制中具有专门名称的 SI 导出单位的定义：

(a) 弧度(rad)是圆内两条半径之间的平面角，这两条半径在圆周上所截取的弧度长与半径相等。

(b) 球面度(sr)是一立体角，其顶点位于球心，而它在球面上所截取的面积等于以球半径为边长的正方形面积。

(c) 赫兹(Hz)是周期为 1s 的周期现象的频率。

$$1\mathrm{Hz}=1\mathrm{s}^{-1}$$

(d) 牛顿(N)是使质量为 1kg 的物体产生加速度为 1m/s^2的力。

$$1\mathrm{N}=1\mathrm{kg}\cdot\mathrm{m/s}^2$$

(e) 帕斯卡(Pa)是 1N 的力均匀而垂直地作用在 1m^2的面积上所产生的压力。

$$1\mathrm{Pa}=1\mathrm{N/m}^2$$

(f) 焦耳(J)是 1N 的力使其作用点在力的方向上位移 1m 所作的功。

$$1\mathrm{J}=1\mathrm{N}\cdot\mathrm{m}$$

(g) 瓦特(W)是 1s 内产生 1J 能量的功率。

$$1\mathrm{W}=1\mathrm{J/s}$$

(h) 库仑(C)是 1A 恒定电流在 1s 内所传送的电荷量。

$$1\mathrm{C}=1\mathrm{A}\cdot\mathrm{s}$$

(i) 伏特(V)是两点间的电位差，在载有 1A 恒定电流导线的这两点间消耗 1W 的功率。

$$1\mathrm{V}=1\mathrm{W/A}$$

(j) 法拉(F)是电容器的电容，当该电容器充以 1C 电荷量时，电容器两极板间产生 1V 的电位差。

$$1\mathrm{F}=1\mathrm{C/V}$$

(k) 欧姆(Ω)是一导体两点间的电阻，当在此两点间加上 1V 恒定电压时，在导体内产生 1A 的电流。

$$1\Omega=1\mathrm{V/A}$$

(l) 西门子(S)是电导的单位，1S 是 1 欧姆的倒数。

$$1\mathrm{S}=1\Omega^{-1}$$

(m) 韦伯(Wb)是单匝环路的磁通量，当它在 1s 内均匀地减小到零时，环路内产生 1V 的电动势。

$$1\mathrm{Wb}=1\mathrm{V}\cdot\mathrm{s}$$

(n) 特斯拉(T)是 1Wb 的磁通量均匀而垂直地通过 1m^2面积的磁通量密度。

$$1\mathrm{T}=1\mathrm{Wb/m}^2$$

(o) 亨利(H)是一闭合回路的电感，当此回路中流过的电流以 1A/s 的速率均匀变化时，回路中产生 1V 的电动势。

$$1\mathrm{H}=1\mathrm{V}\cdot\mathrm{s/A}$$

(p) 摄氏度(℃)是用以代替开尔文表示摄氏温度的专门名称。

(q) 流明(lm)是发光强度为 1cd 的均匀点光源在 1sr 立体角内发射的光通量。

$$1\mathrm{lm}=1\mathrm{cd}\cdot\mathrm{sr}$$

(r) 勒克斯(lx)是 1lm 的光通量均匀分布在 $1m^2$ 表面上产生的光照度。

$$1lx=1lm/m^2$$

(s) 贝可勒尔(Bq)是每秒发生一次衰变的放射性活度。

$$1Bq=1s^{-1}$$

(t) 戈瑞(Gy)是 1J/kg 的吸收剂量。

$$1Gy=1J/kg$$

(u) 希沃特(Sv)是 1J/kg 的剂量当量。

$$1Sv=1J/kg$$

b. 组合形式的 SI 导出单位

除上述由 SI 基本单位组合成具有专门名称的 SI 导出单位外,还有用 SI 基本单位间或 SI 基本单位和具有专门名称的 SI 导出单位的组合通过相乘或相除构成的但没有专门名称的 SI 导出单位,如速度单位 $m \cdot s^{-1}$,加速度单位 $m \cdot s^{-2}$,面积单位 m^2,体积单位 m^3,力矩单位 N·m,表面张力单位 N/m 等。

c. SI 单位的倍数单位

SI 单位的倍数单位是指由 SI 词头加在 SI 基本单位或 SI 导出单位的前面所构成的单位,如千米(km)、吉赫(GHz)、毫伏(mV)、纳米(nm)等。但千克(kg)除外。

SI 词头一共有 20 个,从 10^{-24} 到 10^{24},其中 4 个是十进位的,即百(10^2)、十(10^1)、分(10^{-1})和厘(10^{-2}),这些词头通常只加在长度、面积和体积单位前面,如分米(dm),厘米(cm);平方厘米(cm^2),平方毫米(mm^2)等。其他 16 个词头都是千进位。用于构成十进倍数的 SI 词头见表 2-5。

表 2-5 用于构成十进倍数的 SI 词头

因 数	词头名称	国际符号	中文符号	因 数	词头名称	国际符号	中文符号
10^{24}	尧它	Y	尧[它]	10^{-1}	分	d	分
10^{21}	泽它	Z	泽[它]	10^{-2}	厘	c	厘
10^{18}	艾可萨	E	艾[可萨]	10^{-3}	毫	m	毫
10^{15}	拍它	P	拍[它]	10^{-6}	微	μ	微
10^{12}	太拉	T	太[拉]	10^{-9}	纳诺	n	纳[诺]
10^{9}	吉咖	G	吉[咖]	10^{-12}	皮可	p	皮[可]
10^{6}	兆	M	兆	10^{-15}	飞母托	f	飞[母托]
10^{3}	千	k	千	10^{-18}	阿托	a	阿[托]
10^{2}	百	h	百	10^{-21}	仄普托	z	仄[普托]
10^{1}	十	da	十	10^{-24}	幺科托	y	幺[科托]

注:10^4 称为万,10^8 称为亿,10^{12} 称为万亿,这类数词的使用不受词头名称的影响,但不应与词头混淆。

(四)我国的法定计量单位

1. 什么叫法定计量单位

我国《计量法》规定:"国家实行法定计量单位制度"。"国际单位制计量单位和国家选定的其他计量单位为国家法定计量单位"。什么叫法定计量单位?"由国家法律承认、具有法定地位的计量单位”称为法定计量单位;也就是由国家以法令形式规定强制使用或允许使用的计量单位。各个国家规定本国的法定计量单位。我国的法定计量单位是在1984年2月27日由国务院发布的,即《国务院关于在我国统一实行法定计量单位的命令》。我国法定计量单位在《计量法》中已做出了规定,并以政府令发布,因此无论是哪个部门、哪个单位、哪个人,只要在中国境内,都必须贯彻执行。

2. 统一实行法定计量单位的意义

(1) 统一实行法定计量单位是统一我国计量制度的重要决策

一个国家使用什么样的计量单位,是这个国家的主权,完全由它的政府来决定。但各个国家所使用的计量单位,都毫无例外地尽量要求统一。新中国成立以后,我国在统一计量单位制方面做了大量工作。1959年6月25日,国务院发布《关于统一计量单位制度的命令》,确定以公制(即米制)为我国的基本计量制度。1977年5月27日国务院颁布的《中华人民共和国计量管理条例(试行)》也明确规定要逐步采用国际单位制。但由于没有制定有关的法律,形成了米制、市制、英制、国际单位制的多种单位制并用的局面,很不适应我国国民经济和文化教育事业的发展,不利于推进科学技术进步和扩大国际经济文化交流。统一计量单位制,可以避免由于多种单位制并用而引起的混乱和不必要的换算,节省大量的人力、物力和财力,促进经济发展和社会进步。

(2) 统一实行法定计量单位是改革开放的需要

随着我国经济的迅速发展和改革开放政策的实施,以及参加WTO的需要,在国际上已广泛采用国际单位制的情况下,而我国仍是多种计量单位制并用,影响对外开放、对内搞活经济方针的贯彻。为了与国际上计量单位制接轨,推动我国对外贸易、科技协作和文化交流的发展,促进我国现代化的建设,统一实行法定计量单位势在必行,这就需要用国家的强制力来保证法定计量单位的实施,以进一步统一我国的计量制度。

3. 我国法定计量单位的特点

我国的法定计量单位与国际上大多数国家一样,都是以国际单位制单位为基础,并参照了其他一些国家的做法,结合我国的国情,选定了16个非国际单位制单位。其中10个是国际计量大会认可的,允许与国际单位制并用,而其余6个也是各国普遍采用的单位。对于国际上有争议的或只是少数国家采用的,我国一律没有选用,这有利于与国际接轨和交流。同时,也考虑到我国人民群众的习惯,把公斤和公里作为法定单位的名称,可与千克和千米等同使用。

我国法定计量单位的特点:结构简单明了、科学性强、比较完善具体,但留有余地。它完整系统地包含了国际单位制,与国际上采用的计量单位协调一致,且使用方便,易于广大人民群众掌握和进行推广。

4. 我国法定计量单位的构成

我国《计量法》规定,我国的法定计量单位由两部分单位组成:国际单位制计量单位和国家选定的其他计量单位。即:

① 国际单位制的基本单位;

② 国际单位制的辅助单位;

③ 国际单位制中具有专门名称的导出单位；

④ 国家选定的非国际单位制单位(见表 2-6)；

表 2-6 国家选定的非国际单位制单位

量的名称	单位名称	单位符号	与 SI 单位关系
时间	分 [小]时 天(日)	min h d	1min=60s 1h=60min=3600s 1d=24h=86400s
[平面]角	[角]秒 [角]分 度	″ ′ °	$1''=(\pi/64800)$ rad $1'=60''=(\pi/10800)$ rad $1^\circ=60'=(\pi/180)$ rad
旋转速度	转每分	r/min	$1\text{r/min}=(1/60)\text{s}^{-1}$
长度	海里	n mile	1n mile=1852m(只用于航程)
速度	节	kn	1kn=1n mile/h=(1852/3600)m/s (只用于航行)
质量	吨 原子质量单位	t u	$1\text{t}=10^3\text{kg}$ $1\text{u}\approx1.660540\times10^{-27}\text{kg}$
体积	升	L,(l)	$1\text{L}=10^{-3}\text{m}^3=1\text{dm}^3$
能	电子伏	eV	$1\text{eV}\approx1.602177\times10^{-19}\text{J}$
级差	分贝	dB	
线密度	特[克斯]	tex	$1\text{tex}=10^{-6}\text{kg/m}$
面积	公顷	hm^2	$1\text{hm}^2=10^4\text{m}^2$

注:① 周、月、年(年的符号为 a)为一般常用时间单位。

②[ ]内的字,是在不致混淆的情况下,可以省略的字。

③( )内的字为前者的同义语。

④ 角度单位度分秒的符号不处于数字后时,用括弧,如(°)、(′)、(″)。

⑤ 升的符号中,小写字母 l 为备用符号。

⑥ r 为转的符号。

⑦ 人民生活和贸易中,质量习惯称为重量。

⑧ 公里为千米的俗称,符号为 km。

⑨ 10^4 称为万,10^8 称为亿,10^{12} 称为万亿,这类词的使用不受词头名称的影响,但不应与词头混淆。

⑩ 1990 年,经国务院批准,原国家技术监督局、国家土地管理局和农业部联合发布了我国土地面积的计量单位为:平方公里(km^2,100 万平方米);公顷(hm^2,1 万平方米);平方米(m^2,1 平方米)。并决定从 1992 年 1 月 1 日起正式应用。

⑪ 1993 年原国家技术监督局、卫生部和国家医药管理局联合发文,对血压计量单位的使用作了相应的补充规定,考虑到我国国情并借鉴国际上其他主要国家血压计量单位的使用情况,规定可以使用千帕斯卡(kPa)和毫米汞柱(mmHg)两种血压计量单位。即在临床病历、体检报告、诊断证明、医疗证明、医疗记录等非出版物中可使用毫米汞柱(mmHg)或千帕斯卡(kPa)。在出版物及血压计使用说明中可使用千帕斯卡(kPa)或毫米汞柱(mmHg),但如果使用毫米汞柱(mmHg)应注明与(kPa)的换算关系。根据国际交流和国外期刊的需要,可任意选用(mmHg)或(kPa)。

⑫ $1\text{u}\approx1.660540\times10^{-27}\text{kg}$、$1\text{eV}\approx1.602177\times10^{-19}\text{J}$,为当时国际组织公布的推荐值(国家标准 GB/T

3100—1993）。

⑤ 由以上单位构成的组合形式的单位；

⑥ 由国际单位制词头和以上单位所构成的十进倍数和分数单位。

【案 例】 某市质量技术监督局派人到该市地铁站进行法定计量单位的检查，在一个地铁站入口处看到一个牌子上写着该站开门时间为5点45′。检查人员进站后在站台的四根柱子上看到各挂有一个牌子，表明站与站之间列车运行所需时间间隔（如下表所示），如新华门到和平门需要运行2分17秒、和平门至解放路需运行3分31秒，以方便乘客出行。

站　名	新华门 →	和平门 →	解放路 →	西大街 →	红旗桥 →
运行时间间隔	2′17″	3′31″	2′45″	4′23″	3′08″

请指出地铁站计量单位使用不规范之处。

【案例分析】 依据我国法定计量单位的规定，时间单位小时的符号为h（时），分的符号为min（分），秒的符号是s（秒）。该站开门时间5点45′，其中“点”不是计量单位，仅是人们口头习惯说法，确切的应该是5时，符号为h。“′”是角度“分”的符号，不能用作时间的符号，时间“分”的符号是min。因此，开门时间应表示为5时45分。

同样列车运行时间不能用角度的分和秒，要用时间的分和秒。

“2′17″”应改为2min17s，或2分17秒。其余运行时间间隔也要用相同的表示方法作更正。

5. 我国法定计量单位的使用

1984年6月原国家计量局发布了《中华人民共和国法定计量单位使用方法》，1993年原国家技术监督局发布了修订后的国家标准GB 3100—1993《国际单位制及其应用》，GB 3101—1993《有关量、单位和符号的一般原则》，GB 3102—1993《量和单位》。这些为准确使用我国法定计量单位做出了规定和要求。贯彻执行我国法定计量单位必须注意法定计量单位的名称、单位和词头符号的正确读法和书写，正确使用单位和词头。

（1）法定计量单位的名称

法定计量单位的名称有全称和简称之分。中华人民共和国法定计量单位所列出的44个单位名称（国际单位制的基本单位7个、国际单位制中具有专门名称的导出单位21个、国家选定的非国际单位制单位16个）和用于构成十进倍数单位的词头名称均为单位的全称。在使用时，把其中的方括号内的字省略掉即为该单位的简称。如力的单位全称叫牛顿，简称为牛；电阻单位全称为欧姆，简称为欧。对没有方括号的（即没有简称的）单位名称，就只能用全称。如摄氏温度的单位为摄氏度，不能叫度；立体角的单位为球面度。在不致混淆的场合下，简称等效于它的全称，使用方便。

法定计量单位名称的使用方法如下：

① 组合单位的中文名称与其符号的顺序一致。符号中的乘号没有对应的名称，除号的对应名称为“每”字，无论分母中有几个单位，“每”字只出现一次。

例如：比热容单位的符号是J/(kg·K)，其单位名称是“焦耳每千克开尔文”，而不是“每千克开尔文焦耳”或“焦耳每千克每开尔文”。

② 乘方形式的单位名称，其顺序应是指数名称在前。相应的指数名称由数字加“次方”二

字而成。

例如：断面惯性矩的单位 m^4 的名称为“四次方米”。

③ 如果长度的 2 次幂和 3 次幂表示面积和体积，则相应的指数名称为“平方”和“立方”并置于长度单位之前，否则应称为“二次方”和“三次方”。

例如：体积单位 dm^3 的名称是“立方分米”，而断面系数单位 m^3 的名称是“三次方米”。

④ 书写单位名称时，不加任何表示乘或除的符号或其他符号。

例如：电阻率单位 Ω · m 的名称为“欧姆米”，而不是“欧姆 · 米”、“欧姆－米”，“[欧姆][米]”等。

例如：密度单位 kg/m^3 的名称为“千克每立方米”，而不是“千克/立方米”。

(2) 法定计量单位和词头的符号

法定计量单位和词头的符号的使用方法如下：

① 在初中、小学课本和普通书刊中，有必要时，可将单位的简称（包括带有词头的单位简称）作为符号使用，这样的符号称为“中文符号”。

② 法定计量单位和词头的符号，不论拉丁字母或希腊字母，一律用正体，不加间隔号。

③ 单位符号的字母一般用小写体，若单位名称来源于人名，则其符号的第一个字母用大写体。

例如：时间单位“秒”的符号是 s。

压力、压强的单位“帕斯卡”的符号是 Pa。

④ 词头符号的字母当其所表示的因数小于或等于 10^3 时，一律用小写体，如 10^3 为 k（千）、10^{-1} 为 d（分）、10^{-2} 为 c（厘）；大于或等于 10^6 时用大写体，如 10^6 为 M（兆）、10^9 为 G（吉）等。

⑤ 由两个以上单位相乘构成的组合单位，其符号有下列两种形式：

N · m　Nm

若组合单位符号中某单位的符号同时又是某词头的符号，并有可能发生混淆时，则应尽量将它置于右侧。

例如：力矩单位“牛顿米”的符号应写成 Nm，而不宜写成 mN，以免误解为“毫牛顿”。

⑥ 由两个以上单位相乘所构成的组合单位，其中文符号只用一种形式，即用居中圆点代表乘号。

例如：动力黏度单位“帕斯卡秒”的中文符号是“帕 · 秒”而不是“帕秒”、“[帕][秒]”、“帕 · [秒]”、“帕－秒”、“（帕）（秒）”、“帕斯卡 · 秒”等。

⑦ 由两个以上单位相除所构成的组合单位，其符号可用下列三种形式之一：

$$kg/m^3 \qquad kg \cdot m^{-3} \qquad kgm^{-3}$$

当可能发生误解时，应尽量用间隔号（居中圆点）或斜线（/）的形式。

例如：速度单位“米每秒”的符号用 $m \cdot s^{-1}$ 或 m/s，而不宜用 ms^{-1} 以免误解为“每毫秒”。

⑧ 由两个以上单位相除所构成的组合单位，其中文符号可采用以下两种形式之一：

$$千克/米^3 \qquad 千克 \cdot 米^{-3}$$

⑨ 在进行运算时，组合单位中的除号可用水平横线表示。

例如：速度单位可以写成 $\frac{m}{s}$ 或 $\frac{米}{秒}$。

⑩ 分子无量纲而分母有量纲的组合单位即分子为 1 的组合单位的符号，一般不用分式而用负数幂的形式。

例如：波数单位的符号是 m^{-1}，一般不用 1/m。

⑪ 在用斜线表示相除时，单位符号的分子和分母都与斜线处于同一行内。当分母中包含两个以上单位符号时，整个分母一般应加圆括号。在一个组合单位的符号中，除加括号避免混淆外，斜线不得多于一条。

例如：热导率单位的符号是 W/(K·m)，而不能表示成 $^{W}/_{(K\cdot m)}$，W/K·m 或W/K/m。

⑫ 词头的符号和单位的符号之间不得有间隙，也不加表示相乘的任何符号。

⑬ 单位和词头的符号应按其名称或者简称读音，而不得按字母读音。

⑭ 摄氏温度的单位“摄氏度”的符号℃，可作为中文符号使用，可与其他中文符号构成组合形式的单位。

【案例 1】 某法定计量检定机构的技术人员出考核试题时，给出了一张示波器的校准信号原理电路图（见下图）。试查图中有哪些计量单位标注不正确？

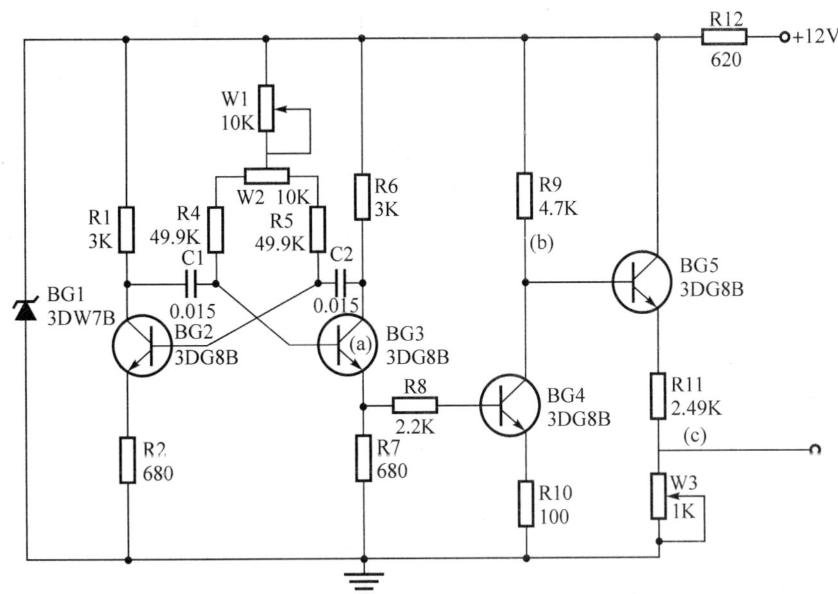

【案例分析】 依据国家标准 GB 3100—93《国际单位制及其应用》第 3. 3 条关于 SI 单位的倍数词头的规定，词头用于构成倍数单位（原称十进倍数单位与分数单位），但不得单独使用。

上述电路图中有 10 个电阻的计量单位都用的是 K，这违反了词头不能单独使用的规定，而且 K 不能是大写，所以这 10 个电阻的计量单位的符号应改为 kΩ。2 个电容 C1 和 C2 没有单位，应加上单位 μF。R2，R7，R10，R12 4 个电阻没有单位，应加上单位 Ω。

【案例 2】 有一段说明为：“雷达测速仪用于检测车辆的行驶速度，以保证车辆的行驶安全，属于强制检定的工作计量器具。它辅以数码照相设备（俗称“电子眼”），以准确的计量数据和清晰的照片作为对行车超速者处罚的依据。它的特点之一，其固定测速误差为±1Km/*h*，运动测速误差为±2Km/*h*，测速距离一般在 200～800m，所以公安交通部门广泛使用它。”请指出说明中的错误之处。

【案例分析】 这段说明中有多处错误：

① “固定测速误差为±1Km/*h*，运动测速误差为±2Km/*h*”中计量单位的表示是错误的：计

量单位应该是正体而不是斜体，*h* 斜体是错误的；单位的词头千(k)应该为小写正体，不应写成大写。测速误差“±1Km/*h* 和±2Km/*h*”的正确写法为±1km/h 和±2km/h。

② “测速距离在 200～800m”的表示方法是错的，依据 JJF 1001—1998《通用计量术语及定义》第 3.18 条规定，量值的定义是“一般由一个数乘以测量单位所表示的特定量的大小”。200 为数字，它不是量值，800m 是量值，数字不能与量值等同使用。因此正确的书写应该为 200m～800m，或(200～800)m。

【案例 3】 有一本《计量技术》教材，在化学计量一章中，对呼出气体酒精含量探测器的检定，列出了燃料电池式探测器的技术指标：

项　目	燃料电池式探测器技术指标	
测量范围	0～0.40mg/L	
示值误差	量程	<0.20mg/L
	误差	±0.025mg/L
	量程	0.20～0.40mg/L
	误差	±0.04mg/L
测量重复性	0.006mg/L	
复零时间	<2min(在 0.363mg/L 条件下)	
示值响应时间	40～60s	
呼出气持续时间	2.5±0.5s	

要求检定人员按此技术指标进行检定。检定人员指出了表中的表达错误之处。

【案例分析】 技术指标中示值误差相应的量程“0.20～0.40mg/L”和呼出气持续时间“2.5±0.5s”及示值响应时间“40～60s”都表达不正确。前者均为数字量，而不是量值，因此不能与量值连用。正确的表示应为(0.20～0.40)mg/L 或 0.20mg/L～0.40mg/L，以及(2.5±0.5)s 或 2.5s±0.5s，40s～60s 或(40～60)s。此外，“示值误差”和“误差”表述不正确，应用“最大允许误差/准确度等级”；“量程”表述不正确，应用“测量范围”。

【案例 4】 电导率仪是化学分析中用量很大的计量器具之一，广泛用于化学研究、化学工业、电子工业、锅炉用水和环境监测等方面。因此，搞好电导率仪的检定很重要。对电导率仪的检定可以选用的计量标准器见下表。

	名　称	测量范围	型　号	编　号	准确度等级	检定证书号
计量标准器	交直流电阻箱	0.01～10KΩ	2×38A/1	0071	0.1%	87053-1112
	交直流电阻箱	10～90KΩ	0	449	0.1%	87053-1112
	交直流电阻箱	100K～30MΩ	自制	/	0.1%	87007
	精密温度计	0～50℃	自制	2-443	0.1℃	8700204-0333
	精密温度计	0～50℃	水银	121	0.1℃	8700204-0332
	容量瓶	100ml		1272	±0.4ml	870322-112
	氯化钾		A 电导用			计量院制

请指出表中错误之处。

【案例分析】

① 表中 0.01～10KΩ、10～90KΩ 和 100K～30MΩ 不符合量值表达的要求，应该是0.01kΩ～10kΩ、10kΩ～90kΩ 和 100kΩ～30MΩ。

② 量值中 KΩ 的词头应小写，把 K 改为 k。

③ 100K 中缺计量单位符号 Ω，且 K 应是小写，100K 应该书写为 100kΩ。

④ 表中准确度等级 0.1%表述不正确，应为准确度等级 0.1 级。

(3) 法定计量单位和词头的使用规则

法定计量单位和词头的使用规则如下：

① 单位与词头的名称，一般只宜在叙述性文字中使用。单位和词头的符号，在公式、数据表、曲线图、刻度盘和产品铭牌等需要简单明了表示的地方使用，也可用于叙述性文字中。应优先采用符号。

② 单位的名称或符号必须作为一个整体使用，不得拆开。

例如：摄氏温度单位“摄氏度”表示的量值应写成并读成“20 摄氏度”，摄氏度是一个整体，不得写成并读成“摄氏 20 度”。

例如：30km/h 应读成“三十千米每小时”，不应读成“每小时三十千米”。

③ 选用 SI 单位的倍数单位或分数单位，一般应使量的数值处于 0.1～1000 范围内。

例如：1.2×10^{4}N 可以写成 12kN。

0.00394m 可以写成 3.94mm。

11401Pa 可以写成 11.401kPa。

3.1×10^{-8}s 可以写成 31ns。

某些场合习惯使用的单位可以不受上述限制。

例如：大部分机械制图使用的长度单位可以用“mm（毫米）”；导线截面积使用的面积单位可以用“mm^2（平方毫米）”。

在同一个量的数值表中或叙述同一个量的文章中，为对照方便而使用相同的单位时，数值不受限制。

词头 h、da、d、c（百、十、分、厘），一般用于某些长度、面积和体积的单位中，但根据习惯和方便也可用于其他场合。

④ 特殊情况下使用某些非法定单位，可以按习惯用 SI 词头构成倍数单位或分数单位。

例如：mCi、mGal、mR 等。

法定单位中的摄氏度以及非十进制的单位，如平面角单位“度”、“[角]分”、“[角]秒”与时间单位“分”、“时”、“日”等，不得用 SI 词头构成倍数单位或分数单位。

⑤ 词头不得重迭使用。

例如：应该用 nm，不应该用 mμm；应该用 pF，不应该用 μμF。

⑥ 亿（10^8）、万（10^4）等是我国习惯用的数词，仍可使用，但不是词头。习惯使用的统计单位，如万公里可记为“万 km”或“10^4km”；万吨公里可记为“万 t·km”或“10^4t·km”。

⑦ 只是通过相乘构成的组合单位在加词头时，词头通常加在组合单位中的第一个单位之前。例如：力矩的单位 kN·m，不宜写成 N·km。

⑧ 只通过相除构成的组合单位或通过乘和除构成的组合单位在加词头时，词头一般应加在分子中的第一个单位之前，分母中一般不用词头。但质量的 SI 单位 kg，不作为有词头的单位对待。

例如：kJ/mol 不宜写成 J/mmol。比能单位可以是 J/kg。

⑨ 当组合单位分母是长度、面积和体积单位时，按习惯与方便，分母中可以选用词头构成倍数单位或分数单位。例如：密度的单位可以选用 g/cm^3。

⑩ 一般不在组合单位的分子分母中同时采用词头，但质量单位 kg 不作为有词头对待。

例如：电场强度的单位不宜用 kV/mm，而是 MV/m；质量摩尔浓度可以用 mmol/kg。

⑪ 倍数单位和分数单位的指数，指包括词头在内的单位的幂。

例如：$1cm^2=1\times(10^{-2}m)^2=1\times10^{-4}m^2$；

而 $1cm^2\neq10^{-2}m^2$；$1\mu s^{-1}=1\times(10^{-6}s)^{-1}=10^6s^{-1}$。

⑫ 在计算中，建议所有量值都采用 SI 单位表示，词头应以相应的 10 的幂代替（kg 本身是 SI 单位，故不应换成 10^3g）。

⑬ 将 SI 词头的部分中文名称置于单位名称的简称之前构成中文符号时，应注意避免与中文数词混淆，必要时应使用圆括号。

例如：旋转频率的量值不得写为 3 千秒$^{-1}$。

如表示“三每千秒”，则应写为“3(千秒)$^{-1}$”（此处“千”为词头）；

如表示“三千每秒”，则应写为“3 千(秒)$^{-1}$”（此处“千”为数词）。

例如：体积的量值不得写为“2 千米^3”。

如表示“二立方千米”，则应写为“2(千米)^3”（此处“千”为词头）；

如表示“二千立方米”，则应写为“2 千(米)^3”（此处“千”为数词）。

【案例 5】 2006 年以来，某油田公司第三采油厂认真贯彻执行国家标准 GB 17167—2006《用能单位能源计量器具配备和管理通则》，对进厂用电量和 18 座联合站、接转站电能进站总入口全部安装 1.0 级电能表；对 90 座计量站、600 多口油井及 30KW 以上的单台耗电设备配备了 2.0 级表。到 2007 年 7 月，该厂共安装电能表 794 块，使生产吨油消耗电能由原来的 112.12KW·h/吨下降到 111.54KW·h/吨。2007 年前 10 个月平均吨油消耗电能为 110.06KW·h/吨，比 2005 年同期少用电 206.77 万 kW·h，节约电费 190.6 万元。2006 年以来，该厂还配备了清水流量计 173 台，污水流量计 132 台，比 2005 年少采地下水 13.3×10^4 立方米，污水回注 450.1×10^4 立方米，节约水费 13.34 万元。抓节能减排，效果显著。

问题：单位的国际符号和单位的中文符号是否可以在一个单位中同时使用？

【案例分析】 依据《中华人民共和国法定计量单位使用方法》第 16 条和第 17 条规定，单位的符号应该用国际符号。该案例中存在以下错误：

（1）吨油耗电量的单位不能表示成“KW·h/吨”，①词头不应大写成 K；②单位中不能将符号与中文混用，吨的符号为 t，正确表示应该为“kW·h/t”。即 112.12KW·h/吨应表示为 112.12kW·h/t，111.54KW·h/吨表示为 111.54kW·h/t，110.06KW·h/吨表示为 110.06kW·h/t，30KW 表示为 30kW。

（2）用水量用体积表示时，单位符号可用国际符号或中文符号，但量值中的单位不能用单位的名称。按法定计量单位的规定，立方米是体积单位的名称，而不是单位的中文符号。因此，13.3×10^4 立方米应表示为 $13.3\times10^4m^3$，450.1×10^4 立方米应表示为 $450.1\times10^4m^3$。

【案例 6】 检定外径千分尺时，检定项目包括：外观、测量平面度、测量平行度、示值误差、测量力等。测量力检定时，当测量范围等于或小于 300mm 时，应为 600～1000gf；测量范围大于 300mm 时，应为 800～1200gf。

【案例分析】 该案例中的错误是使用了非法定计量单位，力是国际单位制中具有专门名称的导出单位，单位名称是牛[顿]，单位符号为 N。牛[顿]的倍数单位为千牛(kN)、兆牛(MN)；毫牛(mN)、微牛(μN)等。gf(克力)是米制中力的倍数单位，是非法定计量单位，不应该使用。而且测量力 600～1000gf 和 800～1200gf 表示不正确。量值的定义为数值乘以计量单位，而 600 和 800 为数值，并非量值，不能与量值连用。

法定计量单位中力的单位为牛[顿]，符号为 N。1N＝1000mN。非法定计量单位 gf 与法定计量单位 N 之间的换算：1kgf＝1000gf，1kgf＝9.80665N，1gf＝9.80665mN，即 1gf＝9.81mN。

所以正确的表示为：在测量力检定时，当测量范围等于或小于 300mm 时，测量力应为 5.89N～9.81N；测量范围大于 300mm 时，测量力应为 7.85N～11.77N。

【案例 7】 有一本力学计量培训教材，在大容量计量内容中，介绍了液位测量和液位计，并附了一张液位计性能简表(见下表)，以供学员选择使用液位计时做参考。

液位计性能简表

型 式	测量原理	测量范围	精 度	温度极限	压力极限	特 性
连通器式	连通器原理	0.5～2m	±1mm	500℃	35kgf/cm^2	结构简单，但黏性大的液体不适于作为现场液位计使用
差压式	由于液位变化产生的压力变化	0.1～50m	±0.2～0.5%	120℃	420kgf/cm^2	在工业中作为监视、控制指令使用最多，它的测量范围广，拆装方便
浮子式	利用浮子的浮力	0.5～50m	±3～5mm	90℃	大气压	测量范围广，用于对罐的储藏量管理，使用可靠，但需经常维护，体积较大

【案例分析】 在这张液位计性能简表中量值的表述和书写、计量单位的使用以及计量术语有不少错误。依据我国法定计量单位中对压力的计量单位的规定，单位名称为帕[斯卡]，简称帕，单位符号为 Pa，中文符号为帕。该表中有如下错误：

① 表中的压力单位都没有用法定计量单位 Pa 表示：

1kgf/cm^2＝0.0980665MPa。所以 35kgf/cm^2 应表示为 3.43MPa，同样 420kgf/cm^2 应表示为 41.20MPa。大气压力也应以 Pa 为单位表示。

② 测量范围中量值表达不正确，0.5～2m，前者为数值，不能与量值等同起来，应该表示为 0.5m～2m，或(0.5～2)m。同样 0.1～50m 应表示为 0.1m～50m，或(0.1～50)m。0.5～50m 应表示为 0.5m～50m，或(0.5～50)m。

③ “精度”已经不再使用，在 JJF 1001—1998《通用计量术语及定义》中表示测量仪器特性的相应术语应该是“最大允许误差”。

④ ±0.2～0.5%应该表示为±(0.2%～0.5%)。

⑤ ±3～5mm 应表示为±(3～5)mm。

(4) 应废除的和错误的或不恰当的计量单位举例

应废除的计量单位与法定计量单位的换算举例见表 2-7。

错误的或不恰当的计量单位举例见表 2-8。

表 2-7　应废除的计量单位与法定计量单位的换算举例

量的名称	应废除的单位名称	应废除的单位符号	用法定计量单位表示及换算关系
长度	公尺		1 公尺＝1m
	公分		1 公分＝1cm
	[市]里		1[市]里＝1/2km＝500m
	丈		1 丈＝10/3m≈3.3m
	[市]尺		1 尺＝1/3m≈0.3m
	[市]寸		1 寸＝1/30m≈0.03m
	[市]分		1 分＝1/300m≈0.003m
	码	yd	1yd＝91.44cm
	英尺	ft	1ft＝30.48cm
	英寸	in	1in＝2.54cm
	埃	Å	1Å＝0.1nm
质量(重量)	[市]斤		1 斤＝1/2kg＝500g
	[市]两		1 两＝50g
	[市]钱		1 钱＝5g
	磅	lb	1lb＝453.59g
	[米制]克拉		1 克拉＝200mg
	盎司(常衡)	oz	1oz(常衡)＝28.349g
	盎司(药衡、金衡)	oz	1oz(药衡、金衡)＝31.103g
力	千克力(公斤力)	kgf	1kgf＝9.80665N
	达因	dyn	1dyn＝10^{-5}N
压力(压强、应力)	标准大气压	atm	1atm＝1.01325×10^5Pa
	工程大气压	at	1at＝9.80665×10^4Pa
	毫米水银柱	mmHg	1mmHg＝1.333224×10^2Pa
	毫米水柱	mmH_2O	1mm H_2O＝9.80638Pa
	巴	bar	1bar＝1×10^5Pa
	托(0℃)	Torr	1Torr＝1.333224×10^2Pa
重力加速度	伽	Gal	1Gal＝1cm/s^2
功、能、热量	尔格	erg	1erg＝10^{-7}J
	国际蒸汽卡	cal_{IT}	1cal_{IT}＝4.1868J
功率	[米制]马力		1 马力＝735.499W
面积	[市]亩(60 平方丈)		1 亩＝666.7m^2
体积、容积	英加仑	UKgal	1UKgal＝4.54609dm^3
	美加仑	USgal	1USgal＝3.78541dm^3
	美(石油)桶	bbl	1bbl＝158.987dm^3

表 2-8　错误的或不恰当的计量单位举例

量的名称	错误的或不符合规定的单位	正确的表示方法
长度	MM，m/m	mm(毫米)
质量	公两	100g(100 克)
	公钱	10g
	公吨	t(吨)
容积、体积	公升，立升	L(l)(升)
	C. C.，c. c.	mL(毫升)
时间	y，y_r	a(年)
	Sec，(″)，S	s(秒)
	hr	h(时)
摄氏温度	度，百分度	℃(摄氏度)
热力学温度	开氏度，°K	K(开)
频率	C，c/s(周)	Hz(赫)
功率	瓦千，瓩	kW(千瓦)
电能	度	kW·h(千瓦时)

6. 我国法定计量单位的实施要求

1984 年 2 月 27 日国务院发布《关于在我国统一实行法定计量单位的命令》中要求：我国的计量单位一律采用“中华人民共和国法定计量单位”。“我国目前在人民生活中采用的市制计量单位，可以延续使用到 1990 年，1990 年底以前要完成向国家法定计量单位的过渡”。根据国务院的《命令》，1984 年 3 月 9 日，国家计量局发布了经国务院第 21 次常务会议通过的《全面推行我国法定计量单位的意见》。该意见提出：“全国于 80 年代末，基本完成向法定计量单位的过渡，分两个阶段进行：1984 年～1987 年年底四年期间，国民经济各主要部门，特别是工业交通、文化教育、宣传出版、科学技术和政府部门，应大体完成其过渡，一般只准使用法定的计量单位。1990 年年底以前，全国各行各业全面完成向法定计量单位的过渡。自 1991 年 1 月起，除个别特殊领域外，不允许再使用非法定计量单位。”通过广泛的法定计量单位的宣传、进行计量单位改制等一系列活动，1991 年国家技术监督局检查验收，全国基本上实现了向法定计量单位的过渡。又经过了十多年的努力，包括土地面积计量单位的改革等都已完成，全国已全面使用法定计量单位。当然，由于人们的习惯，在贸易市场、有的商店偶尔还出现用市制或英制表示的计量单位，如蔬菜多少钱一斤、电视机三十四英寸等，这些都将随着法制计量的加强而解决。

7. 我国法定计量单位的适用范围

凡从事下列活动，需要使用计量单位的，应当使用法定计量单位：

(1) 制发公文、公报、统计报表；

(2) 编播广播、电视节目，传输信息；

(3) 出版、发行出版物；

(4) 制作、发布广告；

(5) 生产、销售产品，标注产品标识，编制产品使用说明书；

(6) 印制票据、票证、账册；

(7) 出具证书、报告等文件；

(8) 制作公共服务性标牌、标志；

(9) 国家规定应当使用法定计量单位的其他活动。

由于特殊原因需要使用非法定计量单位的，应当经省级以上人民政府计量行政部门批准。如果违反使用规定，国家将予以处罚。

8. 部分非法定计量单位与法定计量单位的换算举例

过去较为常用的部分非法定计量单位与法定计量单位的换算举例见表 2－9。

表 2－9 过去较为常用的部分非法定计量单位与法定计量单位的换算举例

量的名称	非法定计量单位	法定计量单位	换算关系
长度	埃(Å)	m(米)	1Å＝10^{-10}m
	光年	m	1 光年＝9.46053×10^{15}m
	码(yd)	m	1yd＝0.9144m
	英尺(ft)	m	1ft＝0.3048m
	英寸(in)	m	1in＝0.0254m (1ft＝12in)
	英里(mile)	m	1mile＝1609.344m
	[市]里	m	1[市]里＝500m
	丈	m	1 丈≈3.3m
	[市]尺	m	1[市]尺≈0.33m
	[市]寸	m	1[市]寸≈0.033m
面积	[市]亩	m^2(平方米)	1[市]亩＝666.7m^2
	英亩	m^2	1 英亩＝4046.86m^2
体积、容积	石	L(升)	1 石＝100L
	英加仑(UKgal)	L	1UKgal＝4.54609L
	美加仑(USgal)	L	1USgal＝3.78541L
	美(石油)桶(bbl)	L	1bbl＝158.987L
质量(重量)	公担(q)	kg(千克)	1q＝100kg
	磅(lb)	kg	1lb＝0.45359237kg
	克拉、米制克拉(k)	kg	1k＝2×10^{-4}kg
	盎司(oz)(常衡)	g(克)	1oz(常衡)＝28.3495g
	盎司(oz)(药衡)	g	1oz(药衡)＝31.1035g
	盎司(oz)(金衡)	g	1oz(金衡)＝31.1035g

续表

量的名称	非法定计量单位	法定计量单位	换算关系
力	达因(dyn) 千克力,公斤力(kgf) 磅力(lbf) 吨力(tf)	N(牛) N N N	$1dyn=10^{-5}N$ 1kgf=9.80665N 1lbf=4.44822N 1tf=9806.65N
加速度	伽(Gal) 标准重力加速度(g_n)	m/s^2(米/秒^2) m/s^2	$1Gal=10^{-2}m/s^2$ $1g_n=9.80665m/s^2$
压力	毫米汞柱(mmHg) 毫米水柱(mmH_2O) 标准大气压(atm) 工程大气压(at) 千克力每平方米 (kgf/m^2) 巴(bar) 托(Torr)	Pa(帕) Pa Pa Pa Pa Pa Pa	1mmHg=133.322Pa $1mmH_2O=9.80665Pa$ 1atm=101325Pa 1at=98066.5Pa $1kgf/m^2=9.80665Pa$ $1bar=10^5Pa$ 1Torr=133.322Pa
功、能、热	尔格(erg) 千克力米(kgf·m) 国际蒸汽卡(cal_{IT}) 热化学卡(cal_{th}) 大卡、千卡 15℃卡(cal_{15}) 20℃卡(cal_{20}) 马力小时	J(焦) J J J J J J J	$1erg=10^{-7}J$ 1kgf·m=9.80665J $1cal_{IT}=4.1868J$ $1cal_{th}=4.1840J$ 1 大卡=4186.8J $1cal_{15}=4.1855J$ $1cal_{20}=4.1816J$ 1 马力小时 $=2.64779\times10^6J$
功率	马力,米制马力 千卡每小时(kcal/h) 国际瓦特(Wint) 乏(var)	W(瓦) W W W	1 马力=735.499W 1kcal/h—1.163W 1Wint=1.00019W 1var=1W
温度、温差、温度间隔	华氏度(℉)	℃(摄氏度)	1℉=(5/9)℃
照射量 吸收剂量 剂量当量 放射性活度	伦琴(R) 拉德(rad) 雷姆(rem) 居里(Ci)	C/kg(库/千克) Gy(戈) Sv(希) Bq(贝可)	$1R=2.58\times10^{-4}C/kg$ $1rad=10^{-2}Gy$ $1rem=10^{-2}Sv$ $1Ci=3.7\times10^{10}Bq$
发光强度	国际烛光	cd(坎)	1 国际烛光=1.019cd

习题及参考答案

一、习　题

（一）思考题

1. 什么叫量、量值和计量单位？
2. 如何理解计量学中量、计量单位和计量单位的符号？
3. 什么叫基本量和基本单位？
4. 什么叫导出量和导出单位？
5. 基本量和导出量之间、基本单位和导出单位之间是什么关系？
6. 什么叫量制？什么叫量纲？相互之间有什么区别？量纲的作用是什么？
7. LT^{-2}、MLT^{-2}、$ML^{2}T^{-2}$、$ML^{-1}T^{-2}$、$L^{2}MT^{-3}I^{-1}$是什么量的量纲？
8. 什么叫单位制和国际单位制？
9. 国际单位制是如何构成的？
10. 什么叫米制？它与国际单位制是什么关系？
11. 国际单位制的基本单位有哪些？它们的名称和符号是什么？
12. 国际单位制中具有专门名称的导出单位有哪些？它们的名称和符号是什么？
13. 国际单位制的词头有多少个？10^{-1}～10^{-12}和10^{1}～10^{12}的词头名称和符号是什么？
14. 什么叫法定计量单位？我国法定计量单位与国际单位制的单位有什么关系？
15. 我国法定计量单位是由哪几部分组成的？
16. 国家选定的非国际单位制单位有哪些？它们的名称和符号是什么？
17. 使用法定计量单位的名称时要注意什么问题？
18. 使用法定计量单位和词头的符号时要注意什么问题？
19. 在使用我国法定计量单位和词头时有哪些规定？
20. 下列计量单位表示是否正确？如何正确表示？

    长度单位：μ、mμm；

    电容单位：μμF；

    加速度单位：m/s/s；

    速度单位：km/小时；

    力矩单位：mN；

    热导率单位：W/K · m；

    比热容单位：$^{J}/_{(kg \cdot K)}$。
21. 常用的非法定计量单位与法定计量单位如何进行换算？
22. 哪些是应该淘汰的计量单位和容易出现使用错误的计量单位？

（二）选择题（单选）

1. 在我国历史上曾把计量叫做“度量衡”，其中“量”指的是__________的计量。

   A. 质量　　B. 流量　　C. 电量　　D. 容量（容积）

2. 下列单位的国际符号中，不属于国际单位制的符号是__________。

   A. t　　B. kg　　C. ns　　D. μm

3. s^{-1}是________。

A. 时间单位　　B. 频率单位

C. 速度单位　　D. 加速度单位

4. 速度单位的国际符号是“m/s”，其中文名称的正确写法是________。

A. 米秒　　B. 秒米

C. 米每秒　　D. 每秒米

5. 一位田径运动员的110米栏成绩，下列几种表示中________是正确的。

A. 12″.88　　B. 12.88″

C. 12s88　　D. 12.88s

6. 1μs等于________。

A. 10^{6}s　　B. 10^{-6}s

C. 10^{-9}s　　D. 10^{-3}s

7. 热导率单位符号的正确书写是________。

A. W/K·m　　B. W/K/m

C. W/(K·m)　　D. $^{W}/_{(K\cdot m)}$

8. 电能单位的中文符号是________。

A. 瓦[特]　　B. 度

C. 焦[耳]　　D. 千瓦时

9. 比热容单位的国际符号是J/(kg·K)，其名称的正确读法是________。

A. 焦[耳]除以千克开[尔文]　　B. 焦[耳]每千克每开[尔文]

C. 焦[耳]每千克开[尔文]　　D. 焦[耳]每开[尔文]千克

（三）选择题（多选）

1. 力矩单位“牛顿米”，用国际符号表示时，下列符号中________是正确的。

A. NM　　B. Nm　　C. mN　　D. N·m

2. 下列量中属于国际单位制导出量的有________。

A. 电压　　B. 电阻　　C. 电荷量　　D. 电流

3. 下列单位中，哪些属于国际单位制的单位________。

A. 毫米　　B. 吨　　C. 吉赫　　D. 千帕

4. 有一块接线板，其标注额定电压和电流容量时，下列表示中________是正确的。

A. 180～240V，5～10A

B. 180V～240V，5A～10A

C. (180～240)V，(5～10)A

D. (180～240)伏[特]，(5～10)安[培]

5. 长度为0.05毫米的正确表示可以是________。

A. 0.05mm　　B. 5×10^{-5}m　　C. 50μm　　D. 5000nm

二、参考答案

（一）思考题（略）

（二）选择题（单选）：1. D；　2. A；　3. B；　4. C；　5. D；　6. B；　7. C；　8. D；　9. C。

（三）选择题（多选）：1. B D；　2. A B C；　3. A C D；　4. B C；　5. A B C。

第二节 测量、计量

一、测 量

(一) 测量概述

测量是人类认识和揭示自然界物质运动的规律、借以定性区别和定量描述周围物质世界,从而达到改造自然和改造世界的一种重要手段。可以说,测量的概念起源于人类对物质世界的认识,人类在认识自然、改造自然的过程中,随着生产、劳动和生活的需要,将遇到各种现象和物体,并希望能定性地区别或定量地确定这些现象和物体的属性,他们用人体的某一部分或某一实物,确定距离的远近、土地的大小、食物的多少以及物体的轻重。随着人们在生产劳动实践中知识的不断积累,改造自然的能力逐步提高,人们把"确定的已知量"规定为某一量的单位量,通过它与一个未知量进行比较,从而确定这一未知量的大小,并将其(量的大小)用数值和单位的乘积(即量值)表示出来,这就是人们从事的测量活动。可见,一个量的大小,用量值来表示,而量值的获得是通过测量来实现的。随着人类社会和科学技术的高度发展,人类认识自然的能力又进一步深化,测量对象不再局限于物理量,还可以对化学量、工程量、生物量等进行定性的区别和定量的确定,从而测量范围不断扩大,测量不确定度要求不断提高,还出现了动态测量、在线测量、综合测量以及在严酷环境下的特殊测量,测量的概念更为宽广,其应用的范围及内容更为丰富。

什么是测量?按 JJF 1001—1998《通用计量术语及定义》中的定义,测量就是"以确定量值为目的的一组操作。"这一定义包括了三层内涵:(1)测量是一种操作,操作的方式在定义中没有做具体规定,它既可以是一项复杂的物理实验活动,如激光频率的绝对测量、地球至月球的距离测量、纳米测量等;也可以是一种简单的动作,如称体重、用尺量布等;这种操作可以手动、半自动,也可以自动地进行。(2)这里强调是"一组操作",说明测量是指操作的全过程,测量本身是一个过程,即包括从确定被测的量开始,选定测量原理和测量方法,选用测量仪器,规定测量程序、控制影响量的取值范围,进行实验和计算,直至获得和报告具有适当不确定度的测量结果。(3)操作的目的(即测量的目的)在于确定被测对象量值的大小,这里没有限定测量范围和测量不确定度,也没有规定获得量值大小的方法和途径。因此,该定义可用于所有可测的量,适用于各种领域和各个方面的测量。

在计量学中,测量既是核心的概念,又是研究的对象。因此,人们把测量有时也称为计量,例如把测量单位称为计量单位,把测量标准称为计量标准等。

1. 测量过程

测量活动是一个过程。所谓"过程"是指"一组将输入转化为输出的相互关联或相互作用的活动"。输入是过程的依据和要求(包括资源);输出是过程的结果,是由有资格的人员通过充分适宜的资源所开展的活动将输入转化为输出;"相互关联"反映过程中各项活动间的互相联系、顺序和接口;"相互作用"反映过程中各环节的相互影响和关系。测量过程是由根据输入的测量要求,经过测量活动,到得到并输出测量结果的全部活动。测量过程的三个要素是:①输入：确定被测量及对测量的要求；②测量活动：对所需要的测量进行策划，从测量原理、测量方法到测量程序；配备资源，包括适宜的且具有溯源性的测量设备，选择和确定具有测量能力的人员，控制测量环境，识别测量过程中影响量的影响，实施测量操作；③输出：按输入的要求给出测量结果，出具证书和报告。

"量"作为一个概念，有广义量和特定量之分。广义量是从无数特定同种量中抽象出来的量，如温度、容积、电压、长度等；而特定量是特指的某被测对象的量，只有可测量的特定量才能进行测量。测量时，受测量的物体、现象或状态称为被测件或被测对象。被测量有时指受测量的特定量，如某一杯水的温度、某一容器的容积、某处电源的输出电压以及某根导线的长度。对被测量的描述要求对研究的现象、物体或物质的状态有详细说明，例如要求对包括与被测量有关的其他量(如时间、温度、压力、频率)做出说明。

按测量的目的提出测量要求，包括对被测量的详细要求、对影响量的要求、测量不确定度和测量结果的表达形式的要求等。确定了被测量和测量要求后，选择测量原理、测量方法和测量设备，确定测量人员，制定测量程序和开展测量活动。

【案 例】 考评员在考核长度室时，问室主任小尹："你讲一讲什么是测量过程，如测量一个精密零件，测量过程主要涉及哪些环节？"回答："测量过程就是确定量值的一组操作。其主要环节是，首先明确测量要求，确定测量原理和方法，选择测量仪器和手段，制定测量程序，实施测量，最后提出测量报告。"问："这一过程完整吗？"回答："我看可以吧！"

【案例分析】 针对以上问题，该室主任在实际应用时对测量过程的理解还不够全面。

按 GB/T 19022—2003《测量管理体系　测量过程和测量设备的要求》第 7.2 条的要求，测量过程中还必须识别及考虑影响测量过程的各种影响量，包括对环境条件的要求、操作者能力，对测量人员的技能要求、影响测量结果可靠性的其他因素。要加强对基础知识的具体应用能力。

2. 测量原理

测量原理是指"测量的科学基础"。它是指测量所依据的自然科学中的定律、定理和得到充分理论解释的自然效应等科学原理。例如，在力的测量中应用的牛顿第二定律，在电学测量中应用的欧姆定律，在温度测量中应用的热电效应，在质量测量中应用的杠杆原理，在速度测量中应用的多普勒效应，在长度测量中应用的光干涉原理，都属于测量原理。正确地运用测量原理，是保证测量准确可靠的科学基础。实际上，测量结果能否达到预期的目的，主要取决于所应用的原理。如在长度测量中，应用激光干涉方法不仅改善了测量不确定度，而且极大地扩展了测量范围；在长度比较测量中，若不遵守阿贝准则，就会带来较大的测量不确定度。

3. 测量方法

测量方法是指"进行测量时所用的，按类别叙述的一组操作逻辑次序"。换句话说就是根据给定测量原理实施测量时，概括说明的一组合乎逻辑的操作顺序，测量方法就是测量原理的实际应用。例如：根据欧姆定律测量电阻时，可采用伏安法、电桥法及补偿法等测量方法，在采用电桥法时，又可分为替代法、微差法及零位法等。由于测量的原理、运算和实际操作方法的不同，通常会有多种多样的测量方法。下面介绍一些常用的测量方法。

(1) 直接测量法和间接测量法。这是根据量值取得的不同方式来进行分类的。直接测量法是指"不必测量与被测量有函数关系的其他量，而能直接得到被测量值的一种测量方法。"换言之，是指测量结果可通过测量直接获得的测量方法。大多数情况下采用直接测量法，测得结果是由测量仪器的示值直接给出，但在进行高准确度测量时，为了减小测量结果中所含的系统误差，通常需要做补充测量来确定其影响量的值，对测量结果加以修正，即使这样，这类测量仍属直接测量。间接测量法是指"通过测量与被测量有函数关系的其他量，从而得到被测量值的一种测量方法。"也就是说，被测量的量值是通过其他量的测量，按一定函数关系计算出来的。如长方形面积是通过测量其长度和宽度用其乘积来确定的，固体密度是根据测量物体的质量和体积的结果，按密度定义公式计算的。间接测量法在计量学中有特别重要的意义，许多导出单位，如压力、流量、速度、重力加速度、功率等量的单位的复现是由间接测量法得到的。

(2) 基本测量法和定义测量法。"通过对一些有关基本量的测量，以确定被测量值的测量方法"称为基本测量法，也叫绝对测量法。"根据量的单位定义来确定该量的测量方法"称为定义测量法，这是按计量单位定义复现其量值的一类方法，这种方法既适用于基本单位也用于导出单位。

(3) 直接比较测量法和替代测量法。"将被测量的量值直接与已知其值的同一种量相比较的测量方法"称为直接比较测量法。这种测量方法在工程测试中广为应用，如标准量块的长度测量，在等臂天平上测量砝码等。这种方法有两个特点，一是必须是同一种量才能比较；二是要用比较式测量仪器。采用这种方法，许多误差分量由于与标准的同方向增减而相互抵消，从而获得较高的测量不确定度。"将选定的且已知其值的同种量替代被测量，使在指示装置上得到相同效应以确定被测量值的一种测量方法"称为替代测量法。例如，在质量计量中常用波尔特法，将被测的物体置于天平的秤盘上，使之平衡，然后取下被测物体，代替砝码再使天平平衡，那么所加砝码的质量即为被测物体的质量，这种方法的优点在于能消除天平不等臂性带来的测量不确定度分量。

(4) 微差测量法和符合测量法。"将被测量与同它只有微小差别的已知同种量相比较，通过测量这两个量值间的差值以确定被测量值的一种测量方法"称为微差测量法。例如用量块在比较仪上测量活塞的直径或环规的孔径，比较仪上的示值差即为"两个量值之差"。由于两个相比较的量处于相同条件下比较，因此，各个影响量引起的误差分量可自动作局部抵消或基本上全部抵消。微差测量法的测量不确定度来源主要有两个分量：一是计量标准器的误差引入的不确定度分量；二是比较仪引入的不确定度分量。"用观察某些标记或信号相符合的方法，来测量出被测量值与作为比较标准用的同一种已知量值之间微小差值的一种测量方法"称为符合测量法。例如，用游标卡尺测量零件尺寸就是利用这种测量方法，使游标上的刻线与主尺上的刻线相符合，确定零件的尺寸大小。

(5) 补偿测量法和零值测量法。将测量过程作这样安排，使一次测量中包含有正向误差，而在另一次测量中包含有负向误差，因此，测量结果中大部分误差能互相补偿而消去，把这种测量方法称为"补偿测量法"。如在电学计量中，为了消除热电势带来的系统误差，常常改变测量仪器的电流方向，取两次读数和的二分之一为测量结果。"调整已知其值的一个或几个与被测量有已知平衡关系的量，通过平衡原理确定被测量值的一种测量方法"称为零值测量法，也称为平衡测量法，例如，用电桥测量电阻就是采用这种方法。

当然，按测量的特点和方式，测量又可分为接触测量和非接触测量、动态测量和静态测量、模拟测量和数字测量、手动测量和自动测量等。

4. 测量程序

测量程序是指"进行特定测量时所用的，根据给定的测量方法具体叙述的一组操作"。换句话说，测量程序是根据给定的方法实施对某特定量的测量时，所规定的具体、详细的操作步骤，通常记录在文件中，并且足够详细。操作者在进行测量时不再需要补充资料。相当于日常所说的操作方法、操作规范或操作规程，具体实施测量操作的作业指导书等文件，测量程序应确保测量的顺利进行。当然，是否需要制定测量程序应按测量的实际需要来确定，对于一般简单的测量，人们已十分习惯并熟练掌握操作方法，也就不需要形成什么文件。有时习惯上，测量程序也被称为测量方法，应注意到它们之间实际上是有区别的。

测量原理、测量方法、测量程序是实施测量时所需的三个重要因素。测量原理是实施测量过程中的科学基础，测量方法是测量原理的实际应用，而测量程序是测量方法的具体化。

5. 测量资源的配置和测量影响量的控制

测量的资源包括测量人员、测量所需的测量仪器及其配套设备、测量所需的环境条件及设施、测量方法的规范、规程或标准以及有关文件。要实施测量，必须配备相应的测量仪器，为此必须选用经检定或校准合格且符合测量要求的测量仪器。测量人员应有一定的技能和资格。为了获得准确可靠的测量、减少测量误差、减小测量不确定度，必须充分估计到影响量对测量结果的影响，对测量中明显影响测量结果的环境条件及其他各种因素，要采取控制措施。

6. 测量结果

测量结果是测量过程的输出，是经过测量所得到的被测量的值，完整的测量结果应当包括有关测量不确定度信息，必要时还应说明有关影响量的取值范围。

把测量活动作为测量过程来看待，有利于理解测量中的各项要素，识别测量要求，明确测量的资源、顺序、接口、关系及相互作用，有利于实施测量及对测量活动的管理和监控。

(二) 测量的作用

测量是人们认识世界、改造客观世界的重要手段。测量是科学技术的基础，正如俄国科学家门捷列夫所说："没有测量，就没有科学。"科学从测量开始，每一种物质和现象，只有通过测量才能真正认识。不能测量的东西，人们就不可能全面地认识它。测量是工业生产的重要手段，它可以保证产品质量、零配件互换、改进和监控工艺、改善劳动条件、加强经营管理、提高劳动生产率和实现生产的自动化现代化。测量是掌握物资财富和动力资源的数量的途径，是经济合理地使用这些财富、减少能源和材料消耗的重要手段。测量可以维护社会经济秩序，确保国内和国际上贸易活动的正常进行。环境监测和食品、药品以及医疗卫生、安全防护等方面的测量直接影响到人们的健康和安全。测量涉及人们生活中的衣食住行，买东西要称重量、做衣服要量尺寸，人们生活中处处离不开测量。因此，测量与国民经济、社会发展和人民生活有着十分密切的关系，具有十分重要的地位。在人们认识自然、改造自然的过程中，在各个领域无时无处不存在测量。如果没有测量，一切社会活动都是无法想象的。

二、计　量

(一) 计量概述

单位的统一是测量统一的基础，测量统一则反映在量值准确可靠和一致上。那么，什么是计量？按我国 JJF 1001—1998《通用计量术语及定义》中的定义，计量是指“实现单位统一、量值准确可靠的活动”。这个定义明确了计量的目的及其基本任务是实现单位统一和量值准确可靠，其内容是为实现这一目的所进行的各项活动，这一活动具有十分的广泛性，它涉及工农业生产、科学技术、法律法规、行政管理等，通过计量所获得的测量结果是人类活动中最重要的信息源之一。计量的最终目的就是为国民经济和科学技术的发展服务。

（二）计量的发展

计量的历史源远流长，计量的发展与社会进步联系紧密，它是人类文明的重要组成部分。计量的发展大体可分为古代计量、近代计量和当代计量三个阶段。

1. 古代计量

有关文字记载和器物遗存证明，早在数千年前，出于生产、贸易和征收赋税等方面的需要，古埃及、巴比伦、印度和中国等地均已开始进行长度、面积、容积和质量的计量。计量在我国历史上称为“度量衡”。由于生产和商品交换的发展，私有制逐渐形成，早在奴隶社会初期，就有人利用度量衡图谋私利，由此发生争执。史籍记载，约公元前 21 世纪，传说黄帝就设置了“衡、量、度、亩、数”五量。舜在行使权力时即“协时月正日，同律度量衡”。禹在划分九州、治理水患时，使用规矩、准绳等测量工具，丈量规划四方土地。我国古代用人体的某一部分或其他的天然物、植物的果实作为计量标准，如“布手知尺”、“掬手为升”、“取权为重”、“迈步定亩”、“滴水计时”，进行计量活动。关于周朝（约公元前 1037 年）的度量衡法制记载，《礼记》说“周公六年，颁度量而天下大服”。《周礼》说，周朝设内宰颁行度量衡法令；大行人掌管发放标准器；合方氏负责监督检查；办理地方事务的官职叫司事；管理市场的叫质人。公元前 221 年，秦始皇统一全国后，颁发诏书，以最高法令形式将度量衡法制推行于天下。秦朝还监制了许多度量衡标准器，并实行定期的检定制度。

我国历史上计量的发展，为人类进步做出了突出的贡献。西汉末年（即 2000 年以前），王莽进行度量衡改革时颁行的标准器之一，用青铜铸造的新莽嘉量，成为我国历史上度量衡器的珍品。嘉量由五个分量组成，每个分量代表一个容积单位，并且一个器具将长度、容积、重量三量合一，在中国古代计量发展史上写下了光辉的一页。我国出土的新莽九年游标卡尺，其原理和操作方法与一千多年以后出现的近代游标卡尺基本相同。我国古代就提出“自然基准”的概念，汉代已用声波作为长度基准，具体的量值复现用“黄钟律管”，即用共鸣声频率相对应的管腔长度作为长度基准。我国历史上把漏刻作为记时仪器，已使用了几千年，现存最早的记时仪器漏刻是西汉（公元前 60 年）时期出土的。计量是历代王朝行使权力的象征，如北京故宫博物院太和殿和乾清宫丹陛前左右两侧，分别陈列着鎏金铜嘉量和日晷两件计量器具，庄严地展示着清王朝的统治权力。我国古代的计量发展史，也从另一个侧面展示出了中华民族的智慧和文化。

2. 近代计量

从世界范围看，1875 年“米制公约”的签订，标志着近代计量的开始。随着近代物理学的发展，近代计量逐步引入了“物理量”的概念，使计量研究应用的对象得到了技术扩展。这一阶段的主要特征是计量摆脱了利用人体、自然物体作为“计量基准”的原始状态，进入以科学技术为基础的发展时期。由于科技水平的限制，这个时期的计量基准大都是经典理论指导下的宏观实物基准，例如，根据地球子午线长度的四千万分之一长度，用铂铱合金制成长度米基准原器；根据一立方分米体积的纯水在其密度最大时的质量，用铂铱合金制成了质量基准千克原器；根据地球围绕太阳转动的周期来定义时间的单位秒；根据两通电导线之间产生的力来定义电流的单位安培等，建立了一种所有国家都能使用的计量单位制。但这种计量基准（即国际计量标准），随着时间的推移，由于腐蚀、磨损或自然现象的变化使量值难免发生微小变化，由于复现技术的限制，准确度也难以提高。随着工业生产的迅速发展，被测的量更为广泛，计量的范围也在逐渐扩大。

从我国的实际情况看，由于原有的工业基础薄弱，20 世纪 50 年代我国进入了国民经济全面恢复时期，也是我国工业化奠基的时期，数百个大型工业企业的建立，使工业部门的计量工作逐步兴起。1955 年国务院设立了国家计量局，才开始推行米制，制定了统一计量制度的条例法规，组织计量器具的检定；1956 年把“统一的计量系统、计量技术和国家标准的建立”列入国家重点发展项目，同时，采取建立临时计量标准的措施；1957 年我国可以开展国家检定的计量专业发展到长度、温度、力学、电学计量等九大类，初步形成了我国近代计量科学体系的雏形。1959 年国务院发布了《关于统一计量制度的命令》和《统一公制计量单位名称方案》，促进了我国计量工作的发展。

3. 现代计量

现代计量的标志是 1960 年国际计量大会决议通过并建立的适用于各个科学技术领域的计量单位制，即国际单位制。它将以经典理论为基础的宏观实物基准，转为以量子物理和基本物理常数为基础的微观自然基准。也就是说，现代计量以当今科学技术的最高水平，使基本单位计量基准建立在微观自然现象或物理效应的基础上，并建立科学、简便、有效的溯源体系，实现国际上测量的统一。基本物理常数是指自然界的一些普遍适用的常数，它们不随时间、地点或环境条件的影响而变化。基本物理常数的引入和发展在定义计量基本单位和导出单位方面起到了关键的作用。例如：1967 年第十三届国际计量大会决议，以铯-133 原子基态的两个超精细能级间跃迁相对应的辐射的 9192631770 个周期的持续时间为 1 秒，使秒的复现不确定度达 10^{-14}～10^{-15}量级；1983 年第十七届国际计量大会通过了新的米定义，采用了光在真空中于(1/299792458)s 时间间隔内所经路程的长度为 1 米，使米的复现不确定度达 10^{-11}～10^{-12}量级；此外，1990 年在电压和电阻单位定义中采用了约瑟夫森常数 K_j和冯 · 克理青常数 R_k的约定值，质量的单位也即将采用基于有关基本物理常数的新定义，摩尔的定义用到了阿伏加德罗常数 N_a等。定义中采用一些有关的基本物理常数，这将大大减小计量基准复现的不确定度，以满足科学研究、国民经济、生产和社会发展的需要。

我国现代计量的发展经历了多次飞跃。在 20 世纪 60 年代，我国以建立计量基准作为国家科研规划项目的重中之重。从 60 年代到 80 年代，我国计量科研进入了一个高速发展的时期，经过了十余年的努力，相继建立了包括一些自然基准在内的 100 余项计量基准，为我国现代计量事业的发展奠定了基础。我国计量基准体系的建立，标志着我国现代计量科学已从根基上拉近了与国际计量科学水平的距离，有的基准技术水平已接近或达到国际先进水平。在计量领域扩充了化学计量。70 年代我国加入《米制公约》，形成了国际计量交流与合作的新局面。

从 20 世纪 80 年代起，我国迎来了现代计量发展的新的历史机遇。1985 年颁布了《中华人民共和国计量法》，使计量全面介入商贸、安全、健康、环保等涉及国计民生的重要领域，逐步建立我国的法制计量体系，使计量全面进入现代社会领域并展现了其公正、公平和权威的形象。

计量法的实施，为各行各业几十万个企业规范了计量管理，配备了必要的计量器具，培训了计量技术和管理人才，在工业领域全面建立并完善了计量保证体系，使我国工业计量的规模和水平得到了空前的扩展和提高，使计量转变为生产力。通过对贸易结算、安全防护、医疗卫生、环境监测领域的计量器具的强制检定，维护了国家和人民的利益。

进入21世纪后，随着国民经济的快速发展，国家对计量工作的支持力度不断增加，使我国现代计量有了更大规模的发展。以量子物理为依据的基础研究取得进一步发展，课题选择面向国际计量热点和前沿关键问题，例如量子质量基准、光钟、基本常数测量研究等，陆续取得丰硕的成果，并正在逐步建立我国现代科学计量体系。进一步完善国家计量法规，开拓法制计量的新领域，完善计量保障机构，逐步建立我国现代法制计量体系。进一步加强企业基础工作，完善企业测量管理体系。大力推广不确定度的应用，普遍开展校准服务，逐步建立我国现代工业计量体系。通过签订国际计量互认协议，广泛参加国际比对和同行评审，积极开展国际计量交流与合作，我国的计量基准和计量校准测试能力得到了国际上的普遍承认，我国的计量水平已跻身于国际先进行列。

（三）计量的特点

计量具有以下四个方面的特点。

1．准确性

准确性是指测量结果与被测量真值的接近程度。它是开展计量活动的基础，只有在准确的基础上才能达到量值的一致。由于实际上不存在完全准确无误的测量，因此在给出测量结果量值的同时，必须给出其测量不确定度（或误差范围）。否则，所进行的测量的质量（品质）就无从判断。所谓量值的“准确”，是指在一定的不确定度、误差极限或允许误差范围内的准确。只有测量结果的准确，计量才具有一致性，测量结果才具有使用价值，才能为社会提供计量保证。

2．一致性

计量的基本任务是保证单位的统一与量值的一致，计量单位统一和单位量值一致是计量一致性的两个方面，单位统一是量值一致的前提。量值一致是指量值在一定不确定度内的一致，是在统一计量单位的基础上，无论在何时、何地，采用何种方法，使用何种测量仪器，以及由何人测量，只要符合有关的要求，其测量结果就应在给定的区间内一致。也就是说，测量结果应是可重复、可再现（复现）、可比较的。通过量值的一致性可证明测量结果的准确可靠。计量的实质是对测量结果及其有效性、可靠性的确认，否则，计量就失去其社会意义。国际计量组织非常关注各国计量的一致性，采取了一些措施，例如，开展国际关键比对和辅助比对，目的是验证各国的测量结果在等效区间或协议区间内的一致性。

3．溯源性

为了实现量值一致，计量强调“溯源性”。溯源性是确保单位统一和量值准确可靠的重要途径。溯源性指任何一个测量结果或计量标准的量值，都能通过一条具有规定不确定度的连续比较链，与计量基准联系起来。这种特性使所有的同种量值，都可以按这条比较链通过校准向测量的源头追溯，也就是溯源到同一个计量基准（国家基准或国际基准），或通过检定按比较链进行量值传递。否则，量值出于多源或多头，必然会在技术上和管理上造成混乱。所谓"量值溯源"，是指自下而上通过不间断的比较链，使测量结果或测量标准的量值与国家基准或国际基准联系起来，通过校准而构成溯源体系；而"量值传递"，则是指自上而下通过逐级检定或校准而构成检定系统，将国家基准所复现的量值通过各级测量标准传递到工作测量仪器的活动。自下而上的量值溯源和自上而下的量值传递，都使测量的准确性和一致性得到保证。

4. 法制性

古今中外，计量都是由政府纳入法制管理，确保计量单位的统一，避免不准确、不诚实的测量带来的危害，以维护国家和消费者的权益，都是通过法制来实现的。计量的社会性本身就要求有一定的法制性来保障，不论是计量单位的统一，还是计量基准的建立，制造、修理、进口、销售和使用计量器具的管理，量值的传递，计量检定的实施等，不仅依赖于科学技术手段，还要有相应的法律、法规，依法实施严格的计量法制监督，也就是说，某些计量活动必须以法律法规的形式做出相应的规定，并依法实施监督管理。特别是对国民经济有明显影响、涉及公众利益和可持续发展或需要特殊信任的领域，必须由政府建立起法制保障。否则，计量的准确性、一致性就不可能实现，计量的作用也难以发挥。

（四）计量的分类

计量活动涉及社会的各个方面。国际上有一种观点，按计量的社会功能，把计量大致分为三个组成部分，即法制计量、科学计量、工业计量（又称工程计量），分别代表以政府为主导的计量社会事业、计量的基础和计量应用三个方面。

1. 法制计量

法制计量是计量的一部分，是计量工作的重要方面。计量作为社会事业，并不是每一个方面都需要政府管理，但政府应管什么？政府应把管理重点放在制定与实施计量法律法规并依法进行计量监督上，也就是说，法制计量是政府及法定计量检定机构的工作重点。在国民经济、社会生活中，存在着有利害冲突的计量，法制计量的目的是要解决由于不准确、不诚实测量所带来的危害，以维护国家和人民的利益。为了消除这种利害冲突，则必须实施依法管理。当前国际社会公认的法制计量领域即为我国《计量法》所规定的贸易结算、安全防护、医疗卫生、环境监测等领域。近年来，随着可持续发展的战略提出，各国对资源越来越重视，资源控制也将纳入依法管理的范围。因此，法制计量的领域是随经济发展而变化的。

什么是法制计量？在 JJF 1001—1998《通用计量术语及定义》中指出，法制计量是指"计量的一部分，即与法定计量检定机构所执行工作有关的部分，涉及计量单位、测量方法、测量设备和测量实验室的法定要求"。在这个定义中，主要讲了从法制计量所涉及的工作内容及执行方法。法制计量的内容主要包括：计量立法、统一计量单位、测量方法、计量器具和测量结果的控制、法定计量检定机构及测量实验室管理等。计量立法包括：国家计量法的制定、计量法规和规章的制定以及各种计量技术法规的制定。统一计量单位要求强制推行法定计量单位。测量方法和计量器具的控制包括：计量器具的型式批准、许可制度、强制检定（首次检定和后续检定）、计量器具的检查等。测量结果和有关计量技术机构的管理包括：定量包装商品量的管理、对校准和检测实验室的要求。当然，这些工作必须由法定计量检定机构或授权的计量技术机构来执行。总之，法制计量是政府行为，是政府的职责。

2. 科学计量

科学计量是科技和经济发展的基础，也是计量的基础，它是指基础性、探索性、先行性的计量科学研究，通常用最新的科技成果来精确地定义与实现计量单位，并为最新的科技发展提供可靠的测量基础。科学计量是计量技术机构的主要任务，包括计量单位与单位制的研究、计量基准与标准的研制、物理常数与精密测量技术的研究、量值传递和量值溯源系统的研究、量值比对方法与测量不确定度的研究。当然也包括对测量原理、测量方法、测量仪器的研究，以解决有关领域准确测量的问题，开展动态、在线、自动、综合测量技术的研究，开展新的科学领域中量值溯源方法的研究，提高测量人员测量能力的研究，联系生产实际开展与提高工业竞争能力有关的计量测试课题的研究，以及涉及法制计量和计量管理的研究等。科学计量是实现单位统一量值准确可靠的重要保障。

3. 工业计量

工业计量也称为工程计量。一般是指工业、工程、生产企业中的实用计量。有关能源或材料的消耗、监测和控制，生产过程工艺流程的监控，生产环境的监测以及产品质量与性能的检测、企业的质量管理体系和测量管理体系的建立和完善，生产技术的开发和创新，企业的节能降耗与环保，统计技术的应用，经营和管理生产活动，安全的保障，提高生产效率等，无不与计量有关。因此，计量已成为生产活动中不可缺少的，成为企业的重要技术基础。“工业计量”的含义具有广义性，并不是指单纯的工业领域，广义的是指除了科学计量、法制计量以外的其他计量测试活动，它是涉及应用领域的计量测试活动的统称，涉及社会生活的各个领域，在生产和其他各种过程中的应用计量技术均属于工业计量的范畴。工业计量一词是我国对这些计量测试活动的一种习惯用语，涉及建立企业计量检测体系，开展各种计量测试话动，建立校准、测试服务市场，发展仪器仪表产业等方面。工业计量测试能力实际上也是一个国家工业竞争力的重要组成部分，在高技术为基础的经济构架中显得尤为重要。工业计量在国民经济中的实际应用具有广阔的前景。

【案 例】 考评员到衡器检定室进行考核，问检定员小张：“你从事衡器检定工作几年了？”

回答：“两年多了。”

问：“你们都参加过培训吗？”

回答：“参加过。”

考评员问：“请你给我讲讲什么是‘计量’。”

回答：“计量就是检定吧。”

又问：“你们认为作为一个计量工作者最重要的工作目的是什么？”

回答：“完成检定任务。”

考评员又问：“你们没有培训过这些基础知识吗？”

回答：“可能讲过，记不清了。”

【案例分析】 依据 JJF 1001—1998《通用计量术语及定义》中计量的定义，计量就是“实现单位统一量值准确可靠的活动”。问题在于培训工作不到位，检定员小张对“计量”基本概念的理解不全面，在实际工作中不能很好地应用。

按《法定计量检定机构考核规范》第 6.2.2 条规定：“与计量检定、校准和检测等服务项目直接相关的人员，应经过必要的培训，具备相关的技术知识、法律知识和实际操作知识。”作为计量检定人员，应理解和应用 JJF 1001—1998《通用计量术语及定义》的内容。什么是计量？计量就是“实现单位统一量值准确可靠的活动”。确保单位统一和量值准确可靠是计量工作最根本的任务，而检定只是计量活动的一个方面。

三、计量学

（一）计量学概述

从科学的发展来看，计量曾经是物理学的一部分，后来随着领域和内容的扩展，形成了一门研究测量理论和实践的综合性科学，成为一门独立的学科——计量学。按 JJF 1001—1998《通用计量术语及定义》中的定义，计量学是“关于测量的科学”，计量学涵盖有关测量的理论与实践的各个方面，而不论测量的不确定度如何，也不论测量是在科学技术的哪个领域中进行的。计量学研究的对象涉及有关测量的各个方面，如：可测的量；计量单位和单位制；计量基准、标准的建立、复现、保存和使用；测量理论及其测量方法；计量检测技术；测量仪器（计量器具）及其特性；量值传递和量值溯源，包括检定、校准、测试、检验和检测；测量人员及其进行测量的能力；测量结果及其测量不确定度的评定；基本物理常数、标准物质及材料特性的准确测定；计量法制和计量管理，以及有关测量的一切理论和实际问题。

计量学作为一门科学，它同国家法律、法规和行政管理紧密结合的程度，在其他学科中是少有的。计量是科学技术和管理的结合体，它包括计量科技和计量管理两个方面，两者相互依存、相互渗透，即计量管理工作具有较强的技术性，而计量科学技术中又涉及较强的法制性。因此，计量科学的研究不仅涉及有关计量科学技术，同时涉及有关法制计量和计量管理的内容。计量学有时简称计量。随着科学技术和生产的发展，计量学的内容还会更加丰富。

计量学通常采用了当代的最新科技成果，计量水平往往反映了科技水平的高低。计量又是科学技术的基础，没有计量就没有科技的发展，计量学的发展将大大推动科学技术的发展。

（二）计量学的范围

计量学应用的范围十分广泛，人们从不同角度，对计量学进行过不同的划分。按计量应用的范围，即按社会服务功能划分，通常把计量分为法制计量、科学计量和工业计量。我国目前按专业，把计量分为十大类计量，即几何量计量、热学计量、力学计量、电磁学计量、电子学计量、时间频率计量、电离辐射计量、声学计量、光学计量、化学计量。

1. 几何量计量

几何量计量在习惯上又称长度计量。其基本参量是长度和角度。按项目分类，包括：线纹计量、端度计量、线胀系数、大长度计量、角度计量、表面粗糙度、齿轮、螺纹、面积、体积等计量；也包括形位参数：直线度、平面度、圆度、垂直度、同轴度、平行度、对称度等计量；以及空间坐标计量、纳米计量等。几何量计量的应用十分广泛，绝大部分物理量都是以几何量信息的形式进行定量描述的，在计量单位中占有重要地位。

2. 热学计量

热学计量主要包括温度计量和材料的热物性计量。温度计量按国际实用温标划分可分为高温计量、中温计量和低温计量。热物性是重要的工程参量，热物性计量包括导热系数、热膨胀、热扩散、比热容和热辐射特性等方面。通常在工业化自动生产过程中，温度、压力、流量是三个常用的热工量参数，为了与实际应用相结合，通常把压力、真空和流量放入热学计量部分，而把这一部分称为"热工计量"，但按专业划分，即按"量和单位"分类划分，压力、真空和流量应属于力学量。有时把热物性计量纳入化学计量中，则热学计量简称为温度计量。

3. 力学计量

力学计量作为计量科学的基本分支之一，其内容极为广泛。力学计量涉及的领域包括：质量计量、容量计量、力值计量、压力计量、真空计量、流量计量、密度计量、转速计量、扭矩计量、振动和冲击计量、重力加速度等计量，也包括表征材料机械性能的硬度计量等技术参量。力学计量是计量学中发展最早的分支之一，古代"度量衡"中的"量"和"衡"就是现在所谓的容量计量和质量计量。随着现代工业生产和社会经济的发展，特别是近代物理学和计算技术的发展，力学计量的研究内容和手段在不断地扩充和扩展。

4. 电磁学计量

电磁学计量的内容十分广泛，其分类方法也多种多样。按学科分，可分为电学计量和磁学计量；按工作频率分，可分为直流电计量和交流电计量两部分。电磁计量所涉及的专业范围包括：直流和1MHz以下交流的阻抗和电量、精密交直流测量仪器仪表、模数/数模转换技术和交流、直流比例技术、磁学量、磁性材料和磁记录材料、磁测量仪器仪表以及量子计量等。电学计量包括：交直流电压、交直流电流、电能、电阻、电容、电感、电功率等计量。磁学计量包括：磁通、磁矩、磁感应强度等磁学量的计量。电磁计量具有较高的准确度、灵敏度，能够实现连续测量，便于记录和进行数据处理，并可实施远距离测量，人们越来越多地将各种非电量转换为电磁量进行测量。

5. 电子学计量

电子学计量习惯上又称为无线电计量。从电子学计量覆盖的频率范围看，包括超低频、低频、高频、微波计量、毫米波和亚毫米波整个无线电频段各种参量的计量。无线电计量需要测量的参数众多，大致可以分为两类：表征信号特征的参量，如电压、电流、场强、功率、电场强度、磁场强度、功率通量密度、频率、波长、波形参数、脉冲参量、失真、调制度（调幅、调频、调相）、频谱参量、噪声等；表征网络特性的参量，如集总参数电路参量（电阻、电导、电抗、电纳、电感、电容）、反射参量（阻抗、电压驻波比、反射系数、回波损失）、传输参量（衰减、相移、增益、时延）以及电磁兼容性等。电子学计量发展迅速，随着电子技术及通信技术的迅猛发展和智能型测量仪器、自动测试仪器的广泛应用，电子学计量在计量工作中发挥了越来越重要的作用。

6. 时间频率计量

时间频率计量所涉及的是时间和频率量，时间是基本量，而频率是导出量。时间计量的内容包括：时刻计量和时间间隔计量。频率计量的主要对象，是对各种频率标准（简称频标）、晶体振荡器和频率源的频率准确度、长期稳定度、短期稳定度以及相位噪声的计量，以及对频率计数器的检定或校准。

7. 电离辐射计量

电离辐射计量的主要任务是三个，一是测量放射性本身有多少的量，即测量放射性核素的活动；二是测量辐射和被照介质相互作用的量；三是中子计量。电离辐射计量应建立放射性活度，X、γ射线吸收量，X、γ射线照射量和中子注量等计量基准和标准，开展对标准辐射源、医用辐射源、活度计、X、γ谱仪、比释动能测量仪、剂量计、照射量计、注量测量仪、电离辐射防护仪等测量仪器的检定和校准。电离辐射计量广泛应用于科学技术研究、核动力、核燃料、工农业生产、生物学、医疗卫生、环境保护、安全防护、资源勘探、军事国防等各个领域和部门。

8. 声学计量

声学计量包括超声、水声、空气声的各项参量的计量，声压、声强、声功率是其主要参量，还包括声阻、声能、传声损失、听力等计量。这些参量的测量和研究是声学计量技术的基础。声学计量包括以下内容：如空气声声压计量、超声声强和声功率计量、水声声压计量、听觉计量和机械噪声声功率及噪声声强计量。声学计量在量值传递、溯源过程中，所检定或校准的对象有传声器、声级计、听力计、超声功率计、水听器、标准噪声源及医用超声源、超声探伤仪、超声测厚仪等。水声计量已成为研究和利用海洋，以及进行探测、导航、通讯等的一种强有力的手段，在国防和经济建设中有着广泛的应用。

9. 光学计量

光学计量包括自红外、可见光到紫外的整个光谱波段的各种参量的计量。根据研究对象的不同，光学计量主要包括：辐射度计量（辐射能量、辐射强度、辐射亮度、辐射照度、曝辐射量），光度计量（发光强度、光亮度、光出射度、光照度、光量、曝光量），激光辐射度计量（激光辐射量、激光辐射时域参量、激光辐射空域参量），材料光学参数计量（材料反射特性参数、材料透射特性参数），色度计量，光纤参数计量，光辐射探测器参数计量等。光学计量还包括：眼科光学计量，成像光学计量，几何光学计量等。

10. 化学计量

随着测量科学的不断发展，化学已从局限于定性描述一些化学现象逐步发展成为今天的定量描述物质运动的内在联系的一门基础科学，而化学计量则是在不同空间和时间里测量同一量时为保证其量值统一的基本手段。由于物质和化学过程的多样性和复杂性，在大多数化学测量中，物质都要经历某些化学变化，而且产生消耗，所以广泛采用相对测量法进行测量。由于化学过程的这一特点，在化学计量中多采用标准物质来进行量值传递和溯源，以及通过有关部门颁布标准测量方法、标准参考数据，建立量值传递和溯源体系。标准物质的研制在化学计量中十分重要。标准物质按特性分类分为：化学成分标准物质、物理化学特性标准物质、工程技术特性标准物质。化学计量包括燃烧热、酸碱度、电导率、黏度、湿度、基准试剂纯度等计量，也包括为建立生物技术可溯源的测量体系，开展生物量计量。

四、计量在国民经济和社会生活中的地位和作用

在人们的广泛社会活动中，每时每刻都在进行着大量的各种不同的测量，科学实验、工农业

生产、商品流通、人民生活都离不开测量，而且在测量过程中都在追求测量的准确。没有准确的测量，则科学实验数据虚假，工艺过程无法控制，产品加工质量低劣，能源消耗心中无数，贸易结算产生分歧，市场买卖缺斤少两，医疗卫生错诊错治，统计报表数据不实，经济管理假账真算等，都对国民经济的各个领域、社会活动的各个方面发生影响，使社会经济活动不能正常地进行，经济秩序发生混乱。计量工作就是为测量的准确提供可靠的保证，确保国家计量单位制度的统一和全国量值的准确可靠，这是国家的重要政策。可见，计量是发展国民经济的一项重要技术基础，是确保社会活动正常进行的重要条件，是保护国家和人民利益的重要手段，计量在国民经济中具有十分重要的作用。

（一）计量与科学技术

计量是发展科学技术的重要基础和手段。聂荣臻元帅曾说过"科学要发展，计量须先行"，"科学技术发展到今天，可以说，没有计量，寸步难行"。这就十分准确地说明了计量与科学技术的关系。科学研究要依靠先进的计量测试手段和准确的实验数据，事实上，科学研究本身往往就是一个不断测量的过程，科学实验的数据最终也都是以量值来表述。实践证明，通过测量活动对某个量有了新的认识，能够帮助我们发现用已有的知识不能解释的新现象，从而成为开创科研新领域的先导。测量的结果是科学研究成果的评价依据，测量的质量往往成为科学实验成败的重要因素。当前，测量的对象已突破物理量，扩大到化学量、工程量、生物量、心理量等新领域，尤其需要重视科技创新，发展高新技术产业，计量已成为各个学科科技发展的重要条件，加速发展计量科学技术已成为当前提高科学技术水平、推动技术进步和发展社会生产力的一项紧迫任务。

（二）计量与生产

生产的发展，经营管理的改善，产品质量和经济效益的提高，都与计量息息相关。计量是工业生产的"眼睛"，是农业生产的"参谋"。计量器具是否准确，能否正确使用，关系到生产能否有序进行，能否提高生产效率。就工业企业来说，计量贯穿于生产、经营的各个环节，没有准确的计量，就没有可靠的数据，也就根本谈不上高质量的产品。国外工业发达国家把计量检测、原材料和工艺装备列为现代化工业生产的三大支柱，足以看出计量在工业生产过程中的地位和作用。计量在农业生产过程中，也具有十分重要的作用。计量在农业生产中的应用十分广泛，如选种、育种、施肥、土壤成分化验、作物营养成分分析、农药剂量与效果及残留物分析、农业标准化过程中的检测、农资产品参数指标的检测以及农业生产经营管理等，都离不开计量。计量在工农业生产中的广泛应用，促进了我国工农业生产水平的大幅提升。

（三）计量与社会经济秩序

计量是维护社会经济秩序的重要手段。计量具有法制性。《计量法》规定，我国采用国际单位制，统一实行法定计量单位，废除非法定计量单位。科学统一计量单位制度，是社会经济秩序得以维持的必要条件。随着我国商品经济的迅速发展，计量纠纷也日益增多，在商品流通中，不法分子利用计量器具有意作弊，克扣群众，有的定量包装商品份量不足，侵犯了消费者利益。医疗卫生、安全防护、环境监测用计量器具的失准失修，严重威胁着人民群众的健康和生命、财产的安全。为此，《计量法》规定，对用于贸易结算、安全防护、医疗卫生、环境监测工作计量器具，由政府实施强制管理，必须经检定合格才允许使用。鉴于计量器具在保证量值统一和维护社会经济秩序方面所处的特殊地位，《计量法》规定，对计量器具新产品要经定型才能投产，对制造、修理计量器具的企业，进口、销售计量器具的各个环节实施法制管理。这些措施都极大地维护了国家和人民群众的利益。

（四）计量与贸易

计量是贸易赖以正常进行的重要条件，可以说，现代贸易若无计量保证是难以想象的。计量是把好贸易中商品数量关的重要手段，贸易中很多商品都是根据商品的量来结算的，而商品的量必须借助计量器具来确定。计量器具量值的是否准确将直接影响买卖双方的经济利益，尤其是大宗物料的贸易，影响就更为突出。计量也是把好贸易中商品质量关的重要保证，任何一种商品的质量，总是以若干个参数指标来评价，而商品参数指标的科学测量都是依靠计量测试来完成的。通过把好计量商品的质量关，还能增加商品的竞争能力。

随着贸易的全球化，国际贸易的发展迅速，计量显得更为重要。在世界市场上成功的交易，越来越需要复杂的测量、合格评定符合性试验、标准及标准物质。不相容的标准或者缺乏准确一致的计量，都可能阻碍商品进入市场。全球市场贸易要求这些测量必须可溯源至国家计量基准，并且量值与国际一致。计量随国际贸易的发展而发展，为了打破国外的技术壁垒，要求商品的测量数据和检验结果得到其他国家的承认和接受，这就必须有准确可靠的计量保障，具有相互接受的一致的测量。在国际贸易中，由于中国经济的崛起，我国各行各业的大小企业已经发生了很大的变化，为了提高产品质量，正在按国际标准推行质量管理体系，计量职能和测量的质量保证是质量管理体系的重要内容之一。我国也正在按照国际标准推行对校准实验室和检测实验室的认可，开展合格评定和国际互认。而这一切的基础是现代测量能力，一个实验室与另一个实验室、一个国家与另一个国家之间的测量可比性，这是建立互认和相互接受的基础。由于存在技术壁垒阻碍贸易，有些商品不能进入外国市场，其部分原因是国家测量技术和标准不符合贸易伙伴的要求，而测量和标准的改进与发展正是克服这些技术壁垒的关键。测量方法和手段不完善，量值缺乏可比性、溯源性，将影响国际贸易的进行。

（五）计量与环境保护

从20世纪80年代起，我国政府就把环境保护作为一项基本国策。环境对我们至关重要，环境的变化直接影响到正常的生产、生活秩序。合理开发利用资源，努力控制环境污染，防止环境质量恶化，才能保障经济社会的全面、协调、可持续发展，在多项环境保护措施中对环境的监测是重要环节。通过监测环境的变化，确定这些变化对未来生态系统的影响，获取准确可靠的数据，成为有效地保护环境质量的关键。

水是生命之源，海洋、河流、冰川、湖泊的水质条件对我们都很重要，必须有规律地对水源进行测量，监测温度、酸碱度、盐度和重金属含量；为了保护我们呼吸的新鲜空气，防止有害的太阳辐射，必须有规律地测量空气、监测温室气体以及汽车和工业废气的排放量；监测太阳辐射能的变化，追踪天气、海洋温度和极地冰川融化速度的长期变化。土壤是食品生产的基地，优良的土壤有利于提高食物的质量和数量，保护植物和动物的多样性，必须持续地检测土壤，保证农作物最佳生长所需的土壤结构、酸碱度和肥沃度。声音是日常生活的一部分，但某些声音由于它的强度和持续性可能会损害环境，危害人们的健康，必须有规律地监测噪声污染，预防听力损伤;记录声波还常用来监测可能发生的地震和海啸。必须有规律地监测对放射性矿物资源的开采、冶炼和加工过程中的核辐射对人的污染和影响,以保护人们的健康和安全。当前我国正在对工业污染源、农业污染源、生活污染源和集中式污染治理设施开展全国环境污染源普查活动,政府提出要严把普查数据质量关。在环境监测活动中,存在着大量的测量活动,而测量结果的准确可靠,正是通过国家基准、标准直至工作用计量器具的量值传递和溯源来保证的。我国《计量法》规定,对用于环境监测且列入强制检定目录的工作计量器具实施强制检定。计量在保护环境中发挥了重要的作用。

(六)计量与节能

节约资源是我国的基本国策,是实现经济社会全面、协调、可持续发展和造福子孙后代的大事。计量是节能的基础,是衡量节能效果的重要手段。节能降耗主要是通过优化用能结构、合理控制和使用能源资源、提高能源效率、堵塞浪费漏洞、改造耗能大的工艺和设施、发展循环经济、开发可替代能源等措施来实现。而这些措施都需要以准确可靠的计量检测数据为依据,否则任何节能措施都无法实施。因此,必须加强能源计量工作。

工业企业是我国能源消费的大户,是节能降耗的重要对象和主力军,必须抓好企业节能工作。要提高企业对能源计量的认识,只有准确可靠的计量数据,才可避免"煤糊涂"、"电糊涂"、"油糊涂"、"水糊涂"的产生。要提高能源计量检测能力,重视能源生产、供应、调配和消耗过程的测量,完善和配备能源计量设备。要开展定期检定、校准,确保能源计量检测数据的准确可靠。要加强能源数据管理,完善能源计量数据的采集、统计、分析和应用。必须重视节能改造,在节能改造中完善计量检测手段。计量是量化管理的关键,是统计的基础,没有准确的计量,量化管理就无从谈起,统计的真实性便难以保证,国家相关用能指标和评价体系无法构建,能源的科学决策宏观调控就无法实现。

节约能源不仅仅是企业的事,需要全社会的共同参与。必须大力宣传计量和节能的知识,提高全社会的计量意识、节能意识,营造人人参与节能的良好社会氛围。其实每个人每个家庭都在消耗水、电、煤气等资源,都要通过水表、电能表、煤气表等进行能源的测量,要提倡"节能从我做起",节约一滴水、一度电,把节能作为自觉的行为,将会给节约能源带来不可估量的影响。节能人人有责,节能离不开计量。

(七)计量与国防

国防科研离不开计量。聂荣臻元帅曾在写给国防计量大会的贺信中指出"计量是现代化建设中一项不可缺少的技术基础。国防计量更是重要!"一个国家如果没有强大的国防军事实力,只能被动挨打。当代战争的特点是海陆空一体化、电子战、信息战的高科技战争,要求时间必须同步,频率必须一致,否则指挥通讯将失控;象征国家实力的战略核武器研究就需要电离辐射计量。用激光束摧毁远距离飞行器卫星和导弹已成为现实,这种具有极高能量的激光束是在众多高科技应用的基础上实现的,其输出光束的各种参数以及在整个系统的实验过程中,都需要专门的测量仪器进行准确的测量。激光测距、激光制导、激光预警/对抗、激光雷达和其他各种激光能量武器系统的研究,这些都离不开光学计量。军工新材料的研究需要进行热物性计量。航空、航天器需要进行大力值、动态力、扭矩的计量,离不开力学计量。可见十大类计量是国防科学技术的重要基础和保证。

国防现代化武器装备的科研和生产离不开计量。国防现代化武器装备具有系统庞大复杂,战术技术性能高和质量可靠性要求高，配套协调性强，新工艺、新技术多等特点。不仅要实现常用量的量值统一，还要实现工程量、工程参数的综合测量。要根据武器装备发展的需要，开展预先研究，探索解决一些带有前瞻性、关键性和难度大的重大计量测试课题。在武器装备的方案论证中，需要有针对性地研究计量标准和校准装置，研究新的计量测试技术和测试方法，利用先进的计量技术手段提供支持和保障。在型号试验的计量保障中，需要在短期内对成百上千台各类通用和专用计量测试设备采取应急检校措施，以确保武器装备试验成功。对军工产品的生产必须严把质量关，如航空、航天器中有成万个零部件，混入一个不合格品，就可能造成严重后果，必须保证安装的每个产品都是合格的。我国从20世纪50年代开始就建立了国防军工计量的管理和技术保障体系，在国防科技工业和武器装备的发展中做出了不可磨灭的贡献。

（八）计量与文化体育

我国计量的发展史，是中华民族灿烂文化的组成部分。如黄钟律管、西汉铜漏、始皇诏铜权、铜方升、新莽铜嘉量、日晷等，展现了我国古代计量的辉煌成就。在当今社会，文化已形成了一个产业，文化产业已成为国民经济的重要组成部分，形成了文化企业、文化产品、文化市场，文化已成为增强我国国际影响力的重要手段。其中，新闻、图书、报刊、出版是推行国际单位制、贯彻宣传我国法定计量单位的重要阵地；剧院、演艺、音乐、美术、摄影、广播、影视、音像、网络等，涉及声学计量、光学计量、电子学计量、时间频率计量等，随着高新技术在文化领域的应用，如图书、出版、广播、电视数字化的发展，要大量使用音视频编播和网络传输设备及监控测量分析仪表，而这些设备和仪表的性能指标的评定和校准，都要通过计量手段来完成。

体育与计量也密切相关，体育场馆需要对其温度、湿度、风量、采光、电磁干扰等进行监控；只有通过先进的计量检测手段和技术，体育器材的设计和生产才能有保证；体育设施、体育竞技需要通过长度计量、质量计量、时间计量等实现严格的测控，如赛程的距离、器材和人体的称重、准确的计时，正是应用了光电测距仪、高精度称重仪器、电子计时器等计量技术，使体育竞赛成绩得到了科学的保证，使裁判的工作更加公平、公正，使比赛更为精彩；在体育训练中，要对运动员身体的机能进行评定，则要进行生理生化的监控和测试；要开展运动员兴奋剂的检测，以确保比赛的公平。计量在文化和体育中具有广泛应用。

（九）计量与人民生活

计量与人民生活息息相关，人民群众的日常生活离不开计量。我们每天一早起来，就要看看手表几点了，为获得准确的时间，我们经常要用广播电台或电视台发布的标准时间进行调整，实质上这就是在进行时间计量器具的“校准”活动。我们每天都在关心天气预报，看看今天的温度是多少，可以说人们日常生活中的衣食住行都离不开计量。做衣服要用尺量长短；买粮食买菜要称重，购买定量包装商品要注意其量是否准确，做饭用餐要定量；房子的面积要测量，室内环境污染要测量，要用水表、电度表、煤气表对水、电、煤气使用量进行测量并进行结算；坐出租汽车要使用出租汽车里程计价表，汽车司机加油要用燃油加油机等。

随着人民群众生活质量的提高，人们的计量意识也在增强，普遍开始关注个人的身体健康和安全。为了健康，开始定期进行体检，观察各项生化指标是否合格。为了保健，使用人体秤、体温计、血压计、血糖仪等，进行体重、体温、血压、血糖的测量，在生活中控制食盐、食用油的摄入量，北京市政府向居民免费发放标准定量的“小盐勺”(3 克、6 克)、“小油壶”，要求每人每天食盐少于 6 克、食用油少于 25 毫升，以预防高血压、高血脂、高血糖的发病率。现在人们更为关注的是在日常生活中，食品、空气和水的质量、污染和安全，关注食品中有无农药等残留量，是否经过检测，饮用水是否符合标准要求，室内外环境空气质量是否达标，噪声是否超标，家用电器的电磁波、超声波的影响等。人们已逐步认识到各种量对生活的影响以及准确可靠测量的重要性。可见人人离不开计量，计量无时无刻都在百姓身边，计量只有被广大群众所理解，才会发挥更大的作用。

所以，计量的应用是相当广泛的，计量在国民经济和社会生活中具有十分重要的地位和作用。

习题及参考答案

一、习　题

(一) 思考题

1. 什么是测量?
2. 测量程序与测量方法的区别是什么?
3. 计量的目的是什么?
4. 计量有何特点?
5. 什么是计量学? 计量学研究的内容是什么?

(二) 选择题(单选)

1. ________是“实现单位统一、量值准确可靠的活动”。

   A. 测量　　B. 科学试验　　C. 计量　　D. 检测

2. ________是以确定量值为目的的一组操作。

   A. 计量　　B. 测试　　C. 测量　　D. 校准

3. 用人体秤测量人的体重使用的是________。

   A. 直接比较测量法　　B. 直接测量法

   C. 间接测量法　　D. 动态测量法

(三) 选择题(多选)

1. 计量在国民经济中的作用包括________。

   A. 发展科学技术的重要基础和手段

   B. 保证产品质量的重要手段

   C. 维护社会经济秩序的重要手段

   D. 确保国防建设的重要手段

二、参考答案

(一) 思考题(略)

(二) 选择题(单选)：1. C；　2. C；　3. B。

(三) 选择题(多选)：1. A B C D。

第三节 测量结果

一、被测量及影响量

（一）被测量

被测量(measurand)是“作为被测对象的特定量”。

测量的目的是确定被测量的量值。被测量也就是我们想要测量的量，例如被测量是给定的水样品在20℃时的蒸汽压力，给定的水样品是被测对象，20℃时的蒸汽压力是被测的特定量。

(1) 要测量的是什么量，这是测量时必须搞清楚的。测量时要知道被测对象的特定量是什么，也就是我们通常说的要对被测量进行定义。

例如，安排或接受测量任务时，不能笼统地说测量电压，因为电压仅是一个广义量，受测量的量应该是一个特定量，例如说明要测量“频率为50Hz的某台稳压电源的输出电压”，稳压电源是被测对象，“频率为50Hz的该台稳压电源的输出电压”就是被测的特定量。

被测量的定义包括对测量有影响的有关影响量所进行的说明，其详细程度是相应于所需的测量准确度而定的，以便对与测量有关的所有的实际用途来说，其值是单一的。

例如，一根名义值为1m长的钢棒，若需测至微米级准确度，其说明应包括定义长度时的温度和压力。例如，被测量应说明为：钢棒在25.00℃和101325Pa时的长度(加上任何别的认为必要的参数，如棒被支撑的方法等)。否则，对于不同的温度和压力，就有不同的量值，被测量的量值就不是单个值了。然而，如果被测长度仅需毫米级准确度，由于温度和压力或其他影响量的影响小到可以忽略的程度时，其定义的说明就无需规定温度或压力或其他影响量的值。

(2) 要注意，测量有时会改变研究中的现象、物体或物质，此时实际受到测量的量可能不同于想要测量的被测量。例如：要测量干电池两极之间的开路电位差，但当用较小内阻的电压表测量干电池两极之间的电位差时，由于负载效应，测得的电位差可能会降低。作为被测量的开路电位差，还要根据干电池和电压表的内阻计算得到。

(3) 被测量不一定是物理量，还可以是化学量、生物量等。在医学测量中，被测量可能是一种生理活动。

（二）影响量

影响量(influence quantity)是指“不是被测量但对测量结果有影响的量”。

测量时会受到各种因素的影响，例如：用安培计直接测量交流电流的幅度时受频率的影响，电流是被测量，而频率就是影响量；又如：在直接测量人体血浆中血红蛋白浓度时，胆红素物质量的浓度会影响测量结果；测量某杆长度时测微计的温度是影响量，因为测微计作为测量仪器受到温度的影响，会使测量结果受到影响。总之，与测量结果有关的测量标准、标准物质和参考数据(引用数据)之值会对测量结果的准确程度产生影响，测量仪器的短期不稳定以及如环境温度、大气压力和湿度等因素也会对测量结果有影响。间接测量的测量结果是由各直接测量的量通过函数关系计算得到，此时每项直接测量都可能受影响量的影响，从而影响最终测量结果。

二、量的真值和约定真值

（一）真 值

真值（true value）是指“与给定的特定量的定义一致的值”。

量的真值只有通过完善的测量才能获得，但由于测量时不可避免地会受到各种影响量的影响，使通过测量得不到真值，因此真值按其本性是不确定的。在经典方法描述中，认为真值是惟一的，但实际上往往是未知的。按现在的定义，由于特定量的定义细节总是不完善的，与给定的特定量定义一致的值不一定只有一个，也就是不存在单一的真值，可能存在与定义一致的一组真值。当被测量的定义的不确定度与测量不确定度的其他分量相比可忽略时，认为被测量可以用“实际唯一”的量值表示，称为“被测量的真值”，其中“真”字可忽略，就称为“被测量值”。只有在基本常量的特殊情况下，量可被认为具有一个单一的真值。

（二）约定真值

约定真值（conventional true value）是指“对于给定目的具有适当不确定度的、赋予特定量的值”，有时该值是约定采用的。由于真值不知道，实际计量中用约定真值代替真值。

例如：在给定地点，取由参考标准复现而赋予该量的值作为约定真值。在实际使用中，有时约定真值还称指定值、标准值、参考值、校准值等。在日常检定或校准中，将由测量标准复现的量值作为约定真值，常称为标准值或实际值。

又如：常数委员会 1986 年推荐的阿伏加德罗常数值 $6.0221367\times10^{23}\,\mathrm{mol}^{-1}$，标准自由落体加速度（以前称标准重力加速度）$g_n=9.80665\mathrm{ms}^{-2}$；约瑟夫逊常量的约定量值 $K_{J-90}=483597.9\mathrm{GHz}\cdot\mathrm{V}^{-1}$都属于国际通用的约定真值，又称约定量值或约定值。

约定真值仅是真值的估计值，是具有不确定度的，但国际约定量值通常被公认为具有相当小的测量不确定度。

三、测量结果

测量结果（measurement result）是指“由测量所得的赋予被测量的值”。

由于各种影响量的存在，由测量得不到被测量的真值，只能得到被测量的估计值，用被测量的估计值作为被测量的测量结果时，人们就要求知道这种估计的可信程度。

在新版国际计量学名词中，测量结果定义为：由测量所得到的赋予被测量的量值及其有关的信息。测量结果仅是被测量的估计值，其可信程度由测量不确定度来定量表示。因此，通常情况下，测量结果应该表示为一个被测量的估计值及其测量不确定度，必要时还要给出不确定度的置信水平、自由度等的说明，这样才是完整的表述。除非对于某些用途而言，如果认为测量不确定度可以忽略不计，则测量结果可以仅表示为被测量的估计值。

单次测量的结果有时称观测值、测得值或测量值。在很多情况下，测量结果是在重复观测的基础上确定的。对于示值的重复测量，可得到一组相应的测得值。用一组独立重复测量的测得值计算出算术平均值作为测量结果，可以减小由随机影响引入的测量不确定度，所以是被测量的最佳估计值。因此，通常情况下，测量结果是多次测量的算术平均值及该算术平均值的测量不确定度。

测量结果有以下两种情况：

（1）未修正结果（uncorrected result）：系统误差修正前的测量结果。

（2）已修正结果（corrected result）：系统误差修正后的测量结果。

必要时，对给出的测量结果还应该说明是未修正结果还是已修正结果。

对于间接测量，测量结果是由各直接测量的量值通过函数关系经计算获得的，其中每个直接测量值的不确定度都会对测量结果的不确定度有贡献。

四、描述测量结果的术语

（一）测量误差

1. 测量误差的应用

测量误差（error of measurement）定义为“测量结果减去被测量的真值”，实际工作中测量误差又简称误差。

一般情况下，由于真值不能确定，测量误差是未知的，测量误差是一个概念性术语。在新版国际计量学名词中，测量误差定义为测得的量值与参考量值之差。当涉及存在单个参考量值时，例如：如果某测量结果与用测量不确定度可忽略不计的计量标准复现的量值比较时，用测量标准的量值作为参考量值；而如果用给定的约定量值作为参考量值时，这种情况下可以得到测量误差。但无论测量标准的标准值还是其他约定值，实际上都是存在不确定度的，获得的只是测量误差的估计值。

测量误差的估计值是测量值偏离参考量值的程度，通常情况是指绝对误差。但需要时也可用相对形式表示，即用绝对误差与被测量值之比表示时称相对误差（relative error），常用百分数或指数幂表示（例如 1％或 1×10^{-6}），有时也用带相对单位的比值表示（例如 0.3μV/V）；给出测量误差时必须注明误差值的符号，当测量值大于参考值时为正号，反之为负号。

获得测量误差估计值的目的通常是为了得到测量结果的修正值。

测量误差不应与测量中产生的错误和过失相混淆。测量中的过错常称为“粗大误差”或“过失误差”，它不属于测量误差定义的范畴。

测量仪器的特性用“示值误差”、“最大允许误差”、“准确度等级”等术语表示，不要与测量结果的测量误差相混淆。

2. 测量误差的分类

测量误差包括系统误差和随机误差两类不同性质的误差。

（1）系统误差

系统误差（systematic error）是指“在重复性条件下，对同一被测量进行无穷多次测量所得结果的平均值与被测量真值之差”。它是在重复测量中保持恒定不变或按可预见的方式变化的测量误差的分量。

① 系统误差的参考量值是真值。因为被测量的真值不知道，所以系统误差不能完全得到。因此，系统误差是一个概念性的术语。当用测量不确定度可忽略不计的测量标准的标准值或约定值作为参考量值时，可得到系统误差的估计值。

② 系统误差的来源可以是已知的或未知的，对已知的来源，如果可能，系统误差可以从测量方法上采取措施予以减小或消除。例如在用等臂天平称重时，可用交换法或替代法消除天平两臂不等引入的系统误差。

③ 对于已知的系统误差可以采用修正来补偿。由系统误差估计值可以求得修正值或修正因子，从而得到已修正的测量结果。但由于参考量值是有不确定度的，因此由系统误差估计值得到的修正值也是有不确定度的。

（2）随机误差

随机误差（random error）是指“测量结果与在重复性条件下对同一被测量进行无穷多次测量所得结果的平均值之差”。它是在重复测量中按不可预见的方式变化的测量误差的分量。

① 随机误差的参考量值是对同一个被测量由无穷多次重复测量得到的平均值，即期望值 μ。

② 一组重复测量的随机误差形成一种分布，该分布可以用方差描述，并具有为零的期望值。

③ 随机误差是由影响量的随机时空变化所引起，它们导致重复测量中数据的分散性。测量值的重复性就是由于所有影响测量结果的影响量不能完全保持恒定而引起的。

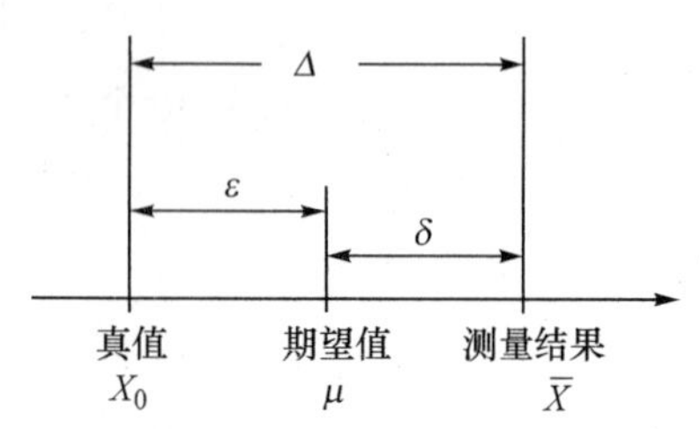

图 2－3 测量误差示意图

Δ—测量误差，它是测量结果与真值之差；

δ—测量的随机误差，它是测量结果与期望值之差；

ε—测量的系统误差，它是期望值与真值之差

④ 随机误差等于测量误差减系统误差。

由于不可能进行无穷多次测量，因此定义的随机误差是得不到的，随机误差是一个概念性的术语；不要用随机误差来定量描述测量结果。

总之：测量误差包括系统误差和随机误差，其概念如图 2－3 所示。

因此，测量误差包括了随机误差与系统误差，从概念上存在以下公式：$\Delta=\delta+\varepsilon$。通常情况下，测量误差 Δ、随机误差 δ 和系统误差 ε 都是理想的概念性术语，不可能通过测量得到它们的准确值。

3. 测量误差的修正

当已知测量误差时可以对测量结果进行修正。

修正值（correction）是指“用代数法与未修正测量结果相加，以补偿其系统误差的值”。修正值等于负的系统误差估计值，即与估计的系统误差大小相等、符号相反。由于系统误差的估计值是有不确定度的，因此修正不可能消除系统误差，只能在一定程度上减小系统误差。已修正的测量结果即使具有较大的不确定度，但可能已十分接近被测量的真值（即误差很小）。因此，不应把测量不确定度与已修正测量结果的误差相混淆。

如果系统误差的估计值很小，而修正引入的不确定度很大，就不值得修正。此时往往将影响量对测量结果的系统性影响按 B 类评定方法评定其标准不确定度分量。

修正除了用修正值外，还可以采用其他方式，如为补偿系统误差，可以在未修正测量结果上乘一个因子，该因子称修正因子（correction factor），也可以用修正曲线或修正值表。

(二) 测量结果的重复性和复现性

1. 测量结果的重复性

当不致误解时,测量结果的重复性(repeatability of results of measurement)可简称为重复性(repeatability)。其定义是:“在相同条件下,对同一被测量进行连续多次测量所得结果之间的一致性”。测量重复性时的相同条件又称重复性条件,包括:相同的测量程序;相同的观测者;在相同条件下使用相同的测量仪器;相同地点;在短时间内的重复测量。在重复性测量条件下,多次测量所得测量值之间的分散性,就是其一致程度,所以重复性可用实验标准偏差来定量表示,常用符号为 s_r。

2. 测量结果的复现性

测量结果的复现性(reproducibility of results of measurement)在不致误解时可简称为复现性(reproducibility)。在一些学科中,又称为再现性。

复现性定义为:“在改变了的测量条件下,同一被测量的测量结果之间的一致性”。

定义中所指的改变了的测量条件,可以是以下条件中的某一条或几条:测量原理、测量方法、观测者、测量仪器、参考测量标准、地点、使用条件、测量时间。定义中所涉及的测量结果通常指已修正结果,特别在改变了测量仪器和参考测量标准时,不同仪器和不同标准均各有其修正值的情况下。

复现性可用实验标准偏差来定量表示,常用符号为 s_R。在给出复现性时,应明确说明所改变条件的详细情况。

【案 例】 为了对不同实验室测量结果进行比较,各实验室在自己的实验室条件下,对同一个被测量进行测量,数据处理时将各实验室测量结果间的一致性用最大值与最小值之差表示,并在比对报告中称其为重复性。问题:重复性与复现性的区别,以及如何定量表示?

【案例分析】 依据 JJF 1001—1998《通用计量术语及定义》中关于重复性和复现性的定义。(1)在各实验室的不同测量条件下,对同一个被测量进行测量,测量结果间的一致性称为复现性。案例中各实验室在自己的实验室条件下,对同一个被测量进行测量,所进行的实验室测量结果一致性的比较,应该是复现性而不是重复性;重复性是一个实验室在相同的测量条件下所得测量数据的一致性。(2)复现性应该用各实验室测量结果的实验标准偏差定量表示,而不是用各实验室测量结果中的最大值与最小值之差表示。

(三) 测量准确度

测量准确度(measurement accuracy)定义为:“测量结果与被测量真值之间的一致程度”。

测量准确度是假定存在真值的理想情况下定义的,由于真值一般是未知的,定义的测量准确度就不能定量给出。因此它是一个定性的概念。所以“测量准确度”只是对测量结果的一个概念性或定性描述,在文字叙述中使用,但不给出量值。测量准确度作为定性描述,只有高低之分,没有数值大小之分。叙述时可以说准确度高或准确度低,准确度符合标准要求等;当测量提供较小的测量误差时就说该测量是较准确的或准确度较高。但不要定量表示成:准确度为 0.25%、准确度=±16mg 等,这样的表示方法是错误的。

【案 例】 某计量检定员对数字电压表的 1V 量值校准后,在校准证书上给出校准值为

1.001V，以及校准值的准确度为±0.01%。问题：准确度能不能用于定量表示？

【案例分析】 依据 JJF 1001—1998《通用计量术语及定义》中关于准确度的定义，测量结果的准确度是一个定性的概念。该计量检定员对准确度的表示是不对的，不能用于定量表示。在校准证书上应该给出校准值的测量不确定度，而不是准确度。

（四）测量不确定度

1. 测量不确定度的概念和作用

测量不确定度（uncertainty of measurement）定义为："表征合理赋予被测量之值的分散性，与测量结果相联系的参数"。

（1）引出术语"测量不确定度"的出发点是用来描述测量结果的

测量不确定度是一个说明给出的测量结果的不可确定程度和可信程度的参数。例如：当得到测量结果为：$m=500\text{g}$，$U=1\text{g}(k=2)$；就知道被测对象的重量为（500±1）g，测量结果不可确定的区间是 499g～501g，在该区间内的置信水平（即可信程度）约为 95%。这样的测量结果比仅给 500g 给出了更多的可信度信息。

（2）测量不确定度是说明测量值分散性的参数

测量不确定度不说明测量结果是否接近真值，而是说明测量值分散性的参数。由于测量的不完善和人们的认识不足，测量值是具有分散性的。这种分散性有两种情况：

① 由于各种随机性因素的影响，每次测量得到的值不是同一个值，而是以一定概率分布分散在某个区间内的许多值；

② 虽然有时实际上存在着一个恒定不变的系统性影响，但由于不知道其值，也只能根据现有的认识，认为它以某种概率分布存在于某个区间内，可能存在于区域内的任意位置，这种概率分布也具有分散性。

（3）为了表征测量值的分散性，测量不确定度用标准偏差表示

因为在概率论中标准偏差是表征随机变量或概率分布分散性的特征参数。当然，为了定量描述，实际上用标准偏差的估计值来表示测量不确定度，所以称为标准不确定度。在实际使用中，往往希望知道包含测量结果的区间，因此测量不确定度也可用标准偏差的倍数或说明了置信水平（包含概率）的区间半宽度表示。测量不确定度表示为区间半宽度时称为扩展不确定度。

（4）不同场合下测量不确定度术语的表述不同

① 不带形容词的"测量不确定度"用于一般概念和定性描述；

② 带形容词的测量不确定度，如：标准不确定度、合成标准不确定度和扩展不确定度，用于在不同场合对测量结果的定量描述。

（5）标准不确定度有两类评定方法

一般，测量不确定度是由多个分量组成的，用标准偏差表示的不确定度分量的评定方法分为两类：

① 不确定度的 A 类评定（type A evaluation of uncertainty）是指"用对观测列进行统计分析的方法来评定标准不确定度"。也就是根据一系列测量数据的统计分布估算标准偏差估计值的评定方法，称为测量不确定度的 A 类评定方法，用 A 类评定得到的标准不确定度分量用实验标准偏差表征，符号为 u_A。

② 不确定度的B类评定(type B evaluation of uncertainty)是指“用不同于对观测列进行统计分析的方法来评定标准不确定度”。也就是用基于经验或有关信息假设的概率分布来估计标准偏差的评定方法称为测量不确定度的B类评定方法,用B类评定得到的标准不确定度分量也用估计的标准偏差表征,符号为u_B。

(6) 不确定度不按系统或随机的性质分类

因为系统性和随机性在不同的情况下是可以转换的。例如某标准电阻的阻值的不确定度在批量生产时具有随机性,而到用户手里就又是系统性的了,所以不确定度不按性质分类。

在需要说明不确定度分量的性质时,可表述为“由随机效应导致的测量不确定度”或“由系统效应导致的测量不确定度”。

2. 标准不确定度、合成标准不确定度、扩展不确定度的区别

(1) 标准不确定度

标准不确定度(standard uncertainty)是指“以标准偏差表示的测量不确定度”。它不是由测量标准引起的不确定度,而是指不确定度由标准偏差的估计值表示,表征测量值的分散性。标准不确定度用符号u表示。

标准不确定度分量:测量结果的不确定度往往由许多来源引起,对每个不确定度来源评定的标准偏差,称为标准不确定度分量,用u_i表示。

(2) 合成标准不确定度

合成标准不确定度(combined standard uncertainty)是指“当测量结果由若干其他量的值求得时,按其他各量的方差或(和)协方差算得的标准不确定度”。通俗地说,合成标准不确定度是由各标准不确定度分量合成得到的标准不确定度。合成的方法称为测量不确定度传播律。合成标准不确定度用符号u_c表示。

合成标准不确定度仍然是标准偏差,它是测量结果标准偏差的估计值,它表征了测量结果的分散性。合成标准不确定度的自由度称为有效自由度,用ν_{eff}表示,它表明所评定的u_c的可靠程度。合成标准不确定度也可用$u_c(y)/y$相对形式表示,必要时可以用符号u_r或u_{rel}表示。

(3) 扩展不确定度

扩展不确定度(expended uncertainty)是指“确定测量结果的区间的量,合理赋予被测量之值的分布的大部分可望含于此区间”。

扩展不确定度是由合成标准不确定度的倍数得到,即将合成标准不确定度u_c扩展了k倍得到,用符号U表示,$U=ku_c$。扩展不确定度确定了测量结果可能值所在的区间。测量结果可以表示为:$Y=y\pm U$。式中,y是被测量的最佳估计值。被测量的值Y以一定的概率落在$(y-U, y+U)$区间内,该区间称为统计包含区间。所以扩展不确定度是测量结果的统计包含区间的半宽度。

测量结果的取值区间在被测量值概率分布总面积中所包含的百分数称为该区间的包含概率或置信水平(level of confidence),用p表示。

扩展不确定度也可以用相对形式表示,例如:用$U(y)/y$表示相对扩展不确定度,也可用符号$U_r(y)$、U_r或U_{rel}表示。

说明具有规定的包含概率(置信水平)为p的扩展不确定度时,可以用U_p表示。例如:U_{95}表明由扩展不确定度决定的测量结果取值区间具有置信水平为0.95,或U_{95}是包含概率为95%的统计包含区间的半宽度。

由于 U 是表示统计包含区间的半宽度，而 u_c 是用标准偏差表示的，所以它们均是非负参数，即 U 和 u_c 单独定量表示时，数值前都不必加正负号，如 $U=0.05$V，不应写成 $U=\pm0.05$V。

为求得扩展不确定度，"对合成标准不确定度所乘的数字因子"称包含因子(coverage factor)。包含因子用符号 k 表示时，$U=ku_c$，一般 k 取 2 或 3。当用于表示置信水平为 p 的包含因子时，包含因子用符号 k_p 表示，$U_p=k_pu_c$。k 的取值决定了扩展不确定度的置信水平，若 u_c 近似正态分布，且其有效自由度较大，则：$U=2u_c$ 时，测量结果 Y 在 $(y-2u_c, y+2u_c)$ 区间内置信水平 p 约为 95%；$U=3u_c$ 时，测量结果 Y 在 $(y-3u_c, y+3u_c)$ 区间内置信水平 p 约为 99%。

置信水平(level of confidence)又称包含概率，是与统计包含区间有关的概率值。置信水平表明测量结果的取值区间包含了概率分布下总面积的百分数，表明了测量结果的可信程度。置信水平(或包含概率)可以用 0～1 之间的数表示，也可以用百分数表示。例如置信水平为 0.99 或 99%。

【案 例】 某计量技术人员在校准 100Ω 标准电阻后，在出具的校准证书上给出"校准值为 100.2Ω，测量不确定度为 0.5%"。问题：测量不确定度应如何表示？

【案例分析】 依据 JJF 1059—1999《测量不确定度评定与表示》中关于测量不确定度表示的规定，在报告测量结果的测量不确定度时，必须说明是合成标准不确定度还是扩展不确定度，如果给出扩展不确定度，还必须同时说明包含因子 k 为多少。例如可以报告："校准值为 100.2Ω，测量不确定度 U 为 0.5%($k=2$)"。该案例中计量技术人员笼统地给出测量不确定度的值是不对的。

3. 测量不确定度与测量误差的主要区别

测量误差表明了测量结果偏离真值的多少。测量误差按性质可分为随机误差和系统误差两类，都是理想的概念。由于真值未知，现在测量误差一般已不再用于定量描述测量结果的准确程度；由参考值代替真值时，可得到测量误差的估计值，它是一个有正号或负号的量值，其值为测量结果与被测量的参考值之差，大于参考值时为正，小于参考值时为负。由于测量不可能理想完善，所以测量结果中始终存在测量误差，误差是客观存在的，不以人的认识程度而改变。当已知系统误差的估计值时，可以对测量结果进行修正。

测量不确定度是表明测量值的分散性。它是一个无符号的参数，用标准偏差或标准偏差的倍数表示该参数的值。测量不确定度与人们对被测量和影响量及测量过程的认识有关。测量不确定度可以由人们根据实验、资料或经验等信息评定，得到定量的测量不确定度的值。测量不确定度分量评定时不必区分其性质。不存在随机与系统两类不确定度的区分。测量不确定度与真值无关，不说明测量结果偏离真值的多少，不能用于对测量结果进行修正，它仅给出了测量结果可信程度的信息。

习题及参考答案

一、习　题

(一) 思考题

1. 什么是被测量？举例说明影响量与被测量的区别。
2. 约定真值与真值的区别是什么？实际检定工作中常以什么值作为约定真值？
3. 什么是测量结果？

4. 什么是测量误差、系统误差、随机误差？

5. 测量准确度、测量精密度有什么区别？如何正确应用这些术语？

6. 什么是测量不确定度？什么是标准不确定度、合成标准不确定度和扩展不确定度？

7. 测量不确定度与测量误差有哪些区别？

（二）选择题（单选）

1. 作为测量对象的特定量称为__________。

A. 被测量　B. 影响量　C. 被测对象　D. 测量结果

2. 由测量所得到的赋予被测量的值及其有关的信息称为__________。

A. 真值　B. 约定真值　C. 测量结果　D. 被测量

3. 用代数法与未修正测量结果相加，以补偿其系统误差的值称__________。

A. 校准值　B. 校准因子　C. 修正因子　D. 修正值

4. 测量准确度可以__________。

A. 定量描述测量结果的准确程度，如准确度为±1%

B. 定性描述测量结果的准确程度，如准确度较高

C. 定量说明测量结果与已知参考值之间的一致程度

D. 描述测量值之间的分散程度

5. 以__________表示的测量不确定度称标准不确定度。

A. 标准偏差　B. 测量值取值区间的半宽度

C. 实验标准偏差　D. 数学期望

6. 由合成标准不确定度的倍数（一般 2～3 倍）得到的不确定度称__________。

A. 总不确定度　B. 扩展不确定度

C. 标准不确定度　D. B类标准不确定度

7. 扩展不确定度用符号__________表示。

A. u_c　B. u　C. U　D. u_B

（三）选择题（多选）

1. 测量误差按性质分为__________。

A. 系统误差　B. 随机误差

C. 测量不确定度　D. 最大允许误差

2. 以下方法中__________获得的是测量结果的复现性。

A. 在改变了的测量条件下，计算对同一被测量的测量结果之间的一致性，用实验标准差表示

B. 在相同条件下，对同一被测量进行连续多次测量，计算所得测量结果之间的一致性

C. 在相同条件下，对不同被测量进行测量，计算所得测量结果之间的一致性

D. 在相同条件下，由不同人员对同一被测量进行测量，计算所得测量结果之间的一致性，用实验标准偏差表示

3. 测量不确定度小，表明__________。

A. 测量结果接近真值　B. 测量结果准确度高

C. 测量值的分散性小　D. 测量结果可能值所在的区间小

4. 测量不确定度评定方法中，根据一系列测量数据估算实验标准偏差的评定方法称为__________。

A. 测量不确定度的统计评定方法　　B. 测量不确定度的先验估计方法
C. 测量不确定度的B类评定方法　　D. 测量不确定度的A类评定方法

5. 以下表示的测量结果的不确定度中＿＿＿＿是不正确的。
A. $U(k=2)$　　B. $u_c(k=2)$
C. U(k=2)　　D. $U_p(p=0.95, \nu=9)$

二、参考答案

（一）思考题（略）

（二）选择题（单选）：1. A；　2. C；　3. D；　4. B；　5. A；　6. B；　7. C。

（三）选择题（多选）：1. A B；　2. A D；　3. C D；　4. A D；　5. B C。

第四节　测量仪器及其特性

一、测量仪器（计量器具）

（一）测量仪器及其作用

1. 什么是测量仪器

测量仪器（measuring instrument）又称计量器具，是指"单独地或连同辅助设备一起用以进行测量的器具"。它是用来测量并能得到被测对象量值的一种技术工具或装置。为了达到测量的预定要求，测量仪器必须具有符合规范要求的计量学特性，特别是测量仪器的准确度必须符合规定要求。

测量仪器的特点是：

（1）用于测量，目的是为了获得被测对象量值的大小。

（2）具有多种形式，它可以单独地或连同辅助设备一起使用。例如体温计、电压表、直尺、度盘秤等可以单独地用来完成某项测量；另一类测量仪器，如砝码、热电偶、标准电阻等，则需与其他测量仪器和（或）辅助设备一起使用才能完成测量。测量仪器可以是实物量具，也可以是测量仪器仪表或一种测量系统。

（3）测量仪器本身是一种器具或一种技术装置，是一种实物。

在我国有关计量法律、法规中，测量仪器称为计量器具，即计量器具是测量仪器的同义词。从上述测量仪器的定义可以看出，测量仪器是用于测量目的的所有器具或装置的统称，我国习惯统称为计量器具。

2. 测量仪器的作用

测量是为了获得被测量值的大小，而得到被测量值的大小是通过计量器具来实现的，所以计量器具是人们从事测量获得测量结果的重要手段和工具，它是测量的基础，是从事测量的重要条件。在测量过程中，人们在接受测量信息方面，人的感觉器官常常是力不能及的，正是通过计量器具把被测量大小引入到人们的感官中。有时对被测量的测量要实施远距离传输，要进行自动记录，要累计或计算被测量的值，或对某些被测量值要实施自动调节或控制，这些都要通过各种计量器具来实现。

计量器具又是复现单位、实现量值传递和量值溯源的重要手段。为实现计量单位统一和量值的准确可靠，必须建立相应的计量基准、计量标准和工作用计量器具，并通过检定和校准来实现测量的统一，实现测量的准确性、一致性，这一任务正是通过各级计量器具进行量值的传递和溯源来完成的。

计量器具又是实施计量法制管理的重要工具和手段。国家计量法规对用于贸易结算、医疗卫生、安全防护、环境监测四个方面且列入强检目录的工作计量器具实施强制检定，这些强检计量器具既是实施法制管理的对象，又是为维护国家和人民利益提供服务的重要手段，正是通过这些计量器具量值的准确可靠，使广大人民群众免受不准确、不诚实测量带来的危害。

计量器具又是开展科学研究、从事生产活动不可缺少的重要工具和手段。如果没有计量器具，就无法获得量值，科研就无法进行，生产过程就无法控制，产品质量就无从保证。

可见，哪里需要统一准确的测量，哪里就需要测量仪器。正如我国著名科学家、原国际计量委员会委员王大珩院士指出的："仪器不是机器，仪器是认识和改造物质世界的工具，而机器只能改造却不能认识物质世界；仪器仪表是工业生产的'倍增器'，科学研究的'先行者'，军事上的'战斗力'和社会生活中的'物化法官'。"

(二) 实物量具、测量系统和测量设备

1. 实物量具

实物量具(material measure)的定义是"使用时以固定形态复现或提供给定量的一个或多个已知值的器具"。它的主要特性是能复现或提供某个量、某些量的已知量值。这里所说的固定形态应理解为量具是一种实物，它应具有恒定的物理化学状态，以保证在使用时量具能确定地复现并保持已知量值。获得已知量值的方式可以是复现的，也可以是提供的。如砝码是量具，它本身的已知值就是复现了一个质量单位量值的实物。如标准信号发生器也是一种实物量具，它提供多个已知量值作为供给量输出。定义中的已知值应理解为其测量单位、数值及其不确定度均为已知。可见实物量具的特点是：(1)本身直接复现或提供了单位量值，即实物量具的示值(标称值)复现了单位量值，如量块、线纹尺本身就复现了长度单位量值；(2)在结构上一般没有测量机构，如砝码、标准电阻，它只是复现单位量值的一个实物；(3)由于没有测量机构，在一般情况下，如果不依赖其他配套的测量仪器，就不能直接测量出被测量值，如砝码要用天平、量块要配用干涉仪、光学计。因此，实物量具往往是一种被动式测量仪器。

量具本身所复现的量值，通常用标称值表示。对实物量具而言，标称值是指标在实物上的以固定形态复现或提供给定量的那个值。这个量值是经修约取整后的一个值，往往是通过标准器对比所确定的量值的近似值。它可以表明实物量具的特性。例如，标在标准电阻上的量值 100Ω，标在砝码上的量值 10g，标在单刻度量杯上的量值 1L，标在量块上的量值 100mm，该标称值就是实物量具本身所复现的量值。对于多刻度的玻璃量器、可变电容器、电阻箱之类的量具，则通常取其满刻度值作为标称值，这种标称值也可作为总标称值。有的量具还标有如额定电流值、准确度等级等，但通常不能认为这些量值或数据是量具的标称值。

量具按其复现或提供的量值看，又可以分为单值量具和多值量具，单值量具如量块、标准电池、砝码等，一般不带标尺；多值量具如线纹尺、电阻箱等，带有标尺。多值量具也包含成套量具，如砝码组、量块组等。量具从工作方式来分，可以分为从属量具和独立量具。必须借助其他测量仪器才能进行测量的量具，称为从属量具，如砝码，只有借助天平或质量比较仪才能进行质量的测量；不必借助其他测量仪器即可进行测量的量具称为独立量具，如尺子、量杯等。

标准物质即参考物质按定义均属于测量仪器中的实物量具。

【案 例】 考评员在考核某研究所的综合管理部门时，问其中的管理人员小李："你看以下计量器具中，哪些是实物量具？(1)钢卷尺、(2)台秤、(3)注射器、(4)热电偶、(5)电阻箱、(6)卡尺、(7)铁路计量油罐车、(8)电能表"。小李回答："我认为其中1、3、4、6是实物量具。"又问另一名管理人员："你认为他的回答对吗？"管理人员回答："说不上来。"

【问题】 什么是实物量具？

【案例分析】 依据JJF 1001—1998《通用计量术语及定义》中6.2条规定，实物量具是指"使用时以固定形态复现或提供给定量的一个或多个已知值的器具"。实物量具本身直接复现或提供了量值，实物量具的示值就是其标称值。上题中除(2)台秤、(4)热电偶、(6)卡尺和(8)电能表不是实物量具外，其他有(1)钢卷尺、(3)注射器、(5)电阻箱、(7)铁路计量油罐车都属于实物量具。卡尺虽然习惯上称之为"通用量具"，但按定义它并不是实物量具，而是一种指示式测量仪器。

2. 测量系统

测量系统(measuring system)是指"组装起来以进行特定测量的全套测量仪器及其配套设备"。具体地说，是指用于特定测量目的，由全套测量仪器和有关的其他设备组装起来所形成的一个系统。如半导体材料电导率测量装置、体温计校准装置、磁性材料磁特性测量装置、光学高温计检定装置等。这里全套测量仪器包括各种测量仪器、实物量具或标准物质，其他设备包括任何试剂、电源、稳压器、指示仪器、分流器、分压器、附加电阻、开关线路及辅助设备。自动化测量系统是为确定的用途而把测量仪器、计算装置和辅助装置连接起来配合使用的一整套的、自动化的集合体，也可以是给出规定范围测量值的一台或多台测量仪器，其用途是为了获取、处理和分析一个或若干个物理量的测量结果，便于进一步转换、存储和自动化测量及自动化误差补偿或修正。建立自动化测量系统是为了便于操作，提高可靠性和工作效率，减少其影响量的影响和提高测量的准确度等。

从定义看，测量系统是由各种测量仪器连同辅助设备组装起来的，有时也可以随时拆卸，形成固定安装的测量系统称为测量装置。测量装置作为计量标准时，有时又称检定装置或校准装置。按自动化程度可分为自动和半自动、手动测量装置，按被测量的数目可分为单参量(单参数)和多参量(多参数)测量装置。

例如，要检定一等标准水银温度计的计量标准，需要有一等标准铂电阻温度计、标准测量电桥、低温槽、水槽、油槽、水三相点瓶、读数望远镜以及各恒温槽配套的控温设备，组成一整套测量系统，即一套测量装置。又如用于电视、雷达、通讯设备的多参数测量用网络分折装置及应用于科研及工业生产的自动化测量装置，都是由若干设备组装起来形成一个系统。

当然，测量系统可以是小型的或便携式的，但也可以是中型、大型或固定式的，有时则可能是把计量器具、计算装置和辅助装置连接起来的一套自动化的装置，便于转换、存储和在自动化系统中应用。如电站、锅炉房全套计量器具所组成的测量装备。

3. 测量设备

测量设备(measuring equipment)是指“测量仪器、测量标准、标准物质、辅助设备以及进行测量所必须的资料的总称”。它是在推行 ISO 9000 标准时,从 ISO 10012-1 标准中引用过来的,它包括检定或校准中使用的,还包括试验和检验过程中使用的测量设备。可见它并不是指某台或某类设备,而是测量过程所必需的测量仪器相关的包括硬件和软件的统称。测量设备有以下几个特点:

(1) 概念的广义性。测量设备不仅包含一般的测量仪器,而且包含了各等级的测量标准、各类标准物质和实物量具,还包含和测量设备连接的各种辅助设备,以及进行测量所必须的资料和软件。测量设备还包括了检验设备和试验设备中用于测量的设备。定义的广义性是从 ISO 9000 标准的生产全过程实施质量控制所决定的。

(2) 内容的扩展性。测量设备不仅仅是指测量仪器本身,而又扩大到辅助设备,因为有关的辅助设备将直接影响测量的准确性和可靠性。这里主要指本身不能给出量值而没有它又不能进行测量的设备,也包括作为检验手段用的工具、工装、定位器、模具、夹具等试验硬件或软件。可见作为测量设备的辅助设备对保证测量的统一和准确十分重要。

(3) 测量设备不仅是指硬件还有软件,它还包括“进行测量所必须的资料”,这是指设备使用说明书、作业指导书及有关测量程序文件等资料,当然也包括一些测量仪器本身所属的测量软盘,没有这些资料就不能给出准确可靠的数据。因此,软件也应视为是测量设备的组成部分。

测量设备是一个总称,它比测量仪器或测量系统的含意更为广泛。提出此术语有利于对测量过程进行控制。

(三) 测量仪器的分类

测量仪器按其结构、功能、作用、性质或不同专业,具有很多的分类方法。测量仪器按其结构和功能特点可分为以下几类。

1. 指示式或显示式测量仪器

指示式测量仪器(indicating measuring instrument)或显示式测量仪器(displaying measuring instrument)是指能“显示示值的测量仪器”。这类仪器具有显示装置,显示可以是模拟的、数字的或半数字的,可以显示单个量值,也可以显示多个量值。例如模拟式电压表、压力表、千分尺、数字式频率计、数字电压表、数字式电子秤都属于显示式测量仪器。显示式测量仪器还可用图形方式显示,如波形显示、频谱显示、图像显示等。如温度指示仪器也可以单点或多点进行测温。大多数模拟式指示仪器是可以连续地读取示值,但有时也可以是非连续的,如光学高温计 700℃以下灯丝亮度是用肉眼无法区别的,所以从(0～700)℃范围就没有相应的温度刻度;有的指示装置也可以是半数字式的,即主要以数字显示为主,而其最小示值又采用模拟式指示,目的是为了提高其读数准确度,如单相电能表。注意不要将单纯的指示装置、指示器、显示器等与显示式测量仪器相混淆。

2. 记录式测量仪器

这是相对显示式测量仪器而言的,记录式测量仪器(recording measuring instrument)是指

"提供示值记录的测量仪器"。这类测量仪器能将被测量值的示值记录下来。给出的记录可以是模拟的(连续或断续线条),也可以是数字的;可记录一个量或多个量的值,如温度记录仪、气压记录仪、记录式光谱仪、热释光剂量计等。如温度记录仪可以单点记录,也可以多点打印记录。这类测量仪器具有记录器,记录器把被测量值记录到媒质上,记录媒质可以是带状、盘状、片状或其他形状的,也可以是磁带、磁盘等存储器;有时数字式测量仪器也可通过接口配以打印机、记录仪进行记录。绝大多数记录式测量仪器也具有显示功能,当然其主要的功能是记录,即记录式仪器也可带有指示装置以显示示值。

3. 累计式测量仪器

累计式测量仪器(totalizing measuring instrument)是指"通过对来自一个或多个源中,同时或依次得到的被测量的部分值求和,以确定被测量值的测量仪器"。它是为了获得被测量在一段时间间隔内的累计值,即被测量值求和的测量仪器。这是从测量仪器的使用功能上来进行分类的,有些情况下,测量的目的不是为了获得被测量的瞬时值,如需要称量在一段时间内皮带传送的散装物料的总重量,或一列货车所载货物的总重量等。通常测量仪器的示值所反映的是被测量的瞬时值。因此,为了给出累计量就必须使测量仪器增加一个累计的功能,这个功能由累计器来实现,如累计式皮带秤,就是通过累计器根据称重和位移传感器提供的信息,对皮带测量段上每次称得的各分量负荷进行累加求和,并通过累计指示器将累计值显示出来。电子轨道衡也是一种累计式测量仪器。

有时,提供分量量值的被测量源不止一个。例如,一个发电厂有若干台发电机在工作,电功率并联在一起输出,需要知道每时每刻输出的总功率,为此目的所使用的总加式电功率表也是一种累计式测量仪器。又如,水泥厂配料用的累加式皮带秤,几种矿物原料需按重量比例输送和称重,这时被测量源就不止一个,需要同时被累计或依次地从不同的源得到被测量的分量量值,这种皮带秤也是一种累计式测量仪器。这类仪器的特点是增加了累计功能。

4. 积分式测量仪器

积分式测量仪器(integrating measuring instrument)是指"通过一个量对另一个量积分,以确定被测量值的测量仪器"。有些被测量按其定义或实际性质本来就是一个积分量。例如,家庭用的电能表,就是两次付费时刻之间的一段时间内,所耗用的功率对时间的积分。家用电能表中的积分机构能随时将所用电能的量累积计算出来,并通过数字指示装置加以显示。又如皮革面积的测量,将皮革摊平在平面上,实际上就是要测量其轮廓线所围的平面面积,因此也很自然是一个积分量。所以,家用电能表和皮革面积测量仪都是积分式测量仪器。积分式测量仪器不能将积分变量分割为无限小的微分,而只是分割为可认为足够小的分段就行了。可见,累计式测量仪器,如果将分量量值设法加以足够的细分,也就成了积分式测量仪器了。

5. 模拟式测量仪器或模拟式指示仪器

模拟式测量仪器或模拟式指示仪器是指"其输出或显示为被测量或输入信号连续函数的测量仪器"。这是从测量仪器输出或显示的形式来分类。即测量仪器的输出或显示为被测量的量值或为与输入信号相对应的连续函数值。通常遇到的被测量,如长度、角度、温度、质量、力、电流、电压等,均被看作是可以无限细分的连续量。因此,在一定条件下,任何两个这种量之间均可以建立起数值上的对应关系即函数关系，这就是说，输出量是输入量的一种模拟信号的关系。例如，用热电偶测温，热电偶作为感温元件又将被测对象的温度值（非电量）变换为相应的热电动势（电量），两者之间具有函数关系，然后通过配套的动圈式显示仪表，将其输出变换为表针的偏转角度，从而指示出被测温度的大小。又如，玻璃水银温度计，则是将被测温度变换为水银柱高度（长度）进行指示。这些都是可以连续读数的模拟式测量仪器。

模拟式测量仪器仅仅是就输出或显示的表现形式而言，而与测量仪器的工作原理无关。如电测量仪器中不同原理的磁电系仪表、电磁系仪表、电动系仪表均属于模拟式测量仪器。模拟式测量仪器，有的可以显示被测量值，有的则可以输出某一个已知量值，故有模拟式指示仪器或模拟式测量仪器两个术语。

6．数字式测量仪器或数字式指示仪器

数字式测量仪器或数字式指示仪器是指"提供数字化输出或显示的测量仪器"。这是从测量仪器输出或显示的不同形式来分类的。只要其输出或显示是以十进数字自动显示的，则就是数字式测量仪器，而与仪器的工作原理无关。例如，通常使用的数字电压表、数字电流表、数字功率表、数字频率计等，尤其是数字电压表，使用更为广泛。如一台应用称重传感器的地秤，配用的输出显示仪表是数字式电压表，则该地秤就是数字式测量仪器。数字式温度计大多也以频率、电压、电阻等为感温信号，通过模/数（A/D）转换电路，以数字形式显示测温结果。数字式测量仪器具有准确度高、灵敏度高、重复性好、测量速度快、可同时测量多种参数，特别是具有便于与计算机相连以进行自动化测量和控制等一系列优点。数字式测量仪器可以提供数字化输出，也可以提供数字化显示，故采用了数字式测量仪器和数字式指示仪器两个名称。

（四）测量链、测量传感器、检测器、敏感器

1．测量链

测量链（measuring chain）是指"测量仪器或测量系统的系列单元，由它们构成测量信号从输入到输出的通道"。具体地说，是测量仪器或测量系统从测量信号输入到输出所形成的一个通道，这一通道由一系列单元组成。如由传声器、衰减器、滤波器、放大器和电压表组成的电声测量链；如一个压力表的机械测量链，由波登管、机械传动系统和刻度盘构成。

2．测量传感器

测量传感器（measuring transducer）是指"提供与输入量有确定关系的输出量的器件"。它的作用就是将输入量按照确定的对应关系变换成易测量或处理的另一种量，或大小适当的同一种量再输出。在实践中，一些被测量往往不能找到能将它与已知量值直接进行比较的测量仪器来测量，或者测量准确度不高，如温度、流量、加速度等量，直接同它们的标准量比较是相当困难的，但可以将输入量变换成其他量，如电流、电压、电阻等易测的电学量；或变换成大小不同的同种量，如将大电流变换成较易测量的安培量级的电流，这种器件就称为测量传感器。通常测量传感器的输入量就是被测量。如热电偶输入量为温度，经其转变输出为热电动势，根据温度与其热电动势的对应关系，可从温度指示仪或电子电位差计上得到被测的温度值，因此热电偶就是一种测温的传感器。传感器的种类很多，按被测量分类，可分为温度传感器、力传感器、压力传感器、应变传感器、速度传感器等；按测量原理分类，可分为电阻式、电感式、电容

式、热电式、压电式、光电式等。计量器具中所用的传感器种类繁多，按其测量原理及应用举例如下：

电阻式传感器，把被测量的量变化变换为电阻变化的传感器，如热电阻。

电感式传感器，把被测量的量变化变换为自感或互感变化的传感器，如电动量仪。

电容式传感器，把被测量的量变化变换为电容变化的传感器，如电动量仪。

压电式传感器，利用一些晶体材料的压电效应，把力或压力的变化变换为电荷量变化的传感器，在力、加速度、超声及声纳等测量中得到广泛应用。

压磁式传感器，利用一些铁磁材料的压磁效应，把力或压力的变化变换为磁导率变化的传感器，如测力、称重用传感器。

压阻式传感器，利用半导体材料的压阻效应，把压力的变化变换为电阻变化的传感器。

光电式传感器，利用光电效应，把光通量的变化变换为电量的传感器。

霍尔传感器，利用某些半导体材料的霍尔效应，将被测量的变化变换为霍尔电势变化的传感器。

热电式传感器，利用热电效应，将温度变化变换为电动势变化的传感器，如热电偶。

磁电式传感器，利用电磁感应定律，将转速的变化变换为感应电动势或其他频率变化的传感器。

电离辐射式传感器，利用电离辐射的穿透能力，使气体电离具有热效应和光电效应的变化变换为电量变化的传感器，如 γ 射线测量仪。

光纤传感器，利用光在光纤中传播时其振幅（光强）、相位、偏振态、模式等随被测量值变化而变化的传感器，它们可测量压力、温度、流量、流速、转速、加速度、位移、电流、磁场、辐射等参数。

有时提供与输入量有给定关系的输出量的器件，并不直接作用于被测量，而是测量仪器的通道中间的某个环节，或是测量仪器本身内部的某一部件，则这种器件亦称为测量变换器；如输入和输出为同种量，亦称为测量放大器；输出量为标准信号的传感器通常也称为变送器，如温度变送器、压力变送器、流量变送器等。

3. 检测器

检测器（detector）是指“用于指示某个现象的存在而不必提供有关量值的器件或物质”。检测器的用途是为了指示某个现象物体或物质是否存在，即反映该现象物体或物质的某特定量是否存在，或者是为了确定该特定量是否达到了某一规定的阈值的器件或物质。检测器并不是与被测量值无关，其测量的信息结果是由被测量值决定的，并且具有一定的准确度，其特点是不必提供具体量值的大小。例如，对制冷装置检测其制冷剂是否泄漏的卤素检漏仪，在化学反应中用检测器的化学试纸，为了检测是否有测量讯号而使用的示波器，为了检测信号接近零值程度的零位检测器或指零仪，在电离辐射中为了确定辐射水平阈值用的给出声和光讯号的个人剂量计等。有的检测器直接作用于被测量，又能够随着输入量而达到输出，这就是一种测量传感器。有的检测器本身也就是一种敏感器。

4. 敏感器

敏感器（sensor）又称敏感元件，是指“测量仪器或测量链中直接受被测量作用的元件”。敏感元件是直接受被测量作用，能接受被测量信息的一个元件。例如，热电高温计中热电偶的测量结(热端),铂电阻温度计的敏感线圈,涡轮流量计的转子,压力表的波登管,液面测量仪的浮子,光谱光度计的光电池,双金属温度计的双金属片等。它是测量仪器或测量链中输入信号的直接接受者,可以是一种元件,也可以是一种器件。必须注意敏感元件与传感器、检测器的区别,三者的概念是不同的。传感器是提供与输入量有确定关系的输出量的器件,检测器是用于指示某个现象的存在而不必提供有关量值的器件或物质。例如,热电偶是测量传感器,但它并不是敏感元件,因为只有热电偶的测量结(热端)直接处于被测量温度中,因此测量结才是敏感元件。又如,电阻温度计中的工业热电阻,它是测量传感器,但实际测温中虽然把热电阻的感温元件均处于被测量温度中,但此时热电阻的感温元件就是敏感元件,而不是传感器,因为它还有导线连接,可以进行输出,所以敏感元件只能说是传感器直接受被测量作用的那一部分,两者是有区别的。另外,相对于检测器而言,也是不同的概念,检测器是用以确定被测量阈值的测量仪器,如卤素检漏仪,当然它并不是一个敏感元件。有的检测器本身就是直接作用于被测量从而确定其阈值,如化学试纸,这种检测器当然就属于一种敏感器。敏感元件在某些领域中,也用术语检测器来表示,即有的敏感器能够直接确定被测量阈值,则也可以称为检测器。

(五)显示装置、指示器、测量仪器的标尺和仪器常数

1. 显示装置

显示装置是指“测量仪器显示示值的部件”。显示装置通常位于测量仪器的输出端。显示装置与指示装置虽为同义词,但严格地讲,两者是有差异的。指示装置是显示装置的一种,指示装置通常具有指示器,可以用指针刻度等进行显示,也可以用数字进行显示,而某些复杂的信号则要靠文字、图形和图像来显示,甚至应用计算机借助屏幕直接进行显示,以供人观察分析,因此,显示装置具有广义性。测量仪器上应用的多数仍是指示装置。

指示装置提供示值的方式通常有三种:模拟式、数字式、半数字式。模拟式指示装置提供模拟示值,通常带有标尺和指示器,将被测量变换为长度或角度量值进行显示。数字式指示装置提供数字示值,即它把模拟量转换为以脉冲信号的频率或时间间隔形式出现的数字量,然后用电子计数器计数并进行显示。半数字式指示装置是以上两种的组合,即除末位数为模拟示值外,其他均为数字化示值,它通过末位由有效数字的连续移动进行内插的数字式指示,或通过由标尺和指示器辅助读数的数字或指示提供半数字示值。

示值的概念既适用于测量仪器,也适用于实物量具。因此,指示(显示)装置也包括实物量具的指示器或定位装置。但应注意,并不是所有的测量仪器都带有显示装置,例如,有时实物量具用其标称值作为其示值,如量块、标准电阻、砝码等,这些不能作为显示装置,因为它没有显示示值的部件。但一些可调式量具也具有显示装置,如电阻箱、多刻度的玻璃量器等。

2. 指示器

指示器是指“显示装置的固定的或可动的部件,根据它相对于标尺标记的位置即可确定示值”。指显示装置中用以确定示值的部件,可以是固定的,也可以是活动的。如何去确定示值呢?通常由指示器相对于标尺标记的位置来确定。通常指示装置具有测量仪器的标尺,标尺上带有一组或多组有序的带有数码的标记,这就是测量仪器标尺上与被测量值有对应关系的刻线、点及数字等记号,即标尺标记,指示器正是在上述标记上的以确定其被测量值示值的固

定或不动的部件。例如，指示式电流表、电压表、动圈式温度测量仪、百分表、千分表其指示器就是可动的指针；如玻璃温度计、体温计、玻璃量器、U型管压力计的指示器就是可上下升降的液面；光点式检流计的指示器就是可动的光点；水平仪中的指示器就是气泡；对于记录式测量仪器，其指示器就是可移动的记录笔。也存在着固定的指示器，如人体秤的分度盘，其指示器是固定的，而其标尺或度盘在转动。又如，常用的千分尺、微分筒是可转动的，而在固定套筒上相对微分筒棱边的垂直线即作为指示器，它是固定的。如家用电能表、煤气表，其读数窗口具有指示标线，这就是固定的指示器。这里必须注意指示装置和指示器的区别，指示器是指示装置中确定示值的部件。因此，它直接影响着示值读数的准确度。

3. 测量仪器的标尺

测量仪器的标尺是指“测量仪器显示装置的部件，由一组有序的带有数码的标记构成”。标尺是测量仪器显示装置中的一个部件，它由一组有序的带有数码的标尺标记所构成。标尺标记上所标注的数字可以用被测量单位表示，也可以用其他单位表示，或仅为一个纯数。标尺通常固定或标注在度盘上。一个度盘可以有一个或多个标尺（如万用表）。度盘可以是固定的，也可以是活动的，所以标尺也可以是固定的或活动的。例如，各种指示式电表、压力表、直尺、刻度量器等的度盘是固定的，而有些人体秤的度盘是活动的。

在模拟式测量仪器中，标尺使用十分广泛，带有指示器的显示装置均带有标尺。标尺是确定测量仪器被测量值示值大小的重要部件，因为标尺的准确性直接影响着测量仪器的准确度。是否所有测量仪器都具有标尺？不一定，关键决定于该测量仪器是否有指示装置，即是否有指示示值的部件，如量块、标准电阻、砝码只有其标称值，并无指示示值的部件，就没有标尺；同样，数字显示的测量仪器也不存在标尺。测量仪器的标尺是对测量仪器而言的，但通常使用时简称标尺。

与标尺有关的术语及含意如下：

（1）标尺长度

标尺长度是指“在给定标尺上，始末两条标尺标记之间且通过全部最短标尺标记各个中点的光滑连线的长度”。标尺长度就是标尺的第一个标记（始端）与最末一个标记（末端）之间连线的长度，此连线应通过全部最短标记的中点，这根连线也可称为标尺基线。它可能是实线（对直线标尺而言），如直尺、卡尺，也可能是虚线（对圆弧曲线、圆等标尺而言），如指示式电压表、电流表、百分表；也可以是一条标尺基线，对多量程的标尺也可能有多条标尺基线。标尺长度以长度单位表示，它与被测量的单位或标在标尺上的单位无关。标尺长度对测量仪器的计量特性十分重要，因为它影响着测量仪器读数误差的大小。

（2）标尺间距

标尺间距是指“沿着标尺长度的同一条线测得的两相邻标尺标记之间的距离”。标尺间距是沿标尺长度的线段（即标尺基线）所测量得到的任何两个相邻标尺标记之间的距离。它以长度单位表示，而与被测量的单位和标在标尺上的单位无关。标尺间隔相同时，如标尺间距大，则有利于减小读数误差。

（3）标尺间隔（分度值）

标尺间隔是指“对应两相邻标尺标记的两个值之差”。标尺间隔用标在标尺上的单位来表示，而与被测量的单位无关，人们习惯上称为分度值，即标尺间隔和分度值是同义词。例如，百分表的分度值为0.01mm；千分表的分度值为0.001mm；体温计的分度值为0.1℃。有的测量仪器有几个标尺，且其标尺间隔各不相同，则此时标尺的分度值往往是指最小的标尺间隔。分度值影响着测量仪器的示值误差，它和标尺分度一起，是某些测量仪器划分准确度等级的主要依据。

（4）标尺分度

标尺分度是指“标尺上任何两相邻标尺标记之间的部分”。标尺分度主要说明标尺分成了多少个可以分辨的区间，决定标尺分度的数目是分得粗一点，还是分得细一点。如某长度测量仪器其两相邻标尺间隔为 1mm，如果在这一相邻标尺中间再加上一条短刻线，则其标尺间隔变为 0.5mm；如果在 1mm 标尺间隔上等间隔地加上 10 条短刻线，则相邻标尺间隔则为0.1mm，分度更细了。要注意标尺分度和标尺间隔（分度值）的区别，标尺分度是说明如何确定标尺的数目和区间，而标尺间隔（分度值）是指两相邻标尺标记的两个值之差。从上面例子可见，两者有一定关系，分度数目多了，其分度值就小了。标尺分度数目和分度值，是很多测量仪器划分准确度等级的重要依据。

【案 例】 考评员在考核电学室时，对室主任小黄提出了如下问题：“在以下三个测量仪器的标尺中（见下图），其标尺长度均为 60mm，其测量范围分别为 A（0～6mA）、B（0～6mA）、C（0～20mA），Z_A为指针位置，请分别指出标尺的标尺间隔（分度值）、标尺间距、指示 Z_A的量值及 A、B、C 三个标尺的测量仪器中，哪个测量仪器的灵敏度高？”

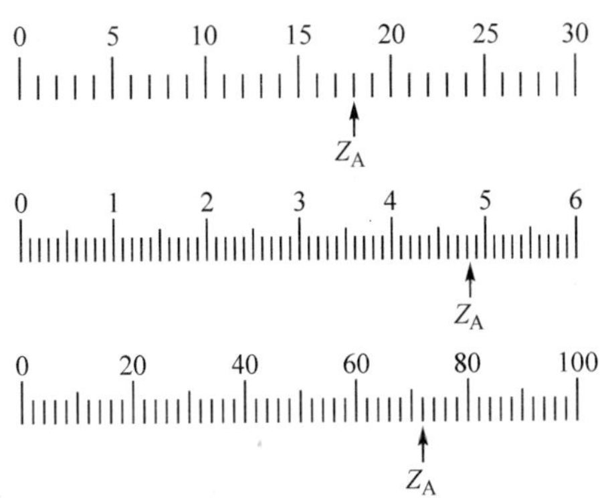

小黄进行了计算，做了如下回答：

标　尺	测量范围	标尺间隔（分度值）	标尺间距	Z_A的量值	灵敏度
A	0～6mA	0.2mA	2mm	3.6mA	
B	0～6mA	0.1mA	1mm	4.8mA	高
C	0～20mA	0.4mA	1.2mm	26.4mA	

【案例分析】 依据 JJF 1001—1998《通用计量术语及定义》中 6.22、6.23、7.10 给出了标尺间隔（分度值）、标尺间距及测量仪器的灵敏度的定义，可以判断以上回答中，标尺间隔（分度值）、标尺间距是正确的。标尺 C 的“Z_A的量值”不正确，灵敏度高低判断不全面。

标尺 C 的测量范围为 20mA，指针位置 Z_A的量值不可能为 26.4mA。C 标尺 Z_A的量值应为 36×0.4mA＝14.4mA，而不是 66×0.4mA＝26.4mA。

对于标尺指示的测量仪器，其灵敏度 S 等于示值的变化量 ΔL 除以引起这一变化的被测量变化 ΔM，即：线性标尺的灵敏度为标尺间距 ΔL 除以标尺间隔（分度值）ΔM，$S=\Delta L/\Delta M$。通过计算可得上述 A、B、C 三个标尺的测量仪器灵敏度：A 标尺、B 标尺均为 10mm/mA，C 标尺为

3mm/mA，所以C标尺灵敏度低，而A、B标尺测量仪器的灵敏度一样高。由此可见，线纹标尺的灵敏度不取决于刻线的多少，而决定于标尺间隔（分度值）和标尺间距。

4. 仪器常数

仪器常数是指"为给出被测量的指示值或用于计算被测量的指示值，必须与测量仪器直接示值相乘的系数"。仪器常数是为确定被测量指示值与仪器示值相乘的一个系数，其目的是为了确定被测量值的大小。例如，有些同一标尺单个显示的多量程的测量仪器，如万用表，它对应不同选择开关位置有不同的测量范围。如测量电阻值，则与示值相乘的×1、×10、×100、×1k、×10k就是仪器常数；如直流电位差计具有相应的量程系数，即×1、×0.1、×0.01，这些系数就是仪器常数；有的测量仪器是通过计算得到被测量值，在计算中所得的系数就是仪器常数。当仪器常数为1时，通常不必在仪器上标明。

（六）测量仪器的调整和使用者调整

1. 测量仪器的调整

测量仪器的调整是指"使测量仪器性能进入适于使用状态的操作"，可简称为调整。调整是为了确保测量仪器具有正常性能，消除可能产生的偏差，使仪器能进入使用状态所要做的一种操作。测量仪器由于示值的失准或长期存放、长途运输、或者搬运、冲击以及由于仪器本身的不稳定，失去其原有的正常性能，或者由于新的测量仪器使用前的安装等，均要求其性能恢复和达到适于使用状态。例如，在测量仪器检定、校准或修理过程中，如示值误差超过了最大允许误差，则可以通过标尺的移动或调整传动机构及其他方法来进行调整；如通过在调整腔内加铅或研磨，使砝码的质量与其标称值之间的偏差达到预定范围之内；通过改变导线长度调整电阻器的值到正确值；调整时钟的摆轮，使其在每秒时间内往复转动的次数达到最理想值；调整杠杆秤的杠杆长度；对使用中的仪表进行零位调整（机械零位和电气零位）；仪表放大比调整及灵敏度调整；仪器安装过程中的水平调整等。有时调整以后，为了防止使用中不得随意变更，则要对可调部件加以封印。调整的方式可以是自动的、半自动的或手动的。

2. 测量仪器的使用者调整

测量仪器的"使用者调整"是指"可由使用者做的调整"。其目的是为了确保测量仪器使用中的准确度。调整的原因千差万别，有的是属于仪器本身的不稳定性，产生缓慢变化，有的是经过运输振动产生的偏差，有的是属于需要正常安装，有的是仪器说明书中规定在使用前需进行调整的内容。凡允许使用者进行调整的，均属于这一范畴。最常用的是零位调整，其操作应严格按仪器说明书规定进行。

二、测量仪器的特性

（一）示值范围、标称范围、量程和测量范围

1. 示值范围

测量仪器的示值是指测量仪器所给出的量值，示值范围（indication interval）是指测量仪器

"极限示值界限内的一组值"。示值范围通常以最小示值与最大示值表示，例如10V～200V。对于模拟式测量仪器而言，示值范围也就是其标尺范围，即由指示装置标尺上始末两端标记之间所指示的标尺值的范围。示值范围可以用标在显示器标尺上的单位来表示，而与被测量的单位无关，通常用其上下限范围来表述。例如，用热电偶测温，其指示仪表示值范围为温度单位，而其被测量是热电动势毫伏值，如上限为1000℃，下限为0℃，则示值范围为0℃～1000℃；如日常使用的度盘秤的示值范围为(0～4)kg；如一支下限为－20℃，上限为＋50℃的玻璃温度计，则其示值范围为－20℃～＋50℃；有的测量仪器有几个示值范围，如10kN万能材料试验机中就有(0～20)kN、(0～50)kN、(0～100)kN三个示值范围；对于数字式显示的测量仪器，则其示值范围按显示器上的单位由数字位数来决定。

2. 标称范围

标称范围(nominal interval)是指"测量仪器的操纵器件调到特定位置时可得到的示值范围"。标称范围是操纵器件调到特定位置时可得到的示值范围，此时的示值范围是与测量仪器的整体相联系的，是指标尺所指示的被测量值可得到的范围。标称范围通常以被测量的单位表示，而不管标在标尺上的是什么单位。例如，一台万用表，把操纵器件调到×10V一档，其标尺上下限数字为0～10，则其标称范围为(0～100)V；一支玻璃温度计，其标尺下限示值为－30℃，其上限值为＋80℃，则此温度计的标称范围为－30℃～＋80℃。把标称范围的下限称为最小值，把标称范围的上限称为最大值，标称范围通常用最小值和最大值表示。当下限为0时，标称范围一般用其最大值来表示，如(0～100)V的电压表，则其标称范围为100V。

标称范围和示值范围是有区别的，两者都是在指示装置上指示的极限示值界限内的一组值。但对于模拟式指示装置的测量仪器而言，示值范围可以称为标尺范围，此时标称范围与示值范围有一定差异，标称范围用被测量的单位表示，它是对包括标尺在内的整个测量仪器而言；而示值范围是指其标尺本身，用标在指示器上的单位表示，不联系到整个测量仪器。很多仪器实际上标称范围和示值范围是相同的。

标称值(nominal value)是指"测量仪器上表明其特性或指导其使用的量值，该量值为圆整值或近似值"。例如标在标准电阻上的标称值：100Ω，标在单刻度量杯上的量值：100mL，恒温控温箱的定点温度：25℃。

3. 量　程

量程(span)是指"标称范围两极限之差的模"。它是指标称范围的上限即最大值减去其下限即最小值所得之差值的绝对值。例如，温度计下限为－30℃，上限为＋80℃，则其量程为|80－(－30)|，即为110℃；某电压表的标称范围为100V，则其量程为|100－0|V，即为100V；如对－10V～＋10V的标称范围，其量程为20V。引入量程的概念的主要用途是可以方便地确定测量仪器的引用误差。在计算引用误差时需要确定一个仪器的特定值，该特定值一般称为引用值，通常量程就是这一引用值。例如，有三块准确度等级为1级的电压表(即引用误差为±1%)，其标称范围分别为－10V～＋10V、0～20V、＋10V～30V，如按标称范围去比较，会感到不得要领，而用量程计算其引用误差，则其引用误差均为±1%，标称范围内的最大允许误差为引用误差乘其量程，上述几种情况的量程均为20V，所以最大允许误差均为20V×(±1%)＝±0.20V。可见虽然标称范围不同，但其准确度是相同的。

4. 测量范围(工作范围)

测量范围(measuring range)也称为工作范围(working range),是指"测量仪器的误差处在规定极限内的一组被测量的值"。即测量仪器的误差能保证在规定的允许误差极限范围内的测量仪器的示值范围。测量范围就是在正常工作条件下,在这一规定的测量范围内使用,其示值误差就应处在允许极限内,如超出测量范围使用,则示值误差可能超出允许极限值。有些测量仪器的测量范围与其标称范围相同,如体温计、电流表、压力表、密度计等,而有的测量仪器在下限附近,其相对误差会急剧增大,如地秤。有时测量仪器由于原理结构特点,如光学高温计以灯丝亮度比对进行测温,它能满足示值允许误差的标称范围为700℃～3000℃,则700℃～3000℃为其测量范围。

要注意正确区别示值范围、标称范围、测量范围和量程的概念。示值范围是指测量仪器标尺或显示装置所能指示的范围,可用标在标尺或显示器上的单位表示;标称范围是对测量仪器整体而言的,通常用被测量的单位表示;测量范围是指能保证规定准确度,满足示值误差在规定极限内,可用于测量的量值范围;量程是指"标称范围上限值和下限值之差的模"。

【案 例】 考评员在考核温度室时,问其室主任:"有一支带有0℃±1℃示值,刻度范围为250℃～300℃的二等标准水银温度计,其(0～250)℃之间为中断区,这个范围无刻度。刻有0℃±1℃零点刻度,主要是为了测定0℃示值。请你指出该二等标准水银温度计的示值范围、标称范围、测量范围和量程。"室主任回答:"其示值范围为0℃～300℃,标称范围为250℃～300℃,测量范围为250℃～300℃,量程为50℃。"

【问题】 什么是示值范围、标称范围、测量范围和量程?

【案例分析】 依据JJF 1001—1998《通用计量术语及定义》中6.20、7.1、7.2、7.4条对示值范围、标称范围、测量范围、量程做出的明确界定,二等标准水银温度计属于双刻度计量器具,0℃±1℃是为了测量温度计的零点示值,以考核温度计的示值稳定性;250℃～300℃是温度计的工作范围,即用于测量的范围。所以按术语的定义,其示值范围和标称范围为0℃±1℃和250℃～300℃,测量范围为250℃～300℃,其量程为50℃。

(二)测量仪器的计量特性

1. 灵敏度

灵敏度(sensitivity)是指"测量仪器响应的变化除以对应的激励变化"。灵敏度是反映测量仪器被测量(输入)变化引起仪器示值(输出)变化的程度。它用被观察变量的增量即响应(输出量)与相应被测量的增量即激励(输入量)之商来表示。如被测量变化很小,而引起的示值(输出量)改变很大,则该测量仪器的灵敏度就高。

对于线性测量仪器来说,其灵敏度S为

$$S=\frac{\Delta y}{\Delta x}=k=\text{常数}$$

式中的k叫传递系数,当响应y与激励x是同一种变量时,又叫放大系数。对于非线性的测量仪器,则灵敏度表示为

$$S=\frac{\mathrm{d}y}{\mathrm{d}x}=f'(x)$$

这时灵敏度随激励变化而变化，它是一个变量，它与激励值有关。

例如，在磁电系仪表中，响应特性是线性关系，灵敏度就是个常数；而在电磁系仪表中响应特性呈平方关系，灵敏度就随激励值变化。又如电动系仪表，测量功率时灵敏度是个常数，而测量电流或电压时却又随激励值变化。因此，在表述测量仪器的灵敏度时，往往要指明对哪个量而言。例如，对检流计，就要说明是指电流灵敏度还是电压灵敏度。

在某些情况下，使用下式表示相对灵敏度

$$S_r = \frac{\Delta y}{\frac{\Delta x}{x}}$$

式中，x 为激励即输入的被测量值。

灵敏度可能与被测量的增量即激励值有关，被测量值的变化必须大于分辨力。灵敏度是测量仪器中一个十分重要的计量特性。但有时灵敏度并不是越高越好，为了方便计数，使示值处于稳定，还需要特意地降低灵敏度。

2. 鉴别力(阈)

鉴别力(discrimination)又称阈值，是指“使测量仪器产生未察觉的响应变化的最大激励变化，这种激励变化应缓慢而单调地进行”。它是指当测量仪器在某一示值给予一定的输入，这种激励变化缓慢从单方向逐步增加，当测量仪器的输出产生有可觉察的响应变化时，此输入的激励变化称为鉴别力，同样可在反行程进行。

例如，在一台天平的指针产生可觉察位移的最小负荷变化为 10mg，则此天平的鉴别力(阈)为 10mg；如一台电子电位差计，当同一行程方向输入量缓慢改变到 0.04mV 时，指针产生了可觉察的变化，则其鉴别力(阈)为 0.04mV。为了准确地得到其鉴别力(阈值)，激励的变化(输入量的变化)应缓慢同时地在同一行程上进行，以消除惯性或内部传动机构的间隙和摩擦的影响。通常一台测量仪器的鉴别力(阈)还应在标尺的上、中、下不同示值范围的正向及反向行程进行测定，其鉴别力(阈值)是不同的，可以按其最大的激励变化来表示测量仪器的鉴别力(阈值)。

例如，二、三等标准活塞压力真空计的鉴别力(阈)的大小是这样检测的。在被检压力真空计的测量上限压力 F，测量时两活塞按顺时针方向以(30～60)r/min 的转速转动，当在上述压力 F 达到平衡后，在被检压力真空计上加放能破坏两活塞平衡的最小砝码，其质量值即为被检压力真空计的鉴别力(阈)。一般要求二等标准不大于 50mg，三等标准不大于 100mg。

例如，电感测微仪鉴别力的测定，将量程开关置于最小一档，并将仪器的示值调零，然后给传感器一个分度值的位移量，观察仪器的示值的变化量。要求仪器的鉴别力应为最小量程档的一个分度值。

有时人们也习惯地称鉴别力为灵敏阈或灵敏限。产生鉴别力的原因可能与噪声(内部或外部的)、摩擦、阻尼、惯性等有关，也与激励值有关。

要注意灵敏度和鉴别力(阈)的区别和关系，这是两个概念，灵敏度是被测量(输入量)变化引起了测量仪器示值(输出量)变化的程度；鉴别力(阈)是引起测量仪器示值(输出量)可觉察变化时被测量(输入量)的最小变化值，是指使测量仪器指针移动所要输入的最小量值，但二者是相关的，灵敏度越高，其鉴别力越小；灵敏度越低，其鉴别力越大。如有两台检流计，A 台输入 1mA，光标移动 10 格，B 台输入 1mA，光标移动 20 格，则 B 台的灵敏度为 20 格/mA，比 A

台的灵敏度 10 格/mA 高。若人眼睛的分辨力即可觉察的最小变化量为 0.1 格，则 A 台改变 0.1 格，将输入 0.01mA，B 台改变 0.1 格，将输入 0.005mA。可见 B 台的鉴别力为 0.005mA，比 A 台的 0.01mA 小，但 B 台的灵敏度比 A 台要高。

3. 分辨力

显示装置的分辨力(resolution)是指“显示装置能有效辨别的最小示值差”。也就是说，分辨力是指指示或显示装置对其最小示值差的辨别能力。指示或显示装置提供示值的方式，可以分为模拟式、数字式、半数字式三种。

模拟式指示装置提供模拟示值，最常见的是模拟式指示仪表，用标尺指示器作为读数装置，其测量仪器的分辨力为标尺上任何两个相邻标记之间间隔所表示的示值差(最小分度值)的一半。如线纹尺的最小分度值为 1mm，则分辨力为 0.5mm。

数字式显示装置提供数字示值，带数字显示装置的测量仪器的分辨力，是最低位数字变化一个字时的示值差。如数字电压表最低一位数字变化 1 个字的示值差为 1μV，则分辨力为 1μV。

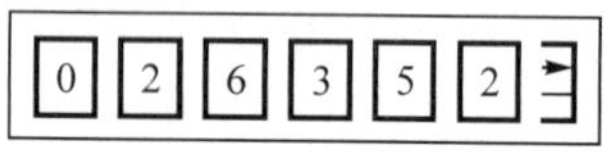

图 2-4　半数字标尺示意图

半数字式指示装置是以上两种的综合。它通过由末位有效数字的连续移动进行内插的数字式指示，或通过由标尺和指示器辅助读数的数字式指示来提供半数字示值。如家用电度表，如图 2-4 所示，此标尺右端数字能连续移动，这样能读到示值为 26352.4kW·h，分辨力为0.1kW·h(1kW·h 即 1 度电)。

要区别分辨力和鉴别力(阈)的概念，不要把二者相混淆。因为鉴别力是在测量仪器处于工作状态时通过实验才能评估或确定数值，它说明响应的觉察变化所需要的最小激励值。而分辨力是只须观察指示或显示装置，即使测量仪器不工作也可确定，是说明最小示值差的辨别能力。

分辨力高可以降低读数误差，从而减少由于读数误差引起的对测量结果的影响。要提高分辨力，往往有很多因素，如指示仪器可增大标尺间距，规定刻线和指针宽度，规定指针和度盘间的距离等。有的测量仪器用改进读数装置来提高分辨力，如广泛使用的游标卡尺，利用游标读数原理，用游标来提高卡尺读数的分辨力，使游标分辨力达到 0.10mm、0.05mm 和 0.02mm。

4. 稳定性

稳定性(stability)是指“测量仪器保持其计量特性随时间恒定的能力”。通常稳定性是指测量仪器的计量特性随时间不变化的能力。稳定性可以进行定量的表征，主要是确定计量特性随时间变化的关系。通常可以用以下两种方式：用计量特性发生某个规定的量的变化所需经过的时间，或用计量特性经过规定的时间所发生的变化量来进行定量表示。

例如，对于标准电池，技术指标中对其长期稳定性(电动势的年变化幅度)和短期稳定性(3～5天内电动势变化幅度)均有明确的规定；如量块尺寸的稳定性，以其每年允许的最大变化量(微米/年)来进行考核；如带有压力传感器的测量范围为(－0.1～250)MPa 的数字压力计，则其稳定性是由以下方法确定：仪器通电预热后，应在不作任何调整的情况下(有调整装置的，可将初始值调到零)，对压力计进行正、反行程的一个循环的示值检定，并作记录，计算出各点正、反行程的示值误差，该示值误差与上一周期检定证书上相应各检定点正、反行程示值误差之差的绝对值，即为相邻两个检定周期之间的示值稳定性。对于准确度等级 0.05 级以上的数字压力计，相邻两个检定周期之间的示值变化量不得大于最大允许误差的绝对值；例如，上限温度为 150℃～300℃的一等标准水银温度计示值的稳定性测量方法如下：(1)将温度计插入恒温槽中，局部浸没、露出液柱约 10℃左右，在上限温度处理 30min，取出冷却，测定零位；(2)再在上限温度处理 24h，取出冷却，测定零位；(3)在上限温度下处理 10min 后，关闭恒温槽的加热电源，待水银柱面降至高于局浸线 2℃左右时，将温度计向下插至浸没在上限温度标线处，使之随介质缓冷至接近室温，取出测定零位。则上述方法(2)中测得的零位减去(1)中测得的零位，为温度计零位的永久性上升值，由上述方法(2)中测得的零位减去(3)中测得的零位，即为零位的低降值；应符合表 2－10 的规定。

表 2－10

上限温度/℃	零位永久性上升值/℃	零位低降值/℃
150,200	≤0.02	≤0.10
250,300	≤0.03	≤0.25

上述稳定性指标均是划分准确度等级的重要依据。对于测量仪器，尤其是计量基准、计量标准或某些实物量具，稳定性是重要的计量性能之一，示值的稳定是保证量值准确的基础。测量仪器产生不稳定的因素很多，主要原因是元器件的老化、零部件的磨损，以及使用、贮存、维护工作不仔细等所致。测量仪器进行的周期检定或校准，就是对其稳定性的一种考核，稳定性也是科学合理地确定检定周期的重要依据之一。

5. 漂　移

漂移(drift)是指“测量仪器计量特性的慢变化”。这是反映在规定条件下，指测量仪器计量特性随时间的慢变化，如在几分钟、几十分钟或多少小时内保持其计量特性恒定的能力。在漂移过程中，示值的连续变化既与被测量的变化无关也与影响量的变化无关。如有的测量仪器的零点漂移，有的线性测量仪器静态特性随时间变化的量程漂移。如一种冷原子吸收测汞仪，规定在外接交流稳压器输出端接 10mV 记录仪，仪器预热 2h 后，测定 0.5h 内零点的最大漂移应小于 0.1mV。又如热导式氢分析器，规定用校准气体将示值分别调到量程的 5%和 85%，经 24h 后，分别记下前后读数，则 50%示值变化称为零漂移，其 85%示值的变化减去 5%示值的变化，称为量程漂移，所引起的误差不得超过基本误差。

例如：电阻应变仪零点漂移的测定。将标准模拟应变量标准器的示值置于零位，进行零位平衡后，从被检应变仪读数装置上读取零位值 a_0，在 4h 内，第 1 小时每隔 15min，以后每隔 30min，分别从被检应变仪读数装置上读取相应的零位值 a_i，被检应变仪的零位漂移 Δz_i 为

$$\Delta z_i = a_i - a_0$$

式中：a_i——在 4h 内被检应变仪读数装置上相应的零位值；

a_0——$t=0$ 开始测定时被检应变仪读数装置上的零位值。

零位漂移不得超过规定的要求。

又如：对具有压力传感器的(－0.1～250)MPa 的数字压力计零点漂移的测定。仪器通电预热后，在大气压力下，压力计有调零装置的可将初始值调到零，每隔 15min 记录显示直到 1h，各显示值与初始值的差值中绝对值最大的数值为零点漂移值。要求零点漂移在 1h 内不得大于最大允许误差绝对值的 1/2。

产生漂移的原因，往往是由于温度、压力、湿度等变化所引起，或由于仪器本身性能的不稳

定。测量仪器使用时采取预热、预先放置一段时间与室温等温，就是减少漂移的一些措施。

6. 响应特性

响应特性(response characteristic)是指“在确定条件下，激励与对应响应之间的关系”。激励就是输入量或输入信号，响应就是输出量或输出信号，而响应特性就是输入输出特性。对一个完整的测量仪器来说，激励就是被测量，而响应就是它对应地给出的示值。显然，只有准确地确定了测量仪器的响应特性，其示值才能准确地反映被测量值。因此，可以说响应特性是测量仪器最基本的特性。

该定义中“在确定条件下”是一种必要的限定，因为只有在明确约定的条件下，讨论响应特性才有意义。

测量仪器的响应特性，在静态测量中，测量仪器的输入 x(即被测量的量值或激励)和输出 y(即示值或响应)不随时间而改变，它的输入输出特性或静态响应特性可用下式表示

$$y=f(x)$$

此关系可以建立在理论或实验的基础上，除了上述表述外，也可以用数表或图形表示，对于具有线性特性的测量仪器，其静态响应特性为

$$y=kx$$

式中，k 是测量仪器本身的一些固定参数值确定的常数。这是线性测量仪器响应特性的普遍表示式。只要 k 值一经确定，响应特性也就完全确定。例如，模拟式磁电系电流表理论推导可得出指针偏转角 α(响应)与被测电流 I(激励)有如下关系

$$\alpha=\left(\frac{BSn}{\tau}\right)I=kI$$

式中：B ——磁系统缝隙中的磁感应强度；

S ——不动线圈的面积；

n ——线圈匝数；

τ ——游丝或张丝的反抗力矩系数。

它们对一台具体测量仪器来说都是取固定值的参数，即既不随时间改变，也不随被测电流改变(在一定范围内取值)。因此，k 就是可惟一确定的常数。也可以用实验方法确定 k 值，这时实际上是将已知的标准量值作为激励，确定仪器的校准曲线，进而通过线性化处理，将校准曲线用一条直线来代替。

确定了线性测量仪器的静态响应特性，就可以方便地根据它来研究测量仪器的一系列静态特性(即用于测量静态量时测量仪器所呈现的特性)，如灵敏度、线性、滞后、漂移等特性及由它们引起的测量误差。

关于测量仪器的动态响应特性，在动态测量中，测量仪器的激励或输入随时间 t 而改变，其响应或输出也是时间的函数。一般认为它们之间的关系可以用常系数微分方程来描述，用拉普拉斯积分变换来求解常系数线性微分方程十分方便，当激励按时间函数变化时，传递函数(响应的拉普拉斯变换除以激励的拉普拉斯变换)是响应特性的一种形式。

7. 响应时间

响应时间是指“激励受到规定突变的瞬间，与响应达到并保持其最终稳定值在规定极限内的瞬间，这两者之间的时间间隔”。这是测量仪器响应特性的重要参数之一。这是指对输入输

出关系的响应特性中，考核随着激励的变化其响应时间反映的能力，当然越短越好。响应时间短，则反映指示灵敏快捷，有利于进行快速测量或调节控制。如动圈式温度指示仪，其性能上有一条规定，即阻尼时间，要求给仪表突然加上相当于标尺弧长三分之二点的被测量（毫伏值）的瞬时起，至指针距最后静止位置不大于标尺弧±1.5％的范围为止，这个时间间隔对输入量程小于 20mV 仪表不超过 10s，对其他仪表不超过 7s，这一阻尼时间就是响应时间。正是由于动圈式仪表由张丝或轴承支承，指针在测量过程中要稳定下来需要有一定时间，其调节性能不够理想，应用范围受到一定限制。对于线性测量仪器来说，响应时间就是它的时间常数。

以电流表、电压表、功率表为例，响应时间的测定要求如下：对仪表突然施加能使其指示器最终指示在标尺长度 2/3 处的被测量，在 4s 之后，其指示的偏离最终静止位置不得超过标尺长度的 1.5％。其方法是，突然施加一个使指示器指示在标尺长 2/3 处的被测量，当指示器第一次摆动（即一开始移动）时用秒表开始测量，并当指示器摆动幅度达到标尺长度 1.5％时，停止计时，重复测量 5 次，取其平均值，所需的时间作为响应时间，规定不得超过 4s。

8. 死　区

死区（dead band）是指“不致引起测量仪器响应发生变化的激励双向变动的最大区间”。即当被测量值双向变化时，相应示值不产生可检测到的变化的最大区间。有的测量仪器由于机构零件的摩擦，零部件之间的间隙，弹性材料的变形，阻尼机构的影响，或由于被测量滞后等原因，在增大输入时，没有响应输出；或者在减少输入时，也没有响应变化，这一不能引起响应变化的最大的激励变化范围称为死区，相当于不工作区或不显示区。

通常测量仪器的死区可用滞后误差或回程误差来进行定量确定。例如，当用标准电位差计检定测温用自动电子电位差计时，以标准电位差计示值作为被测量值的输入量，增加标准电位差计示值，使电子电位差计的指针从正行程方向达到某一规定的示值，此时读取标准电位差计的示值为 A_1；然后缓慢减小标准电位差计的输入量，使其从反方向行程改变被测量，当发现电子电位差计指针有可觉察移动时，读取标准电位差计的示值为 A_2，则 $|A_1-A_2|$ 值为测量仪器在此点的回程误差，即激励双向变动的区间值。所说的“最大区间”是指在测量仪器的整个测量范围内，其死区的最大变化值，如测定 3 个点，则以最大的死区作为该测量仪器的死区区间。当然死区人小与测量过程中的速率有关，要准确地得到死区的大小则激励的双向变动要缓慢地进行。对于数字式的计量仪器的死区，IEC 标准解释为：引起数字输出的模拟输入信号的最小变化。但有时死区过小，反而使示值指示不稳定，稍有激励变化，响应就改变。为了提高测量仪器示值的稳定性，方便读数，有时要采取降低灵敏度或用增加阻尼机构等措施，但这些做法加大了死区。

9. 测量仪器的准确度

测量仪器的准确度（accuracy of a measuring instrument）是指“测量仪器给出接近于真值的响应的能力”，也就是测量仪器输出的测量结果接近于被测量真值的能力。由于各种测量误差存在，通常任何测量都不可能是完善的，实际上真值是不可知的，当然接近于真值的能力也是不确定的。因此，测量仪器的准确度是一种测量仪器示值接近真值的程度，准确度是定性的概念。

测量仪器的准确度是表征测量仪器品质和特性的最重要的性能，因为使用测量仪器的目的就是为了得到准确可靠的测量结果，实质就是要求示值更接近于真值。为此，虽然测量仪器的准确度是一种定性的概念，但从实际应用上人们还是希望以定量的概念来进行表述，以具体确定测量仪器的示值接近于真值的能力的大小。在实际应用中，常用准确度等级表述测量仪器的示值误差、测量仪器的最大允许误差或测量仪器的引用误差等。

10. 准确度等级

准确度等级（accuracy class）是指“符合一定的计量要求，使误差保持在规定极限以内的测量仪器的等别、级别”。也就是说，准确度等级是在规定的参考条件下，按照测量仪器的计量性能所能达到的允许误差所划分的仪器的等别或级别，它反映了测量仪器的准确程度，所以准确度等级是对测量仪器特性的具有概括性的描述，也是测量仪器分类的主要特征之一。测量仪器为什么要划分准确度等级？测量仪器按允许误差大小进行分类，有利于量值传递或溯源，有利于制造和销售，有利于用户合理地选用测量仪器。

准确度等级划分的主要依据是测量仪器示值的最大允许误差，当然有时还要考虑其他计量特性指标的要求。等和级的区别通常这样约定：测量仪器加修正值使用时分为等，使用时不加修正值时分为级；有时测量标准器分为等，工作计量器具分为级。通常准确度等级用约定数字或符号表示，如 0.2 级电压表、0 级量块、一等标准电阻等。通常测量仪器的准确度等级在相应的技术标准、计量检定规程等文件中做出规定，包括划分准确度等级的各项有关计量性能的要求及其允许误差范围。实际上准确度等级只是一种表达形式，这些等级的划分仍是以最大允许误差、引用误差等一系列数值来定量表述。例如：电工测量指示仪表按准确度等级分类分为 0.1、0.2、0.5、1.0、1.5、2.5、5.0 七级，具体地说，就是该测量仪器以示值范围的上限值（俗称满刻度值）为引用值的引用误差，如 1.0 级指示仪表则其引用误差为±1.0%FS（其中 FS 就是满刻度值的英文 Full Scale 的缩写）。准确度代号为 B 级的称重传感器，当载荷 m 处于 $0\leqslant m\leqslant 5000v$ 时（v 为传感器的检定分度值），则其最大允许误差为 $0.35v$。一等、二等标准水银温度计就是以其示值的最大允许误差来划分的，所以准确度等级实质上是以测量仪器的误差来定量地表述的测量仪器准确度的大小。

有的测量仪器没有准确度等级指标，测量仪器的性能就是用测量仪器示值的最大允许误差来表述。这里要注意，测量仪器的准确度、准确度等级、测量仪器的示值误差、最大允许误差、引用误差等概念的含意是不同的。测量仪器的准确度是定性的概念，它可以用准确度等级、测量仪器示值误差等来定量表述。要说明一点，测量仪器的准确度是测量仪器最主要的计量性能，人们关心的就是测量仪器是否准确可靠，如何来确定这一计量性能呢？通常可用其他的术语来定量表述。

要注意区分测量仪器的准确度和准确度等级的区别。准确度等级只是确定了测量仪器本身的计量要求，它并不等于用该测量仪器进行测量时所得测量结果的准确度高低，因为准确度等级是指仪器本身而言的，是在参考条件下测量仪器误差的允许极限。

11. 测量仪器的示值误差

测量仪器示值误差（error of indication）是指“测量仪器示值与对应输入量的真值之差”，也可简称为测量仪器的误差。示值是由测量仪器所指示的被测量值，示值概念具有广义性，如测量仪器指示装置标尺上指示器所指示的量值，即直接示值或乘以测量仪器常数所得到的示值。对实物量具，量具上标注的标称值就是示值；对模拟式测量仪器而言，示值概念也适用于相邻标尺标记间的内插估计值；对于数字式测量仪器，其显示的数字就是示值；示值也适用于记录仪器，记录装置上的记录元件位置所对应的被测量值就是示值。测量仪器的示值误差就是指测量仪器的示值与被测量的真值之差。这是测量仪器的最主要的计量特性之一，其实质反映了测量仪器准确度的大小，示值误差大，则其准确度低，示值误差小，则其准确度高。

示值误差是对真值而言的，由于真值是不能确定的，实际上使用的是约定真值或标准值。为确定测量仪器的示值误差，当其接受高等级的测量标准器检定或校准时，则标准器复现的量值即为约定真值，通常称为标准值或实际值，即满足规定准确度的用来代替真值使用的量值。所以指示式测量仪器的示值误差＝示值－标准值；实物量具的示值误差＝标称值－标准值。例如，被检电流表的示值 I 为 40A，用标准电流表检定，其电流标准值为 $I_0=41\text{A}$，则示值误差 Δ 为

$$\Delta=I-I_0=40\text{A}-41\text{A}=-1\text{A}$$

即该电流表的示值比其约定真值小 1A。

如一工作玻璃量器的容量的标称值 V 为 1000mL，经标准玻璃量器检定，其容量标准值（实际值）V_0 为 1005mL，则量器的示值误差 Δ 为

$$\Delta=V-V_0=1000\text{mL}-1005\text{mL}=-5\text{mL}$$

即该工作量器的标称值比其约定真值小 5mL。

通常测量仪器的示值误差可用绝对误差表示，也可以用相对误差表示。确定测量仪器示值误差的大小，是为了判定测量仪器是否合格，或为了获得其示值的修正值。

在日常计算和使用时要注意示值误差、偏差和修正值的区别，不要相混淆。偏差（deviation）是指“一个值减去其参考值”，对于实物量具而言，偏差就是实物量具的实际值（即标准值或约定真值）对于标称值偏离的程度，即偏差＝实际值－标称值；而示值误差＝示值（标称值）－实际值，修正值＝－示值误差。

【案 例】 考评员在考核长度室时，问检定员小王：“有一块量块，其标称值为 10mm，经检定其实际值为 10.1mm，则该量块的示值误差、修正值及其偏差各为多少？”小王回答：“其示值误差为＋0.1mm，修正值为－0.1mm，偏差为－0.1mm”。

【问题】 如何理解并正确应用示值误差、偏差？

【案例分析】 小王的回答是错误的。依据 JJF 1001—1998《通用计量术语及定义》7.20 条，测量仪器的示值误差是指“测量仪器示值与对应输入量的真值之差”。由于真值不知，用约定真值代替，经检定的实际值 10.1mm 为约定真值；实物量具量块的示值就是它的标称值。所以量块的示值误差＝标称值－实际值＝10mm－10.1mm＝－0.1mm，说明此量块的标称值比约定真值小了 0.1mm。因为修正值＝－示值误差，所以在使用时，要在标称值加上＋0.1mm 的修正值。

而偏差是指“一个值减去其参考值”。对实物量具而言，偏差是指其实际值对于标称值偏离的程度，即实物量具的偏差＝实际值－标称值＝10.1mm－10mm＝＋0.1mm，说明此量块的实际尺寸比 10mm 标称尺寸大了 0.1mm，在修理时要磨去 0.1mm 才能够得到正确的值。

12. 测量仪器的最大允许误差

测量仪器的最大允许误差（maximum permissible errors）是指“对给定的测量仪器，规范、规程等所允许的误差极限值”。这是指在规定的参考条件下，在技术标准、计量检定规程等技术规范中，测量仪器所规定的允许误差的极限值。测量仪器的最大允许误差也可称为测量仪器的误差限。当它是对称双侧误差限，即有上限和下限时，可表达为：最大允许误差＝±MPEV，

其中MPEV为最大允许误差的绝对值的英文缩写。最大允许误差可用绝对误差形式表示，如$\Delta=\pm a$；或用相对误差形式表示，$\delta=\pm|\Delta/x_0|\times100\%$，$x_0$为被测量的约定真值；也可以用引用误差形式表示，即$\delta=\pm|\Delta/X_n|\times100\%$，$X_n$为引用值，通常是量程或满刻度值。

例如，测量上限大于（1000～2000）mm的游标卡尺，按其不同的分度值和测量尺寸范围，所规定的最大允许误差见表2-11（以绝对误差形式表示）。

表2-11

测量尺寸范围/mm	分度值/mm	
	0.05	0.1
	最大允许误差/mm	
500～1000	±0.10	±0.15
>1000～1500	±0.15	±0.20
>1500～2000	±0.20	±0.25

1级材料试验机的最大允许误差“±1.0%”，是以相对误差形式表示的。0.25级弹簧式精密压力表的最大允许误差为“0.25%×示值范围上限值”，是以引用误差形式表示的，在仪器任何刻度上允许误差限不变。

要区别和理解测量仪器的示值误差、测量仪器的最大允许误差和测量结果的测量不确定度之间的关系。三者的区别是：最大允许误差是指技术规范（如标准、检定规程）所规定的允许的误差极限值，是判定仪器是否合格的一个规定要求；而测量仪器的示值误差是测量仪器的示值与被测量的真值（由于真值不知，往往用约定真值代替真值）之差，即示值误差的实际大小，是通过检定、校准所得到的一个值，可以评价是否满足最大允许误差的要求，从而判断该测量仪器是否合格，或根据实际需要提供修正值，以提高测量结果的准确度；测量不确定度是表征测量结果分散性的一个参数，或表述成一个区间或一个范围，说明被测量真值以一定概率落于其中，它是用于说明测量结果的可信程度的。可见，最大允许误差、测量仪器的示值误差和测量不确定度具有不同概念。测量仪器的示值误差是某一点示值对真值（约定真值）之差，测量仪器的示值误差的值是确定的，其符号也是确定的，可能是正误差或负误差；示值误差是实验得到的数据，可以用示值误差获得修正值，以便对测量仪器进行修正，而最大允许误差只是一个允许误差的规定范围，是人为规定的一个区间范围。在文字表述上，最大允许误差是一个专用术语，最好不要分割，要规范化，可以把所指最大允许误差的对象作为定语放在前面，如“示值最大允许误差”，而不采用“最大允许示值误差”、“示值误差的最大允许值”等。而测量仪器的示值误差前面不应加±号，测量仪器的示值误差只对某一点示值而言，并不是一个区间。过去有的把带有±号的最大允许误差作为“示值误差”，只是一种习惯使用方法，实际上是指示值最大时的允许误差的要求。测量仪器的示值误差和最大允许误差的具体关系是通常用测量仪器各点示值误差的最大值，去和最大允许误差比较，判断是否符合最大允许误差要求，即是否在最大允许误差范围之内，如在范围内，则该测量仪器的示值误差为合格。

13. 测量仪器的基值误差

测量仪器的基值误差（datum error）是指“为核查仪器而选用在规定的示值或规定的被测量值处的测量仪器误差”，可简称为基值误差。为了检定或校准测量仪器，人们通常选取某些规定的示值或规定的被测量值，在该值上测量仪器的误差称为基值误差。

选用规定的示值，如对普通准确度等级的衡器来说，载荷点 50e 和 200e 是必检的基本点（e 是衡器的检定分度值），它们在首次检定时基值误差分别不得超过±0.5e 和±1.0e。如对于中（高）准确度等级的衡器，载荷点 500e 和 2000e 是必须检的，它们在首次检定时的基值误差分别不得超过±0.5e 和±1.0e。

如对于标准热电偶的检定或分度，通常选用锌、锑及铜 3 个温度固定点进行示值检定或分度，则在此 3 个值上被检标准热电偶的示值误差，即为基值误差。通常将测量仪器的零值误差作为基值误差对待，因为零值对考核测量仪器的稳定性、准确性具有十分重要的作用。

14. 测量仪器的零值误差

测量仪器的零值误差（zero error）是指“被测量为零值的基值误差”。零值误差是指被测量为零值时，测量仪器示值相对于标尺零刻线之差值。也可以说是当被测量值为零时，测量仪器的直接示值与标尺零刻线之差。通常在测量仪器通电情况下，称为电气零位；在不通电的情况下，称为机械零位。零位在测量仪器检定、校准或使用时十分重要，因为它无需标准器就能确定其零位值，如各种指示仪表和千分尺、度盘秤等都具有零位调节器，可以作为检定或校准或用作使用者调整，以便确保测量仪器的准确度。有的测量仪器零位不能进行调整，则此时零值误差应作为测量仪器的基值误差进行测定，应满足最大允许误差的要求。

测量仪器的零值误差与指示装置的结构相关，下面以水平仪和游标卡尺为例，说明如何进行零值误差的测定。

框式水平仪的零值误差测定：用零级平板进行测定，先把平板大致调到水平位置，将水平仪放在平板上紧靠定位块，从气泡的一端进行读数，然后把水平仪调转 180°，准确地放在第一次读数位置，从第一次读数的一端（对观察者而言）记下气泡另一端的读数，两次读数之差即为零值误差，不应超过分度值的 1/2。

游标卡尺的零值误差测定：游标卡尺的零值误差以零刻线和尾刻线不重合度表示。移动尺框，使两测量面接触，分别在尺框紧固和松开的情况下，观察游标零刻线和尾刻线与尺身相应刻线的重合情况，可用读数显微镜观察两刻线的不重合度，即两刻线中心线的距离，不得超过规定要求。

15. 测量仪器的固有误差

测量仪器的固有误差（intrinsic error）是指“在参考条件下确定的测量仪器的误差”，通常也称为基本误差。它是指测量仪器在参考条件下所确定的仪器本身所具有的误差。主要来源于测量仪器自身的缺陷，如仪器的结构、原理、使用、安装、测量方法及其测量标准传递等造成的误差。固有误差的大小直接反映了该测量仪器的准确度。一般固有误差都是对示值误差而言，因此固有误差是测量仪器划分准确度等级的重要依据。测量仪器的最大允许误差就是测量仪器在参考条件下，反映测量仪器自身存在的所允许的固有误差极限值。

提出固有误差这一术语是相对于附加误差而言的。附加误差就是测量仪器在非参考条件下所增加的误差。额定操作条件、极限条件等都属于非参考条件，非参考条件下工作的测量仪器的误差，必然会比参考条件下的固有误差要大一些，这个增加的部分就是附加误差。它主要是由于影响量超出参考条件规定的范围，对测量仪器带来影响的所增加的误差，即属于外界因素所造成的误差。因此，测量仪器在使用时与检定、校准时的环境条件不同而引起的误差，就是附加误差。测量仪器在静态条件下检定、校准，而在实际动态条件下使用，则也会带来附加误差。

16. 测量仪器的偏移

测量仪器的偏移(bias)是指测量仪器示值的系统误差的估计值。人们在用测量仪器测量时,总希望得到真实的被测量值,但实际上多次测量同一个被测量时,往往得到不同的示值,这说明测量仪器存在着误差,这些误差由系统误差和随机误差组成。形成测量仪器示值的系统误差分量的估计值我们称之为测量仪器的偏移。造成测量仪器偏移的原因是很多的,如仪器设计原理上的缺陷、标尺或度盘安装得不正确、使用时受到测量环境变化的影响、测量或安装方法的不完善、测量人员的因素以及测量标准器的传递误差等。测量仪器示值的系统误差,按其误差出现的规律,除了固定的系统误差外,有的系统误差是按线性变化、周期性变化或复杂规律变化的。

为了确定测量仪器的偏移,通常用适当次数重复测量的示值误差的平均值来估计,这样可以排除测量仪器示值的随机误差的分量。在确定测量仪器偏移时,应考虑不同的示值上可能偏移不同。

测量仪器的偏移,直接影响着测量仪器的准确度。因为在大多数情况下,测量仪器的示值误差主要取决于系统误差,有时系统误差比随机误差往往会大一个数量级,并且不易被发现。测量仪器要定期进行检定、校准,主要就是为了确定测量仪器示值误差的大小,并给予修正值进行修正,控制测量仪器的偏移,以确保测量仪器的准确度。

17. 测量仪器的重复性

测量仪器的重复性(repeatability)是指“在相同测量条件下,重复测量同一个被测量,测量仪器提供相近示值的能力”。就是指在相同测量条件下,重复测量同一个被测量,其测量仪器示值的一致程度。

相同的测量条件主要包括:相同的测量程序;相同的观测者;在相同条件下使用相同的测量设备;在相同地点;在短时间内重复。

测量仪器的重复性,即多次测量同一量时其示值的变化。实质上反映了测量仪器示值的随机误差分量,所以重复性可以用示值的分散性定量地表示,这也是衡量测量仪器计量性能的指标之一。

要区别测量仪器重复性、测量结果的重复性及示值变动性的概念。测量仪器的重复性是对测量仪器的示值而言,而测量结果的重复性是针对测量结果而言。有的长度测量仪器,经常使用“示值变动性”或“示值变化”,它是指在测量条件不作任何改变的情况下,对同一被测量进行多次重复测量,其结果的最大差异。实质上它反映了测量仪器示值读数机构的重复性,一般在不改变被测量对象安装位置情况下进行,主要是考核读数机构引起的示值最大变化,它不能表示出示值的分散性,从概念上与重复性还是有一定差异的。

18. 测量仪器的引用误差

测量仪器的引用误差(fiducial error)是指“测量仪器的误差除以仪器的特定值”。特定值一般称为引用值,它可以是测量仪器的量程也可以是标称范围或测量范围的上限等。测量仪器的引用误差就是测量仪器的绝对误差与其引用值之比。

例如,一台标称范围(0～150)V的电压表,当在示值为100.0V处,用标准电压表检定所得

到的实际值(标准值)为 99.4V,则该处的引用误差为

$$\frac{100.0-99.4}{150}\times 100\%=0.4\%$$

上式中(100.0－99.4)V＝＋0.6V 为 100.0V 处的示值误差,而 150V 为该测量仪器的标称范围的上限(即引用值),所以引用误差是对满刻度值而言的。上述例子所说的引用误差与相对误差的概念是有区别的,100.0V 处的相对误差为

$$\frac{100.0-99.4}{99.4}\times 100\%=0.6\%$$

相对误差是相对于被检定点的示值而言,是随示值而变化的。

当用示值范围的上限值作为引用误差时,通常可在误差数字后附以缩写字母 FS(Full Scale)。例如,某测力传感器的满量程最大允许误差为±0.05%FS。

采用引用误差可以十分方便地表述测量仪器的准确度等级,例如,指示式电工仪表分为 0.1、0.2、0.5、1.0、1.5、2.5、5.0 七个准确度等级,它们的仪表示值的最大允许误差都是以量程的百分数(%)来表示的,即 1 级电工仪表的最大允许误差表示为±1%FS,实际上就是用引用误差表示的仪器最大允许误差。

(三)测量仪器的使用条件

测量仪器的计量特性受测量仪器使用条件的影响,通常测量仪器允许的使用条件有以下三种形式。

1. 参考条件

参考条件是指“为测量仪器的性能评价或为测量结果的相互比对而规定的使用条件”。这是指测量仪器在进行检定、校准、比对时的使用条件,参考条件就是标准工作条件或称为标准条件。测量仪器具有自身的基本计量性能,如准确度、测量仪器的示值误差、测量仪器的最人允许误差以及其他性能。而这些性能是在有一定影响量的情况下考核的,严格规定的考核测量仪器计量性能的工作条件就是参考条件,参考条件一般包括作用于测量仪器的影响量的参考值或参考范围,只有在参考条件下才能真正反映测量仪器的计量性能和保证测量结果的可比性。

开展检定、校准工作时,通常参考条件就是计量检定规程或校准规范上规定的工作条件。当然不同的测量仪器有不同的要求,如紫外、可见、近红外分光光度计,其检定规程规定:要求电源电压变化不大于(220±22)V,频率变化不超过(50±1)Hz,室温(15～30)℃,相对温度小于 85%,仪器不受阳光直射,室内无强气流及腐蚀性气体,不应有影响检定的强烈振动和强电场、强磁场的干扰等要求。测量仪器的基本计量性能就是这种标准条件下所规定的。

2. 额定操作条件

额定操作条件是指“测量仪器的规定计量特性处于给定极限内的使用条件”。额定操作条件就是指测量仪器的正常工作条件。额定操作条件一般要规定被测量和影响量的范围或额定值,只有在规定的范围和额定值下使用,测量仪器才能达到规定的计量特性或规定的示值允许误差值,满足规定的正常使用要求。如工作压力表测量范围上限为 10MPa,则其上限只能用于

10MPa,如额定电流为10A的电能表,其输入电流不得超过10A;有的测量仪器的影响量的变化对计量特性具有较大的影响,而随着影响量的变化,会增大测量仪器的附加误差,则还需要规定影响量如温度、湿度、振动及其环境的范围和额定值的要求,通常在仪器使用说明书中应做出规定。在使用测量仪器时,搞清楚额定操作条件十分重要。只有满足这些条件时,才能保证测量仪器的测量结果的准确可靠。当然在额定操作条件下,测量仪器的计量特性仍会随着测量或影响量的变化而变化。但此时变化量的影响,仍能保证测量仪器在规定的允许误差极限内。

3. 极限条件

极限条件是指"测量仪器的规定计量特性不受损也不降低,其后仍可在额定操作条件下运行而能承受的极端条件"。这是指测量仪器能承受的极端条件。承受这种极限条件后,其规定的计量特性不会受到损坏或降低,测量仪器仍可在额定操作条件下正常运行。极限条件应规定被测量和影响量的极限值。例如,有些测量仪器可以进行测量上限10%的超载试验;有的允许在包装条件下进行振动试验;有的考虑到运输、贮存和运行的条件,进行(−40～+50)℃的温度试验或相对湿度达95%以上的湿度试验,这些都属于测量仪器的极限条件。在经受极限条件后,在规定的正常工作条件下,测量仪器仍能保持其规定的计量特性而不受影响和损坏。通常测量仪器所进行的型式试验,其中有的项目就属于是一种极端条件下对测量仪器的考核。

必须正确区别额定操作条件、极限条件和参考条件的概念。额定操作条件是测量仪器正常使用的条件,参考条件是为确定测量仪器本身计量性能所规定的标准条件,极限条件则是测量仪器不受损坏和不降低准确度所允许的极端条件。这三者当中,参考条件要求最严,额定操作条件比较宽,而极端条件的范围和额定值为最大。

习题及参考答案

一、习 题

(一) 思考题

1. 什么是测量仪器?
2. 测量仪器按结构和功能是如何分类的?
3. 实物量具有何特点?
4. 测量系统有何特点?
5. 测量设备有何特点?
6. 敏感器、检测器和传感器的区别是什么?
7. 测量链的特点是什么?
8. 示值范围、标称范围、测量范围、量程的区别是什么?
9. 测量仪器仪器常数的作用是什么?
10. 什么是灵敏度?
11. 什么是鉴别力[阈]?
12. 什么是分辨力?
13. 灵敏度与鉴别力、分辨力和鉴别力有何区别?

14. 什么是测量仪器死区？

15. 什么是测量仪器漂移？

16. 什么是测量仪器响应特性？

17. 什么是测量仪器响应时间？

18. 什么是测量仪器准确度？

19. 什么是测量仪器准确度等级？

20. 测量仪器准确度和准确度等级有何区别？

21. 什么是测量仪器示值误差？

22. 什么是测量仪器最大允许误差？

23. 测量仪器的示值误差和测量仪器的最大允许误差有何区别？

24. 什么是测量仪器基值误差？

25. 什么是测量仪器零值误差？

26. 测量仪器漂移和零值误差有何区别？

27. 什么是测量仪器固有误差？

28. 什么是测量仪器偏移？

29. 什么是测量仪器的稳定性？

30. 什么是测量仪器的重复性？

31. 测量仪器稳定性和重复性有何区别？

32. 什么是测量仪器的引用误差？

33. 参考条件、额定操作条件和极限条件的区别是什么？

（二）选择题（单选）

1. 实物量具是__________。

A. 使用时以固定形态复现或提供给定量的一个或多个已知值的计量器具

B. 能将输入量转化为输出量的计量器具

C. 能指示被测量值的计量器具

D. 结构上一般有测量机构，是一种被动式计量器具

2. 下列计量器具中__________是指示式测量仪器。

A. 血压计　　B. 量块　　C. 电阻箱　　D. 钢卷尺

3. 测量传感器是指__________。

A. 一种指示式计量器具

B. 输入和输出为同种量的仪器

C. 提供与输入量有确定关系的输出量的器件

D. 通过转换得到的指示值或等效信息的仪器

4. 某一玻璃液体温度计，其标尺下限示值为－20℃，而其上限示值为＋80℃，则该温度计的上限与下限之差为该温度计的__________。

A. 示值范围　　B. 标称范围　　C. 量程　　D. 测量范围

5. 有两台检流计，A 台输入 1mA 光标移动 10 格，B 台输入 1mA 光标移动 20 格，则 A 台检流计的灵敏度比 B 台检流计的灵敏度__________。

A. 高　　B. 低　　C. 相近　　D. 相同

6. 当一台天平的指针产生可觉察位移的最小负荷变化为 10mg，则此天平的__________

为 10mg。

A. 灵敏度　B. 分辨力　C. 鉴别力　D. 死区

7. 有一台温度计其标尺分度值为 10℃，则其分辨力为________。

A. 1℃　B. 2℃　C. 5℃　D. 10℃

8. 在相同测量条件下，重复测量同一个被测量，测量仪器提供相近示值的能力称为测量仪器的________。

A. 稳定性　B. 重复性　C. 复现性　D. 示值变化

9. 某一被检电压表的示值为 20V，用标准电压表检定，其电压实际值（标准值）为 20.1V，则示值 20V 的误差为________。

A. 0.1V　B. －0.1V　C. 0.05V　D. －0.05V

10. 检定一台准确度等级为 2.5 级、上限为 100A 的电流表，发现在 50A 的示值误差为 2A，且为各被检示值中最大，所以该电流表检定结果引用误差不大于________。

A. ＋2％　B. －2％　C. ＋4％　D. －2.5％

11. 通常把被测量值为零时测量仪器的示值相对于标尺零刻线之差值称为________。

A. 零位误差　B. 固有误差

C. 零值误差（即零值的基值误差）　D. 测量仪器的偏移

12. 某一检定员，对某一测量仪器在参考条件下，通过检定确定了该测量仪器各点的示值误差，该误差是________。

A. 测量仪器的最大允许误差　B. 测量仪器的基值误差

C. 测量仪器的重复性　D. 测量仪器的固有误差（基本误差）

13. 使测量仪器的规定计量特性不受损也不降低，其后仍可在额定操作条件下运行而能承受的极端条件称________。

A. 参考条件　B. 额定操作条件

C. 极限条件　D. 正常使用条件

（三）选择题（多选）

1. 单独地或连同辅助设备一起用以进行测量的器具在计量学术语中称为________。

A. 测量仪器　B. 测量链　C. 计量器具　D. 测量传感器

2. 下列计量器具中________属于实物量具。

A. 流量计　B. 标准信号发生器　C. 砝码　D. 秤

3. 测量设备是指________以及进行测量所必须的资料的总称。

A. 测量仪器　B. 测量标准（包括标准物质）

C. 被测件　D. 辅助设备

4. 测量仪器的准确度是一个定性的概念，在实际应用中应该用测量仪器的________表示其准确程度。

A. 最大允许误差　B. 准确度等级　C. 测量不确定度　D. 测量误差

5. 测量仪器的使用条件包括________。

A. 参考条件　B. 标准测量条件　C. 额定操作条件　D. 极限条件

二、参考答案

（一）思考题（略）

（二）选择题(单选)：1. A； 2. A； 3. C； 4. C； 5. B； 6. C； 7. C； 8. B； 9. B； 10. A； 11. C； 12. D； 13. C。

（三）选择题(多选)：1. A C； 2. B C； 3. A B D； 4. A B； 5. A C D。

第五节　测量标准

一、测量标准概述

（一）测量标准的含义

测量标准([measurement] standard)是指“为了定义、实现、保存或复现量的单位或一个或多个量值，用作参考的实物量具、测量仪器、参考物质或测量系统”。

测量标准是计量基准和计量标准的统称。从测量标准的定义可以看出，测量标准有三层含义：一是研制、建立测量标准的目的是为了定义、实现、保存或复现量的单位或一个或多个量值；二是其在测量领域里作为计量标准(基准)器具使用，而不是作为工作计量器具使用；三是具有实物量具、测量仪器、参考物质或测量系统四种形态的实体，而不是文本标准。实物量具是指使用时以固定形态复现或提供给定量的一个或多个已知值的器具，例如：1kg E_1级砝码、10mm 一等量块、100Ω 标准电阻等。测量仪器是指单独地或连同辅助设备一起用以进行测量的器具，例如：标准电流表、天平等。参考物质，在我国通常称为标准物质，它用于检定或校准计量器具，评价测量方法或给材料赋值，例如：检定或校准生化分析仪用的吸光度标准溶液、$COCl_2$标准溶液、$NaNO_2$标准溶液；检定或校准血细胞分析仪的全血细胞标准物质、血红蛋白标准溶液等。测量系统是指组装起来以进行特定测量的全套测量仪器和其他设备。测量系统不仅包括上述实物量具、测量仪器或参考物质，还包括辅助设备以及进行测量所必须的软件。例如：二等量块标准装置，它由二等量块和接触式干涉仪组成，开展三等及以下量块的检定或校准；0.02 级活塞式压力计标准装置，它由 0.02 级活塞式压力计、天平、百分表及秒表等组成，开展对 0.05 级活塞式压力计的检定或校准。

为了进一步理解上述定义，下面以国际单位制(SI)七个基本单位中长度单位“米”为例加以说明。“米”是国际单位制(SI)中表示“长度”的基本单位，米定义经多次修改，在 1983 年第 17 届国际计量大会上将米定义为：光在真空中于 1/299792458s 时间间隔内所经路径的长度。国际计量委员会推荐新定义的米可以通过时间法、频率法和辐射法来实现。这些方法都是建立在光速是常数的基础上。在辐射法方面，1993 年国际计量委员会推荐了 8 种稳频激光器辐射的标准谱线频率(波长)值，作为复现米定义的国际标准。目前，常用的是碘吸收 633nm 氦氖稳频激光器，它的复现性可达 1×10^{-11}。以这种激光器为基础，实现、保存或复现了米定义的长度单位量值。我国的长度基准中最稳定的是以波长 633nm 激光器为基础的基准，不确定度为 2.5×10^{-11}，它是一套复杂的测量仪器。它对上复现国际米定义，对下把其所复现的长度单位量值经由拍频或其他比较方法传递到下一级标准。根据建立的线纹计量器具及长度计量器具(量块)检定系统表，长度量值的传递和溯源又分为线纹和量块两大部分，其标准器分别为线纹尺和量块等，它们都是实物量具。量块是单值量具，两块量块可以研合在一起复现一个新的量值。量块研合后的量值就等于各个量块中心长度之和。通常将若干块长度不同的量块组成标准组，提供一系列长度量值。标准线纹尺是多值量具，一般每 1mm 有一条刻线，当然，还有由显微镜来读数的刻线线纹尺，可估读到 0.1μm。

（二）测量标准的分类和应用

测量标准按照级别、地位、性质、作用和用途的不同，有多种分类方式。按照国际上通行的分类方式和 JJF 1001—1998《通用计量术语及定义》的规定，测量标准可分为国际[测量]标准、国家[测量]标准、原级标准、次级标准、参考标准、工作标准、传递标准、搬运式标准及参考物质等。

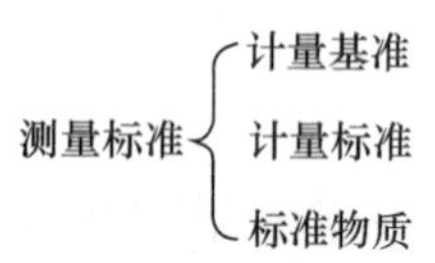

图 2－5　我国测量标准的分类

根据管理的需要，我国将测量标准分为计量基准、计量标准和标准物质三类（参见图 2－5）。计量基准分为基准和副基准；计量标准分为最高等级计量标准（简称最高计量标准）和其他等级计量标准；我国将标准物质分为一级标准物质和二级标准物质。

JJF 1001—1998《通用计量术语及定义》给出了各种测量标准的定义，下面分别进行说明。

1. 国际[测量]标准

国际[测量]标准（international [measurement] standard）在我国称为国际[计量]基准，是指“经国际协议承认的测量标准，在国际上作为对有关量的其他测量标准定值的依据”。

国际[测量]标准必须经国际协议承认，并且在国际范围内具有最高计量学特性，它是世界各国测量单位量值定值的依据，也是溯源的源头。

2. 国家[测量]标准

国家[测量]标准（national [measurement] standard）是指“经国家决定承认的测量标准，在一个国家内作为对有关量的其他测量标准定值的依据”。

该名词在我国通常称为国家计量基准或计量基准。“国家决定承认”确定了国家计量基准的法制地位。《计量法》第五条规定：“国务院计量行政部门负责建立各种计量基准器具，作为统一全国量值的最高依据”。《计量基准管理办法》第五条规定：“计量技术机构申报计量基准，必须按照规定的条件和程序报国家质检总局批准。”目前我国的国家计量基准由国务院计量行政部门即国家质检总局来组织建立和批准承认。

3. 原级标准

原级标准（primary standard）是指“具有最高的计量学特性，其值不必参考相同量的其他标准，被指定的或普遍承认的测量标准”。

原级标准具有最高的计量学特性，当被国家决定承认后，就称之为国家计量基准，基准概念同等地适用于基本量和导出量。在我国，原级标准如果被国务院计量行政部门批准，并颁发《计量基准证书》后，就称为计量基准；而其他一些符合该定义的原级标准，则可能被列入社会公用计量标准或部门、企事业单位的最高计量标准。

4. 次级标准

次级标准（secondary standard）是指“通过与相同量的基准比对而定值的测量标准”。

为区别原级标准，且它的量值是通过与相同量的基准比对确定的，在计量学特性上要稍低于原级标准，但又高于日常使用的工作标准。

建立副基准的主要目的是保护基准，因为多次直接使用基准可能会损坏其原有的计量学特性。此外，当有必要时，副基准可以代替基准。

建立工作基准的目的是为了有利于基准和副基准保持其原有的计量特性。它可以频繁地用于检定、校准计量标准或高准确度的工作计量器具。为了减少量值传递环节，次级标准即副基准与工作基准的建立并不是必须的，要从实际出发。

5．参考标准

参考标准(reference standard)是指“在给定地区或在给定组织内，通常具有最高计量学特性的测量标准，在该处所做的测量均从它导出”。

该定义给出参考标准存在的范围及其性质和作用。它与我国《计量法》中的最高计量标准相对应，《计量法》中阐明了最高计量标准的法律地位及其作用，并规定社会公用计量标准、部门和企事业单位的最高计量标准为强制检定的计量标准。

6．工作标准

工作标准(working standard)是指“用于日常校准或核查实物量具、测量仪器或参考物质的测量标准”。工作标准通常用参考标准校准。用于确保日常测量工作正确进行的工作标准称为核查标准。

该定义给出了工作标准的用途及工作对象。日常的检定或校准工作基本上用工作标准。因此，工作标准的数量很大，它通常用参考标准检定或校准。根据需要，工作标准还可以按其不同的准确度进行分等分级。

此外，用于确保日常测量工作正确进行所用的核查标准也为工作标准。在计量保证方案(MAP)中，核查标准(check standard)被定义为：“一个性能良好且稳定的内部标准。该标准通过周期性的重复测量，以确定测量过程是否处于统计控制状态。”工作标准常常与一些辅助的测量仪器及辅助设备组成检定或校准用的“检定装置”或“校准装置”。

工作标准必须精心维护，经常核查其是否足够准确，以满足日常开展计量检定或校准的要求，有效期满时应由上一级计量标准对其实施检定或校准。

7．传递标准

传递标准(transfer standard)是指“在测量标准相互比较中用作媒介的测量标准”。当媒介不是测量标准时，应该用术语——传递装置。

它是在测量标准相互比较中，也即包括同级标准间的相互比对或上一级标准向下一级标准传递量值中作媒介的测量标准。传递标准应用非常广泛，在实施计量保证方案(MAP)中需要作为媒介的传递标准。研制高准确度、高稳定性的传递标准也是科学计量的重要任务。如在力值计量中，产生力值的是各种力标准机，而传递力值的是各种测力仪，它们在力值比对及力值量值传递中是必不可少的。如国际间大力值的比对，其媒介就是高准确度、高稳定性的力传感器，它就可称为传递标准。为了在国际间进行硬度值的比对，就要研制高稳定性、均匀性好的标准硬度块，把它作为媒介。这种标准硬度块就起到传递标准的作用。又如在放射性核素活度计量保证方案中，由主持实验室研制，发放量值可溯源到国家计量基准的标准源或标准活度计作为传递标准。为实施计量保证方案(MAP),能否研制出高稳定性、高准确度的传递标准是关键所在。

8. 搬运式标准

搬运式标准(travelling standard)是指“供运输到不同地点有时具有特殊结构的测量标准”。例如,电池供电的便携式铯原子频率标准。

这种标准的特点,首先它是测量标准,而这种标准是可在实验室或测量场地间来回搬运的,它应该是坚固的、便于安装和运输,最主要的是它的性能不会因运输而受到影响,当然对其包装及运输方式、注意事项应有相应的要求。本定义仅在该标准是否能方便地来回搬运上将标准器加以分类,不可搬运的也就是固定式的标准器。如 20MN 力标准机显然是不可搬运的,而标准力传感器显然是可搬运的,属搬运式标准,而它又属于传递标准。检定硬度计的标准硬度块是结构简单的搬运式标准,而绝对重力仪就是具有特殊结构的搬运式标准。

9. 参考物质(标准物质)

参考物质(reference material)又称标准物质,可用符号 RM 表示,它是指“具有一种或多种足够均匀和很好地确定了的特性,用以校准测量装置、评价测量方法或给材料赋值的一种材料或物质”。

标准物质可以是纯的或混合的气体、液体或固体。例如,检定密度计的酒精溶液、化学分析校准用的标准溶液等。

(三) 测量标准的作用和管理

测量标准在计量工作中具有十分重要的地位和作用,它是复现计量单位,确保国家计量单位制的统一和量值准确可靠的物质基础。要保证全国量值的统一,必须保证各类测量标准量值准确可靠。测量标准广泛应用于生产、科研、商贸领域和人民生活的各个方面,有着极其广阔的社会性,在整个计量立法中处于相当重要的地位。测量标准不仅是加强计量监督管理的对象,而且是各级计量部门提供计量保证、计量服务的技术基础。

按照《计量法》的规定,计量基准和标准物质由国务院计量行政部门负责审批和管理。计量标准中的社会公用计量标准、部门和企事业单位最高计量标准则以考核的方式进行管理,由各级计量行政部门负责实施;其他计量标准由建立计量标准的单位自主管理。

二、量值传递与量值溯源

(一) 量值传递与溯源性的含义

量值传递是指“通过计量检定或校准,将国家计量基准所复现的计量单位量值逐级传递给各级计量标准直至工作计量器具的活动”。

溯源性(traceability)是指“通过一条具有规定不确定度的不间断的比较链,使测量结果或测量标准的值能够与规定的参考标准,通常是与国家测量标准或国际测量标准联系起来的特性”。这种特性使所有的同种量的测量结果都可以溯源到同一个计量基准,从而保证测量的准确性和一致性。

例如：测量长度尺寸的线纹尺的量值传递过程为：国家计量基准 633nm 波长基准采用比较测量的方法检定激光干涉比长仪；激光干涉比长仪采用直接测量法检定一等标准金属线纹尺；一等标准金属线纹尺采用比较测量法检定二等标准金属线纹尺；二等标准金属线纹尺采用直接测量法检定三等标准金属线纹尺；三等标准金属线纹尺采用直接测量法检定工作计量器具——钢直尺。使用钢直尺在生产中测量得到的长度值就通过这一条不间断的链与国家计量基准 633nm 波长基准联系起来，以确保测得的量值准确可靠，这一过程就是在实施量值传递。

而使钢直尺在生产中测量得到的长度值通过上述一条不间断的链与国家 633nm 波长基准联系起来的特性就称该量值具有溯源性。

对于生产厂把使用的钢直尺送具有三等标准金属线纹尺的计量检定机构检定，而该三等标准线纹尺是经过二等、一等标准线纹尺直至国家 633nm 波长基准检定的，由此使钢直尺在生产中测量得到的长度值就通过这一条不间断的链与国家计量基准联系起来，称该生产厂的钢直尺在生产中测量得到的长度值实现了量值溯源。

从上例可以看出，无论是进行量值传递，还是量值溯源，都离不开用准确度等级较高的计量标准在规定的不确定度之内对准确度等级较低的计量标准或工作计量器具进行检定或校准。因此每一层次的检定或校准都是量值传递中的一个环节，同时也是量值溯源的一个步骤。

在我国，量值传递关系和量值溯源关系用国家计量检定系统表来表示。为了使量值传递和量值溯源的过程有序地进行，国务院计量行政部门组织制定了各种量值的国家计量检定系统表。国家计量检定系统表是为了规定量值传递程序而编制的一种法定技术文件，它对国家计量基准到各级计量标准至工作计量器具的检定程序做出了规定，其目的是保证单位量值由国家计量基准经过各级计量标准，准确可靠地传递到工作计量器具。它包括了从国家计量基准到工作计量器具的量值传递关系，使用的方法和仪器设备，各级标准器复现或保存量值的不确定度以及国家计量基准和计量标准进行量值传递的测量能力。我国自 1987 年至今，发布、实施的国家计量检定系统表已有 93 种，编号为 JJG 2001～JJG 2093。国家计量检定系统表概括了我国量值传递技术全貌，凝聚了我国的计量管理经验，反映了我国科学计量和法制计量水平，是我国计量工作者集体智慧的结晶。

《计量法》规定“计量检定必须按照国家计量检定系统表进行”。同时，为满足计量器具或测量仪器的溯源性要求而实施校准时，也应该根据计量器具或测量仪器的准确度要求，在国家计量检定系统表中选择合适的溯源途径，它可能是系统表中的一部分，也可能是其延伸，绘制出该计量器具通过一条什么样的比较链与国家计量基准相联系的溯源等级图，以作为其溯源性的证据。因此，国家计量检定系统表在计量领域占据着重要的法律地位。

在使用国家计量检定系统表时要注意其附加说明，即“工作计量器具可能会有新的产品或不同的名称，在检定系统表中不可能全部列出。对未列入国家计量检定系统表的工作计量器具，必要时可根据其被测量、测量范围和工作原理，参考相应检定系统表中列出的工作计量器具的测量范围和工作原理，确定适合的量值传递途径”。

（二）量值传递与量值溯源的关系

量值传递和量值溯源是同一过程的两种不同的表达，其含义就是把每一种可测量的量从国际计量基准或国家计量基准复现的量值通过检定或校准，从准确度高到低地向下一级计量标准传递，直到工作计量器具。作为某一个量的定值依据的国际计量基准或国家计量基准就是这个量的源头，是准确度最高点，从这点向下传递，量值的准确度逐渐降低，直至生产、生活和科学实验中获得的测量值，构成了这个量的一条不间断的量值传递链。从而使用工作计量器具所得到的测量值，通过这样一条不间断的链与国家计量基准或国际计量基准联系起来，即实现量值溯源，此时这条不间断的链又称溯源链。要实现量值的准确可靠，在每个量的传递链或溯源链中都要规定每一级的测量不确定度，从而使量值在传递过程中准确度的损失尽可能小，使量值传递和量值溯源真正有效。量值传递和量值溯源互为逆过程。

量值传递是自上而下逐级传递。在每一种量的量值传递关系中，国家计量基准只允许有一个。在我国，大部分国家计量基准保存在中国计量科学研究院，社会公用计量标准主要建立在各级法定计量检定机构，部门计量标准建立在省级以上政府有关主管部门，企事业单位计量标准建立在企事业单位，工作计量器具广泛用于生产、科研、商贸领域和人民生活之中。

量值溯源是一种自下而上的自愿行为，溯源的起点是计量器具测得的量值即测量结果或计量标准所指示或代表的量值，通过工作计量器具、各级计量标准直至国家基准。溯源的途径允许逐级或越级送往计量技术机构检定或校准，从而将测量结果与国家计量基准的量值相联系，但必须确保溯源的链路不能间断。作为某一个量的定值依据的国际计量基准或国家计量基准就是这个量值的源头，是准确度的最高点。生产、生活和科学实验中获得测量值的工作计量器具由计量标准校准，各级计量标准再向上送校，直至源头，构成了这个量值的一条不间断的校准链，从而使用工作计量器具所得到的测量值，通过这样一条不间断的链与国家计量基准或国际计量基准联系起来，即实现量值溯源。量值溯源可以通过送检或送校来实现。

（三）量值传递与量值溯源的必要性

《计量法》第一条规定了计量立法宗旨，要保障国家计量单位制的统一和量值的准确可靠，为达到这一宗旨而进行的活动中最基础、最核心的过程就是量值传递和量值溯源。它既涉及科学技术问题，也涉及管理问题和法制问题。

任何计量器具，由于种种原因，都具有不同程度的误差。计量器具只有其误差在允许范围内时才能放心使用，否则将得出错误的测量结果。如果没有自国家计量基准、各级计量标准或有证标准物质进行的量值传递或各种计量器具向这些国家计量基准、标准或有证标准物质寻求的溯源，要使新制造或购置的、使用中的、修理后的、不同形式的、分布于不同地区、在不同环境下测量同一量值的计量器具都能在允许的误差范围内工作，是不可能的。

为保障全国量值传递的一致性和测量结果的可信度，为国民经济、社会发展及计量监督管理提供准确的检定、校准数据或结果，有必要加强量值传递与量值溯源工作。

三、计量基准

（一）计量基准的含义

计量基准，又称为国家计量基准，它是经国家决定承认，在一个国家内作为对有关量的其他测量标准定值的依据。

计量基准体现了一个国家的科学计量水平。在给定的计量领域中，所有计量器具进行的一切测量均可追溯到计量基准所复现或保存的计量单位量值，从而保证这些测量结果准确可靠和具有实际的可比性。计量基准无一例外地处在全国传递计量单位量值的最高或起始的位置,也是全国计量单位量值溯源的终点。

我国"计量基准管理办法"规定,计量基准必须经国务院计量行政部门批准并颁发《计量基准证书》后,方可正式使用。根据需要,它可以代表国家参加国际比对,使量值与国际计量基准保持一致。

(二)计量基准的地位和作用

计量基准是一个国家量值的源头。我国的计量基准是经国务院计量行政部门批准作为统一全国量值的最高依据,全国的各级计量标准和工作计量器具的量值都要溯源于计量基准。

计量基准可以进行仲裁检定,所出具的数据能够作为处理计量纠纷的依据并具有法律效力。

(三)计量基准的管理

计量基准由国务院计量行政部门根据社会、经济发展和科学技术进步的需要,统一规划,组织建立。基础性、通用性的计量基准,建立在国务院计量行政部门设置或授权的计量技术机构(如中国计量科学研究院建立并保存了125项计量基准);专业性强、仅为个别行业所需要或工作条件要求特殊的计量基准,可以建立在有关部门或者单位所属的计量技术机构(如工频大电流比例基准建立在国家高电压计量站)。建立计量基准,可以由相应的计量技术机构向国务院计量行政部门申报。

申报计量基准的计量技术机构应当具备以下6个条件:能够独立承担法律责任;具有从事计量基准研究、保存、维护、使用、改造等项工作的专职技术人员和管理人员;具有保存、维护和改造计量基准装置及正常工作所需实验室环境(包括工作场所、温度、湿度、防尘、防震、防腐蚀、抗干扰等)的条件;具有保证计量基准量值定期复现和保持计量基准长期可靠稳定运行所需的经费和技术保障能力;具有相应的质量管理体系;具备参与国际比对、承担国内比对的主导实验室和进行量值传递工作的技术水平。

建立计量基准的计量技术机构向国务院计量行政部门申报,受理申报后,国务院计量行政部门委托专家组对计量技术机构申报的计量基准进行文件资料审查和现场评审,由专家组出具评审报告,并对专家评审报告进行审核;对审核合格的,批准并颁发《计量基准证书》,向社会公告。

国务院计量行政部门对计量基准进行定期复核和不定期监督检查,复核周期一般为5年。复核和监督检查的内容包括:计量基准的技术状态、运行状况、量值传递情况、人员状况、环境条件、质量管理体系、经费保障和技术保障状况等。

建立计量基准的计量技术机构应当定期检查计量基准的技术状况,保证计量基准正常运行,按要求使用计量基准进行量值传递。对因某些原因造成计量基准中断量值传递的,计量技术机构应当向国务院计量行政部门报告。

四、计量标准

(一)计量标准的含义

计量标准是指准确度低于计量基准、用于检定或校准其他计量标准或工作计量器具的测量标准。

通常,计量标准的准确度应高于被检定或校准的计量器具的准确度。凡不用于量值传递或量值溯源而只用于日常测量的计量器具,不管其准确度有多高都称为工作计量器具,不能称之为计量标准。

我国的计量标准,按其法律地位、使用和管辖范围的不同,分为社会公用计量标准、部门计量标准和企事业单位计量标准三类(参见图 2-6)。为了使各项计量标准能在正常技术状态下进行量值传递,保证量值的溯源性,《计量法》规定凡建立社会公用计量标准、部门和企事业单位最高计量标准,必须依法考核合格后,才有资格开展量值传递。

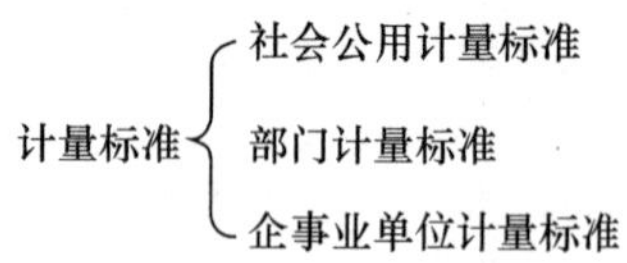

图 2-6 计量标准的分类

截至 2007 年年底,全国经过各级计量行政部门考核合格的计量标准有 98363 项,其中,社会公用计量标准有 39989 项,部门、企事业单位最高计量标准有 58374 项。

(二)计量标准的地位和作用

计量标准在我国量值传递和量值溯源中处于中间环节,起着承上启下的作用,即计量标准将计量基准所复现的量值,通过检定或者校准的方式传递到工作计量器具,确保工作计量器具量值的准确可靠和统一,从而使工作计量器具进行测量得到的数据可以溯源到计量基准。

计量标准是将计量基准的量值传递到国民经济和社会生活各个领域的纽带,是确保量值传递和量值溯源,实现全国计量单位制的统一和量值准确可靠的必不可少的物质基础和重要保障。为了加强计量标准的管理,规范计量标准的考核工作,保障国家计量单位制的统一和量值传递的一致性、准确性,为国民经济发展以及计量监督管理提供公正、准确的检定、校准数据或结果,国家对计量标准实行考核制度,并纳入行政许可的管理范畴。

计量标准中的社会公用计量标准作为统一本地区量值的依据,在社会上实施计量监督具有公证作用,在处理计量纠纷时,社会公用计量标准仲裁检定后的数据可以作为仲裁依据,具有法律效力。

(三)计量标准的分级和应用

按照我国计量法律法规的规定,计量标准可以分为最高等级计量标准和其他等级计量标准。最高等级计量标准又有三类:最高等级社会公用计量标准、部门最高等级计量标准和企事业单位最高等级计量标准;其他等级计量标准也有三类:其他等级社会公用计量标准、部门次级计量标准和企事业单位其他等级计量标准。

在给定地区或在给定组织内,其他等级计量标准的准确度等级要比同类的最高计量标准低,其他等级计量标准的量值一般可以溯源到相应的最高计量标准。例如:一个计量技术机构建立了二等量块标准装置为最高计量标准,该单位建立的相同测量范围的三等量块标准装置、四等量块标准装置就为其他等级计量标准。

对一个计量技术机构而言,如果一项计量标准的计量标准器需要外送到其他计量技术机构溯源,而不能由本机构溯源,一般将该项计量标准可以认为是最高计量标准;如果一项计量标准的计量标准器可以在本机构溯源,也不能就判断其为次级计量标准,还应当按照该计量标准在与其“计量学特性”相应的国家计量检定系统表中的位置来判断其是否为最高计量标准。例如:某单位以前没有流量类计量标准,现在新建立了一项流量计量标准,虽然它的量值可以溯源到本单位的质量和时间计量标准,但根据流量计量检定系统表,该项计量标准属于本单位流量领域准确度最高的计量标准。因此,应该判定它属于最高计量标准,而不是其他等级计量标准。

我国对最高计量标准和其他等级计量标准的管理方式不同，对于最高社会公用计量标准应当由上一级计量行政部门考核，对于其他等级社会公用计量标准则由本级计量行政部门考核，对于部门最高计量标准和企事业单位最高计量标准应当由有关计量行政部门考核，而部门和企事业单位的其他等级计量标准则不需要计量行政部门考核。

根据计量法律法规的规定，计量标准考核合格，开展量值传递的范围为：

（1）社会公用计量标准向社会开展计量检定或校准；

（2）部门计量标准在本部门内部开展非强制检定或校准；

（3）企事业单位计量标准在本单位内部开展非强制检定或校准。

如果需要超过规定的范围开展量值传递或者执行强制检定工作，建立计量标准的单位应当向有关计量行政部门申请计量授权。凡是申请计量授权的计量标准不论是最高计量标准还是其他等级计量标准，都应当经授权的计量行政部门计量标准考核合格。

【案 例】 某市属企业从日本购买了一台准确度等级很高的压力计量标准，向当地市质量技术监督局申请计量标准考核，考核合格后，就对外开展压力表的检定工作。

【案例分析】 该企业的做法不正确。根据《中华人民共和国计量法实施细则》第十条和第三十条的规定，企事业计量标准考核合格后只能在本单位内部开展量值传递（限非强制计量检定），如果需要超过规定的范围开展量值传递或者执行强制检定工作，建立计量标准的单位应当向有关计量行政部门申请计量授权。该企业建立的压力计量标准只能对企业内部开展压力表（非强制）计量检定，对外开展压力表的检定工作和对内开展强制检定工作，不仅需要计量标准考核，还需要向有关的质量技术监督部门申请计量授权。

（四）计量标准的考核和复查

1. 计量标准的考核

国务院计量行政部门统一监督管理全国计量标准考核工作，省级计量行政部门负责监督管理本行政区域内计量标准考核工作。

社会公用计量标准的考核：国务院计量行政部门组织建立的社会公用计量标准及各省级计量行政部门组织建立的各项最高等级的社会公用计量标准，由国务院计量行政部门主持考核；地（市）、县级计量行政部门组织建立的各项最高等级的社会公用计量标准，由上一级计量行政部门主持考核；各级地方计量行政部门组织建立其他等级的社会公用计量标准，由组织建立计量标准的计量行政部门主持考核。经考核合格，取得《计量标准考核证书》的，由建立该项社会公用计量标准的计量行政部门颁发《社会公用计量标准证书》。

部门计量标准的考核：国务院有关部门和省、自治区、直辖市有关部门建立的各项最高等级的计量标准，须经同级政府计量行政部门主持考核合格，取得《计量标准考核证书》，才能在部门内部开展非强制检定。

企事业单位计量标准的考核：企业、事业单位建立的各项最高计量标准，须经与企业、事业单位的主管部门同级的计量行政部门主持考核合格，取得《计量标准考核证书》，才能在单位内部开展非强制检定。

无主管部门的单位计量标准的考核：无主管部门的单位建立本单位的各项最高计量标准，应当向该单位工商注册地的计量行政部门申请考核。考核合格取得《计量标准考核证书》，才能在本单位内部开展非强制检定。

授权单位计量标准的考核：承担计量行政部门计量授权任务的单位建立相关计量标准，应当向授权的计量行政部门申请考核。考核合格取得《计量标准考核证书》，才能开展授权范围的检定工作。

【案例 1】 某市的计量所原来建立了二等铂铑 10 -铂热电偶标准装置，现在又筹建了一等铂 10 -铂热电偶标准装置作为最高等级的社会公用计量标准，于是该所向本市质量技术监督局申请计量标准考核。市质量技术监督局及时组织考评员进行了考核，并发给《计量标准考核证书》。

【案例分析】 案例中的做法有两个方面不正确：一是根据《计量标准考核办法》第五条的规定，地(市)、县级计量行政部门组织建立的各项最高等级的社会公用计量标准，由上一级计量行政部门主持考核。案例中，该计量所建立的一等铂铑 10 -铂热电偶标准装置为最高等级的社会公用计量标准，不应该向本市质量技术监督局申请计量标准考核，而应向省质量技术监督局申请考核。二是市质量技术监督局不应当受理和组织考评员进行考核，并发给《计量标准考核证书》。

【案例 2】 某企业购买了一台准确度等级很高的电能计量标准作为企业的最高计量标准，并将计量标准器送省计量院检定合格后，就开始开展本企业电能表的检定工作。

【案例分析】 该企业的做法是不对的。根据《中华人民共和国计量法实施细则》第十条及《计量标准考核办法》第五条的规定，企业、事业单位建立本单位各项最高计量标准，须向与其主管部门同级的计量行政部门申请考核，考核合格取得《计量标准考核证书》后，企业、事业单位方可使用。而该企业只是将计量标准器检定合格，没有向计量行政部门申请考核，就开始开展检定工作，所以不对。

2. 计量标准的复查

《计量标准考核证书》有效期届满 6 个月前，持证单位应当向主持考核的计量行政部门申请复查考核。经复查考核合格，准予延长有效期；不合格的，主持考核的计量行政部门应当向申请复查考核单位发送《计量标准考核结果通知书》。超过《计量标准考核证书》有效期的，应当按照新建计量标准重新申请考核。

【案 例】 某事业单位计量中心建立了一项场强计量标准作为本单位的最高计量标准，经计量标准考核后，了解到所在行政区域内仅有本单位建立了场强计量标准，就向计量行政部门申请强制计量检定授权，经计量行政部门组织计量授权考核合格，承担所在行政区域对社会开展强制计量检定的任务。该项计量标准在有效期满后未及时申请计量标准复查，场强计量标准也没有连续、有效的送检，但是该单位一直对外开展强制检定工作。

【案例分析】 该单位的做法是不对的。根据《中华人民共和国计量法实施细则》第三十一条、《计量标准考核办法》第九条及《计量授权管理办法》第十五条的规定，授权的计量标准《计量标准考核证书》有效期届满 6 个月前，应当申请计量标准复查考核；计量标准器应当连续送检。

五、标准物质

(一) 标准物质的特点、分级和作用

1. 标准物质的含义

标准物质是具有一种或多种足够均匀和很好地确定了的特性，用以校准测量装置、评价测

量方法或给材料赋值的一种材料或物质。标准物质在国际上又称为参考物质。标准物质可以是纯的或混合的气体、液体或固体。

按照《中华人民共和国计量法实施细则》的规定，用于统一量值的标准物质属于计量器具的范畴。我国纳入依法管理的标准物质也称为有证标准物质。有证标准物质是指附有证书的标准物质，其一种或多种特性值用建立了溯源性的程序确定，使之可溯源到准确复现的表示该特性值的测量单位，每一种出证的特性值都附有给定置信水平的不确定度。

国务院计量行政部门对批准的标准物质都核发《标准物质定级鉴定证书》和《制造计量器具许可证》。截至 2008 年年底，经国家批准可供使用的标准物质共有一级标准物质 1466 种，二级标准物质 3769 种。

2. 标准物质的特点

标准物质有两个明显的特点：

（1）具有量值准确性；

（2）用于测量的目的。

3. 标准物质的分级

从量值传递和经济观点出发，通常将标准物质分为一级和二级两个级别。一级标准物质采用定义法或其他准确、可靠的方法对其特性量值进行计量，其不确定度达到国内最高水平，主要用于对二级标准物质或其他物质定值，或者用来检定或校准高准确度的仪器设备或评定和研究标准方法；二级标准物质采用准确、可靠的方法或直接与一级标准物质相比较的方法对其特性量值进行计量，其不确定度能够满足日常计量工作的需要，主要用来做工作标准使用，用于现场方法的研究和评定。

4. 标准物质的作用

标准物质是量值传递的一种重要手段，是统一全国量值的法定依据。它可以作为计量标准来检定、校准或校对仪器设备，作为比对标准来考核仪器设备、测量方法和操作是否正确，测定物质或材料的组成和性质，考核各实验室之间测量结果的准确度和一致性，鉴定所试制的仪器设备或评价新的测量方法，以及用于仲裁检定等。

（二）标准物质的种类、定级和管理

1. 标准物质的种类

标准物质的品种和数量很多。我国发布的标准物质目录，按专业领域的分类方法，分为钢铁、有色金属、建筑材料、核材料与放射性、高分子材料、化工产品、地质、环境、临床化学与医药、食品、能源、工程技术、物理学与物理化学 13 大类。

2. 标准物质的定级

标准物质定级的主要根据是标准物质特性量值的稳定性、均匀性和准确性。

一级标准物质的定级条件：

（1）用绝对测量法或有两种以上不同原理的准确可靠的方法定值。如果只有一种定值方

法时，就要有多个实验室以同等准确可靠的方法定值；

（2）不确定度具有国内最高水平，均匀性在不确定度范围之内；

（3）稳定性在一年以上，或达到国际上同等标准物质的先进水平；

（4）包装形式符合标准物质有关技术规范的要求。

二级标准物质的定级条件：

（1）用与一级标准物质进行比较测量的方法或一级标准物质的定值方法定值；

（2）不确定度和均匀性虽未达到一级标准物质的水平，但能满足一般测量的需要；

（3）稳定性在半年以上，或能满足实际测量的需要；

（4）包装形式符合有关标准物质技术规范的要求。

3. 标准物质的管理

国务院计量行政部门对标准物质的申报、技术审查、定级、批准发布都做了明确的、严格的规定。企业、事业单位制造标准物质，必须具备与所制造的标准物质相适应的设施、人员和分析测量仪器设备。企业、事业单位制造标准物质新产品，应进行定级鉴定，并经评审取得《标准物质定级鉴定证书》，并向国务院计量行政部门申请办理《制造计量器具许可证》。

习题及参考答案

一、习　题

（一）思考题

1. 什么是测量标准？
2. 我国测量标准如何分类？
3. 参考标准与工作标准的关系是什么？
4. 量值传递与量值溯源的关系是什么？
5. 计量基准的地位和作用是什么？
6. 国家如何进行计量基准的管理？
7. 计量标准的地位和作用是什么？
8. 计量标准如何进行考核与复查？
9. 计量标准开展量值传递的范围是什么？
10. 标准物质如何分级？
11. 标准物质的定级条件包括哪些方面？

（二）选择题（单选）

1. 根据测量标准的定义，下列计量器具中__________不是测量标准。

A. 100kN　国家力值基准　　B. 100kN　材料试验机

C. 100kN　0.1 级标准测力仪　　D. 100kN　力标准机

2. 下列中__________不属于测量标准。

A. 计量基准　　B. 标准物质

C. 计量标准　　D. 工作计量器具

3. 下列关于量值传递与量值溯源的叙述不正确的是__________。

A. 量值传递是指通过对计量器具的检定或者校准，将计量基准所复现的量值通过各等

级的计量标准传递到工作计量器具的活动

B. 量值溯源性是指通过一条具有规定不确定度的不间断的比较链，使测量结果能够与规定的参考标准联系起来的特性

C. 量值传递与量值溯源互为逆过程。量值溯源是自上而下逐级溯源；量值传递是自下而上，可以越级传递

D. 量值传递与量值溯源互为逆过程。量值传递是自上而下逐级量传；量值溯源是自下而上，可以越级溯源

4. 计量基准由__________根据社会、经济发展和科学技术进步的需要，统一规划，组织建立。

A. 国务院计量行政部门　　B. 省级计量行政部门

C. 各级计量行政部门　　D. 国务院有关部门

5. 下列关于计量基准描述不正确的是__________。

A. 计量基准是一个国家量值的源头

B. 计量基准经国务院计量行政部门批准作为统一全国量值的最高依据

C. 全国的各级计量标准和工作计量器具的量值，都要直接溯源于计量基准

D. 计量基准可以进行仲裁检定，所出具的数据能够作为处理计量纠纷的依据并具有法律效力

6. 下列计量标准中可以不经过计量行政部门考核、批准，就可以使用的是__________。

A. 社会公用计量标准　　B. 部门最高计量标准

C. 企事业最高计量标准　　D. 企事业次级计量标准

7. 下列关于最高计量标准和次级计量标准描述中__________是不正确的。

A. 在给定地区或在给定组织内，次级计量标准的准确度等级要比同类的最高计量标准低，次级计量标准的量值一般可以溯源到相应的最高计量标准

B. 最高计量标准可以分为三类：最高社会公用计量标准、部门最高计量标准和企事业单位最高计量标准

C. 如果一项计量标准的计量标准器由本机构量传，可以判断其为次级计量标准

D. 最高计量标准是指在给定地区或在给定组织内，通常具有最高计量学特性的计量标准

8. 某单位以前没有流量方面的计量标准，现在新建立了一项流量计量标准，它的量值可以溯源到本单位的质量和时间计量标准，所以__________。

A. 可以判定其属于最高计量标准

B. 可以判定其属于次级计量标准

C. 无法判定其属于最高计量标准还是次级计量标准

D. 既可以作为最高计量标准，也可以作为次级计量标准

9. __________是经过计量行政部门考核、批准，作为统一本地区量值的依据，在社会上实施计量监督具有公证作用的计量标准。

A. 社会公用计量标准　　B. 部门最高计量标准

C. 企事业单位最高计量标准　　D. 企事业单位次级计量标准

10. 某市一家化工企业建立了一项温度最高计量标准，经当地市计量行政部门主持考核合格后，可以__________。

A. 在该企业内部开展强制检定

B. 在该企业内部开展非强制检定

C. 在该企业内部开展强制检定和非强制检定

D. 对全市范围内开展非强制检定

11. 某省的一个市建立了一项当地的最高社会公用计量标准,应向＿＿＿＿＿申请考核。

A. 市计量行政部门　　B. 省计量行政部门

C. 主管部门　　D. 国务院计量行政部门

12. 申请考核单位应当在《计量标准考核证书》有效期届满＿＿＿＿＿前向主持考核的计量行政部门提出计量标准的复查考核申请。

A. 一个月　　B. 三个月　　C. 五个月　　D. 六个月

(三) 选择题(多选)

1. 测量标准是为了＿＿＿＿＿量的单位或一个或多个量值,用作参考的实物量具、测量仪器、参考物质或测量系统。

A. 定义　　B. 复现　　C. 描述　　D. 保存

2. 下列关于计量标准描述正确的是＿＿＿＿＿。

A. 计量标准是指准确度低于计量基准,用于检定或校准其他下一级计量标准或工作计量器具的计量器具

B. 计量标准的准确度应比被检定或被校准的计量器具的准确度高

C. 计量标准在我国量值传递(溯源)中处于中间环节,起着承上启下的作用

D. 只有社会公用计量标准及部门和企事业最高计量标准才有资格开展量值传递

3. 社会公用计量标准必须经过计量行政部门主持考核合格,取得＿＿＿＿＿,方能向社会开展量值传递。

A.《标准考核合格证书》　　B.《计量标准考核证书》

C.《计量检定员证》　　D.《社会公用计量标准证书》

4. 下列关于标准物质描述正确的是＿＿＿＿＿。

A. 标准物质是具有一种或多种足够均匀和很好地确定了的特性,用以校准测量装置、评价测量方法或给材料赋值的一种材料或物质

B. 按照计量法实施细则的规定,用于统一量值的标准物质不属于计量器具的范畴

C. 有证标准物质是指附有证书的标准物质,其一种或多种特性值用建立了溯源性的程序确定,使之可溯源到准确复现的表示该特性值的测量单位,每一种出证的特性值都附有给定置信水平的不确定度

D. 标准物质有两个明显的特点:具有量值准确性和用于计量的目的

5. 二级标准物质可以用来＿＿＿＿＿。

A. 校准测量装置　　B. 标定一级标准物质

C. 评价计量方法　　D. 给材料赋值

二、参考答案

(一) 思考题(略)

(二) 选择题(单选):1. B;　2. D;　3. C;　4. A;　5. C;　6. D;　7. C;　8. A;　9. A;　10. B;　11. B;　12. D。

(三) 选择题(多选):1. A B D;　2. A B C;　3. B D;　4. A C D;　5. A C D。

第六节　计量技术机构质量管理体系的建立和运行

JJF 1069—2007《法定计量检定机构考核规范》是针对各级计量行政部门依法设置或授权建立的法定计量技术机构提出的，其依据包括《计量法》及其相关的法规、规章和国家标准GB/T 27025—2008《检测和校准实验室能力的通用要求》(ISO/IEC 17025:2005)。其他计量技术机构可以按照国家标准GB/T 27025—2008建立和运行质量管理体系。

一、计量技术机构的基本要求

计量技术机构应该是一个实体，所建立的管理体系应覆盖机构所进行的全部计量检定、校准和检测工作。对计量技术机构有以下要求：

(1) 有相应的管理人员和技术人员，应明确规定其职责和权力，并应具有所需的资源来履行职责，包括实施、保持和改进管理体系的职责、识别对管理体系或检定、校准和(或)检测程序的偏离，以及采取预防或减少这些偏离的措施；

(2) 有相应的措施，以保证机构负责人和员工的工作质量不受任何内部和外部的不正当的商业、财务和其他方面的压力和影响；

(3) 有形成文件的政策和程序，以保护顾客的机密信息，包括具有保护电子文档和电子传输结果的程序；

(4) 有形成文件的政策，以避免参与任何可能降低其能力、公正性、诚实性、独立判断力或影响其职业道德的活动；

(5) 规定机构的组织和管理结构，以及质量管理、技术运作和支持服务之间的关系；

(6) 规定对检定、校准和检测质量有影响的所有管理、操作、验证和核查人员的职责、权力及相互关系；

(7) 由熟悉检定、校准或检测的方法、程序、目的和结果评价的监督人员对从事检定、校准和检测的人员实施有效的监督；

(8) 有技术负责人，全面负责技术运作和确保机构运作质量所需的资源；

(9) 指定一名人员作为质量负责人，不管现有的其他职责，应赋予其在任何时候都能保证与质量相关的管理体系得到实施、遵循的责任和权力。质量负责人应有直接渠道接触决定政策和资源的机构负责人；

(10) 指定关键管理人员(如技术负责人和质量负责人)的代理人；

(11) 确保机构人员理解他们活动的相互关系和重要性，以及如何为管理体系质量目标的实现做出贡献。

此外，计量技术机构的负责人应确保在机构内部建立适宜的沟通机制，并就与质量管理体系有效性有关的事宜进行沟通。

二、检定、校准、检测工作公正性的要求

计量技术机构的公正性是其法制性的必然要求，也是其社会存在价值的基础。公正性应该

是计量技术机构各项行为的重要准则，也是质量保证的重要组成部分。

机构公正性地位的确立，既是由其自身的性质所决定，更需要依靠自身的管理和行为规范来保证。机构要保证其公正性，就必须确保其组织结构的独立性（以保证对结果判断的独立性）、经济利益的无关性（不以盈利为目的）以及人员的良好思想素质和职业道德。

计量技术机构的公正性要求主要表现在以下两个方面：

一是要求计量技术机构的检定、校准和检测工作的质量不受任何内部和外部的压力和诱惑的影响。机构应采取多种措施，如公正性声明、工作人员守则、职业道德规范等措施，保证其管理和技术人员的工作质量不受任何内部和外部的商务、财务和其他压力的影响。例如工作人员不得收受客户的贿赂或酬金而将不合格判为合格，工作人员不应追求完成产值指标而不顾质量等。上级或本机构的行政领导不应由于种种原因而干预测量的数据及由此得出的结论，因此行政领导应发布不干预检定、校准和检测工作，充分保证其公正性的声明，并切实贯彻执行。公正性声明一般应反映在质量手册中。

二是要求计量技术机构不参与任何影响公正性或职业道德的活动。机构应制定文件化的政策和程序，以避免参与任何可能削弱其能力、公正性、诚实性、独立判断力或影响其职业道德的活动。例如不参与顾客产品的经销、推销、推荐、监制活动等。

三、质量管理体系文件的建立和有效运行

质量管理体系文件是计量技术机构所建立的质量管理体系的文件化的载体。计量技术机构应将其政策、制度、计划、程序和作业指导书制定成文件，并达到确保机构的检定、校准和检测结果质量管理所需要的程度。体系文件应传达至有关人员，并被其理解、获取和执行。

管理体系文件通常包括：质量方针和质量目标、质量手册、程序文件、作业指导书、表格、质量计划、规范、外来文件、记录等。

（一）质量方针和质量目标

应在质量手册中阐明机构管理体系中与质量有关的政策，包括质量方针声明。应制定质量目标并在管理评审时加以评审。质量方针声明由机构负责人授权发布，至少包括下列内容：

（1）机构管理层对良好职业行为和为顾客提供检定、校准和检测服务质量的承诺；

（2）管理层关于机构服务标准的声明；

（3）与质量有关的管理体系的目的；

（4）要求机构所有与检定、校准和检测活动有关的人员熟悉与之相关的质量文件，并在工作中执行这些政策和程序；

（5）机构管理层对遵守 JJF 1069—2007《法定计量检定机构考核规范》或有关标准及持续改进管理体系有效性的承诺。

（二）质量手册

计量技术机构应编制和保持质量手册。质量手册应包括或注明含技术程序在内的支持性程序，并概述管理体系中所用文件的架构。质量手册中应确定技术负责人和质量负责人的作用和责任，包括确保遵循相关规范的责任。

(三) 程序文件

机构应编制程序文件。程序文件与质量手册一起共同构成对整个管理体系的描述。程序文件的范围应覆盖 JJF 1069—2007《法定计量检定机构考核规范》或有关标准的要求，其详略程度应取决于工作的复杂程度、使用的方法以及开展相应工作所涉及的人员技能和培训。

四、资源的配备和管理

决定计量技术机构检定、校准和检测的正确性和可靠性的资源有人员、设施和环境条件、测量设备以及检定、校准和检测方法等。计量技术机构应提供所开展的检定、校准和检测项目一览表(包括诸如项目名称、量程或测量范围、测量不确定度或准确度等级或最大允许误差以及执行的规程、标准、规范或规则等)，确定并提供履行其检定、校准和检测任务，以及建立和改进管理体系所需要的资源。

(一) 人　员

计量技术机构应根据工作的需要配备足够的管理、监督、检定、校准和检测人员。机构应使用长期正式职工或合同制职工。在使用合同制职工和编外技术人员及关键的支持人员时，机构应确保这些人员是胜任的且受到监督，并依据机构的管理体系要求工作。

与计量检定、校准和检测等服务项目直接相关的人员，应经过必要的培训，具备相关的技术知识、法律知识和实际操作经验。检定、校准和检测人员应按有关的规定经考核合格，并被授权后持证上岗。

计量技术机构应制定对人员的教育、培训和技能目标。应有确定培训需求和提供人员培训的政策和程序。培训计划应与机构当前和预期的任务相适应。应评价这些活动的有效性。

对与检定、校准和检测有关的管理人员、技术人员和关键支持人员，计量技术机构应明确规定有关人员的职责、所需要的专业知识、经验、资格和培训内容。

计量技术机构还应授权专门人员进行特殊类型的抽样、检定、校准和检测；签发检定证书、校准证书和检测报告；提出意见和解释以及操作特殊类型的设备。机构应保留所有技术人员的有关授权、能力、教育和专业资格、培训、技能和经验的记录，并包括授权和能力确认的日期。这些信息应易于获取。

(二) 设施和环境条件

计量技术机构用于检定、校准和检测的设施，包括(但不限于)能源、照明和环境条件，应符合所开展项目的技术规范或规程所规定的要求，并应有助于检定、校准和检测工作的正确实施。

计量技术机构应确保其环境条件不会影响检定、校准和检测结果的有效性，或对所要求的测量质量产生不良影响。在机构固定设施以外的场所进行抽样、检定、校准和检测时，应予以特别注意。对影响检定、校准和检测结果的设施和环境条件的技术要求应制定成文件。如果相关的规范、方法和程序有要求，或者对结果的质量有影响时，机构应监测、控制和记录环境条件。对诸如生物消毒、灰尘、电磁干扰、辐射、湿度、供电、温度、声级和振动等应予以重视,使其适应于相关的技术活动。当环境条件危及到检定、校准和检测的结果时,应停止工作。

计量技术机构应将不相容活动的相邻区域进行有效隔离。应采取措施以防止交叉污染,例如采取屏蔽、隔热、隔音、超净等措施。对影响检定、校准和检测质量的区域的进入和使用,应加以控制。机构应根据其特定情况确定控制的范围。应制定程序并采取有效措施,以确保实验室的良好内务,并符合有关人身健康和环境保护的要求。

(三)测量设备

计量技术机构必须配备为正确进行检定、校准和检测(包括抽样、物品制备、数据处理与分析)所要求的所有抽样、测量和检测设备。应列出所建立的计量基(标)准名称及设备一览表,并注明设备名称、型号、测量范围(或量程)、测量不确定度(或准确度等级/最大允许误差)、量值传递或溯源关系等。当机构需要使用本机构控制之外的设备(例如借用的设备)时,应确保同样满足要求。

用于检定、校准和检测的设备(包括软件)应达到要求的准确度,并符合相应的规范要求。用于开展检定、校准的计量基、标准必须按规定经考核合格,并取得相应的有效证书和溯源证明;开展检测的测量仪器(计量器具)应持有有效期内的计量检定证书或校准证书。设备在使用前应进行检查和(或)校准。设备应由经过授权的人员操作。设备使用和维护的最新版说明书(包括设备的制造商提供的有关手册),应便于有关人员取用。

对测量设备的管理应符合下列要求:

(1) 用于检定、校准或检测并对结果有影响的每一设备(包括软件),如可能均应加以唯一性标识。

(2) 应保存对检定、校准或检测具有重要影响的每一台设备(或每套装置)及其软件的记录(通常称为仪器档案)。

(3) 机构应具有安全处置、运输、贮存、使用和有计划维护测量设备的程序,以确保其功能正常并防止污染或性能退化。

(4) 设备出现过载或处置不当、给出可疑结果或已显示缺陷、超出规定限度等情况,均应停止使用。这些设备应撤离使用位置或加贴标签、标记以清晰表明该设备已停止使用,以防误用,直至修复并通过检定或校准表明能正常工作为止。机构应检查这些缺陷或偏离规定极限对先前的检定、校准和(或)检测的影响。

(5) 受机构控制的需检定或校准的所有测量设备,应使用标签、编码或其他标识表明其检定或校准状态,包括上次检定或校准的日期和再检定、校准或失效的日期。

(6) 无论什么原因,若设备脱离了机构的直接控制,机构应确保该设备返回后,在使用前对其功能和检定或校准状态进行核查并能显示满意结果。

(7) 当需要利用期间核查以维持设备检定或校准状态的可信度时,应按照规定的程序进行。

(8) 当检定或校准产生了一组修正因子时,机构应有程序确保其所有备份(例如计算机软件中的备份)得到正确更新。

(9) 用于检定、校准和检测的设备,包括硬件和软件应得到保护,以防止发生致使检定、校准和检测结果失效的调整。

【案例 1】 在对某计量检定机构评审时,评审员在检定温度计的实验室墙上看到两张同一温度标准器的修正值表，其数据不尽相同。评审员问检定人员：在进行检定时怎样使用这两张修正值表。检定人员告之，两张中有一张是标准器今年检定后的修正值表，另一张是去年检定后的修正值表，我们只使用今年的修正值表，去年的那一张已经不用了。评审员抽查了该标准器今年检定以后的检定、校准原始记录，发现在使用这个标准器时有的用的是今年的修正值，而有的却用了去年的修正值。

【案例分析】 依据JJF 1069—2007《法定计量检定机构考核规范》6.4.11节规定："当检定或校准产生了一组修正因子时，机构应有程序确保其所有备份（例如计算机软件中的备份）得到正确更新。"计量标准器在检定或校准后，设备保管人和使用人应用新的修正值替换旧的修正值。为工作时查阅而编制的修正值表，应按受控的技术文件管理，在今年的新修正值表上盖上受控章，而在去年的旧修正值表上盖作废章，并从工作场所撤出，以防误用。如果有使用计算机进行数据处理的，应将计算机程序中预置的修正值以新的修正值替换。这些工作程序都应写在设备保管人和使用人的职责规定中，或仪器设备管理程序中，以保证做到。上述案例中，由于去年和今年检定后的两张修正值表同时存在，以至发生了混淆，出现了检定、校准工作中错用修正值的情况。

为保证检定、校准结果的准确可靠，必须重视修正值的正确使用。应及时用计量标准器经检定、校准后产生的新的修正值替换旧的修正值，以免误用。该温度计检定室人员应立即对新的修正值表加盖受控章，并从墙上取下旧的修正值表盖上作废章，然后对今年标准器检定后使用此修正值进行检定、校准的原始记录全部给以核对，凡错用了修正值的，一律改正，重新出具证书，并如实通知客户，为客户更换正确的证书。该室还应针对这一问题修订有关仪器设备维护保养的作业指导书，将有关修正值及时替换的内容补充进去。

【案例2】 一天早晨，检定人员老张在检定一件计量器具之前，对需要使用的计量标准器进行例行的加电检查时，发现标准器没有了数字显示。他打开该计量标准器的使用记录，未见最近的使用记录和设备状态的记载。老张记得昨天见过本组的小李曾使用过这台设备，于是向小李询问。小李说昨天操作时不小心过载了，以后设备就没有数字显示了。老张问小李为什么不向组长报告，也不在该设备使用记录上记载。小李说他很害怕，想悄悄地找个人把设备修好。小李是刚到本单位一个月的新职工，还未受过系统的培训。由于最近工作量很大，组里人手不够，很多检定工作，组长就叫小李去做了。

【案例分析】 依据JJF 1069—2007《法定计量检定机构考核规范》6.4.7节要求：当设备由于过载或处置不当，出现故障时，比如给出可疑结果，不能正常工作等，应立即停止使用，并将设备上的合格标志改成停用标志。如果可能还应将这样的设备撤离工作现场，以防止误用。

根据JJF 1069—2007《法定计量检定机构考核规范》6.2节"人员"的有关要求，应配备足够的人员，制定对人员的管理、使用和培训的制度，并认真执行。

设备的状况对检定、校准结果的正确与否十分重要。一旦出现设备故障，必须按规定的程序进行处理，保证设备在修复后经检定、校准合格才能使用。同时必须采取措施，消除所有由于设备的故障对检定、校准的影响。小李没有记录，也不报告，还想悄悄找人修好的做法，显然是不符合要求的，这种做法对设备的安全也是很危险的。

使用人员应将设备故障情况如实记录在设备使用记录上，如故障发生的时间、地点、出现的不正常现象，由于什么原因，进行了什么处理等。然后，需要做两件事。一件是按规定的程序申请维修，经批准由专业人员实施，例如设备制造厂的维修部门，或设备的特约维修部门，或其他有资质的维修机构提供的维修服务。不能在未经批准的情况下擅自拆机维修。设备修好以后，必须经过检定或校准证明设备已经合格后，才能重新启用。第二件事是检查是否由于此设备故障，对之前用该设备进行的检定或校准结果造成了影响。例如在设备故障前后的检定或校准数据可能是不准确的，需要重新给予检定或校准。或者由于该设备的停用，可能对已受理的客户的仪器的检定或校准要因此而拖延，不能兑现对客户的承诺。此时要填写“不合格报告”，尽快采取相应的措施，尽量减少对客户利益造成的损害。

在处理这一设备故障问题时，要找到发生问题的原因，针对原因采取纠正措施，避免此事故再次发生。在此案例中，设备故障是由于操作设备的人员没有经过必要的培训，不能正确使用设备造成的。这个单位由于工作任务重，就让没有经过培训的人员独立操作设备进行检定或校准，这是错误的。检定、校准人员应经过必要的培训，具备相关的技术知识、法律知识和实际操作经验，按有关的规定经考核合格，并被授权后持证上岗。监督人员要在工作过程中，对新的职工和正在培训期间的职工给予重点监督。只有这样，才能避免这类事故的出现。

五、计量标准、测量设备量值溯源的实施

测量的溯源性是由能出示其资格、测量能力和溯源性证明的计量技术机构的检定或校准服务来保证的。由这些机构出具的检定/校准证书应表明通过一个不间断的校准链与国家基准相联系。检定证书和校准证书应包含测量结果及其不确定度或是否符合检定规程或校准规范中规定要求的结论。

计量技术机构用于检定、校准和检测的所有设备，包括对检定、校准、检测和抽样结果的准确性或有效性有显著影响的辅助测量设备（例如用于测量环境条件的设备），均应具有有效期内的检定或校准证书，以证明其溯源性。机构应制定设备检定或校准的程序和计划。

（一）测量设备量值溯源的实施

计量技术机构应编制和执行测量设备的周期检定或校准计划，以确保由本机构进行的检定、校准和检测可溯源到国家基准或社会公用计量标准。

（二）计量标准量值溯源的实施

计量技术机构应具有计量标准量值传递和溯源框图、周期检定的程序和计划。计量标准应由有资格的计量技术机构检定。机构所持有的计量标准器具应仅用于检定或校准，不能用于其他目的，除非能表明其作为计量标准的性能不会失效。计量标准在任何调整之前或之后均应检定或校准。

（三）标准物质量值溯源的实施

可能时，标准物质应溯源到国际单位制单位，或有证标准物质。只要技术和经济条件允许，应对内部标准物质进行核查。

（四）期间核查

应根据规定的程序和日程对计量基（标）准、传递标准或工作标准以及标准物质进行核查，以保持其检定或校准状态的可信度。

【案 例】 某单位的计量标准器具送到一个国家法定计量检定机构进行周期检定以后，检

定证书上显示，该计量标准器具已经过调整，并给出了调整前后示值误差的检定结果数据。在调整前的示值误差已超过了该仪器的最大允许误差，经调整后检定合格。请问，该单位取回计量标准器具和检定证书后应该做哪些工作？

【案例分析】 依据JJF 1069—2007《法定计量检定机构考核规范》6.4节“测量设备”的有关要求，该计量标准器具的保管人员和使用人员在将计量标准器具和检定证书取回后，应仔细阅读检定证书。当发现存在经调整后合格，且调整前示值误差已超过最大允许误差的情况时，应考虑该仪器送去检定之前，由于示值超差，可能已影响到此前用此计量标准器具进行的检定和校准结果的准确性。

有哪些仪器的检定、校准可能受到影响呢？应首先检查对此计量标准器做过的期间核查记录。如果期间核查的结果都显示仪器正常，那么标准器超差可能发生在最后一次期间核查到本次周期检定之前，应检查从最后一次期间核查以后进行的检定和校准的所有原始记录。对其中受到计量标准器具示值影响的数据进行分析。如果没有确实的把握确认检定和校准结果未受到标准器超差的影响，则此阶段所做过的检定和校准应重新试验，根据新的测量结果重新出具检定或校准证书，将情况向客户说明。如果对该计量标准器具没有进行过期间核查，那么从上次周期检定以后，直到本次周期检定之前都有发生标准器超差的可能性，就要对自上次检定以后使用该标准器进行的所有仪器的检定和校准，都要检查是否受到了计量标准器具超差的影响，并采取纠正措施，重新出具正确的检定或校准证书。也可以通过检查从上次周期检定到本次周期检定之间该计量标准器的使用记录、维护保养记录，从中发现有可能使计量标准器示值发生变化的疑点，重点检查疑点以后检定校准的原始记录。

该计量标准器具的保管人员和使用人员还应根据这台设备的具体情况，分析其超差的原因，针对原因采取纠正的措施，避免以后再出现这种问题。

六、与顾客有关的过程

计量技术机构与顾客有关的过程包括两个方面，一是要求、标书和合同的评审；二是服务顾客。

(一) 要求、标书和合同的评审

计量技术机构应建立和维持评审顾客要求、标书和合同的程序。这些为签订检定、校准或检测合同而进行评审的政策和程序应确保：

(1) 对顾客的要求予以明确、形成文件，并易于理解；

(2) 机构具有满足顾客要求的资格、能力和资源；

(3) 选择适当的、能满足顾客要求的检定、校准和检测方法。

与顾客要求之间的任何不同意见，应在工作开始之前得到解决。每项合同应符合法律、法规规定的要求，并得到机构和顾客双方的接受。同时，应保存评审的记录以及合同执行期间就顾客的要求或工作结果与顾客进行讨论的有关记录。

评审的内容应包括机构分包出去的所有工作。对合同的任何偏离均应通知顾客。如果在工作开始后需要修改合同，应重新进行同样的评审过程，并将所有修改内容通知所有受到影响的人员。

（二）服务顾客

计量技术机构对顾客开展检定、校准和检测等服务时，必须遵守政府计量行政部门或相关法律法规对有关工作质量、完成时间和收取费用等方面的规定。

机构应与顾客或其代表保持沟通与合作，以便明确顾客的要求与反馈，并在确保其他顾客机密的前提下，允许顾客到实验室监视与其工作有关的操作。

七、检定、校准、检测方法的选择和确认

检定、校准和检测方法是实施检定、校准和检测的技术依据。因此，计量技术机构必须高度重视检定、校准和检测方法的选择和确认等工作。

（一）基本要求

计量技术机构进行的所有检定、校准和检测应采用适当的方法和程序，包括抽样、处置、运输、储存和被检物品的准备，还包括检定、校准或检测数据的统计方法以及测量不确定度的评定。

机构人员在使用和操作所有相关的设备及在处置和准备被检物品时，应有使用说明书或必要的操作规程。所有与实验室工作有关的说明书、标准、手册和参考数据应保持现行有效版本并易于员工取阅。对校准或检测方法的偏离只有在该偏离在技术上认为合理的、已有文件规定或经授权、并取得计量行政部门或顾客同意的情况下才允许发生。

（二）方法的选择

（1）开展计量检定时，机构必须使用国家计量检定规程，如无国家计量检定规程，则可使用部门或地方计量检定规程。计量检定规程必须是现行有效版本。

（2）开展校准时，机构应使用满足顾客需要的、对所进行的校准适宜的校准方法，首先应使用国家制定的校准规范。如无国家校准规范，当顾客未指定所用的校准方法时，应尽可能选用公开发布的，如国际的、地区的或国家的标准或技术规范，或参考相应的计量检定规程，机构应确保其使用的标准或技术规范是现行有效的版本，必要时，应采用附加细则对标准或技术规范加以补充，以确保应用的一致性。

机构参考由知名的技术组织或有关科学书籍和期刊最新公布的，或由设备制造商指定的方法，依据 JJF 1071—2010《国家计量校准规范编写规则》制定的方法，应确认其满足机构的预期用途并经过验证和审批后使用。

所选用的方法应通知顾客。当认为顾客所提出的方法不合适或已过期时，机构应通知顾客。

（3）开展计量器具新产品型式评价时，应使用国家统一的型式评价大纲。如无国家统一制定的大纲，机构可根据国家计量技术规范 JJF 1015—2002《计量器具型式评价和型式批准通用规范》和 JJF 1016—2009《计量器具型式评价大纲编写导则》的要求拟定型式评价大纲。大纲应经科学论证，并由机构主管领导批准。

（4）开展商品量检测时，应使用国家统一的商品量检测技术规范，如无国家统一制定的技术规范，应执行由省级以上政府计量行政部门规定的检测方法。

（三）机构制定的方法

机构受政府计量行政部门的委托制定计量检定规程、校准规范或检测方法，或为其应用而制定校准或检测方法的工作应是一项有计划的活动，应指定有足够资源的有资格的人员进行。

计划应随制定的进度加以更新，并确保所有有关人员之间的有效沟通。

（四）非标准的方法

在检定规程、校准规范、检测技术规范或标准中未包含的方法称非标准方法。如必须使用非标准方法时，应征得顾客的同意。所制定的方法在使用前应经适当的确认，包括对顾客要求的明确说明以及校准或检测的目的。

（五）方法的确认

1．方法确认的概念

确认是通过核查并提供客观证据，以证实某一特定预期用途的特殊要求得到满足。

用于确定某方法性能的技术可以是下列情况之一，或是其组合：

（1）使用参考标准或标准物质进行校准；

（2）与其他方法所得的结果进行比较；

（3）实验室间比对；

（4）对影响结果的因素作系统性评审；

（5）根据对方法的理论原理和实践经验的科学理解，对所得结果不确定度进行的评定。

按预期用途对由所确认的方法得到的测量结果进行评价，必要时还对检出限、选择性、线性、重复性和（或）复现性、灵敏度等计量特性进行评价。由客观证据证明该方法的测量范围和测量不确定度以及上述有关特性满足预期的用途。

2．方法确认的要求

机构需要做方法确认的范围：非标准方法、机构自行制定的方法、超出其预定范围使用的标准方法、扩充和修改过的标准方法进行确认。

确认的目的：证实该方法适用于预期的用途。确认应尽可能全面，以满足预定用途或应用领域的需要。

确认记录：机构应记录确认所获得的结果、使用的确认程序以及该方法是否适合预期用途的结论。

【案 例】 某法定计量检定机构在接受评审组评审时，某评审员在一间实验室对其申请考核的一个项目进行评审。评审员询问检定人员这一项目是依据什么文件实施检定、校准的，检定人员立刻拿出所依据的国家计量检定规程，并告诉评审员这一规程今年进行了修订，我们已经换了最新版本的检定规程。评审员随后检查了该项目使用的设备、环境条件，以及进行检定、校准的原始记录。评审员发现其设备并未按新规程进行补充，原始记录的格式仍然是修订前的内容。评审员让检定人员说说新旧规程有什么不同，他们认为两者差不多。

【案例分析】 依据 JJF 1069—2007《法定计量检定机构考核规范》7.3 节中关于“检定、校准和检测方法”的有关规定：开展检定、校准、检测必须执行适合的规程、规范、大纲和检验规则，这些规程、规范、大纲和检验规则必须是现行有效版本。

本案例中的检定人员在检定、校准所依据的方法文件被修订后，没有通过学习正确理解掌握新版本的检定规程，使现行有效的检定规程没有得到认真的执行，这样就不能保证检定、校准结果的质量。

当新的规程、规范等文件颁布后，负责文件管理的部门不仅要及时收集新的版本，并负责将使用人员领用的旧版本收回，发给新的版本(在此案例中这一步已经做到)，更换新的版本是为了执行，因此更重要的是要尽快组织规程、规范的使用人员学习。如果有权威机构组织的宣贯培训，要尽可能参加。如果没有外部组织的培训，机构内部要组织学习、研讨，尽快掌握和正确理解新版本的要点。然后对照新版本检查原来使用的标准器、配套设备以及环境条件等硬件设施是否符合新版本的要求。如果不符合，应提出需要改造、补充新设备的申请，尽快实施改造和购置。同时检查相关的原始记录格式，检定、校准操作的作业指导书等软件是否符合新版本要求，按新要求修改原始记录格式，修订作业指导书等。制订实施新版本规程、规范的工作计划，确定开始执行新规程、规范的具体时间。检定、校准人员应按照工作计划进行准备，当硬件条件具备，软件进行了修改后，按新版本试运行。同时对人员进行实际操作的培训，重新分析测量结果的不确定度，给出新的校准测量能力。在做好所有准备工作以后，正式按新版本执行。

八、检定、校准、检测物品的处置

计量技术机构应有用于检定、校准和检测物品的运输、接受、处置、保护、存储、保留和(或)清理的程序，包括为保护检定、校准和检测物品完整性以及机构与顾客利益所需的全部条款。

机构应有对被检定、校准和检测物品的标识规定。物品在检定、校准和检测过程中在机构内外运转的全过程应保留该标识。标识的设计和使用应确保物品不会在实物上或在涉及的记录和其他文件中混淆。如果合适，标识应包含物品群组的细分和物品在实验室内外部的传递状态。

在接受检定、校准和检测物品时，应记录异常情况或对检定、校准或检测方法中所规定条件的偏离。当对物品是否适合检定、校准或检测有疑问，或当物品不符合所提供的描述，或对所要求的检定、校准和检测规定不够详尽时，机构应在工作前询问顾客，以得到进一步的说明，并记录下讨论的内容。

机构应有程序和适当的设施避免检定、校准和检测物品在存储、处置和准备过程中发生性能退化、丢失或损坏。应遵守随物品提供的处理说明。当物品需要被存放在规定的环境条件下时，机构应对存放和安全做出安排，以保护该物品或其有关部分的状态和完整性。

九、检定、校准、检测中抽样的控制

抽样是一种按规定的程序，从物质、模片、材料或产品的总体中抽取一部分，为检定、校准或检测提供有代表性的样本。抽样也可能是被测或被校物质、模片、材料或产品的相应技术规范所要求的。

为了确保抽样工作的科学性、公正性和有效性，计量技术机构应对检定、校准和检测中的抽样实施以下三个方面的控制：

（1）计量技术机构为实施检定、校准或检测而涉及对物质、材料或产品进行抽样时，应有抽样计划和程序。抽样计划应根据适当的统计方法制定。对商品量检测的抽样方法，国家有规定的按其规定执行。抽样过程应注意需要控制的因素，以确保检定、校准和检测结果的有效性。

（2）在实施抽样时，如果顾客对文件规定的抽样程序有偏离、增加或删节的要求时，应详细记录这些要求和相关的抽样资料，并记入包括检定、校准和检测结果的所有文件中，同时告知相关人员。

（3）当抽样作为检定、校准和检测工作的一部分时，机构应有程序记录与抽样有关的资料和操作。这些记录应包括所用的抽样程序、抽样人员的识别、环境条件（如果相关）、必要时有抽样地点的图示或其他等效方法，如果适用，还应包括抽样程序所依据的统计方法。

十、检定、校准、检测的质量保证

为了达到保证检定、校准和检测的质量的目标，必须对检定、校准和检测实施过程和实施结果两个方面进行有效地控制，对控制获得的数据进行分析，并且采取相应的措施。

（一）影响检定、校准和检测过程质量的因素的控制

对检定、校准和检测过程质量的控制，就是对检定、校准和检测过程中所涉及的测量设备、测量方法、环境条件和人员操作技能等可能影响结果准确性的因素分别实施有效的控制。

检定、校准和检测人员应获得相应的资格证书；测量标准或测量设备经检定或校准，证明满足使用要求并具有溯源性；检定必须以检定规程为依据，校准应执行有关规范和要求，必要时应编制操作规程。检测应执行国家或行业的技术规范或标准、型式评价大纲或有关的技术标准；环境条件控制到符合规程、规范或标准规定的要求。

此外，应有检定、校准和检测过程中出现异常现象或突然的外界干扰时的处理办法（如设备故障、仪器损坏、人身安全事故等情况的处理程序）。

（二）检定、校准和检测结果的控制

计量技术机构应有质量控制程序以监控检定、校准和检测结果的有效性。所得数据的记录方式应便于发现其发展趋势，如可行，应采用统计技术对结果进行审查。这种监控应有计划并加以评审，监控方法有（但不限于）下列几种：

（1）定期使用一级或二级有证标准物质进行内部质量控制；

（2）参加实验室间的比对或能力验证计划；

（3）利用相同或不相同方法进行重复检定、校准或检测；

（4）对保留的物品进行再检定、校准或检测；

（5）分析一个物品不同特性结果间的相关性。

（三）质量控制数据分析

应分析质量数据，当发现质量控制数据将超出预先确定的判据时，应采取已计划的措施来纠正出现的问题，并防止报告错误的结果。

十一、原始记录和数据处理

计量技术机构对原始记录和数据处理的管理应符合以下要求：

（1）机构应按规定的期限保存原始记录，包括得出检定、校准和检测结果的原始观测数据及其导出数据，被检定、校准和检测的物品的信息记录，实施检定、校准和检测时的人员、设备和环境条件及依据的方法的记录和数据处理记录。并按规定要求保留出具的检定证书、校准证书和检测报告的副本。

（2）每份检定、校准或检测记录应包含足够的信息，以便于在可能时识别不确定度的影响因素，并保证该检定、校准或检测在尽可能与原来条件接近的条件下能够复现。记录应包括负责抽样的人员，各项检定、校准和检测的执行人员和结果核验人员的签名。

（3）观测结果、数据和计算应在工作时予以记录，并能按照特定的任务分类识别。

（4）当在记录中发生错误时，对每一错误应划改，不可擦掉或涂掉，以免字迹模糊或消失，并将正确值填写在其旁边。对记录的所有改动应有改动人的签名或盖章。对电子存储的记录也应采取同等措施，以避免原始数据的丢失或更改。

【案 例】 计量校准人员小王有这样的工作习惯，他每次进行实验操作时先将实验数据和计算记录在一张草稿纸上。待做完实验后，再将数据和计算结果整整齐齐地抄在按规定印有记录格式的记录纸上，草稿纸则不再保存。有一次，因对某仪器的校准结果引起关于仪器质量的索赔纠纷，用户方告到法院，将通过法院裁决。这台仪器正是校准人员小王校准和出具校准证书的。法院在调查时要求提供校准原始记录，但由于提供的是抄件，法院认为不能作为凭证，给调查和判断造成麻烦。

【案例分析】 依据JJF 1069—2007《法定计量检定机构考核规范》7.10“原始记录和数据处理”的要求，原始记录必须是当时记录的，不能事后追记或补记，也不能以重新抄过的记录代替原始记录。检定、校准人员必须要改掉用草稿纸记录以后重抄的习惯。原始记录必须做到真实客观，信息量足够，能从中了解到不确定度的重要影响因素，在需要时能在尽可能与原来条件接近的条件下使检定或校准实验重现。重抄的记录不能作为原始记录，也不能作为其承担法律责任的凭证。在重抄过程中很容易发生错漏，导致结果不可靠。必须记录客观事实，直接观察到的现象，记录读取的数据和数据处理的过程，不得虚构记录，伪造数据。证书、报告在各种执法活动中是重要凭证，而证书、报告是依据原始记录编制的，因此必须保证原始记录的真实和信息的完整。为此，必须使用按规定设计的记录格式；记录要有编号、页号；要包含足够的信息；要符合记录书写要求和修改要求；要按规定在原始记录上亲笔签名；按规定的保存期限妥善保存。

十二、检定、校准、检测结果的报告

计量检定证书、校准证书和检测报告是计量技术机构向顾客提供的具有法律效力的最终产品，是机构检定、校准和检测工作质量的具体体现。证书和报告的准确性和可靠性直接关系顾客的切身利益，也关系计量技术机构自身的形象和信誉。计量技术机构对证书和报告的管理应符合以下八个方面的要求。

(一) 基本要求

计量技术机构应准确、清晰和客观地报告每一项检定、校准和检测的结果,并符合检定、校准和检测方法中规定的要求。

结果通常是以检定证书(或检定结果通知书)、校准证书或检测报告的形式出具,并应包括顾客要求的,说明检定、校准和检测结果所必需的和所用方法要求的全部信息。只有在与顾客签订书面协议的情况下,可用简化的方式报告结果。

(二) 检定证书

机构进行检定工作,必须按《计量检定印、证管理办法》的规定,对检定合格的计量器具,出具检定证书或加盖检定合格印。当被检定的仪器已被调整或修理时,如果可获得,应保留调整或修理前后的检定记录,并报告调整或修理前后的检定结果。

(三) 校准证书

计量技术机构进行校准工作,应出具校准证书,并应符合相关的技术规范的规定。校准证书应仅与量和功能性检测的结果有关,校准证书中给出校准值或修正值时,应同时给出它们的不确定度。校准证书中,如欲做出符合某规范的说明时,应指明符合或不符合该规范的那些条款。如符合某规范的声明中略去了测量结果和相关的不确定度时,机构应记录并保持这些结果,以备日后查阅。做出符合性声明时,应考虑测量不确定度。

当被校准的仪器已被调整或修理时,如果可获得,应报告调整或修理前后的校准结果。

校准证书一般不应包含对校准时间间隔的建议,除非顾客有要求并已与顾客达成协议。

(四) 检测报告

机构进行商品量检测和计量器具型式评价等计量检测工作,必须按计量行政部门规定的要求出具相应的检测报告。

(五) 意见和解释

当证书中包含意见和解释时,意见和解释应被清晰标注。检测报告中包含的意见和解释可以包括(但不限于)下列内容:

(1) 关于结果符合或不符合要求的说明;

(2) 合同的履行情况;

(3) 如何使用结果的建议;

(4) 用于改进的指导意见。

(六) 证书和报告的格式

证书和报告的格式应设计成适用于所进行的检定、校准或检测类型,并尽量减小产生误解或误用的可能性。检定证书的格式应按《计量检定印、证管理办法》和计量检定规程的要求设计。

(七) 证书和报告的修改

检定证书、校准证书和检测报告在发布后要作内容的修改时,只能以追加文件或资料调换的形式进行，并应包括“对序号为×××（或其他标识）的检定证书（或校准证书、检测报告）的补充文件”的声明，或其他等效的文字形式。

如必须出具一份完整的、新的检定证书、校准证书或检测报告时，应对新的证书重新给予编号，并声明本证书或报告代替“检定证书×××号”或“校准证书×××号”，或“检测报告×××号”，原证书/报告作废。

（八）证书和报告的保管

应对计量检定证书、校准证书和检测报告的管理和保存制定管理程序。证书专用印章应有专人保管。

十三、不合格的控制

计量技术机构应具有当检定、校准和检测工作或工作结果不符合管理体系的要求时应执行的政策和程序。该政策和程序应保证：

（1）确定对不合格工作进行管理的责任和权限，规定当不合格工作被确定时所采取的措施（包括必要时暂停工作，扣发检定证书、校准证书和检测报告）；

（2）对不合格工作的严重性进行评价；

（3）立即进行纠正，同时对不合格工作的可接受性做出决定；

（4）必要时，通知顾客并取消工作；

（5）确定批准恢复工作的职责。

对质量管理体系或检定、校准或检测活动的不合格工作或问题的鉴别，可能在质量管理体系和技术运作的某些环节进行，例如顾客投诉、质量控制、仪器校准、消耗材料的核查、对员工的考察或监督、检定证书、校准证书和检测报告的核查、管理评审、内部审核和外部考核。

当评价表明不合格工作可能再度发生，或对机构运作的符合性产生怀疑时，应立即执行管理体系所规定的纠正措施程序。

十四、内部审核和管理评审的实施

（一）内部审核的实施

（1）计量技术机构应根据预先制定的日程表和程序定期对其活动进行内部审核，以验证其运行持续符合质量管理体系和规范的要求，确保其符合性。内部审核计划应涉及管理体系的全部要素，包括检定、校准和检测活动。质量负责人应按照日程表的要求和管理层的需要，策划和组织内部审核。审核应由经过培训和具备资格的人员执行，审核人员应独立于被审核的活动，即内审人员不要审核自己负责的工作。

（2）当审核中发现机构所进行的活动不符合质量管理体系文件的规定时，机构应及时采取纠正措施。如果调查表明机构给出的结果可能已受影响时，应书面通知顾客。

（3）应记录审核活动的领域、审核发现的情况和采取的纠正措施。

（4）应对审核活动进行跟踪，并验证和记录纠正措施的实施情况及有效性。

(二) 管理评审的实施

(1) 计量技术机构负责人应根据预定的计划和程序,定期对机构的管理体系以及检定、校准和检测工作进行评审,以确保其持续的适宜性、充分性和有效性,并应保持管理评审的记录。

(2) 管理评审的输入应包括以下方面的信息:

① 政策和程序的适宜性分析;

② 监督人员和管理人员的报告;

③ 近期内部审核的结果;

④ 纠正措施和预防措施的执行情况;

⑤ 由外部机构进行评审的结果;

⑥ 能力验证或实验室间比对的结果;

⑦ 工作量和工作类型的变化情况;

⑧ 顾客的反馈意见;

⑨ 投诉情况;

⑩ 改进的建议;

⑪ 其他相关因素,如质量控制活动、资源以及员工培训等。

(3) 管理评审的输出应包括与以下方面有关的决定和措施:

① 质量管理体系及其过程有效性的改进,包括质量方针和质量目标的修订;

② 与顾客要求有关的检定、校准和检测的改进;

③ 关于资源需求(包括人、财、物)的决策。

机构负责人应确保上述决定和措施在适当和约定的时限内得到实施。

十五、纠正措施和预防措施的制定和实施

(一) 纠正措施

纠正措施是指“为消除已发现的不合格或其他不期望情况的原因所采取的措施”。

计量技术机构应采取措施,以消除不合格的原因,防止不合格的再发生。纠正措施应与所遇到不合格的影响程度相适应。

应编制形成文件的程序,规定以下方面的要求:

(1) 识别和找到出现的不合格现象(包括内部审核或外部评审、质量监督、顾客投诉等来源);

(2) 查找和确定不合格的原因;

(3) 评价确保不合格不再发生的措施的需求;

(4) 确定和实施所需的措施;

(5) 记录所采取措施及采取措施后的效果;

(6) 评审所采取的纠正措施。

当不合格或偏离会导致对机构符合其政策和程序,或符合 JJF 1069—2007《法定计量检定机构考核规范》或有关标准产生怀疑时,机构应尽快对相关活动区域进行附加审核。

(二) 预防措施

预防措施是指为消除潜在不合格或其他潜在不期望情况的原因所采取的措施。采取预防措施是为了防止不合格的发生,也是对计量技术机构的检定、校准和检测技术以及管理体系实施改进的极好机会。

计量技术机构应制定措施,以消除潜在不合格的原因,防止不合格的发生。预防措施应与潜在的问题的影响程度相适应。

应编制形成文件的程序,规定以下方面的要求:

(1) 分析和确定潜在不合格及其原因;

(2) 评价防止不合格发生的措施的需求和时机;

(3) 确定和实施所需的预防措施;

(4) 记录所采取的措施及采取措施后的效果;

(5) 评审所采取的预防措施。

十六、管理体系的持续改进

(1) “持续改进”是质量管理原则的核心。由于计量技术机构是以满足顾客和法律法规的要求为主要关注焦点,而顾客和法律法规的要求是不断变化的,所以要提高顾客满意的程度,符合法律法规的要求,就必须持续改进。

(2) 计量技术机构要不断寻求对质量管理体系进行改进的机会,以实现质量管理体系所设定的目标(质量方针、总体目标)。改进措施可以是日常渐进的改进活动,也可以是重大的战略性改进活动,机构在管理体系的建立和运行过程中尤其应关注日常渐进的改进活动。

(3) 为了促进管理体系有效性的持续改进,计量技术机构应考虑以下活动:

① 通过质量方针和总体目标的建立,营造一个激励改进的氛围并开展相关活动;

② 利用内部审核的结果来不断发现管理体系的薄弱环节;

③ 通过分析,找出顾客的不满意,检定、校准和检测未满足要求,过程不稳定等诸多不符合项;

④ 采取必要的预防措施和纠正措施,避免不合格的发生或再发生;

⑤ 通过在管理评审活动中对管理体系的适宜性、充分性和有效性的充分评价,持续改进管理体系。

习题及参考答案

一、习 题

(一) 思考题

1. 计量技术机构应具备哪些基本的条件?

2. 计量技术机构如何保证所开展工作的公正性?

3. 计量技术机构的质量管理体系文件应包括哪些主要内容?

4. 为保证检定、校准和检测工作的正常开展,计量技术机构应具有哪些必须的资源?

5. 计量技术机构应如何保证所有计量标准和测量设备的溯源性?

6．检定、校准和检测工作的实施包括哪些基本的过程？

7．计量技术机构应如何保证检定、校准和检测工作的质量？

8．对检定、校准和检测结果的报告有哪些基本的要求？

9．计量技术机构为何要实施质量管理体系的持续改进？如何实施持续改进？

10．为何要实施纠正措施和预防措施？纠正措施和预防措施有何区别？

11．什么是内部审核？什么是管理评审？

12．内部审核与管理评审的区别与联系是什么？

（二）选择题（单选）

1．计量技术机构进行计量检定必须配备__________。

A．抽样设备　　B．测量设备

C．检测设备　　D．计量标准

2．开展校准时，机构应使用满足__________的、对所进行的校准适宜的校准方法。

A．仪器生产厂要求　　B．计量检定机构要求

C．顾客需要　　D．以上全部

3．开展商品量检测时，应使用国家统一的商品量检测技术规范，如无国家统一制定的技术规范，应执行由__________规定的检测方法。

A．省级以上政府计量行政部门　　B．县级以上政府计量行政部门

C．国家质量监督检验检疫总局　　D．计量检定机构

4．为了达到保证检定、校准和检测质量的目标，必须对检定、校准和检测的__________两个方面进行全面有效地控制，对控制获得的数据进行分析，并且采取相应的措施。

A．原始记录和证书报告　　B．实施过程和实施结果

C．人员和设备　　D．检测方法和检测设备

5．检定、校准和检测结果的原始观测数据应在__________予以记录。

A．工作前　　B．工作时

C．工作后　　D．以上都可以

6．计量技术机构采取纠正措施的目的是__________。

A．查找不合格　　B．查找不合格原因

C．消除不合格　　D．消除不合格原因

（三）选择题（多选）

1．管理体系文件是计量技术机构所建立的管理体系的文件化的载体。制定管理体系文件应满足以下要求：__________。

A．计量技术机构应将其政策、制度、计划、程序和作业指导书制定成文件

B．应确保机构对检定、校准和检测工作的质量管理达到保证测量结果质量的程度

C．所有体系文件均应经最高领导批准、发布后正式运行

D．体系文件应传达至有关人员，并被其理解、获取和执行

2．质量管理体系文件通常包括__________。

A．质量方针和质量目标　　B．质量手册、程序文件和作业指导书

C．党政管理制度　　D．人事制度

3．决定计量技术机构检定、校准和检测的正确性和可靠性的资源包括__________。

A．人员和测量设备　　B．设施和环境条件

C. 检定、校准和检测方法　　D. 与顾客的良好关系

4. 对出具的计量检定证书和校准证书，以下＿＿＿＿＿项要求是必须满足的基本要求。

A. 应准确、清晰和客观地报告每一项检定、校准和检测的结果

B. 应给出检定或校准的日期及有效期

C. 出具的检定、校准证书上应有责任人签字并加盖单位专用章

D. 证书的格式和内容应符合相应技术规范的规定

5. 每份检定、校准或检测记录应包含足够的信息，以便必要时＿＿＿＿＿。

A. 追溯环境因素对测量结果的影响　　B. 追溯测量设备对测量结果的影响

C. 追溯测量误差的大小　　D. 在接近原来条件下复现测量结果

二、参考答案

（一）思考题（略）

（二）选择题（单选）：1. D；　2. C；　3. A；　4. B；　5. B；　6. D。

（三）选择题（多选）：1. A B D；　2. A B；　3. A B C；　4. A C D；　5. A B D。

第七节　计量安全防护

一、计量安全防护的定义

随着社会的进步和经济的发展，与职业工作环境条件密切相关的、涉及影响人们健康与安全的问题越来越受到公众的普遍关注。各国政府、有关部门和产业界都从不同的角度研究如何不断改善从业人员的职业工作环境，从而促进从业人员的健康与安全。我国制定了有关职业健康安全的法律、法规、规章和标准，《中华人民共和国宪法》确定了我国职业健康安全法规的基本原则；《中华人民共和国劳动法》、《中华人民共和国安全生产法》、《中华人民共和国职业病防治法》确定了我国职业健康安全法规的基本内容。我国职业健康安全法规规定的内容可概括为：事故预防、事故处理、法律责任三个主要方面。在事故预防方面的法规要求基本可概括为四个方面：人员与设施，设备与物品，作业环境，管理。为了消除、限制或预防劳动过程中的危险和有害因素，保护职工安全和健康，保障设备安全和生产正常运行，我国制定了大量的职业健康安全标准，如：GB/T 28001—2001《职业健康安全管理体系 规范》和 GB/T 28002—2002《职业健康安全管理体系 指南》。国家计量技术规范 JJF 1069—2007《法定计量检定机构考核规范》对计量安全防护也提出了相应的要求。保障计量人员的职业健康安全是计量工作中一项十分重要的内容。

计量安全防护是指在计量工作及相关活动中人员、设备的安全和防护问题。劳动保护是我国的一项基本国策，就此而言，计量安全防护是要保护计量工作人员在日常工作过程中的安全与健康。换言之，计量安全防护是指计量工作人员在从事计量工作或相关活动过程中获得符合国家法律、法规所规定的劳动安全保障条件，建立安全健康风险意识，贯彻“安全第一、预防为主”的安全生产管理的基本方针，从而预防事故发生和控制职业危害。

安全泛指没有危险、不受威胁和不出事故的状态。而危险是指可能导致人身伤害或疾病、设备或财产损失以及工作环境破坏的状态。事故就是造成人员死亡、疾病（职业病）、伤害、损坏及其他损失的意外情况。事故是突然发生的，安全防护就是防止事故发生和保护人员与设

备安全所采取的措施。

为了做好安全防护工作，就必须进行危险源辨识和风险评估。危险源是指可能导致人身伤害或疾病、财产损失、工作环境破坏或这些情况组合的根源或状态。危险源辨识就是认识危险源的存在并确定其特性的过程。危险源可能会引起事故的发生，某一个或某些危险源引发事故的可能性和其可能造成的后果称之为风险。

二、计量安全防护的基本方法和要点

（一）计量工作的特点

计量工作涉及操作人员、测量标准、设施、设备、测量方法、被测对象、测量数据等许多方面，计量安全防护必须根据计量工作的特点进行。计量工作有如下特点：

（1）计量涉及的专业面广。从大力值的测力设备到高电压设备、电离辐射源、射频辐射源，以及各种化学试剂、标准物质等，许多方面都会涉及安全风险。

（2）计量要求的环境条件严格。为达到计量标准的高准确度和高稳定性，往往需要采用恒温、防振、屏蔽等控制环境条件的设施，长期处于这些设施中可能会对人员的健康有影响。

（3）计量标准及其配套仪器设备价格昂贵。一旦由于火灾、爆炸或其他因素造成设备损坏，不仅财产损失严重，并且由于计量单位服务面广，会波及影响到量值传递工作的正常进行。

（4）计量所依据的方法由法规性文件加以控制。计量人员必须执行检定规程或校准规范，一些实验室还制定了操作规程，因此可以在制定规程或规范时对本专业存在的危险源提出防范措施和严格的操作要求。计量的这个特点有利于安全防护。

（二）计量安全防护的基本方法

（1）辨识危险源，找到不安全因素；

（2）通过风险评估，分析危险源可能带来的危害程度，采取适当措施进行风险控制，规划防护设施和应急措施；

（3）起草操作规范和安全防护规范；

（4）最大限度地为计量人员提供安全防护；

（5）实施计量过程的安全管理，保障计量人员的人身安全。

（三）计量安全防护的要点

危险源可能的来源也就是计量安全防护要重视的要点，大致如下：

（1）物理因素：例如：噪声、振动、强光、气压（低压/高压）、电离辐射、强电磁场辐射；

（2）生物因素：例如：细菌、病毒；

（3）化学因素：例如：汞、苯、硫酸、铅、溶剂；

（4）环境因素：例如：窒息、脱水、吸入微粒、温度过高或过低；

（5）火灾危险：例如：爆炸、烟熏（有毒气体/有毒蒸气）、高腐蚀化学物质、汽油；

（6）机械因素：例如：压缩空气/高压水流（例如切屑液流）、超负荷、切断、拉伸、缠绕、磨损、碰撞、剪切、刺穿；高处坠落、尖锐物体刺伤、设备运输中磕碰、滑倒或绊倒；

(7) 心理因素：例如：压力、暴力、灾害、抑郁等引起的社会心理问题。

上述涉及的只是一般性地描述了部分专业、场所的安全问题和防护要点，为计量人员考虑安全防护提供参考。计量人员应以此为基础，识别自己从事的专业和项目中的危险源，评估其风险，通过改善、维护和运行健康安全防护体系，不断完善自身和计量基、标准的安全。

危险源的识别应从涉及人员、场所和活动加以考虑，例如：实验室的固定人员、临时人员和来访人员；固定场所中进行的计量活动和非固定场所、用户现场进行的计量活动；日常的计量活动和计量活动前的准备阶段、后续的收尾工作；量值溯源活动，设施、设备的维护、维修活动等。

三、影响计量人员或仪器设备安全的危险源分析及防护措施

(一) 恒温环境

为了保证计量的量值准确，减少环境对测量结果的影响，计量实验室往往需要控制室内环境的温度、湿度。对实验室内空气的流速进行必要的控制。与此同时，为了保证温度的稳定和节约能源，降低成本，往往实验室环境条件控制系统采用循环空气，影响了新鲜空气量的进入。

因此，在计量实验室工作的人员可能面临下列危险源：

(1) 空气中的化学成分：如房屋装修造成的污染，设备排出的气体，清洁剂、实验用化学试剂、实验过程中产生的物质，人员呼出的二氧化碳等；

(2) 实验室内外温度差对人体造成的不良刺激；

(3) 空调恒温造成的人体舒适性降低或局部温度过低等影响。

这些危险源，对于工作人员而言，可能不会迅速构成伤害。但是长期的积累可能造成工作人员的体质下降，出现关节炎或局部不适，如背疼等危害。

防护措施：可采取包括加强新风量、减少污染源和加强人员防护等措施降低风险。改变新鲜空气占循环空气量的比例，是决定实验室内空气清洁程度的重要因素。恒温室内应避免化学气体(清洁剂、设备排出的气体、仪器构成物质的泄出、标准试剂)的产生；必须使用清洁剂等化学物质时，应采用直排系统，将产生的有害气体排出室外。送风速度、送风温度及空气品质对室内工作的人员舒适性和长期健康的影响较大。例如，由于较大的气流速度对舒适性的影响非常大，在必须采用大流量空调系统时，工作人员必须采取保温措施，避免局部体温下降造成的身体伤害。

(二) 环境空间

计量实验室是从事计量工作的基础设施，为计量基准或标准提供实验场地和环境条件，用于保存计量基准、标准的仪器和设备，保存测量记录等。

作为提供工作场所和工作条件的计量实验室，其危险源可能包括下列方面：

(1) 建筑材料中逐步释放或在发生火灾时释放的有害化学物质；

(2) 实验室功能空间和通道的划分不合理或过于紧张，物品存放、日常操作、人员和车辆通行等过程中的任何失误就可能造成事故；

(3) 缺乏必要的辅助设备用于搬运、安装被测物品，容易造成人员伤害；

(4) 具有机械伤害、辐射伤害等的危险场地防护设施不完善或标识不明显；

（5）危险监测系统和应急处理设施，如烟雾探测器、喷淋灭火或适用的消防设施配置不合理或不充足，影响发生火灾的及时发现和处理；

（6）报警设施不具备或不明显；应急设施，如绷带等急救物品及化学污染冲洗设施、紧急出口等安全设施不充分。

这些危险源，在处理不当时，可以造成非常不良的后果。例如建筑或装饰材料的错误选择，可能造成失火时产生毒气，使人窒息；又如缺乏报警设施，如不具备火警紧急按钮，电话需要拨前置号码，但在电话机处没有明显标识，在紧急情况下，可能由于慌乱，电话无法拨通，造成报警的延误，使人员和仪器设备严重受损。

防护措施：加强日常安全管理，消除潜在危险，或采取措施，降低风险。例如，对危险区域进行提示，对高危区域（例如操作放射源时对辐射区域）进行信号提示和入口锁闭，防止人员误入造成危害。

（三）机械伤害

机械伤害是物件之间的相互运动将人体或设备局部受到挤压、碰撞、撞击、夹断、剪切、割伤和擦伤、卡位或缠住，而造成的伤害。

在实验室内搬运大型仪器、标准器和被测件，或对基、标准仪器进行检修维护、对被测样品进行清洗时，这些设备的意外运动，标准器和被测件放置不稳定造成的滑动，以及仪器设备、被测件表面的尖利部分均是造成操作人员机械伤害的危险源。机械对人体造成的伤害，轻则剧痛出血，重则肢体伤残，危及生命。

除了上述机械伤害以外，还要防止搬运大型仪器、标准器和被测件时由于超过人力承受能力造成的人员肌肉拉伤，以及由此引起的其他机械伤害。

防护措施：应该对实验室的日常工作进行评估，采取防止机械伤害的措施。例如：配备适当的起重设备，人员佩戴适当的保护用具（如防护手套和防护鞋等），在检修等非正常状态时放置禁止操作标识等措施，按照规定的程序安放和处理被测样品。

同时，为了及时处理机械损伤，在工作场所配备急救用品，制定应急预案，在发生机械伤害时根据损伤程度及时采取必要措施，可以最大限度地减小机械伤害造成的损伤。

（四）用电安全

电流通过人体，它产生的热效应会造成人体电灼伤甚至死亡，引起的化学效应会造成电烙印和皮肤金属化；电流通过导线或设备运行时产生的电磁场对人体的辐射会导致人员头晕、乏力和神经衰弱；设备老化或维护不良，造成接触不良或绝缘能力下降，容易引起局部过热或放电火花，造成火灾。

防护措施：

（1）各种开关、插头插座等均采用符合安全标准的合格产品，电线的布置符合安全规范，电气设备使用接地线，不超负荷用电，安装触电保安器等，避免漏电、过热引起的触电或火灾风险，避免意外触电引起的人员伤害；

（2）带电接头、电磁场周围均采取加防护罩等方式进行防护，避免意外触电、被辐射的风险；

（3）采取标识和围挡措施，避免人员过分靠近危险区域，避免意外触电、被辐射的风险；

（4）安装保险丝或限流开关等，防止过大的电流引起的火灾风险；

（5）为相关人员配备必要的防护用品，如绝缘鞋、绝缘手套等，避免意外触电风险；

（6）对特别危险的工作，采取机器、机械手、自动控制器或机器人代替人到现场进行操作，避免意外触电、被辐射的风险。

（五）化学毒物安全

化学计量和生物计量涉及许多化学物质。其他的计量专业，也会用到部分化学物质作为溶剂、清洁剂或燃料等。许多化学物质具有易燃、易爆、有毒等特性，需要特别防范。

就化学物质的毒性而言，凡作用于人体并产生有害作用的物质都称毒物。毒物侵入人体后与人体组织发生化学或物理化学作用，并在一定条件下破坏人体的正常生理机能，引起某些器官和系统发生暂时性或永久性的病变，这种病变称中毒。在劳动过程中工业毒物引起的中毒称职业中毒。

毒物的含义是相对的，一方面，物质只有在特定条件下作用于人体才具有毒性；另一方面，任何物质只要具备了一定的条件，就可能出现毒害作用。具体讲某物质是否是毒物，与它的数量及作用条件直接相关，这就是说，虽然在体内有潜在性有毒物质存在，但并不意味着发生了中毒。在人体内，含有一定数量的铅、汞，但不能说由于这些物质的存在就判定发生了中毒。

因此，分析采用化学物质的计量工作中存在的危险源时，应该找出在计量工作中和计量工作环境中可能使用到的、过量接触会对人体健康产生影响的化学物质。通过分析这些化学物质对人体健康产生影响的途径和数量，分析可以采取的预防措施的可能性，评估计量活动中化学毒物对工作人员健康和安全的风险。

毒物进入人体的途径有三种，即呼吸道、消化道和皮肤，但最主要的是呼吸道，其次是皮肤，而经过消化道进入的仅在特殊情况下发生。因此，预防计量人员中毒，主要是确定工作场所中工作时容许毒物的最高允许浓度，以限制工作场所空气中有害物质的浓度。在这种极限浓度下工作，无论短时间或长时间的接触毒物，对人体均无特别危害。规定容许毒物的最高允许浓度时，应考虑有些化学物质具有在人体内积累的效应，即容许毒物的最高允许浓度应保证工作人员长期在此环境下工作也不会致病。

防护措施：

（1）防毒技术措施包括预防和净化回收措施两部分。预防措施是指尽量减少人与毒物直接接触的措施；而净化回收措施是指由于受工作条件的限制，仍存在有毒物质散逸的情况下，可采用通风排毒的方法将有毒物质收集起来，再用各种净化法消除其危害。

（2）个人防护措施是防止毒物进入人体的最后一道防线，要根据毒物进入人体的途径采取有效的防护措施。

① 呼吸防护：用于防毒的呼吸防护器具大致可分为两类：过滤式防毒呼吸器和隔离式防毒呼吸器。

② 过滤式防毒呼吸器主要有过滤防毒面具和过滤防毒口罩。它们的一个主要部件是一个面具或口罩，后面接一个滤毒罐。它们的净化过程是先将吸入空气中的有害粉尘等物质阻止在滤网外，过滤后的有毒气体再经过滤毒罐进行化学或物理吸附（吸收）。滤毒罐是针对特定毒物，并有有效期，使用前应进行检查。有毒气体的浓度超过1%或者空气中含氧量低于18%时，不能使用过滤式防毒呼吸器，应采取隔离式呼吸器，使供气系统和现场空气隔绝，从而可以在毒物浓度较高的环境中使用。

③ 皮肤本身是人体具有保护作用的屏障，因此水溶性物质不能通过无损的皮肤进入人体内。但当水溶性物质与脂溶性或类脂溶性物质（如有机磷化合物和某些金属有机化合物）共存时，就有可能通过皮肤进入人体。必须采取皮肤防护措施：如工作服、工作帽、工作鞋、手套、口罩、眼镜等，这些防护品可以避免有毒物质与人体皮肤的接触。对于上述采取措施后仍然外露的皮肤，则需涂以皮肤防护剂。

（3）保障化学毒物安全，还必须采取群防群治的管理措施，让有可能接触到化学物质的工作人员拥有知情权，保证其获得防护的权力，了解所接触的化学物质的毒性和预防措施，了解发生事故时可能产生的危害和应采取的措施，了解发生中毒事故后的症状，以便在出现不良症状时可以及时发现、及时报告、及时获得医治，避免危害的进一步扩大。

（六）消防安全

燃烧是一种同时伴有放热和发光效应的激烈的氧化反应。燃烧必须同时具备下列三个条件：可燃物、氧化剂和点火源。它们是构成燃烧的三个要素，缺一不可。一般说来，凡是能在空气、氧气或其他氧化剂中发生燃烧反应的物质都称为可燃物。凡是能和可燃物发生反应并引起燃烧的物质称为氧化剂。点火源是具有一定能量，能够引起可燃物质燃烧的能源，有时也称着火源。

而燃烧类型可分为闪燃、自燃和点燃等几种，每种类型的燃烧都有其特点。

闪燃是可燃性液体的特征之一。各种液体的表面都有一定量的蒸气存在，蒸气的浓度取决于该液体的温度。对同一种液体，温度越高，蒸气浓度越大。液体表面的蒸气与空气混合会形成可燃性混合气体。当液体升温至一定的温度，蒸气达到一定的浓度时，如有火焰或炽热物体靠近此液体表面，就会发生一闪即灭的燃烧，这种燃烧现象叫闪燃。在规定的试验条件下，液体发生闪燃的最低温度，叫做闪点。闪燃主要适用于可燃性液体，某些固体，如萘和樟脑等，能在室温下挥发或缓慢蒸发（升华），因此也会发生闪燃现象。在闪点温度下，生成的蒸气不多，仅能维持一刹那的燃烧；液体蒸发速度还不快，来不及供应新的蒸气使燃烧继续下去，所以闪燃一下就灭了。但闪燃往往是持续燃烧的先兆。当可燃性液体温度高于闪点时，随时都有被点燃的危险。闪点是评定液体火灾危险性的主要根据。液体的闪点越低，火灾危险性越大。

自燃包括本身自燃和受热自燃（加热自燃）。某些物质在没有外来热源影响时，由于物质内部所产生的物理（辐射、吸附等）、化学（分解、化合等）及生物化学（细菌腐烂、发酵等）过程产生热量，这些热量在某些条件下会积聚起来，导致升温，又进一步加快上述过程的行进速度，于是可燃物温度越来越高，当达到一定温度时，就会发生燃烧。这种现象叫本身自燃。由外来热源将可燃物加热，使其温度达到自燃温度，未与明火接触就会发生燃烧，这叫受热自燃（加热自燃）。自燃都是在不接触明火的情况下“自动”发生的燃烧。本身自燃不需要外来热源，在常温下，甚至有的物质在低温下，就能发生自燃，所以能够发生本身自燃的物质潜在火灾的危险性更大一些，需要特别注意。常见的自燃现象有：堆积植物的自燃、煤的自燃、涂油物（油纸、油布）的自燃、化学物质及化学混合物的自燃等。

点燃即可燃物质与明火直接接触引起燃烧，在火源移去后仍能保持继续燃烧的现象。物质被点燃后，先是局部区域（与明火接触处）被强烈加热，首先达到引燃温度，产生火焰，该局部燃烧产生的热量，足以把邻近的部分加热到引燃温度，燃烧就得以蔓延开去。

在实验室中，可燃物是比较多的。随着消防安全管理的加强，装饰材料、实验室工作台、储物柜等均已经尽量采用不燃物或难燃物制造。正常的工作条件下一般不会出现点燃性火灾。

但是，由于实验室功能要求，难免还有许多可燃物在使用。有时使用到的一些化学物质，如作为溶剂的汽油等，更是易燃物。因此，控制的措施包括以难燃或不燃材料代替可燃材料；防止可燃物质的跑、冒、滴、漏；对那些相互作用能产生可燃气体或蒸气的物品，应加以隔离，分开存放。消除点火源，包括安装防爆灯具、禁止烟火、接地、避雷、隔离和控制温度等措施。

考虑到闪燃和自燃的可能性，在条件具备时，空气干燥造成的静电火花，电线接头的松动造成的升温，均可能构成火灾条件，形成灾害性后果。所以，使用、存放易燃、可燃物品时，应该避免现场同时构成燃烧的三个要素，特别要注意隐藏的危险，控制液态化学物品不要达到闪点，控制各种要素不出现非正常的过热现象，避免闪燃和自燃的发生。

引发爆炸的条件是：爆炸品（含还原剂与氧化剂在内）或可燃物与空气的混合物（在爆限之内）和引爆源同时存在相互作用。如果采取有效的措施消除上述条件之一，就可以防止火灾或爆炸事故的发生。因此，应遵循防火和防爆的基本原则进行安全防护工作。

防护措施：

（1）防火的基本原则

① 严格控制火源；

② 采用耐火材料；

③ 监视酝酿期特征；

④ 阻止火焰的蔓延；

⑤ 阻止火灾可能发展的规模；

⑥ 配备相应的消防器材；

⑦ 组织训练消防队伍。

（2）防爆的基本原则

① 防止爆炸性混合物的形成；

② 严格控制着火源；

③ 燃爆开始时及时泄出压力；

④ 切断爆炸传播途径；

⑤ 减弱爆炸压力和冲击波对人员、设备和建筑物的损坏。

（七）辐射安全

辐射包括电磁波辐射、电离辐射和光辐射。以光辐射为例，包括红外线、可见光和紫外线波段。眼睛是对光辐射最敏感的人体器官。

红外线波长为 760nm～1000μm，除了红外辐射计量标准外，在加热金属、熔融玻璃及强发光体等作业环境均可成为红外辐射源。红外线主要对眼睛有伤害，特别是近红外（主要是 800nm～1.6×10^3nm），可引起白内障。波长小于 10^3nm 的红外线可到达视网膜引起视网膜脉络膜灼伤，主要伤害黄斑区。这种伤害多见于使用弧光灯、电焊和氧乙炔焊割等作业，可戴绿色镜片防护镜。

紫外辐射的波长为 100nm～400nm。常见的紫外线波长为 220nm～290nm。电焊、气焊、氩弧焊、等离子焊接、电炉炼钢、使用碳弧灯和水银灯等的有关作业，都有可能受到过量紫外线的照射。紫外辐射可引起皮肤潮红、皮肤红斑、眼角膜结膜炎等。

激光具有亮度高、单色性、方向性和相干性好等一系列优点，计量领域除了建立激光功率及激光能量计量标准外，在长度计量中还用激光干涉仪作为长度标尺等。随着激光的用途日益扩大，作业环境中接触激光的人数越来越多。激光的生物作用主要有光效应、热效应、冲击波效应、电磁场效应和光化学效应。激光对机体的损伤主要表现为对眼睛和皮肤的伤害，对眼睛的损伤以视网膜灼伤为多见。处在不同频段的激光可引起不同的眼病，如烧伤、角膜炎、虹膜炎和白内障等。激光对眼睛的伤害，与激光的波长、脉冲宽度、脉冲间隙时间、光束的能量或功率密度、入射角度、受照组织特征等因素相关。激光对皮肤的伤害主要表现为灼烧，皮肤的损伤阈比眼睛的损伤阈大 5 个数量级以上。激光对皮肤的损伤与激光类型、波长、能量密度与持续时间有关。

对激光辐射的防护措施主要有：采取防护设施，如采光充分，操作室围护结构用吸光材料制成，色调宜暗，整个激光光路应设置不透明的保护遮光罩；个人防护措施有：穿着颜色略深的防燃工作服，戴有边罩的防护眼镜，并定期检查镜片是否失效，特别要防护红宝石和钕激射器发出的激光。即使使用功率较低的激光器，由于其能量比较集中，也不允许长时间直视激光源，以免造成视网膜灼伤，视力受损。

四、开展现场检定、校准、检测时有关安全的注意事项

由于计量技术的发展，测量仪器越来越多地直接安装到生产现场，这些仪器也越来越复杂化和大型化。到顾客的实验室或生产现场进行测量仪器的检定、校准、检测是计量工作人员必须面对的课题。对现场环境不熟悉，现场条件不理想，计量标准器需要运输和现场组装等，增加了现场工作的难度。

因此，开展现场检定、校准、检测时，必须注意下列安全事项：

(1) 了解现场的安全规定；

(2) 佩戴必要的防护用品，如安全帽、护目镜、防噪耳罩、工作鞋、工作服、工作手套等；

(3) 对现场进行观察，不仅观察计量活动相关的环境条件和设备条件，还要观察相关区域中容易发生危险的可能，采取必要的防护。例如注意观察现场的工作区、危险区和通行区的标识，佩戴安全帽、护目镜的提示，发生火灾等紧急情况时的疏散通道提示和实际情况等；

(4) 遵守现场的安全规定，在规定的区域通行和作业；

(5) 打开自行携带的测量仪器时应有条不紊，摆放有序，防止摔碰，防止丢失；检查现场的电源、接地等设施是否符合要求；

(6) 现场休息时注意设备的安全，必要时及时收起容易丢失的物件，设置标识防止他人误摸误动测量仪器。

五、计量实验室的安全防护制度

计量实验室是计量人员从事检定、校准工作的主要场所，通常在实验室内存放了计量标准及配套设备，包括实物量具、标准物质，还可能包括计量工作所需的化学试剂或各种危险物品。为防止损失和产生事故，必须做好防盗、防火、防爆、防水、防毒和安全用电等工作。

通常情况下，计量实验室的安全防护制度应大致包括如下内容：

(一) 防　盗

(1) 非工作人员未经许可不得进入计量实验室；

(2) 室内无人时随即关好门窗；

(3) 加强防卫,经常检查,堵塞漏洞;

(4) 计量实验室内不得存放现金及私人贵重物品;

(5)发生盗窃案件时,保护好现场,及时向领导、治安部门报告。

(二) 防火、防爆

(1) 计量实验室备有防火设备:灭火机、砂箱等。严禁在实验室内生火取暖。

(2) 易燃、易爆的化学药品要妥善分开保管,应按药品的性能,分别做好贮藏工作,注意安全。

(3) 做化学实验时要严格按照操作规程进行,谨防失火、爆炸等事故发生。

(三) 防　水

(1) 计量实验室的上、下水道必须保持通畅,计量楼要有自来水总闸,生物、化学实验室设置分闸,总闸与分闸应分别指定专门人员负责启闭。

(2) 冬季做好水管的保暖和放空工作,要防止水管受冻爆裂酿成水患。

(四) 防　毒

(1) 当计量实验室储存有毒物质时,有毒物质应按规定妥善保管和贮藏。实验中会产生毒气、毒液时,必须做好防毒工作。实验后的有毒残液要妥善处理。

(2) 建立危险品专用仓库,凡易燃、有毒氧化剂、腐蚀剂等危险性药品要设专柜单独存放。

(3) 化学危险品在入库前要验收登记,入库后要定期检查,严格管理,做到"五双管理",即双人管理、双人收发、双人领料、双人记账、双重把锁。

(4) 实验中严格遵守操作规程,制作有毒气体要在通风橱内进行,实验室应装有排风扇或其他通风设施,保持实验室内通风良好。

(5) 要备有废液瓶或废液缸,实验室附近有废液处理池,防止有毒物质蔓延,影响人畜。

(五) 安全用电

(1) 计量实验室供电线路安装布局要合理、科学、方便,大楼有电源总闸,分层设分闸,并备有触电保安器。

(2) 总闸及分闸分别由责任人控制,每天上下班检查启闭情况。

(3) 计量实验室电路及用电设备要定期检修,保证安全,决不"带病"工作。如有电器失火,应立即切断电源,用沙子或灭火器扑灭。在未切断电源前,切忌用水或泡沫灭火机灭火。

(4) 如发生人身触电事故,应立即切断电源,及时进行人工呼吸,急送医院救治。

六、事故的预防及应急处理

(一) 建立规章制度和加强人员教育

基于安全防护科学知识,在现场设施和过程分析的基础上建立规章制度或程序文件。通过对规章制度的实施,可以预防事故的发生,减少生产过程中人员、环境或设备面临的风险。

合理的规章制度要保证其可执行性。规章制度设计错误或不合理,包括操作工序设计和安全配置等方面存在问题。例如,交叉作业过多,安全设施制造错误或不符合设计要求,安装错误或调整未到位，未定时维护或状态不良等，均可能造成安全事故，或在发生安全事故时不能减少事故的危害。

规章制度得到实施，除了规章制度的合理性外，还必须使每个计量人员能理解规章制度的内容和要求。

人员教育可以提高计量人员对规章制度的理解程度。理解并正确执行规章制度可以提高自己的人身安全，避免不必要的风险。避免下列现象：

(1) 思想上存有侥幸心理，忽视安全，忽视警告。如使用不安全设备，用手代替工具操作，攀坐不安全位置，拆除安全装置造成安全装置失效，未按规定佩戴各种个人防护用品，穿不安全装束，无意或违章接近危险部位等。

(2) 不遵守操作规程，违章作业。

(3) 操作者心理波动大，精神紧张，生理上发生疾病，身体过度疲劳等，造成思想不集中导致误操作，调整错误造成安全装置失效。

(4) 教育培训不够造成操作技能不熟练，不懂安全操作技术，缺乏安全知识和自我保护能力，工作不负责。

(5) 对安全工作不重视，组织机构不健全；没有建立或落实安全生产责任制，缺乏监督，管理松懈；管理者业务素质低，错误指导，规章制度执行不力。

(6) 安全操作规程不完善或劳动制度不合理等。

(二) 建立安全监测和报警机制

防火、防盗的安全监测和报警措施包括：

(1) 安装安全监视设备，如摄像头、烟雾探测器和温度探测器等；

(2) 安装必要的安全设施和配套的设备，并定期检查维护，保证其正常工作，如紧急情况下的疏散通道和指示标识、灭火设备、冲淋设备等；

(3) 在显著位置标示火警、急救电话等信息；

(4) 在电话机旁显著标示正确报警的拨号规则(如需要加拨 0 或 9 等)，避免紧急情况下的误拨号，以免延误报警。

(三) 建立应急预案及相关设施

(1) 对人员进行应急知识培训，学会使用现场应急设备，掌握应急预案，通过定期的演习使工作人员熟悉应急预案。

(2) 配备必要的应急药品，在发生事故时可以采取最快的初步处理。

(3) 有化学药品灼伤风险的地方，配备冲淋设备，以便发生事故时进行冲洗。

(4) 使用液体的地方应配备吸水和清除设施，如砂、拖布等。

(5) 根据设备特点配备消防设备，如灭火器、水管等。

习题及参考答案

一、习　题

(一) 思考题

1. 什么是计量安全防护？

2. 什么是安全、危险、事故、风险？它们之间有什么关系？

3. 什么是危险源？

4. 计量安全防护有哪些基本方法？

5. 在检定、校准和测试过程中，可能影响人员和仪器设备安全的危险源有哪些？如何采取防护措施？

6. 开展现场检定、校准、检测时，要注意哪些安全事项？

7. 计量实验室的安全防护制度通常包括哪些内容？

（二）选择题（单选）

1. 计量安全防护是指在计量工作及相关活动中的__________的安全和防护问题。

A. 测量数据　　B. 财产　　C. 人员、设备　　D. 环境

2. 认识危险源的存在并确定其特性的过程称为危险源辨识。危险源辨识是__________的基础。

A. 风险评估　　B. 事故规律调查

C. 危害范围评估　　D. 损失大小评估

3. 燃烧必须同时具备下列三个条件：可燃物、氧化剂和点火源。工作中必须使用可燃物时，最容易和有效的安全措施是__________。

A. 消除氧化剂　　B. 消除点火源

C. 配备灭火器材　　D. 培训消防人员

（三）选择题（多选）

1. 工作场所防止人身触电的有效保护措施包括__________。

A. 触电保安器

B. 采取标识和围挡措施，避免人员过分靠近危险区域

C. 为相关人员配备必要的防护用品

D. 加防静电地板及采取其他防静电措施

2. 为保证安全，在开展现场检定、校准、检测时，必须注意__________。

A. 了解和遵守现场的安全规定

B. 观察相关区域中容易发生危险的可能性

C. 依据检定、校准、检测的技术规范进行操作

D. 携带必要的防护用品

二、参考答案

（一）思考题（略）

（二）选择题（单选）：1. C；　2. A；　3. B。

（三）选择题（多选）：1. A B C；　2. A B C D。

第八节　职业道德教育

一、道德和职业道德

(一) 道德和职业道德的概念

1. 道　德

道德是调整人们相互关系的社会规范，是人们关于善与恶、正义与非正义、光荣与耻辱、公正与偏私的观念、原则和规范的总和。道德通过社会舆论，树立道德典范，培养人们的道德信念并使之转化为行为，从而服务于社会的利益。道德作为调整和维护社会利益、社会关系和社会秩序的规范，在本质上与法律法规是一致的。

社会秩序和社会生活的正常运转，除了有以强制力为后盾的法律进行规范和调整外，更多的是靠社会道德力量起作用。法律的规范和调整使社会处于稳定状态，而道德的力量使社会更加和谐、完善。

随着我国改革开放和现代化建设事业的深入发展，社会主义精神文明建设呈现出积极、健康、向上的良好态势，公民道德建设迈出了新的步伐。爱国主义、集体主义、社会主义思想日益深入人心，为人民服务的精神不断发扬光大，崇尚先进、学习先进蔚然成风，追求科学、文明、健康生活方式，已成为人民群众的自觉行动，社会道德风尚发生了可喜变化，中华民族的传统美德与体现时代要求的新的道德观念相融合，成为我国公民道德建设发展的主流。

在这种形势下，我国确立了建设社会主义新型道德观的基本方针，根据社会主义道德建设与社会主义市场经济相适应，继承优良传统与弘扬时代精神相结合，尊重个人合法权益与承担社会责任相统一，注重效率与维护社会公平相协调，把先进性要求与广泛性要求结合起来，道德教育与社会管理相配合，以为人民服务为核心，以集体主义为原则，以爱祖国、爱人民、爱劳动、爱科学、爱社会主义为基本要求，以社会公德、职业道德、家庭美德为着力点，以“爱国守法、明礼诚信、团结友善、勤俭自强、敬业奉献”为基本要求。全社会大力倡导以下基本道德规范：

① 树立为人民服务的观念：正确处理个人与社会、竞争与协作、先富与共富、经济效益与社会效益等关系，提倡尊重人、理解人、关心人，发扬社会主义人道主义精神，努力为人民、为社会多做好事。

② 树立集体主义精神：正确认识和处理国家、集体、个人的利益关系，提倡个人利益服从集体利益、局部利益服从整体利益、当前利益服从长远利益，反对小团体主义、本位主义和损公肥私、损人利己，把个人的理想与奋斗融入广大人民群众的共同理想和奋斗之中。

③ 发扬爱国主义精神：提高民族自尊心、自信心和自豪感，以热爱祖国、报效人民为最大光荣，以损害祖国利益、民族尊严为最大耻辱，提倡学习科学知识、科学思想、科学精神、科学方法，艰苦创业、勤奋工作，反对封建迷信、好逸恶劳，积极投身于建设有中国特色社会主义的伟大事业。

④ 遵守社会公德：文明礼貌，助人为乐，爱护公物，保护环境，遵纪守法，努力在社会上做一个好公民。

⑤ 遵守职业道德：爱岗敬业、诚实守信、办事公道、服务群众、奉献社会，努力在工作中做一个好建设者。

⑥ 建立家庭美德：尊老爱幼、男女平等、夫妻和睦、勤俭持家、邻里团结，成为家庭的好成员。

2. 职业道德

人们生活在社会上，需要获得各种物质的和精神的生活条件。当一个人从事一定职业时，就以自己的职业角色为社会服务。人与人、人与社会、行业之间的关系，需要通过职业道德来规范和调整。

所谓职业道德，是指一定职业范围内的特殊道德要求，是人们在本职工作中所必须遵循的行为规范。职业道德是所有从业人员在职业活动中应该遵循的行为准则，职业道德是以所从事职业所在行业的整体利益出发，以行业的生存和兴旺为目标来规范和评价职业内从业人员的行为，在特定的职业生活中逐步形成和发展的。职业道德不具有强制性，但通过培训和同业人员的相互影响发挥作用：共同的职业道德修养使所有的同行对职业内发生在本职本行的高尚行为感到共同光荣，对不良行为感到共同耻辱，对自己的过失感到内疚。职业道德会强烈地影响着同行业人员的兴趣、爱好、性格和作风，从而形成一个行业形象，影响着社会对这个行业的总体印象和信任程度。

（二）职业道德的作用

职业道德调整人们在职业活动中发生的各种职业关系。这些关系包括：

1. 从业单位内部人与人之间的关系

作为一个职业，需要各种不同层次和职责的多种人员协同工作，才能实现职业的目标。

从业单位内部人与人之间关系的好与坏，直接影响着职工的工作能力和劳动效率。职业道德在职业内部分工的基础上，协调人与人之间的关系，使人们各司其职，从而保持职业的整体协调运作，实现职业效率。

2. 人与物的关系

对职业中所接触的设备、设施、工具、材料等物质资料的态度，影响着工作效率、影响着职业中的同仁以及职业的服务对象的满意程度。因此，职业中人与物的关系实际上还是体现出人与人的关系，或影响着人与人的关系。

职业道德规范着从业过程中人与物的关系，追求人与物的和谐，通过“利器”提高工作效率，通过爱“物”和物尽其用实现降低职业成本，达成职业与环境的和谐。

3. 职业所联系的社会关系

职业所联系的社会关系，即从事某职业的职工同与本职业相联系的社会各方面的关系。处理好这种关系，是职业道德最基本的要求。

职业道德规范的职业，会提升社会对这个职业的总体印象和信任程度。良好的职业印象便于该职业的从业人员建立与社会其他行业的协作关系。良好的职业道德使国家、社会及其一般成员的需要获得最大程度的满足。

（三）职业道德的特点

1. 职业道德具有历史继承性和相对稳定性

无论哪个时代，职业道德观念总是对前一时代职业道德观念的继承和发展，承其精髓，弃其糟粕。医生救死扶伤，教师为人师表，商人公平交易，是这些行业历来的职业道德。正是职业道德的这种历史继承性和相对稳定性，形成了一种传统职业世代相传的职业道德传统。

2. 职业道德受制于道德文化

一个社会的职业道德受到该社会道德文化的制约。不同的社会有不同的生产方式、社会组织、思想意识和地理环境、历史与现实的区别，本民族文化与外民族文化的差异等，从而形成了不同社会和不同民族的道德和职业道德的群体性认识、心理状态和行为模式。

3. 职业道德规范与职业活动的目的具有一致性

职业道德原则制约着职业主体的行为，并服务于职业活动，尽可能地使职业活动实现该社会的经济、政治目标。

职业道德离不开职业主体，即职业从业人员的集体需要——良好的职业道德使从业人员的表现令其服务对象满意。国家、社会及其成员的需要是职业存在的价值。

二、注册计量师的职业道德

（一）注册计量师的职业特点

职业特点是职业道德形成的基础，决定了该职业与其他职业的职业道德的差别。

注册计量师的职业特点：

（1）注册计量师是技术人员，必须掌握相关的技术和能力，保证完成计量工作任务；

（2）注册计量师依据国家计量法律、法规和规章和有关计量技术法规开展工作，受法律、法规和规章以及有关管理规定的制约；

（3）必须保证所出具的数据及有关资料的真实、可靠、准确和完整，对出具的数据承担相应责任；

（4）注册计量师涉及客户的技术信息，应具有保密意识，为客户保密。

为社会提供公正、准确的数据是注册计量师职业活动的目的，注册计量师在遵守法律、法规和有关管理规定的同时，也必须恪守职业道德，在社会生活中树立良好形象。

（二）注册计量师的职业道德

1. 依法办事

注册计量师要依法从事计量技术工作。法制计量管理是依据法律法规，为保障国内测量的量值准确一致，保障贸易结算、安全防护、医疗卫生、环境监测等方面的测量数据准确而进行的工作，是执法行为，必须保证执法的准确和公正。计量技术工作是法制计量管理的技术基础，计量数据是执法的依据。因此，注册计量师要遵守法律、法规和有关管理规定。要遵守《中华人民共和国计量法》，执行《计量基准管理办法》和《计量标准考核办法》，依法建立、保存、维护和使用计量基准、计量标准，开展工作计量器具检定工作，保证量值准确；要贯彻执行《国务院关于在我国统一实行法定计量单位的命令》，正确使用法定计量单位；执行《法定计量检定机构考核规范》和相关计量检定规程等文件，参与本单位质量管理体系建立与运行，保证计量技术机构的运行符合开展计量工作的需要。

2. 客观公正

注册计量师要以实事求是的态度开展工作，不应受任何行政的或经济的干扰，保证测量数据的客观性和公正性。作为注册计量师，必须能够以科学为基础，依据实测数据，及时、准确地出具证书或报告。坚决抵制任何诱惑或干扰，避免测量结果失真的行为。

注册计量师要客观公正，不得为某种主观期望的结论而捏造、篡改、拼凑测量结果或者测量数据，也不得投机取巧、断章取义，不得隐瞒或者歪曲事实真相，不得违反科学规律，给出与客观事实不符的结论。

注册计量师应认真履行职责，勇于承担责任。注册计量师在技术报告上签字，是履行自己的职责，表明已经经过自己的严谨工作，获得了这样的一个技术结论，能够保证这个数据是准确的，可以承担相应的责任。在顾客对报告内容不理解或报告出现争议时，注册计量师要对技术报告中的内容提供解释，帮助顾客理解报告的内容，利用好报告的结果。在报告出现错误时，注册计量师应该能够积极协助有关部门查找造成错误的原因，制定纠正措施和预防措施，避免类似错误的再次发生，并承担自己应该承担的责任。

3. 严谨细致

注册计量师工作必须严谨细致，保证数据准确、可靠。一切计量技术工作的目标最终都是要使测量数据达到所预期的准确度。注册计量师从事的工作是检定、校准、检验和测试，是量值溯源链中的一个环节。这个环节获得的测量结果是下一溯源链环节测量结果的不确定度来源。上一环节的毫厘之差，可能造成下级或最终测量数据的千里之失。

因此，注册计量师必须具有强烈的责任心，了解自己签署的每一份证书均可能涉及该仪器后续工作的准确度，错误的数据可能造成仪器用户的巨大经济损失。有了责任心，注册计量师才可能努力确保证书的正确性，在出现问题时能够努力发现问题、查找原因，承担由于自己的失误而造成的损失。

注册计量师在计量检定过程中，要严格执行计量检定规程，并按计量检定规程要求的测量环境条件、计量标准器具的准确度以及计量检定方法和细则进行操作，以保证实现最终的测量结果的不确定度满足计量要求。

注册计量师在计量校准过程中，要选择或制定科学合理的校准规范，正确执行校准规范，保证校准结果的正确性；要正确编写作业指导书，按照作业指导书的程序进行操作，以保证达到校准测量能力。应按照现场的实际情况记录各种参数，保证原始数据和有关资料的准确、完整、真实并足够的详细，以便确定校准结果的不确定度，在出现问题时可以通过审查数据和资料、实验复现等方法分析原因。

注册计量师的工作严谨细致，不仅可以保证测量数据的准确，也可以较好地保护自己的权益不受侵害。例如对测量结果有争议时，可以依据准确、完整，并足够详细的原始数据和有关资料，通过审查数据和资料、实验复现等方法，证明自己在测量方法选择、规程和规范的严格执行等方面的正确性。

4. 诚实守信

注册计量师应当遵循诚实守信的原则。要严格履行委托合同的有关约定，保证计量技术活动的内容、质量和时间要求。

注册计量师必须严格保守在计量技术工作中知悉的国家秘密和他人的商业、技术秘密。注册计量师在从事计量技术工作时，为了正确理解被测对象，了解计量需求，可能会接触到国家秘密和客户的商业、技术秘密。注册计量师必须注意，对于这些技术细节，只了解必须的部分，而不要过分探听与工作无关的其他内容；对了解到的技术内容要注意保密，绝不能有意地泄漏给任何其他人员或机构；要遵守有关保密规定，防止无意地泄漏任何国家的或客户的秘密。对顾客提供的技术资料，应该详细登记，有专门的地方存放和专人保管，不要随意摊放，防止泄密事件发生。

5. 服务热情

注册计量师要树立全心全意为人民服务的思想，努力以自己所掌握的知识和技术服务社会，回馈社会。注册计量师除了根据委托正确执行检定规程或校准规范，必要时要与顾客沟通，充分了解顾客对计量的需求，向顾客介绍一些必要的计量知识，提出建议，保证顾客获得符合其需求的服务。

6. 团队合作

注册计量师是计量技术机构的工作人员，是在一个组织框架下开展工作。为了保证计量工作的顺利开展，保证测量结果的量值准确可靠，需要各级领导、业务部门、采购部门、质量管理部门和测量、核验等各种人员的全力配合。注册计量师必须具有良好的团队合作精神。在团队合作中，应该服从领导，尊重分工，各司其职。对不同的学术观点，应进行平等的讨论，不得武断压制，更不得进行人身攻击。要发扬尊老扶新的良好风尚，尊重老计量工作者，虚心学习他们的经验和知识；老计量工作者也要注意培养和关心青年科技人才，放手让他们担当重任。要尊重他人的工作成果和知识产权。在计量工作中，要相互尊重，主动搞好协作配合，注意避免不利于团结协作的现象发生。

7. 不断进取

科学技术的迅速发展，对计量技术提出更多更高的要求，需要计量技术人员进行解决；科学技术的不断发展，会提出许多新的可能，提高测量准确度，或测量过去无法测量的参数；新的技术被采纳，形成标准方法后，需要消化吸收，形成计量技术机构的测量方法和测量能力。这些都需要注册计量师具有积极进取的事业心，不断学习，进行知识更新，提高技术水平。参加技术培训，总结工作经验，发表论文，参与计量技术法规的制修订和宣贯工作等，都是不断进取的方法和途径。

8. 勇于创新

计量技术工作的核心是量值准确、可靠。在日常工作中，依据计量检定规程、计量校准规范开展工作，获得可靠的数据。这种方法相对安全，没有争议，出现问题时承担的责任比较小。

但是科学技术的不断发展，对计量工作提出了许多新的要求和挑战，往往无法使用现有的检定规程或校准规范解决问题。这就需要注册计量师利用自己的能力和知识解决问题，勇于创新，推动计量技术的进步。

一级注册计量师应具有较强的本专业计量技术课题研究能力，能够应用新的科学技术成果，提升计量基准、标准的准确度。二级注册计量师也应具有规定计量专业的检定、校准的实践能力，解决实际工作中出现的问题，不断总结工作中的体会和经验，为改进工作积极提出建设性的意见。

（三）小　结

"爱岗敬业、诚实守信、办事公道、服务群众、奉献社会，努力在工作中做一个好建设者"是我国所有行业应该遵守的职业道德。"依法办事，客观公正，严谨细致，诚实守信，服务热情，团队合作，不断进取，勇于创新"是上述要求在计量师行业中的实践。

总之，树立注册计量师的职业道德，是为了使注册计量师的服务最大限度地符合顾客的需求，保证客户的利益，从而维护计量技术机构的公正形象和公信力；同时，建立注册计量师的职业道德，也是为了建立注册计量师的良好形象，从而最大限度地保护注册计量师的利益。

社会的安定、和谐，需要法律和道德的双重力量进行维护。我国在加强法制建设的同时，也在大力加强社会主义道德建设。职业道德是道德的组成部分，加强职业道德建设，遵守职业道德，可以树立良好的职业形象，推动所从事的职业日臻完美。

注册计量师的工作是为社会提供准确可靠的数据，需要遵守国家的法律法规，也需要通过职业道德建立良好的职业形象，获得社会的认可，服务于社会。

【案 例】 某实验室的主任认为，职业道德只是每个人的自觉行为，单位集体发挥不了什么作用。计量技术人员只要遵守法律法规，完成好计量检定和校准工作，就可以保证实验室的良好运行。

【案例分析】 一些实验室对职业道德的认识有待提高。遵守法律法规，搞好本职工作是从事一项工作的基本要求。爱岗敬业，诚实守信，办事公道，服务群众，奉献社会，努力在工作中做一个好建设者，应该成为每个从业人员的道德要求。法律法规和道德规范是注册计量师良好行为的基础。实验室在加强法制教育的同时，也要大力加强社会主义道德教育。每个人遵守职业道德会使社会更加和谐。社会的安定、和谐，需要法律和道德的双重力量进行维护。在加强法制建设的同时，也应大力加强社会主义道德建设。

习题及参考答案

一、习　题

（一）思考题

1. 什么是道德？道德与法律的关系是什么？

2. 什么是职业道德？不同职业的职业道德是否具有共同点？

3. 注册计量师的职业道德主要有哪些？与注册计量师的职业特点有何联系？

（二）选择题（单选）

1. 职业道德是同行均承认的道德准线，是所有从业人员在职业活动中应该遵循的行为准则，职业道德__________。

A. 可以提高和维护从业人员的形象和声誉

B. 是以行业的生存和兴旺为目标

C. 不具有强制性，但通过培训和同业人员的相互影响发挥作用

D. 以上都是

2. 不同职业的职业道德有相同部分，也有不同部分，其原因在于＿＿＿＿＿＿。

A. 职业的共同特点和差异点　　B. 该行业领导人的个人喜好

C. 职业间的相互影响　　D. 以上都是

3. 注册计量师要客观公正，不得＿＿＿＿＿＿。

A. 为某种主观期望的结论而捏造、篡改、拼凑测量结果或者测量数据，测量结果以数据为依据

B. 投机取巧、断章取义、隐瞒或者歪曲事实真相

C. 违反科学规律，给出与客观事实不符的结论

D. 以上都是

（三）选择题（多选）

1. 建立注册计量师的职业道德，是为了＿＿＿＿＿＿。

A. 使注册计量师的服务最大限度地符合顾客的需求，保证客户的利益

B. 维护计量技术机构的公正形象和公信力

C. 建立注册计量师的良好形象，最大限度地保护注册计量师的利益

D. 提高工作效率

2. 注册计量师的职业道德包括＿＿＿＿＿＿。

A. 依法办事，客观公正　　B. 严谨细致，诚实守信

C. 服务热情，团队合作　　D. 不断进取，勇于创新

3. 注册计量师必须具有良好的团队精神。在团队合作中，应该＿＿＿＿＿＿。

A. 服从领导，尊重分工，各司其职

B. 对不同学术观点应进行平等的讨论，相互尊重

C. 团结协作，发扬尊老扶新的良好风尚

D. 在与顾客发生争执时，挺身维护自己的同志

4. 科学技术的不断发展，对计量工作提出了许多新的要求和挑战，这就需要注册计量师勇于创新，推动计量技术的进步，体现在＿＿＿＿＿＿。

A. 能够应用新的科学技术成果，改进工作并提高计量标准和检定、校准的水平

B. 为改进计量工作提出建设性意见

C. 尊重领导，联系群众

D. 提高自身能力，解决工作中出现的实际问题

5. 注册计量师必须具有＿＿＿＿＿＿，了解自己签署的每一份证书均可能涉及该仪器后续工作的准确度，错误的数据可能造成仪器用户的巨大经济损失。

A. 实事求是、客观公正的态度　　B. 强烈的责任心

C. 为人民服务的观念　　D. 克己奉公的精神

二、参考答案

（一）思考题（略）

（二）选择题（单选）：1. D；　2. A；　3. D。

（三）选择题（多选）：1. A B C；　2. A B C D；　3. A B C；　4. A B D；　5. A B C。

附　　录

附录1
相关计量法律法规、规章、规范及标准目录

(1)《中华人民共和国计量法》(1985)
(2)《中华人民共和国计量法实施细则》(1987)
(3)《中华人民共和国计量法条文解释》(1987)
(4)《国务院关于在我国统一实行法定计量单位的命令》(1984)
(5)《全面推行我国法定计量单位的意见》(1984)
(6)《中华人民共和国强制检定的工作计量器具检定管理办法》(1987)
(7)《中华人民共和国依法管理的计量器具目录》(1987)
(8)《中华人民共和国强制检定的工作计量器具明细目录》(1987)
(9)《强制检定的工作计量器具实施检定的有关规定(试行)》(1991)
(10)《计量基准管理办法》(2007)
(11)《计量标准考核办法》(2005)
(12)《标准物质管理办法》(1987)
(13)《计量检定人员管理办法》(2008)
(14)《计量监督员管理办法》(1987)
(15)《计量检定印、证管理办法》(1987)
(16)《计量授权管理办法》(1989)
(17)《专业计量站管理办法》(1991)
(18)《仲裁检定和计量调解办法》(1987)
(19)《法定计量检定机构监督管理办法》(2001)
(20)《计量器具新产品管理办法》(2005)
(21)《制造、修理计量器具许可证监督管理办法》(2008)
(22)《中华人民共和国依法管理的计量器具目录(型式批准部分)》(2005)
(23)《中华人民共和国进口计量器具监督管理办法》(1989)
(24)《中华人民共和国进口计量器具监督管理办法实施细则》(1996)
(25)《中华人民共和国进口计量器具型式审查目录》(2006)
(26)《计量违法行为处罚细则》(1990)
(27)《零售商品称重计量监督管理办法》(2004)
(28)《定量包装商品计量监督管理办法》(2005)
(29)《商品量计量违法行为处罚规定》(1999)
(30)《注册计量师制度暂行规定》(2006)

(31) 《注册计量师资格考试实施办法》(2006)

(32) JJF 1001—1998《通用计量术语及定义》

(33) JJF 1069—2007《法定计量检定机构考核规范》

(34) JJF 1112—2003《计量检测体系确认规范》

(35) JJF 1033—2008《计量标准考核规范》

(36) JJF 1059—1999《测量不确定度评定与表示》

(37) JJF 1094—2002《测量仪器特性评定》

(38) GB/T 19000—2008 idt ISO 9000:2005《质量管理体系 基础和术语》

(39) GB/T 19001—2008 idt ISO 9001:2008《质量管理体系 要求》

(40) GB/T 19022—2003 idt ISO 10012:2003《测量管理体系 测量过程和测量设备的要求》

(41) GB/T 27025—2008 idt ISO/IEC 17025:2005《检测和校准实验室能力的通用要求》

(42) GB/T 3100—1993《国际单位制及其应用》

(43) GB/T 3101—1993《有关量、单位和符号的一般原则》

(44) GB/T 3102—1993《量和单位》

(45) GB/T 28001—2001《职业健康安全管理体系规范》

注:应使用上述法律、法规、规章、规范、标准的最新版本。

附录 2

中华人民共和国计量法

（1985 年 9 月 6 日第六届全国人民代表大会常务委员会第十二次会议通过）

第一章 总 则

第一条 为了加强计量监督管理，保障国家计量单位制的统一和量值的准确可靠，有利于生产、贸易和科学技术的发展，适应社会主义现代化建设的需要，维护国家、人民的利益，制定本法。

第二条 在中华人民共和国境内，建立计量基准器具、计量标准器具，进行计量检定，制造、修理、销售、使用计量器具，必须遵守本法。

第三条 国家采用国际单位制。

国际单位制计量单位和国家选定的其他计量单位，为国家法定计量单位。国家法定计量单位的名称、符号由国务院公布。

非国家法定计量单位应当废除。废除的办法由国务院制定。

第四条 国务院计量行政部门对全国计量工作实施统一监督管理。

县级以上地方人民政府计量行政部门对本行政区域内的计量工作实施监督管理。

第二章 计量基准器具、计量标准器具和计量检定

第五条 国务院计量行政部门负责建立各种计量基准器具，作为统一全国量值的最高依据。

第六条 县级以上地方人民政府计量行政部门根据本地区的需要，建立社会公用计量标准器具，经上级人民政府计量行政部门主持考核合格后使用。

第七条 国务院有关主管部门和省、自治区、直辖市人民政府有关主管部门，根据本部门的特殊需要，可以建立本部门使用的计量标准器具，其各项最高计量标准器具经同级人民政府计量行政部门主持考核合格后使用。

第八条 企业、事业单位根据需要，可以建立本单位使用的计量标准器具，其各项最高计量标准器具经有关人民政府计量行政部门主持考核合格后使用。

第九条 县级以上人民政府计量行政部门对社会公用计量标准器具，部门和企业、事业单位使用的最高计量标准器具，以及用于贸易结算、安全防护、医疗卫生、环境监测方面的列入强制检定目录的工作计量器具，实行强制检定。未按照规定申请检定或者检定不合格的，不得使用。实行强制检定的工作计量器具的目录和管理办法，由国务院制定。

对前款规定以外的其他计量标准器具和工作计量器具，使用单位应当自行定期检定或者送其他计量检定机构检定，县级以上人民政府计量行政部门应当进行监督检查。

第十条 计量检定必须按照国家计量检定系统表进行。国家计量检定系统表由国务院计量行政部门制定。

计量检定必须执行计量检定规程。国家计量检定规程由国务院计量行政部门制定。没有国家计量检定规程的，由国务院有关主管部门和省、自治区、直辖市人民政府计量行政部门分别制定部门计量检定规程和地方计量检定规程，并向国务院计量行政部门备案。

第十一条　计量检定工作应当按照经济合理的原则，就地就近进行。

第三章　计量器具管理

第十二条　制造、修理计量器具的企业、事业单位，必须具备与所制造、修理的计量器具相适应的设施、人员和检定仪器设备，经县级以上人民政府计量行政部门考核合格，取得《制造计量器具许可证》或者《修理计量器具许可证》。

制造、修理计量器具的企业未取得《制造计量器具许可证》或者《修理计量器具许可证》的，工商行政管理部门不予办理营业执照。

第十三条　制造计量器具的企业、事业单位生产本单位未生产过的计量器具新产品，必须经省级以上人民政府计量行政部门对其样品的计量性能考核合格，方可投入生产。

第十四条　未经国务院计量行政部门批准，不得制造、销售和进口国务院规定废除的非法定计量单位的计量器具和国务院禁止使用的其他计量器具。

第十五条　制造、修理计量器具的企业、事业单位必须对制造、修理的计量器具进行检定，保证产品计量性能合格，并对合格产品出具产品合格证。

县级以上人民政府计量行政部门应当对制造、修理的计量器具的质量进行监督检查。

第十六条　进口的计量器具，必须经省级以上人民政府计量行政部门检定合格后，方可销售。

第十七条　使用计量器具不得破坏其准确度，损害国家和消费者的利益。

第十八条　个体工商户可以制造、修理简易的计量器具。

制造、修理计量器具的个体工商户，必须经县级人民政府计量行政部门考核合格，发给《制造计量器具许可证》或者《修理计量器具许可证》后，方可向工商行政管理部门申请营业执照。

个体工商户制造、修理计量器具的范围和管理办法，由国务院计量行政部门制定。

第四章　计量监督

第十九条　县级以上人民政府计量行政部门，根据需要设置计量监督员。计量监督员管理办法，由国务院计量行政部门制定。

第二十条　县级以上人民政府计量行政部门可以根据需要设置计量检定机构，或者授权其他单位的计量检定机构，执行强制检定和其他检定、测试任务。

执行前款规定的检定、测试任务的人员，必须经考核合格。

第二十一条　处理因计量器具准确度所引起的纠纷，以国家计量基准器具或者社会公用计量标准器具检定的数据为准。

第二十二条　为社会提供公证数据的产品质量检验机构，必须经省级以上人民政府计量行政部门对其计量检定、测试的能力和可靠性考核合格。

第五章　法律责任

第二十三条　未取得《制造计量器具许可证》、《修理计量器具许可证》制造或者修理计量器具的，责令停止生产、停止营业，没收违法所得，可以并处罚款。

第二十四条 制造、销售未经考核合格的计量器具新产品的，责令停止制造、销售该种新产品，没收违法所得，可以并处罚款。

第二十五条 制造、修理、销售的计量器具不合格的，没收违法所得，可以并处罚款。

第二十六条 属于强制检定范围的计量器具，未按照规定申请检定或者检定不合格继续使用的，责令停止使用，可以并处罚款。

第二十七条 使用不合格的计量器具或者破坏计量器具准确度，给国家和消费者造成损失的，责令赔偿损失，没收计量器具和违法所得，可以并处罚款。

第二十八条 制造、销售、使用以欺骗消费者为目的的计量器具的，没收计量器具和违法所得，处以罚款；情节严重的，并对个人或者单位直接责任人员按诈骗罪或者投机倒把罪追究刑事责任。

第二十九条 违反本法规定，制造、修理、销售的计量器具不合格，造成人身伤亡或者重大财产损失的，比照《刑法》第一百八十七条的规定，对个人或者单位直接责任人员追究刑事责任。

第三十条 计量监督人员违法失职，情节严重的，依照《刑法》有关规定追究刑事责任；情节轻微的，给予行政处分。

第三十一条 本法规定的行政处罚，由县级以上地方人民政府计量行政部门决定。本法第二十七条规定的行政处罚，也可以由工商行政管理部门决定。

第三十二条 当事人对行政处罚决定不服的，可以在接到处罚通知之日起十五日内向人民法院起诉；对罚款、没收违法所得的行政处罚决定期满不起诉又不履行的，由作出行政处罚决定的机关申请人民法院强制执行。

第六章 附 则

第三十三条 中国人民解放军和国防科技工业系统计量工作的监督管理办法，由国务院、中央军事委员会依据本法另行制定。

第三十四条 国务院计量行政部门根据本法制定实施细则，报国务院批准施行。

第三十五条 本法自 1986 年 7 月 1 日起施行。

附录3

中华人民共和国计量法实施细则

（1987年1月19日国务院批准1987年2月1日国家计量局发布）

第一章　总　　则

第一条　根据《中华人民共和国计量法》的规定，制定本细则。

第二条　国家实行法定计量单位制度。国家法定计量单位的名称、符号和非国家法定计量单位的废除办法，按照国务院关于在我国统一实行法定计量单位的有关规定执行。

第三条　国家有计划地发展计量事业，用现代计量技术装备各级计量检定机构，为社会主义现代化建设服务，为工农业生产、国防建设、科学实验、国内外贸易以及人民的健康、安全提供计量保证，维护国家和人民的利益。

第二章　计量基准器具和计量标准器具

第四条　计量基准器具（简称计量基准，下同）的使用必须具备下列条件：

（一）经国家鉴定合格；

（二）具有正常工作所需要的环境条件；

（三）具有称职的保存、维护、使用人员；

（四）具有完善的管理制度。

符合上述条件的，经国务院计量行政部门审批并颁发计量基准证书后，方可使用。

第五条　非经国务院计量行政部门批准，任何单位和个人不得拆卸、改装计量基准，或者自行中断其计量检定工作。

第六条　计量基准的量值应当与国际上的量值保持一致。国务院计量行政部门有权废除技术水平落后或者工作状况不适应需要的计量基准。

第七条　计量标准器具（简称计量标准，下同）的使用，必须具备下列条件：

（一）经计量检定合格；

（二）具有正常工作所需要的环境条件；

（三）具有称职的保存、维护、使用人员；

（四）具有完善的管理制度。

第八条　社会公用计量标准对社会上实施计量监督具有公证作用。县级以上地方人民政府计量行政部门建立的本行政区域内最高等级的社会公用计量标准，须向上一级人民政府计量行政部门申请考核；其他等级的，由当地人民政府计量行政部门主持考核。

经考核符合本细则第七条规定条件并取得考核合格证的，由当地县级以上人民政府计量行政部门审批颁发社会公用计量标准证书后，方可使用。

第九条　国务院有关主管部门和省、自治区、直辖市人民政府有关主管部门建立的本部门各项最高计量标准，经同级人民政府计量行政部门考核，符合本细则第七条规定条件并取得考核合格证的，由有关主管部门批准使用。

第十条　企业、事业单位建立本单位各项最高计量标准，须向与其主管部门同级的人民政府计量行政部门申请考核。乡镇企业向当地县级人民政府计量行政部门申请考核。经考核符合本细则第七条规定条件并取得考核合格证的，企业、事业单位方可使用，并向其主管部门备案。

第三章　计量检定

第十一条　使用实行强制检定的计量标准的单位和个人，应当向主持考核该项计量标准的有关人民政府计量行政部门申请周期检定。

使用实行强制检定的工作计量器具的单位和个人，应当向当地县（市）级人民政府计量行政部门指定的计量检定机构申请周期检定。当地不能检定的，向上一级人民政府计量行政部门指定的计量检定机构申请周期检定。

第十二条　企业、事业单位应当配备与生产、科研、经营管理相适应的计量检测设施，制定具体的检定管理办法和规章制度，规定本单位管理的计量器具明细目录及相应的检定周期，保证使用的非强制检定的计量器具定期检定。

第十三条　计量检定工作应当符合经济合理、就地就近的原则，不受行政区划和部门管辖的限制。

第四章　计量器具的制造和修理

第十四条　企业、事业单位申请办理《制造计量器具许可证》，由与其主管部门同级的人民政府计量行政部门进行考核，乡镇企业由当地县级人民政府计量行政部门进行考核。经考核合格，取得《制造计量器具许可证》的，准予使用国家统一规定的标志，有关主管部门方可批准生产。

第十五条　对社会开展经营性修理计量器具的企业、事业单位，办理《修理计量器具许可证》，可直接向当地县（市）级人民政府计量行政部门申请考核。当地不能考核的，可以向上一级地方人民政府计量行政部门申请考核。经考核合格取得《修理计量器具许可证》的，方可准予使用国家统一规定的标志和批准营业。

第十六条　制造、修理计量器具的个体工商户，须在固定的场所从事经营。申请《制造计量器具许可证》或者《修理计量器具许可证》，按照本细则第十五条规定的程序办理。凡易地经营的，须经所到地方的人民政府计量行政部门验证核准后方可申请办理营业执照。

第十七条　对申请《制造计量器具许可证》和《修理计量器具许可证》的企业、事业单位和个体工商户进行考核的内容为：

（一）生产设施；

（二）出厂检定条件；

（三）人员的技术状况；

（四）有关技术文件和计量规章制度。

第十八条　凡制造在全国范围内从未生产过的计量器具新产品，必须经过定型鉴定。定型鉴定合格后，应当履行型式批准手续，颁发证书。在全国范围内已经定型，而本单位未生产过的计量器具新产品，应当进行样机试验，样机试验合格后，发给合格证书。凡未经型式批准或者未取得样机试验合格证书的计量器具，不准生产。

第十九条　计量器具新产品定型鉴定，由国务院计量行政部门授权的技术机构进行；样机试验由所在地方的省级人民政府计量行政部门授权的技术机构进行。

计量器具新产品的型式由当地省级人民政府计量行政部门批准。省级人民政府计量行政部门批准的型式，经国务院计量行政部门审核同意后，作为全国通用型式。

第二十条　申请计量器具新产品定型鉴定和样机试验的单位，应当提供新产品样机及有关技术文件、资料。

负责计量器具新产品定型鉴定和样机试验的单位，对申请单位提供的样机和技术文件、资料必须保密。

第二十一条　对企业、事业单位制造、修理计量器具的质量，各有关主管部门应当加强管理，县级以上人民政府计量行政部门有权进行监督检查，包括抽检和监督试验，凡无产品合格印、证，或者经检定不合格的计量器具，不准出厂。

第五章　计量器具的销售和使用

第二十二条　外商在中国销售计量器具，须比照本细则第十八条的规定向国务院计量行政部门申请型式批准。

第二十三条　县级以上地方人民政府计量行政部门对当地销售的计量器具实施监督检查。凡没有产品合格印、证和《制造计量器具许可证》标志的计量器具不得销售。

第二十四条　任何单位和个人不得经营销售残次计量器具零配件，不得使用残次零配件组装和修理计量器具。

第二十五条　任何单位和个人不准在工作岗位上使用无检定合格印、证或者超过检定周期以及经检定不合格的计量器具。在教学示范中使用计量器具不受此限。

第六章　计量监督

第二十六条　国务院计量行政部门和县级以上地方人民政府计量行政部门监督和贯彻实施计量法律、法规的职责是：

（一）贯彻执行国家计量工作的方针、政策和规章制度，推行国家法定计量单位；

（二）制定和协调计量事业的发展规划，建立计量基准和社会公用计量标准，组织量值传递；

（三）对制造、修理、销售、使用计量器具实施监督；

（四）进行计量认证，组织仲裁检定，调解计量纠纷；

（五）监督检查计量法律、法规的实施情况，对违反计量法律、法规的行为，按照本细则的有关规定进行处理。

第二十七条　县级以上人民政府计量行政部门的计量管理人员，负责执行计量监督、管理任务；计量监督员负责在规定的区域、场所巡回检查，并可根据不同情况在规定的权限内对违反计量法律、法规的行为，进行现场处理，执行行政处罚。

计量监督员必须经考核合格后，由县级以上人民政府计量行政部门任命并颁发监督员证件。

第二十八条　县级以上人民政府计量行政部门依法设置的计量检定机构，为国家法定计量检定机构。其职责是：负责研究建立计量基准、社会公用计量标准，进行量值传递，执行强制检定和法律规定的其他检定、测试任务，起草技术规范，为实施计量监督提供技术保证，并承办有关计量监督工作。

第二十九条　国家法定计量检定机构的计量检定人员，必须经县级以上人民政府计量行政部门考核合格，并取得计量检定证件。其他单位的计量检定人员，由其主管部门考核发证。无计量检定证件的，不得从事计量检定工作。

计量检定人员的技术职务系列，由国务院计量行政部门会同有关主管部门制定。

第三十条　县级以上人民政府计量行政部门可以根据需要，采取以下形式授权其他单位的计量检定机构和技术机构，在规定的范围内执行强制检定和其他检定、测试任务：

（一）授权专业性或区域性计量检定机构，作为法定计量检定机构；

（二）授权建立社会公用计量标准；

（三）授权某一部门或某一单位的计量检定机构，对其内部使用的强制检定计量器具执行强制检定；

（四）授权有关技术机构，承担法律规定的其他检定、测试任务。

第三十一条　根据本细则第三十条规定被授权的单位，应当遵守下列规定：

（一）被授权单位执行检定、测试任务的人员，必须经授权单位考核合格；

（二）被授权单位的相应计量标准，必须接受计量基准或者社会公用计量标准的检定；

（三）被授权单位承担授权的检定、测试工作，须接受授权单位的监督；

（四）被授权单位成为计量纠纷中当事人一方时，在双方协商不能自行解决的情况下，由县级以上有关人民政府计量行政部门进行调解和仲裁检定。

第七章　产品质量检验机构的计量认证

第三十二条　为社会提供公证数据的产品质量检验机构，必须经省级以上人民政府计量行政部门计量认证。

第三十三条　产品质量检验机构计量认证的内容：

（一）计量检定、测试设备的性能；

（二）计量检定、测试设备的工作环境和人员的操作技能；

（三）保证量值统一、准确的措施及检测数据公正可靠的管理制度。

第三十四条　产品质量检验机构提出计量认证申请后，省级以上人民政府计量行政部门应指定所属的计量检定机构或者被授权的技术机构按照本细则第三十三条规定的内容进行考核。考核合格后，由接受申请的省级以上人民政府计量行政部门发给计量认证合格证书。未取得计量认证合格证书的，不得开展产品质量检验工作。

第三十五条　省级以上人民政府计量行政部门有权对计量认证合格的产品质量检验机构，按照本细则第三十三条规定的内容进行监督检查。

第三十六条　已经取得计量认证合格证书的产品质量检验机构，需新增检验项目时，应按照本细则有关规定，申请单项计量认证。

第八章　计量调解和仲裁检定

第三十七条　县级以上人民政府计量行政部门负责计量纠纷的调解和仲裁检定，并可根据司法机关、合同管理机关、涉外仲裁机关或者其他单位的委托，指定有关计量检定机构进行仲裁检定。

第三十八条　在调解、仲裁及案件审理过程中，任何一方当事人均不得改变与计量纠纷有关的计量器具的技术状态。

第三十九条　计量纠纷当事人对仲裁检定不服的，可以在接到仲裁检定通知书之日起15日内向上一级人民政府计量行政部门申诉。上一级人民政府计量行政部门进行的仲裁检定为终局仲裁检定。

第九章　费　　用

第四十条　建立计量标准申请考核，使用计量器具申请检定，制造计量器具新产品申请定型和样机试验，制造、修理计量器具申请许可证，以及申请计量认证和仲裁检定，应当缴纳费用，具体收费办法或收费标准，由国务院计量行政部门会同国家财政、物价部门统一制定。

第四十一条　县级以上人民政府计量行政部门实施监督检查所进行的检定和试验不收费。被检查的单位有提供样机和检定试验条件的义务。

第四十二条　县级以上人民政府计量行政部门所属的计量检定机构，为贯彻计量法律、法规，实施计量监督提供技术保证所需要的经费，按照国家财政管理体制的规定，分别列入各级财政预算。

第十章　法律责任

第四十三条　违反本细则第二条规定，使用非法定计量单位的，责令其改正；属出版物的，责令其停止销售，可并处1000元以下的罚款。

第四十四条　违反《中华人民共和国计量法》第十四条规定，制造、销售和进口国务院规定废除的非法定计量单位的计量器具和国务院禁止使用的其他计量器具的，责令其停止制造、销售和进口，没收计量器具和全部违法所得，可并处相当其违法所得10%至50%的罚款。

第四十五条　部门和企业、事业单位的各项最高计量标准，未经有关人民政府计量行政部门考核合格而开展计量检定的，责令其停止使用，可并处1000元以下的罚款。

第四十六条　属于强制检定范围的计量器具，未按照规定申请检定和属于非强制检定范围的计量器具未自行定期检定或者送其他计量检定机构定期检定的，以及经检定不合格继续使用的，责令其停止使用，可并处1000元以下的罚款。

第四十七条　未取得《制造计量器具许可证》或者《修理计量器具许可证》制造、修理计量器具的，责令其停止生产、停止营业，封存制造、修理的计量器具，没收全部违法所得，可并处相当其违法所得10%至50%的罚款。

第四十八条　制造、销售未经型式批准或样机试验合格的计量器具新产品的，责令其停止制造、销售，封存该种新产品，没收全部违法所得，可并处3000元以下的罚款。

第四十九条　制造、修理的计量器具未经出厂检定或者经检定不合格而出厂的，责令其停止出厂，没收全部违法所得；情节严重的，可并处3000元以下的罚款。

第五十条　进口计量器具，未经省级以上人民政府计量行政部门检定合格而销售的，责令其停止销售，封存计量器具，没收全部违法所得，可并处其销售额10%至50%的罚款。

第五十一条 使用不合格计量器具或者破坏计量器具准确度和伪造数据，给国家和消费者造成损失的，责令其赔偿损失，没收计量器具和全部违法所得，可并处2000元以下的罚款。

第五十二条 经营销售残次计量器具零配件的，责令其停止经营销售，没收残次计量器具零配件和全部违法所得，可并处2000元以下的罚款；情节严重的，由工商行政管理部门吊销其营业执照。

第五十三条 制造、销售、使用以欺骗消费者为目的的计量器具的单位和个人，没收其计量器具和全部违法所得，可并处2000元以下的罚款；构成犯罪的，对个人或者单位直接责任人员，依法追究刑事责任。

第五十四条 个体工商户制造、修理国家规定范围以外的计量器具或者不按照规定场所从事经营活动的，责令其停止制造、修理，没收全部违法所得，可并处500元以下的罚款。

第五十五条 未取得计量认证合格证书的产品质量检验机构，为社会提供公证数据的，责令其停止检验，可并处1000元以下的罚款。

第五十六条 伪造、盗用、倒卖强制检定印、证的，没收其非法检定印、证和全部违法所得，可并处2000元以下的罚款；构成犯罪的，依法追究刑事责任。

第五十七条 计量监督管理人员违法失职，徇私舞弊，情节轻微的，给予行政处分；构成犯罪的，依法追究刑事责任。

第五十八条 负责计量器具新产品定型鉴定、样机试验的单位，违反本细则第二十条第二款规定的，应当按照国家有关规定，赔偿申请单位的损失，并给予直接责任人员行政处分；构成犯罪的，依法追究刑事责任。

第五十九条 计量检定人员有下列行为之一的，给予行政处分；构成犯罪的，依法追究刑事责任：

（一）伪造检定数据的；

（二）出具错误数据，给送检一方造成损失的；

（三）违反计量检定规程进行计量检定的；

（四）使用未经考核合格的计量标准开展检定的；

（五）未取得计量检定证件执行计量检定的。

第六十条 本细则规定的行政处罚，由县级以上地方人民政府计量行政部门决定，罚款1万元以上的，应当报省级人民政府计量行政部门决定，没收违法所得及罚款一律上缴国库。

本细则第五十一条规定的行政处罚，也可以由工商行政管理部门决定。

第十一章 附 则

第六十一条 本细则下列用语的含义是：

（一）计量器具是指能用以直接或间接测出被测对象量值的装置、仪器仪表、量具和用于统一量值的标准物质，包括计量基准、计量标准、工作计量器具。

（二）计量检定是指为评定计量器具的计量性能，确定其是否合格所进行的全部工作。

（三）定型鉴定是指对计量器具新产品样机的计量性能进行全面审查、考核。

（四）计量认证是指政府计量行政部门对有关技术机构计量检定、测试的能力和可靠性进行的考核和证明。

（五）计量检定机构是指承担计量检定工作的有关技术机构。

（六）仲裁检定是指用计量基准或者社会公用计量标准所进行的以裁决为目的的计量检定、测试活动。

第六十二条 中国人民解放军和国防科技工业系统涉及本系统以外的计量工作的监督管理，亦适用本细则。

第六十三条 本细则有关的管理办法、管理范围和各种印、证、标志，由国务院计量行政部门制定。

第六十四条 本细则由国务院计量行政部门负责解释。

第六十五条 本细则自发布之日起施行。

附录 4

国务院关于在我国统一实行法定计量单位的命令

（1984 年 2 月 27 日国务院发布）

1959 年国务院发布《关于统一计量制度的命令》，确定米制为我国的基本计量制度以来，全国推广米制、改革市制、限制英制和废除旧杂制的工作，取得了显著成绩，为贯彻对外实行开放政策，对内搞活经济的方针，适应我国国民经济、文化教育事业的发展，以及推进科学技术进步和扩大国际经济、文化交流的需要，国务院决定在采用先进的国际单位制的基础上，进一步统一我国的计量单位。经 1984 年 1 月 20 日国务院第 21 次常务会议讨论，通过了国家计量局《关于在我国统一实行法定计量单位的请示报告》、《全国推行我国法定计量单位的意见》和《中华人民共和国法定计量单位》。现发布命令如下：

一、我国的计量单位一律采用《中华人民共和国法定计量单位》。

二、我国目前在人民生活中采用的市制计量单位，可以延续使用到 1990 年，1990 年底以前要完成向国家法定计量单位的过渡。农田土地面积计量单位的改革，要在调查研究的基础上制订改革方案，另行公布。

三、计量单位的改革是一项涉及到各行各业和广大人民群众的事，各地区、各部门务必充分重视，制定积极稳妥的实施计划，保证顺利完成。

四、本命令责成国家计量局负责贯彻执行。

本命令自公布之日起生效，过去颁布的有关规定，与本命令有抵触的，以本命令为准。

附录 5

全面推行我国法定计量单位的意见

（1984 年 1 月 20 日国务院第 21 次常务会议通过 1984 年 3 月 9 日国家计量局发布）

我国的法定计量单位，是以国际单位制的单位为基础，根据我国的情况，适当增加了一些其他单位构成的。

国际单位制是在米制基础上发展起来的，被称为米制的现代化形式。由于它比较先进、实用、简单、科学，并适用于文化教育、经济建设和科学技术的各个领域，因此，自 1960 年第 11 届国际计量大会通过以来，已被世界各国以及国际性组织广泛采用。我国在 1977 年颁发的《中华人民共和国计量管理条例（试行）》中，已明确规定要逐步采用。

根据党的十二大提出的关于我国经济建设的目标和五届人大五次会议通过的第六个五年计划要点，为推进技术进步，发展国民经济，结合当前使用计量单位的实际情况，吸收世界各国采用国际单位制的经验，在充分准备和广泛宣传的基础上，积极慎重，有计划、有步骤地改革计量单位制，全面地过渡到我国的法定计量单位，是非常必要的。为此，特提出如下规划意见：

（一）目标

全国于 80 年代末，基本完成向法定计量单位的过渡，分两个阶段进行：

从 1984～1987 年年底四年期间，国民经济各主要部门，特别是工业交通、文化教育、宣传出版、科学技术和政府部门，应大体完成其过渡，一般只准使用法定的计量单位。

1990 年年底以前，全国各行业应全面完成向法定计量单位的过渡。自 1991 年 1 月起，除个别特殊领域外，不允许再使用非法定计量单位。

（二）要求

为了达到上述目标，对各部门、各地区提出以下要求：

1. 政府机关、人民团体、军队以及各企业、事业单位的公文、统计报表，从 1986 年起必须使用国家规定的法定计量单位。

2. 教育部门“七五”期间要在所有新编教材中普遍使用法定计量单位，必要时可对非法定计量单位予以介绍。

3. 报纸、刊物、图书、广播、电视，从 1986 年起均要按规定使用法定计量单位；国际新闻使用非我国法定计量单位者，应以法定单位注明发表。

所有再版出版物重新排版时，都要按法定计量单位进行统一修订。古籍、文学书籍不在此列。

4. 科学研究与工程技术部门，应率先使用法定计量单位，从 1986 年起，凡新制订、修订的各级技术标准（包括国家标准、专业标准及企业标准）、计量检定规程，新撰写的研究报告、学术论文以及技术情报资料等均应使用法定计量单位。允许在法定计量单位之后，将旧单位写在括弧内。

5．仪器仪表和检测设备的改制

① 新设计制造的仪器设备及其图纸、使用说明书、操作规程、产品铭牌，从 1986 年起，一律使用法定计量单位。

② 仪器仪表老产品，允许有一个生产过渡时间，但需尽早改为法定计量单位。自 1987 年起不得再生产非法定计量单位的仪器仪表。

③ 使用中的仪器设备，能通过检修，加以调整或改装的，尽量调整、改装，使其符合法定计量单位的要求；不能调整改装的，在设备更新时解决。在更新之前，使用该设备进行检测所得的结果，应换算为法定计量单位提供使用。

6．作为计量基准器和计量标准器的仪器设备，是量值传递的依据，在 1985 年年底以前，应全部满足新、旧两种计量单位检定的要求，所需经费要纳入地区和部门的技术改造计划，并认真落实。

7．市场贸易也必须逐步使用法定计量单位。允许市制单位使用到 1990 年年底。

出口商品所用计量单位，可根据合同使用，不受本规定限制。合同中无计量单位规定者，按法定计量单位使用。

8．农田土地面积单位“亩”的改革，关系到我国土地资源的利用，农业计划的制定，单位面积产量的计算，农作物的征购和科学种田等诸方面，是涉及到几亿农民的大事，应在广泛调查研究的基础上，在适当时候，进行统一改革。

9．英制单位必须限制使用。

10．个别科学技术领域中，如有特殊需要，可使用某些非法定计量单位，但必须与有关国际组织规定的名称、符号相一致。

11．自 1986 年起新印制的各种票证改用法定计量单位。

（三）措施

1．在各部门和各省、市、自治区计量机构中应配备专职人员负责本部门、本地区的改制工作。

2．各地区、各部门要制订本地区、本部门推行法定计量单位的实施计划。国家计量局负责督促检查并给予技术上的协助。

3．广泛举办推行法定计量单位的专业学习班和普及讲座；编辑出版技术资料、教学挂图、换算手册和有关刊物；会同报刊、广播、电视部门，开展宣传活动，普及有关法定计量单位方面的知识。

4．组织制订计量仪器设备改制的技术方案。

5．一般不准进口非法定计量单位的仪器设备。如有特殊需要，须经省、市、自治区以上的政府计量部门批准。

附录 6

中华人民共和国强制检定的工作计量器具检定管理办法

（1987 年 4 月 15 日国务院发布）

第一条 为适应社会主义现代化建设需要，维护国家和消费者的利益，保护人民健康和生命、财产的安全，加强对强制检定的工作计量器具的管理，根据《中华人民共和国计量法》第九条的规定，制定本办法。

第二条 强制检定是指由县级以上人民政府计量行政部门所属或者授权的计量检定机构，对用于贸易结算、安全防护、医疗卫生、环境监测方面，并列入本办法所附《中华人民共和国强制检定的工作计量器具目录》的计量器具实行定点定期检定。

进行强制检定工作及使用强制检定的工作计量器具，适用本办法。

第三条 县级以上人民政府计量行政部门对本行政区域内的强制检定工作统一实施监督管理，并按照经济合理、就地就近的原则，指定所属或者授权的计量检定机构执行强制检定任务。

第四条 县级以上人民政府计量行政部门所属计量检定机构，为实施国家强制检定所需要的计量标准和检定设施由当地人民政府负责配备。

第五条 使用强制检定的工作计量器具的单位或者个人，必须按照规定将其使用的强制检定的工作计量器具登记造册，报当地县（市）级人民政府计量行政部门备案，并向其指定的计量检定机构申请周期检定。当地不能检定的，向上一级人民政府计量行政部门指定的计量检定机构申请周期检定。

第六条 强制检定的周期，由执行强制检定的计量检定机构根据计量检定规程确定。

第七条 属于强制检定的工作计量器具，未按照本办法规定申请检定或者经检定不合格的，任何单位或者个人不得使用。

第八条 国务院计量行政部门和各省、自治区、直辖市人民政府计量行政部门应当对各种强制检定的工作计量器具作出检定期限的规定。执行强制检定工作的机构应当在规定期限内按时完成检定。

第九条 执行强制检定的机构对检定合格的计量器具，发给国家统一规定的检定证书、检定合格证或者在计量器具上加盖检定合格印；对检定不合格的，发给检定结果通知书或者注销原检定合格印、证。

第十条 县级以上人民政府计量行政部门按照有利于管理、方便生产和使用的原则，结合本地区的实际情况，可以授权有关单位的计量检定机构在规定的范围内执行强制检定工作。

第十一条 被授权执行强制检定任务的机构，其相应的计量标准，应当接受计量基准或者社会公用计量标准的检定；执行强制检定的人员，必须经授权单位考核合格；授权单位应当对其检定工作进行监督。

第十二条　被授权执行强制检定任务的机构成为计量纠纷中当事人一方时，按照《中华人民共和国计量法实施细则》的有关规定处理。

第十三条　企业、事业单位应当对强制检定的工作计量器具的使用加强管理，制定相应的规章制度，保证按照周期进行检定。

第十四条　使用强制检定的工作计量器具的任何单位或者个人，计量监督、管理人员和执行强制检定工作的计量检定人员，违反本办法规定的，按照《中华人民共和国计量法实施细则》的有关规定，追究法律责任。

第十五条　执行强制检定工作的机构，违反本办法第八条规定拖延检定期限的，应当按照送检单位的要求，及时安排检定，并免收检定费。

第十六条　国务院计量行政部门可以根据本办法和《中华人民共和国强制检定的工作计量器具目录》，制定强制检定的工作计量器具的明细目录。

第十七条　本办法由国务院计量行政部门负责解释。

第十八条　本办法自 1987 年 7 月 1 日起施行。

参考文献

[1] 陈元桥. GB/T 28001—2001《职业健康安全管理体系　规范》理解与实施. 北京：中国标准出版社，2001

[2] 程根银，倪文耀. 安全导论. 北京：煤炭工业出版社，2004

[3] 甘心孟，沈裴敏. 安全科学技术导论. 北京：气象出版社，2000

[4] 国家安全生产监督管理局政策法规司. 安全文化新论. 北京：煤炭工业出版社，2002

[5] 陈全. 职业健康安全管理体系原理与实施. 北京：气象出版社，2002

第2版

一级注册计量师基础知识及专业实务

YIJI ZHUCE JILIANGSHI JICHU ZHISHI JI ZHUANYE SHIWU

中国计量测试学会 组编

下册

中国质检出版社
北京

图书在版编目(CIP)数据

一级注册计量师基础知识及专业实务:全 2 册 / 中国计量测试学会组编 . —2 版 . —北京:中国质检出版社,2011(2012.8 重印)

ISBN 978 - 7 - 5026 - 3511 - 4

Ⅰ.①一… Ⅱ.①中… Ⅲ.①计量—资格考试—自学参考资料 Ⅳ.①TB9

中国版本图书馆 CIP 数据核字(2011)第 205971 号

内 容 提 要

《一级注册计量师基础知识及专业实务》分上、下两册,内容包括上、下两篇,上篇是计量法律法规及综合知识,下篇是测量数据处理与计量专业实务。本书依据现行有效的计量法律法规和各项规定,针对一级注册计量师应该熟悉和掌握的计量基础知识及应具备的计量业务能力而编写的。上篇内容主要包括:计量的法律和法规、计量的监督管理、量和单位、测量仪器及其特性、测量标准、计量技术机构质量管理体系的建立和运行、计量安全防护及职业道德教育等。下篇内容主要包括:测量误差的处理,测量不确定度的评定与表示,计量检定、校准和检测的实施,计量标准的建立、考核及使用,计量检定规程和校准规范的使用和编制,比对和测量审核的实施,期间核查的实施,型式评价的实施等。每节都提供了一些案例、思考题和选择题,以便于读者自我检查学习的效果。

本书可供准备参加一级注册计量师考试的人员以及已经获得注册计量师资格的计量技术人员使用,也可供计量管理人员以及需要了解计量业务的其他有关人员作为参考。

中国质检出版社出版发行
北京市朝阳区和平里西街甲 2 号(100013)
北京市西城区三里河北街 16 号(100045)
网址 www.spc.net.cn
总编室:64275323 发行中心:51780235
读者服务部:68523946
中国标准出版社秦皇岛印刷厂印刷
各地新华书店经销

*

开本 880×1230 1/16 印张 16.25 字数 421 千字
2011 年 11 月第 2 版 2012 年 8 月第 5 次印刷

*

定价:**88.00** 元(上、下册)

目　　录

上　　册

上篇　计量法律 法规及综合知识

下　册

下篇　测量数据处理与计量专业实务

下　篇

测量数据处理与计量专业实务

第三章 测量数据处理

本章重点介绍测量误差的处理、测量不确定度的评定与表示以及测量结果的处理和报告。内容主要包括：减小系统误差的方法，实验标准偏差的计算，异常值的判别和剔除，测量重复性和测量复现性的评定，计量器具计量特性的评定，统计技术的应用，评定测量不确定度的步骤和方法，数据的有效位数和修约规则。

第一节 测量误差的处理

一、系统误差的发现和减小系统误差的方法

（一）系统误差的发现

（1）在规定的测量条件下多次测量同一个被测量，从所得测量结果与计量标准所复现的量值之差可以发现并得到恒定的系统误差的估计值。

（2）在测量条件改变时，例如随时间、温度、频率等条件改变时，测量结果按某一确定的规律变化，可能是线性地或非线性地增长或减小，就可以发现测量结果中存在可变的系统误差。

（二）减小系统误差的方法

通常，消除或减小系统误差有以下几种方法：

1．采用修正的方法

对系统误差的已知部分，用对测量结果进行修正的方法来减小系统误差。例如：测量结果为30℃，用计量标准测得的结果是30.1℃，则已知系统误差的估计值为－0.1℃。也就是修正值为＋0.1℃，已修正测量结果等于未修正测量结果加修正值，即已修正测量结果为30℃＋0.1℃＝30.1℃。

2. 在实验过程中尽可能减少或消除一切产生系统误差的因素

例如在仪器使用时，如果应该对中的未能对中，应该调整到水平、垂直或平行理想状态的未能调好，都会带来测量的系统误差，操作者应仔细调整，以便减小误差。又如在对模拟式仪表读数时，由于测量人员每个人的习惯不同会导致读数误差，采用了数字显示仪器后就消除了人为读数误差。

3. 选择适当的测量方法，使系统误差抵消而不致带入测量结果中

这里举例说明常用的几种方法：

(1) 恒定系统误差消除法

① 异号法

改变测量中的某些条件，例如测量方向、电压极性等，使两种条件下的测量结果中的误差符号相反，取其平均值以消除系统误差。

【案 例】 带有螺杆式读数装置的测量仪存在空行程，即螺旋旋转时，刻度变化而量杆不动，引起测量的系统误差。为消除这一系统误差，可从两个方向对线，第一次顺时针旋转对准刻度读数为 d，设不含系统误差的值为 a，空行程引起的恒定系统误差为 ε，则 $d=a+\varepsilon$；第二次逆时针旋转对准刻度读数为 d'，此时空行程引起的恒定系统误差为 $-\varepsilon$，即 $d'=a-\varepsilon$。于是取平均值就可以得到消除了系统误差的测量结果：$a=(d+d')/2$。

② 交换法

将测量中的某些条件适当交换，例如被测物的位置相互交换，设法使两次测量中的误差源对测量结果的作用相反，从而抵消了系统误差。例如：用等臂天平称重，第一次在右边秤盘中放置被测物 X，在左边秤盘中放置砝码 P，使天平平衡，这时被测物的质量为 $X=Pl_1/l_2$，当两臂相等($l_1=l_2$)时 $X=P$，如果两臂存在微小的差异($l_1\neq l_2$)，而仍以 $X=P$ 为测量结果，就会使测量结果中存在系统误差。为了抵消这一系统误差，可以将被测物与砝码互换位置，此时天平不会平衡，改变砝码质量到 P' 时天平平衡，则这时被测物的质量为 $X=P'l_2/l_1$。所以可以用位置交换前后的两次测得值的几何平均值得到消除了系统误差的测量结果

$$X=\sqrt{PP'}$$

③ 替代法

保持测量条件不变，用某一已知量值的标准器替代被测件再作测量，使指示仪器的指示不变或指零，这时被测量等于已知的标准量，达到消除系统误差的目的。

【案例 1】 用精密电桥测量某个电阻器时，先将被测电阻器接入电桥的一臂，使电桥平衡；然后用一个标准电阻箱代替被测电阻器接入，调节电阻箱的电阻，使电桥再次平衡。则此时标准电阻箱的电阻值就是被测电阻器的电阻值。可以消除电桥其他三个臂的不理想等因素引入的系统误差。

【案例 2】 采用高频替代法校准微波衰减器，其测量原理图如图 3-1 所示。

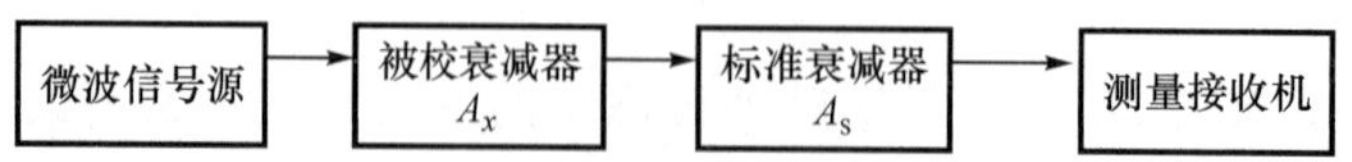

图 3-1　高频替代法校准微波衰减器测量原理图

当被校衰减器衰减刻度从 A_1 改变到 A_2 时，调节标准衰减器从 A_{s1} 到 A_{s2}，使接收机指示保

持不变，则被校衰减器的衰减变化量 $A_1-A_2=A_x$ 等于标准衰减器的衰减变化量 $A_s=A_{s2}-A_{s1}$，可以使微波信号源和测量接收机在校准中不引入系统误差。

（2）可变系统误差消除法

合理地设计测量顺序可以消除测量系统的线性漂移或周期性变化引入的系统误差。

① 用对称测量法消除线性系统误差

【案例 1】 用电压表作指示，测量被检电压源与标准电压源的输出电压之差，由于电压表的零位存在线性漂移（如图 3-2 所示），会使测量引入可变的系统误差。可以采用下列测量步骤来消除这种系统误差：顺序测量 4 次，在 t_1 时刻从电压表上读得标准电压源的电压测量值 a，在 t_2 时刻从电压表上读得被检电压源的电压测量值 x，在 t_3 时刻从电压表上再读得被检电压源的电压测量值 x'，在 t_4 时刻再读得标准电压源的电压测量值 a'。

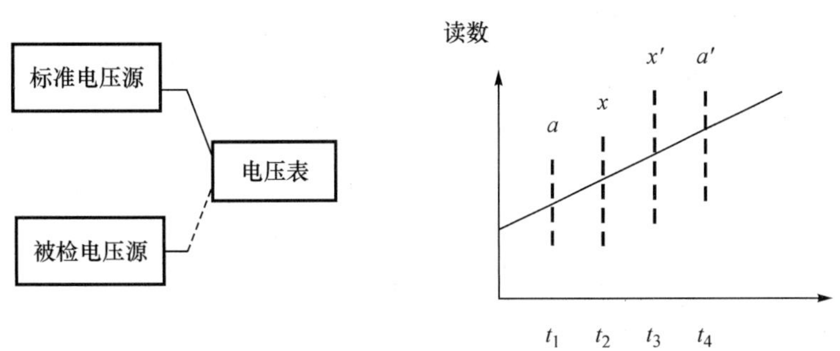

图 3-2　对称测量法

设标准电压源和被检电压源的电压分别为 V_s 和 V_x，系统误差用 ε 表示，则

t_1 时：　$a=V_s+\varepsilon_1$

t_2 时：　$x=V_x+\varepsilon_2$

t_3 时：　$x'=V_x+\varepsilon_3$

t_4 时：　$a'=V_s+\varepsilon_4$

测量时只要满足 $t_2-t_1=t_4-t_3$，当线性漂移条件满足时，则有 $\varepsilon_2-\varepsilon_1=\varepsilon_4-\varepsilon_3$，于是有

$$V_x-V_s=\frac{x+x'}{2}-\frac{a+a'}{2}$$

由上式得到的被检电压源与标准电压源的输出电压之差测量结果中消除了由于电压表线性漂移引入的系统误差。

【案例 2】 用质量比较仪作指示仪表，用 F_2 级标准砝码替代被校砝码的方法校准标称值为 10kg 的 M_1 级砝码，为消除由质量比较仪漂移引入的可变系统误差，砝码的替代方案采用按"标准-被校-被校-标准"顺序进行，测量数据如下：第一次加标准砝码时读数为 $m_{s1}=+0.010\text{g}$，接着加被校砝码，读数为 $m_{x1}=+0.020\text{g}$，再第二次加被校砝码，读数为 $m_{x2}=+0.025\text{g}$，再第二次加标准砝码，读数为 $m_{s2}=+0.015\text{g}$。则被校砝码与标准砝码的质量差 Δm 由下式计算得到：$\Delta m=(m_{x1}+m_{x2})/2-(m_{s1}+m_{s2})/2=(0.045\text{g}-0.025\text{g})/2=+0.01\text{g}$，由此获得被校砝码的修正值为 -0.01g。

② 半周期偶数测量法消除周期性系统误差

周期性系统误差通常可以表示为

$$\varepsilon=a\sin\frac{2\pi l}{T}$$

式中：T——误差变化的周期；

l——决定周期性系统误差的自变量(如时间、角度等)。

因为相隔 $T/2$ 半周期的两个测量结果中的误差是大小相等符号相反的。所以凡相隔半周期的一对测量值的均值中不再含有此项系统误差。这种方法广泛用于测角仪上。

(三)修正系统误差的方法

1. 在测量结果上加修正值

修正值的大小等于系统误差估计值的大小,但符号相反。当测量结果与相应的标准值比较时,测量结果与标准值的差值为测量结果系统误差估计值

$$\Delta=\bar{x}-x_s \tag{3-1}$$

式中:Δ——测量结果的系统误差估计值;

$\bar{x}$——未修正的测量结果;

x_s——标准值。

要注意:当对测量仪器的示值进行修正时,Δ 为仪器的示值误差

$$\Delta=x-x_s$$

式中:x——被评定的仪器的示值或标称值;

x_s——标准装置给出的标准值。

则修正值 C 为

$$C=-\Delta \tag{3-2}$$

已修正的测量结果 X_c 为

$$X_c=\bar{x}+C \tag{3-3}$$

【案 例】 用电阻标准装置校准一个标称值为 1Ω 的标准电阻时,标准装置的读数为 1.0003Ω。问:该被校标准电阻的系统误差估计值、修正值、已修正的校准结果分别为多少?

【案例分析】 系统误差估计值=示值误差=1Ω−1.0003Ω=−0.0003Ω

示值的修正值=+0.0003Ω

已修正的校准结果=1Ω+0.0003Ω=1.0003Ω

2. 对测量结果乘修正因子

修正因子 C_r 等于标准值与未修正测量结果之比

$$C_r=\frac{x_s}{\bar{x}} \tag{3-4}$$

已修正的测量结果 X_c 为

$$X_c=C_r\,\bar{x} \tag{3-5}$$

3. 画修正曲线

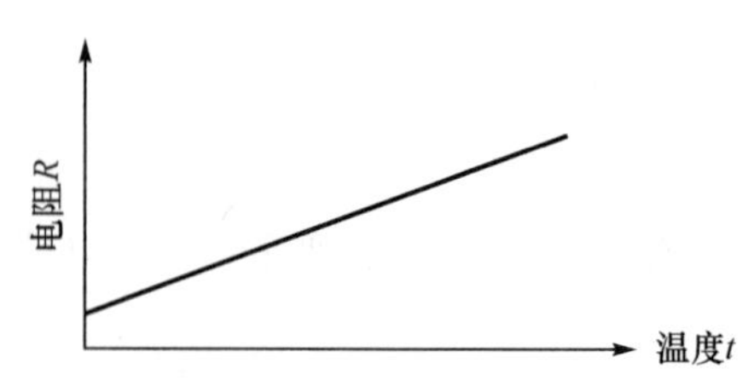

图 3-3　电阻温度修正曲线

当测量结果的修正值随某个影响量的变化而变化,这种影响量例如温度、频率、时间、长度等,那么应该将在影响量取不同值时的修正值画出修正曲线,以便在使用时可以查曲线得到所需的修正值。例如电阻的温度修正曲线的示意图如图 3-3 所示。实际画图时,通常要采用最

小二乘法将各数据点拟合成最佳曲线或直线。

4. 制定修正值表

当测量结果同时随几个影响量的变化而变化时，或者当修正数据非常多且函数关系不清楚等情况下，最方便的方法是将修正值制成表格，以便在使用时可以查表得到所需的修正值。表格形式举例如表 3－1 所示。

表 3－1　电阻的频率和温度修正值表　Ω

温度/℃ 频率/Hz	20	30	40	50	60	70
10						
200						

注意：

（1）修正值或修正因子的获得，最常用的方法是将测量结果与计量标准的标准值比较得到，也就是通过校准得到。修正曲线往往还需要采用实验方法获得。

（2）修正值和修正因子都是有不确定度的。在获得修正值或修正因子时，需要评定这些值的不确定度。

（3）使用已修正测量结果时，该测量结果的不确定度中应该考虑由于修正不完善引入的不确定度分量。

二、实验标准偏差的估计方法

随机误差是指“测量结果与在重复性条件下，对同一被测量进行无限多次测量所得结果的平均值之差”。它是在重复测量中按不可预见的方式变化的测量误差的分量。由于实际工作中不可能测量无穷多次，因此不能得到随机误差的值。随机误差的大小程度反映了测量值的分散性，即测量的重复性。

重复性是用实验标准偏差表征的。用有限次测量的数据得到的标准偏差的估计值称为实验标准偏差，用符号 s 表示。实验标准偏差是表征测量值分散性的量。

当用多次测量的算术平均值作为测量结果时，测量结果的实验标准偏差是测量值实验标准偏差的 $1/\sqrt{n}$倍（n 为测量次数）。因此可以说，当重复性较差时可以增加测量次数取算术平均值作为测量结果，来减小测量的随机误差。

（一）几种常用的实验标准偏差的估计方法

在相同条件下，对同一被测量 X 作 n 次重复测量，每次测得值为 x_i，测量次数为 n，则实验标准偏差可按以下几种方法估计：

1. 贝塞尔公式法

从有限次独立重复测量的一系列测量值代入式（3－6）得到估计的标准偏差

$$s(x)=\sqrt{\frac{\sum_{i=1}^{n}(x_i-\bar{x})^2}{n-1}} \tag{3-6}$$

式中：　$\bar{x}$——n 次测量的算术平均值，$\bar{x}=\frac{1}{n}\sum_{i=1}^{n}x_i$；

x_i——第 i 次测量的测得值；

$v_i=x_i-\bar{x}$——残差；

$\nu=n-1$——自由度；

$s(x)$——(测量值 x 的)实验标准偏差。

【案 例】 对某被测件的长度重复测量 10 次，测量数据如下：10.0006m，10.0004m，10.0008m，10.0002m，10.0003m，10.0005m，10.0005m，10.0007m，10.0004m，10.0006m。用实验标准偏差表征测量的重复性，请计算实验标准偏差。

【案例分析】

$n=10$，计算步骤如下：

(1) 计算算术平均值

$$\bar{x}=10\text{m}+(0.0006+0.0004+0.0008+0.0002+0.0003+0.0005+0.0005+0.0007+0.0004+0.0006)\text{m}/10=10.0005\text{m}$$

(2) 计算 10 个残差 $v_i=x_i-\bar{x}$

+0.0001，−0.0001，+0.0003，−0.0003，−0.0002，+0.0000，+0.0000，+0.0002，−0.0001，+0.0001

(3) 计算残差平方和

$$\sum_{i=1}^{n}(x_i-\bar{x})^2=0.0001^2\times(1+1+9+9+4+0+0+4+1+1)\text{m}^2=30\times0.0001^2\text{m}^2$$

(4) 计算实验标准偏差

$$s(x)=\sqrt{\frac{\sum_{i=1}^{n}(x_i-\bar{x})^2}{n-1}}=\sqrt{\frac{30\times0.0001^2}{10-1}}\text{m}=1.8\times0.0001\text{m}=0.00018\text{m}$$

所以实验标准偏差 $s(x)=0.00018\text{m}=0.0002\text{m}$(自由度为 $n-1=9$)。

2. 最大残差法

从有限次独立重复测量的一列测量值中找出最大残差 v_{max}，并根据测量次数 n 查表 3-2 得到 c_n 值，代入式(3-7)得到估计的标准偏差

$$s(x)=c_n|v_{max}| \tag{3-7}$$

式中：c_n——残差系数。

最大残差法的 c_n 值列于表 3-2。

表 3-2　最大残差法的 c_n 值表

n	2	3	4	5	6	7	8	9	10	15	20
c_n	1.77	1.02	0.83	0.74	0.68	0.64	0.61	0.59	0.57	0.51	0.48

【案 例】 对于上一个案例，用最大残差法估算实验标准偏差。

【案例分析】

计算步骤如下：

(1) 计算算术平均值：$\bar{x}=10.0005\text{m}$；

(2) 计算 10 个残差 $v_i = x_i - \bar{x}$:

+0.0001,−0.0001,+0.0003,−0.0003,−0.0002,+0.0000,+0.0000,+0.0002,−0.0001,+0.0001;

(3) 找出最大残差的绝对值为 0.0003m;

(4) 根据 $n=10$,查表 3-2 得到 $c_n=0.57$;

(5) 计算实验标准偏差:$s(x)=c_n|v_{\max}|=0.57\times0.0003\text{m}=0.00017\text{m}$。

3. 极差法

从有限次独立重复测量的一列测量值中找出最大值 $x_{\max}$ 和最小值 $x_{\min}$,得到极差 $R=x_{\max}-x_{\min}$;根据测量次数 n 查表 3-3 得到 C 值,代入式(3-8)得到估计的标准偏差

$$s(x)=(x_{\max}-x_{\min})/C \tag{3-8}$$

式中:C——极差系数。

极差法的 C 值列于表 3-3。

表 3-3　极差法的 C 值表

n	2	3	4	5	6	7	8	9	10	15	20
C	1.13	1.69	2.06	2.33	2.53	2.70	2.85	2.97	3.08	3.47	3.74

一般在测量次数较小时采用该法。

【案 例】 对某被测件进行了 4 次测量,测量数据为:0.02g,0.05g,0.04g,0.06g。请用极差法估算实验标准偏差。

【案例分析】

计算步骤如下:

(1) 计算极差:$R=x_{\max}-x_{\min}=0.06\text{g}-0.02\text{g}=0.04\text{g}$;

(2) 查表 3-3 得 C 值:$n=4$,$C=2.06$;

(3) 计算实验标准偏差 $s(x)=(x_{\max}-x_{\min})/C=0.04\text{g}/2.06=0.02\text{g}$。

4. 较差法

从有限次独立重复测量的一列测量值中,将每次测量值与后一次测量值比较得到差值,代入式(3-9)得到估计的标准偏差

$$s(x)=\sqrt{\frac{(x_2-x_1)^2+(x_3-x_2)^2+\cdots+(x_n-x_{n-1})^2}{2(n-1)}} \tag{3-9}$$

(二) 各种估计方法的比较

贝塞尔公式法是一种基本的方法,但 n 很小时其估计的不确定度较大,例如 $n=9$ 时,由这种方法获得的标准偏差估计值的标准不确定度为 25%,而 $n=3$ 时标准偏差估计值的标准不确定度达 50%,因此它适合于测量次数较多的情况。

极差法和最大残差法使用起来比较简便,但当数据的概率分布偏离正态分布较大时,应当以贝塞尔公式法的结果为准。在测量次数较少时常采用极差法。

较差法更适用于随机过程的方差分析,如适用于频率稳定度测量或天文观测等领域。

三、算术平均值及其实验标准差的计算

(一)算术平均值的计算

在相同条件下对被测量 X 进行有限次重复测量，得到一系列测量值 $x_1, x_2, \cdots, x_n$，其算术平均值为

$$\bar{x} = \frac{1}{n}\sum_{i=1}^{n} x_i \tag{3-10}$$

(二)算术平均值实验标准差的计算

若测量值的实验标准偏差为 $s(x)$，则算术平均值的实验标准偏差 $s(\bar{x})$ 为

$$s(\bar{x}) = \frac{s(x)}{\sqrt{n}} \tag{3-11}$$

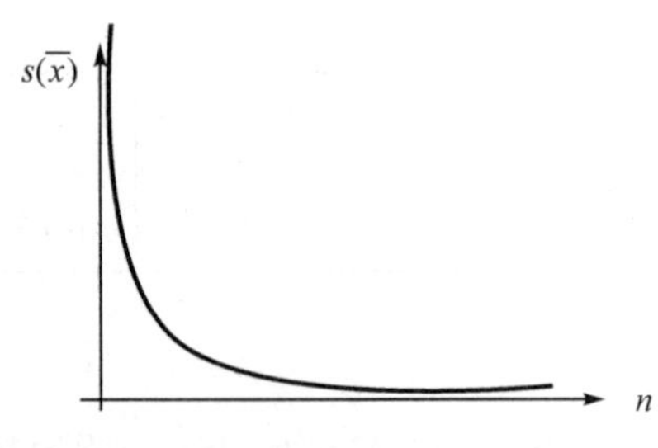

图 3-4 算术平均值的实验标准偏差与测量次数 n 的关系

有限次测量的算术平均值的实验标准偏差与$\sqrt{n}$成反比。从图 3-4 可见，测量次数增加，$s(\bar{x})$减小，即算术平均值的分散性减小。增加测量次数，用多次测量的算术平均值作为测量结果，可以减小随机误差，或者说，减小由于各种随机影响引入的不确定度。但随测量次数的进一步增加，算术平均值的实验标准偏差减小的程度减弱，相反会增加人力、时间和仪器磨损等问题，所以一般取 $n=3\sim20$。

【案 例】 某计量人员在建立计量标准时，对计量标准进行过重复性评定，对被测件重复测量 10 次，按贝塞尔公式计算出实验标准偏差 $s(x)=0.08\text{V}$。现在，在相同条件下对同一被测件测量 4 次，取 4 次测量的算术平均值作为测量结果的最佳估计值，他认为算术平均值的实验标准偏差为 $s(x)$的 1/4，即 $s(\bar{x})=0.08\text{V}/4=0.02\text{V}$。

【案例分析】 计量人员应搞清楚算术平均值的实验标准偏差与测量值的实验标准偏差有什么关系？依据 JJF 1059—1999《测量不确定度评定与表示》，案例中的计算是错误的。按贝塞尔公式计算出实验标准偏差 $s(x)=0.08\text{V}$ 是测量值的实验标准偏差，它表明测量值的分散性。多次测量取平均可以减小分散性，算术平均值的实验标准偏差是测量值的实验标准偏差的 $1/\sqrt{n}$。所以算术平均值的实验标准偏差应该为

$$s(\bar{x}) = \frac{s(x)}{\sqrt{n}} = \frac{0.08\text{V}}{\sqrt{4}} = 0.04\text{V}$$

(三)算术平均值的应用

由于算术平均值是数学期望的最佳估计值，所以通常用算术平均值作为测量结果。当用算术平均值作为被测量的估计值时，算术平均值的实验标准偏差就是测量结果的 A 类标准不确定度。

四、异常值的判别和剔除

(一) 什么是异常值

异常值(abnormal value)又称离群值(outlier),指在对一个被测量重复观测所获的若干观测结果中,出现了与其他值偏离较远且不符合统计规律的个别值,他们可能属于来自不同的总体,或属于意外的、偶然的测量错误。也称为存在着“粗大误差”。例如:震动、冲击、电源变化、电磁干扰等意外的条件变化,人为的读数或记录错误,仪器内部的偶发故障等,可能是造成异常值的原因。

如果一系列测量值中混有异常值,必然会歪曲测量的结果。这时若能将该值剔除不用,即可使结果更符合客观情况。在有些情况下,一组正确测得值的分散性,本来是客观地反映了实际测量的随机波动特性,但若人为地丢掉了一些偏离较远但不属于异常值的数据,由此得到的所谓分散性很小,实际上是虚假的。因为,以后在相同条件下再次测量时原有正常的分散性还会显现出来。所以必须正确地判别和剔除异常值。

在测量过程中,记错、读错、仪器突然跳动、突然震动等异常情况引起的已知原因的异常值,应该随时发现,随时剔除,这就是物理判别法。有时,仅仅是怀疑某个值,对于不能确定哪个是异常值时,可采用统计判别法进行判别。

【案 例】 检定员在检定一台计量器具时,发现记录的数据中某个数较大,她就把它作为异常值剔除了,并再补做一个数据。

【案例分析】 案例中的那位检定员的做法是不对的。在测量过程中除了当时已知原因的明显错误或突发事件造成的数据异常可以随时剔除外,如果仅仅是看不顺眼或怀疑某个值,不能确定是否是异常值的,不能随意剔除,必须用统计判别法(如格拉布斯法等)判别,判定为异常值的才能剔除。

(二) 判别异常值常用的统计方法

1. 拉依达准则

又称 3σ 准则。当重复观测次数充分大的前提下($n \gg 10$),设按贝塞尔公式计算出的实验标准偏差为 s,若某个可疑值 x_d与 n 个结果的平均值$\bar{x}$之差($x_d - \bar{x}$)的绝对值大于或等于 $3s$ 时,判定 x_d为异常值。即

$$|x_d - \bar{x}| \geqslant 3s \tag{3-12}$$

2. 格拉布斯准则

设在一组重复观测结果 x_i 中,其残差 v_i的绝对值$|v_i|$最大者为可疑值 x_d,在给定的置信概率为 $p=0.99$ 或 $p=0.95$,也就是显著性水平为 $\alpha=1-p=0.01$ 或 0.05 时,如果满足式(3-13),可以判定 x_d为异常值

$$\frac{|x_d - \bar{x}|}{s} \geqslant G(\alpha, n) \tag{3-13}$$

式中:$G(\alpha, n)$——与显著性水平 α 和重复观测次数 n 有关的格拉布斯临界值,见表 3-4。

表 3-4　格拉布斯准则的临界值 $G(\alpha,n)$ 表

n	α		n	α	
	0.05	0.01		0.05	0.01
3	1.153	1.155	17	2.475	2.785
4	1.463	1.492	18	2.504	2.821
5	1.672	1.749	19	2.532	2.854
6	1.822	1.944	20	2.557	2.884
7	1.938	2.097	21	2.580	2.912
8	2.032	2.221	22	2.603	2.939
9	2.110	2.323	23	2.624	2.963
10	2.176	2.410	24	2.644	2.987
11	2.234	2.485	25	2.663	3.009
12	2.285	2.550	30	2.745	3.103
13	2.331	2.607	35	2.811	3.178
14	2.371	2.659	40	2.866	3.240
15	2.409	2.705	45	2.914	3.292
16	2.443	2.747	50	2.956	3.336

【案 例】 使用格拉布斯准则检验以下 $n=6$ 个重复观测值中是否存在异常值：0.82，0.78，0.80，0.91，0.79，0.76。

【案例分析】

计算步骤如下：

算术平均值：$\bar{x}=0.81$；

实验标准偏差：$s=0.053$；

计算各个观测值的残差 $v_i=x_i-\bar{x}$ 为：0.01，−0.03，−0.01，0.10，−0.02，−0.05；其中绝对值最大的残差为 0.10，相应的观测值 $x_4=0.91$ 为可疑值 x_d，则

$$\frac{|x_d-\bar{x}|}{s}=\frac{0.10}{0.0529}=1.89$$

按 $p=95\%=0.95$，即 $\alpha=1-0.95=0.05$，$n=6$，查表 3-4 得：$G(0.05,6)=1.82$，则

$$\frac{|x_d-\bar{x}|}{s}=1.89>G(\alpha,n)=1.82$$

可以判定 $x_d=0.91$ 为异常值，应予以剔除。

在剔除 $x_d=0.91$ 后，剩下 $n=5$ 个重复观测值，重新计算算术平均值为 0.79，实验标准偏差 $s=0.022$，并在 5 个数据中找出残差绝对值为最大的值 $x_d=0.76$

$$|0.76-0.79|=0.03$$

再按格拉布斯准则进行判定：$\alpha=0.05$，$n=5$，查表得：$G(0.05,5)=1.67$，则

$$\frac{|x_d-\bar{x}|}{s}=\frac{0.03}{0.022}=1.36<G(0.05,5)=1.67$$

可以判定 0.76 不是异常值。

3. 狄克逊准则

设所得的重复观测值按由小到大的规律排列为：$x_1,x_2,\cdots,x_n$。其中的最大值为 x_n，最小

值为 x_1。按以下几种情况计算统计量 γ_{ij} 或 γ'_{ij}：

① 在 $n=3\sim7$ 情况下：

$$\gamma_{10}=\frac{x_n-x_{n-1}}{x_n-x_1},\ \gamma'_{10}=\frac{x_2-x_1}{x_n-x_1}$$

② 在 $n=8\sim10$ 情况下：

$$\gamma_{11}=\frac{x_n-x_{n-1}}{x_n-x_2},\ \gamma'_{11}=\frac{x_2-x_1}{x_{n-1}-x_1} \tag{3-14}$$

③ 在 $n=11\sim13$ 情况下：

$$\gamma_{21}=\frac{x_n-x_{n-2}}{x_n-x_2},\ \gamma'_{21}=\frac{x_3-x_1}{x_{n-1}-x_1} \tag{3-15}$$

④ 在 $n\geqslant14$ 情况下：

$$\gamma_{22}=\frac{x_n-x_{n-2}}{x_n-x_3},\ \gamma'_{22}=\frac{x_3-x_1}{x_{n-2}-x_1} \tag{3-16}$$

以上的 γ_{10}，γ'_{10}；…，…；γ_{22}，γ'_{22}分别简化写成 γ_{ij} 和 γ'_{ij}。设 $D(\alpha,n)$为狄克逊检验的临界值，判定异常值的狄克逊准则为：

当 $\gamma_{ij}>\gamma'_{ij}$，$\gamma_{ij}>D(\alpha,n)$，则 x_n为异常值；

当 $\gamma_{ij}<\gamma'_{ij}$，$\gamma'_{ij}>D(\alpha,n)$，则 x_1为异常值。

否则没有异常值。

使用这一准则，可以多次剔除异常值，但每次只能剔除一个，并重新排序计算统计量 γ_{ij} 或 γ'_{ij}，然后再进行下一个异常值的判断。狄克逊检验的临界值见表 3-5。

表 3-5　狄克逊检验的临界值 $D(\alpha,n)$表

n	统计量 γ_{ij} 或 γ'_{ij}	$\alpha=0.05$	$\alpha=0.01$
3	γ_{10} 和 γ'_{10} 中较大者	0.970	0.994
4		0.829	0.926
5		0.710	0.821
6		0.628	0.740
7		0.569	0.680
8	γ_{11} 和 γ'_{11} 中较大者	0.608	0.717
9		0.564	0.672
10		0.530	0.635
11	γ_{21} 和 γ'_{21} 中较大者	0.619	0.709
12		0.583	0.660
13		0.557	0.638
14	γ_{22} 和 γ'_{22} 中较大者	0.586	0.670
15		0.565	0.647
16		0.546	0.627
17		0.529	0.610
18		0.514	0.594
19		0.501	0.580
20		0.489	0.567
21		0.478	0.555
22		0.468	0.544

续表

n	统计量 γ_{ij} 或 γ'_{ij}	$\alpha=0.05$	$\alpha=0.01$
23		0.459	0.535
24		0.451	0.526
25		0.443	0.517
26		0.436	0.510
27		0.429	0.502
28		0.423	0.495
29		0.417	0.489
30		0.412	0.483

（三）三种判别准则的比较

（1）$n>50$ 的情况下，3σ 准则较简便，但在 GB/T 4883—2008《数据的统计处理和解释正态样本离群值的判断和处理》中已不采用此方法；$3<n<50$ 的情况下，格拉布斯准则效果较好，适用于单个异常值；有多于一个异常值时狄克逊准则较好。

（2）实际工作中，有较高要求的情况下，可选用多种准则同时进行，若结论相同，可以放心。当结论出现矛盾，则应慎重，此时通常需选 $\alpha=0.01$。当出现既可能是异常值，又可能不是异常值的情况时，一般以不是异常值处理较好。

【案 例】 重复观测某电阻器之值共 $n=10$ 次，其 10 个结果，从小到大排为：10.0003Ω，10.0004Ω，10.0004Ω，10.0005Ω，10.0005Ω，10.0005Ω，10.0006Ω，10.0006Ω，10.0007Ω，10.0012Ω。请用狄克逊准则判别异常值，并用格拉布斯准则判别以作比较。

① 用狄克逊准则判别

测量次数 $n=10$，选显著性水平 $\alpha=0.05$，则查表 3-5 得临界值 $D(0.05,10)=0.530$。

由于是属于 $n=8\sim10$ 的情况，所以统计量计算如下

$$\gamma_{11}=\frac{x_{10}-x_9}{x_{10}-x_2}=\frac{10.0012-10.0007}{10.0012-10.0004}=0.625$$

$$\gamma'_{11}=\frac{x_2-x_1}{x_9-x_1}=\frac{10.0004-10.0003}{10.0007-10.0003}=0.25$$

$\gamma_{11}>\gamma'_{11}$，$\gamma_{11}=0.625>D(0.05,10)=0.530$，因而 $x_{10}=10.0012\Omega$ 为异常值。

② 采用格拉布斯准则判别

计算实验标准偏差：　　　$s=0.00025\Omega$

查格拉布斯准则临界值：　　$G(0.05,10)=2.18$

最大残差绝对值：　　　　$|v_{10}|=0.00063\Omega$

$$G(\alpha,n)\cdot s=2.18\times0.00025\Omega=0.00055\Omega$$

可见：$|v_{10}|>G(\alpha,n)\cdot s$，因而 x_{10} 属于异常值。

表明两种判别法得到相同的结论，x_{10} 属于异常值。

五、测量重复性和测量复现性的评定

（一）测量重复性的评定

1. 计量标准的重复性评定

计量标准的重复性是依据 JJF 1001—1998《通用计量术语及定义》中测量仪器的重复性定

义的，计量标准的重复性是指在相同测量条件下，重复测量同一被测量时，计量标准提供相近示值的能力。这些测量条件包括：相同的测量程序；相同的观测者；在相同的条件下使用相同的计量标准；在相同地点；在短时间内重复测量。

计量标准的重复性，通常用计量标准测量结果的分散性来定量地表示，即用单次测量结果的实验标准偏差来表示。计量标准重复性评定的方法见国家计量技术规范 JJF 1033—2008《计量标准考核规范》。

2. 测量结果的重复性评定

依据 JJF 1001—1998《通用计量术语及定义》，测量结果的重复性是指在相同条件下，对同一被测量进行连续多次测量所得结果之间的一致性。

测量结果的重复性是测量结果的不确定度的一个分量，它是获得测量结果时，各种随机影响因素的综合反映，包括了所用的计量标准、配套仪器、环境条件等因素以及实际被测量的随机变化。由于被测对象也会对测量结果的分散性有影响，特别是当被测对象是非实物量具的测量仪器时。因此，测量结果的分散性通常比计量标准本身所引入的分散性稍大。

重复性用实验标准偏差 $s_r(y)$ 定量表示，公式如下

$$s_r(y)=\sqrt{\frac{\sum_{i=1}^{n}(y_i-\bar{y})^2}{n-1}} \tag{3-17}$$

式中：y_i——每次测量的测得值；

n——测量次数；

$\bar{y}$——n 次测量的算术平均值。

在评定重复性时，通常取 $n=10$。

在测量结果的不确定度评定中，当测量结果由单次测量得到时，$s_r(y)$ 直接就是由重复性引入的标准不确定度分量。当测量结果由 n 次重复测量的平均值得到时，由重复性引入的标准不确定度分量为 $\frac{s(y_i)}{\sqrt{n}}$。

（二）测量复现性的评定

测量复现性是指在改变了的测量条件下，同一被测量的测量结果之间的一致性。改变了的测量条件可以是：测量原理、测量方法、观测者、测量仪器、计量标准、测量地点、环境及使用条件、测量时间。改变的可以是这些条件中的一个或多个。因此，给出复现性时，应明确说明所改变条件的详细情况。复现性可用实验标准偏差来定量表示。常用符号为 $s_R(y)$，计算公式如下

$$s_R(y)=\sqrt{\frac{\sum_{i=1}^{n}(y_i-\bar{y})^2}{n-1}} \tag{3-18}$$

例如在实验室内为了考察计量人员的实际操作能力，实验室主任请每一位计量人员在同样的条件下对同一件被测件进行测量，将测量结果按式(3-18)计算测量结果的复现性。此时式中，y_i 为每个人测量的结果，n 为测量人员数，$\bar{y}$ 为 n 个测量结果的算术平均值。这个例子中改变了人这一个条件。从一次考察可以看出不同人员测量结果间的复现性，多次考察还可以看

出不同人员测量的复现性的变化情况。

几个实验室为了验证测量结果的一致性而进行比对，在不同的实验室、不同的地点，由不同的人员，按照相同的测量方法，对同一被测件进行测量，可以将各实验室的测量结果按上式计算出测量结果的复现性。在计量标准的稳定性评定中，实际所做的是计量标准随时间改变的复现性。

复现性中所涉及的测量结果通常指已修正结果，特别是在改变了测量仪器和计量标准时，不同仪器和不同标准均各有其修正值的情况。

六、加权算术平均值及其实验标准偏差的计算方法

(一) 加权算术平均值的计算

加权算术平均值(weighted arithmetic average) x_w表征对同一被测量进行多组测量，考虑各组的权后所得的被测量估计值，计算公式为

$$x_w = \frac{\sum_{i=1}^{m} W_i \bar{x}_i}{\sum_{i=1}^{m} W_i} \tag{3-19}$$

式中：W_i——第 i 组观测结果的权；

$\bar{x}_i$——第 i 组的观测结果平均值；

m——重复观测的组数。

在计算 x_w时，各组测量结果$\bar{x}_i$ 所占的比重，用权 W_i 表示，W_i 越大，$\bar{x}_i$ 被认为更可信赖。

若有 m 组观测结果：$\bar{x}_1, \bar{x}_2, \cdots, \bar{x}_m$；其合成标准不确定度分别为 $u_{c1}, u_{c2}, \cdots, u_{cm}$；$u_c^2$ 称为测量结果的合成方差，任意设定第 n 个合成方差为单位权方差 $u_{cn}^2 = u_0^2$，即相应的观测结果的权为 1，$W_n = 1$，则$\bar{x}_i$ 的权 W_i用下式计算得到

$$W_i = u_0^2 / u_{ci}^2 \tag{3-20}$$

由此可见，W_i 与 u_{ci}^2[即 $u_c^2(\bar{x}_i)$]成反比。合成标准不确定度越小则权越大。

(二) 加权算术平均值实验标准差的计算

加权算术平均值 x_w的实验标准偏差 s_w按下式计算

$$s_w = \sqrt{\frac{\sum_{i=1}^{m} W_i (x_i - x_w)^2}{(m-1)\sum_{i=1}^{m} W_i}} \tag{3-21}$$

【案 例】 四个实验室进行量值比对，各实验室对同一个传递标准的测量结果分别为：

$x_1 = 215.3, u_{c1} = 17$；$x_2 = 236.0, u_{c2} = 17$；$x_3 = 289.7, u_{c3} = 29$；$x_4 = 216.0, u_{c4} = 14$；

令 x_3的权为 1，即 $u_{c3} = u_0$，则各实验室测量结果的权为

$$W_1 = u_0^2 / u_{c1}^2 = 29^2 / 17^2 \approx 3$$

$$W_2 = u_0^2 / u_{c2}^2 = 29^2 / 17^2 \approx 3$$

$$W_3 = u_0^2 / u_{c3}^2 = 29^2 / 29^2 = 1$$

$$W_4 = u_0^2 / u_{c4}^2 = 29^2 / 14^2 \approx 4$$

所以，加权算术平均值为

$$x_w = \frac{\sum_{i=1}^{m} W_i \bar{x}_i}{\sum_{i=1}^{m} W_i} = \frac{3 \times 215.3 + 3 \times 236.0 + 1 \times 289.7 + 4 \times 216.0}{3 + 3 + 1 + 4} = 228.0$$

加权算术平均值的实验标准偏差计算如下

$$s_w = \sqrt{\frac{\sum_{i=1}^{m} W_i (x_i - x_w)^2}{(m-1) \sum_{i=1}^{m} W_i}}$$

$$= \sqrt{\frac{3 \times (215.3 - 228.0)^2 + 3 \times (236.0 - 228.0)^2 + 1 \times (289.7 - 228.0)^2 + 4 \times (216.0 - 228.0)^2}{(4-1)(3+3+1+4)}}$$

$$= 12$$

七、计量器具误差的表示与评定

（一）最大允许误差的表示形式

计量器具又称测量仪器。（测量仪器的）最大允许误差（maximum permissible errors）是由给定测量仪器的规程或规范所允许的示值误差的极限值。它是生产厂规定的测量仪器的技术指标，又称允许误差极限或允许误差限。最大允许误差有上限和下限，通常为对称限，表示时要加±号。

最大允许误差可以用绝对误差、相对误差、引用误差或它们的组合形式表示。

1. 用绝对误差表示的最大允许误差

例如，标称值为 1Ω 的标准电阻，说明书指出其最大允许误差为±0.01Ω，即示值误差的上限为+0.01Ω，示值误差的下限为－0.01Ω，表明该电阻器的阻值允许在 0.99Ω～1.01Ω 范围内。

2. 用相对误差表示的最大允许误差

是其绝对误差与相应示值之比的百分数。

例如，测量范围为 1mV～10V 的电压表，其允许误差限为±1%。这种情况下，在测量范围内每个示值的绝对允许误差限是不同的，如 1V 时，为±1%×1V=±0.01V，而 10V 时，为±1%×10V=±0.1V。

最大允许误差用相对误差形式表示，有利于在整个测量范围内的技术指标用一个误差限来表示。

3. 用引用误差表示的最大允许误差

是绝对误差与特定值之比的百分数。

特定值又称引用值，通常用仪器测量范围的上限值（俗称满刻度值）或量程作为特定值。

如：一台电流表的技术指标为±3%×FS，这就是用引用误差表示的最大允许误差，FS为满刻度值的英文缩写。又如一台（0～150）V的电压表，说明书说明其引用误差限为±2%，说明该电压表的任意示值的允许误差限均为±2%×150V=±3V。

用引用误差表示最大允许误差时，仪器在不同示值上的用绝对误差表示的最大允许误差相同，因此越使用到测量范围的上限时相对误差越小。

4. 组合形式表示的最大允许误差

是用绝对误差、相对误差、引用误差几种形式组合起来表示的仪器技术指标。

例如，一台脉冲产生器的脉宽的技术指标为±(τ×10%+0.025μs)，就是相对误差与绝对误差的组合；又如：一台数字电压表的技术指标：±(1×10^{-6}×量程+2×10^{-6}×读数)，就是引用误差与相对误差的组合。注意：用这种组合形式表示最大允许误差时，“±”应在括号外，写成±(τ×10%±0.025μs)或±τ×10%±0.025μs或10%±0.025μs都是错误的。

【案 例】 在计量标准研制报告中报告了所购置的配套电压表的技术指标为：该仪器的测量范围为0.1～100V，准确度为0.001%。

【案例分析】 计量人员应正确表达测量仪器的特性。案例中计量标准研制报告对电压表的技术指标描述存在两个错误：

(1) 测量范围为0.1～100V，表达不对。应写成0.1V～100V或(0.1～100)V。

(2) 准确度为0.001%，描述不对。测量仪器的准确度只是定性的术语，不能用于定量描述。正确的描述应该是：用相对误差表示的电压表的最大允许误差为±0.001%，或写成$\pm1\times10^{-5}$。值得注意的是最大允许误差有上下两个极限，应该有“±”。

（二）计量器具示值误差的评定

计量器具的示值误差(error of indication)是指计量器具（即测量仪器）的示值与相应测量标准提供的量值之差。在计量检定时，用高一级计量标准所提供的量值作为约定值，也称为标准值，被检仪器的指示值或标称值也称为示值。则示值误差可以用下式表示：

$$\text{示值误差}=\text{示值}-\text{标准值}$$

根据被检仪器的情况不同，示值误差的评定方法有比较法、分部法和组合法几种。

(1) 比较法。例如：电子计数式转速表的示值误差是由转速表对一定转速输出的标准转速装置多次测量，由转速表示值的平均值与标准转速装置转速的标准值之差得出。又如：三坐标测量机的示值误差是采用双频激光干涉仪对其产生的一定位移进行2次测量，由三坐标测量机的示值减去双频激光干涉仪测量结果的平均值得到。

(2) 分部法。例如：静重式基准测力计是通过对加荷的各个砝码和吊挂部分质量的测量，分析当地的重力加速度和空气浮力等因素，得出基准测力计的示值误差。又如：邵氏橡胶硬度计的检定，由于尚不存在邵氏橡胶硬度基准计和标准硬度块，所以是通过测量其试验力、压针几何尺寸和伸出量、压入量的测量指示机构等指标，从而评定硬度计示值误差是否处于规定的控制范围内。

(3) 组合法。例如：用组合法检定标准电阻，被检定的一组电阻和已知标准电阻具有同一标称值，将被检定的一组电阻与已知标准电阻进行相互比较，被检定的一组电阻间也相互比较，列出一组方程，用最小二乘法计算出各个被检电阻的示值误差。与此类同的还有量块和砝码等实物量具的检定可以采用组合法。又如：正多面体棱体和多齿分度台的检定，采用的是全组合常角法，即利用圆周角准确地等于 2π 弧度的原理，得出正多面体棱体和多齿分度台的示值误差。

1. 计量器具的绝对误差和相对误差计算

（1）绝对误差的计算

示值误差可用绝对误差表示，按下式计算

$$\Delta = x - x_s \tag{3-22}$$

式中：Δ——用绝对误差表示的示值误差；

x——被检仪器的示值；

x_s——标准值。

例如：标称值为 100Ω 的标准电阻器，用高一级电阻计量标准进行校准，由高一级计量标准提供的校准值为 100.02Ω，则该标准电阻器的示值误差计算如下

$$\Delta = 100\Omega - 100.02\Omega = -0.02\Omega$$

示值误差是有符号有单位的量值，其计量单位与被检仪器示值的单位相同，可能是正值，也可能是负值，表明仪器的示值是大于还是小于标准值。当示值误差为正值时，正号可以省略。在示值误差为多次测量结果的平均值情况下，示值误差是被检仪器的系统误差的估计值。如果需要对示值进行修正，则修正值 C 由下式计算

$$C = -\Delta \tag{3-23}$$

【案 例】 检查某个标准电阻器的校准证书，该证书上表明标称值为 1MΩ 的示值误差为 0.001MΩ，由此给出该电阻的修正值为 0.001MΩ。

【案例分析】 该证书上给出的修正值是错误的。修正值与误差的估计值大小相等而符号相反。该标准电阻的示值误差为 0.001MΩ，所以该标准电阻标称值的修正值为 −0.001MΩ。其标准电阻的校准值为标称值加修正值，即：1MΩ+(−0.001MΩ)=0.999MΩ。

（2）相对误差的计算

相对误差(relative error)是测量仪器的示值误差除以相应示值之商。相对误差用符号 δ 表示，按下式计算

$$\delta = \frac{\Delta}{x_s} \times 100\% \tag{3-24}$$

在误差的绝对值较小情况下，示值相对误差也可用下式计算

$$\delta = \frac{\Delta}{x} \times 100\%$$

【案 例】 标称值为 100Ω 的标准电阻器，其绝对误差为 −0.02Ω，问相对误差如何计算？

【案例分析】 相对误差计算如下

$$\delta = (-0.02\Omega / 100\Omega) \times 100\% = -0.02\% = -2 \times 10^{-4}$$

相对误差同样有正号或负号，但由于它是一个相对量，一般没有单位（即量纲为 1），常用百分数表示，有时也用其他形式表示（如 mΩ/Ω）。

2. 计量器具的引用误差的计算

引用误差(fiducial error)是测量仪器的示值的绝对误差与该仪器的特定值之比值。特定值

又称引用值(x_N),通常是仪器测量范围的上限值(或称满刻度值)或量程。引用误差δ_f按下式计算

$$\delta_f=\frac{\Delta}{x_N}\times 100\% \qquad (3-25)$$

引用误差同样有正号或负号,它也是一个相对量,一般没有单位(即量纲为1),常用百分数表示,有时也用其他形式表示(如 mΩ/Ω)。

【案 例】 由于电流表的准确度等级是按引用误差规定的,例如1级表,表明该表以引用误差表示的最大允许误差为±1%。现有一个0.5级的测量上限为100A的电流表,问在测量50A时用绝对误差和相对误差表示的最大允许误差各有多大?

【案例分析】

(1) 由于已知该电流表是0.5级,表明该表的引用误差为±0.5%,测量上限为100A,根据公式,该表任意示值用绝对误差表示的最大允许误差为:Δ=100A×(±0.5%)=±0.5A,所以在50A示值时允许的最大绝对误差是±0.5A。

(2) 在50A示值时允许的最大相对误差是(±0.5A/50A)×100%=±1%。

(三) 检定时判定计量器具合格或不合格的判据

1. 什么是符合性评定

计量器具(测量仪器)的合格评定又称符合性评定,就是评定仪器的示值误差是否在最大允许误差范围内,也就是测量仪器是否符合其技术指标的要求,凡符合要求的判为合格。

评定的方法就是将被检计量器具与相应的计量标准进行技术比较,在检定的量值点上得到被检计量器具的示值误差,再将示值误差与被检仪器的最大允许误差相比较确定被检仪器是否合格。

2. 测量仪器示值误差符合性评定的基本要求

按照JJF 1094—2002《测量仪器特性评定》的规定,对测量仪器特性进行符合性评定时,若评定示值误差的不确定度满足下面要求:

评定示值误差的测量不确定度(U_{95}或$k=2$时的U)与被评定测量仪器的最大允许误差的绝对值(MPEV)之比小于或等于1∶3,即满足

$$U_{95}\leqslant\frac{1}{3}\text{MPEV} \qquad (3-26)$$

时,示值误差评定的测量不确定度对符合性评定的影响可忽略不计(也就是合格评定误判概率很小),此时合格判据为

$$|\Delta|\leqslant\text{MPEV}\qquad\text{判为合格} \qquad (3-27)$$

不合格判据为

$$|\Delta|>\text{MPEV}\qquad\text{判为不合格} \qquad (3-28)$$

式中:|Δ|——被检仪器示值误差的绝对值;

MPEV——被检仪器示值的最大允许误差的绝对值。

对于型式评价和仲裁鉴定,必要时U_{95}与MPEV之比也可取小于或等于1∶5。

【案例1】 用一台多功能源标准装置,对数字电压表测量范围0~20V的10V电压值进行

检定，测量结果是被校数字电压表的示值误差为＋0.0007V，需评定该数字电压表的10V点是否合格。

【案例分析】 经分析得知，包括多功能源标准装置提供的直流电压的不确定度及被检数字电压表重复性等因素引入的不确定度分量在内，示值误差的扩展不确定度$U_{95}=0.25\mathrm{mV}$。根据要求，被检数字电压表的最大允许误差为±(0.0035%×读数＋0.0025%×量程)，所以在0～20V测量范围内，10V示值的最大允许误差为±0.00085V，满足$U_{95}\leqslant(1/3)\mathrm{MPEV}$的要求。且被检数字电压表的示值误差的绝对值(0.0007V)小于其最大允许误差的绝对值(0.00085V)，所以被检数字电压表检定结论为合格。

注：依据检定规程对计量器具进行检定时，由于规程对检定方法、计量标准、环境条件等已做出明确规定，在检定规程编写时，已经对执行规程时示值误差评定的测量不确定度进行了评定，并满足检定系统表量值传递的要求，检定时，只要被检计量器具处于正常状态，规程要求的各个检定点的示值误差不超过某准确度等级的最大允许误差的要求时，就可判为该计量器具符合该准确度等级的要求，不需要考虑示值误差评定的测量不确定度对符合性评定的影响。

【案例2】 依据检定规程检定1级材料试验机，材料试验机的最大允许误差为±1.0%，某一检定点的示值误差为－0.9%，可以直接判定该点的示值误差合格，而不必考虑示值误差评定的不确定度$U_{95\mathrm{rel}}=0.3\%$的影响。

3. 考虑示值误差评定的测量不确定度后的符合性评定

依据计量检定规程以外的技术规范对测量仪器示值误差进行评定，并且需要对示值误差是否符合最大允许误差做出符合性判定时，必须对评定得到的示值误差进行测量不确定度评定，当示值误差的测量不确定度(U_{95}或$k=2$时的U)与被评定测量仪器的最大允许误差的绝对值(MPEV)之比不满足小于或等于1∶3的要求时，必须要考虑示值误差的测量不确定度对符合性评定的影响。

(1) 合格判据

当被评定的测量仪器的示值误差Δ的绝对值小于或等于其最大允许误差的绝对值MPEV与示值误差的扩展不确定度U_{95}之差时可判为合格，即

$$|\Delta|\leqslant\mathrm{MPEV}-U_{95}\qquad 判为合格\qquad(3-29)$$

【案 例】 用高频电压标准装置检定一台最大允许误差为±2.0%的高频电压表，测量结果得到被检高频电压表在1V时的示值误差为－0.008V，需评定该电压表1V点的示值误差是否合格。

【案例分析】 示值误差评定的扩展不确定度$U_{95\mathrm{rel}}=0.9\%$，由于最大允许误差为±2%，U_{95}/MPEV不满足1/3的要求，故在合格评定中要考虑测量不确定度的影响。但由于被检高频电压表在1V时的示值误差为－0.008V，所以$|\Delta|=0.008\mathrm{V}$。示值误差评定的扩展不确定度$U_{95}=0.9\%\times1\mathrm{V}=0.009\mathrm{V}$，最大允许误差绝对值$\mathrm{MPEV}=2\%\times1\mathrm{V}=0.02\mathrm{V}$，$\mathrm{MPEV}-U_{95}=0.02\mathrm{V}-0.009\mathrm{V}=0.011\mathrm{V}$，因此满足$|\Delta|\leqslant\mathrm{MPEV}-U_{95}$的要求，因此该高频电压表的1V点的示值误差可判为合格。

(2) 不合格判据

当被评定的测量仪器的示值误差Δ的绝对值大于或等于其最大允许误差的绝对值MPEV与示值误差的扩展不确定度U_{95}之和时可判不合格，即

$$|\Delta|>\mathrm{MPEV}+U_{95}\qquad 判为不合格\qquad(3-30)$$

【案 例】 用高频电压标准装置检定一台最大允许误差为±2.0%的高频电压表，测量结果得到被检高频电压表在1V时的示值误差为0.030V，需评定该电压表1V点的示值误差是否合格。

【案例分析】 示值误差评定的扩展不确定度 $U_{95rel}=0.9\%$，由于最大允许误差为±2%，U_{95}/MPEV不满足1/3的要求，故在合格评定中要考虑测量不确定度的影响。

由于被检高频电压表在1V时的示值误差为0.030V，所以 $|\Delta|=0.030V$。示值误差评定的扩展不确定度为 $U_{95}=0.9\%\times 1V=0.009V$，最大允许误差绝对值 MPEV=2%×1V=0.02V，$MPEV+U_{95}=0.009V+0.02V=0.029V$，因此 $|\Delta|>MPEV+U_{95}$，该高频电压表的1V点的示值误差可判为不合格。

（3）待定区

当被评定的测量仪器的示值误差既不符合合格判据又不符合不合格判据时，为处于待定区。这时不能下合格或不合格的结论，即

$$MPEV-U_{95}<|\Delta|<MPEV+U_{95} \quad \text{判为待定区} \tag{3-31}$$

当测量仪器示值误差的评定处于不能做出符合性判定时，可以通过采用准确度更高的计量标准、改善环境条件、增加测量次数和改善测量方法等措施，以降低示值误差评定的测量不确定度 U_{95} 后再进行合格评定。

对于只具有不对称或单侧允许误差限的被评定测量仪器，仍可按照上述原则进行符合性评定。

【案 例】 用标准线纹尺检定一台被检投影仪。在10mm处被检投影仪的最大允许误差为±6μm；标准线纹尺校准投影仪的扩展不确定度为 $U=0.16\mu m(k=2)$。

用被检投影仪对标准线纹尺的10mm点测量10次，得到测量数据，如表3-6所示。

表3-6 测量数据

i	1	2	3	4	5	6	7	8	9	10
x_i	9.999	9.998	9.999	9.999	9.999	9.999	9.999	9.998	9.999	9.999

问：如何判定该投影仪的检定结论。

【案例分析】

U_{95}/MPEV=0.16/6=1/37.5≪1/3，满足检定要求。

示值 $x=\bar{x}=9.9988mm$；标准值 $x_s=10mm$；示值误差 $=x-x_s=9.9988mm-10mm=-0.0012mm=-1.2\mu m$。

示值误差绝对值（1.2μm）小于MPEV（6μm），由于 $|\Delta|<MPEV$，故判为合格。

检定结论：合格。

八、计量器具其他一些计量特性的评定

（一）准确度等级

测量仪器的准确度等级应根据检定规程的规定进行评定。有以下几种情况：

1. 以最大允许误差评定准确度等级

依据有关规程或技术规范，当测量仪器的示值误差不超过某一档次的最大允许误差要求，

且其他相关特性也符合规定的要求时，则判该测量仪器在该准确度级别合格。使用这种仪器时，可直接用其示值。不需要加修正值。

例如：弹簧式精密压力表，用引用误差的最大允许误差表示的准确度等级分为 0.05 级，0.1 级，0.16 级，0.25 级，0.4 级，0.6 级等。0.05 级表明用引用误差表示的最大允许误差为 0.05%。

又如：砝码，用绝对最大允许误差表示其准确度等级，用大写拉丁字母辅以阿拉伯数字表示，分为 E_1 等级，E_2 等级，F_1 等级，F_2 等级，M_1 等级，M_2 等级，M_{11} 等级，M_{22} 等级。它们各自对应的最大允许误差及相关要求可查相应的检定规程中的规定。

2. 以实际值的测量不确定度评定准确度等级

依据计量检定规程对测量仪器进行检定，得出测量仪器示值的实际值，测量仪器实际值的扩展不确定度满足某一档次的要求，且其他相关特性也符合规定的要求时，则判该测量仪器在该准确度等别合格。这表明测量仪器实际值的扩展不确定度不超出某个给定的极限。用这种方法评定的仪器在使用时，必须加修正值，或使用校准曲线给出的值。例如：1 等量块所对应的扩展不确定度可在检定规程或校准规范中查到。

3. 测量仪器多个准确度等级的评定

当被评定的测量仪器包含两个或两个以上的测量范围，并对应不同的准确度等级时，应分别评定各个测量范围的准确度等级。对多参数的测量仪器，应分别评定各测量参数的准确度等级。

(二) 分辨力

对测量仪器分辨力的评定，可以通过测量仪器的显示装置或读数装置能有效辨别的最小示值来评定。

(1) 带数字显示装置的测量仪器的分辨力为：最低位数字显示变化一个步进量时的示值差。例如：数字电压表最低位数字显示变化一个字的示值差为 1μV，则分辨力为 1μV。

(2) 用标尺读数装置(包括带有光学机构的读数装置)的测量仪器的分辨力为：标尺上任意两个相邻标记之间最小分度值的一半。例如：线纹尺的最小分度为 1mm，则分辨力为 0.5mm。又如：衰减常数为 0.1dB/cm 的截止式衰减器，其刻度的最小分度为 10mm，则该衰减器的分辨力为 0.05dB。

(三) 灵敏度

对被评定的测量仪器，在规定的某激励值上通过一个小的激励变化 Δx，得到相应的响应变化 Δy，则比值 $S=\Delta y/\Delta x$ 即为该激励值时的灵敏度。对线性测量仪器来说，灵敏度是一个常数。

例如：将热电偶插入 20℃的控温箱，当温度改变 ΔT 时，记下数字电压表上读得的输出电压的变化量 ΔV，则热电偶在 20℃时的灵敏度为 $\Delta V/\Delta T$。

又如：若 $x-y$ 记录仪的输入电压改变 1μV，走纸 0.2cm，则其灵敏度为 0.2cm/μV。

(四) 鉴别力(阈)

对被评定的测量仪器，在一定的激励和输出响应下，通过缓慢单方向地逐步改变激励输入，观察其输出响应。使测量仪器产生恰能察觉有响应变化时的激励变化，就是该测量仪器的鉴别力，又称阈值。

例如：检定活塞压力真空计时，当标准压力计和被检活塞压力真空计在上限压力下平衡后，在被检活塞压力真空计上加放的刚能破坏活塞平衡的最小砝码的质量值即为该被检活塞压力真空计的鉴别力。

（五）稳定性

这是对测量仪器保持其计量特性恒定能力的评定。通常可用以下几种方法来评定：

（1）方法一：通过测量标准观测被评定测量仪器计量特性的变化，当变化达到某规定值时，其变化量与所经过的时间间隔之比即为被评定测量仪器的稳定性。

例如：用测量标准观测某标准物质的量值，当其变化达到规定的±1.0%时所经过的时间间隔为 3 个月，则该标准物质的量值的稳定性为±1.0%/3 个月。

（2）方法二：通过测量标准定期观测被评定测量仪器计量特性随时间的变化，用所记录的被评定测量仪器计量特性在观测期间的变化幅度除以其变化所经过的时间间隔，即为被评定测量仪器的稳定性。

例如：观测动态力传感器电荷灵敏度的年变化情况，按以下公式计算其静态年稳定性

$$S_b = \frac{S_{q2} - S_{q1}}{S_{q1}} \times 100\%$$

式中：S_b——传感器电荷灵敏度年稳定性；

S_{q1}——上年检定得到的传感器电荷灵敏度；

S_{q2}——本年检定得到的传感器电荷灵敏度。

例如：信号发生器按规定时间预热后，在 10min 内连续观测输出幅度的变化。n 个观测值中最大值与最小值之差除以输出幅度的平均值得到幅度的相对变化量，再除以时间间隔 10min 即得到该信号发生器的幅度稳定性。如某信号发生器的输出幅度稳定性为 1×10^{-4}/min。

（3）方法三：频率源的频率稳定性用阿伦方差的正平方根值评定，称频率稳定度。频率稳定度按下式计算

$$\sigma_y(\tau) = \sqrt{\frac{1}{2m}\sum_{i=1}^{m}[y_{i+1}(\tau) - y_i(\tau)]^2}$$

式中：$\sigma_y(\tau)$——用阿伦方差的正平方根值表示的频率稳定度；

τ——取样时间；

m——取样个数减 1；

$y_i(\tau)$——第 i 次取样时，在取样时间 τ 内频率相对偏差的平均值。

例如：某铷原子频率标准的频率稳定度为

$$\tau = 1\text{s}, \quad \sigma_y(\tau) = 1\times10^{-11}$$

$$\tau = 10\text{s}, \quad \sigma_y(\tau) = 3\times10^{-12}$$

$$\tau = 100\text{s}, \quad \sigma_y(\tau) = 1\times10^{-12}$$

（4）当稳定性不是对时间而言时，应根据检定规程、技术规范或仪器说明书等有关技术文件规定的方法进行评定。

(六) 漂　移

根据技术规范要求，用测量标准在一定时间内观测被评定测量仪器计量特性随时间的慢变化，记录前后的变化值或画出观测值随时间变化的漂移曲线。

例如：热导式氢分析仪，规定分别用标准气体将示值调到量程的5%和85%，经24h后，记下前后读数，5%点的示值变化称为零点漂移，85%点的示值变化减去5%点的示值变化，称为量程漂移。

当测量仪器计量特性随时间呈线性变化时，漂移曲线为直线，该直线的斜率即漂移率。在测得随时间变化的一系列观测值后，可以用最小二乘法拟合得到最佳直线，并根据直线的斜率计算出漂移率。

(七) 响应特性

在确定条件下，激励与对应响应之间的关系称为测量仪器的响应特性。评定方法是：在确定条件下，对被评定测量仪器的测量范围内不同测量点输入信号，并测量输出信号。当输入信号和输出信号不随时间变化时，记下被评定测量仪器的不同激励输入时的输出值，列成表格、画出曲线或得出输入输出量的函数关系式，即为测量仪器静态测量情况下的响应特性。

例如：将热电偶的测温端插入可控温度的温箱中，并将热电偶的输出端接到数字电压表上，改变温箱的温度，观测不同温度时热电偶输出电压的变化，输出电压随温度变化的曲线即为该热电偶的温度响应特性。

例如：改变信号发生器的频率，同时测量信号发生器响应于各频率的输出电平，输出电平随频率的变化曲线即为信号发生器输出的频率响应特性。

习题及参考答案

一、习　题

(一) 思考题

1. 如何发现存在系统误差？

2. 减小系统误差的方法有哪些？

3. 举例说明几种消除恒定系统误差的方法。

4. 如何用对称测量法消除线性系统误差？

5. 修正值与系统误差估计值有什么关系？

6. 修正系统误差有哪些方法？

7. 写出贝塞尔公式，举例说明用贝塞尔公式法计算实验标准偏差的全过程。

8. 对被测量进行了4次独立重复测量，得到以下测量值：10.12，10.15，10.10，10.11，请用极差法估算实验标准偏差 $s(x)$。

9. 对被测量进行了10次独立重复测量，得到以下测量值：0.31，0.32，0.30，0.35，0.38，0.31，0.32，0.34，0.37，0.36，请计算算术平均值和算术平均值的实验标准偏差。

10. 如何判别测量数据中是否有异常值？

11. 常用的三种判别异常值统计方法分别适用于什么情况？

12. 使用格拉布斯准则检验以下 $n=6$ 个重复观测值中是否存在异常值：2.67，2.78，2.83，2.95，2.79，2.82。发现异常值后应如何处理？

13. 计量标准的重复性与测量结果的重复性是否有区别？

14. 如何评定测量结果的测量重复性？

15. 测量复现性与测量重复性有什么区别？

16. 举例说明加权算术平均值及其实验标准偏差的计算方法？如何确定权值？

17. 最大允许误差有哪些表示形式？

18. 如何评定计量器具的示值误差？

19. 相对误差和引用误差分别如何计算？

20. 什么是符合性评定？

21. 测量仪器符合性评定的基本要求是什么？

22. 试述合格评定的判据，什么时候要考虑示值误差的测量不确定度？

23. 你在计量检定工作中是根据什么原则判定被检计量器具是合格还是不合格的？

24. 准确度等级表达形式有哪几种？

25. 如何评定测量仪器的以下计量特性：分辨力、稳定性、灵敏度、鉴别力、漂移、响应特性？

（二）选择题（单选）

1. 在规定的测量条件下多次测量同一个量所得测量结果与计量标准所复现的量值之差是测量的________的估计值。

A. 随机误差　　B. 系统误差　　C. 不确定度　　D. 引用误差

2. 当测量结果与相应的标准值比较时，得到的系统误差估计值为________。

A. 测量结果与真值之差　　B. 标准值与测量结果之差

C. 测量结果与标准值之差　　D. 约定真值与测量结果之差

3. 估计测量值 x 的实验标准偏差的贝塞尔公式是________。

A. $s(x)=\sqrt{\dfrac{\sum\limits_{i=1}^{n}(x_i-\bar{x})^2}{n-1}}$　　B. $s(x)=\sqrt{\dfrac{\sum\limits_{i=1}^{n}(x_i-\bar{x})^2}{n(n-1)}}$

C. $s(x)=\sqrt{\dfrac{\sum\limits_{i=1}^{n}(x_i-\mu)^2}{n(n-1)}}$　　D. $s(x)=\sqrt{\dfrac{\sum\limits_{i=1}^{n}(x_i-\mu)^2}{n-1}}$

4. 若测量值的实验标准偏差为 $s(x)$，则 n 次测量的算术平均值的实验标准偏差 $s(\bar{x})$ 为________。

A. $s(\bar{x})=\dfrac{s(x)}{n}$　　B. $s(\bar{x})=\dfrac{s(x)}{\sqrt{n(n-1)}}$

C. $s(\bar{x})=\dfrac{s(x)}{\sqrt{n}}$　　D. $s(\bar{x})=\dfrac{s(x)}{\sqrt{n-1}}$

5. 在重复性条件下，用温度计对某实验室的温度重复测量了 16 次，通过计算得到其分布的实验标准偏差 $s=0.44$℃，则其测量结果的标准不确定度是________。

A. 0.44℃　　B. 0.11℃　　C. 0.88℃　　D. 0.22℃

6. 对一个被测量进行重复观测，在所得的一系列测量值中，出现了与其他值偏离较远的个别值时，应__________。

A. 将这些值剔除

B. 保留所有的数据，以便保证测量结果的完整性

C. 判别其是否是异常值，确为异常值的予以剔除

D. 废弃这组测量值，重新测量，获得一组新的测量值

7. 在相同条件下，对同一被测量进行连续多次测量，测量值为：0.01mm，0.02mm，0.01mm，0.03mm。用极差法计算得到的测量重复性为__________。（注：测量次数为4时，极差系数近似为2）

A. 0.02mm　　B. 0.01mm

C. 0.015mm　　D. 0.005mm

8. 为表示数字多用表测量电阻的最大允许误差，以下的表示形式中__________是正确的。

A. $\pm(0.1\%R+0.3\mu\Omega)$　　B. $\pm(0.1\%+0.3\mu\Omega)$

C. $\pm0.1\%\pm0.3\mu\Omega$　　D. $(0.1\%R+0.3\mu\Omega)$，$k=3$

9. 一台0～150V的电压表，说明书说明其引用误差限为±2%。说明该电压表的任意示值的用绝对误差表示的最大允许误差为__________。

A. ±3V　　B. ±2%　　C. ±1%　　D. ±1V

10. 对被测量进行了5次独立重复测量，得到以下测量值：

0.31，0.32，0.30，0.35，0.32

计算被测量的最佳估计值，即得到的测量结果为__________。

A. 0.31　　B. 0.32　　C. 0.33　　D. 0.34

11. 用标准电阻箱检定一台电阻测量仪，被检测量仪的最大允许误差（相对误差）为±0.1%，标准电阻箱评定电阻测量仪示值误差的扩展不确定度为1×10^{-4}（包含因子k为2），当标准电阻箱分别置于0.1Ω，1Ω，10Ω，100Ω，1000Ω，1MΩ时，被检表的示值分别为：0.1015Ω，0.9987Ω，10.005Ω，100.08Ω，999.5Ω，1.0016MΩ。检定员判断该测量仪检定结论为__________。

A. 不合格　　B. 合格

C. 不能下不合格结论　　D. 不能下合格结论

12. 在检定水银温度计时，温度标准装置的恒温槽示值为100℃，将被检温度计插入恒温槽后被检温度计的指示值为99℃，则被检温度计的示值误差为__________。

A. +1℃　　B. +1%　　C. −1℃　　D. −2%

（三）选择题（多选）

1. 使用格拉布斯准则检验以下$n=5$个重复观测值：1.79；1.80；1.91；1.79；1.76。下列答案中__________是正确的。（注：格拉布斯准则的临界值$G(0.05,5)=1.672$）

A. 观测值中存在异常值　　B. 观测值中不存在异常值

C. 观测值中有一个值存在粗大误差　　D. 观测值中不存在有粗大误差的值

2. 注册计量师在检定或校准过程中应尽可能减少或消除一切产生系统误差的因素，例如采取__________措施。

A. 在仪器使用时尽可能仔细调整

B. 改变测量中的某些条件，例如测量方向、电压极性等，使两种条件下的测量结果中的误差符号相反，取其平均值作为测量结果

C. 将测量中的某些条件适当交换，例如被测物的位置相互交换，设法使两次测量中的误差源对测量结果的作用相反，从而抵消系统误差

D. 增加测量次数，用算术平均值作为测量结果

3. 对测量结果或测量仪器示值的修正可以采取＿＿＿＿＿措施。

A. 加修正值　　　　B. 乘修正因子

C. 给出中位值　　　　D. 给出修正曲线或修正值表

二、参考答案

（一）思考题（略）

（二）选择题（单选）：1. B；　2. C；　3. A；　4. C；　5. B；　6. C；　7. B；　8. A；　9. A；10. B；　11. A；　12. C。

（三）选择题（多选）：1. A C；　2. A B C；　3. A B D。

第二节　测量不确定度的评定与表示

一、统计技术应用

（一）概率分布

概率分布（probability distribution）是一个随机变量取任何给定值或属于某一给定值集的概率随取值而变化的函数，该函数称为概率密度函数。概率分布通常用概率密度函数随随机变量变化的曲线来表示，如图 3－5 所示。

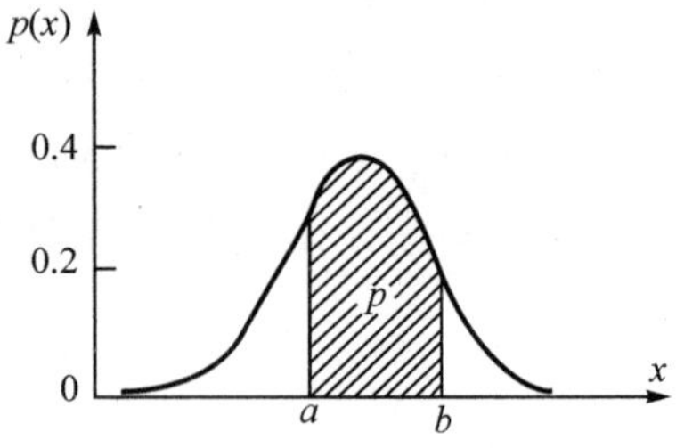

图 3－5　概率分布曲线

测量值 X 落在区间$[a,b]$内的概率 p 可用式（3－32）计算

$$p(a \leqslant X \leqslant b) = \int_a^b p(x)\mathrm{d}x \qquad (3-32)$$

式中，$p(x)$为概率密度函数，数学上积分代表面积。

由此可见，概率 p 是概率分布曲线下在区间$[a,b]$内包含的面积，又称包含概率或置信水平。当 $p=0.9$，表明测量值有 90％的可能性落在该区间内，该区间包含了概率分布下总面积的 90％。在（$-\infty \sim +\infty$）区间内的概率为 1，即随机变量在整个值集的概率为 1。当$p=1$（即概率为 1）表明测量值以 100％的可能性落在该区间内，也就是可以相信测量值必定在此区间内。

（二）概率分布的数学期望、方差和标准偏差

1. 期　望

期望（expectation）又称（概率分布或随机变量的）均值（mean）或期望值（expected value），有时又称数学期望。常用符号 μ 表示，也可用 $E(X)$表示被测量 X 的期望。

离散随机变量的期望为

$$\mu = E(X) = \sum_{i=1}^{\infty} p_i x_i \tag{3-33}$$

连续随机变量的期望为

$$\mu = E(X) = \int_{-\infty}^{+\infty} x p(x) \mathrm{d}x \tag{3-34}$$

期望是在无穷多次测量的条件下定义的，通俗地说：期望值是无穷多次测量的平均值。期望是概率分布曲线与横坐标轴所构成面积的重心所在的横坐标，所以期望是决定概率分布曲线位置的量。对于单峰、对称的概率分布来说，期望值在分布曲线峰顶对应的横坐标处。

因为实际上不可能进行无穷多次测量，因此测量中期望值是可望而不可得的。

2. 方　差

（随机变量或概率分布的）方差（variance）用符号 σ^2 表示

$$\sigma^2 = \lim_{n \to \infty} \left[\frac{\sum_{i=1}^{n} (x_i - \mu)^2}{n} \right] \tag{3-35}$$

测量值与期望值之差是随机误差，用 δ 表示，$\delta_i = x_i - \mu$，方差就是随机误差平方的期望值。测量值 X 的方差还可写成 $V(X)$，是随机变量 X 的每一个可能值对其期望 $E(X)$ 的偏差的平方的期望，也就是测量的随机误差平方的期望

$$\sigma^2 = V(X) = E[X - E(X)]^2 \tag{3-36}$$

已知测量值的概率密度函数时，方差可表示为

$$\sigma^2 = \int_{-\infty}^{+\infty} (x - \mu)^2 p(x) \mathrm{d}x \tag{3-37}$$

当期望值为零时方差可表示成

$$\sigma^2 = \int_{-\infty}^{+\infty} x^2 p(x) \mathrm{d}x \tag{3-38}$$

方差说明了随机误差的大小和测量值的分散程度。但由于方差是平方，使用不方便、不直观，因此引出了标准偏差这个术语。

3. 标准偏差

（概率分布或随机变量的）标准偏差（standard deviation）是方差的正平方根值，用符号 σ 表示，又可称标准差

$$\sigma = \lim_{n \to \infty} \sqrt{\frac{\sum_{i=1}^{n} (x_i - \mu)^2}{n}} \tag{3-39}$$

标准偏差是表明测量值分散性的参数，σ 小表明测量值比较集中，σ 大表明测量值比较分散。

4. 用期望与标准偏差表征概率分布

期望和方差是表征概率分布的两个特征参数。由于方差不便使用，通常用期望和标准偏差来表征一个概率分布。μ 和 σ 对正态分布函数曲线的影响见图 3-6，μ 影响概率分布曲线的位置；σ 影响概率分布曲线的形状，表明测量值的分散性。

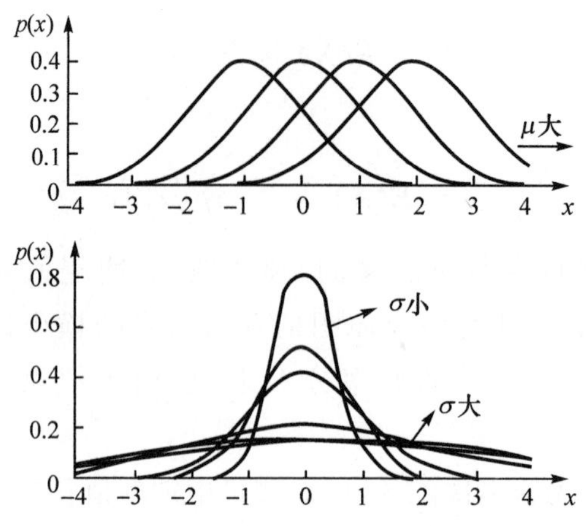

图 3－6　概率分布的期望和标准偏差

期望与标准偏差都是以无穷多次测量的理想情况定义的，无法由测量得到 μ，σ^2 和 σ，因此都是概念性的术语。

（三）有限次测量时的算术平均值和实验标准偏差

1．算术平均值

算术平均值$\overline{X}$是有限次测量时概率分布的期望 μ 的估计值。

由大数定理证明，若干个独立同分布的随机变量的平均值以无限接近于 1 的概率接近于其期望值 μ，所以算术平均值是其期望的最佳估计值。因此，通常用算术平均值作为被测量的最佳估计值，即作为测量结果。

在相同条件下对被测量 X 进行有限次重复测量，得到一系列测量值 $x_1, x_2, \cdots, x_n$，其算术平均值为

$$\overline{X} = \frac{1}{n}\sum_{i=1}^{n} x_i \tag{3-40}$$

算术平均值是有限次测量的平均值，它是由样本构成的统计量，它也是有概率分布的。

2．实验标准偏差

用有限次测量的数据得到的标准偏差的估计值称为实验标准偏差，用符号 s 表示。实验标准偏差 s 是有限次测量时标准偏差 σ 的估计值。最常用的估计方法是贝塞尔公式法，即在相同条件下，对被测量 X 作 n 次重复测量，每次测得值为 x_i，测量次数为 n，则实验标准偏差按式(3－41)估计

$$s(x) = \sqrt{\frac{\sum_{i=1}^{n}(x_i - \overline{X})^2}{n-1}} \tag{3-41}$$

式中：　$\overline{X}$——n 次测量的算术平均值；

$v_i = x_i - \overline{X}$——残差（是测量值与算术平均值之差）；

$\nu = n-1$——自由度；

$s(x)$——（测量值 x 的）实验标准偏差。

在给出标准偏差的估计值时，自由度越大，表明估计值的可信度越高。

(四) 正态分布

正态分布又称高斯分布，其概率密度函数 $p(x)$ 为

$$p(x)=\frac{1}{\sigma\sqrt{2\pi}}\mathrm{e}^{-\frac{(x-\mu)^2}{2\sigma^2}}\quad(-\infty<x<+\infty)\tag{3-42}$$

1. 正态分布的特性

正态分布曲线如图 3－7 所示，具有如下特征：

① 单峰：概率分布曲线在均值 μ 处具有一个极大值；

② 对称分布：正态分布以 $x=\mu$ 为其对称轴，分布曲线在均值 μ 的两侧是对称的；

③ 当 $x\to\infty$ 时，概率分布曲线以 x 轴为渐近线；

④ 概率分布曲线在离均值等距离（即 $x=\mu\pm\sigma$）处两边各有一个拐点；

⑤ 分布曲线与 x 轴所围面积为 1，即各样本值出现概率的总和为 1；

⑥ μ 为位置参数，σ 为形状参数。

由于 μ，σ 能完全表达正态分布的形态，所以常用简略符号 $X\sim N(\mu,\sigma)$ 表示正态分布。当 $\mu=0$，$\sigma=1$ 时表示为 $X\sim N(0,1)$，称为标准正态分布。

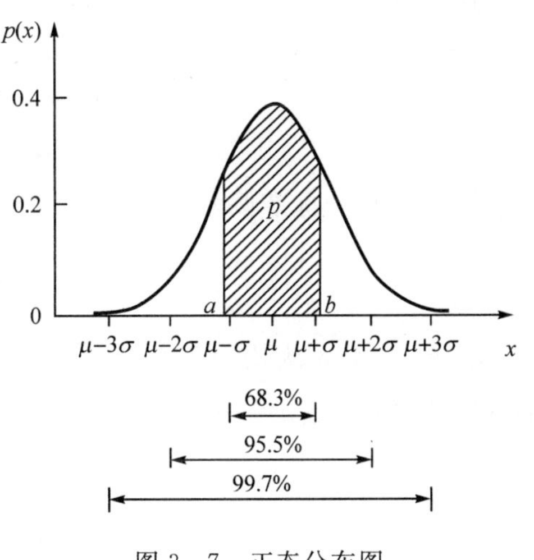

图 3－7 正态分布图

2. 正态分布的概率计算

测量值 X 落在 $[a,b]$ 区间内的概率为

$$p(a\leqslant X\leqslant b)=\int_a^b p(x)\mathrm{d}x=\frac{1}{\sigma\sqrt{2\pi}}\int_a^b \mathrm{e}^{-\frac{(x-\mu)^2}{2\sigma^2}}\mathrm{d}x=\phi(u_2)-\phi(u_1)\tag{3-43}$$

式中，$u-(x-\mu)/\sigma$。

$\phi(z)=\frac{1}{\sqrt{2\pi}}\int_{-\infty}^{z}\mathrm{e}^{-\frac{u^2}{2}}\mathrm{d}u$ 称为标准正态分布函数，见表 3－7。

表 3－7 标准正态分布函数表（摘录）

z	1.0	2.0	2.58	3.0
$\phi(z)$	0.84134	0.97725	0.99506	0.99865

令 $\delta=x-\mu$，若设 $|\delta|\leqslant 3\sigma$，即：$u=\delta/\sigma=\pm3$，$u_1=z_1=-3$，$u_2=z_2=3$，按式(3－43)计算

$$p(|x-\mu|\leqslant 3\sigma)=\phi(3)-\phi(-3)=2\phi(3)-1=2\times0.99865-1=0.9973$$

同样，$p(|x-\mu|\leqslant 2\sigma)=\phi(2)-\phi(-2)=2\phi(2)-1=2\times0.97725-1=0.9545$

由此可见，区间 $[-2\sigma,2\sigma]$ 在概率分布曲线下包含的面积约占概率分布总面积的 95%。也就是：当 $k=2$ 时，置信概率为 95.45%。

用同样的方法可以计算得到正态分布时测量值落在 $[u-k\sigma,u+k\sigma]$ 置信区间内的置信概率，如表 3－8 所列。置信概率与 k 值有关，在概率论中 k 被称为置信因子。

表 3-8　正态分布时置信概率与置信因子 k 的关系

置信概率 p	0.5	0.6827	0.9	0.95	0.9545	0.99	0.9973
置信因子 k	0.675	1	1.645	1.96	2	2.576	3

(五) 常用的非正态分布

1. 均匀分布

均匀分布为等概率分布，又称矩形分布，如图 3-8 所示。均匀分布的概率密度函数为

$$p(x)=\begin{cases}\dfrac{1}{a_{+}-a_{-}} & a_{-}\leqslant x\leqslant a_{+}\\ 0 & x>a_{+},x<a_{-}\end{cases}$$

均匀分布的标准偏差

$$\sigma(x)=\frac{a_{+}-a_{-}}{\sqrt{12}} \tag{3-44}$$

a_{+} 和 a_{-} 分别为均匀分布的置信区间的上限和下限。当对称分布时，可用 a 表示矩形分布的区间半宽度，即 $a=(a_{+}-a_{-})/2$，则

$$\sigma(x)=\frac{a}{\sqrt{3}} \tag{3-45}$$

2. 三角分布

三角分布呈三角形，如图 3-9 所示。三角分布的概率密度函数为

$$p(x)=\begin{cases}\dfrac{a+x}{a^{2}} & -a\leqslant x<0\\ \dfrac{a-x}{a^{2}} & 0\leqslant x\leqslant a\end{cases}$$

三角分布的标准偏差为

$$\sigma(x)=\frac{a}{\sqrt{6}} \tag{3-46}$$

a 为置信区间的半宽度。

3. 梯形分布

梯形分布的形状为梯形，如图 3-10 所示。

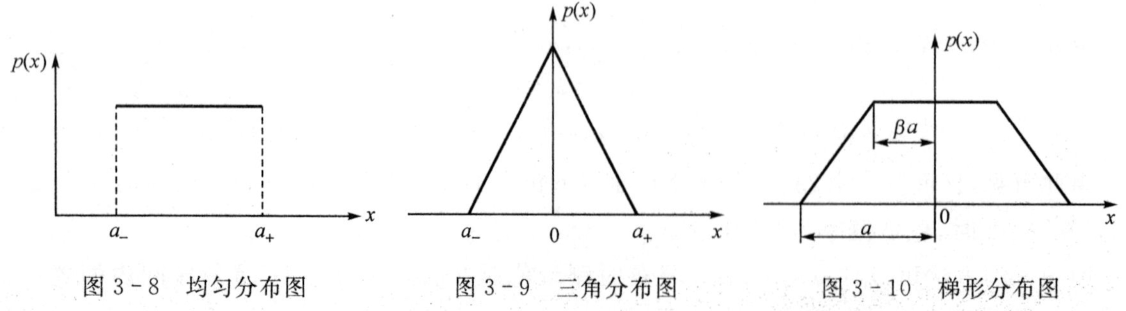

图 3-8　均匀分布图　　图 3-9　三角分布图　　图 3-10　梯形分布图

梯形分布的概率密度函数

$$p(x)=\begin{cases}\dfrac{1}{a(1+\beta)} & |x|\leqslant\beta a\\ \dfrac{a-|x|}{a^2(1-\beta^2)} & \beta a\leqslant|x|\leqslant a\\ 0 & 其他\end{cases}$$

设梯形的上底半宽度为 βa，下底半宽度为 a，$0<\beta<1$，则梯形分布的标准偏差为

$$\sigma(x)=a\sqrt{1+\beta^2}/\sqrt{6} \tag{3-47}$$

4. 反正弦分布

反正弦分布如图 3－11 所示。

反正弦分布的概率密度函数为

$$p(x)=\begin{cases}\dfrac{1}{\pi\sqrt{a^2-x^2}} & |x|<a\\ 0 & |x|\geqslant a\end{cases}$$

a 为概率分布置信区间的半宽度；

反正弦分布的标准偏差为

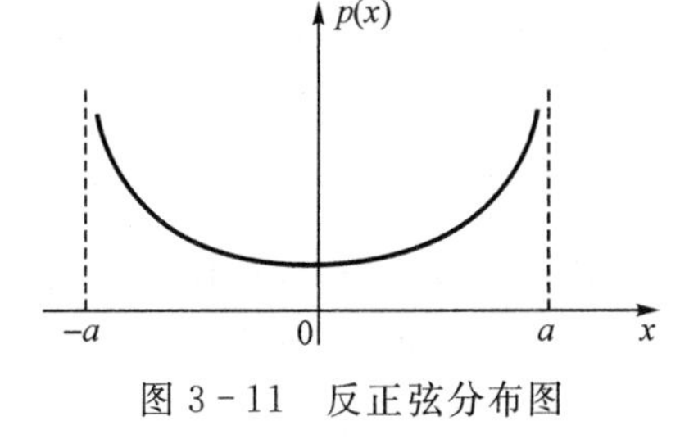

图 3－11　反正弦分布图

$$\sigma(x)=a/\sqrt{2} \tag{3-48}$$

5. 几种非正态分布的标准偏差与置信因子的关系

上述几种非正态分布的标准偏差与置信因子的关系列于表 3－9 中。

表 3－9　几种非正态分布的标准偏差与置信因子的关系

概率分布	标准偏差 σ	置信因子 $k(p=100\%)$
均匀	$a/\sqrt{3}$	$\sqrt{3}$
三角	$a/\sqrt{6}$	$\sqrt{6}$
梯形	$a\sqrt{1+\beta^2}/\sqrt{6}$	$\sqrt{6}/\sqrt{1+\beta^2}$
反正弦	$a/\sqrt{2}$	$\sqrt{2}$

6. t 分布

t 分布又称学生分布（student distribution），是两个独立随机变量之商的分布。如果随机变量 X 是期望值为 μ 的正态分布，设其算术平均值与其期望之差与算术平均值的实验标准偏差之比为新的随机变量 t

$$t=\frac{\overline{X}-\mu}{s(x_i)/\sqrt{n}}=\frac{\overline{X}-\mu}{s(\overline{X})} \tag{3-49}$$

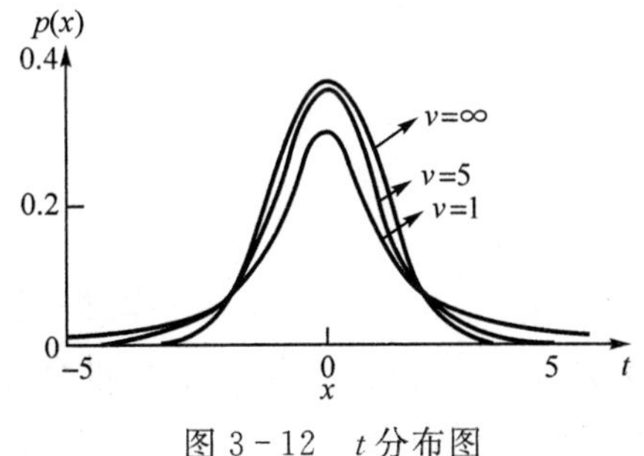

图 3－12　t 分布图

该随机变量服从 t 分布。t 分布的概率密度函数为

$$p(t)=\frac{\Gamma\left(\dfrac{\nu+1}{2}\right)}{\sqrt{\nu\pi}\,\Gamma(\nu/2)}\left[1+\frac{t^2}{\nu}\right]^{-(\nu+1)/2}$$

t 分布是期望值为零的概率分布。ν 为自由度，当 $n\to\infty$ 时，t 分布趋近于正态分布。由随机变量 t 的定义可见：$\overline{X}$以概率 p 落在 $\mu\pm ts(\overline{X})$区间内。t 分布图如图 3－12 所示。

（六）相关性和相关系数

1. 相关性

相关性（correlation）是描述两个或多个随机变量间的相互依赖关系的特性。

如果两个随机变量 X 和 Y，其中一个量的变化会导致另一个量的变化，就说这两个量是相关的。

例如：$Y=X_1+X_2$ 中，$X_2=bX_1$，则 X_2 随 X_1 变化而变化，说明量 X_2 与量 X_1 是相关的。

2. 协方差

协方差（covariance）是两个随机变量相互依赖性的度量。

两个随机变量 X 和 Y，各自的误差之积的期望称为 X 和 Y 的协方差，用符号 $\mathrm{cov}(X,Y)$ 或 $V(X,Y)$ 表示

$$V(X,Y)=E[(x-\mu_x)(y-\mu_y)]$$

定义的协方差是在无限多次测量条件下的理想概念，根据有限次测量数据得到协方差的估计值。协方差的估计值用 $s(x,y)$ 表示

$$s(x,y)=\frac{1}{n-1}\sum_{i=1}^{n}(x_i-\overline{X})(y_i-\overline{Y}) \tag{3-50}$$

式中：$\overline{X}=\frac{1}{n}\sum_{i=1}^{n}x_i$，$\overline{Y}=\frac{1}{n}\sum_{i=1}^{n}y_i$ 。

3. 相关系数

相关系数（correlation coefficient）也是两个随机变量之间相互依赖性的度量，它等于两个随机变量间的协方差除以它们各自的方差乘积的正平方根，用 $\rho(X,Y)$ 表示。

$$\rho(X,Y)=\frac{V(X,Y)}{\sqrt{V(Y,Y)V(X,X)}}=\frac{V(X,Y)}{\sigma_x\sigma_y}$$

定义的相关系数也是在无限多次测量条件下的理想概念。根据有限次测量数据，得到相关系数估计值。相关系数的估计值用 $r(x,y)$ 表示，用式（3－51）求得

$$r(x,y)=\frac{\sum_{i=1}^{n}(x_i-\overline{X})(y_i-\overline{Y})}{\sqrt{\sum_{i=1}^{n}(x_i-\overline{X})^2\cdot\sum_{i=1}^{n}(y_i-\overline{Y})^2}}=\frac{\sum_{i=1}^{n}(x_i-\overline{X})(y_i-\overline{Y})}{(n-1)s(x)s(y)} \tag{3-51}$$

式中，$s(x)$ 和 $s(y)$ 分别为 X 和 Y 的实验标准偏差。

4. 相关系数与协方差的关系

（1）相关系数是一个纯数字，相关系数的值在 -1 到 $+1$ 之间，它表示两个量的相关程度，通常比协方差更直观。相关系数为零，表示两个量不相关；相关系数为 $+1$，表明 X 与 Y 正全相关（正强相关），即随着 X 增大 Y 也增大；相关系数为 -1，表明 X 与 Y 负全相关（负强相关），即

随着 X 增大 Y 变小。

（2）协方差估计值 $s(x,y)$ 与相关系数估计值 $r(x,y)$ 的关系

$$s(x,y)=r(x,y)s(x)s(y) \tag{3-52}$$

$$r(x,y)=\frac{s(x,y)}{s(x)s(y)} \tag{3-53}$$

二、评定不确定度的一般步骤

测量不确定度的评定方法应依据 JJF 1059—1999《测量不确定度评定与表示》的规定，使用的计量术语应执行 JJF 1001—1998《通用计量术语及定义》等技术规范的规定。

如果相关国际组织已经制订了某种计量标准所涉及领域的测量不确定度评定指南，则在这些指南的适用范围内，测量不确定度评定也可以依据这些指南进行。

测量不确定度评定步骤：

（1）明确被测量，必要时给出被测量的定义及测量过程的简单描述；

（2）列出所有影响测量不确定度的影响量（即输入量 x_i），并给出用以评定测量不确定度的数学模型；

（3）评定各输入量的标准不确定度 $u(x_i)$，并通过灵敏系数 c_i 进而给出与各输入量对应的不确定度分量 $u_i(y)=|c_i|u(x_i)$；

（4）计算合成标准不确定度 $u_c(y)$，计算时应考虑各输入量之间是否存在值得考虑的相关性，对于非线性数学模型则应考虑是否存在值得考虑的高阶项；

（5）列出不确定度分量的汇总表，表中应给出每一个不确定度分量的详细信息；

（6）对被测量的概率分布进行估计，并根据概率分布和所要求的置信水平 p 确定包含因子 k_p；

（7）在无法确定被测量 y 的概率分布时，或该测量领域有规定时，也可以直接取包含因子 $k=2$；

（8）由合成标准不确定度 $u_c(y)$ 和包含因子 k 或 k_p 的乘积，分别得到扩展不确定度 U 或 U_p；

（9）给出测量不确定度的最后陈述，其中应给出关于扩展不确定度的足够信息。利用这些信息，至少应该使用户能从所给的扩展不确定度进而评定其测量结果的合成标准不确定度。

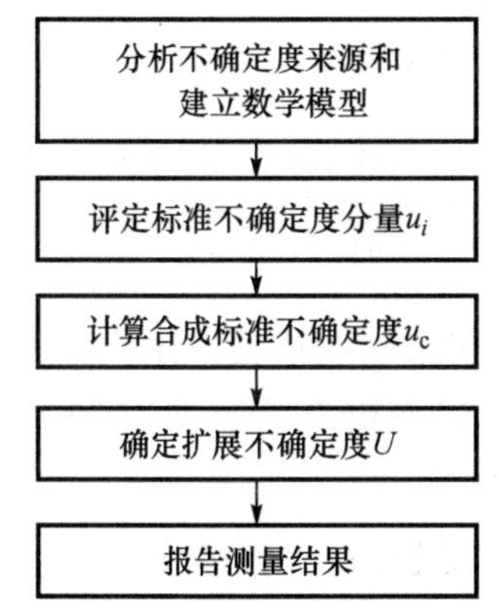

图 3-13　不确定度评定的流程图

通常，不确定度评定的流程如图 3-13 所示。

三、测量不确定度的评定方法

（一）分析测量不确定度的来源

不确定度来源的分析取决于对测量方法、测量设备、测量条件及对被测量的详细了解和认识，必须具体问题具体分析。所以，测量人员必须熟悉业务、钻研专业技术，深入研究有哪些可能的因素会影响测量结果，根据实际测量情况分析对测量结果有明显影响的不确定度来源。

通常测量不确定度来源从以下方面考虑：

1. 被测量的定义不完整

例如定义被测量是一根标称值为1m长的钢棒的长度，要求测准到 μm 量级。

此时被测钢棒受温度和压力的影响已经比较明显，而这些条件没有在定义中说明，使不同温度、不同压力下可以得出不同的测量结果，由于定义细节的不完整对测量结果会引入不确定度。

2. 复现被测量的测量方法不理想

例如：在微波测量中“衰减”量是在匹配条件下定义的，但实际测量系统不可能理想匹配，因此要考虑失配引入的测量不确定度。

又如：无线电信号的失真度定义是在纯电阻负载上信号的全部谐波电压的有效值与基波电压有效值之比的百分数。但失真度测量仪是采用基波抑制法，先用电压表测出基波抑制后的全部谐波电压，再测出未抑制基波的信号总电压，由它们之比得到的失真度。由于这种方法未能测出基波电压，因此测得的失真度值与定义的失真度不一致，由这种失真度测量仪测得的失真度存在着由于复现被测量的测量方法不理想引入的不确定度。

3. 取样的代表性不够，即被测样本不能代表所定义的被测量

例如：被测量定义为聚四氟乙烯在给定频率时的介电常数。由于测量方法和测量设备的限制，只能取聚四氟乙烯介质材料板的一部分做成样块，然后对样块进行测量。如果选用的材料板有杂质，测量所取用的样块恰好是杂质较多的地方，则样本就不能完全代表所定义的被测材料聚四氟乙烯。在介电常数测量结果中要考虑样本代表性不够引入的不确定度。

4. 对测量过程受环境影响的认识不恰如其分或对环境的测量与控制不完善

例如：以测量木棒长度为例，如果实际上湿度对木棒的测量有明显影响，但测量时由于认识不足而没有采取措施，在评定测量结果的不确定度时，应把湿度的影响引起的不确定度考虑进去。

又如：在水银温度计的校准中，被校温度计与标准温度计都放在同一个恒温槽中，恒温槽内的温度由一台温度控制器控制，在实际工作过程中，控制器不可能将恒温槽的温度稳定在一个恒定值上，槽的温度会在一个小的温度范围内变化，因此要考虑这种温控不完善引入的不确定度。

5. 对模拟式仪器的读数存在人为偏移

模拟式仪器在读取其示值时一般要在最小分度内估读，由于观测者的位置或个人习惯的不同等原因可能对同一状态的指示会有不同的读数，这种差异引入不确定度。

6. 测量仪器的计量性能的局限性

通常情况下，测量仪器的不准(最大允许误差)是影响测量结果的最主要的不确定度来源，例如用天平测量物体的重量时，测量结果的不确定度必须包括所用天平和砝码引入的不确定度。

测量仪器的其他计量特性如仪器的分辨力、灵敏度、鉴别力（阈）、分辨力、死区及稳定性等的影响也应根据情况加以考虑。

例如：对于较小差别的两个输入信号，由于测量仪器的分辨力不够，使仪器的示值差为零，这个零值就存在着分辨力不够引入的测量不确定度。

又如：用频谱分析仪测量信号的相位噪声时，当被测量小到低于相位噪声测试仪的噪声门限（鉴别力阈）时，就测不出来了，此时要考虑噪声门限引入的不确定度。

7. 测量标准或标准物质提供的量值的不准确

计量校准中被校仪器是用与测量标准比较的方法实现校准的。对于给出的校准值来说，测量标准（包括标准物质）的不确定度是其主要的不确定度来源。

8. 引用的数据或其他参量值的不准确

例如，测量黄铜棒的长度时，为考虑长度随温度的变化，要用到黄铜的线膨胀系数 α，查数据手册可以得到所需的 α 值。该值的不确定度是测量结果不确定度的一个来源。

9. 测量方法和测量程序的近似和假设

例如：被测量表达式的近似程度；自动测试程序的迭代程度；电测量中由于测量系统不完善引起的绝缘漏电、热电势、引线电阻等，均会引起不确定度。

10. 在相同条件下被测量在重复观测中的变化

在实际工作中，通常多次测量可以得到一系列不完全相同的数据，测量值具有一定的分散性，这是由诸多随机因素的影响造成的，这种随机变化常用测量重复性表征，也就是重复性是测量结果的不确定度来源之一。

除此之外，如果已经对测量结果进行了修正，给出的是已修正测量结果，则还要考虑修正值不完善引入的测量不确定度。

通常，在分析测量结果的不确定度来源时，可以从测量仪器、测量环境、测量方法、被测量等方面全面考虑，应尽可能做到不遗漏、不重复。特别应考虑对测量结果影响较大的不确定度来源。

（二）建立测量的数学模型

1. 测量的数学模型

测量的数学模型是指测量结果与其直接测量的量、引用的量以及影响量等有关量之间的数学函数关系。

当被测量 Y 由 N 个其他量 $X_1, X_2, \cdots, X_N$ 的函数关系确定时，被测量的数学模型为

$$Y=f(X_1, X_2, \cdots, X_N) \tag{3-54}$$

被测量的测量结果称输出量，输出量 Y 的估计值 y 是由各输入量 X_i 的估计值 x_i 按数学模型确定的函数关系 f 计算得到

$$y=f(x_1, x_2, \cdots, x_N) \tag{3-55}$$

例如：用测量电压 V 和电流 I 得到电路中的电阻 R，则被测量 R 的数学模型可根据欧姆定

律写出

$$R=V/I$$

式中：R 为输出量，V 和 I 是输入量。

数学模型中输入量可以是：

（1）当前直接测量的量；

（2）由以前测量获得的量；

（3）由手册或其他资料得来的量；

（4）对被测量有明显影响的量。

例如：数学模型 $R=R_0[1+\alpha(t-t_0)]$中，温度 t 是当前直接测量的影响量；t_0是规定的常量（如规定 $t_0=20℃$）；R_0是在 t_0时的电阻值，它可以是以前测得的，也可以是由测量标准校准给出的校准值（校准证书上给出）；温度系数 α 是从手册查到的。

当被测量 Y 由直接测量得到，且写不出各影响量与测量结果的函数关系时，被测量的数学模型为

$$Y=X$$

例如：用温度计测量一杯水的温度，测量结果 y 就是温度计（计量器具）的示值 x。又如用卡尺测量工件的尺寸时，则工件的尺寸就等于卡尺的示值。通常用多次重复测量的算术平均值作为被测量的测量结果。

2. 关于数学模型的说明

（1）数学模型可以用已知的物理公式得到，也可以用实验方法确定，甚至只用数值方程给出。

（2）数学模型不是唯一的，对于同一个被测量采用不同的测量方法和不同的测量程序，就会有不同的数学模型。

（3）数学模型不一定是完善的，它与人们对规律的认识程度有关。为了能在数学模型中充分反映实际的影响量，尽可能采用长期积累的数据建立经验模型。

（4）有时被测量 Y 的输入量 $X_1,X_2,\cdots,X_N$本身又取决于其他量，他们各自与其他量间有函数关系，还可能包含对系统影响进行修正的修正值或修正因子，导致十分复杂的函数关系。这时候，数学模型可能是一系列关系式。

（5）如果数据表明数学模型中没有考虑某个具有明显影响的影响量时，应在模型中增加输入量，直至测量结果满足测量准确度的要求。

例如：如果发现电阻的损耗功率与大气压力有关，最好在数学模型的输入量中增加压力量。

（三）标准不确定度分量的评定

1. 标准不确定度分量的 A 类评定方法

对被测量 X，在同一条件下进行 n 次独立重复观测，观测值为 $x_i(i=1,2,\cdots,n)$，得到算术平均值$\overline{X}$及实验标准偏差 $s(x)$。$\overline{X}$为测量结果（被测量的最佳估计值），算术平均值的实验标准偏差就是测量结果的 A 类标准不确定度 $u(x)$

$$u_A(x)=s(\overline{X})=\frac{s(x)}{\sqrt{n}} \tag{3-56}$$

注意:公式中的 n 为获得平均值时的测量次数。

(1) 基本的标准不确定度 A 类评定流程(见图 3-14)

【案 例】 对一等活塞压力计的活塞有效面积检定中,在各种压力下,测得 10 次活塞有效面积与标准活塞面积之比 l(由 l 的测量结果乘标准活塞面积就得到被检活塞的有效面积)如下:

0.250670, 0.250673, 0.250670, 0.250671, 0.250675, 0.250671, 0.250675, 0.250670, 0.250673, 0.250670

问 l 的测量结果及其 A 类标准不确定度。

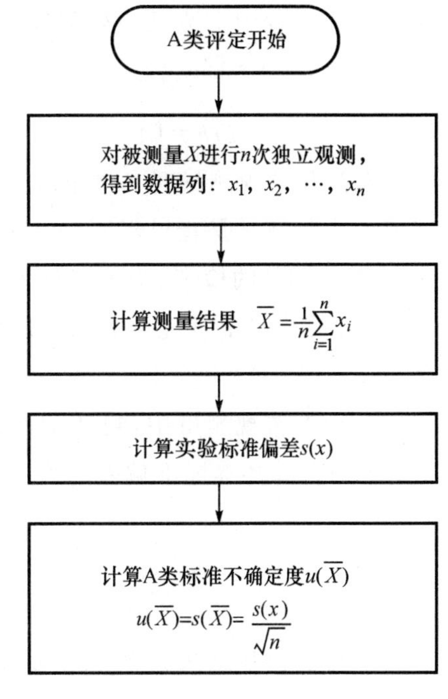

图 3-14 标准不确定度 A 类评定流程图

【案例分析】 由于 $n=10$,l 的测量结果为 $\bar{l}$,计算如下

$$\bar{l}=\left(\sum_{i=1}^{n}l_i\right)\bigg/n=0.250672$$

由贝塞尔公式求单次测量值的实验标准差

$$s(l)=\sqrt{\frac{\sum_{i=1}^{n}(l_i-\bar{l})^2}{n-1}}=2.05\times10^{-6}$$

由测量重复性导致的测量结果 l 的 A 类标准不确定度为

$$u_A(\bar{l})=\frac{s(l)}{\sqrt{n}}=0.65\times10^{-6}$$

(2) 测量过程的 A 类标准不确定度评定

对一个测量过程,如果采用核查标准核查的方法使测量过程处于统计控制状态,则该测量过程的实验标准偏差为合并样本标准偏差 s_p。

若每次核查时测量次数 n 相同(即自由度相同),每次核查时的样本标准偏差为 s_i,共核查 k 次,则合并样本标准偏差 s_p 为

$$s_p=\sqrt{\frac{\sum_{i=1}^{k}s_i^2}{k}} \tag{3-57}$$

此时 s_p 的自由度 $\nu=(n-1)k$。

则在此测量过程中,测量结果的 A 类标准不确定度为

$$u_A=s_p/\sqrt{n'}$$

式中的 n' 为获得测量结果时的测量次数。

【案 例】 对某测量过程进行过 2 次核查,均在受控状态。第一次核查时,测 4 次,$n=4$,得到测量值:0.250mm,0.236mm,0.213mm,0.220mm;第二次核查时,也测 4 次,求得 $s_2=0.015$mm。在该测量过程中实测某一被测件,测量 6 次,问测量结果 y 的 A 类标准不确定度。

【案例分析】 根据第一次核查的数据,用极差法求得实验标准差:查表得 $d_n=2.06$,

$$s_1=(0.250-0.213)\text{mm}/2.06=0.018\text{mm}$$

第二次核查时,也测 4 次,求得 $s_2=0.015$mm。

共核查 2 次,即 $k=2$,则该测量过程的合并样本标准偏差为

$$s_p=\sqrt{\frac{s_1^2+s_2^2}{k}}=\sqrt{\frac{0.018^2+0.015^2}{2}}\text{mm}=0.0017\text{mm}$$

在该测量过程中实测某一被测件，测量 6 次，测量结果 y 的 A 类标准不确定度为

$$u(y)=s_p/\sqrt{n'}=0.0017/\sqrt{6}\text{mm}=0.0007\text{mm}$$

其自由度为 $\nu=(n-1)k=(4-1)\times2=6$。

(3) 规范化常规测量时 A 类标准不确定度评定

规范化常规测量是指已经明确规定了测量程序和测量条件的测量，如日常按检定规程进行的大量同类被测件的检定，当可以认为对每个同类被测量的实验标准偏差相同时，通过累积的测量数据，计算出自由度充分大的合并样本标准偏差，以用于评定每次测量结果的 A 类标准不确定度。

在规范化的常规测量中，测量 m 个同类被测量，得到 m 组数据，每组测量 n 次，第 j 组的平均值为 $\bar{x}_j$，则合并样本标准偏差 s_p 为

$$s_p=\sqrt{\frac{\sum_{j=1}^{m}\sum_{i=1}^{n}(x_{ij}-\bar{x}_j)^2}{m(n-1)}} \tag{3-58}$$

对每个量的测量结果 $\bar{x}_j$ 的 A 类标准不确定度

$$u_A(\bar{x}_j)=s_p/\sqrt{n} \tag{3-59}$$

自由度为 $\nu=m(n-1)$。

若对每个被测件的测量次数 n_j 不同，即各组的自由度 ν_j 不等，各组的实验标准偏差为 s_j，则

$$s_p=\sqrt{\frac{\sum_{j=1}^{m}\nu_j s_j^2}{\sum_{j=1}^{m}\nu_j}} \tag{3-60}$$

式中，$\nu_j=n_j-1$。

对于常规的计量检定或校准，当无法满足 $n\geqslant10$ 时，为使得到的实验标准差更可靠，如果有可能，建议采用合并样本标准差 s_p 作为由重复性引入的标准不确定度分量。

【案 例】 对一批共 10 个相同准确度等级的 10kg 砝码校准时，对每个砝码重复测 4 次 ($n=4$)，测量值为 $x_i(i=1,2,3,4)$；共测了 10 个砝码 ($m=10$)，得到 10 组测量值 $x_{ij}(i=1,\cdots,4;j=1,\cdots,10)$；数据如表 3-10。

表 3-10

砝码号 j	1	2	3	4	5	6	7	8	9	10
$i=1$	x_{11} 10.01	x_{12} 10.03	x_{13} 10.02	x_{14} 10.01	x_{15} 10.02	x_{16} 10.03	x_{17} 10.01	x_{18} 10.01	x_{19} 10.03	x_{110} 10.01
$i=2$	x_{21} 10.02	x_{22} 10.01	x_{23} 10.04	x_{24} 10.01	x_{25} 10.04	x_{26} 10.02	x_{27} 10.03	x_{28} 10.04	x_{29} 10.01	x_{210} 10.02
$i=3$	x_{31} 10.03	x_{32} 10.01	x_{33} 10.01	x_{34} 10.02	x_{35} 10.01	x_{36} 10.03	x_{37} 10.02	x_{38} 10.02	x_{39} 10.01	x_{310} 10.04
$i=4$	x_{41} 10.01	x_{42} 10.02	x_{43} 10.02	x_{44} 10.03	x_{45} 10.02	x_{46} 10.01	x_{47} 10.04	x_{48} 10.02	x_{49} 10.03	x_{410} 10.01

问这种常规的砝码校准中砝码校准值的 A 类标准不确定度。

【案例分析】 这种情况下可以用 10 个砝码校准的合并样本标准偏差计算校准值的 A 类标准不确定度，这样可以增加自由度，也就提高了所评定的 A 类标准不确定度的可信度。合并样本标准偏差可由式(3-58)计算，计算结果列入表 3-11。

表 3-11

砝码号 j	1	2	3	4	5	6	7	8	9	10
$\bar{x}_j$	$\bar{x}_1$ 10.02	$\bar{x}_2$ 10.02	$\bar{x}_3$ 10.02	$\bar{x}_4$ 10.02	$\bar{x}_5$ 10.02	$\bar{x}_6$ 10.02	$\bar{x}_7$ 10.03	$\bar{x}_8$ 10.02	$\bar{x}_9$ 10.02	$\bar{x}_{10}$ 10.02
$\sum_{i=1}^{4}(x_{ij}-\bar{x}_j)^2 = G_j$	0.0003	0.0003	0.0003	0.0005	0.0003	0.0006	0.0007	0.0004	0.0004	0.0006
$\sum_{j=1}^{10} G_j$	0.0044									
$s_p = \sqrt{\dfrac{\sum_{j=1}^{10} G_j}{10(4-1)}}$	0.012kg 自由度 $\nu = m(n-1) = 10\times(4-1) = 30$									

$$u_A(\bar{x}_j) = s_p/\sqrt{n} = 0.012\text{kg}/2 = 0.006\text{kg}$$

所以，砝码校准值的 A 类标准不确定度为 0.006kg，其自由度为 30。

(4) 由最小二乘法拟合的最佳直线上得到的预期值的 A 类标准不确定度

由最小二乘法拟合的最佳直线的直线方程：$y=a+bx$

预期值 y_j 的实验标准偏差为

$$s_p(y_j) = \sqrt{s_a^2 + x_j^2 s_b^2 + b^2 s_x^2 + 2x_j r(a,b) s_a s_b} \tag{3-61}$$

式中，$r(a,b)$ 为 a 和 b 的相关系数；s_a，s_b 和 s_x 分别为 a，b 和 x 的实验标准偏差。

预期值 y_j 的 A 类标准不确定度为 $u_A(y_j) = s_p(y_j)$。

2. 标准不确定度分量的 B 类评定方法

标准不确定度的 B 类评定是借助于一切可利用的有关信息进行科学判断，得到估计的标准偏差。

① 根据有关信息或经验，判断被测量的可能值区间$(-a, a)$；

② 假设被测量值的概率分布；

③ 根据概率分布和要求的置信水平 p 估计置信因子 k，则 B 类标准不确定度 u_B 为

$$u_B = \frac{a}{k} \tag{3-62}$$

式中 a 为被测量可能值区间的半宽度；k 为置信因子或包含因子。

标准不确定度的 B 类评定流程见图 3-15。

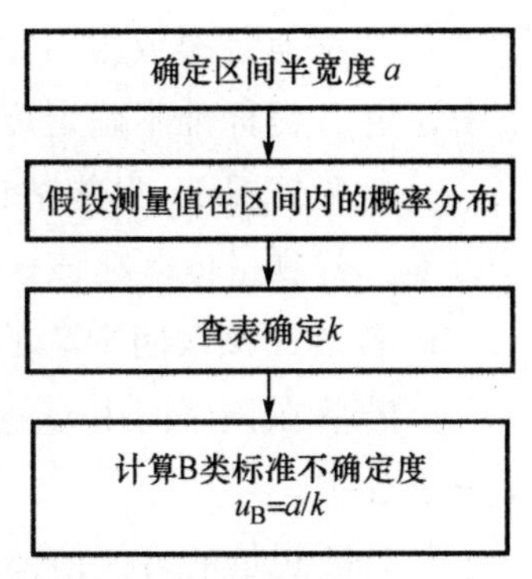

图 3-15 标准不确定度 B 类评定流程

(1) B 类评定时可能的信息来源及如何确定可能值的区间半宽度

区间半宽度 a 值是根据有关的信息确定的。一般情况下，可

利用的信息包括：

① 以前的观测数据；

② 对有关技术资料和测量仪器特性的了解和经验；

③ 生产部门提供的技术说明文件(制造厂的技术说明书)；

④ 校准证书、检定证书、测试报告或其他提供的数据、准确度等级等；

⑤ 手册或某些资料给出的参考数据及其不确定度；

⑥ 规定测量方法的校准规范、检定规程或测试标准中给出的数据；

⑦ 其他有用信息。

例如：

① 制造厂的说明书给出测量仪器的最大允许误差为$\pm\Delta$,并经计量部门检定合格,则可能值的区间为$(-\Delta,\Delta)$,区间的半宽度为

$$a=\Delta$$

② 校准证书提供的校准值,给出了其扩展不确定度为U,则区间的半宽度为

$$a=U$$

③ 由手册查出所用的参考数据,同时给出该数据的误差不超过$\pm\Delta$,则区间的半宽度为

$$a=\Delta$$

④ 由有关资料查得某参数X的最小可能值为a_-和最大可能值为a_+,区间半宽度可以用下式确定

$$a=\frac{1}{2}(a_+-a_-)$$

⑤ 数字显示装置的分辨力为1个数字所代表的量值δ_x,则取

$$a=\delta_x/2$$

⑥ 当测量仪器或实物量具给出准确度等级时,可以按检定规程或有关规范所规定的该等别或级别的最大允许误差或测量不确定度进行评定。

⑦ 根据过去的经验判断某值不会超出的范围来估计区间半宽度a值。

⑧ 必要时,用实验方法来估计可能的区间。

(2) B类评定时如何假设可能值的概率分布和确定k值

① 概率分布的假设

a. 被测量受许多相互独立的随机影响量的影响,这些影响量变化的概率分布各不相同,但各个变量的影响均很小时,被测量的随机变化服从正态分布。

b. 如果有证书或报告给出的扩展不确定度是U_{90}、U_{95}或U_{99},除非另有说明,可以按正态分布来评定B类标准不确定度。

c. 一些情况下,只能估计被测量的可能值区间的上限和下限,测量值落在区间外的概率几乎为零。若测量值落在该区间内的任意值的可能性相同,则可假设为均匀分布。

d. 若落在该区间中心的可能性最大,则假设为三角分布。

e. 若落在该区间中心的可能性最小,而落在该区间上限和下限处的可能性最大,则假设为反正弦分布。

f. 对被测量的可能值落在区间内的情况缺乏了解时,一般假设为均匀分布。

实际工作中,可依据同行专家的研究和经验来假设概率分布。例如:无线电计量中失配引起的不确定度为反正弦分布;几何量计量中度盘偏心引起的测角不确定度为反正弦分布;测量

仪器最大允许误差、分辨力、数据修约、度盘或齿轮回差等导致的不确定度按均匀分布考虑；两个量值之和或差的概率分布为三角分布；按级使用量块时，中心长度偏差导致的概率分布为两点分布。

在 JJF 1059—1999 的附录 B 中给出了各种情况下概率分布的估计，包括正态分布、均匀分布、三角分布、反正弦分布、两点分布、投影分布的情况。

② k 值的确定

a. 已知扩展不确定度是合成标准不确定度的若干倍时，则该倍数（包含因子）就是 k 值。

b. 假设概率分布后，根据要求的置信概率查表得到置信因子 k 值。

例如：

如果数字显示仪器的分辨力为 δ_x，则区间半宽度 $a=\delta_x/2$，可假设为均匀分布，查表得 $k=\sqrt{3}$，由分辨力引起的标准不确定度分量为

$$u_B(x)=\frac{a}{k}=\frac{\delta_x}{2\sqrt{3}}=0.29\delta_x$$

若某数字电压表的分辨力为 $1\mu V$（即最低位的一个数字代表的量值），则由分辨力引起的标准不确定度分量为：$u(V)=0.29\times 1\mu V=0.29\mu V$。

被测仪器的分辨力会对测量结果的重复性测量有影响。在测量不确定度评定中，当重复性引入的标准不确定度分量大于被测仪器的分辨力所引入的不确定度分量时，可以不考虑分辨力所引入的不确定度分量。但当重复性引入的不确定度分量小于被测仪器的分辨力所引入的不确定度分量时，应该用分辨力引入的不确定度分量代替重复性分量。若被测仪器的分辨力为 δ_x，则分辨力引入的标准不确定度分量为 $0.29\delta_x$。

③ 常用的概率分布与置信因子的关系见表 3-12 和表 3-13。

表 3-12　正态分布的置信因子 k 值与概率 p 的关系

p	0.50	0.90	0.95	0.99	0.9973
k	0.676	1.64	1.96	2.58	3

表 3-13　几种非正态分布概率分布的置信因子 k 值

概率分布	均匀分布	反正弦分布	三角分布	梯形分布	两点分布
$k(p=100\%)$	$\sqrt{3}$	$\sqrt{2}$	$\sqrt{6}$	$\sqrt{6}/(1+\beta^2)$	1

注：β 为梯形上底半宽度与下底半宽度之比。

④ 标准不确定度 B 类评定的实例

【案例 1】 校准证书上给出标称值为 1000g 的不锈钢标准砝码质量 m_s 的校准值为 1000.000325g，且校准不确定度为 24μg（按三倍标准偏差计），求砝码的标准不确定度。

【案例分析】 标准不确定度的评定：由于 $a=U=24\mu g$，$k=3$，则砝码的标准不确定度为 $u(m_s)=24\mu g/3=8\mu g$。

【案例 2】 校准证书上说明标称值为 10Ω 的标准电阻在 23℃时的校准值为 10.000074Ω，扩展不确定度为 90μΩ，置信水平为 99%，求电阻的相对标准不确定度。

【案例分析】 标准不确定度的评定：由校准证书的信息可知

$$a=U_{99}=90\mu\Omega,\ p=0.99$$

假设为正态分布，查表得到 $k=2.58$；则电阻校准值的标准不确定度为

$$u_B(R_s)=90\mu\Omega/2.58=35\mu\Omega$$

相对标准不确定度为：$u_B(R_s)/R_s=3.5\times10^{-6}$。

【案例 3】 手册给出了纯铜在 20℃时线热膨胀系数 α_{20}(Cu)为 16.52×10^{-6}℃$^{-1}$，并说明此值的误差不超过$\pm0.40\times10^{-6}$℃$^{-1}$，求 α_{20}(Cu)的标准不确定度。

【案例分析】 标准不确定度的评定：根据手册，$a=0.40\times10^{-6}$℃$^{-1}$，依据经验假设为等概率地落在区间内，即均匀分布，查表得 $k=\sqrt{3}$，铜的线热膨胀系数的标准不确定度为

$$u(\alpha_{20})=0.40\times10^{-6}℃^{-1}/\sqrt{3}=0.23\times10^{-6}℃^{-1}$$

【案例 4】 由数字电压表的仪器说明书得知，该电压表的最大允许误差为$\pm(14\times10^{-6}\times$读数$+2\times10^{-6}\times$量程)，用该电压表测量某产品的输出电压，在 10V 量程上测 1V 时，测量 10 次，其平均值作为测量结果，得$\overline{V}=0.928571$V，问测量结果的不确定度中数字电压表仪器引入的标准不确定度是多少？

【案例分析】 标准不确定度的评定：电压表最大允许误差的模为区间的半宽度

$$a=(14\times10^{-6}\times0.928571\text{V}+2\times10^{-6}\times10\text{V})=33\times10^{-6}\text{V}=33\mu\text{V}$$

设在区间内为均匀分布，查表得到 $k=\sqrt{3}$，则测量结果中由数字电压表仪器引入的标准不确定度为：$u(V)=33\mu\text{V}/\sqrt{3}=19\mu\text{V}$。

【案例 5】 某法定计量技术机构要评定被测量 Y 的测量结果 y 的合成标准不确定度 $u_c(y)$ 时，y 的输入量中，有碳元素 C 的相对原子质量，通过资料查出 C 的相对原子质量为 $A_r(\text{C})=12.0107(8)$。资料说明这是国际纯化学和应用化学联合会给出的值。如何评定由于 C 的相对原子质量不准确引入的标准不确定度分量？

【案例分析】 根据 2005 年国际纯化学和应用化学联合会给出的值，C 的相对原子质量为 $A_r(\text{C})=12.0107(8)$，括号内的数是标准不确定度，与相对原子质量的末位对齐。所以碳元素 C 的相对原子质量为 $A_r(\text{C})=12.0107$，其标准不确定度为 $u_c=0.0008$。

⑤ B 类标准不确定度的自由度

B 类标准不确定度的自由度可由式(3 - 63)估计

$$\nu_i\approx\frac{1}{2}\frac{u^2(x_i)}{\sigma^2[u(x_i)]}\approx\frac{1}{2}\left[\frac{\Delta u(x_i)}{u(x_i)}\right]^{-2} \tag{3-63}$$

$\sigma[u(x_i)]/u(x_i)$估计为 $\Delta u(x_i)/u(x_i)$，根据经验，按所依据的信息来源的不可信程度来判断 $u(x_i)$的相对标准不确定度，然后按式(3 - 63)计算出自由度 ν 列于表 3 - 14。

表 3 - 14　B 类标准不确定度的自由度估计

$\Delta u(x_i)/u(x_i)$	0	0.10	0.20	0.25	0.30	0.40	0.50
ν	∞	50	12	8	6	3	2

(四) 合成标准不确定度的计算

无论各标准不确定度分量是由 A 类评定还是 B 类评定得到，合成标准不确定度是由各标准不确定度分量合成得到的。测量结果 y 的合成标准不确定度用符号 $u_c(y)$表示。

1. 测量不确定度的传播律

当被测量的测量结果 y 的数学模型为线性函数 $y=f(x_1,x_2,\cdots,x_N)$时，测量结果 y 的合成

标准不确定度 $u_c(y)$ 按式(3-64)计算，此式称为“不确定度传播律”。

$$u_c(y)=\sqrt{\sum_{i=1}^{N}\left[\frac{\partial f}{\partial x_i}\right]^2 u^2(x_i)+2\sum_{i=1}^{N-1}\sum_{j=i+1}^{N}\frac{\partial f}{\partial x_i}\frac{\partial f}{\partial x_j}r(x_i,x_j)u(x_i)u(x_j)} \quad (3-64)$$

式中：y——输出量的估计值，即被测量的测量结果；

x_i,x_j——输入量的估计值，$i\neq j$；

N——输入量的数量；

$\frac{\partial f}{\partial x_i},\frac{\partial f}{\partial x_j}$——偏导数，又称灵敏系数，可表示为 c_i,c_j；

$u(x_i),u(x_j)$——输入量 x_i 和 x_j 的标准不确定度；

$r(x_i,x_j)$——输入量 x_i 与 x_j 的相关系数估计值；

$r(x_i,x_j)u(x_i)u(x_j)=u(x_i,x_j)$——输入量 x_i 与 x_j 的协方差估计值。

注：当数学模型为非线性函数时，可采用泰勒级数展开，舍去高次项后得到近似的线性函数。

2. 输入量间不相关时合成标准不确定度的评定

(1) 当各输入量间不相关，即 $r(x_i,x_j)=0$ 时，公式(3-64)的简化形式为

$$u_c(y)=\sqrt{\sum_{i=1}^{N}\left[\frac{\partial f}{\partial x_i}\right]^2 u^2(x_i)} \quad (3-65)$$

若设 $u_i(y)$ 是测量结果 y 的标准不确定度分量

$$\frac{\partial f}{\partial x_i}u(x_i)=u_i(y) \quad (3-66)$$

则 $u_c(y)$ 由被测量 y 的标准不确定度分量合成时，可用式(3-67)评定

$$u_c(y)=\sqrt{\sum_{i=1}^{N}u_i^2(y)} \quad (3-67)$$

对于直接测量，可简单地写成

$$u_c=\sqrt{\sum_{i=1}^{N}u_i^2} \quad (3-68)$$

(2) 当被测量的函数形式为：$Y=A_1X_1+A_2X_2+\cdots+A_NX_N$，且各输入量间不相关时，合成标准不确定度 $u_c(y)$ 为

$$u_c(y)=\sqrt{\sum_{i=1}^{N}A_i^2u^2(x_i)} \quad (3-69)$$

(3) 当被测量的函数形式为 $Y=A(X_1^{p_1}X_2^{p_2}\cdots X_N^{p_N})$ 且各输入量间不相关时，合成标准不确定度 $u_c(y)$ 为

$$\frac{u_c(y)}{y}=\sqrt{\sum_{i=1}^{N}[p_iu(x_i)/x_i]^2} \quad (3-70)$$

如果式(3-70)中 $p_i=1$，则被测量的测量结果的相对合成标准不确定度是各输入量的相对合成标准不确定度的方和根值

$$\frac{u_c(y)}{y}=\sqrt{\sum_{i=1}^{N}[u(x_i)/x_i]^2} \quad (3-71)$$

【案 例】 某法定计量机构为了得到质量 $m=300$g 的计量标准，采用了两个质量分别为 $m_1=100$g，$m_2=200$g 相互独立的砝码构成。m_1 与 m_2 校准的相对标准不确定度 $u_{rel}(m_1)$、

$u_{rel}(m_2)$按其校准证书，均为1×10^{-4}。在评定m的相对标准不确定度$u_{rel}(m)$时，数学模型为$m=m_1+m_2$。输入量估计值m_1与m_2相互独立，灵敏系数均为$+1$，

$$u_{crel}(m)=\sqrt{u_{rel}^2(m_1)+u_{rel}^2(m_2)}=\sqrt{2}\times10^{-4}$$

得出$u_c(m)$为

$$u_c(m)=u_{crel}(m)\times m=0.043\text{g}$$

问题：在不确定度的合成中，什么情况下可采用输入量的相对标准不确定度？

【案例分析】 依据JJF 1059—1999第6.6节规定："在X_i彼此独立不相关的条件下，如果函数f的形式表现为

$$Y=f(X_1,X_2,\cdots,X_n)=cX_1^{p_1}X_2^{p_2}\cdots X_N^{p_N}$$

式中：c为系数；指数p_i可以是正数、负数或分数。

此时，不确定度传播律可表示为

$$u_c(y)/y=\sqrt{\sum_{i=1}^{N}[p_i u(x_i)/x_i]^2}$$

即

$$u_{crel}(y)=\sqrt{\sum_{i=1}^{N}[p_i u_{rel}(x_i)]^2}$$

当$p_i=1$时：

$$u_{crel}(y)=\sqrt{\sum_{i=1}^{N}[u_{rel}(x_i)]^2}$$

也就是在函数为相乘的关系时，相对合成标准不确定度等于输入量的相对标准不确定度的方和根值。

由于案例中的数学模型不是乘积形式，因而不能采用输入量的相对标准不确定度进行合成，案例的计算是错误的。这种数学模型下，只能采用JJF 1059—1999第6.2节式(18)计算，该式没有提出对函数f形式的任何要求。JJF 1059—1999第6.2节规定："当全部输入量X_i是彼此不相关时，合成标准不确定度u_c^2由下式得出：$u_c^2(y)=\sum_{i=1}^{N}\left[\frac{\partial f}{\partial x_i}\right]^2u^2(x_i)$。当用该式进行$u_c(y)$的评定时，应根据已知的$u_{rel}(m_1)$与$u_{rel}(m_2)$计算出$u(m_1)$与$u(m_2)$。

$$u(m_1)=u_{rel}(m_1)\cdot m_1=1\times10^{-4}\times100\text{g}=0.01\text{g}$$

$$u(m_2)=u_{rel}(m_2)\cdot m_2=1\times10^{-4}\times200\text{g}=0.02\text{g}$$

$u(m_1)$与$u(m_2)$的灵敏系数均为$+1$，得合成标准不确定度为

$$u_c(m)=\sqrt{0.01^2+0.02^2}\text{g}=0.022\text{g}$$

相对合成标准不确定度

$$u_{crel}(m)=u_c(m)/m=0.022/300=0.7\times10^{-4}$$

可见$u_{crel}(m)$小于$u_{crel}(m_1)$和$u_{crel}(m_2)$这两个分量。

3. 输入量间相关系数均为+1时合成标准不确定度的评定

当所有输入量都相关，且相关系数为1时，合成标准不确定度$u_c(y)$为

$$u_c(y)=\left|\sum_{i=1}^{N}\frac{\partial f}{\partial x_i}u(x_i)\right| \tag{3-72}$$

当所有输入量都相关，且相关系数为+1，灵敏系数为1时，合成标准不确定度$u_c(y)$为

$$u_c(y) = \sum_{i=1}^{N} u(x_i) \tag{3-73}$$

由此可见，当输入量都正强相关，且灵敏系数均为 1 时，合成标准不确定度是各输入量标准不确定度分量的代数和。也就是说，强相关时不再是方和根法合成。

【案 例】 某计量检定机构在评定某台计量仪器的重复性 s_r 时，通过对某稳定的量 Q 重复观测了 n 次，按贝赛尔公式，计算出任意观测值 q_k 的实验标准偏差 $s(q_k)=0.5$，然后，考虑该仪器读数分辨力 $\delta_q=1.0$，由分辨力导致的标准不确定度为

$$u(q)=0.29\delta_q=0.29\times1.0=0.29$$

将 $s(q_k)$ 与 $u(q)$ 合成，作为仪器示值的重复性不确定度 $u_r(q_k)$

$$u_r(q_k)=\sqrt{s^2(q_k)+u^2(q)}=\sqrt{0.5^2+0.29^2}=0.58\approx0.6$$

【案例分析】 重复性条件下，示值的分散性既决定于仪器结构和原理上的随机效应的影响，也决定于分辨力。依据 JJF 1059—1999 第 6.11 节指出："同一种效应导致的不确定度已作为一个分量进入 $u_c(y)$ 时，它不应再包含在另外的分量中"。

该机构的这一评定方法，出现了对分辨力导致的不确定度分量的重复计算，因为在按贝塞尔方法进行的重复观测中的每一个示值，都无例外地已受到分辨力影响导致测量值 q 的分散，从而在 $s(q_k)$ 中已包含了 δ_q 效应导致的结果，而不必再将 $u(q)$ 与 $s(q_k)$ 合成为 $u_r(q)$。该机构采取将这二者合成作为 $u_r(q_k)$ 是不对的。

有些情况下，有些仪器的分辨力很差，以致分辨不出示值的变化。在实验中会出现重复性很小，即：$s(q_k)\leqslant u(q)$。特别是用非常稳定的信号源测量数字显示式测量仪器，在多次对同一量的测量中，示值不变或个别的变化甚小，反而不如 $u(q)$ 大。在这一情况下，应考虑分辨力导致的测量不确定度分量，即在 $s(q_k)$ 与 $u(q)$ 两个中，取其中一个较大者，而不能同时纳入。

4. 输入量间相关时的处理方法

(1) 在以下情况时可取协方差为零或忽略不计

① 可以判定 x_i 与 x_j 不相关。

例如：在不同实验室用不同测量设备、在不同时间测得的量值，或独立测量的不同量的测量结果。

② x_i 与 x_j 中任意一个量可作为常数处理。

③ 认定 x_i 与 x_j 相关的信息不足。

(2) 用同时观测两个量的方法确定协方差估计值

对两个输入量 X_i 及 X_j 进行同时重复观测，设 x_{ik}，x_{jk} 分别是输入量 X_i 及 X_j 的观测值。k 为测量次数($k=1,2,\cdots,n$)。$\bar{x}_i$，$\bar{x}_j$ 分别为第 i 个输入量和第 j 个输入量的 k 次测量的算术平均值；x_i 与 x_j 的协方差估计值可由式(3-74)计算

$$u(x_i,x_j) = \frac{1}{n-1}\sum_{k=1}^{n}(x_{ik}-\bar{x}_i)(x_{jk}-\bar{x}_j) \tag{3-74}$$

例如：一个振荡器的频率与环境温度可能有关，则可以把频率 f 和环境温度 t 作为两个输入量，即 $x_i=t$，$x_j=f$，同时观测每个温度下的频率值，得到一组 t_k，f_k 数据，共观测 n 组，$k=1,2,\cdots,n$。计算算术平均值 $\bar{t}$ 和 $\bar{f}$，则由下式可以计算它们的协方差

$$u(f,t) = \frac{1}{n-1}\sum_{k=1}^{n}(t_k-\bar{t})(f_k-\bar{f})$$

如果协方差为零，说明频率与温度无关，如果协方差不为零，就显露出它们间的相关程度。

(3) 用同时观测两个量的方法确定相关系数的估计值

根据对 x 和 y 两个量同时测量的 n 组测量数据，相关系数的估计值按式(3-75)计算

$$r(x,y)=\frac{\sum_{i=1}^{n}(x_i-\overline{X})(y_i-\overline{Y})}{(n-1)s(x)s(y)} \tag{3-75}$$

式中，$s(x)$和 $s(y)$分别为 x 和 y 的实验标准偏差。

(4) 用经验公式估计相关系数

如果两个输入量 x_i和 x_j相关，x_i变化 δ_i会使 x_j相应变化 δ_j，则 x_i和 x_j的相关系数可用经验公式(3-76)估计

$$r(x_i,x_j)\approx\frac{u(x_i)\delta_j}{u(x_j)\delta_i} \tag{3-76}$$

式中，$u(x_i)$和 $u(x_j)$分别为 x_i和 x_j的标准不确定度。

(5) 采用适当方法去除相关性

① 将引起相关的量作为独立的附加输入量进入数学模型

例如，x_i和 x_j原来是不相关的两个量，但都需要做温度修正，若用同一个温度计测量温度，则如果该温度计示值偏大，两者的修正值同时受影响，即存在 $x_i=F(T)$，$x_j=G(T)$，所以 $y=f(x_i,x_j)$中两个输入量 x_i与 x_j成为相关的了。只要在数学模型中把温度 T 作为独立的附加输入量，即 $y=f(x_i,x_j,T)$，该附加输入量具有与上述两个量不相关的标准不确定度。则在计算合成标准不确定度时就不需再引入 x_i与 x_j的协方差或相关系数了。

② 采取有效措施变换输入量

例如，在量块校准中校准值的不确定度分量中包括标准量块的温度 θ_s及被校量块的温度 θ 两个输入量，即 $L=f(\theta_s,\theta)$。

由于两个量块处在同一实验室的同一台测量装置上，温度 θ_s与 θ 是相关的。但只要把 θ 变换为 $\theta=\theta_s+\delta_\theta$，使数学模型中只有被校量块与标准量块的温度差 δ_θ 与标准量块的温度作为两个输入量时，这两个输入量间就不相关了，即 $L=f(\theta_s,\delta_\theta)$中 θ_s与 δ_θ 不相关。

5. 合成标准不确定度的有效自由度的计算

合成标准不确定度 $u_c(y)$的自由度称为有效自由度，用符号 ν_{eff}表示。有效自由度可由韦尔奇-萨特思韦特(Welch-Satterthwaite)公式(3-77)计算得到

$$\nu_{eff}=\frac{u_c^4(y)}{\sum_{i=1}^{N}\frac{u_i^4(y)}{\nu_i}} \tag{3-77}$$

实际计算中，得到的有效自由度 ν_{eff}不一定是一个整数。如果不是整数，可以采用将 ν_{eff}数字舍位到最接近的一个较低的整数。例如计算得到 $\nu_{eff}=12.65$，则取 $\nu_{eff}=12$。

当被测量是各输入量的乘积时，可以用相对形式计算合成标准不确定度

$$\frac{u_c(y)}{y}=\sqrt{\sum_{i=1}^{N}[p_iu(x_i)/x_i]^2}$$

此时，合成标准不确定度的有效自由度也可以用相对标准不确定度的形式表示

$$\nu_{eff}=\frac{[u_c(y)/y]^4}{\sum_{i=1}^{N}\frac{[p_iu(x_i)/x_i]^4}{\nu_i}} \tag{3-78}$$

有效自由度计算举例：

设 $Y=f(X_1,X_2,X_3)=bX_1X_2X_3$，$X_1,X_2,X_3$ 的估计值 x_1,x_2,x_3 分别是 n_1,n_2,n_3 次测量的算术平均值，$n_1=10$，$n_2=5$，$n_3=15$。它们的相对标准不确定度分别为：

$$u(x_1)/x_1=0.25\%,u(x_2)/x_2=0.57\%,u(x_3)/x_3=0.82\%$$

这种情况下合成标准不确定度及其有效自由度为

$$\frac{u_c(y)}{y}=\sqrt{\sum_{i=1}^{N}[p_iu(x_i)/x_i]^2}=\sqrt{\sum_{i=1}^{N}[u(x_i)/x_i]^2}=1.03\%=1\%$$

$$\nu_{\text{eff}}=\frac{1.03^4}{\dfrac{0.25^4}{10-1}+\dfrac{0.57^4}{5-1}+\dfrac{0.82^4}{15-1}}=19.0=19$$

6. 合成标准不确定度计算流程

合成标准不确定度的计算流程如图 3-16 所示。

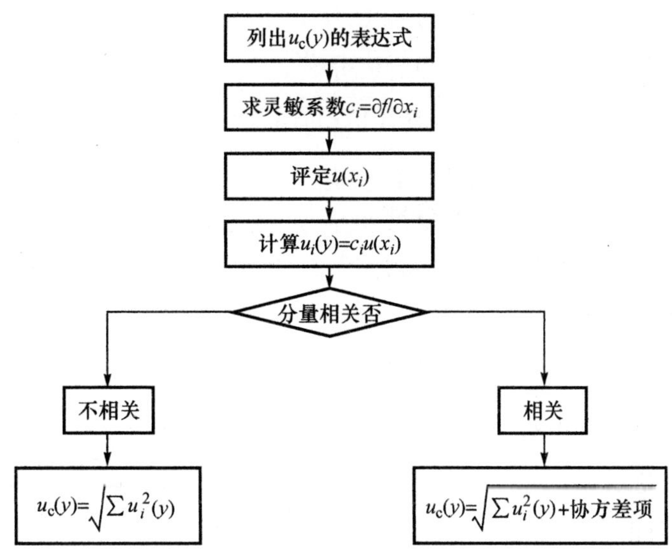

图 3-16　合成标准不确定度计算流程图

7. 合成标准不确定度计算举例

【案例 1】 一台数字电压表的技术说明书中说明："在校准后的两年内，示值的最大允许误差为±(14×10⁻⁶×读数+2×10⁻⁶×测量上限)"。

现在校准后的 20 个月时，在 1V 量程上测量电压 V，一组独立重复观测值的算术平均值为 0.928571V，其 A 类标准不确定度为 12μV。求该电压测量结果的合成标准不确定度。

【案例分析】 根据案例中的信息评定如下：

$$\text{测量结果：}\overline{V}=0.928571\text{V}$$

测量结果的不确定度评定：经分析影响测量结果的主要不确定度分量有两项，分别用 A 类和 B 类方法评定，再将两个分量合成后得到合成标准不确定度。

(1) 由测量重复性引入的标准不确定度分量，用 A 类方法评定：$u_A(\overline{V})=12\mu\text{V}$

(2) 由所用的数字电压表不准引入的标准不确定度分量，用 B 类方法评定：

读数：0.928571V，测量上限：1V

$$a=14\times10^{-6}\times0.928571\text{V}+2\times10^{-6}\times1\text{V}=15\mu\text{V}$$

假设为均匀分布，$k=\sqrt{3}$

$$u_{\mathrm{B}}(\overline{V})=\frac{a}{k}=\frac{15\mu\mathrm{V}}{\sqrt{3}}=8.7\mu\mathrm{V}$$

（3）合成标准不确定度：

由于上述两个分量不相关，可按下式计算

$$u_{\mathrm{c}}(\overline{V})=\sqrt{u_{\mathrm{A}}^{2}(\overline{V})+u_{\mathrm{B}}^{2}(\overline{V})}=\sqrt{(12\mu\mathrm{V})^{2}+(8.7\mu\mathrm{V})^{2}}=15\mu\mathrm{V}$$

【案例 2】 在测长机上测量某轴的长度，测量结果为 40.0010mm，要求进行测量不确定度分析与评定，列出不确定度分量综合表并给出测量结果的合成标准不确定度。

【案例分析】 经分析，各项不确定度分量为：

（1）读数的重复性引入的标准不确定度分量 u_1

从指示仪上 7 次读数的数据计算得到测量结果的实验标准偏差为 0.17μm，$u_1=0.17\mu\mathrm{m}$。

（2）测长机主轴不稳定性引入的标准不确定度分量 u_2

由实验数据求得测量结果的实验标准偏差为 0.10μm，$u_2=0.10\mu\mathrm{m}$。

（3）测长机标尺不准引入的标准不确定度分量 u_3

根据检定证书的信息知道该测长机为合格，符合±0.1μm 的技术指标，假设为均匀分布，取 $k=\sqrt{3}$，则：$u_3=0.1\mu\mathrm{m}/\sqrt{3}=0.06\mu\mathrm{m}$。

（4）温度影响引入的标准不确定度分量 u_4

根据轴材料温度系数的有关信息评定得到其标准不确定度为 0.05μm，$u_4=0.05\mu\mathrm{m}$。

列出不确定度分量综合表表 3-15。

表 3-15　不确定度分量综合表

序　号	不确定度分量来源	评定方法	符　号	u_i 的值	u_c
1	读数重复性	A 类	u_1	0.17μm	0.21μm
2	测长机主轴不稳定	A 类	u_2	0.10μm	
3	测长机标尺不准	B 类	u_3	0.06μm	
4	温度影响	B 类	u_4	0.05μm	

由于各分量间不相关，则轴长测量结果的合成标准不确定度为

$$u_{\mathrm{c}}=\sqrt{\sum_{i=1}^{4}u_i^2}=\sqrt{0.17^2+0.10^2+0.06^2+0.05^2}\mu\mathrm{m}=0.21\mu\mathrm{m}$$

【案例 3】 如果加在一个随温度变化的电阻两端的电压为 V，在温度 t_0 时的电阻为 R_0，电阻的温度系数为 α，在温度 t 时电阻损耗的功率 P 为被测量，被测量 P 与 V，R_0，α 和 t 的函数关系为

$$P=V^2/R_0[1+\alpha(t-t_0)]$$

要求给出计算测量结果的合成标准不确定度的方法。

【案例分析】 根据数学模型，输出量为 P，除 t_0 是常量外，输入量有 V，R_0，α 和 t 四个。

（1）由于各输入量之间不相关，根据合成标准不确定度的传递公式，写出合成方差的数学式为

$$u_{\mathrm{c}}^{2}(P)=\left[\frac{\partial P}{\partial V}\right]^{2}u^{2}(V)+\left[\frac{\partial P}{\partial R_0}\right]^{2}u^{2}(R_0)+\left[\frac{\partial P}{\partial \alpha}\right]^{2}u^{2}(\alpha)+\left[\frac{\partial P}{\partial t}\right]^{2}u^{2}(t)$$

（2）求出式中的灵敏系数：

$$\frac{\partial P}{\partial V}=2V/R_0[1+\alpha(t-t_0)]=2P/V$$

$$\frac{\partial P}{\partial R_0}=-V^2/R_0^2[1+\alpha(t-t_0)]=-P/R_0$$

$$\frac{\partial P}{\partial \alpha}=-V^2(t-t_0)/R_0[1+\alpha(t-t_0)]^2=-P(t-t_0)/[1+\alpha(t-t_0)]$$

$$\frac{\partial P}{\partial t}=-V^2\alpha/R_0[1+\alpha(t-t_0)]^2=-P\alpha/[1+\alpha(t-t_0)]$$

（3）分析和评定各输入量的标准不确定度 $u(V)$、$u(R_0)$、$u(\alpha)$ 和 $u(t)$；

（4）将灵敏系数值和各输入量的标准不确定度代入合成方差的计算公式，经开方后得到合成标准不确定度 $u_c(P)$。

【案例 4】 被测量 P 是输入量电流 I 和温度 t 的函数。其数学模型为

$$P=C_0I^2(t-t_0)$$

C_0 和 t_0 是已知常数且不确定度可忽略。

用同一个标准电阻 R_s 确定电流和温度，电流是用一个数字电压表测量出标准电阻两端的电压来确定的，温度是用一个电阻电桥和标准电阻测量出温度传感器的电阻 $R_t(t)$ 确定的，由电桥上读出 $R_t(t)/R_s=\beta(t)$。所以输入量电流 I 和温度 t 分别由以下两式得到：$I=V_s/R_s$，$t=\alpha\beta^2(t)R_s^2-t_0$；$\alpha$ 为已知常数，其不确定度可忽略。

要求给出计算测量结果的合成标准不确定度的方法。

【案例分析】

（1）数学模型

$$P=C_0I^2(t-t_0)$$

$$I=V_s/R_s$$

$$t=\alpha\beta^2(t)R_s^2-t_0$$

（2）输入量 I 的标准不确定度 $u(I)$

I 的数学模型

$$I=V_s/R_s=V_sR_s^{-1}$$

根据 I 的数学模型得出 I 的标准不确定度 $u(I)$，由于输出量是两个输入量的乘积，可以直接写成相对标准不确定度的形式

$$\frac{u(I)}{I}=\sqrt{\left[\frac{u(V_s)}{V_s}\right]^2+\left[\frac{u(R_s)}{R_s}\right]^2}$$

（3）输入量 t 的标准不确定度 $u(t)$

t 的数学模型：$t=\alpha\beta^2R_s^2-t_0$

求灵敏系数：

$$\left[\frac{\partial t}{\partial \beta}\right]^2=(2\alpha\beta R_s^2)^2=4\alpha^2\beta^2R_s^4=\frac{4(t+t_0)^2}{\beta^2}$$

$$\left[\frac{\partial t}{\partial R_s}\right]^2=(2\alpha\beta^2R_s)^2=4\alpha^2\beta^4R_s^2=\frac{4(t+t_0)^2}{R_s^2}$$

求 t 的标准不确定度 $u(t)$：

$$u(t)=\sqrt{\left[\frac{\partial t}{\partial \beta}\right]^2 u^2(\beta)+\left[\frac{\partial t}{\partial R_s}\right]^2 u^2(R_s)}=\sqrt{4(t+t_0)^2\left[\frac{u^2(\beta)}{\beta^2}+\frac{u^2(R_s)}{R_s^2}\right]}$$

(4) 求 I 与 t 的协方差

因为 I 与 t 都与 R_s 有关，所以 I 与 t 的两个标准不确定度分量是相关的，它们的协方差 $u(I,t)$ 可根据下式求得

$$u(I,t)=\frac{\partial I}{\partial R_s}\frac{\partial t}{\partial R_s}u^2(R_s)$$

$$=[-V_s/R_s^2][2\alpha\beta^2(t)R_s]u^2(R_s)=-\frac{2I(t+t_0)}{R_s^2}u^2(R_s)$$

(5) 测量结果 P 的合成标准不确定度

数学模型：　　$P=C_0 I^2(t+t_0)$

由于 $u(C_0)\approx 0$，$u(t_0)\approx 0$，故

$$u_c^2(P)=\left[\frac{\partial P}{\partial I}u(I)\right]^2+\left[\frac{\partial P}{\partial t}u(t)\right]^2+2\frac{\partial P}{\partial I}\frac{\partial P}{\partial t}u(I,t)$$

所以，测量结果 P 的相对合成标准不确定度

$$\frac{u_c(P)}{P}=\sqrt{4\frac{u^2(I)}{I^2}+\frac{u^2(t)}{(t+t_0)^2}-4\frac{u(I,t)}{I(t+t_0)}}$$

式中：

$$\frac{u(I)}{I}=\sqrt{\left[\frac{u(V_s)}{V_s}\right]^2+\left[\frac{u(R_s)}{R_s}\right]^2}$$

$$u(t)=\sqrt{4(t+t_0)^2\left[\frac{u^2(\beta)}{\beta^2}+\frac{u^2(R_s)}{R_s^2}\right]}$$

$$u(I,t)=-\frac{2I(t+t_0)}{R_s^2}u^2(R_s)$$

【案例 5】 有 10 个电阻器，每个电阻器的标称值均为 $R_i=1000\Omega$，用 1kΩ 的标准电阻 R_s 校准，比较仪的不确定度可忽略，标准电阻的不确定度由校准证书给出为 $u(R_s)=10\text{m}\Omega$。将这些电阻器用导线串联起来，导线电阻可忽略不计，串联后得到标称值为 10kΩ 的参考电阻 R_{ref}，求 R_{ref} 的合成标准不确定度。

【案例分析】 根据案例给出的信息，评定如下：

(1) 数学模型：$R_{ref}=f(R)=\sum\limits_{i=1}^{10}R_i$

(2) 灵敏系数：$\dfrac{\partial R_{ref}}{\partial R_i}=1$

(3) R_{ref} 的合成标准不确定度：

由于每个电阻都是用同一个标准校准的，所以 R_i 与 R_j 的相关系数 $r(R_i,R_j)$ 为 $+1$，

$$u_c(R_{ref})=\sqrt{\sum_{i=1}^{10}\left[\frac{\partial R_{ref}}{\partial R_i}u(R_i)\right]^2+2\sum_{i=1}^{10}\frac{\partial R_{ref}}{\partial R_i}\frac{\partial R_{ref}}{\partial R_j}r(R_i,R_j)u(R_i)u(R_j)}$$

$$=\sum_{i=1}^{10}u(R_i)$$

$$u_c(R_{ref})=\sum_{i=1}^{10}u(R_s)=10\times 10\text{m}\Omega=0.10\Omega$$

在此例中，由于不确定度各分量间正强相关，合成标准不确定度是各不确定度分量的代数和。如果不考虑10个电阻器的校准值的相关性，而还用均方根法合成，得到结果为0.032Ω，这是不正确的，明显会使评定的不确定度偏小。

（五）扩展不确定度的确定

1. 确定扩展不确定度的流程

图3-17是确定扩展不确定度的流程图。

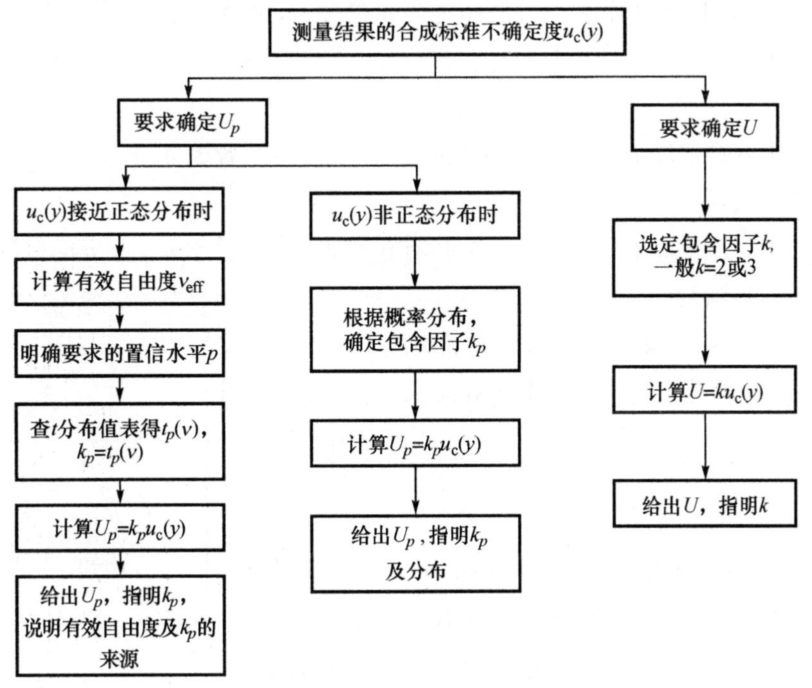

图3-17 确定扩展不确定度的流程图

2. 扩展不确定度U的评定方法

（1）扩展不确定度U由合成标准不确定度u_c乘包含因子k得到

$$U=ku_c \tag{3-79}$$

测量结果可表示为：$Y=y\pm U$；y是被测量Y的最佳估计值，被测量Y的可能值以较高的包含概率落在$[y-U,y+U]$区间内，即$y-U\leqslant Y\leqslant y+U$，扩展不确定度$U$是该统计包含区间的半宽度。

（2）包含因子k的选取

包含因子k的值是根据$U=ku_c$所确定的区间$y\pm U$需具有的置信水平来选取。k值一般取2或3。当取其他值时，应说明其来源。

为了使所有给出的测量结果之间能够方便地相互比较，在大多数情况下取$k=2$。当接近正态分布时，测量值落在由U所给出的统计包含区间内的概率为：

若$k=2$，则由$U=2u_c$所确定的区间具有的包含概率（置信水平）约为95%。

若$k=3$，则由$U=3u_c$所确定的区间具有的包含概率（置信水平）约为99%以上。

当给出扩展不确定度U时，应注明所取的k值。

3. 明确规定包含概率时扩展不确定度 U_p 的评定方法

当要求扩展不确定度所确定的区间具有接近于规定的包含概率 p 时，扩展不确定度用符号 U_p 表示

$$U_p = k_p u_c \tag{3-80}$$

k_p 是包含概率为 p 时的包含因子。

(1) 接近正态分布时 k_p 的确定

根据中心极限定理，当不确定度分量很多，且每个分量对不确定度的影响都不大时，其合成分布接近正态分布，此时若以算术平均值作为测量结果 y，通常可假设概率分布为 t 分布，可以取 k_p 值为 t 值。即

$$k_p = t_p(\nu_{\text{eff}}) \tag{3-81}$$

根据合成标准不确定度 $u_c(y)$ 的有效自由度 ν_{eff} 和需要的置信水平 p，查表得到的 t 值即置信水平为 p 的包含因子 k_p。

扩展不确定度 $U_p = k_p u_c(y)$ 提供了一个具有包含概率(置信水平)为 p 的区间 $y \pm U_p$。

获得 k_p 的计算步骤为：

① 先求得测量结果 y 及其合成标准不确定度 $u_c(y)$。

② 按式(3-82)计算 $u_c(y)$ 的有效自由度 ν_{eff}

$$\nu_{\text{eff}} = \frac{u_c^4(y)}{\sum_{i=1}^{N} \frac{c_i^4 u^4(x_i)}{\nu_i}} \tag{3-82}$$

式中，c_i 为灵敏系数，$u(x_i)$ 为输入量 x_i 的标准不确定度，ν_i 为 $u(x_i)$ 的自由度。

当 $u(x_i)$ 为 A 类标准不确定度时是由 n 次观测得到的 $s(x)$ 或 $s(\bar{x})$，其自由度为 $\nu_i = n-1$；当 $u(x_i)$ 为 B 类标准不确定度时，用式(3-83)估计自由度 ν_i

$$\nu_i \approx \frac{1}{2}\left[\frac{\Delta u(x_i)}{u(x_i)}\right]^{-2} \tag{3-83}$$

式中，$\Delta u(x_i)/u(x_i)$ 是标准不确定度 $u(x_i)$ 的相对不确定度，是所评定的 $u(x_i)$ 的不可靠程度。

例如，如果根据有关信息估计 $u(x_i)$ 的相对不确定度约为 25%，则自由度为

$$\nu_i \approx \frac{1}{2} \times 0.25^{-2} = 8$$

在实际工作中，B 类标准不确定度通常根据区间 $(-a, a)$ 的信息来评定。若可假设被测量值落在区间外的概率极小，则可认为 $u(x_i)$ 的评定是很可靠的，即 $\Delta u(x_i)/u(x_i) \to 0$，此时，可假设 $u(x_i)$ 的自由度 $\nu_i \to \infty$。

③ 根据要求的置信水平 p 和计算得到的有效自由度 ν_{eff}，查 t 分布的 t 值表得到 $t_p(\nu_{\text{eff}})$ 值。

④ 取 $k_p = t_p(\nu_{\text{eff}})$，并计算 $U_p = k_p u_c$。

【案 例】 某测量结果的合成标准不确定度为 0.01mm，其有效自由度为 9；要求给出其扩展不确定度 U_p，由该扩展不确定度所确定的区间具有包含概率为 $p=95\%$。

【案例分析】 根据确定 U_p 的步骤，计算如下：

① 已知 $u_c(y)=0.01\text{mm}$，$u_c(y)$ 的有效自由度 $\nu_{\text{eff}}=9$；

② 要求 $p=95\%=0.95$，根据 p 和 ν_{eff}，查 t 分布值表，得到 $t(0.95, 9)=2.26$；

③ 则 $k_p=t(0.95, 9)=2.26$；

④ 计算 U_p，$U_p=k_pu_c=2.26\times0.01\text{mm}=0.023\text{mm}$；

⑤ 所以，该测量结果的扩展不确定度 $U_{95}=0.023\text{mm}(k_p=2.26)$。

（2）当合成分布为非正态分布时 k_p 的选取

如果不确定度分量很少，且其中有一个分量起主要作用，合成分布就主要取决于此分量的分布，可能为非正态分布。

① 当要求确定 U_p，而合成的概率分布为非正态分布时，应根据概率分布确定 k_p 值。

例如：若合成分布接近均匀分布，则对 $p=0.95$ 的 k_p 为 1.65，对 $p=0.99$ 的 k_p 为 1.71。若合成分布接近两点分布，$p=0.99$，取 $k_p=1$；三角分布，$p=0.99$，取 $k_p=\sqrt{2}$；反正弦分布，$p=0.99$，取 $k_p=\sqrt{6}$。

② 实际上，当合成分布接近均匀分布时，为了便于测量结果间进行比较，有时约定仍取 k 为 2。这种情况下给出扩展不确定度时，包含概率远大于 0.95，所以此时应注明 k 的值，但不必注明 p 的值。

【案 例】 某法定计量检定机构要评定某被测量 Y 的测量结果 y 的合成标准不确定度 $u_c(y)$，测量 Y 的过程中使用了某标准器，其证书上给出的该标准器校准值 x 的扩展不确定度为 $U=\pm10\text{mV}$，为评定 x 的标准不确定度 $u(x)$，考虑到证书上并未给出 $\pm10\text{mV}$ 的包含因子 k 是多少，按一般惯例，取 $k=2$，于是计算得到

$$u(x)=\pm10\text{mV}/2=\pm5\text{mV}$$

问：这样做法对吗？

【案例分析】 依据 JJF 1059—1999《测量不确定度评定与表示》的规定，上述案例中有以下方面是不正确的：

① 在该计量标准器的证书上所给出的不确定度 $U=\pm10\text{mV}$ 的表达形式是不符合 JJF 1059—1999 的要求的。测量不确定度单独表示时，无论是合成标准不确定度还是扩展不确定度都只能是正值，这里取正负号是不对的。

② 证书上给出的扩展不确定度没有注明包含因子 k 是多少，这是不符合要求的。正确的处理方法是：要求该计量标准的检定或校准的技术机构收回该证书，重新出具信息完整的证书。

③ 缺乏包含因子 k 值时，没有足够的信息来评定其引入的标准不确定度分量。凭主观判断 $k=2$ 是不对的。

正确的做法是：证书中给出 U 时，必须注明其相应的 k 值。由此，使用证书时可以有足够的信息评定标准不确定度：$u(x)=U/k$。例如给出 $U=10\text{mV}(k=2)$，则 $u(x)=10\text{mV}/2=5\text{mV}$。如果给出的是 U_p，应同时给出 ν_{eff} 或直接给出 k_p，当得到 p 和 ν_{eff} 信息时，可查 t 分布值表，得到 $t_p(\nu_{\text{eff}})$，$k_p=t_p(\nu_{\text{eff}})$，则：$u(x)=U_p/k_p$。例如 $U_{99}=10\text{mV}$ 即 $p=99\%(k_p=2.58)$，则 $u(x)=10\text{mV}/2.58=3.9\text{mV}$。

四、表示不确定度的符号

常用的符号如下：

（1）标准不确定度的符号：u

（2）标准不确定度分量的符号：u_i

（3）相对标准不确定度的符号：u_r 或 u_{rel}

（4）合成标准不确定度的符号：u_c

（5）扩展不确定度的符号：U

（6）相对扩展不确定度的符号：U_r或U_{rel}

（7）明确规定包含概率为p时的扩展不确定度的符号：U_p

（8）包含因子的符号：k

（9）明确规定包含概率为p时的包含因子的符号：k_p

（10）置信概率（置信水平）的符号：p

（11）自由度的符号：ν

（12）合成标准不确定度的有效自由度的符号：ν_{eff}

习题及参考答案

一、习 题

（一）思考题

1. 什么是概率分布？

2. 试写出测量值X落在区间$[a,b]$内的概率p与概率密度函数的函数关系式，并说明其物理意义。

3. 表征概率分布的特征参数是哪些？

4. 期望和标准偏差分别表征概率分布的哪些特性？

5. 有限次测量时，期望和标准偏差的估计值分别是什么？

6. 正态分布时，测量值落在$\mu \pm k\sigma$区间内，$k=2$时的概率是多少？是如何得来的？

7. 有哪些常用的概率分布？它们的置信区间半宽度与置信因子分别有什么关系？

8. 什么叫相关？表示相关性的参数是什么？

9. 协方差与相关系数是什么关系？相关系数有什么特点？

10. 如何得到协方差与相关系数的估计值？协方差估计值及相关系数估计值分别用什么符号表示？

11. 一般情况下评定测量不确定度有哪些步骤？

12. 测量不确定度的来源可以从哪些方面考虑？

13. 什么是测量的数学模型？建立数学模型时要注意什么？

14. 标准不确定度有哪几种评定方法？

15. 如何用A类评定方法评定标准不确定度分量？

16. 规范化常规测量时可以如何进行A类标准不确定度评定？

17. 试述标准不确定度B类评定的步骤？

18. 试述B类评定时可能的信息来源及如何确定可能值的区间半宽度？

19. B类评定时，如何假设可能值的概率分布和确定k值？

20. 如何计算出B类标准不确定度的自由度？

21. 试写出测量不确定度的传播律，并说明公式中各项的含义。

22. 输入量间不相关时计算合成标准不确定度有哪些简化公式？

23. 输入量间正强相关时计算合成标准不确定度有什么特点？

24. 用什么方法可以获得协方差和相关系数的估计值？

25. 扩展不确定度 U 和 U_p 的区别？

26. 用什么方法确定扩展不确定度 U？

27. 用什么方法确定扩展不确定度 U_p？

28. 常用的不确定度符号如何正确书写？

（二）选择题（单选）

1. 在相同条件下对被测量 X 进行有限次独立重复测量的算术平均值是__________。

A. 被测量的期望值　　B. 被测量的最佳估计值

C. 被测量的真值　　D. 被测量的近似值

2. 均匀分布的标准偏差是其区间半宽度的__________倍。

A. $1/\sqrt{2}$　　B. $\sqrt{3}$　　C. $1/\sqrt{3}$　　D. $\sqrt{6}$

3. 借助于一切可利用的有关信息进行科学判断，得到估计的标准偏差为__________标准不确定度。

A. A 类　　B. B 类　　C. 合成　　D. 扩展

4. 如果有证书或报告给出的扩展不确定度是 U_{90}、U_{95} 或 U_{99}，除非另有说明，可以按__________分布来评定 B 类标准不确定度。

A. 正态　　B. 均匀　　C. 反正弦　　D. 三角

5. 当被测量的函数形式为 $y=\sum_{i=1}^{N}x_i$，各输入量间不相关时，合成标准不确定度 $u_c(y)$ 可用__________式计算。

A. $\dfrac{u_c(y)}{y}=\sqrt{\sum_{i=1}^{N}[u(x_i)/x_i]^2}$　　B. $u_c(y)=\sqrt{\sum_{i=1}^{N}[u(x_i)]^2}$

C. $u_c(y)=\sum_{i=1}^{N}u(x_i)$　　D. $u_c(y)=\sqrt{\dfrac{1}{N-1}\sum_{i=1}^{N}u^2(x_i)}$

6. 为了使所有给出的测量结果之间能够方便地相互比较，在确定扩展不确定度时，大多数情况下取包含因子为__________。

A. $k=3$　　B. $k=2.58$　　C. $k=1.73$　　D. $k=2$

7. 扩展不确定度的符号是__________。

A. u　　B. u_i　　C. U　　D. u_c

（三）选择题（多选）

1. 下列表示中__________的表示形式是正确的。

A. $U_{95}=1\%$ $(\nu_{eff}=9)$　　B. $U_r=1\%$ $(k=2)$

C. $U_c=0.5\%$　　D. $U=\pm0.5\%$ $(k=1)$

2. 可以用以下几种形式中的__________定量表示测量结果的测量不确定度。

A. 标准不确定度分量 u_i　　B. A 类标准不确定度 u_A

C. 合成标准不确定度 u_c　　D. 扩展不确定度 U

3. 某个计量标准中采用了标称值为 1Ω 的标准电阻，校准证书上说明该标准电阻在 23℃ 时的校准值为 1.000074Ω，扩展不确定度为 90μΩ($k=2$)，在该计量标准中标准电阻引入的标准不确定度分量为__________。

A. 90μΩ　　B. 45μΩ　　C. 4.5×10^{-6}　　D. 4.5×10^{-5}

4. 数字显示仪器的分辨力为 1μm，可假设在区间内的概率分布为均匀分布，则由分辨力引起的标准不确定度分量为________。

A. $\frac{1}{\sqrt{3}}\mu m$　　B. $\frac{2}{\sqrt{3}}\mu m$　　C. $\frac{1}{2\sqrt{3}}\mu m$　　D. 0.29μm

二、参考答案

（一）思考题（略）

（二）选择题（单选）：1. B；　2. C；　3. B；　4. A；　5. B；　6. D；　7. C。

（三）选择题（多选）：1. A B；　2. C D；　3. B D；　4. C D。

第三节　测量结果的处理和报告

一、最终报告时测量不确定度的有效位数及数字修约规则

（一）测量不确定度的有效位数

1. 什么叫有效数字

我们用近似值表示一个量的数值时，通常规定"近似值修约误差限的绝对值不超过末位的单位量值的一半"，则该数值的从其第一个不是零的数字起到最末一位数的全部数字就称为有效数字。例如，3.1415 就意味着修约误差限为±0.00005；3×10^{-6} Hz 意味着修约误差限为 $\pm0.5\times10^{-6}$ Hz。

值得注意的是，数字左边的 0 不是有效数字，数字中间和右边的 0 是有效数字。如 3.8600 为五位有效数字，0.0038 是二位有效数字，1002 为四位有效数字。

对某一个数字，根据保留数位的要求，将多余位数的数字按照一定规则进行取舍，这一过程称为数据修约。准确表达测量结果及其测量不确定度必须对有关数据进行修约。

2. 测量不确定度的有效数字位数

在报告测量结果时，不确定度 U 或 $u_c(y)$ 都只能是 1～2 位有效数字。也就是说，报告的测量不确定度最多为 2 位有效数字。

例如国际上 2005 年公布的相对原子质量，给出的测量不确定度只有一位有效数字；2006 年公布的物理常量，给出的测量不确定度均是二位有效数字。

在不确定度计算过程中可以适当多保留几位数字，以避免中间运算过程的修约误差影响到最后报告的不确定度。

最终报告时，测量不确定度有效位数究竟取一位还是两位？这主要取决于修约误差限的绝对值占测量不确定度的比例大小。经修约后近似值的误差限称修约误差限，有时简称修约误差。

例如：U＝0.1mm，则修约误差为±0.05mm，修约误差的绝对值占不确定度的比例为 50％；而取二位有效数字 U＝0.13mm，则修约误差限为±0.005mm，修约误差的绝对值占不确定度的比例为 3.8％。

所以，建议：当第 1 位有效数字是 1 或 2 时，应保留 2 位有效数字。除此之外，对测量要求

不高的情况可以保留 1 位有效数字。测量要求较高时，一般取二位有效数字。

(二) 数字修约规则

(1) 通用的数字修约规则

通用的修约规则为：以保留数字的末位为单位，末位后的数字大于 0.5 者，末位进一；末位后的数字小于 0.5 者，末位不变(即舍弃末位后的数字)；末位后的数字恰为 0.5 者，使末位为偶数(即当末位为奇数时，末位进一；当末位为偶数时，末位不变)。

我们可以简捷地记成："四舍六入，逢五取偶"。

报告测量不确定度时按通用规则数字修约举例：

$u_c=0.568\text{mV}$，应写成 $u_c=0.57\text{mV}$ 或 $u_c=0.6\text{mV}$；

$u_c=0.561\text{mV}$，应写成 $u_c=0.56\text{mV}$；

$U=10.5\text{nm}$，应写成 $U=10\text{nm}$；

$U=10.5001\text{nm}$，应写成 $U=11\text{nm}$；

$U=11.5\times10^{-5}$ 取二位有效数字，应写成 $U=12\times10^{-5}$；

取一位有效数字，应写成 $U=1\times10^{-4}$；

$U=1235687\mu\text{A}$，取一位有效数字，应写成 $U=1\times10^{6}\mu\text{A}=1\text{A}$。

修约的注意事项：不可连续修约，例如：要将 7.691499 修约到四位有效数字，应一次修约为 7.691。若采取 7.691499→7.6915→7.692 是不对的。

(2) 为了保险起见，也可将不确定度的末位后的数字全都进位而不是舍去。

例如：$u_c=10.27\text{m}\Omega$，报告时取二位有效数字，为保险起见可取 $u_c=11\text{m}\Omega$。

【案 例】 某计量检定员经测量得到被测量估计值为 $y=5012.53\text{mV}$，$U=1.32\text{mV}$，在报告时，她取不确定度为一位有效数字 $U=2\text{mV}$，测量结果为 $y\pm U=5013\text{mV}\pm2\text{mV}$；核验员检查结果认为她把不确定度写错了，核验员认为不确定度取一位有效数字应该是 $U=1\text{mV}$。

【案例分析】 依据 JJF 1059—1999 规定：为了保险起见，可将不确定度的末位后的数字全都进位而不是舍去。该计量检定员采取保险的原则，给出测量不确定度和相应的测量结果是允许的，应该说她的处理是正确的。而核验员采用通用的数据修约规则处理测量不确定度的有效数字也没有错。这种情况下应该尊重该检定员的意见。

二、报告测量结果的最佳估计值的有效位数的确定

测量结果(即被测量的最佳估计值)的末位一般应修约到与其测量不确定度的末位对齐。即同样单位情况下，如果有小数点，则小数点后的位数一样；如果是整数，则末位一致。

例如：

① $y=6.3250\text{g}$，$u_c=0.25\text{g}$，则被测量估计值应写成 $y=6.32\text{g}$；

② $y=1039.56\text{mV}$，$U=10\text{mV}$，则被测量估计值应写成 $y=1040\text{mV}$；

③ $y=1.50005\text{ms}$，$U=10015\text{ns}$。

首先将 y 和 U 变换成相同的计量单位 μs，然后对不确定度修约：对 $U=10.015\mu\text{s}$ 修约，取二位有效数字为 $U=10\mu\text{s}$，然后对被测量的估计值修约：对 $y=1.50005\text{ms}=1500.05\mu\text{s}$ 修约，使其末位与 U 的末位相对齐，得最佳估计值 $y=1500\mu\text{s}$。

则测量结果为 $y\pm U=1500\mu\text{s}\pm10\mu\text{s}$。

【案 例】 某计量检定员在对检定数据处理中，从计算器上读得的测量结果为1235687μA，他觉得这个数据位数显得很多，所以证书上报告时将测量结果简化写成 $y=1\times10^6\mu A=1A$。

【案例分析】 依据JJF 1059—1999规定最终报告的测量结果最佳估计值的末位应与其不确定度的末位对齐，而不确定度的有效位数一般应为一位或二位。计量检定员处理数据时应该计算每个测量结果的扩展不确定度，并根据不确定度的位数确定测量结果最佳估计值的有效位数。案例中的做法是不正确的。例如上例中，如果 $U=1\mu A$，则测量结果 $y=1235687\mu A$，其末位与扩展不确定度的末位已经一致，不需要修约。不能写成1A。

三、测量结果的表示和报告

（一）完整的测量结果的报告内容

（1）完整的测量结果应包含：

① 被测量的最佳估计值，通常是多次测量的算术平均值或由函数式计算得到的输出量的估计值；

② 测量不确定度，说明该测量结果的分散性或测量结果所在的具有一定概率的统计包含区间。

例如：测量结果表示为：$Y=y\pm U(k=2)$。其中 Y 是被测量的测量结果，y 是被测量的最佳估计值，U 是测量结果的扩展不确定度，k 是包含因子，$k=2$ 说明测量结果在 $y\pm U$ 区间内的概率约为95%。

（2）在报告测量结果的测量不确定度时，应对测量不确定度有充分详细的说明，以便人们可以正确利用该测量结果。不确定度的优点是具有可传播性，就是如果第二次测量中使用了第一次测量的测量结果，那么，第一次测量的不确定度可以作为第二次测量的一个不确定度分量。因此给出不确定度时，要求具有充分的信息，以便下一次测量能够评定出其标准不确定度分量。

（二）用合成标准不确定度报告测量结果

1. 在以下情况报告测量结果时使用合成标准不确定度

（1）基础计量学研究；

（2）基本物理常量测量；

（3）复现国际单位制单位的国际比对。

合成标准不确定度可以表示测量结果的分散性大小，便于测量结果间的比较。例如铯原子频率基准、约瑟夫森电压基准等基准所复现的量值，属于基础计量学研究的结果，它们的测量不确定度可以使用合成标准不确定度表示。

2. 带有合成标准不确定度的测量结果报告的表示

（1）要给出被测量 Y 的估计值 y 及其合成标准不确定度 $u_c(y)$，必要时还应给出其有效自由度 ν_{eff}；需要时，可给出相对合成标准不确定度 $u_{crel}(y)$。

（2）测量结果及其合成标准不确定度的报告形式：

例如，标准砝码的质量为 m_s，测量结果为 100.02147g，合成标准不确定度 $u_c(m_s)$ 为 0.35mg，则报告形式有：

① m_s＝100.02147g；$u_c(m_s)$＝0.35mg。

② m_s＝100.02147(35)g；括号内的数是合成标准不确定度，其末位与前面结果的末位数对齐。这种形式主要在公布常数或常量时使用。

③ m_s＝100.02147(0.00035)g；括号内的数是合成标准不确定度，与前面结果有相同计量单位。

（三）用扩展不确定度报告测量结果

1. 什么时候使用扩展不确定度

除上述规定或有关各方约定采用合成标准不确定度外，通常测量结果的不确定度都用扩展不确定度表示。尤其工业、商业及涉及健康和安全方面的测量时，都是报告扩展不确定度。因为扩展不确定度可以表明测量结果所在的一个区间，以及用概率表示在此区间内的可信程度，它比较符合人们的习惯用法。

2. 带有扩展不确定度的测量结果报告的表示

（1）要给出被测量 Y 的估计值 y 及其扩展不确定度 $U(y)$ 或 $U_p(y)$。

对于 U 要给出包含因子 k 值；

对于 U_p 要在下标中给出置信水平 p 值。例如：p＝0.95 时的扩展不确定度可以表示为 U_{95}。必要时还要说明有效自由度 ν_{eff}，即给出获得扩展不确定度的合成标准不确定度的有效自由度，以便由 p 和 ν_{eff} 查表得到 t 值，即 k_p 值；另一些情况下可以直接说明 k_p 值。

需要时可给出相对扩展不确定度 $U_{rel}(y)$。

（2）测量结果及其扩展不确定度的报告形式

扩展不确定度的报告有 U 或 U_p 两种。

① $U=ku_c(y)$ 的报告

例如：标准砝码的质量为 m_s，测量结果为 100.02147g，合成标准不确定度 $u_c(m_s)$ 为 0.35mg，取包含因子 $k=2$，

$$U=ku_c(y)=2\times0.35\text{mg}=0.70\text{mg}。$$

一般，U 可用以下两种形式之一报告：

a. m_s＝100.02147g；U＝0.70mg，k＝2。

b. m_s＝(100.02147±0.00070)g；k＝2。

② $U_p=k_pu_c(y)$ 的报告

例如：标准砝码的质量为 m_s，测量结果为 100.02147g，合成标准不确定度 $u_c(m_s)$ 为 0.35mg，$\nu_{eff}=9$，按 p＝95%，查 t 分布值表得 $k_p=t_{95}(9)=2.26$，

$$U_{95}=2.26\times0.35\text{mg}=0.79\text{mg}。$$

则 U_p 可用以下四种形式之一报告：

a. m_s＝100.02147g；U_{95}＝0.79mg，ν_{eff}＝9。

b. m_s＝(100.02147±0.00079)g，ν_{eff}＝9，括号内第二项为 U_{95} 的值。

c. m_s＝100.02147(79)g，ν_{eff}＝9，括号内为 U_{95} 的值，其末位与前面结果末位数对齐。

d. $m_s=100.02147(0.00079)$ g，$\nu_{eff}=9$，括号内为 U_{95} 的值，与前面结果有相同的计量单位。

另外，给出扩展不确定度 U_p 时，为了明确起见，推荐以下说明方式，例如：

$$m_s=(100.02147\pm0.00079)\text{g}$$

式中，正负号后的值为扩展不确定度 $U_{95}=k_{95}u_c$，而合成标准不确定度 $u_c(m_s)=0.35$mg，自由度 $\nu_{eff}=9$，包含因子 $k_{95}=t_{95}(9)=2.26$，从而具有约为 95% 概率的包含区间。

【案 例】 元素钾、氧、氢的相对原子质量(A_r)表示为：$A_r(\text{K})=39.0983(1)$，$A_r(\text{O})=15.9943(3)$，$A_r(\text{H})=1.00794(7)$，这样的表示方法正确吗？

【案例分析】 这种表示方法是可以的，但缺少了必要的说明，因此不完全正确。国际上 1993 年公布的元素相对原子质量(A_r)表中，就采用了这种表示方法，并说明"括号中的数是元素相对原子质量的标准不确定度，其数字与相对原子质量的末位一致。"也就是说，$A_r(\text{K})=39.0983(1)$ 表明：$A_r(\text{K})=39.0983$，$u(A_r(\text{K}))=0.0001$。如果没有说明，就可能会误认为是扩展不确定度，会在使用时造成很大的影响。

(3) 相对扩展不确定度的表示

① 相对扩展不确定度

$$U_{rel}=U/y$$

② 相对不确定度的报告形式举例

a. $m_s=100.02147$g；$U_{rel}=0.70\times10^{-6}$，$k=2$。

b. $m_s=100.02147$g；$U_{95rel}=0.79\times10^{-6}$，$\nu_{eff}=9$。

c. $m_s=100.02147(1\pm0.79\times10^{-6})$g；$p=95\%$，$\nu_{eff}=9$，括号内第二项为相对扩展不确定度 U_{95rel}。

习题及参考答案

一、习　题

(一) 思考题

1. 什么是有效数字？如何辨别有效数字的位数？
2. 最终报告时，测量不确定度取几位有效数字？
3. 什么是通用的数字修约规则？
4. 如何确定最终报告的测量结果最佳估计值的有效位数？
5. 完整的测量结果应报告哪些内容？
6. 如何报告测量结果及其扩展不确定度？
7. 用 u_c 和 U 表示测量结果的不确定度时分别有什么不同的物理概念？
8. u_c，U 和 U_p 几种表示形式分别表示什么？

(二) 选择题(单选)

1. 将 2.5499 修约为二位有效数字的正确写法是__________。

A. 2.50　　B. 2.55　　C. 2.6　　D. 2.5

2. 以下在证书上给出的 $k=2$ 的扩展不确定度中__________的表示方式是正确的。

A. $U=0.00800$mg　　B. $U_r=8\times10^{-3}$

C. $U=523.8\mu$m　　D. 0.0000008m

3. 相对扩展不确定度的以下表示中__________是不正确的。

A. m_s＝100.02147g；U_{rel}＝0.70×10^{-6}，k＝2

B. m_s＝100.02147(1±0.79×10^{-6})g；p＝0.95，ν_{eff}＝9

C. m_s＝(100.02147g±0.79×10^{-6})，k＝2

D. m_s＝100.02147g；U_{95rel}＝0.70×10^{-6}，ν_{eff}＝9

4. U_{95}表示__________。

A. 包含概率大约为95的测量结果的不确定度

B. k＝2的测量结果的总不确定度

C. 由不确定度分量合成得到的测量结果的不确定度

D. 包含概率为规定的p＝0.95的测量结果的扩展不确定度

（三）选择题(多选)

1. 以下数字中__________为三位有效数字。

A. 0.0700　　B. 5×10^{-3}　　C. 30.4　　D. 0.005

2. 标准砝码的质量为m_s，测量得到的最佳估计值为100.02147g，合成标准不确定度$u_c(m_s)$为0.35mg，取包含因子k＝2，以下表示的测量结果中__________是正确的。

A. m_s＝100.02147g；U＝0.70mg，k＝2

B. m_s＝(100.02147±0.00070)g；k＝2

C. m_s＝100.02147g；$u_c(m_s)$＝0.35mg，k＝1

D. m_s＝100.02147g；$u_c(m_s)$＝0.35mg

二、参考答案

（一）思考题(略)

（二）选择题(单选)：1. D；　2. B；　3. C；　4. D。

（三）选择题(多选)：1. A C；　2. A B D。

第四章 计量专业实务

本章重点在于计量业务实际工作的实施,包括:计量检定、校准和检测的实施,检定证书、校准证书和检测报告的出具,计量标准的建立、考核及使用,计量检定规程和校准规范的编写和使用,量值比对、期间核查和型式评价的实施,计量科学研究的方法和程序等。

第一节 计量检定、校准和检测的实施

一、检定、校准和检测概述

作为一线从事计量技术工作的计量技术人员,其主要和大量的工作是对计量器具(测量仪器)进行检定和校准,也包括在计量监督管理工作中涉及的对计量器具新产品和进口计量器具的型式评价,以及定量包装商品净含量的检验等检测工作。检定、校准和检测工作的技术水平高低,工作质量好坏直接影响到经济领域、社会生活和科学研究中量值的统一和准确可靠。因此在某一专业从事计量工作的计量技术人员必须具有熟练运用本专业计量技术法规、使用相关计量基准或计量标准、正确进行测量不确定度分析与评定和准确无误地出具计量证书报告、完成量值传递或量值溯源技术工作的能力。本节将就检定、校准和检测所涉及的基本概念、正确实施、有关的技术管理和法律责任等分别给以阐述。

(一) 检定、校准、检测

1. 检　定

检定是计量领域中的一个专用术语,是对计量器具检定或计量检定的简称。检定(verification)是指"查明和确认计量器具是否符合法定要求的程序,它包括检查、加标记和(或)出具检定证书"。也就是说,检定是为评定计量器具计量性能是否符合法定要求,确定其是否合格所进行的全部工作。

检定具有法制性，其对象是《中华人民共和国依法管理的计量器具目录》中的计量器具，包括计量标准器具和工作计量器具，可以是实物量具、测量仪器和测量系统。

检定的目的是查明和确认计量器具是否符合有关的法定要求。法定要求是指按照《计量法》对依法管理的计量器具的技术和管理要求。对每一种计量器具的法定要求反映在相关的国家计量检定规程以及部门、地方计量检定规程中。

检定方法的依据是按法定程序审批公布的计量检定规程。国家计量检定规程由国务院计量行政部门制定，没有国家计量检定规程的，由国务院有关主管部门和省、自治区、直辖市人民政府计量行政部门制定部门计量检定规程和地方计量检定规程，并向国务院计量行政部门备案。

检定工作的内容包括对计量器具进行检查，它是为确定计量器具是否符合该器具有关要求所进行的操作。这种操作是依据国家计量检定系统表所规定的量值传递关系，将被检对象与计量基、标准进行技术比较，按照计量检定规程中规定的检定条件、检定项目和检定方法进行实验操作和数据处理。最后按检定规程规定的计量性能要求（如准确度等级、最大允许误差、测量不确定度、影响量、稳定性等）和通用技术要求（如外观结构、防止欺骗、操作的适应性和安全性以及强制性标记和说明性标记等）进行验证、检查和评价，对计量器具是否合格，是否符合哪一准确度等级做出检定结论，按检定规程规定的要求出具证书或加盖印记。结论为合格的，出具检定证书或加盖合格印；不合格的，出具检定结果通知书。

计量检定有以下特点：

（1）检定的对象是计量器具，而不是一般的工业产品；

（2）检定的目的是确保量值的统一和准确可靠，其主要作用是评定计量器具的计量性能是否符合法定要求；

（3）检定的结论是确定计量器具是否合格，是否允许使用；

（4）检定具有计量监督管理的性质，即具有法制性。法定计量检定机构或授权的计量技术机构出具的检定证书，在社会上具有特定的法律效力。

计量检定在计量工作中具有非常重要的作用，它是进行量值传递或量值溯源的重要形式，是实施计量法制管理的重要手段，是确保量值准确一致的重要措施。

2. 校　准

校准（calibration）是“在规定的条件下，为确定测量仪器或测量系统所指示的量值，或实物量具或参考物质所代表的量值，与对应的由测量标准所复现的量值之间关系的一组操作”。

校准的对象是测量仪器或测量系统，实物量具或参考物质。测量系统是组装起来进行特定测量的全套测量仪器和其他设备。

校准方法依据的是国家计量校准规范，如果需要进行的校准项目尚未制定国家计量校准规范，应尽可能使用公开发布的，如国际的、地区的或国家的标准或技术规范，也可采用经确认的如下校准方法：由知名的技术组织、有关科学书籍或期刊公布的，设备制造商指定的，或实验室自编的校准方法，以及计量检定规程中的相关部分。

校准的目的是确定被校准对象的示值与对应的由计量标准所复现的量值之间的关系，以实现量值的溯源性。

校准工作的内容就是按照合理的溯源途径和国家计量校准规范或其他经确认的校准技术文件所规定的校准条件、校准项目和校准方法，将被校对象与计量标准进行比较和数据处理。

校准所得结果可以是给出被测量示值的校准值，如给实物量具赋值，也可以是给出示值的修正值，如实物量具标称值的修正值，或给出仪器的校准曲线或修正曲线，也可以确定被测量的其他计量性能，如确定其温度系数、频响特性等。这些校准结果的数据应清楚明确地表达在校准证书或校准报告中。报告校准值或修正值时，应同时报告它们的测量不确定度。

校准是按使用的需求实现溯源性的重要手段，也是确保量值准确一致的重要措施。

3. 检　测

法定计量检定机构计量技术人员从事的计量检测，主要是指计量器具新产品和进口计量器具的型式评价、定量包装商品净含量的检验。计量检测的对象是某些计量器具产品和定量包装商品。

对计量器具新产品和进口计量器具的型式评价，是依据型式评价大纲对计量器具进行全性能试验，将检测结果记录在检测报告上，为政府计量行政部门进行型式批准提供依据。

对定量包装商品净含量的检验是依据国家计量技术规范对定量包装商品的净含量进行检验，为政府计量行政部门对商品量的计量监督提供证据。

（二）计量器具的检定

1. 检定的适用范围

检定的适用范围就是《中华人民共和国依法管理的计量器具目录》中所列的计量器具。

2. 实施检定工作的原则

《中华人民共和国计量法》第十一条规定，计量检定工作应当按照经济合理的原则，就地就近进行。经济合理是指进行计量检定，组织量值传递要充分利用现有的计量检定设施，合理地部署计量检定网点。就地就近就是组织量值传递不受行政区划分和部门管辖的限制。

3. 计量检定的分类

（1）按照管理环节分类

首次检定：对未曾检定过的新计量器具进行的一种检查。这类检定的对象仅限于新生产或新购置的没有使用过的从未检定过的计量器具。其目的是为确认新的计量器具是否符合法定要求，符合法定要求的才能投入使用。所有依法管理的计量器具在投入使用前都要进行首次检定。

后续检定：计量器具首次检定后的任何一种检定，包括强制性周期检定、修理后检定和周期检定有效期内的检定。

后续检定的对象是：

① 已经过首次检定，使用一段时间后，已到达规定的检定有效期的计量器具；

② 由于故障经修理后的计量器具；

③ 虽然在检定有效期内，但用户认为有必要重新检定的计量器具；

④ 原封印由于某种原因失效的计量器具。

后续检定的目的：检查和验证计量器具是否仍然符合法定要求，符合要求才准许继续使用，以保证使用中的计量器具是满足法定要求的。但根据计量器具本身的结构特性和使用状况，经过首次检定的计量器具不一定都要进行后续检定，如对竹木直尺、玻璃体温计及液体量提规定只作首次检定，失准者直接报废，而不作后续检定；对直接与供气、供水、供电部门进行结算用的家庭生活用煤气表、水表、电能表，则只作首次检定，到期轮换，而不作后续检定。

周期检定：指按时间间隔和规定程序，对计量器具定期进行的一种后续检定。计量器具经过一段时间使用，由于其本身性能的不稳定，使用中的磨损等原因可能会偏离法定要求，从而造成测量的不准确。周期检定就是为防止这种现象的出现，规定按照计量器具使用过程中能保持所规定的计量性能的时间间隔进行再次检定。按这种固定的时间间隔，周期地进行的这种后续检定，可以保证使用中的计量器具持续地满足法定要求。周期检定的时间间隔在计量检定规程中规定。

修理后检定：指使用中经检定不合格的计量器具，经修理人员修理后，交付使用前所进行的一种检定。

周期检定有效期内的检定：是指无论是由顾客提出要求，还是由于某种原因使有效期内的封印失效等原因，在检定周期的有效期内再次进行的一种后续检定。

进口检定：进口以销售为目的的列入《中华人民共和国依法管理的计量器具目录（型式批准部分）》的计量器具，在海关验放后所进行的检定。这类检定的对象是从国外进口到国内销售的计量器具，以保证在我国销售的进口计量器具都能满足我国的法定要求。进口以销售为目的的计量器具的订货单位必须向所在省、自治区、直辖市政府计量行政部门申请检定，政府计量行政部门将指定有能力的计量检定机构实施检定。如果检定不合格，需要索赔，则订货单位应及时向商检机构申请复验出证。

仲裁检定：用计量基准或社会公用计量标准所进行的以裁决为目的的计量检定、测试活动。这一类特殊的检定是为处理因计量器具准确度引起的计量纠纷而进行的。根据《计量法》的规定“处理因计量器具准确度所引起的纠纷，以国家计量基准器具或者社会公用计量标准器具检定的数据为准。”因此这类检定与其他检定的显著不同之处是必须用国家基准或社会公用计量标准来检定。检定对象是由于对其是否准确有怀疑而引起纠纷的计量器具。这类检定可以由纠纷的当事人向政府计量行政部门申请，也可能由司法部门、仲裁机构、合同管理部门等委托政府计量行政部门进行。其检定结果的法律效力十分明确。

（2）按照管理性质分类

强制检定：对于列入强制管理范围的计量器具由政府计量行政部门指定的法定计量检定机构或授权的计量技术机构实施的定点定期的检定。这类检定是政府强制实施的，而非自愿的。《计量法》规定属于强制检定范围的计量器具，未按照规定申请检定或者检定不合格继续使用的，属违法行为，将追究法律责任。

列入强制管理的计量器具都是担负公正、公平和诚信的社会责任的计量器具。国家为保证经济建设和社会发展的需要，有效地保护国家、集体和人民免受计量不准的危害，维护国家和消费者的利益，保护人民健康和生命、财产的安全，对这类计量器具实行强制检定。

强制检定的对象包括两类。一类是计量标准器具，它们是社会公用计量标准器具，部门和企业、事业单位使用的最高计量标准器具。这些计量标准器具肩负着全国量值传递的重任。另一类是工作计量器具，它们是列入《中华人民共和国强制检定的工作计量器具目录》，并且必须是在贸易结算、安全防护、医疗卫生、环境监测中实际使用的工作计量器具。这些工作计量器具直接关系市场经济秩序的正常，交易的公平，人民群众健康、安全的切身利益和国家环境、资源的保护。

按强制检定的管理要求，社会公用计量标准器具和部门、企业、事业单位最高计量标准器具的使用者应向主持该计量标准考核的政府计量行政部门申报，并向其指定的计量检定机构按时申请检定。属于强制检定的工作计量器具的使用者应将这类计量器具登记造册，报当地政府计量行政部门备案，并向当地政府计量行政部门申请检定，由其指定的计量检定机构按周期检定计划检定。

承担强制检定任务的计量检定机构，包括国家法定计量检定机构和各级政府计量行政部门授权开展强制检定的计量检定机构，应就所承担的任务制定周期检定计划，按计划通知使用者，安排接收使用者送来的计量器具或到现场进行检定。强制检定工作必须在政府规定的期限内完成，计量检定机构在完成强制检定后应出具检定证书或检定结果通知书并加盖检定印记。不应出具校准证书或测试报告。应按照国家规定的检定收费标准收取检定费。计量检定机构应按检定规程的规定给出被检计量器具的检定周期，使用者必须按证书给出的检定有效期在到期之前按时送检。

【案 例】 某计量技术机构的检定人员检定了一批强制性检定的计量器具。监督人员在查看原始记录时发现，检定规程规定的 8 个检定项目，只做了 5 项。监督人员问检定员为什么少做 3 项。检定员说最近工作很忙，如果按检定规程做 8 项要花很多时间，就只做主要的 5 项，其余 3 项不重要，这次就不做了。

【案例分析】 依据《中华人民共和国计量法》第十条规定“计量检定必须执行计量检定规程”。因为检定的目的是查明和确认计量器具是否符合法定要求。对每一种计量器具的法定要求反映在相关的国家计量检定规程以及部门、地方计量检定规程中。特别是强制检定的对象都是担负公正、公平和诚信的社会责任，关系人民健康、安全的计量器具。在《计量检定人员管理办法》第十五条规定了计量检定人员应当履行的义务，其中要求“依照有关规定和计量检定规程开展计量检定活动，恪守职业道德”，执行计量检定规程是计量检定人员应尽的基本义务。强制检定必须执行计量检定规程，对每一个计量器具的每一项法定要求都必须检查和确认，不能随意省略和减少。监督人员应要求检定人员将所有漏检的项目全部进行补做。检定人员要提高对强制检定意义的认识，加强执行检定规程的意识和自觉性。

非强制检定：在所有依法管理的计量器具中除了强制检定的以外，其余计量器具的检定都是非强制检定。这类检定不是政府强制实施，而是由使用者依法自己组织实施。这类计量器具的准确与否只涉及其使用单位的产品质量、节能降耗、经济核算、实验数据的准确可靠等。使用这类计量器具的单位应建立内部计量器具台账，制定周期检定计划，按计划对所有计量器具实施检定。使用单位可根据本单位生产、管理和研究工作的实际需要建立相应等级的计量标准，对本单位计量器具实施检定，也可以自主选择其他有资质的计量检定机构将计量器具送去检定。检定周期可根据本单位实际情况自主确定。

二、检定、校准、检测过程

实施检定、校准和检测任务的机构，应策划检定、校准和检测实施所需的过程，确定质量目标和要求，配备资源，制定质量手册、程序文件和各类作业指导书，确定其质量监督和控制的措施、制度，保留为其测量结果满足要求提供证据所需的记录。

(一)检定、校准、检测依据的文件

1. 顾客的需求

检定、校准和检测工作的第一步是弄清楚顾客的真正需要是什么。为得到检定、校准或检测服务,顾客会通过合同、标书、协议书、委托书、强检申请书,以及口头等形式将他们的要求提出来。计量技术人员要仔细了解顾客所提出的要求,通过对要求、标书、合同、强检申请书等的评审,弄清具体的检定、校准、检测对象,计量性能要求,采用的方法,是否需要调整修理等,记录下这些要求以作为下一步工作的依据。

如果顾客需要的是检定,首先要分清是哪一类检定,是强制检定,还是非强制检定,是首次检定,还是后续检定,是进口检定,还是仲裁检定等。不同类检定要区别对待。如果是强制检定,要列入强制检定计划,按计划执行。政府对强制检定有明确的时限要求,应优先安排,按时完成,无正当理由不得超过时限。如果是首次检定、进口检定、仲裁检定,可能涉及索赔或追究法律责任,要注意保持被检对象的原来状态。

如果顾客的需要是校准,就要弄清校准对象是计量标准器具,还是工作计量器具,或是专用测量仪器,需要校准的参数、测量范围、其最大允许误差或不确定度要求等技术指标,以及采用什么方法。

如果是检测,由政府计量行政部门下达的计量器具新产品或进口计量器具的型式评价,或定量包装商品净含量检验任务,要弄清政府计量行政部门规定的时限要求,检测报告要求和其他要求。受企业委托进行有关的检测,也要弄清企业的要求是什么,并记录在合同或委托书上。

2. 检定、校准和检测方法依据的技术文件

检定、校准和检测必须依据相关的技术文件,如检定规程、校准规范、型式评价大纲、检验规则等。这类文件是按照每一种计量器具的特殊要求分别制定的。在每一个文件中规定了该文件的适用范围,包括适用于哪一种计量器具或量值,以及要达到的目的。规定了计量要求:包括被测的量值、测量范围、准确度要求等,也规定了通用技术要求;如外观结构、安全性能等。文件中还规定了进行检定或校准或检测必备的条件,包括设备要求和环境条件要求。设备要求包括计量标准器具和配套设备的要求,如计量标准器具和配套设备的名称、准确度指标、功能要求等。环境条件要求包括环境参数的技术指标,如所需的温度范围、湿度范围等。文件中规定的检定或校准或检测的项目和采用的方法,是这类文件的中心内容。每一次实施检定或校准或检测时都必须依据相关的技术文件中的要求来进行。

检定应依据国家计量检定系统表和国家计量检定规程。国家计量检定系统表和国家计量检定规程由国务院计量行政部门制定。如无国家计量检定规程,则依据国务院有关主管部门和省、自治区、直辖市人民政府计量行政部门分别制定,并向国务院计量行政部门备案的部门计量检定规程和地方计量检定规程。

校准应根据顾客的要求选择适当的技术文件。首选是国家计量校准规范。如果没有国家计量校准规范,可使用满足顾客需要的、公开发布的,国际的、地区的或国家的技术标准或技术规范,或依据计量检定规程中的相关部分,或选择知名的技术组织或有关科学书籍和期刊最新公布的方法,或由设备制造商指定的方法。还可以使用自编的校准方法文件。这种自编的校

准方法文件应依据 JJF 1071—2010《国家计量校准规范编写规则》进行编写，经确认后使用。

【案 例】 某计量校准人员在受理一个客户要求给予校准的计量仪器时，未能找到适合的校准技术规范。他观察了此仪器的功能和测量参数，觉得本实验室的计量标准器可以对这台仪器进行校准。于是他临时想了一个校准方法，并按此方法实施了校准，出具了校准证书。

【案例分析】 根据 JJF 1069—2007《法定计量检定机构考核规范》第 7.3 节“检定、校准和检测方法”规定，实施对某计量仪器或测量设备的校准时，要首先弄清楚顾客的需求，即需要校准的参数、测量范围、最大允许误差或测量不确定度等技术指标，选择能满足要求的校准方法技术文件。首选是国家计量校准规范。如无国家计量校准规范，可使用公开发布的国际的、地区的或国家的技术标准或技术规范，或依据计量检定规程中的相关部分，或选择知名的技术组织或有关科学书籍和期刊最新公布的方法，或由设备制造商指定的方法。如果上述文件中都没有适合的，则可以自编校准方法文件。这种自编的校准方法文件应依据 JJF 1071—2010《国家计量校准规范编写规则》进行编写，经确认后使用。所谓确认，就是通过验证并提供客观证据，以证实某一特定预期用途的特殊要求得到满足。方法的确认需要实施验证，提供客观证据，所采用的技术方法包括：(1)使用计量标准或标准物质进行校准；(2)与其他方法所得到的结果进行比较；(3)实验室间比对；(4)对影响结果的因素作系统性评审；(5)根据对方法的理论原理和实践经验的科学理解，对所得结果不确定度进行的评定。经过使用上述方法或其组合，确认符合要求的方法文件需经过正式审批手续，由对技术问题负责的人员签名批准方可使用。必要时，应由相关领域的专家对某一非标准方法进行技术评价、科学论证，确定其是否科学合理，是否满足对某种计量器具校准的要求。

本案例中校准人员自编的校准方法未经确认是不能使用的，使用未经确认的方法进行校准，其结果是不可靠的。

计量器具新产品型式评价应使用国家统一的型式评价大纲。国家计量检定规程中规定了型式评价要求的按规程执行。目前只有国家重点管理的计量器具及部分其他计量器具制定了国家统一的型式评价大纲。对大多数没有国家统一制定的型式评价大纲，也没有在计量检定规程中规定型式评价要求的新产品的型式评价，由承担任务单位的计量技术人员，依据 JJF 1015—2002《计量器具型式评价和型式批准通用规范》和 JJF 1016—2009《计量器具型式评价大纲编写导则》自行编制该产品的型式评价大纲，经本单位技术负责人审查批准后使用。

开展定量包装商品净含量的检验，应依据 JJF 1070—2005《定量包装商品净含量计量检验规则》进行，在该规则的附录中规定了以不同方式标注净含量的定量包装商品的检验方法。该规则没有规定检验方法的定量包装商品，应按国际标准、国家标准或者由国务院计量行政部门规定的方法执行。

3. 方法的确认

对于非标准的方法都必须经过确认后才能使用。标准方法是指国家计量检定规程、部门和地方计量检定规程、国家计量技术规范(含国家计量校准规范、定量包装商品净含量检验规则)、国家统一型式评价大纲、国际标准、国家标准、行业标准规定的方法。在这些标准方法之外的都是非标准方法，如自编的校准规范、自编的型式评价大纲、知名的技术组织或有关科学书籍和期刊最新公布的方法、设备制造商指定的方法等。对一些标准方法的使用如果超出了原标准方法规定的使用范围，或对标准方法进行了扩充或修改，都与非标准方法一样需经过确认。

所谓确认，就是通过核查并提供客观证据，以证实某一特定预期用途的特殊要求得到满足。

确认应尽可能全面，以满足预期用途或应用领域的需要。确认需要对该方法能否满足要求进行核查，并提供客观证据。用于方法确认的方法包括：

（1）使用计量标准或标准物质进行校准；

（2）与其他方法所得到的结果进行比较；

（3）实验室间比对；

（4）对影响结果的因素作系统性评审；

（5）根据对方法的理论原理和实践经验的科学理解，对所得结果不确定度进行的评定。

应由相关领域的专家对某一非标准方法进行技术评价、科学论证，确定其是否科学合理，是否满足对某种计量器具校准的要求。经过使用上述方法或其组合，确认符合要求的方法文件需经过正式的审批手续，由对技术问题负责人员签名批准后方可使用。

4. 方法文件有效版本的控制

无论哪一种计量检定规程、计量校准规范、型式评价大纲、定量包装商品净含量检验规则和经确认的非标准方法文件，都必须使用现行有效的版本。因为各类技术文件经常会修订，经过修订作废的、被替代的、或未经确认的非标准的或自编的文件都不允许使用。计量技术机构应有专门的部门或专职人员对本单位所使用的各类方法文件进行受控管理。每一个从事检定、校准或检测的计量技术人员在工作开始之前都要检查所使用的技术文件是否为受控的文件。现行有效的文件上都有明显的受控文件标识。对于标识为作废的文件或没有任何受控状态标识的文件都不能作为依据的方法文件来使用。要注意应从国务院计量行政部门的公告、网站及权威期刊上和其他有效途径，及时了解公开发布的规程、规范等标准文件的制订和修订情况。

5. 编制作业指导书

为了正确执行所依据的规程、规范、大纲、规则等，一般都需要编写作业指导书，除非规程、规范等已足够详细具体。从事检定、校准、检测的人员应能根据规程、规范、大纲、规则的要求编写出指导实际操作的作业指导书。规程、规范等文件是通用的，有的会提出几种方法供不同情况选择。在编写作业指导书时，应根据本实验室的实际情况、使用的具体设备，将操作中的注意事项、选择的某种方法、本实验室仪器的操作步骤，以及在工作中积累的经验做法等编写成作业指导书。作业指导书是针对某种检定、校准、检测对象的，应具有很强的可操作性，但不应照抄规程、规范等文件中已有的内容。作业指导书也是一种受控管理的技术文件，需要经过审核、批准、加受控文件标识等。

（二）检定、校准和检测人员的资质要求

每个检定、校准、检测项目至少应有 2 名符合资质要求的计量技术人员，资质要求包括持有该项目“计量检定员证”，或持有“注册计量师资格证书”和取得省级以上政府计量行政部门颁发的该项目“注册计量师注册证”。

计量技术机构应明确规定检定、校准、检测人员、核验人员、主管人员的资格和职责，对上述人员明确任命或授权。

计量技术机构应建立人员技术档案，档案中包括每个技术人员的学历、所学专业、工作经历、从事的专业技术工作，获得的资格、职务、具备的能力、受过的培训、取得的技术成果等。以

便按人员的能力和资格安排适当的工作岗位。从事计量检定、校准、检测的人员还应通过继续教育和培训，不断提高知识水平和能力，以适应工作任务的扩展和技术的不断进步。

在检定、校准、检测工作过程中，由熟悉本专业检定、校准、检测的方法、程序、目的，并能正确进行结果评价的监督人员对正在进行的工作实施监督。监督人员一般是不脱产的，但比普通检定、校准、检测人员有更丰富的经验，更宽的知识面，更强的责任心。通过监督人员的监督工作，及时发现和纠正检定、校准、检测人员操作中的疏忽和错误。

为了实现计量检定员与计量注册师两种管理制度的对接，加强计量人员监管力度，完善现行计量检定人员监管体制，保障量值传递准确可靠，2008 年国家质检总局制定了新的《计量检定人员管理办法》，对从事计量检定工作的技术人员应严格按此办法加强监督管理。

(三) 计量标准的选择和仪器设备的配备

1. 计量标准的选择原则

在国家计量检定规程和国家计量校准规范中都明确规定了应使用的计量基准或计量标准，应按规定执行。如果依据的是其他文件，应根据被检或被校计量器具的量值、测量范围、最大允许误差或准确度等级或量值的不确定度等技术指标，在相关量值的国家计量检定系统表中找到相应的部分，国家计量检定系统表中显示的上一级计量标准或基准，就是所要选择的计量标准或基准。法定计量检定机构进行检定或校准时，应使用经过计量标准考核并取得有效的计量标准考核证书的计量标准。

2. 仪器设备的配置要求

进行检定时要按照检定规程中检定条件对计量基准、计量标准和配套设备的规定；进行校准时要按照校准规范中校准条件对计量基准、计量标准和配套设备的规定；进行型式评价时要按照型式评价大纲对仪器设备的规定；进行定量包装商品净含量检验时要按照检验规则中不同种类商品净含量检验设备的规定，配备相应的仪器设备，以使检定、校准、检测工作正确实施。所配备的仪器设备应满足规程、规范、大纲、检验规则的准确度要求和其他功能要求，并经过检定、校准，有在有效期内的检定、校准证书，贴有表明检定、校准状态的标识。

(四) 检定、校准、检测环境条件的控制

要达到检定、校准、检测结果的准确可靠，适合的环境条件是必不可少的。因为很多计量标准器具复现的量值，要在一定的温度、湿度、电压、气压下才能保证达到规定的准确度。有些检定或校准结果要根据环境条件的参数进行修正。而有的干扰，如电磁波、噪声、振动、灰尘等，如不加以控制，将严重影响检定、校准结果的准确性。因此必须对实验室的照明、电源、温度、湿度、气压、灰尘、电磁干扰、噪声、振动等环境条件进行监测和控制。在各种计量器具的检定规程、校准规范、检测方法文件中，都分别规定了相应的环境条件要求。检定、校准和检测实验室或实验场地要分别满足不同的检定、校准和检测项目的不同环境要求。

为了达到环境条件要求，就要配备监视和控制环境的设备。监视设备如温度计、湿度计、气压表、照度计、声级计、场强计、电压表等，应经过检定、校准，在有效期内使用。被这些仪表监视的场所要进行环境参数记录。当发现环境参数偏离要求时，必须有控制环境的设备对环境进行调整，使之保持在所要求的范围之内。进行检定、校准和检测之前，以及进行过程中都应

查看监视仪表,确认仪表所显示的环境参数满足要求时才可以工作。在检定、校准和检测的原始记录上如实记录当时的环境参数数据。若环境未满足规程、规范等文件规定的要求,应停止工作,用控制设备对环境进行调控,直至环境条件要求得到满足后才可继续进行检定、校准和检测的操作。

有些不同项目的实验条件是互相冲突的。例如天平在工作时要求没有振动,而检定或校准振动测量仪器所产生的强烈振动会对天平造成很大影响。再如温度计检定时用来提供温场的油槽会使实验室温度升高,这时需要恒温条件的检定、校准工作就会无法进行。这些互不相容的项目不能在一起工作,必须采取措施使之有效隔离。

有的检定、校准项目在实验进行时对环境条件的要求很高,特别是检定或校准准确度特别高的计量标准器具时,空气的流动,人员的走动,温度的微小变化,声音的影响等,直接关系到检定、校准的质量。在进行这类检定、校准时要特别注意控制和保持环境的稳定,当实验正在进行时不得开门出入,控制实验室内不能容纳与实验无关的人员等。

(五)检定、校准、检测原始记录

在依据规程、规范、大纲、规则等技术文件规定的项目和方法进行检定、校准或检测时应将检定、校准、检测对象的名称、编号、型号规格、原始状态、外观特征,测量过程中使用的仪器设备,检定、校准或检测的日期和人员、当时的环境参数值,计量标准器提供的标准值和所获得的每一个被测数据,对数据的计算、处理,以及合格与否的判断,测量结果的不确定度等一一记录下来,这些记录的信息都是在实验当时根据真实的情况记录的,是每一次检定或校准或检测的最原始的信息,这就是检定、校准和检测的原始记录。

检定或校准或检测的结果和证书、报告都来自这些原始记录,其所承担的法律责任也是来自这些原始记录。因此原始记录的地位十分重要,它必须满足以下要求:

一是真实性要求。原始记录必须是当时记录的,不能事后追记或补记,也不能以重新抄过的记录代替原始记录。必须记录客观事实、直接观察到的现象、读取的数据,不得虚构记录,伪造数据。

二是信息量要求。原始记录必须包含足够的信息,包括各种影响测量结果不确定度的因素在内,以保证检定或校准或检测实验能够在尽可能与原来接近的条件下复现。例如使用的计量标准器具和其他仪器设备,测量项目,测量次数,每次测量的数据,环境参数值,数据的计算处理过程,测量结果的不确定度及相关信息,检定、校准、检测和核验、审核人员等。

为达到上述要求,需注意以下方面:

1. 记录格式

原始记录不应记在白纸,或只有通用格式的纸上。应为每一种计量器具或测量仪器的检定(或校准、检测)分别设计适合的原始记录格式。原始记录的格式要满足规程或规范等技术文件的要求。需要记录的信息不得事先印制在记录表格上。但可以把可能的结果列出来,采用选择打√的方式记录,如□合格□不合格。

2. 记录识别

每一种记录格式应有记录格式文件编号,同种记录的每一份上应有记录编号,同一份记录的每一页应有共×页、第×页的标识,以免混淆。

3. 记录信息

应包括记录的标题，即"××计量器具检定（或校准、检测）记录"；被测对象的特征信息，如名称、编号、型号、制造厂、外观检查记录等；检定（或校准、检测）的时间、地点；依据的技术文件名称、编号；使用的计量标准器具和配套设备信息，如设备名称、编号、技术特征、检定或校准状态、使用前检查记录；检定（或校准、检测）的项目，每个项目每次测量时计量标准器提供的标准值或修正值、测得值、平均值、计算出的示值误差等；如经过调整要记录调整前后的测量数值；测量时的环境参数值，如温度、湿度等；由测量结果得出的结论，关于结果数据的测量不确定度及其置信水平或包含因子的说明；以及根据该记录出具证书（报告）的证书（报告）编号等。

记录的信息要足够，要完整，不能只记录实验的结果数据（如示值误差），不记录计量标准器的标准值和被测仪器示值以及计算过程。

4. 书写要求

记录要使用墨水笔填写，不得用铅笔或其他字迹容易擦掉或变模糊的笔。书写应清晰明了，使用规范的阿拉伯数字、中文简化字、英文和其他文字或数字。术语要与JJF 1001—1998《通用计量术语及定义》和规程、规范等方法文件中的术语一致。如有超出上述规范、规程的术语，应给予定义。计量单位应按照法定计量单位使用方法和规则书写。记录的内容不得随意涂改，当发现记录错误时，只可以划改，不得将错误的部分擦除或刮去，应用一横杠将错误划掉，在旁边写上正确的内容，并由改动的人在改动处签名或盖章，以示对改动负责。如果是使用计算机存储的记录，在需要修改时，也不能让错误的数据消失，而应该采取同等的措施进行修改。只有仪器设备与计算机直接相连，测量数据直接输入计算机的情况，可以计算机存储的记录作为原始记录。如果由人工将数据录入计算机的，应以手写的记录为原始记录。

5. 人员签名

原始记录上应有各项检定、校准、检测的执行人员和结果的核验人员的亲笔签名。如果经过抽样的话还应有负责抽样的人员签名。测量结果直接输入计算机的原始记录，可以使用电子签名。

6. 保存管理

由于原始记录是证书、报告的信息来源，是证书、报告所承担法律责任的原始凭证，因此原始记录要保存一定时间，以便有需要时供追溯。应规定原始记录的保存期，保存期的长短根据各类检定、校准、检测的实际需要，由各单位的管理制度规定。在保存期内的原始记录要安全妥善地存放，防止损坏、变质、丢失，要科学地管理，可以方便地检索，同时要做到为顾客保密，维护顾客的合法权益。超过保存期的原始记录，按管理规定办理相关手续后给予销毁。

（六）检定、校准、检测数据处理和结果

1. 数据处理

在检定、校准或检测实验中所获得的数据，应遵循所依据的规程、规范、大纲或规则等方法文件中的要求和方法进行处理，包括数值的计算、换算和计算结果的修约等。具体做法详见第

三章“测量数据处理”。

2．检定结果的评定

按照所依据的检定规程的程序经过对各项法定要求的检查，包括对示值误差的检查和其他计量性能的检查，判断所得到的结果与法定要求是否符合，全部符合要求的结论为“合格”，且根据其达到的准确度等级给以符合×等或×级的结论。判断合格与否的原则见 JJF 1094—2002《测量仪器特性评定》。凡检定结果合格的必须按《计量检定印、证管理办法》出具检定证书或加盖检定合格印；不合格的则出具检定结果通知书。

3．校准结果的评定

校准得到的结果是测量仪器或测量系统的修正值或校准值，以及这些数据的不确定度信息。校准结果也可以是反映其他计量特性的数据，如影响量的作用及其不确定度信息。对于计量标准器具的溯源性校准，可根据国家计量检定系统表的规定做出符合其中哪一级别计量标准的结论。对一般校准服务，只要提供结果数据及其测量不确定度即可。校准结果，可出具校准证书或校准报告。如果顾客要求依据某技术标准或规范给以符合与否的判断，则应指明符合或不符合该标准或规范的哪些条款。

4．型式评价结果的评定

依据型式评价大纲，所有的评价项目均符合型式评价大纲要求的为合格，可以建议批准该型式；有不符合型式评价大纲要求的项目为不合格，型式评价报告的总结论为不合格，并建议不批准该型式。

5．定量包装商品净含量检验结果的评定

依据 JJF 1070—2005《定量包装商品净含量计量检验规则》第 6 章的评定准则，分别对定量包装商品净含量的标注和净含量进行评定，分别得到定量包装商品净含量标注是否合格和净含量是否合格的结论。

6．检定、校准、检测结果的核验

核验是指当检定、校准、检测人员完成规程、规范规定的程序后，由未参与操作的人员，对整个实验过程进行的审核。核验人员应不低于操作人员所需资格，并且对该项目检定、校准程序熟悉程度不差于操作人员。核验是检定、校准、检测工作中必不可少的一环，是保证结果准确可靠的一项重要措施。承担核验工作的人员必须负起责任，认真审核，不走过场。

核验工作的内容包括：

（1）对照原始记录检查被测对象的信息是否完整、准确；

（2）检查依据的规程、规范是否正确，是否为现行有效版本；

（3）检查使用的计量标准器具和配套设备是否符合规程、规范的规定，是否经过检定、校准并在有效期内；

（4）检查规程、规范规定的或顾客要求的项目是否都已完成；

（5）对数据计算、换算、修约进行验算；

（6）检定规程规定要复读的，负责复读；

(7) 检查结论是否正确;

(8) 如有记录的修改,检查所做的修改是否规范,是否有修改人签名或盖章;

(9) 检查证书、报告上的信息,特别是测量数据、结果、结论,与原始记录是否一致。如证书中包含意见和解释时,内容是否正确。

核验中,如果对数据或结果有怀疑,应进行追究,查清问题,责成操作人员改正,必要时可要求重做。

经过核验并消除了错误,核验人员在原始记录和证书(或报告)上签名。

(七) 检定、校准、检测过程中异常情况的处置

在检定、校准、检测过程中突然发生停电、停水等意外情况时,应立即停止实验,及时采取措施,保护好仪器设备和被测对象。通知维修人员尽快排除故障并恢复正常。对所发生的情况如实记录,对正在进行的实验进行分析,如果对之前取得的实验数据影响不大,在情况恢复正常后,可以继续实验,否则应将整个实验重做。当供电供水等情况恢复正常后,要检查所有设备是否正常,环境条件是否符合要求,在确认仪器设备、环境条件都符合要求后,方可继续工作。

当发生漏水、火灾、有毒或危险品泄漏,以及人身安全等事故时,要冷静,并立即采取应急措施制止事故的扩大和蔓延,必要时切断电源,保护人员安全和设备安全。对所发生的事故要按管理规定及时报告,不得隐瞒。在有关负责人员的组织下对事故进行处理,分析事故产生的原因,采取纠正措施杜绝事故再次发生的可能。

当由于人员误操作或处置不当,或设备过载等原因,导致设备不正常,或给出可疑的结果时,应立即停止使用该设备,并贴上停用标志。有条件的应将该设备撤离,以防止误用。要检查该设备发生故障之前所做的检定、校准、检测工作,不仅是发现问题的这一次,并应检查是否对以前的检定、校准、检测结果产生了影响。对有可能受到影响的检定、校准、检测结果,包括已发出去的证书、报告,都要逐个分析,特别要对测量数据进行分析判断,对有疑问的要坚决追回重新给以检定、校准或检测。有故障的设备要按设备管理规定修复,重新检定、校准后恢复使用或报废。

三、校准测量能力的评定

校准测量能力是指"通常提供给用户的最高校准测量水平,它用包含因子 $k=2$ 的扩展不确定度表示"(JJF 1001—1998)。有时称为最佳测量能力。

对于每一个校准项目,由所采用的方法,使用的设备以及环境条件的影响等决定了其校准结果的不确定度,这就代表了这项校准的测量水平,不确定度越小,表示测量水平越高。同一个校准项目,每一次校准所得到的测量结果不确定度可能是不同的。校准测量能力指的是最高校准测量水平,是该校准项目,按照校准规范规定的方法,使用符合要求的设备,在满足要求的环境条件下,由合格的人员正确操作,对计量性能正常,稳定性较好的计量器具或测量仪器进行校准时,进行校准结果不确定度评定所得到的包含因子 $k=2$ 的扩展不确定度,就是这个校准项目的校准测量能力。上述不确定度的评定方法详见第三章第二节"测量不确定度的评定与表示"。

计量技术机构的技术人员应该对所开展的每一项校准项目评定出校准测量能力,用 $k=2$

的扩展不确定度来表示，向顾客公布，以便顾客选择所需要的服务。

四、检定周期和校准间隔的确定

根据JJF 1139—2005《计量器具检定周期确定原则和方法》第3.6款，检定周期为"按规定的程序，对计量器具进行定期检定的时间间隔"。与检定周期相类似，校准间隔是指上一次校准到下一次校准的时间间隔。科学合理地确定计量器具的检定周期和校准间隔，是为了保证使用中的计量器具准确可靠，减少计量器具失准的风险。

在制定或修订计量检定规程，或对非强制检定计量器具的检定周期进行调整时，应按照JJF 1139—2005《计量器具检定周期确定原则和方法》执行。当计量器具的使用者需要确定或调整校准间隔时，也应参照JJF 1139—2005《计量器具检定周期确定原则和方法》确定校准间隔。但在实施强制检定时，按检定规程中规定的检定周期执行，不得随意调整。

五、周期检定（校准）计划的编制

周期检定（校准）计划分为单位内部使用计量器具的周期检定、校准计划，和强制检定任务承担机构制订的强制性周期检定计划。

（一）内部周期检定（校准）计划

单位内部使用的全部有溯源性要求的计量标准器具、工作计量器具和其他测量仪器都必须编制周期检定、校准计划，并按计划执行。这是保证出具准确可靠数据的根本措施。所有需要周期检定、校准的计量器具应列入"周期检定、校准计划表"。计划表一般包含以下内容：每一种计量器具的名称、编号、测量范围、反映准确度的技术指标（如准确度等级、最大允许误差或测量不确定度）、检定周期或校准间隔、上一次检定或校准的年月日，下一次检定或校准的年月日、承担检定或校准的单位、使用部门、保管人等。这个表可以利用设备档案数据库生成。

在制订周期检定、校准计划时要做到既不超周期使用，又尽可能减少对正常工作的影响。可根据本单位计量器具的数量和工作安排上的需要，合理制订年度计划、月计划。年度计划包括当年所有需要检定或校准的仪器设备。月计划只包括当月需要检定或校准的仪器设备。对于较大的单位还可以分别制订各部门的周期检定、校准计划。除制订"周期检定、校准计划表"外，还应规定制订计划人员的职责，执行计划人员的职责，监督计划实施人员的职责，以及完成各自职责的时限要求和办事程序等。只有这样才能保证周期检定、校准计划得到有效的实施。

（二）强制性周期检定计划

承担强制检定任务的计量技术机构应该将所有向其申请强制检定单位的所有强制检定计量器具编制成强制性周期检定计划。根据各申请单位的强制检定计量器具申报表，按年或按月列出该年或该月有哪些单位的哪些计量器具需要实施强制检定，列成年计划表或月计划表。这个计划表应包含申请单位的有关信息，如单位名称、地址、联系人、电话、传真等，还应包含强制检定计量器具的有关信息，如计量器具名称、测量范围、准确度等级、依据的检定规程名称编号、检定周期、上一次检定年月日、下一次检定年月日、承担任务部门等。强制检定计划也可以按专业分别列出计划表。承担强制检定任务的单位应每年或每月按计划通知申请单位送检或安排到现场检定。

六、计量标准器具和配套的测量仪器的管理

包括标准物质在内的计量标准器具和配套的测量仪器(本节统称为仪器设备)是实施检定、校准的基本条件,只有通过科学管理,才能保证检定、校准结果的准确可靠。对仪器设备的管理是为了使仪器设备完全符合用于检定、校准、检测的规程、规范等技术文件的要求,并且始终处于受控状态。对仪器设备的管理包括购置、验收、建档、检定、校准、正确使用、维护保养、期间核查、修理、报废等环节。各环节需注意以下内容。

(一)仪器设备购置

当需要购置新的仪器设备时应根据规程、规范等技术文件对仪器设备的要求提出采购申请。申请中应包含尽可能详细的仪器设备的信息,如名称、数量、金额、型号规格、测量范围、准确度技术指标、附件、软件,以及质量要求和进行这些工作所依据的管理体系标准和制造厂、销售商的信息等。包括购置申请在内的采购文件在发出之前,其技术内容应该经过审查和批准。采购申请经批准后应对仪器设备的供应商进行评价,并保存评价的记录和获得批准的供应商名单。应选择信誉高、产品质量好、售后服务好的供应商。与供应商签订的技术合同应尽可能详细,应包括申请书中所有技术指标信息。购买国产的计量器具要注意检查制造计量器具许可证标志。购买进口的列入《中华人民共和国进口计量器具型式审查目录》的计量器具,应经过型式批准。购买标准物质应是经批准的有证标准物质。

(二)仪器设备验收

仪器设备到货后应由经办人员和专业人员共同验收,检查物品是否符合订货合同。对照装箱单检查仪器设备、附件和说明书、合格证、软件载体等随机资料是否齐全。需要通电试验或其他试验手段才能证实的功能,应安排专业人员进行试验,并出具验收检验报告或证书。需要进行检定、校准的,应由有资格的机构给以检定、校准,并出具检定证书或校准证书。对验收情况,包括所有物品的名称、数量、状态、验收检验报告、检定或校准证书都应详细记录,并由参加验收的人员签字确认。如果验收中发现不符合订货合同的情况,应及时与供应商联系,按合同规定进行处理。仪器设备经验收合格后,移交设备保管人保管,设备保管人要办理签收手续,负起保管责任。

(三)仪器设备标识和建档

凡用于检定、校准和检测的仪器设备,包括计量标准器具、标准物质、配套设备、环境监测设备、电源、工具、附件、计算机软件等,都应建立设备档案,对可能做到的给以唯一性标识。

唯一性标识是对本单位仪器设备给以统一的编号。一个编号与一台仪器设备唯一对应。这个编号是单位内部对本单位仪器设备管理的唯一性标识,不是仪器设备的出厂编号。可以考虑本单位管理的需要,在编号中用不同的字母或数字,反映仪器设备的种类(如分为计量标准器具、一般测量仪器)、仪器设备所属的专业(如长度、力学、电学等)、仪器设备的型式(如固

定式、便携式)等,再加流水号。唯一性标识应粘贴在机身上,并在仪器设备数据库和其他计算机管理系统中作为仪器设备的代码。

应对每一设备分别建立设备档案。根据设备的复杂程度和影响的重要性,其设备档案可以有不同的要求,但至少应包括仪器设备基本情况的记录(如仪器设备名称、唯一性标识、制造厂名、出厂编号、型号规格、测量范围、最大允许误差或准确度等级等)。根据需要还可包括购置申请、订货合同、验收记录、产品合格证、使用说明书,历年的检定证书、校准证书、使用记录、维护保养记录、损坏故障记录、修理改装记录、保管人变更记录、存放地点变更记录、设备报废记录等。根据需要可建立仪器设备数据库,用计算机管理设备档案。不论采取何种形式,应有专人管理设备档案,并及时更新档案内容,使之能准确反映仪器设备的真实情况。无论是纸质档案还是数据库都应妥善保存,科学管理,便于检索,有借阅规定,保证仪器设备档案的完整和安全。

(四)检定、校准状态标识

有专人或部门对所有仪器设备制订检定、校准计划,并按规定时间通知仪器设备保管人。由保管人或规定的部门,负责执行仪器设备检定、校准计划,包括送到有资格的机构给以检定、校准,或由本单位相关专业人员给以检定、校准。检定、校准完成后应将检定证书、校准证书归入设备档案。当仪器设备经检定或校准后产生了新的修正值时,仪器设备的使用或保管人员应及时以新的修正值代替旧的修正值,特别要注意使用计算机处理检测数据的相关软件中存储的修正值,要及时得到更新。

应在仪器设备上贴上反映检定、校准状态的状态标识。例如经检定合格的贴检定合格证。状态标识应贴在设备机身显著位置,其内容包含检定、校准的日期及有效期,还可根据需要包含检定或校准机构名称、检定或校准实施人员签名等信息。当前的检定或校准状态标识应覆盖上一次检定或校准状态标识,才能如实反映仪器设备的检定、校准状态。

(五)仪器设备正确使用和维护保养

应由具有规定资质的专业人员按照检定、校准、检测操作程序和设备操作规范,正确地使用仪器设备。每次使用前要对仪器设备进行检查,确认一切正常方可使用。尤其是经过运输,或仪器设备离开保管人控制,返回后更要认真检查。计量标准器具只能用于检定或校准,不能用于其他目的,除非证明其作为计量标准的性能不会失效。用于检定、校准和检测的仪器设备,包括硬件和软件应妥善保护,不得随意调整,以免影响检定、校准和检测结果的准确可靠。如果需要调整时,应按规定的程序执行。

仪器设备要有专人保管,要制定仪器设备的维护保养计划,例如定期的清洁,更换易耗品,润滑等。要认真执行维护保养计划,特别是经常携带到现场使用,或在较恶劣的环境下使用的仪器设备更应加强维护和保养工作。

应做好仪器设备使用记录和维护保养记录,包括发现的问题和采取的措施。有关的使用记录和维护保养计划及记录应定期归入设备档案。

(六)期间核查

为使计量标准持续地保持良好的状态,始终在要求的准确度范围内,在相邻两次检定或校准之间应对计量标准进行期间核查。应针对每一项计量标准制定期间核查的方案,并作为技术文件经审核批准后使用，按受控文件管理。应制定期间核查计划，认真执行，并记录期间核查实施情况及核查结果。

（七）仪器设备的修理、改装和报废

当仪器设备出现异常或损坏时，应立即停止使用，并向有关负责人报告，申请维修。经批准后，由专业人员或仪器设备的售后服务部门给以维修。维修后，使用和保管人员应进行验收。如果维修是涉及仪器设备计量性能的，必须重新检定或校准。维修情况、验收情况、重新检定或校准情况都应如实记录，并由验收人员签名确认。

由于设备本身的缺陷，或根据工作扩展的要求，需要对设备进行改装时，应进行可行性分析，由对技术负责的人员对改装方案给以审核，经批准后执行。改装后要经过检定或校准方可投入使用。如果是计量标准器具的改装，还应按 JJF 1033—2008《计量标准考核规范》的要求，履行相关手续。

当仪器设备已无法修复，或不适用时，应按规定的程序办理报废手续。报废的仪器设备应移出实验室，并及时给以处理。

七、仲裁检定的实施

仲裁检定是为解决计量纠纷而实施的。计量纠纷一般是由于对计量器具准确度的评价不同，或因为破坏计量器具准确度进行不诚实的测量，或伪造数据等原因，对测量结果发生争执。

政府计量行政部门在受理仲裁检定申请后，应确定仲裁检定的时间地点，指定法定计量检定机构承担仲裁检定任务，并发出仲裁检定通知。纠纷双方在接到通知后，应对与纠纷有关的计量器具实行保全措施，即不允许以任何理由破坏其原始状态。进行仲裁检定应有当事人双方在场，无正当理由拒不到场的，可进行缺席仲裁检定。

仲裁检定必须使用国家基准或社会公用计量标准，依据国家计量检定规程，或政府计量行政部门指定的检定方法文件进行。有些情况下，为使仲裁检定结果更具有说服力，可取国家基准或社会公用计量标准的校准测量能力小于等于被检计量器具最大允许误差绝对值 MPEV 的五分之一。仲裁检定需在规定的时限内完成，出具仲裁检定证书。

当事人一方或双方对一次仲裁检定结果不服的，可向上一级政府计量行政部门申请二次仲裁检定，二次仲裁检定即为终局仲裁检定。如果承担仲裁检定的检定人员有可能影响检定数据公正的应当回避，当事人也有权以口头或书面方式申请其回避。

仲裁检定的结果将作为计量调解的依据，如果是伪造数据，或破坏计量器具准确度造成的纠纷，将作为追究违法行为的证据。

八、检定和校准实务举例

（一）校准结果的不确定度评定举例

【例 1】　滚刀检查仪螺旋线测量示值误差测量结果的不确定度评定

依据 JJF 1125—2004《滚刀检查仪校准规范》，以 PWF-250 滚刀检查仪为例评定如下：

1. 数学模型

仪器螺旋线测量示值误差为 e：

$$e=s_s(1+\alpha_s\Delta t_s)-s_b(1+\alpha_b\Delta t_b)$$

式中：s_s——仪器测头运动的三圈导程数值；

s_b——标准滚刀螺旋线的三圈导程数值；

α_s,α_b——仪器与标准滚刀的线胀系数；

$\Delta t_s,\Delta t_b$——仪器与标准滚刀温度偏离标准温度 20℃的值。

该式舍去微小量，整理后得：

$$e=s_s-s_b+s_z\Delta t\delta_\alpha+s_z\alpha\delta_t$$

式中：$s_z\approx s_s\approx s_b$，$\alpha\approx\alpha_s\approx\alpha_b$，$\delta_\alpha=\alpha_s-\alpha_b$，$\delta_t=\Delta t_s-\Delta t_b$。

2. 灵敏系数和合成方差

灵敏系数：

$$c_1=\frac{\partial e}{\partial s_s}=1;\ c_2=\frac{\partial e}{\partial s_b}=-1;\ c_3=\frac{\partial e}{\partial \delta_\alpha}=s_z\Delta t;\ c_4=\frac{\partial e}{\partial \delta_t}=s_z\alpha$$

由于各输入量彼此独立，根据不确定度传播律，合成方差为

$$u_c^2=u^2(e)=u^2(s_s)+u^2(s_b)+(s_z\Delta t)^2u^2(\delta_\alpha)+(s_z\alpha)^2u^2(\delta_t)$$

3. 标准不确定度一览表

标准不确定度分量汇总见表 4－1。

表 4－1　标准不确定度一览表

标准不确定度分量 $u(x_i)$	不确定度来源	标准不确定度值	灵敏系数 $c_i=\frac{\partial f}{\partial x_i}$	$\lvert c_i\rvert u(x_i)/\mu m$	自由度
$u(s_s)$	测量重复性	0.64μm	1	0.64	9
$u(s_b)$	标准滚刀螺旋线导程	1.202μm	−1	1.202	∞
$u(\delta_\alpha)$	仪器与标准滚刀线胀系数差	0.816×10^{-6}℃$^{-1}$	$s_z\Delta t$	0.231	50
$u(\delta_t)$	仪器与标准滚刀温度差	0.289℃	$s_z\alpha$	0.314	8
$u_c=1.42\mu m$，$\nu_{eff}=204$					

4. 输入量的标准不确定度评定

（1）仪器测量重复性引起的标准不确定度分量 $u(s_s)$

取一把 $m=10$ 的单头标准滚刀，在重复性条件下，用被测滚刀检查仪测量其螺旋线 10 次，用贝塞尔公式计算出单次测量结果的实验标准差 $s=1.1\mu m$，实际校准时取 3 次测量的平均值，故

$$u(s_s)=\frac{1.1\mu m}{\sqrt{3}}=0.64\mu m,\ \nu_1=9$$

(2) 标准滚刀螺旋线导程引起的标准不确定度分量 $u(s_b)$

根据 JJG 2055—1990《齿轮螺旋线计量器具检定系统》，标准滚刀的扩展不确定度按下式计算：

$$U_b=(0.5+0.5\sqrt{m})\sqrt{n}\times10^{-3},k=3$$

当 $m=10,n=3$ 时，$U_b=3.605\mu m$，故

$$u(s_b)=\frac{3.605\mu m}{3}=1.202\mu m，取\ \nu_2=\infty$$

(3) 温度偏离 20℃，由线胀系数引起的标准不确定度分量 $u(\delta_\alpha)$

仪器与标准滚刀线胀系数均取 $(11.5\pm1)\times10^{-6}℃^{-1}$，两者之差的最大可能性为 $\pm2\times10^{-6}℃^{-1}$，在其分布区间内服从三角分布，因此取 $k=\sqrt{6}$，故

$$u(\delta_\alpha)=\frac{2\times10^{-6}℃^{-1}}{\sqrt{6}}=0.816\times10^{-6}℃^{-1}$$

估计线胀系数差在分布区间内的不可靠程度约为 10%，则自由度为

$$\nu_3=\frac{1}{2}\times\left(\frac{10}{100}\right)^{-2}=50$$

(4) 仪器与标准滚刀存在温差引起的标准不确定度分量 $u(\delta_t)$

等温后，两者温差 δ_t 在(−0.5℃，+0.5℃)分布区间内服从均匀分布，因此取 $k=\sqrt{3}$，故

$$u(\delta_t)=\frac{0.5℃}{\sqrt{3}}=0.289℃$$

估计温差在分布区间内的不可靠程度约为 25%，则自由度为

$$\nu_4=\frac{1}{2}\times\left(\frac{25}{100}\right)^{-2}=8$$

5. 计算合成标准不确定度

$$u_c=\sqrt{u^2(e)}=\sqrt{u^2(s_s)+u^2(s_b)+(s_z\Delta t)^2u^2(\delta_\alpha)+(s_z\alpha)^2u^2(\delta_t)}=1.42\mu m$$

6. 计算有效自由度

$$\nu_{eff}=u_c^4\div\left[\frac{u^4(s_s)}{\nu_1}+\frac{u^4(s_b)}{\nu_2}+\frac{(s_z\Delta t)^4u^4(\delta_\alpha)}{\nu_3}+\frac{(s_z\alpha)^4u^4(\delta_t)}{\nu_4}\right]=204$$

7. 确定扩展不确定度

由 $p=0.95,\nu_{eff}=204$，查表得 $k_{95}=t_{95}(\nu_{eff})=1.96$，故

$$U_{95}=t_{95}(\nu_{eff})\cdot u_c=2.78\mu m，取\ U_{95}=2.8\mu m$$

8. 不确定度报告

滚刀检查仪三个导程螺旋线示值误差测量结果的扩展不确定度为

$$U_{95}=2.8\mu m,\ \nu_{eff}=204,\ k_{95}=1.96$$

【例 2】　外径千分尺示值误差测量结果的不确定度评定

依据 JJF 1088—2002《外径千分尺(测量范围 500mm～3000mm)校准规范》，外径千分尺的示值校准是在所要求的测量不确定度指标下，选择相应的测量环境和不同的标准器进行的，由示值与标准值之差得到示值误差。本例采用直接测量法，测量温度选择为：(20±3)℃，(20±

2)℃,(20±1)℃;选用测量扩展不确定度为 0.50μm+5×10^{-6}l,包含因子 k_p=2.7 的 5 等量块,对分度值为 0.01mm,测量范围为(500~600)mm、(1400~1600)mm 和(2500~3000)mm 的外径千分尺进行校准。用 5 等量块对 575mm,1550mm,2950mm 点校对零位,对 600mm,1600mm,3000mm 三个点分别进行校准。以此为例进行不确定度评定。

1. 数学模型

外径千分尺的示值误差 e:

$$e = l_m - l_b + l_m \alpha_m \Delta t_m - l_b \alpha_b \Delta t_b$$

式中:l_m——外径千分尺的示值(20℃条件下);

l_b——校准用量块的长度值(20℃条件下);

α_m,α_b——外径千分尺和量块的线胀系数;

Δt_m,Δt_b——外径千分尺和量块偏离参考温度 20℃的量值。

示值误差 e 的公式可以简化为

$$e = l_m - l_b + l(\Delta t \delta_\alpha + \alpha \delta_t)$$

式中:$l \approx l_m$,$\Delta t \approx \Delta t_m$,$\delta_\alpha = \alpha_m - \alpha_b$,$\delta_t = \Delta t_m - \Delta t_b$。

2. 灵敏系数和合成方差

根据简化的数学模型计算灵敏系数 c_i:

$$c_1 = \frac{\partial e}{\partial l_m} = 1;\ c_2 = \frac{\partial e}{\partial l_b} = -1;\ c_3 = \frac{\partial e}{\partial \delta_\alpha} = l\Delta t;\ c_4 = \frac{\partial e}{\partial \delta_t} = l\alpha$$

设 u_1,u_2,u_3,u_4 分别表示 l_m,l_b,δ_α,δ_t 的标准不确定度。由于各分量互不相关,按不确定度传播律,输出量 e 的估计方差为

$$u^2(e) = u_1^2 + u_2^2 + (l\Delta t)^2 u_3^2 + (l\alpha)^2 u_4^2$$

3. 标准不确定度分量汇总表

表 4-2~表 4-4 分别为 l_m=600mm,l_m=1600mm 和 l_m=3000mm 时标准不确定度分量汇总。

表 4-2　l_m=600mm 时标准不确定度分量汇总

标准不确定度分量 $u(x_i)$	不确定度来源	标准不确定度值	灵敏系数 $c_i = \frac{\partial f}{\partial x_i}$	$\lvert c_i \rvert u(x_i)$/μm	自由度
u_1	测量重复性	1.00μm	1	1.00	9
u_2	5 等量块	1.69μm	−1	1.69	110
u_{21}	对零位 5 等量块	1.08μm			81
u_{22}	校准用 5 等量块	1.30μm			50
u_3	外径千分尺和量块线胀系数差	0.82×10^{-6}℃$^{-1}$	$l\Delta t$	1.48	50
u_4	外径千分尺和量块间的温差	0.17℃	$l\alpha$	1.17	8
u_c=2.72μm,ν_{eff}=129					

表 4-3 l_m=1600mm 时标准不确定度分量汇总

标准不确定度分量 $u(x_i)$	不确定度来源	标准不确定度值	灵敏系数 $c_i=\frac{\partial f}{\partial x_i}$	$\lvert c_i\rvert u(x_i)/\mu m$	自由度
u_1	测量重复性	1.00μm	1	1.00	9
u_2 u_{21} u_{22}	5 等量块 对零位 5 等量块 校准用 5 等量块	3.32μm 2.28μm 2.41μm	−1	3.32	290 143 147
u_3	外径千分尺和量块线胀系数差	0.82×10^{-6}℃$^{-1}$	$l\Delta t$	2.62	50
u_4	外径千分尺和量块间的温差	0.17℃	$l\alpha$	3.13	8
u_c=5.36μm，ν_{eff}=61					

表 4-4 l_m=3000mm 时标准不确定度分量汇总

标准不确定度分量 $u(x_i)$	不确定度来源	标准不确定度值	灵敏系数 $c_i=\frac{\partial f}{\partial x_i}$	$\lvert c_i\rvert u(x_i)/\mu m$	自由度
u_1	测量重复性	1.00μm	1	1.00	9
u_2 u_{21} u_{22}	5 等量块 对零位 5 等量块 校准用 5 等量块	4.87μm 3.36μm 3.53μm	−1	4.87	597 301 300
u_3	外径千分尺和量块线胀系数差	0.82×10^{-6}℃$^{-1}$	$l\Delta t$	2.46	50
u_4	外径千分尺和量块间的温差	0.17℃	$l\alpha$	5.86	8
u_c=8.07μm，ν_{eff}=28					

4. 输入量标准不确定度的评定

（1）测量重复性引起的标准不确定度分量 u_1

选一把外径千分尺，在重复性条件下用 5 等量块对测量范围的上限的一点连续测量 10 次后，求得试验标准差 s=1.00μm，则

$$u_1=1.00\mu m,\ \nu_1=9$$

（2）5 等量块引起的标准不确定度分量 u_2

① 对零位用 5 等量块的标准不确定度分量 u_{21}

当 l=575mm 时，组合量块 400mm 和 175mm，查资料 400mm 的 U_{p1}=2.5μm，175mm 的 U_{p2}=1.5μm，取 k_p=2.7，ν=50，则

$$u'_{21}=\frac{U_{p1}}{k_p}=\frac{2.5\mu m}{2.7}=0.93\mu m$$

$$u''_{21}=\frac{U_{p2}}{k_p}=\frac{1.5\mu\mathrm{m}}{2.7}=0.56\mu\mathrm{m}$$

$$u_{21}=\sqrt{u'^2_{21}+u''^2_{21}}=\sqrt{0.93^2+0.56^2}\mu\mathrm{m}=1.08\mu\mathrm{m}$$

$$\nu_{21}=\frac{1.08^4}{\dfrac{0.93^4}{50}+\dfrac{0.56^4}{50}}=81$$

当 l=1550mm 时，组合量块 1000，400 和 150mm(800mm 以上取 $\nu=100$)，则

$$u_{21}=2.28\mu\mathrm{m},\ \nu_{21}=143$$

当 l=2950mm 时，组合量块 1000，1000，800 和 150mm，则

$$u_{21}=3.36\mu\mathrm{m},\ \nu_{21}=301$$

② 校准用 5 等量块的标准不确定度分量 u_{22}

当 l=600mm 时，则

$$u_{22}=\frac{3.5\mu\mathrm{m}}{2.7}=1.30\mu\mathrm{m},\ \nu_{22}=50$$

当 l=1600mm 时，组合量块 1000 和 600mm，则

$$u_{22}=\sqrt{\left(\frac{5.5}{2.7}\right)^2+\left(\frac{3.5}{2.7}\right)^2}\mu\mathrm{m}=2.41\mu\mathrm{m},\ \nu_{22}=147$$

当 l=3000mm 时，组合量块 1000mm 3 块，则

$$u_{22}=\sqrt{\left(\frac{5.5}{2.7}\right)^2\times 3}\mu\mathrm{m}=3.53\mu\mathrm{m},\ \nu_{22}=300$$

由以上两项合成得到 5 等量块引起的不确定度分量 u_2：

当 l=600mm 时，则

$$u_2=\sqrt{1.08^2+1.30^2}\mu\mathrm{m}=1.69\mu\mathrm{m},\ \nu_2=110$$

当 l—1600mm 时，则

$$u_2=\sqrt{2.28^2+2.41^2}\mu\mathrm{m}=3.32\mu\mathrm{m},\ \nu_2=290$$

当 l=3000mm 时，则

$$u_2=\sqrt{3.36^2+3.53^2}\mu\mathrm{m}=4.87\mu\mathrm{m},\ \nu_2=597$$

(3) 由于温度偏离 20℃，外径千分尺和量块的线胀系数差引起的标准不确定度分量 u_3

外径千分尺与量块的线胀系数均为$(11.5\pm1)\times10^{-6}$℃$^{-1}$，在其范围内为等概率分布。两者线胀系数差 δ_α 应在$\pm2\times10^{-6}$℃$^{-1}$范围内服从三角分布，其半宽度 a 为 2×10^{-6}℃$^{-1}$，包含因子 k 取$\sqrt{6}$，则

$$u_3=2\times10^{-6}℃^{-1}/\sqrt{6}=0.82\times10^{-6}℃^{-1}$$

其相对不可靠度估计为 10%，则自由度为

$$\nu_3=\frac{1}{2}\times\left(\frac{10}{100}\right)^{-2}=50$$

(4) 外径千分尺和量块温度差引起的标准不确定度分量 u_4

按要求等温后，两者间仍存在一定的温差，并以等概率落在估计区间±0.3℃内，服从均匀分布，其相对不可靠度估计为 25%，则

$$u_4=\frac{0.3℃}{\sqrt{3}}=0.17℃$$

$$\nu_4=\frac{1}{2}\times\left(\frac{25}{100}\right)^{-2}=8$$

5. 计算合成标准不确定度

$$u_c(e)=\sqrt{u_1^2+u_2^2+(l\Delta t u_3)^2+(l\alpha u_4)^2}$$

$l=600\text{mm}$ 时，$\Delta t=3℃$，$u_c(e)=2.72\mu\text{m}$

$l=1600\text{mm}$ 时，$\Delta t=2℃$，$u_c(e)=5.36\mu\text{m}$

$l=3000\text{mm}$ 时，$\Delta t=1℃$，$u_c(e)=8.07\mu\text{m}$

6. 合成标准不确定度的有效自由度

$$\nu_{\text{eff}}=\frac{u_c^4(e)}{\frac{u_1^4}{\nu_1}+\frac{u_2^4}{\nu_2}+\frac{(l\Delta t u_3)^4}{\nu_3}+\frac{(l\alpha u_4)^4}{\nu_4}}$$

$l=600\text{mm}$ 时，$\Delta t=3℃$，$\nu_{\text{eff}}=129$

$l=1600\text{mm}$ 时，$\Delta t=2℃$，$\nu_{\text{eff}}=61$

$l=3000\text{mm}$ 时，$\Delta t=1℃$，$\nu_{\text{eff}}=28$

7. 确定扩展不确定度 U_p

取包含概率 $p=95\%$，按有效自由度 ν_{eff} 查 t 分布表，确定 k_p：

$k_p=t_{95}(129)=1.98$

$k_p=t_{95}(61)=2.01$

$k_p=t_{95}(28)=2.06$

扩展不确定度 $U_{95}=k_p\cdot u_c(e)$ 为

$l=600\text{mm}$ 时，$U_{95}=1.98\times2.72\mu\text{m}=5.4\mu\text{m}$

$l=1600\text{mm}$ 时，$U_{95}=2.01\times5.36\mu\text{m}=10.77\approx11\mu\text{m}$

$l=3000\text{mm}$ 时，$U_{95}=2.06\times8.07\mu\text{m}=16.62\approx17\mu\text{m}$

8. 测量不确定度的报告

外径千分尺示值误差校准结果的测量不确定度：

$l=600\text{mm}$ 时，$U_{95}=5.4\mu\text{m}$，$\nu_{\text{eff}}=129$，$k_{95}=1.98$

$l=1600\text{mm}$ 时，$U_{95}=11\mu\text{m}$，$\nu_{\text{eff}}=61$，$k_{95}=2.01$

$l=3000\text{mm}$ 时，$U_{95}=17\mu\text{m}$，$\nu_{\text{eff}}=28$，$k_{95}=2.06$

【例 3】 温度变送器校准结果的不确定度评定

依据 JJF 1183—2007《温度变送器校准规范》。

1. 被校变送器

被校对象为 0.5 级与 K 型热电偶配用的温度变送器（不带传感器），具有参考端温度自动补偿。测量范围：0℃～500℃，输出：4mA～20mA。

2. 标准器

用 725 型多功能现场校准仪作为测量标准器，测量范围（0～24）mV，最大允许误差为

±(0.02%读数+0.001mA)。用2553型标准直流电压电流发生器作为标准源,其100mV输出的最大允许误差为±(0.02%读数+0.01mV),测温的技术指标见表4-5。

表4-5　2553直流电压电流发生器主要技术指标

热电偶类型	输出信号范围/℃	最大允许误差Δ/℃
K	$-200\leqslant t<0$	±0.2
	$0\leqslant t<900$	±0.3
	$900\leqslant t\leqslant 1370$	±0.6

校准时用补偿导线(和冰瓶)作为连接导线,补偿导线修正值 $e=0.008$V。

被校点为:0℃,100℃,200℃,300℃,400℃,500℃。

3. 数学模型

温度变送器示值误差的数学模型为

$$\Delta I_t=I_{\mathrm{d}}-\left[\frac{I_{\mathrm{m}}}{t_{\mathrm{m}}}\left(t_{\mathrm{s}}-t_0+\frac{e}{S_i}\right)+I_0\right]$$

式中:ΔI_t——变送器在温度 t 时的示值误差;

I_{d}——变送器的输出电流值;

I_{m}——变送器的输出电流量程;

t_{m}——变送器的温度输入量程;

t_{s}——变送器的输入温度值;

t_0——变送器输入的下限温度;

e——补偿导线修正值;

S_i——热电偶特性曲线各温度测量点的斜率,对于某一温度测量点可视为常数;

I_0——变送器的输出电流的理论下限值。

4. 输入量的标准不确定度评定

由于 I_{m},t_{m},t_0,S_i和 I_0各量的不确定度可以忽略,因此主要引起测量不确定度的输入量为 I_{d},t_{s}和 e 三个量,它们的标准不确定度分量评定如下:

(1) 变送器的输出电流 I_{d}的测量重复性和多功能现场校准仪的测量误差引起的标准不确定度分量 $u(I_{\mathrm{d}})$

① 输出电流测量重复性引入的标准不确定度分量 $u(I_{\mathrm{d1}})$

对温度变送器进行三个循环的测量,在输入同一温度信号时,输出电流不尽相同,取平均值作为测量结果。则其标准不确定度可以用A类方法评定。

每个测量点共有6个读数,分别计算出实验标准偏差,取其中的最大值。

本例中每一被校点单次测量的实验标准偏差最大值为 $s_{\max}=1.8\mu$A(具体测量数据略)。如果用平均值作为测量结果,则

$$u(I_{\mathrm{d1}})=\frac{s}{\sqrt{6}}=0.7\mu\mathrm{A}$$

② 多功能现场校准仪的测量误差引起的标准不确定度分量 $u(I_{\mathrm{d2}})$

725型多功能现场校准仪的最大允许误差为 $\Delta=\pm(0.0018\sim0.005)$mA,按均匀分布考

虑，包含因子 $k=\sqrt{3}$，则

$$u(I_{d2})=0.0010\text{mA}\sim0.0029\text{mA}$$

③ 标准不确定度分量 $u(I_d)$的计算

由于 I_{d1}与 I_{d2}不相关，因此

$$u(I_d)=\sqrt{u^2(I_{d1})+u^2(I_{d2})}$$

$$=\sqrt{0.0012^2+(0.0010\sim0.0029)^2}\text{mA}=0.0016\text{mA}\sim0.0031\text{mA}$$

(2) 变送器的输入温度 t_s测量引入的标准不确定度分量 $u(t_s)$

由于测量时的环境温度和湿度均受控，可以保证标准器的准确度，因此温湿度影响可以忽略不计。输入温度 t_s测量的不确定度主要来自 2553 型直流电压发生器的示值误差，该项标准不确定度可用 B 类方法评定。根据测温的技术指标，在本例测量范围（0～500）℃中最大允许误差为±0.3℃，按均匀分布考虑，则

$$u(t_s)=\frac{|\Delta|}{\sqrt{3}}=\frac{0.3℃}{\sqrt{3}}=0.17℃$$

(3) 补偿导线修正值和冰瓶引入的标准不确定度分量 $u(e)$

① 补偿导线导致的标准不确定度分量 $u(e_1)$

由 20℃时校准得到的电压修正值 e，其扩展不确定度为 $U_{95}=3.28\mu\text{V}$，包含因子 $k=2.01$，则

$$u(e_1)=3.28\mu\text{V}/2.01=1.63\mu\text{V}$$

② 冰瓶导致的标准不确定度分量 $u(e_2)$

冰瓶的最大允许误差为±0.08℃，对于 K 型热电偶相当于±3.12μV，按均匀分布考虑，则

$$u(e_2)=3.12\mu\text{V}/1.73=1.80\mu\text{V}$$

③ 标准不确定度分量 $u(e)$的计算

由于 e_1与 e_2不相关，因此

$$u(e)=\sqrt{u^2(e_1)+u^2(e_2)}=2.43\mu\text{V}$$

5. 合成标准不确定度

(1) 求灵敏系数

$$c_1=\frac{\partial\Delta I_t}{\partial I_d}=1$$

$$c_2=\frac{\partial\Delta I_t}{\partial t_s}=-I_m/t_m=-0.032\text{mA/℃}$$

$$c_3=\frac{\partial\Delta I_t}{\partial e}=-I_m/(t_m/S_i)=-(0.81\sim0.75)\text{mA/mV}$$

其中：$I_m=16\text{mA}$，$t_m=500℃$，$S_0\sim S_{500}=(39.45\sim42.63)\mu\text{V/℃}$

(2) 标准不确定度汇总表

变送器各校准点标准不确定度分量汇总见表 4-6。

(3) 合成标准不确定度的计算

输入量 I_d，t_s，e 间不相关，所以合成标准不确定度按下式计算：

$$u_c(\Delta I_t)=\sqrt{[c_1u(I_d)]^2+[c_2u(t_s)]^2+[c_3u(e)]^2}$$

变送器各校准点的 $u_c(\Delta I_t)$为

表 4-6　变送器各校准点标准不确定度分量汇总

标准不确定度分量 $u(x_i)$	不确定度来源	$u(x_i)$值	灵敏系数 c_i	$\|c_i\|u(x_i)$/mA
$u(I_d)$			1	
$u(I_{d1})$	测量重复性	0.0007mA		
$u(I_{d2})$	725 示值误差	0.0010mA 0.0014mA 0.0018mA 0.0021mA 0.0025mA 0.0029mA		0.0012 0.0016 0.0019 0.0022 0.0026 0.0030
$u(t_s)$	2553 示值误差	0.17℃	−0.0032mA/℃	0.0054
$u(e)$	补偿导线和冰瓶	0.0024mV	−0.81mA/mV −0.77mA/mV −0.80mA/mV −0.77mA/mV −0.76mA/mV −0.75mA/mV	0.0019 0.0018 0.0019 0.0018 0.0018 0.0018

$$u_c(\Delta I_0)=0.0058\text{mA}$$
$$u_c(\Delta I_{100})=0.0059\text{mA}$$
$$u_c(\Delta I_{200})=0.0060\text{mA}$$
$$u_c(\Delta I_{300})=0.0061\text{mA}$$
$$u_c(\Delta I_{400})=0.0063\text{mA}$$
$$u_c(\Delta I_{500})=0.0064\text{mA}$$

6. 扩展不确定度的计算

取包含因子 $k=2$，变送器各校准点的扩展不确定度：

$$U(\Delta I_0)=0.012\text{mA}$$
$$U(\Delta I_{100})=0.012\text{mA}$$
$$U(\Delta I_{200})=0.012\text{mA}$$
$$U(\Delta I_{300})=0.012\text{mA}$$
$$U(\Delta I_{400})=0.013\text{mA}$$
$$U(\Delta I_{500})=0.013\text{mA}$$

所以，扩展不确定度 $U=2u_c(\Delta I_t)=(0.012\sim0.013)$mA。

变送器各校准点的扩展不确定度取最大值为：$U=0.013$mA，$k=2$。

对于 0℃～500℃的变送器而言，用输入温度变量表示时：$U=0.4$℃，$k=2$。

7. 带传感器温度变送器校准不确定度评定的补充

对于温度变送器带传感器时，测量不确定度的分析中应没有输入量 e 的不确定度分量；输

入量 t_s的不确定度应来源于标准温度计的误差以及恒温源温场波动等的影响；输入量 I_d的不确定度分析与上相同，但 A 类不确定度中应考虑输入和输出的测量重复性。

【例 4】 坐标测量机校准结果的不确定度评定

依据 JJF 1064—2004《坐标测量机校准规范》。

1. 长度测量示值误差测量结果的不确定度评定

（1）测量模型

用标准器进行测量，得到的长度值 L 为

$$L = L_s + L_s\alpha_s\Delta t - \Delta L_1 - \Delta L_2 - \Delta L_3$$

式中：L_s——标准器的校准长度；

ΔL_1——标准器形状误差等因素引起的误差；

ΔL_2——长期稳定性引起的误差；

ΔL_3——测量重复性引起的误差；

α_s——标准器的热膨胀系数；

Δt——标准器温度对 20℃的偏离。

（2）灵敏系数

$$c_1 = \partial L/\partial L_s = 1 + \alpha_s\Delta t \approx 1$$

$$c_2 = \partial L/\partial \alpha_s = L_s\Delta t$$

$$c_3 = \partial L/\partial(\Delta t) = L_s\alpha_s$$

$$c_4 = \partial L/\partial(\Delta L_1) = -1$$

$$c_5 = \partial L/\partial(\Delta L_2) = -1$$

$$c_6 = \partial L/\partial(\Delta L_3) = -1$$

（3）标准不确定度分量

u_1为标准器校准值引入的标准不确定度；

u_2为标准器热膨胀系数 α_s引入的标准不确定度；

u_3为标准器温度测量引入的标准不确定度（由于标准器的温度是坐标测量机上的功能，是坐标测量机示值误差的一部分，与校准方法无关，不予单独考虑）；

u_4为标准器的长度变动量引入的标准不确定度；

u_5为标准器的长度稳定性引入的标准不确定度；

u_6为测量重复性引入的标准不确定度。

（4）合成标准不确定度

$$u_c = \sqrt{u_1^2 + (L_s\Delta t u_2)^2 + u_4^2 + u_5^2 + u_6^2}$$

取两个长度，确定不确定度的系数，以 $u_c = a + bL$ 的形式给出。

（5）扩展不确定度

$$U = ku_c \qquad (k=2)$$

（6）计算示例

① 设使用 3 等量块对坐标测量机进行校准，被校准的坐标测量机的最大允许误差为：$\mathrm{MPE_E} = 5\mu\mathrm{m} + 5.5\times10^{-6}L$。量块温度为 20.8℃。

② 作为标准器的量块校准值的不确定度根据量块校准证书得到：$U_1 = 0.10\mu\mathrm{m} + 1.0\times10^{-6}L$，$k_1 = 2.62$。

③ 量块热膨胀系数 α_s 的不确定度查有关资料得到：$U_2=1\times10^{-8}℃^{-1}$，服从三角分布，$k_2=\sqrt{6}$。

④ 不同长度的标准量块的长度变动量可根据检定规程 JJG 146—2003《量块》得到，$U_4(100)=0.20\mu m$，$U_4(1000)=0.60\mu m$，设服从均匀分布，取 $k=\sqrt{3}$。

⑤ 标准器的长度稳定性也由检定规程得到 $U_5=0.05\mu m+1.0\times10^{-6}L$。设服从均匀分布，取 $k=\sqrt{3}$。

⑥ 测量重复性可根据 35 组测量计算得到。对每块量块进行 3 次测量，其最大极差为 1.0μm。极差系数为 1.69，得实验标准偏差 $s=0.59\mu m$。考虑到各组测量的实验标准偏差相差很小，均取 $s_i=0.59\mu m$，从 35 组测量中，可以得到合并样本标准偏差：$m=35$，$n=3$，$\nu_i=n-1=2$，则

$$u_6=s_p=\sqrt{\frac{\sum_{i=1}^{m}\nu_i s_i^2}{\sum_{i=1}^{n}\nu_i}}=\sqrt{\frac{35\times(2\times0.59^2)}{35\times2}}\mu m=0.07\mu m$$

标准不确定度分量汇总见表 4-7。

表 4-7　标准不确定度分量汇总

标准不确定度分量符号	测量长度 100mm	测量长度 1000mm
	标准不确定度分量值/μm	
$u_1/\mu m$	0.08	0.42
u_2	4.1×10^{-7}	4.1×10^{-7}
$L_s\Delta tu_2/℃^{-1}$	0.03	0.33
$u_4/\mu m$	0.12	0.35
$u_5/\mu m$	0.09	0.61
$u_6/\mu m$	0.07	0.07
u_c	0.27	1.25

$$u_c=0.27\mu m+1.3\times10^{-6}L$$

$$U=0.5\mu m+3\times10^{-6}L,\ k=2$$

2. 探测误差 P，扫描探测误差 T_g 和多针测量误差校准结果的不确定度评定

探测误差 P，扫描探测误差 T_g 和多针测量误差校准结果的不确定度取决于检测球的形状误差。当多个截面的圆度最大值为 R_s 时，取 $U=(2/3)R_s$，$k=2$。

使用坐标测量机自带探针时，探针针头的形状是坐标测量机本身的特性，在不确定度评定中不予考虑。

3. 四轴误差校准结果的不确定度评定

四轴误差校准结果的不确定度取决于检测球的形状误差和测量球心坐标的重复性。用校准时相同的测量方法对球 A 重复测量 15 次，利用贝塞尔公式计算实验标准偏差 s。

当多个截面的圆度最大值分别为 R_{s1} 和 R_{s2} 时，取 $U=2\sqrt{\frac{R_{s1}^2}{9}+\frac{R_{s2}^2}{9}+s^2}$，$k=2$。

探针针头形状的影响是坐标测量机的特性，是被校件本身的特性，在不确定度评定中可不予考虑。

【例 5】 建筑声学分析仪混响时间校准结果的不确定度评定

1. 测量方法

依据 JJF 1142—2006《建筑声学分析仪校准规范》。建筑声学分析仪混响时间的校准，主要是给建筑声学分析仪施加一个标准线性衰减信号来模拟混响时间的衰变过程，建筑声学分析仪直接测量此线性衰减信号并指示出混响时间。建筑声学分析仪测量值与标准线性衰减信号设定值之差即为建筑声学分析仪混响时间测量误差。现以时间为 2s 的校准点为例，分析建筑声学分析仪混响时间校准结果的不确定度。

2. 数学模型

建筑声学分析仪混响时间误差测量结果的数学模型

$$\Delta T=T_2-T_1$$

式中：ΔT——被校建筑声学分析仪混响时间测量误差；

T_2——被校建筑声学分析仪混响时间测量值；

T_1——标准线性衰减信号设定的混响时间值。

3. 合成方差及灵敏系数

由于 T_2 与 T_1 不相关，故其合成估计方差为

$$u_c^2(\Delta T)=c^2(T_1)u^2(T_1)+c^2(T_2)u^2(T_2)$$

式中灵敏系数为

$$c(T_1)=\frac{\partial(\Delta T)}{\partial T_1}=1,\ c(T_2)=\frac{\partial(\Delta T)}{\partial T_2}=1$$

4. 标准不确定度分量的评定

(1) 混响时间模拟信号线性误差引入的标准不确定度分量 u_1

混响时间由模拟信号衰减的时间计算得到，模拟信号线性误差修正值的扩展不确定度为 0.2dB，$k=2$。信号线性误差引起混响时间的相对误差可以用信号线性极差除以衰减幅值计算。建筑声学分析仪混响时间一般只测量 20dB～40dB 的声衰减，再推算 60dB 的混响时间；显然 20dB 方式推算的模拟信号线性误差引入的不确定度最大，测量值为 2s。则相对扩展不确定度为

$$U_r=(0.2\text{dB}/20\text{dB})\times 2\text{s}$$

所以建筑声学分析仪 20dB 计算方式由标准线性衰减信号的线性误差引入的标准不确定度分量为

$$u_1=U_r/k=(0.2/20)\times 2\text{s}/2=0.01\text{s}$$

(2) 混响时间模拟信号时间误差引入的标准不确定度分量 u_2

混响时间模拟信号时间误差为 $\pm 0.1\%$，设在区间内为均匀分布，$k=\sqrt{3}$，则

$$u_2=(0.1\%\times 2\text{s})/\sqrt{3}=0.001\text{s}$$

(3) 建筑声学分析仪分辨力引入的标准不确定度分量 u_3

建筑声学分析仪分辨力为 0.01s,按均匀分布考虑,取 $k=\sqrt{3}$,则

$$u_3=0.01\text{s}/\sqrt{3}=0.0058\text{s}$$

(4) 测量重复性引入的 A 类标准不确定度分量 u_4

在相同的测量条件下,对同一建筑声学分析仪重复测量 9 次,具体数据见表 4－8。

表 4－8

测量次数	1	2	3	4	5	6	7	8	9
测量值/s	2.00	2.01	2.00	2.00	2.01	2.00	2.00	2.00	2.00

由此可见,由于分辨力较低,所以基本上分辨不出测量值的变化,显得重复性很小,只要考虑分辨力引入的标准不确定度分量就可以了,测量重复性引入的不确定度分量可以不予考虑。

5. 合成标准不确定度计算

由于各分量间不相关,故合成标准不确定度为

$$u_c=\sqrt{u_1^2+u_2^2+u_3^2}=0.012\text{s}$$

6. 扩展不确定度

$$U=ku_c=2\times 0.012\text{s}=0.024\text{s}\qquad k=2$$

测量值为 2s 时,相对扩展不确定度为

$$U_r=0.024\text{s}/2\text{s}=1.2\%$$

【例 6】 传声放大器频率响应校准结果的不确定度评定

依据 JJF 1137—2005《传声器前置放大器校准规范》。被校的传声放大器就是使用中的前置放大器。

1. 传声放大器频率响应校准的不确定度评定

(1) 数学模型

前置放大器的频率响应的校准,是在保持输入信号幅值恒定的前提下,在 10Hz 至 50kHz 范围内的各倍频程频率或 1/3 倍频程频率上测试前置放大器的输出电压。以 1kHz 为参考频率,按下式计算前置放大器的频率响应在各测试频率上的偏差

$$\delta_f=20\lg\frac{U_i}{U_0}$$

式中:δ_f——前置放大器频率响应的偏差;

U_0——1kHz 的信号在数字电压表上产生的指示值,V;

U_i——不同频率信号在数字电压表上产生的指示值,V。

规范要求前置放大器频率范围为 10Hz～50kHz,以 1kHz 为参考,频率响应的偏差一般应优于±0.5dB。

(2) 标准不确定度的 A 类评定

重复性引入的标准不确定度分量采用 A 类评定。在相同测量条件下对某台前置放大器的

频率响应偏差重复测量 6 次，具体测量数据见表 4－9。

表 4－9

测量次数	1	2	3	4	5	6
1kHz 时的示值/V	4.741	4.742	4.742	4.743	4.742	4.741
50kHz 时的示值/V	4.841	4.840	4.843	4.844	4.843	4.842
频率响应的偏差/dB	0.181	0.178	0.183	0.183	0.183	0.183
平均值/dB	0.182					

由测量数据计算实验标准偏差：

$$s(x)=\sqrt{\frac{\sum_{i=1}^{6}(x_i-\overline{X})^2}{6-1}}=0.0016\text{dB}$$

以 6 次测量的平均值作为校准值时，重复性引入的标准不确定度分量：

$$u_{\mathrm{A}}=\frac{s(x)}{\sqrt{6}}=0.0007\text{dB}$$

（3）标准不确定度的 B 类评定

① 数字电压表示值误差引入的标准不确定度分量 u_{B1}

数字电压表最大允许误差为±0.5％，相当于±0.043dB，按均匀分布考虑，取 $k=\sqrt{3}$，则数字电压表示值误差引入的标准不确定度分量：

$$u_{\mathrm{B1}}=0.043\text{dB}/\sqrt{3}=0.025\text{dB}$$

② 测量放大器频率响应引入的标准不确定度分量 u_{B2}

测量放大器频率响应的偏差在±0.2dB 内，按均匀分布考虑，取 $k=\sqrt{3}$，则其引入的标准不确定度分量：

$$u_{\mathrm{B2}}=0.2\text{dB}/\sqrt{3}=0.1\text{dB}$$

③ 测量放大器稳定度引入的标准不确定度分量 u_{B3}

测量放大器在校准间隔期内的稳定度在±0.02dB 内，按均匀分布考虑，取 $k=\sqrt{3}$，其引入的标准不确定度分量：

$$u_{\mathrm{B3}}=0.02\text{dB}/\sqrt{3}=0.012\text{dB}$$

④ 信号发生器稳定度引入的标准不确定度分量 u_{B4}

信号发生器在校准间隔期内的稳定度在±0.02dB 内，按均匀分布考虑，取 $k=\sqrt{3}$，其引入的标准不确定度分量：

$$u_{\mathrm{B4}}=0.02\text{dB}/\sqrt{3}=0.012\text{dB}$$

⑤ 等效电容容量变化引入的标准不确定度分量 u_{B5}

等效电容变化±5％时，对输入阻抗的影响估计在±0.2％以内，所引起的标准不确定度分量估计在 $u_{\mathrm{B5}}=0.02\text{dB}$ 以内。

⑥ 其他影响因素

尽管信号发生器频率误差为±0.25％，但由于前置放大器的频率响应比较平坦，较小的频率误差所引起的不确定度分量非常小，可以忽略不计。

只要在计算过程中适当保留足够的数字位数，数据修约误差引起的不确定度可以忽略。

标准不确定度分量汇总见表 4－10。

表 4－10 频率响应校准的标准不确定度分量汇总

序 号	测量不确定度来源	标准不确定度符号	数值/dB
1	重复性	u_A	0.0007
2	数字电压表示值误差	u_{B1}	0.025
3	测量放大器频率响应的偏差	u_{B2}	0.100
4	测量放大器稳定度	u_{B3}	0.012
5	信号发生器稳定度	u_{B4}	0.012
6	等效电容容量变化	u_{B5}	0.020

（4）合成标准不确定度

各分量间不相关，合成标准不确定度为

$$u_c=\sqrt{u_A^2+u_{B1}^2+u_{B2}^2+u_{B3}^2+u_{B4}^2+u_{B5}^2+u_{B6}^2}=0.15\text{dB}$$

（5）扩展不确定度

$$U=ku_c=2\times 0.15\text{dB}=0.30\text{dB}$$

所以，传声放大器频率响应校准值的不确定度为 $U=0.30\text{dB}(k=2)$。

2. 传声放大器传声损失校准的不确定度评定

（1）数学模型

前置放大器的传输损失（即传声损失）的校准，是在信号频率为 1kHz 时，分别测量前置放大器的输入电压和输出电压，按下式计算传输损失

$$A=20\lg\frac{U_{in}}{U_{out}}$$

式中：A——前置放大器的传输损失，dB；

U_{in}——前置放大器的输入电压，V；

U_{out}——前置放大器的输出电压，V。

规范要求前置放大器的传输损失一般不大于±0.5dB。

（2）标准不确定度的 A 类评定

重复性引入的标准不确定度分量采用 A 类评定。在相同测量条件下对某台前置放大器的传输损失重复测量 6 次，具体测量数据见表 4－11。

表 4－11

测量次数	1	2	3	4	5	6
输入电压/V	4.770	4.770	4.768	4.771	4.769	4.769
输出电压/V	4.760	4.761	4.760	4.761	4.761	4.761
传输损失/dB	0.0182	0.0164	0.0146	0.0182	0.0146	0.0146
平均值/dB	0.0161					

由测量数据计算实验标准偏差：

$$s(x)=\sqrt{\frac{\sum_{i=1}^{6}(x_i-\overline{X})^2}{6-1}}=0.0016\text{dB}$$

以 6 次测量的平均值作为校准值时，重复性引入的标准不确定度分量

$$u_{\text{A}}=\frac{s(x)}{\sqrt{6}}=0.0007\text{dB}$$

（3）标准不确定度的 B 类评定

按照规范的要求，前置放大器的传输损失和频率响应校准所用的标准器和仪器设备是完全一样的，测量方法也基本相同，故需要考虑的诸因素与上述是基本一致的，唯一的不同之处在于传输损失只需在 1kHz 一个频率上测量。所以在评定传输损失校准的不确定度时，不必考虑测量放大器频率响应的偏差。

（4）合成标准不确定度

标准不确定度各分量汇总见表 4－12。

表 4－12 前置放大器的传输损失校准各标准不确定度分量汇总

序 号	测量不确定度来源	标准不确定度符号	数值/dB
1	重复性	u_{A}	0.0007
2	数字电压表示值误差	u_{B1}	0.025
3	测量放大器稳定度	u_{B3}	0.012
4	信号发生器稳定度	u_{B4}	0.012
5	等效电容容量变化	u_{B5}	0.020

各分量间不相关，合成标准不确定度为

$$u_{\text{c}}=\sqrt{u_{\text{A}}^2+u_{\text{B1}}^2+u_{\text{B3}}^2+u_{\text{B4}}^2+u_{\text{B5}}^2}=0.036\text{dB}$$

（5）扩展不确定度

$$U=ku_{\text{c}}=2\times0.036\text{dB}=0.072\text{dB}$$

所以，传声放大器传输损失校准值的不确定度为 $U=0.07\text{dB}(k=2)$。

（二）检定时是否满足符合性评定基本要求的判断举例

【例 1】 声校准器声压级的检定

依据 JJG 176—2005《声校准器》，声校准器的主要量值为声压级，本例是用标准传声器以传声器法对 1 级声校准器（活塞发生器）的声压级进行检定。为了评价是否满足检定要求，要对测量结果的不确定度做到心中有数。

对测量结果的不确定度进行分析和评定如下。

1．数学模型

被校活塞发生器发生的总声压级 L_p 可由下式得出

$$L_p=\overline{L_{pi}}+k_0+\Delta\beta+\Delta k+\Delta p+\Delta H$$

式中：$\overline{L_{pi}}$——i 次测量的平均声压级，dB；

k_0——实验室标准传声器的开路声压灵敏度级修正值，dB；

$\Delta\beta$——前置放大器的传输损失，dB；

Δk——声校准器的气压修正值，dB；

Δp——腔体积修正值，dB；

ΔH——相对湿度修正量，dB。

2. 灵敏系数

由于各输入量间不相关，且相对湿度修正量可忽略不计，因此合成方差为

$$u_c^2(I_p)=c_1^2u^2(\overline{L_{pi}})+c_2^2u^2(k_0)+c_3^2u^2(\Delta\beta)+c_4^2u^2(\Delta k)+c_5^2u^2(\Delta p)$$

式中灵敏系数为

$$c_1=\frac{\partial L_p}{\partial \overline{L_{pi}}}=1,\ c_2=\frac{\partial L_p}{\partial k_0}=1,\ c_3=\frac{\partial L_p}{\partial \Delta\beta}=1$$

$$c_4=\frac{\partial L_p}{\partial \Delta k}=1,\ c_5=\frac{\partial L_p}{\partial \Delta p}=1$$

3. A 类标准不确定度

对活塞声压器进行 18 次测量，测量得到的声压级数据汇总见表 4－13。

表 4－13　活塞发生器产生的声压级的测量数据

序　号	声压级/dB	序　号	声压级/dB	序　号	声压级/dB
1	124.368	7	124.338	13	124.373
2	124.363	8	124.345	14	124.372
3	124.367	9	124.345	15	124.366
4	124.366	10	124.337	16	124.361
5	124.369	11	124.335	17	124.358
6	124.367	12	124.352	18	124.357
平均值/dB		124.358			
实验标准偏差/dB		0.0126			

则测量结果的 A 类标准不确定度为 3 次测量平均值的实验标准偏差，即

$$u_1=\frac{0.0126\text{dB}}{\sqrt{3}}=0.0073\text{dB}$$

4. B 类标准不确定度

(1) 测量声压级 L_{pi} 不准引入的标准不确定度分量

① 在测量放大器上，"直接输入"和"传声器输入"灵敏度调节的最大偏差为 0.003dB，以均匀分布考虑，取 $k=\sqrt{3}$，则

$$u_2=0.003\text{dB}/\sqrt{3}=0.0017\text{dB}$$

② 测量所用交流电压表的最大允许误差为±0.1%（相当于±0.009dB），以均匀分布考虑，取 $k=\sqrt{3}$，则

$$u_3=0.009\text{dB}/\sqrt{3}=0.0050\text{dB}$$

（2）声压灵敏度级修正值 k_0 引入的标准不确定度分量

实验室标准传声器在测量放大器上使用时，其开路声压灵敏度级修正值 k_0 引入的标准不确定度有两个分量：

① 由耦合腔互易法声压基准给出的量值传递误差引入的标准不确定度，基准给出的校准值的扩展不确定度为 0.040dB($k=2$)，在实际工作环境下，由于温度、气压的影响，使用该校准值的扩展不确定度为 0.040dB×1.25=0.050dB($k=2$)，故

$$u_4=0.050\text{dB}/2=0.025\text{dB}$$

② 测量放大器极化电压的最大允许误差为±0.008dB，以均匀分布考虑，对实验室标准传声器的开路声压灵敏度级引入的标准不确定度为

$$u_5=0.008\text{dB}/\sqrt{3}=0.0046\text{dB}$$

（3）前置放大器传输损失引入的标准不确定度分量

前置放大器传输损失 $\Delta\beta$ 也是用交流电压表测量得到的，其不确定度主要取决于交流电压表的准确度，交流电压表的最大允许误差为±0.1%(±0.009dB)，以均匀分布考虑，取 $k=\sqrt{3}$，则

$$u_6=0.009\text{dB}/\sqrt{3}=0.0050\text{dB}$$

（4）活塞发声器气压修正量 Δk 引入的标准不确定度分量

活塞发声器气压修正量 Δk 主要取决于气压表的准确度，其最大允许误差为±0.05%，对气压修正值 Δk 产生的最大误差为±0.0043dB，以均匀分布考虑，取 $k=\sqrt{3}$，则

$$u_7=0.0043\text{dB}/\sqrt{3}=0.0025\text{dB}$$

（5）腔体积修正量 Δp 引入的标准不确定度分量

腔体积修正量 Δp 主要取决于使用不同型号和结构的标准传声器，而腔体积修正量的误差取决于使用传声器的前腔体积测量的准确度，B&K4160 型标准传声器的前腔体积最大允许误差为±30mm^3，腔体积修正量 Δp 产生的最大允许误差为±0.013dB，以均匀分布考虑，取 $k=\sqrt{3}$，则

$$u_8=0.013\text{dB}/\sqrt{3}=0.0075\text{dB}$$

（6）计算中修约误差引入的标准不确定度可以忽略不计。由于测量声压级 L_{pi} 和前置放大器传输损失 $\Delta\beta$ 是用同一个交流电压表测量得到的，因此 u_3 与 u_6 是相关的，相关系数为 1。

（7）测量不确定度来源汇总表

标准不确定度各分量汇总见表 4－14。

表 4－14　标准不确定度来源汇总

序　号	标准不确定度来源	符　号	数值/dB
1	声压级测量的重复性	$u_1=s_1$	0.0073
2	“直接测量”和“传声器输入”灵敏度调节的偏差	u_2	0.0017
3	测量 L_{pi} 值的电压表的准确度	u_3	0.0050
4	标准传声器开路声压灵敏度级修正值 k_0	u_4	0.025
5	测量放大器的极化电压影响	u_5	0.0046
6	前置放大器的传输损失 $\Delta\beta$	u_6	0.0050
7	活塞发声器的气压修正量 Δk	u_7	0.0025
8	腔体积修正量 Δp	u_8	0.0075

5. 合成标准不确定度

由于声压级 L_{pi} 和前置放大器传输损失 $\Delta\beta$ 是用同一个交流电压表测量得到的，因此 u_3 与 u_6 是相关的，相关系数为 1。其他各量均不相关，所以合成标准不确定度为

$$u_c = \sqrt{u_1^2+u_2^2+u_3^2+u_4^2+u_5^2+u_6^2+u_7^2+u_8^2+2u_3u_6}$$

$$=\sqrt{0.0073^2+0.0017^2+0.0050^2+0.025^2+0.0046^2+0.0050^2+0.0025^2+0.0075^2+2\times0.0050^2}\text{dB}$$

$=0.029\text{dB}$

6. 扩展不确定度

取包含因子 $k=2$，则扩展不确定度 $U=ku_c=2\times0.029=0.058\text{dB}$，取 $U=0.06\text{dB}$。

所以报告声压级 L_p 校准值的测量不确定度为：$U=0.06\text{dB}(k=2)$。

7. 是否满足检定要求的评价

用于检定声校准器时能否给出合格或不合格的检定结论。

当被检声校准器的最大允许误差为 ±0.40dB，则被检仪器的最大允许误差的绝对值与校准的扩展不确定度（$k=2$）之比为 0.06/0.40=1/6.7，远小于 1/3。因此给出检定结论时，可以忽略测量不确定度的影响，只要被检仪器的示值误差小于最大允许误差就可以给出合格的结论，检定结论是可靠的。

【例 2】 心电图机检定

依据 JJG 543—2008《心电图机》，对测量结果进行测量不确定度评定，并评价是否满足检定条件的要求。

心电图机检定时，测量结果不确定度的分析和评定如下。

1. 不确定度来源分析

(1) 标准器引入的不确定度分量

标准器的主要指标是幅度和时间的准确度，规程提出的幅度和时间的最大允许误差是 ±1%（实际情况：目前使用的检定仪时间间隔（周期）的最大允许误差是 ±0.5%）。可以按接近正态分布考虑，对于被检仪器最大允许误差 ±5% 来说，该项对测量结果不确定度的贡献可忽略。

(2) 被测心电图机不稳定引入的不确定度分量

从电路分析可知，心电图机自身在重复性条件下的分散性很小，至少比测量长度引入的不确定度小近一个数量级。该项对测量结果不确定度的贡献可忽略。

(3) 测量长度用分规取样引入的不确定度分量

心电图机检定中，测量结果的不确定度主要来源于检定员在被检心电图机记录纸上测量描记的标准信号长度不准所致。测量时用分规及 5 倍放大镜在记录纸上取样，并用钢直尺及 5 倍放大镜测量。该部分不确定度分量又可分解为

① 由记录纸取样引入的标准不确定度 $u(h)$

波形的线宽约为 0.3mm（经 5 倍放大约为 1.5mm，共两条）。取样时按图 4－1 所示方法，一般采用图(a)所示方法测量，对极少数两线宽度有明显差异者采用图(b)所示的方法测量。

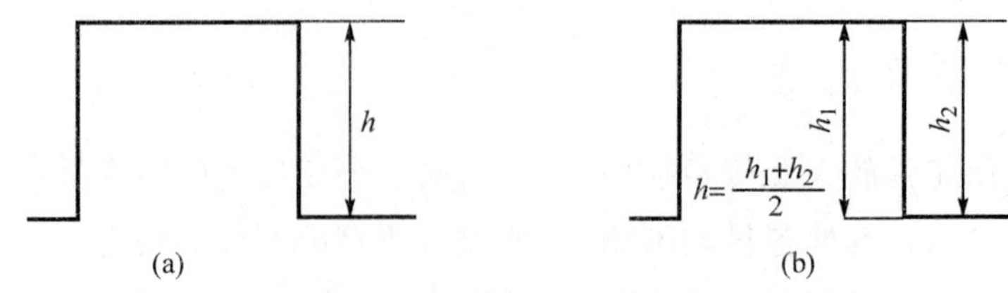

图 4－1

判断引入的不确定度分量优于 1/6 线宽（0.05mm），按均匀分布考虑，则

$$u(h)=\frac{0.05\text{mm}}{\sqrt{3}}=0.03\text{mm}$$

② 由钢直尺分辨力引入的标准不确定度 $u(\delta)$

钢直尺的最小分度为 0.5mm，估读的最小分辨力优于最小分度的 1/10，即±0.05mm，按均匀分布考虑，则

$$u(\delta)=\frac{0.05\text{mm}}{\sqrt{3}}=0.03\text{mm}$$

③ 由钢直尺最大允许误差引入的标准不确定度 $u(b)$

钢直尺的最大允许误差为±0.1mm，按均匀分布考虑，则

$$u(b)=\frac{0.1\text{mm}}{\sqrt{3}}=0.06\text{mm}$$

2．测量结果不确定度的评定及对是否满足检定要求的评价

在心电图机检定规程中规定的测量大致可分为以下三类，分别对各类进行不确定度评定。

（1）直接测量波形长度，如时间间隔、电压的测量直接用钢直尺测量。

被测长度为 10mm 时，最大允许误差为±10%（即±1mm）。此种情况下，测量结果的扩展不确定度（$k=2$）计算如下：

$$U=2u_c=2\times\sqrt{2u^2(h)+u^2(\delta)+u^2(b)}=2\times\sqrt{2\times(0.03)^2+(0.03)^2+(0.06)^2}\text{mm}=0.16\text{mm}$$

被检心电图机的被测长度为 10mm 时，最大允许误差 MPE 为±10%（即±1mm），则

$$U/|\text{MPE}|=0.16/1=1/6.2$$

所以，测量结果的扩展不确定度（$k=2$）为 0.16mm，比被检心电图机的最大允许误差小 1/3，可满足检定要求。

（2）与长度调整到 10mm 的参考波形进行比较测量，如灵敏度、幅频特性、耐极化电压等，此类指标最大允许误差为±5%（即±0.5mm）。这种情况下用同一钢直尺的相同位置测量，先将参考波形长度调整到 10mm，再测量另一波形（相当于比例测量）。这种情况下，取样增加一次，但钢直尺的系统误差可以抵偿，所以钢直尺的最大允许误差对测量结果的不确定度贡献可忽略。

$$U=2u_c=2\times\sqrt{2u^2(h)+2u^2(\delta)+u^2(b)}=2\times\sqrt{2\times(0.03)^2+2\times(0.03)^2+(0.06)^2}\text{mm}=0.17\text{mm}$$

测量结果的扩展不确定度（$k=2$）为 0.17mm，比被检心电图机的最大允许误差小 1/3，可满足检定要求。

（3）将两个波形长度调整到一样大，从标准上读数。由于标准器的读数分辨力一般可达到±0.1%，分辨力引入的不确定度可忽略。

$$U=2u_c=2\times\sqrt{2u^2(h)+2u^2(b)}=2\times\sqrt{2\times(0.03)^2+2\times(0.03)^2}\text{mm}=0.12\text{mm}$$

测量结果的扩展不确定度（$k=2$）为 0.12mm，比被检心电图机的最大允许误差小 1/3，可满足检定要求。

(三) 定量包装商品净含量的计量检验方法举例

【例 1】 以长度单位标注净含量商品的计量检验方法

依据 JJF 1070—2005《定量包装商品净含量计量检验规则》的规定，以长度单位标注净含量商品的计量检测方法有以下几种：

1. 仪器法

本方法适用于一般长度类商品，如电线等。

所用测量设备为专用长度检测仪器(计米器)，其滚轮直径、计数器等应经过检定或校准，整机计量性能满足要求。

检验步骤：

(1) 将样本单位置于仪器的两滚轮中，调整两滚轮之间的间距，使样本在滚轮之间做无相对滑动运动，由样本拖动滚轮旋转(或滚轮带动样本运动)。

(2) 调整计数器使其归零。

(3) 启动仪器，计数器自动记录样本前移而带动测量滚轮转动的圈数，当样本到尽头的瞬间，迅速读取计数器记录的圈数。

按规定填写原始记录，进行数据处理。

商品实际含量的计算公式：

$$实际含量(样本单位长度)=直径\times\pi\times转动圈数$$

最后按要求评定检验结果并出具检验报告。

2. 称重法

本方法适用于在全长范围内重量均匀分布的商品，如电缆等。

测量设备包括钢直尺、电子天平或电子秤等，其计量性能应满足要求。

检验步骤：

(1) 称重：逐个称重样本单位的重量(不含样本单位的包装物)。

(2) 拉直：如用拉力方法将样本单位的头、中、尾三部分长度分段拉直(不能有拉伸现象)。

(3) 定量截段并称重：用钢直尺和剪切设备在样本单位的头、中、尾三处分别准确量截单位长度(一般取 1m)，并称各段的重量，取其平均值作为样本单位的单位长度的重量。

按规定填写原始记录，并进行数据处理。

商品实际含量的计算公式：

$$实际含量(样本单位长度)=(单位长度/单位长度重量)\times样本单位重量$$

最后按要求评定检验结果并出具检验报告。

3. 直线法

本方法适用于易拉直且长度尺寸较小的商品，如壁纸等。一般长度小于 50m。

测量设备包括钢卷尺、钢直尺或激光测距仪等测长计量器具，其计量性能应满足要求。

检验步骤：

(1) 拉直：在足够的检验场地，用适当的方法如拉力法拉直样本单位(不能有拉伸现象)。

(2) 测量：用测长计量器具对样本单位进行整段或分段测量，分段应均匀，并能满足测量要求。其测量值或分段量值相加，即为样本单位的实际含量（长度）。

按规定填写原始记录，进行数据处理。最后按要求评定检验结果并出具检验报告。

【例 2】 以质量（重量）单位标注净含量商品的计量检验方法

依据 JJF 1070—2005《定量包装商品净含量计量检验规则》的规定，以质量（重量）单位标注净含量一般性商品的通用计量检验方法如下：

一般性商品的通用方法适用于奶粉、糖果、饼干等一般性商品。

检验用设备：秤或者天平，经检定合格，准确度等级和分度值应符合要求。

检验步骤：

1. 皮重一致性较好的商品

（1）首先在秤或者天平上逐个秤量每个样品的实际总量（GW_i）并记录结果。

（2）计算商品的标称总量（CGW）和实际含量（q）

$$标称总量(CGW)=标注净含量(Q_n)+平均皮重(\overline{P})$$

$$商品的实际含量(q_i)=实际总量(GW_i)-平均皮重(\overline{P})$$

（3）计算实际含量的偏差（D）

$$单件商品的实际含量偏差(D)=实际总量(GW_i)-标称总量(CGW)$$

或

$$单件商品的实际含量偏差(D)=实际含量(q_i)-标注净含量(Q_n)$$

注：实际含量偏差（D）为正值时，说明该件商品不短缺；实际含量偏差（D）为负值时，说明该件商品为短缺商品（下同）。

2. 其他商品

（1）测定总量（GW）

在秤或者天平上逐个称量每个样品的实际总量（GW_i）并记录结果。

（2）测定皮量（P）

在秤或者天平上按顺序称量每个已打开包装样品的皮重（P_i），记录结果并与总量结果对应。

（3）计算商品的实际含量（q）

$$商品的实际含量(q_i)=实际总量(GW_i)-皮重(P_i)$$

（4）计算实际含量的偏差（D）

$$单件商品的实际含量偏差(D)=实际含量(q_i)-标注净含量(Q_n)$$

按规定填写原始记录，进行数据处理。最后按要求评定检验结果并出具检验报告。

习题及参考答案

一、习　题

（一）思考题

1. 什么是检定？

2. 检定的对象是什么？

3. 检定的目的是什么？

4. 检定工作内容包括哪些？

5. 什么是校准？

6. 校准的对象是什么？

7. 校准的目的是什么？

8. 校准工作的内容包括哪些？

9. 检定与校准有什么联系与区别？

10. 法定计量检定机构计量检定人员所从事的检测工作包括哪些？

11. 检定的适用范围是什么？

12. 计量法规定的检定工作的原则是什么？

13. 检定按管理环节可分为哪几类？

14. 检定按管理性质可分为哪几类？

15. 什么是首次检定？其对象和目的是什么？

16. 什么是后续检定？其对象和目的是什么？

17. 什么是周期检定？其对象和目的是什么？

18. 什么是进口检定？其对象和目的是什么？

19. 什么是仲裁检定？其对象和目的是什么？

20. 什么是强制检定？其对象和目的是什么？

21. 承担强制检定的机构应具备什么条件？

22. 强制检定工作的要求是什么？

23. 什么是非强制检定？其对象和目的是什么？

24. 为什么在检定、校准之前要弄清顾客的需求？如何弄清顾客的需求？

25. 检定工作必须依据什么进行？

26. 校准工作必须依据什么进行？

27. 计量器具新产品或进口计量器具型式评价必须依据什么进行？

28. 定量包装商品净含量检验必须依据什么进行？

29. 检定、校准、检测依据的标准方法指什么？举例说明。

30. 检定、校准、检测依据的非标准方法指什么？举例说明。

31. 当没有国家计量校准规范时，可依据什么实施校准？

32. 对检定、校准、检测方法的确认是什么？确认工作的内容有哪些？确认可以采用哪些技术方法？

33. 何谓方法文件的有效版本？

34. 为什么要对方法文件的有效版本进行控制？

35. 如何确定某方法文件是否为有效版本？

36. 为什么要编写作业指导书？怎样编写？怎样管理？

37. 对检定、校准、检测人员的资质有什么要求？

38. 检定、校准、检测人员培训的内容包括哪些？

39. 检定、校准、检测人员的基本职责是什么？

40. 为什么要有监督人员对检定、校准、检测工作实施监督？什么人可以当监督人员？

41. 进行检定、校准时应选择什么样的计量标准？

42. 应如何配备进行检定、校准和检测的仪器设备？

43. 实施检定、校准、检测时的环境条件指什么？为什么要规定环境条件要求？

44. 如何使环境条件满足规程、规范的要求？

45. 什么是检定、校准、检测的原始记录？它必须满足什么要求？

46. 如何设计原始记录的格式？举例说明。

47. 原始记录应包括哪些信息？

48. 原始记录的书写要求是什么？当出现记录错误时如何修改？

49. 为什么要保存原始记录？如何进行保存和管理？

50. 如何评定检定结果？

51. 如何评定校准结果？

52. 如何评定型式评价结果？

53. 如何评定定量包装商品净含量检验结果？

54. 为什么要对检定、校准、检测结果进行核验？核验工作的内容是什么？

55. 检定、校准、检测过程中出现异常情况如何处置？

56. 什么是校准测量能力？

57. 是否每一次校准都必须达到校准测量能力的要求？

58. 什么是检定周期、校准间隔？如何确定检定周期、校准间隔？

59. 如何编制单位内部周期检定、校准计划？

60. 承担强制检定任务的机构如何编制强制检定计划？

61. 对计量标准器具和测量仪器的管理包括哪些环节？

62. 仪器设备购置环节应注意哪些问题？

63. 仪器设备验收环节应注意哪些问题？

64. 怎样对仪器设备进行标识和建立设备档案？

65. 怎样组织对本单位使用的仪器设备的检定和校准？检定和校准完成后应做好哪些后续工作？

66. 仪器设备的状态标识是什么？应如何使用？

67. 怎样对仪器设备进行正确使用和维护保养？需做什么记录？

68. 什么是期间核查？为什么要进行仪器设备的期间核查？

69. 仪器设备的修理、改装和报废应办理什么手续？应做好什么记录？

70. 如何保证仪器设备处于受控状态？

71. 仲裁检定应如何实施？其法律地位是什么？

72. 校准结果测量不确定度如何评定？

73. 对以质量(重量)单位标注净含量商品应如何进行计量检验？

74. 测量仪器符合性评定的基本要求是什么？

(二) 选择题(单选)

1. 计量检定的对象是指__________。

　A. 包括教育、医疗、家用在内的所有计量器具

　B. 列入《中华人民共和国依法管理的计量器具目录》的计量器具

　C. 企业用于产品检测的所有检测设备

　D. 所有进口的测量仪器

2. 处理计量纠纷所进行的仲裁检定以__________检定的数据为准。

　A. 企事业单位最高计量标准　　B. 经考核合格的相关计量标准

　C. 国家计量基准或社会公用计量标准　　D. 经强制检定合格的工作计量器具

3. 定量包装商品净含量的检验应依据__________进行。

A. 产品标准　B. 检定规程

C. 定量包装商品净含量计量检验规则　D. 包装商品检验大纲

4. 检定或校准的原始记录是指__________。

A. 当时的测量数据及有关信息的记录

B. 记在草稿纸上，再整理抄写后的记录

C. 先记在草稿纸上，然后输入到计算机中保存的记录

D. 经整理计算出的测量结果的记录

5. 型式评价应依据__________。

A. 产品规范，评价其是否合格

B. 计量检定规程，评价其计量特性是否合格

C. 校准规范，评价计量器具的计量特性和可靠性

D. 型式评价大纲，评价所有的项目是否均符合型式评价大纲要求，提出可否批准该型式的建议

（三）选择题（多选）

1. 强制检定的对象包括__________。

A. 社会公用计量标准器具

B. 标准物质

C. 列入《中华人民共和国强制检定的工作计量器具目录》的工作计量器具

D. 部门和企业、事业单位使用的最高计量标准器具

2. 测量仪器检定或校准后的状态标识可包括__________。

A. 检定合格证　B. 产品合格证　C. 准用证　D. 检定证

3. 对检定、校准证书的审核是保证工作质量的一个重要环节，核验人员对证书的审核内容包括__________。

A. 对照原始记录检查证书上的信息是否与原始记录一致

B. 对数据的计算或换算进行验算并检查结论是否正确

C. 检查数据的有效数字和计量单位是否正确

D. 检查被测件的功能是否正常

4. 检定工作完成后，经检定人员在原始记录上签字后交核验人员审核，以下__________情况核验人员没有尽到职责。

A. 经核验人员检查，在检定规程中要求的检定项目都已完成，核验人员就在原始记录上签名

B. 核验人员发现数据和结论有问题，不能签字并向检定人员指出问题

C. 由于对检定人员的信任，核验人员即刻在原始记录上签名

D. 核验人员发现检定未依据最新有效版本的检定规程进行，原始记录中如实填写了老版本，核验人员要求检定员在原始记录中改写为新版本号

二、参考答案

（一）思考题（略）

（二）选择题（单选）：1. B；　2. C；　3. C；　4. A；　5. D。

（三）选择题（多选）：1. A D；　2. A C；　3. A B C；　4. A C D。

第二节 检定证书、校准证书和检测报告

一、证书、报告的分类

各类检定、校准、检测完成后，应根据规定的要求以及实际检定、校准或检测的结果，出具检定证书、检定结果通知书、校准证书(校准报告)、检测报告。证书、报告应有规定的格式，使用 A4 纸，用计算机打印。要求术语规范、用字正确、无遗漏、无涂改、数据准确、清晰、客观，信息完整全面、结论明确。证书、报告经检定、校准、检测人员、核验人员、签发人员签字，加盖公章后发出。对各类不同的证书、报告有如下特殊要求：

(一) 检定证书和检定结果通知书

凡是依据计量检定规程实施检定的，检定结论为“合格”的出具检定证书。每一种计量器具的检定证书应符合其计量检定规程的要求。证书名称为“检定证书”。其封面内容包括：证书编号、页号和总页数；发出证书的单位名称；委托方或申请方单位名称；被检定计量器具名称、型号规格、制造厂、出厂编号；检定结论(应填写“合格”或在“合格”前冠以准确度等级)；检定、核验、主管人员用墨水笔签名；检定日期：×年×月×日；有效期至：×年×月×日。检定证书的内页中应包括如下内容：每页的页号和总页数；本次检定的原始记录号；本次检定依据的计量检定规程名称及编号；本次检定所使用的计量标准器具和配套设备的名称、型号、编号、检定或校准证书号(有效期)、技术特征(如准确度等级、量值的不确定度或最大允许误差)；检定的地点(如本实验室或委托方现场)；检定时的环境条件(如温度值、湿度值)；检定规程规定的检定项目(如外观检查、各种计量特性、示值误差等)的结论和数据。如果检定过程中对被检定对象进行了调整或修理，应注明经过调修，并尽可能给出调修前后的检定结果。还应包括检定规程要求的其他内容。检定证书内容表达结束，应有终结标志。

当检定结论为“不合格”时，出具证书名称为“检定结果通知书”。其结论为“不合格”或“见检定结果”，只给出检定日期，不给有效期，在检定结果中应指出不合格项。其他要求与“检定证书”相同。

(二) 校准证书

凡依据国家计量校准规范，或非强制检定计量器具依据计量检定规程的相关部分，或依据其他经确认的校准方法进行的校准，出具的证书名称为“校准证书”(或“校准报告”)。

校准证书一般应包含以下信息：证书编号、原始记录号、页号和总页数、发出证书单位的名称地址、委托方的名称地址；被校准计量器具或测量仪器的名称、型号规格、制造厂、出厂编号；校准、核验、批准人员用墨水笔签名(批准人的职务可以打印)；被校准物品的接收日期：×年×月×日、校准日期：×年×月×日、本次校准依据的校准方法文件名称及编号；本次校准的原始记录号；本次校准所使用的计量标准器具和配套设备的名称、型号、编号、检定或校准证书号(有效期)、技术特性(如准确度等级、量值的不确定度或最大允许误差)；校准的地点(如本实验室或委托方现场)；校准时的环境条件(如温度值、湿度值)；依据校准方法文件规定的校准项目(如示值误差、修正值或其他参数)的结果数据及其测量不确定度。如果校准过程中对被校准

对象进行了调整或修理，应注明经过调修，并尽可能给出调修前后的校准结果。关于校准间隔，如果是计量标准器具的溯源性校准，应按照计量校准规范的规定给出校准间隔。一般，校准证书上不给出校准间隔的建议。当顾客有要求时，也可在校准证书上给出校准间隔。校准证书内容表达结束，应有终结标志。

（三）检测报告

(1) 进行计量器具新产品或进口计量器具型式评价试验后，应依据 JJF 1015—2002《计量器具型式评价和型式批准通用规范》附录 C 的要求，出具“计量器具型式评价报告”。型式评价报告内容包括：报告编号、计量器具新产品或进口计量器具的名称、型号规格、样机数量和每件样机的编号、申请型式评价单位的名称地址、样机接收日期、试验日期和报告发出日期、申请和委托情况（申请书编号、联系人信息、委托单位信息等）、承担型式评价单位信息、型式评价依据的技术文件、型式评价试验地点及其环境条件、使用的计量标准器具和其他测量设备的信息、每个试验项目的测量数据和结论、型式评价的总结论、检测人员、审核人员、批准人员的签名。

(2) 进行定量包装商品净含量检验时，依据 JJF 1070—2005《定量包装商品净含量计量检验规则》的“附录 J：定量包装商品净含量检验报告格式”，出具“定量包装商品净含量检验报告”。检验报告包括报告编号、商品名称、型号规格、受检单位名称、生产单位名称、检验类别、检验单位印章、检验单位声明、检验单位的联系方式、投诉电话、抽样情况、检验条件、检验依据、检验结果、总体结论、报告说明以及主检人员、审核人员、批准人员的签名、职务、日期。

二、校准证书中测量不确定度的表述要求

校准证书中测量不确定度的表述应依据国家计量技术规范 JJF 1059—1999《测量不确定度评定与表示》，使用的术语符号应与该技术规范相一致，遵循该技术规范对测量不确定度的报告与表示的规定。同时需注意以下几点：

(1) 在校准证书中给出的测量不确定度，必须指明是合成标准不确定度，还是扩展不确定度，以及对应于校准结果的具体参数。例如：“示值误差的测量结果的扩展不确定度为……”，“交流电压校准值××V 的扩展不确定度为……”。

(2) 当被校准结果有多个同等重要的参数时，应分别给出各个参数的测量结果不确定度。

(3) 当测量结果的测量不确定度在整个测量范围内差异不大，在满足量值传递要求的前提下，整个测量范围内的测量不确定度可取最大值。其最大值点的位置可能在测量范围的上限点也可能在测量范围的下限点或其他部位，要根据具体情况进行分析。

当整个测量范围的测量不确定度有明显的差异或有变化规律时，不能以一个值代表整个测量范围的不确定度，而应以函数形式或分段给出，或每个校准点都给出相应的测量不确定度。

(4) 当被校准的对象是计量标准器具，且测量结果的可能值接近正态分布时，应通过估算有效自由度 ν_{eff}，取适当的置信水平（包含概率）p（通常取 $p=95\%$），查表得 t 分布临界值即 k_p，求得扩展不确定度 U_p。在校准证书上应给出扩展不确定度 U_p 和置信水平（包含概率）p，以及有效自由度 ν_{eff} 的值，以便于使用该计量标准器具进行下一级检定或校准时评定测量不确定度时引用。当不估算自由度直接取 k 值（通常取 $k=2$），得到扩展不确定度 U 时，应在校准证书上同时给出扩展不确定度 U 和包含因子 k 的值。

(5) 校准证书中的扩展不确定度只保留 1 位或 2 位有效数字。当第 1 位有效数字是 1 或 2 时，最好保留 2 位有效数字。其余情况可以保留 1 位或 2 位有效数字。保留的末位有效数字后面一位非零数字的舍入，比较保险的做法是只入不舍。

(6) 测量结果与其扩展不确定度的修约间隔应相同，即对测量结果数值进行修约时，其末位应与扩展不确定度的末位对齐。

三、证书、报告的审核和批准

证书、报告的审核和批准是由授权签字人实施的，是对证书、报告的最终质量把关。经授权签字人签字后，证书、报告才可以发出。鉴于授权签字人是证书、报告所承担法律责任的主要责任人，因此应由具有较高的理论和技术水平、责任心强、对本专业技术负责的人员承担。审核人员只能审核本人熟悉专业的授权范围内的证书、报告，对证书、报告的正确性负责。检定证书、检定结果通知书、校准证书由检定、校准人员完成并签名，经核验人员核验并签名，交证书、报告的授权签字人（一般为该专业实验室的技术主管）作最后的审核，经审核无误签名批准发出。型式评价报告应按规定由检测人员完成报告并签名，经审核人员审核并签名，交报告的授权签字人（一般为机构的技术负责人）作最后审核，经审核无误时签名批准发出。

四、证书、报告的修改和变更

当已发布的证书、报告需要修改时，可以两种方式进行修改：一种是追加文件，另一种是重新出具一份完整的新的证书、报告。

采用追加文件时，追加文件上应声明“此文件是对证书（报告）编号××××的检定证书（或检定结果通知书，或校准证书，或检测报告）的补充”。追加文件也应符合有关证书、报告的要求，由检测人员、核验人员、批准人员签名，并加盖公章后发出。原证书或报告不收回。采用追加文件进行更正适用的情况是原证书报告的内容是正确的，只是不够完整，漏掉了一部分内容。

如果原证书或报告存在不正确的内容，则需要重新出具一份完整的新的证书或报告代替原证书或报告。这种情况又分为两种：一种是试验方法正确，原始记录可靠，但存在数据处理或结论判断错误，或在数据转移到证书、报告上时有错漏，或存在各种打印错误，这时只需将错误信息更正后重新打印一份完整的证书、报告；另一种是试验方法有误，或缺少部分项目信息，这时需要重新进行检定、校准或检测，根据新的测量结果重新出具一份完整的证书、报告。无论哪种情况，重新出具的证书、报告都要重新编号，并在新的证书、报告上声明：“本证书（报告）代替证书（报告）编号××××的检定证书（或检定结果通知书，或校准证书，或检测报告）。”同时说明“（被修改的）证书（报告）编号××××的检定证书（或检定结果通知书，或校准证书，或检测报告）作废”。

被代替的作废证书、报告原件应收回，并保存在有关部门，可作为分析有关技术问题或质量问题的重要记录。

【案例 1】 某检测机构的一台计量器具由一个具备资质的校准机构给予校准，并且出具了校准证书。该检测机构将校准证书保存在设备档案中。过了一个月，校准机构声称上次出具的证书有打印错误，为了改正，将重新出具的校准证书发给该检测机构。该检测机构将这份新证书也收在设备档案中。当使用这台计量器具的检测人员在分析计算检测结果的不确定度时，需要引用校准证书上的校准结果数据时，在设备档案中见到两份同一编号，同一日期出具的校准证书，然而校准结果数据不同，检测人员不知哪一个证书的数据是正确的。

【案例分析】 本案例的校准机构对已发到客户的出错证书没有按规定的程序进行更正，重新出具的新证书没有重新编号，没有明确的替换声明，未收回作废的证书，对客户造成了不良影响。依据 JJF 1069—2007《法定计量检定机构考核规范》第 7.11.9 条“证书和报告的修改”的有关规定，检定或校准机构发现已出具的证书或报告有错误时，可以追加一份证书的补充件。这份补充件上应明确声明：“此文件是对证书（报告）编号××××的检定证书（或检定结果通知书，或校准证书，或检测报告）的补充。”追加的补充文件也应符合有关证书、报告的要求，由检测人员、核验人员、批准人员签名，并加盖公章后发出。原证书或报告不收回，采用补充件进行更正适用于原证书报告的内容是正确的，只是不够完整，漏掉了一部分内容。如果原证书存在不正确的内容，就需要重新出具一份完整的新的证书或报告，将原证书或报告收回。重新出具的证书、报告都要重新编号，不可使用原来出错的证书号，以免客户混淆。并且必须在新的证书、报告上声明：“本证书（报告）代替证书（报告）编号××××的检定证书（或检定结果通知书，或校准证书，或检测报告）。”同时说明“（被修改的）证书（报告）编号××××的检定证书（或检定结果通知书，或校准证书，或检测报告）作废”。如果没有重新进行检定、校准实验的话，证书或报告上的检定或校准日期仍用原证书上的日期，如果重新进行了检定或校准实验，则检定或校准日期应填写重新实验的日期。这样做的结果使客户明确区分出错的证书和正确的证书，不会因混淆而影响测量结果。

【案例 2】 某企业送了一批计量器具到计量检定机构进行检定。企业提出要求检定机构出具检定证书时将检定日期写成三个月前的日期，因为这些计量器具已超过检定有效期三个月了。

【案例分析】 依据 JJF 1069—2007《法定计量检定机构考核规范》第 7.11.1 条规定：“机构应准确、清晰和客观地报告每一项检定、校准和检测结果所必需的和所用方法要求的全部信息。”计量检定机构应拒绝客户的不合理要求，按实际检定日期出具检定证书，保证证书的真实性，既是对客户负责，也是对检定机构的自我保护。出具检定证书是一件十分严肃的事情，证书上的信息必须真实，检定机构要对出具的证书承担责任。如果将检定日期提前了三个月，既不符合事实，而且在真正的检定日期之前的这三个月内，计量器具并未经过检定，使用这些未经检定的计量器具得到的测量结果是否准确，检定机构是无法负责的。假如在这三个月内由于计量器具的失准造成了损失，甚至事故，追究起来，计量检定机构及其检定人员就要承担证书造假的违法责任。

五、证书、报告的质量保证

（一）检定、校准、检测结果的质量控制

检定、校准、检测人员应对检定、校准、检测结果进行监控，及时发现测量数据的变化趋势。如果可行，应采用统计技术对结果进行审查。监控的方法包括：

(1) 定期使用一级或二级有证标准物质进行内部质量控制;

(2) 参加实验室间的比对或能力验证计划;

(3) 利用相同或不相同方法进行重复检定、校准或检测;

(4) 对保留的被测件进行再检定、校准或检测;

(5) 分析一个被测件不同特性结果间的相关性。

检定、校准、检测人员应结合所进行工作的类型和工作量选用其中的一种或几种方法,也可采用其他有效的方法。对所选用的方法制定出可操作的文件,并制定监控工作计划,按计划执行,并保存记录。还要对监控计划执行的结果进行分析,发现质量问题时,一定要采取纠正措施,防止问题再次出现。

(二) 证书、报告常见错误分析及处理

(1) 测量结果数据从原始记录转移到证书、报告时发生错漏;用计算机打印证书、报告时,拷贝上一次证书、报告改成下一次证书、报告时,该修改的信息没有修改;法定计量单位不符合规定的使用规则等。

对这一类错误要采取有效措施,确保在打印证书、报告时只可以拷贝空白的证书模板,不得拷贝原有数据。并通过加强证书的审核来避免,核验人员必须尽到责任,授权签字人也要把好审核最后一关。加强对法定计量单位使用规则的学习,特别注意符号字母的大小写,量的符号为斜体,计量单位符号为正体。

(2) 证书、报告的项目未满足规程、规范等技术文件的要求;未经批准和顾客同意减少了检定、校准、检测项目;结论不明确;有准确度等级的计量器具的检定证书结论只写"合格",未指明符合几等几级等。

这样的证书、报告错误要认真分析,必要时需做补充实验,或整个实验重做。对这一类错误应通过加强对规程、规范等技术文件的学习理解,和增强执行规程、规范的意识来消除。

(3) 证书、报告中测量不确定度的表达不规范,未指明是什么参数的什么测量结果的不确定度,测量不确定度信息不全,测量结果与其不确定度的有效位数不合适等。

对这一类错误,要通过加强学习理解 JJF 1059—1999《测量不确定度评定与表示》,并认真贯彻来解决。

六、证书、报告的管理

(一) 证书、报告管理制度

对证书、报告的管理应制定证书、报告的管理制度或管理程序。管理制度或管理程序应包括以下环节:证书、报告格式的设计印刷;证书、报告的编号规则;证书、报告的内容和编写要求;证书、报告的核验、审核和批准要求;证书、报告的修改规定;证书、报告的电子传输规定;证书、报告的副本保存规定;为顾客保密的规定等。对每一环节要明确规定管理要求、管理职责、操作步骤以及所需要的表格。这些管理制度或管理程序都应认真执行。

(二) 证书、报告副本的保存

证书、报告是检定、校准、检测工作的结果,是承担法律责任的重要凭证,对发出的证书、报

告必须保留副本，以备有需要时查阅。如发生伪造证书、报告，或篡改证书、报告上的数据等违法行为时，将以证书、报告的副本为依据，对这些违法行为进行揭露和处理。

保留的证书、报告副本必须与发出的证书、报告完全一致，维持原样不得改变。证书、报告副本要按规定妥善保管，便于检索。规定保存期，到期需办理批准手续，按规定统一销毁。证书、报告副本可以是证书、报告原件的复印件，也可以保存在计算机的软件载体上。存在计算机中的证书、报告副本应该进行只读处理，不论哪一种保存方式，都要遵守有关的证书、报告副本保存规定。

【案 例】 某企业购买了一台进口计量器具。企业要求供货商提供检定证书。供货商提供了某省级法定计量检定机构出具的检定证书复印件，供货商称原件由他们保存。企业在对这台进口计量器具进行验收时，发现该设备工作不正常，出具的数据严重超差，是一台不合格的设备。企业不明白，为什么对如此不合格设备，某省级计量检定机构却出具了检定证书，怀疑没有经过认真检定，于是企业向这家计量检定机构提出投诉。

【案例分析】 依据计量法第 28 条规定："制造、销售、使用以欺骗消费者为目的的计量器具的，没收计量器具和违法所得，处以罚款；情节严重的，并对个人或者单位直接责任人员按诈骗罪或者投机倒把罪追究刑事责任。"本案例中企业向这家计量检定机构提出了投诉，这家省级法定计量检定机构收到此投诉后，应首先进行调查。检定机构请企业出示这台设备的检定证书。企业出示供货商提供的检定证书复印件以后，检定人员根据证书复印件上的证书编号，查找保存的原证书副本和检定原始记录。将企业出示的证书复印件与保存的证书副本和原始记录仔细对照发现，企业出示的证书复印件上被检计量器具的出厂编号与原证书副本和原始记录均不同。经分析确认是供货商将已检计量器具的证书上被检计量器具出厂编号盖掉，改成卖给企业这台计量器具的出厂编号后复印出来交付企业的，而实际上企业买到的这台设备并未经过检定。根据计量检定机构提供的原证书副本和检定原始记录，戳穿了供货商伪造检定证书的违法行为。计量检定机构将有关证明材料反映给当地政府技术监督部门，由技术监督部门对违法供货商依据计量法进行了查处。供货商将检定证书部分盖掉，并替换了内容后，复制成检定证书复印件交付顾客，属伪造检定证书后销售计量器具的欺骗和违法行为，要依法进行揭露和给以制裁，维护消费者的合法权益。这样做也提高了计量检定机构的信誉。

七、计量检定印、证

开展计量检定工作使用的印、证，应执行国务院计量行政部门制定的《计量检定印、证管理办法》。

(一) 计量检定印、证的种类和使用

计量检定印、证包括：

(1) 检定证书：证明计量器具已经过检定并获满意结果的文件；

(2) 检定结果通知书：声明计量器具不符合有关法定要求的文件；

(3) 检定合格证：给经检定合格的计量器具出具的合格标签；

(4) 检定合格印：在经检定合格的计量器具上加的显示该计量器具检定合格的印记，或表示封缄的印记，如錾印、喷印、钳印、漆封印；

(5) 注销印:计量器具经检定不合格时,在原检定证书、检定合格印、证上加盖的注销标记。

计量器具经检定合格的,由检定单位按照计量检定规程的规定,出具检定证书、检定合格证,或加盖检定合格印。计量器具经周期检定不合格的,由检定单位出具检定结果通知书或注销原检定合格印、证。计量器具在检定周期内抽检不合格的,应注销原检定证书,或检定合格印、证。出具检定证书、检定结果通知书应加盖检定机构的检定专用章。检定印、证应保持清晰完整,残缺、磨损的应停止使用。计量检定印、证应有专人保管,建立用印、用证管理制度。

(二) 使用计量检定印、证的法律责任

上述计量检定印、证是评定计量器具的性能和质量是否符合法定要求的技术判断和结论,是计量器具能否销售、能否使用的凭证。伪造、盗用、倒卖强制检定印、证的属违法行为,将依法追究法律责任。经计量基准、社会公用计量标准检定出具的计量检定印、证,是一种具有权威性和法制性的标记或证明,在调解、仲裁、审理、判决计量纠纷和案件时,可作为法律依据,具有法律效力。

【案 例】 某市质量技术监督局接到举报,内容涉及仪器销售商在销售计量器具时,伪造某法定计量检定机构的检定证书。质量技术监督局派出稽查人员前往调查。仪器销售商称他们给客户的检定证书真是某法定计量检定机构出具的,并出示了这些证书。稽查人员仔细观察这些证书,见上面印有某法定计量检定机构的名称,有检定员、核验员、主管的签名,盖有该机构检定专用章钢印,决定带回进一步调查。

【案例调查与分析】 稽查人员将这批证书带回,要求出具证书的法定计量检定机构核实证书的真实性。这个法定计量检定机构未规定保存证书副本,他们只能通过检查这些证书原件来判定。在检查中发现,证书的纸质、大小、印刷格式与本单位证书相同,上面的检定专用章钢印也与本单位的完全一样,检定员、核验员、主管的名字确是本单位的人员,但签名笔迹与其本人笔迹有明显差别。向这些涉及的人员了解,他们都表示从未检定过这些计量器具,且没有相关的原始记录。由此可以判断,这些计量器具没有经过该机构检定,但证书和钢印却是真的。那么这些证书是怎样出具的呢? 该检定机构对内部管理进行了严格的检查,最后发现由于证书和钢印的管理不严,销售商通过机构内部人员弄到盖了钢印的空白证书,然后模仿检定机构填写了这些证书,并伪造了有关人员的签名,打算在销售仪器时将这些证书交付顾客。根据调查结果,该市质量技术监督局依法对伪造检定证书的销售商进行了查处。同时责成有责任的法定计量检定机构对这一事件严肃处理。该法定计量检定机构认真检讨了自身的管理问题,制定了严格的证书和印章管理制度,做出了保存证书、报告副本的规定,对向销售商提供盖了钢印的空白证书的本机构人员给予了行政处分和经济处罚,对全体职工以此事件为例,进行了职业道德教育,以杜绝此类事件的发生。

任何人不得伪造检定证书,伪造证书属违法行为,必须依法惩处。检定或校准机构必须对证书、印章和人员进行严格管理。

八、检定证书和原始记录举例

请在信息齐全、记录格式、书写规范等方面,评价以下检定证书及原始记录实例。

【例 1】 量块的计量检定证书及其原始记录

1. 证书封面

×××计量检测科学研究院

检　　定　　证　　书

证书编号：×××××号

送　检　单　位　×××××××××××

计 量 器 具 名 称　量块

型　号 / 规　格　(5.12～100)mm　20 块

出　厂　编　号　××××××

制　造　单　位　××××××

检　定　依　据　JJG 146—2003

检　定　结　论　准予作五等量块使用

批　准　人　×××

核　验　员　×××

检　定　员　×××

检定日期　××××　年　×　月　×　日

有效期至　××××　年　×　月　×　日

计量检定机构授权证书号：×××××××××　电话：××××××

地址：××××××××××××××　邮编：××××××

传真：××××××　E-mail：××××××

2. 证书内页

×××计量检测科学研究院

证书编号：×××××号　　　　第 2 页共 2 页

×××计量检测科学研究院是依法设置的法定计量检定机构		
检定依据	JJG 146—2003《量块》	
计量标准名称	二等量块标准装置	
不确定度/准确度/最大允许误差	标准量块：二等；比较仪 MPE：±(0.01+0.005A)μm，比较仪 MPE：±(0.03+1.5$ni\Delta\lambda/\lambda$)μm	
社会公用计量标准证书	编　号	×××××
	有效期至	×××××
计量标准溯源性	本次测量所用的计量标准可溯源到长度国家基准	
检定地点	×××计量检测科学研究院长度实验室	
环境条件	温度：20.4 ℃	

检　定　结　果

实际尺寸		实际尺寸		实际尺寸	
mm	μm	mm	μm	mm	μm
5.12	−1.3	40.36	−0.4	75	−0.8
10.24	−3.6	46.5	−0.2	80.12	+0.2
15.36	−2.5	50	−0.8	85.24	−1.3
21.5	−1.6	55.12	0.0	90.36	−0.2
25	−3.8	60.24	+0.2	96.5	−0.2
30.12	−0.4	65.36	+0.2	100	−0.6
35.24	−0.5	71.5	−0.4	/	/
测量结果不确定度：$U=0.50\mu m+5\times10^{-6}l_n$　$k=2.58$ ——以下空白——					

注：1. 本证书检定结果仅对该计量器具有效；

2. 本证书未加盖检定专用章无效；

3. 下次检定时请携带(出示)此证书。

未经授权，不得部分复印本证书。

3. 原始记录

（原始记录第 1 页）

原始记录编号：＿＿×××××＿＿＿＿＿　证书编号：××××＿＿

量块计量特性测量原始记录

测量类别：检定（√）　　校准（/）

计量标准名称：二等量块标准装置

主标准器名称：量块

出厂编号：××××

技术依据：JJG 146—2003《量块》

GB/T 6093—2001《长度标准　量块》几何量技术规程（GPS）

委托单位名称：××××××××××

委托仪器名称：量块　　生产单位：×××××××

出厂编号：×××××　　规格型号：(5.12～100)mm　20 块

原准确度等级：5 等　　结论：准予作＿5＿等量块使用

量块长度测量结果不确定度：$U=0.50\mu m+5\times10^{-6}l_n$　$k=2.58$

测量地点：××长度室××房间

环境条件：　温度：20.4℃

测量日期：×××年×月×日　　检定周期：/年

说明栏＿＿＿＿＿＿＿＿＿＿＿＿＿＿＿＿＿＿＿＿＿＿

检定员/校准员＿＿×××＿＿核验员＿×××＿计量器具委托单编号＿×××＿

（检定单位）

（原始记录第 2 页）

<table>
<tr><th>项　目</th><th colspan="4">要　求</th><th>结　果</th></tr>
<tr><td>外观（委托物品测量前状态）</td><td colspan="4">1. 使用中和修理后量块的测量面和侧面上，允许有不妨碍正常使用的划痕、碰伤和锈蚀
2. 成套量块的盒上应有清晰的产品名称、制造厂厂名或注册商标、出厂时的级别、量块编号和制造许可证标志</td><td>工作面有划痕</td></tr>
<tr><td rowspan="2">研合性</td><td>3 等
4 等</td><td colspan="3">量块与平面度为 0.1μm 的平晶相研合，当研合面在照明均匀的白光下观察时，可以有任何形状的光斑，但应无色彩</td><td>/</td></tr>
<tr><td>5 等</td><td colspan="3">量块与平面度为 0.1μm 的平晶相研合，当研合面在照明均匀的白光下观察时，可以有均匀的黄色彩，但应无光波干涉条纹</td><td>合格</td></tr>
<tr><td>量块长度偏差</td><td colspan="4">不大于 $4\mu m + 40\times10^{-6} l_n$</td><td>见下页</td></tr>
<tr><td rowspan="6">长度变动量/μm</td><td>标称尺寸 l_n/mm</td><td>3 等</td><td>4 等</td><td>5 等</td><td rowspan="6">见下页</td></tr>
<tr><td>$l_n \leqslant 10$</td><td>0.16</td><td>0.30</td><td>0.50</td></tr>
<tr><td>$10 < l_n \leqslant 25$</td><td>0.16</td><td>0.30</td><td>0.50</td></tr>
<tr><td>$25 < l_n \leqslant 50$</td><td>0.18</td><td>0.30</td><td>0.55</td></tr>
<tr><td>$50 < l_n \leqslant 75$</td><td>0.18</td><td>0.35</td><td>0.55</td></tr>
<tr><td>$75 < l_n \leqslant 100$</td><td>0.20</td><td>0.35</td><td>0.60</td></tr>
<tr><td rowspan="2">长度稳定度</td><td>3 等
4 等</td><td colspan="3">$\pm(0.05\mu m + 0.5\times10^{-6} l_n)$</td><td rowspan="2">合格</td></tr>
<tr><td>5 等</td><td colspan="3">$\pm(0.05\mu m + 1\times10^{-6} l_n)$</td></tr>
<tr><td>委托物品测量后状态</td><td colspan="5">工作面有划痕</td></tr>
</table>

（原始记录第 3 页）

量块检定记录

委托单位：×××	标准器名称：2 等量块
套规格：20 块（5.12～100）mm	标准器证书号：××××
量块产品号：×××流水号：70400558	标准器产品号：××××
量块不确定度：0.50μm+5.0×10^{-6} l_n	标准器不确定度：0.05μm+0.5×10^{-6} l_n
量块制造厂：××××	标准器制造厂：成量
量块检定和有效日期：××××	标准器有效日期：××××
检测技术依据：JJG 146—2003《量块》	标准数据文件：××××
检定数据文件名：××××　　湿度：/	辅助文件：/
证书号：××××　　结论：5 等	检定员：××××　　原 5 等

标称值 /mm	比较差 /μm	标准偏差 /μm	被测偏差 /μm	变动量 /μm	角 A /μm	角 B /μm	角 C /μm	角 D /μm	温度 /℃	块级	块等	编号	外观研合
5.12	−1.3	0.0	−1.3	+0.3	−0.2	0.0	0.0	−0.1	20.0	X	4		vh
10.24	−3.7	+0.1	−3.6	+0.4	−0.1	−0.2	+0.2	+0.2	20.0	X	5		vh
15.36	−2.5	0.0	−2.5	+0.3	+0.1	+0.1	−0.2	−0.1	20.0	X	5		vh
21.5	−1.6	+0.1	−1.6	+0.2	0.0	0.0	−0.1	−0.2	20.0	X	4		vh
25	−4.2	+0.3	−3.8	+0.2	+0.1	+0.2	0.0	0.0	20.0	X	4		vh
30.12	−0.3	0.0	−0.4	+0.1	0.0	0.0	−0.1	0.0	20.0	2	3		vh
35.24	−0.4	0.1	0.5	+0.3	0.0	+0.2	0.0	0.0	20.0	2	4		vh
40.36	−0.5	+0.1	−0.4	+0.2	0.0	0.0	+0.1	+0.2	20.0	2	4		vh
46.5	−0.3	0.0	−0.2	+0.2	0.0	+0.1	+0.2	+0.1	20.0	2	4		vh
50	−0.9	+0.1	0.8	+0.2	0.0	0.0	+0.2	+0.2	20.0	2	4		vh
55.12	−0.4	+0.4	0.0	+0.1	0.0	0.0	0.0	0.0	20.0	0	3		vh
60.24	+0.2	+0.1	+0.2	+0.1	0.0	0.0	0.0	0.0	20.0	1	3		vh
65.36	+0.1	0.0	+0.2	+0.1	+0.1	0.0	+0.1	0.0	20.0	1	3		vh
71.5	−0.3	−0.1	−0.4	+0.2	0.0	+0.1	+0.2	+0.2	20.0	2	4		vh
75	−0.8	0.0	−0.8	+0.2	0.0	0.0	0.0	+0.1	20.0	2	4		vh
80.12	+0.2	0.0	+0.2	+0.2	+0.2	0.0	0.0	+0.2	20.0	1	3		vh
85.24	−1.3	0.0	−1.3	+0.5	−0.4	−0.1	+0.2	0.0	20.0	3	5		vh
90.36	−0.1	0.0	−0.2	+0.2	−0.1	0.0	+0.1	0.0	20.0	2	4		vh
96.5	−0.2	0.0	−0.2	+0.2	0.0	+0.2	0.0	+0.2	20.0	1	3		vh
100	−0.5	0.0	−0.6	+0.3	+0.2	+0.2	−0.1	+0.2	20.0	2	4		vh

外观和研合性符号例：h 划痕　p 碰伤　u 锈斑　v 研合性合格　x 研合性不合格　* 修理

【例 2】　交流电压表检定证书

1. 证书封面

×××计量检测科学研究院

检　定　证　书

证书编号：×××××号

送　检　单　位：×××××××××××

计量器具名称：交流电压表

型　号／规　格：T15-V

出　厂　编　号：×××××

制　造　单　位：××××××××××××

检　定　依　据：JJG 124—2005

检　定　结　论：0.5 级合格

批准人：×××

核验员：×××

检定员：×××

检定日期　××××　年　×　月　×　日

有效期至　××××　年　×　月　×　日

计量检定机构授权证书号：××××××××××　　电话：××××××

地址：×××××××××××　　邮编：××××××

传真：××××××　　E-mail：×××××××

2. 证书内页

（证书内页 1）

×××计量检测科学研究院

证书编号：××××× 号　　　　第 2 页共 3 页

<table>
<tr><td colspan="3">×××计量检测科学研究院是依法设置的法定计量检定机构</td></tr>
<tr><td>检定依据</td><td colspan="2">JJG 124—2005《电流表、电压表、功率表及电阻表》</td></tr>
<tr><td>计量标准名称</td><td colspan="2">数字功率表标准装置</td></tr>
<tr><td>不确定度/准确度/最大允许误差</td><td colspan="2">0.01%～0.05%(k=2)；相位 MPE：±0.005°</td></tr>
<tr><td rowspan="2">社会公用计量标准证书</td><td>编　号</td><td>××××××××××××</td></tr>
<tr><td>有效期至</td><td>××××××</td></tr>
<tr><td>计量标准溯源性</td><td colspan="2">本次检定所用计量标准可溯源至电压国家标准</td></tr>
<tr><td>检定地点</td><td colspan="2">×××计量检测科学研究院电学实验室</td></tr>
<tr><td>环境条件</td><td colspan="2">温度：20.0 ℃；相对湿度：45 %；其他 /</td></tr>
</table>

注：1. 本证书检定结果仅对该计量器具有效；

2. 本证书未加盖检定专用章无效；

3. 下次检定时请携带（出示）此证书。

未经授权，不得部分复印本证书。

（证书内页 2）

×××计量检测科学研究院

证书编号：×××××号　　　　第 3 页共 3 页

检　定　结　果

一、外观：合格

二、基本误差和升降变差：

量　程	示　值	修正值
	格	格
150V	30	−0.1
	40	0.0
	50	−0.3
	60	0.1
	70	−0.3
	80	−0.2
	90	−0.1
	100	−0.4
	110	−0.3
	120	−0.2
	130	−0.2
	140	−0.4
	150	−0.4
300V	100	0.3
	150	0.1
600V	100	0.0
	150	0.4

最大基本误差：0.3%　　最大升降变差：0.1%

三、偏离零位：合格

测量结果不确定度：$U_{rel}=0.1\%$　（$k=2$）

注：1. 本证书检定结果仅对该计量器具有效；

2. 本证书未加盖检定专用章无效；

3. 下次检定时请携带（出示）此证书。

3. 原始记录

(原始记录第 1 页)

原始记录编号:×××××××　　证书编号:××××

交流电压表　计量特性测量原始记录 CNAS(　　)

测量类别:检定(○)　校准(　　)

计量标准名称:数字功率表标准装置

测量范围:(0.1～750)V;0.1A～50A。$U_{rel}=1\times10^{-4}(k=2)$

技术依据:JJG 124—2005《电流表、电压表、功率表及电阻表》

主标准器名称:9080A 交直流标准表(　　)　　RT812 多功能电表校验装置(○)
5520A 多功能标准源(　　)

委托单位名称　×××××××××××　结论　0.5 级合格

生产单位　×××××××××××　准确度　～0.5

规格型号　T15-V　出厂编号　××××××

环境条件　温度:20.0 ℃　湿度:45 %RH

示值误差测量结果不确定度($k=2$):$U_{rel}=5\times10^{-4}$(　　)1×10^{-3}(○)

一、外观检查:合格(○)不合格(　　)状态说明:

二、基本误差和升降变差检定:

被检表示值		标准器读数(/V)		平均值/格	修正值/格	备　注
量程	示值/格	上升	下降			
150V	30	29.86	29.91	29.88	−0.1	
	40	39.95	39.97	39.96	0.0	
	50	49.76	49.67	49.72	−0.3	
	60	60.11	60.09	60.10	0.1	
	70	69.67	69.63	69.65	−0.3	
	80	79.77	79.76	79.76	−0.2	
	90	89.91	89.90	89.90	−0.1	
	100	99.54	99.58	99.56	−0.4	
	110	109.67	109.70	109.68	−0.3	
	120	119.81	119.83	119.82	−0.2	
	130	129.80	129.81	129.80	−0.2	
	140	139.60	139.63	139.62	−0.4	
	150	149.60	149.60	149.60	−0.4	
300V	100	199.48		99.74	0.3	
	150	299.84		149.92	0.1	
最大基本误差:0.3%　　最大升降变差:0.1%						

三、偏离零位:$\Delta=0$(mm)　标尺长度=　(mm)　合格(○)不合格(　　)

测量地点:××××××××××　(○)现场:(　　)

测量日期××××年×月××日　检定周期:1 年

检定员/校准员　×××　核验员　×××　计量器具流转单编号　××××

（原始记录第 2 页）

二、基本误差和升降变差检定(续)：

被检表示值		标准器读数/V		平均值/格	修正值/格	备　注
量程	示值/格	上升	下降			
600V	100	400.1		100.02	0.0	
	150	601.5		150.38	0.4	

委托物品测量后状态：同测量前(○)。

注：括号内画“○”为选中；空白或画“×”表示非选中。

（检定单位）

【例 3】 辐射温度计校准证书及原始记录

1. 校准证书

（封面）

×××计量检测科学研究院

校　准　证　书

Calibration Certificate

证书编号：
Certificate No. ××××－××××号

样　品　名　称
Sample's Name　辐射温度计
型　号　/　规　格
Model/ Specification　RAYMX4DCI
样　品　编　号
Serial No.　×××××××
制　造　单　位
Manufacturer　××××××
委　托　单　位
Client　×××××××××
委托单位地址
Client's Address　×××××××

批　准　人
Approved by　×××
核　验　员
Inspected by　×××
校　准　员
Calibrated by　×××

校准日期　××××年　×　月　××　日
Calibration Date　Y　M　D

计量检定机构授权证书号：×××××××××　电话（Tel）：××××××
Authorization Certificate No.：　传真（Fax）：××××××
地址：××××××××××××　邮编（Post）：××××××
Address：　E-mail：×××××××

（证书内页第 1 页）

×××计量检测科学研究院

证书编号：
Certificate No. ×××××号 第 2 页共 3 页

<table>
<tr><td colspan="2">×××计量检测科学研究院是国家法定计量检定机构，是中国合格评定国家认可委员会（CNAS）认可实验室。
××× Institute of Metrology is a Legal Metrology Institution Approved by China，and Accredited by CNAS.</td></tr>
<tr><td>中国合格评定国家认可委员会（CNAS）认可证书号
CNAS Accreditation Certificate No.</td><td>×××××</td></tr>
<tr><td colspan="2">校准依据的技术文件（代号、名称）
Reference Documents for the Calibration（Code Name）
参照：JJG 856—1994《500℃以下工作用辐射温度计》
JJG 415—2001《工作用辐射温度计》</td></tr>
<tr><td colspan="2">校准所使用的主要计量器具
Measuring Instruments Used in the Calibration</td></tr>
<tr><td>名　称
Name</td><td>辐射温度计</td></tr>
<tr><td>测量范围
Measuring Range</td><td>（−30～900）℃</td></tr>
<tr><td>不确定度/准确度/最大允许误差
Uncertainty/Accuracy/MPE</td><td>U=（0.3～3.4）℃　k=2</td></tr>
<tr><td colspan="2">溯源性说明
Traceability</td></tr>
<tr><td colspan="2">本标准溯源至国家温度基准</td></tr>
<tr><td colspan="2">校准地点及环境条件
Site and Environmental Conditions for Calibration</td></tr>
<tr><td>地　点
Site</td><td>×××计量检测科学研究院热工实验室</td></tr>
<tr><td colspan="2">温　　度：Temperature：23 ℃；　相对湿度：Humidity：25 %；　其　他：Others：______。</td></tr>
</table>

（证书内页第 2 页）

×××计量检测科学研究院

证书编号：
Certificate No. ×××××× 号

校　准　结　果
Results of Calibration

温度/℃	示值/℃	扩展不确定度	
		k	U/℃
25.0	24.9	2	0.6
90.0	89.0	2	0.5
150.0	148.8	2	0.6
200.0	197.8	2	0.7
250.0	247.4	2	0.8

注：1. 本证书校准结果仅对所校准样品有效；

The calibration result is related only to the calibrated measuring instrument.

2. 本证书未加盖校准专用章无效。

The certificate is not valid without a stamp special for Calibration.

未经授权，不得部分复印本证书。

Don’t reproduce this certificate partly unless approved by ××× Institute of Metrology.

2. 原始记录

（原始记录第 1 页和第 2 页）

工作用辐射温度计校准原始记录

原始记录编号：×××××

证书号：×××××

委托单位：××××××××　地址：×××××××××　室温（℃）：23　相对湿度：25%

委托仪器：辐射温度计　型号：RAYMX4DCI　编号：××××　工作波段：（8～14）μm

测量范围：（－30～900）℃　测量距离：0.6m　生产厂：××××××××　外观：合格

标准仪器：　辐射温度计　No. ×××××　电测仪器 No. /　标准电阻 No. /

校准点/℃	标准器读数/℃	温度计读数/℃	校准点/℃	标准器读数/℃	温度计读数/℃	校准点/℃	标准器读数/℃	温度计读数/℃	校准点/℃	标准器读数/℃	温度计读数/℃
	26.8	25.8		94.4	91.9		156.1	152.4		205.1	200.0
25.0	26.8	25.6	90.0	94.4	91.9	150.0	156.1	152.3	200.0	205.1	200.0
	/	/		/	/		/	/		/	/

计量标准名称：辐射温度计检定装置

校准所用标准仪器：辐射温度计

测量范围：（－30～900）℃；不确定度：U=（0.3～3.4）℃　k=2

校准依据：JJG 856—1994《500℃以下工作用辐射温度计》

JJG 415—2001《工作用辐射温度计》

校准地点：×××计量检测科学研究院热工实验室

校准日期：×××××

校准温度点的测量不确定度：

温度/℃	测量不确定度 k	测量不确定度 U/℃
25.0	2	0.6
90.0	2	0.5
150.0	2	0.6
200.0	2	0.7

校准序号	×××	校准员	×××	核验员	×××	委托单号	×××××

×××计量检测科学研究院

工作用辐射温度计校准原始记录(数据处理)

校准日期:×××年×月×日

委托单位:××××××　证书号:××××××　室温(℃):23　相对湿度:25%

委托仪器:辐射温度计　型号:RAYMX4DCI　编号:0054　工作波段:(8～14)μm
测量范围:(−30～900)℃　测量距离:0.6m　生产厂:×××××××　外观:合格

标准仪器:　辐射温度计　No. ×××××　电测仪器 No. /　标准电阻 No. /

校准点/℃	标准器读数/℃	温度计读数/℃	校准点/℃	标准器读数/℃	温度计读数/℃	校准点/℃	标准器读数/℃	温度计读数/℃	校准点/℃	标准器读数/℃	温度计读数/℃
25.0	26.8	25.8	90.0	94.4	91.9	150.0	156.1	152.4	200.0	205.1	200.0
	26.8	25.6		94.4	91.9		156.1	152.3		205.1	200.0
平均值	26.80	25.70	平均值	94.40	91.90	平均值	156.10	152.35	平均值	205.10	200.00
Δi	Δt	ΔT/℃	Δi	Δt	ΔT/℃	Δi	Δt	ΔT/℃	Δi	Δt	ΔT/℃
/	+0.8	/	/	+2.9	/	/	+3.5	/	/	+2.2	/
Δe/μV	参考端/℃	修正值/℃	Δe/μV	参考端/℃	修正值/℃	Δe/μV	参考端/℃	修正值/℃	Δe/μV	参考端/℃	修正值/℃
/	/	−0.8	/	/	−2.9	/	/	−3.5	/	/	−2.2
实测温度	/	24.90	实测温度	/	89.00	实测温度	/	148.85	实测温度	/	197.80

校准结果	温度/℃	25.0	90.0	150.0	200.0	备注:MX使用说明书	
	示值/℃	24.9	89.0	148.8	197.8		
校准序号	51		数据处理	计算机		结论	/

×××计量检测科学研究院

（原始记录第 3 页和第 4 页）

工作用辐射温度计校准原始记录

原始记录编号：×××××　　　　证书号：×××××

委托单位：××××××××　　地址：×××××××××　　室温(℃)：23　　相对湿度：25%

委托仪器：辐射温度计　型号：RAYMX4DCI　编号：××××　工作波段：(8～14)μm

测量范围：(－30～900)℃　测量距离：0.6m　生产厂：×××××××　外观：合格

标准仪器：　辐射温度计　No.0029　　电测仪器 No./　　标准电阻 No./

校准点/℃	标准器读数/℃	温度计读数/℃	校准点/℃	标准器读数/℃	温度计读数/℃	校准点/℃	标准器读数/℃	温度计读数/℃	校准点/℃	标准器读数/℃	温度计读数/℃
	254.7	249.3		/	/		/	/		/	/
250.0	254.6	249.4	/	/	/	/	/	/	/	/	/
	/	/		/	/		/	/		/	/

计量标准名称：辐射温度计检定装置

校准所用标准仪器：辐射温度计

测量范围：(－30～900)℃；不确定度：U=(0.3～3.4)℃　k=2

校准依据：JJG 856—1994《500℃以下工作用辐射温度计》

JJG 415—2001《工作用辐射温度计》

校准地点：×××计量检测科学研究院热工实验室

校准日期：×××××

校准温度点的测量不确定度：

温度/℃	测量不确定度 k	测量不确定度 U/℃
250.0	2	0.8
/	/	/
/	/	/
/	/	/

校准序号	×××	校准员	×××	核验员	×××	委托单号	×××××

×××计量检测科学研究院

工作用辐射温度计校准原始记录(数据处理)

校准日期:×××年×月×日

委托单位:×××××× 证书号:×××××× 室温(℃):23 相对湿度:25%

委托仪器:辐射温度计 型号:RAYMX4DCI 编号:×××× 工作波段:(8～14)μm
测量范围:(−30～900)℃ 测量距离:0.6m 生产厂:××××××× 外观:合格

标准仪器: 辐射温度计 No.0029 电测仪器 No./ 标准电阻 No./

校准点/℃	标准器读数/℃	温度计读数/℃	校准点/℃	标准器读数/℃	温度计读数/℃	校准点/℃	标准器读数/℃	温度计读数/℃	校准点/℃	标准器读数/℃	温度计读数/℃
250.0	254.7	249.3	/	/	/	/	/	/	/	/	/
	254.6	249.4		/	/		/	/		/	/
平均值	254.65	249.35	平均值	/	/	平均值	/	/	平均值	/	/
Δi	Δt	ΔT/℃	Δi	Δt	ΔT/℃	Δi	Δt	ΔT/℃	Δi	Δt	ΔT/℃
/	+1.9	/	/	/	/	/	/	/	/	/	/
$\Delta e/\mu$V	参考端/℃	修正值/℃	$\Delta e/\mu$V	参考端/℃	修正值/℃	$\Delta e/\mu$V	参考端/℃	修正值/℃	$\Delta e/\mu$V	参考端/℃	修正值/℃
/	/	−1.9	/	/	/	/	/	/	/	/	/
实测温度	/	247.40	实测温度	/	/	实测温度	/	/	实测温度	/	/
校准结果	温度/℃	250.0	/	/	/	备注:MX使用说明书 /					
	示值/℃	247.4	/	/	/						
校准序号	51		数据处理	计算机		结论	/				

(检定单位)

（原始记录第 5 页和第 6 页）

工作用辐射温度计校准原始记录

原始记录编号：××××× 证书号：×××××

校准项目：重复性										
温度(℃)：25.0										
标准器读数/℃	1)27.3	2)27.2	3)27.4	4)27.3	5)27.3	6)27.0	7)26.9	8)26.8	9)26.9	10)26.8
	27.3	27.2	27.4	27.3	27.3	27.0	26.8	26.8	26.9	26.8
温度计读数/℃	25.6	25.8	25.9	25.6	25.8	25.7	25.6	26.0	26.0	25.6
	25.6	25.8	25.9	25.6	25.8	25.7	25.6	25.6	26.0	25.6
测试结果/℃	24.3	24.6	24.5	24.3	24.5	24.7	24.8	25.0	25.1	24.8
温度(℃)：90.0										
标准器读数/℃	94.0	94.1	94.2	94.3	94.2	94.5	94.5	94.4	93.8	93.8
	94.1	94.2	94.2	94.3	94.3	94.4	94.5	94.4	93.7	93.8
温度计读数/℃	91.5	91.6	91.7	91.7	91.8	91.5	91.9	91.9	91.6	91.4
	91.5	91.6	91.7	91.8	91.8	91.5	91.9	91.9	91.6	91.4
测试结果/℃	89.0	89.0	89.0	89.0	89.0	88.6	88.9	89.0	89.4	89.1
温度(℃)：150.0										
标准器读数/℃	156.0	156.0	156.1	151.6	156.1	156.0	156.1	156.0	156.0	156.1
	156.0	156.0	156.1	151.0	156.1	156.1	156.1	156.0	156.0	156.1
温度计读数/℃	152.3	152.3	152.4	152.4	152.4	152.3	152.2	152.2	152.2	152.2
	152.2	152.3	152.4	152.4	152.3	152.2	152.2	152.2	152.1	152.2
测试结果/℃	148.8	148.9	148.9	149.0	148.8	148.8	148.7	148.8	148.8	148.7
温度/℃		25.0	90.0	150.0	备注	MX使用说明书				
重复性		0.27	0.20	0.09	校准序号	51		委托单号	×××××	

工作用辐射温度计校准原始记录

原始记录编号：×××××　　　　证书号：×××××

校准项目：重复性										
温度(℃)：200.0										
标准器读数/℃	1)205.2	2)205.0	3)205.1	4)205.4	5)205.1	6)205.1	7)205.1	8)205.0	9)204.9	10)204.8
	205.2	205.2	205.0	205.2	205.1	205.1	205.1	205.1	204.9	204.8
温度计读数/℃	200.2	200.0	199.9	200.0	200.0	200.0	200.0	199.9	＞199.6	199.7
	200.2	200.1	199.9	200.0	200.0	200.0	200.0	199.8	199.7	199.7
测试结果/℃	197.9	197.8	197.8	197.6	197.8	197.8	197.8	197.7	197.6	197.8
温度(℃)：250.0										
标准器读数/℃	254.8	254.8	254.7	254.6	254.9	254.8	254.2	254.5	254.7	254.5
	254.8	254.8	254.7	254.7	254.9	254.8	254.2	254.6	254.6	254.6
温度计读数/℃	249.8	249.6	249.6	249.6	249.6	249.8	249.2	249.2	249.3	249.4
	249.6	249.5	249.6	249.6	249.4	249.8	249.2	249.3	249.4	249.0
测试结果/℃	247.1	247.4	247.6	247.6	247.3	247.7	247.7	247.4	247.4	247.4
温度(℃)：/										
标准器读数/℃	/	/	/	/	/	/	/	/	/	/
	/	/	/	/	/	/	/	/	/	
温度计读数/℃	/	/	/	/	/	/	/	/	/	/
	/	/	/	/	/	/	/	/	/	/
测试结果/℃		/	/	/	/	/	/	/	/	/
温度/℃		200.0	250.0	/	备注	MX使用说明书				
重复性		0.10	0.20	/	校准序号	51		委托单号	×××××	

【例 4】 定量包装商品计量检验原始记录和报告举例

1. 检验原始记录

（原始记录第 1 页）

定量包装商品净含量计量检验原始记录

编号：/ 检验日期：/

受检单位	/				法人代表或负责人			/	电话	/
地址	/								邮编	/
商品名称	饮用纯净水							标注净含量		550mL
生产企业名称		/						批量	7500 瓶	
								样本量	125 瓶	
检验依据	JJF 1070—2005《定量包装商品计量监督管理办法》						检验方法		密度法	
测量设备名称		规格型号	准确度等级		量程	最小分度值		设备编号	检定有效期	
电子天平		BP2100S	Ⅱ（圈）		(0～2000)g	e=0.1g		70203641	2009 年 02 月 27 日	
游标卡尺		/	合格		(0～150)mm	0.02mm		980120134	2009 年 01 月 14 日	
1. 净含量标注检查										
标注正确、清晰		符合要求		计量单位	mL	字符高度	4.32mm	多件包装标注		/
检查结论		合格								
2. 实际含量检验										
密度		0.9982g/cm^3		皮重抽样数		10 件		平均皮重	19.10g	
允许短缺量		15.0mL		修正因子	0.234	相对湿度		56%	温度	32.0℃
编号	1	2	3	4	5	6	7	8	9	10
总重/g	584.87	585.78	583.82	582.61	585.28	585.14	585.04	584.43	584.58	583.99
皮重/g	19.10	19.10	19.10	19.10	19.10	19.10	19.10	19.10	19.10	19.10
实际含量/mL	566.79	567.70	565.74	564.53	567.20	567.06	566.96	566.35	566.50	565.91
偏差/mL	16.79	17.70	15.74	14.53	17.20	17.06	16.96	16.35	16.50	15.91
编号	11	12	13	14	15	16	17	18	19	20
总重/g	585.24	591.54	582.94	585.32	583.47	586.77	581.04	585.02	584.12	586.99
皮重/g	19.10	19.10	19.10	19.10	19.10	19.10	19.10	19.10	19.10	19.10
实际含量/mL	567.16	573.47	564.86	567.24	565.39	568.70	562.96	566.94	566.04	568.92
偏差/mL	17.16	23.47	14.86	17.24	15.39	18.70	12.96	16.94	16.04	18.92
编号	21	22	23	24	25	26	27	28	29	30
总重/g	585.71	589.45	584.55	583.46	587.74	585.99	586.94	582.43	585.60	586.83
皮重/g	19.10	19.10	19.10	19.10	19.10	19.10	19.10	19.10	19.10	19.10
实际含量/mL	567.63	571.38	566.47	565.38	569.67	567.91	568.87	564.35	567.52	568.76
偏差/mL	17.63	21.38	16.47	15.38	19.67	17.91	18.87	14.35	17.52	18.76
编号	31	32	33	34	35	36	37	38	39	40
总重/g	587.01	586.53	586.80	587.26	582.42	585.46	586.18	585.57	584.01	587.49
皮重/g	19.10	19.10	19.10	19.10	19.10	19.10	19.10	19.10	19.10	19.10
实际含量/mL	568.94	568.46	568.73	569.19	564.34	567.38	568.10	567.49	565.93	569.42
偏差/mL	18.94	18.46	18.73	19.19	14.34	17.38	18.10	17.49	15.93	19.42

（原始记录第 2 页）

定量包装商品净含量计量检验原始记录

编号：/　　　　　　　　　　　　　　　　　　　　　　　　　　　检验日期：/

编号	41	42	43	44	45	46	47	48	49	50
总重/g	586.14	582.57	583.99	584.19	589.48	584.18	589.47	585.20	586.68	584.86
皮重/g	19.10	19.10	19.10	19.10	19.10	19.10	19.10	19.10	19.10	19.10
实际含量/mL	568.06	564.49	565.91	566.11	571.41	566.10	571.40	567.12	568.61	566.78
偏差/mL	18.06	14.49	15.91	16.11	21.41	16.10	21.40	17.12	18.61	16.78
编号	51	52	53	54	55	56	57	58	59	60
总重/g	583.82	584.63	588.18	587.84	586.09	583.58	586.62	584.60	580.35	583.76
皮重/g	19.10	19.10	19.10	19.10	19.10	19.10	19.10	19.10	19.10	19.10
实际含量/mL	565.74	566.55	570.11	569.77	568.01	565.50	568.55	566.52	562.26	565.68
偏差/mL	15.74	16.55	20.11	19.77	18.01	15.50	18.55	16.52	12.26	15.68
编号	61	62	63	64	65	66	67	68	69	70
总重/g	583.97	587.57	589.49	586.30	586.52	585.70	584.80	585.76	586.07	589.46
皮重/g	19.10	19.10	19.10	19.10	19.10	19.10	19.10	19.10	19.10	19.10
实际量/mL	565.89	569.50	571.42	568.22	568.45	567.62	566.72	567.68	567.99	571.39
偏差/mL	15.89	19.50	21.42	18.22	18.45	17.62	16.72	17.68	17.99	21.39
编号	71	72	73	74	75	76	77	78	79	80
总重/g	584.72	584.77	584.25	584.52	585.85	588.43	587.56	583.77	586.93	587.25
皮重/g	19.10	19.10	19.10	19.10	19.10	19.10	19.10	19.10	19.10	19.10
实际含量/mL	566.64	566.69	566.17	566.44	567.77	570.36	569.49	565.69	568.86	569.18
偏差/mL	16.64	16.69	16.17	16.44	17.77	20.36	19.49	15.69	18.86	19.18
编号	81	82	83	84	85	86	87	88	89	90
总重/g	586.18	584.27	584.75	587.51	584.87	585.07	585.32	581.00	583.81	585.49
皮重/g	19.10	19.10	19.10	19.10	19.10	19.10	19.10	19.10	19.10	19.10
实际含量/mL	568.10	566.19	566.67	569.44	566.79	566.99	567.24	562.92	565.73	567.41
偏差/mL	18.10	16.19	16.67	19.44	16.79	16.99	17.24	12.92	15.73	17.41
编号	91	92	93	94	95	96	97	98	99	100
总重/g	586.48	582.23	586.13	584.86	585.56	584.27	585.96	585.17	586.14	586.61
皮重/g	19.10	19.10	19.10	19.10	19.10	19.10	19.10	19.10	19.10	19.10
实际含量/mL	568.41	564.15	568.05	566.78	567.48	566.19	567.88	567.09	568.06	568.54
偏差/mL	18.41	14.15	18.05	16.78	17.48	16.19	17.88	17.09	18.06	18.54
编号	101	102	103	104	105	106	107	108	109	110
总重/g	585.34	582.48	585.66	586.47	585.98	584.91	584.91	585.23	582.04	584.01
皮重/g	19.10	19.10	19.10	19.10	19.10	19.10	19.10	19.10	19.10	19.10
实际含量/mL	567.26	564.40	567.58	568.40	567.90	566.83	566.83	567.15	563.96	565.93
偏差/mL	17.26	14.40	17.58	18.40	17.90	16.83	16.83	17.15	13.96	15.93
编号	111	112	113	114	115	116	117	118	119	120
总重/g	584.21	583.27	587.09	587.32	582.63	587.42	585.79	588.32	581.52	582.75
皮重/g	19.10	19.10	19.10	19.10	19.10	19.10	19.10	19.10	19.10	19.10
实际含量/mL	566.13	565.19	569.02	569.25	564.55	569.35	567.71	570.25	563.44	564.67
偏差/mL	16.13	15.19	19.02	19.25	14.55	19.35	17.71	20.25	13.44	14.67

（原始记录第 3 页和第 4 页）

定量包装商品净含量计量检验原始记录

编号：/ 检验日期：/

<table>
<tr><td>编号</td><td>121</td><td>122</td><td>123</td><td>124</td><td>125</td><td></td><td></td><td></td><td></td><td></td></tr>
<tr><td>总重/g</td><td>585.73</td><td>584.01</td><td>583.30</td><td>588.59</td><td>588.49</td><td></td><td></td><td></td><td></td><td></td></tr>
<tr><td>皮重/g</td><td>19.10</td><td>19.10</td><td>19.10</td><td>19.10</td><td>19.10</td><td></td><td></td><td></td><td></td><td></td></tr>
<tr><td>实际含量/mL</td><td>567.65</td><td>565.93</td><td>565.22</td><td>570.52</td><td>570.42</td><td></td><td></td><td></td><td></td><td></td></tr>
<tr><td>偏差/mL</td><td>17.65</td><td>15.93</td><td>15.22</td><td>20.52</td><td>20.42</td><td></td><td></td><td></td><td></td><td></td></tr>
<tr><td colspan="2">平均实际含量/mL</td><td colspan="2">567.3</td><td>标准偏差 s /mL</td><td>1.9508</td><td>修正值 λ_s /mL</td><td>0.4565</td><td>平均实际含量修正结果/mL</td><td colspan="2">567.8</td></tr>
<tr><td colspan="4">大于 1 倍，小于或者等于 2 倍允许短缺量件数</td><td colspan="2">0</td><td colspan="3">大于 2 倍允许短缺量件数</td><td colspan="2">0</td></tr>
<tr><td colspan="2">检验结论</td><td colspan="9">合格</td></tr>
<tr><td colspan="2">总体结论</td><td colspan="9">该检验批的净含量标注和净含量均合格</td></tr>
<tr><td colspan="2">检验人（签字）
日 期</td><td colspan="2"></td><td colspan="2">核验人员（签字）
日 期</td><td colspan="2"></td><td>室主任
审核
日 期</td><td colspan="2"></td></tr>
</table>

定量包装商品净含量计量原始记录(皮重)

编号:/　　　　　　　　　　　　　　　　　　　　　　　　　　检验日期:/

受检单位	/			法人代表或负责人			/		电话	/
地址	/								邮编	/
商品名称	饮用纯净水						标注净含量			550mL
生产企业名称	/						批量		7500 瓶	
							样本量		125 瓶	
检验依据	JJF 1070—2005《定量包装商品计量监督管理办法》					检验方法			密度法	
测量设备名称		规格型号	准确度等级		量程	最小分度值		设备编号	检定有效期	
电子天平		BP2100S	Ⅱ		(0～2000)g	e=0.1g		70203641	2009 年 02 月 27 日	
皮重检验										
密度	0.9982g/cm^3		皮重抽样数		10 件		平均皮重		19.10g	
允许短缺量	15.0mL		修正因子	0.234	相对湿度		56%		温度	32.0℃
编号	1	2	3	4	5	6	7	8	9	10
皮重/g	18.89	19.38	19.02	18.98	19.30	18.99	18.99	19.28	19.09	19.06
编号	11	12	13	14	15	16	17	18	19	20
皮重/g										
编号	21	22	23	24	25					
皮重/g										
平均实际皮重 10 件	19.098g		平均实际皮重 25 件		/		标准偏差 s		0.1638g	

2. 检验报告

（封面）

报告编号

定量包装商品
净含量计量检验报告

商品名称　饮用纯净水

规格型号　550mL

受检单位

生产单位

检验类别

检验单位（印章）

（报告扉页）

声 明

1. 本单位定量包装商品计量检验项目经国家质量监督检验检疫总局考核授权，授权证书编号为××××××。

2. 本单位用于定量包装商品检验的计量器具其量值溯源到国家计量基准。

3. 本报告无检验单位的检验专用章或公章无效。

4. 本报告无主检人、审核人、批准人签名无效。

5. 本报告涂改无效。

6. 复制本报告未重新加盖检验单位的检验专用章或公章无效。

7. 对检验报告若有异议，应于收到报告之日起十五日内向出具报告单位提出，逾期视为认可检验结果。

8. 此报告仅对本检验批负责。

检验单位联系资料

地址：××××××× 邮编：××××××

电话：×××××× 传真：××××××

电子信箱：×××××× 投诉电话：××××××

（报告内页第 1 页）

报告编号

一、抽样情况

商品名称	饮用纯净水	标注净含量	550mL
标注生产企业	/	批号或生产日期	/
抽样地点	厂成品库	抽样方法	/
批量	7500 瓶	样本量	125 瓶
抽样人/送样人	/	抽样时间	/

二、检验条件

1. 检验用主要测量设备一览表

测量设备名称	规格型号	准确度等级/最大允许误差/不确定度	量程	最小分度值	设备编号	检定有效期
电子天平	BP2100S	Ⅱ	(0～2000)g	e=0.1g	70203641	
游标卡尺	/	合格	(0～150)mm	0.02mm	980120134	

2. 检验时环境条件

项目	规范要求	实际条件	备注
环境温度	/	32.0℃	/
相对湿度	/	56%	/

三、检验依据

1. 依据文件及编号:《定量包装商品计量监督管理办法》 JJF 1070—2005

2. 检验方法:密度法

3. 允许短缺量:15.0mL

4. 平均实际含量修正因子:0.234

四、检验结果

1. 净含量标注检查

检查项目	检查结果	检查结论	说 明
标注正确、清晰	符合要求	合格	/
计量单位	mL	合格	/
字符高度	4.32mm	合格	/
多件包装标注	/	/	/
检查结论	合格		

（报告内页第 2 页）

报告编号

2. 净含量检验

检验项目	平均实际含量	标准偏差 s	修正值 λ_s	平均实际含量修正结果	大于 1 倍，小于或者等于 2 倍允许短缺量件数	大于 2 倍允许短缺量的件数
检验结果	567.3mL	1.9508mL	0.4565mL	567.8mL	0	0
结　论	合格					

五、总体结论

该检验批的净含量标注和净含量均合格

六、报告说明

无

主检人员（签字）____________职务__________日期__________

审核人员（签字）____________职务__________日期__________

批准人员（签字）____________职务__________日期__________

习题及参考答案

一、习　题

（一）思考题

1. 什么情况下出具检定证书？对检定证书的要求是什么？

2. 什么情况下出具检定结果通知书？对检定结果通知书的要求是什么？

3. 什么情况下出具校准证书？对校准证书的要求是什么？

4. 什么情况下出具计量器具新产品型式评价报告？对计量器具新产品型式评价报告的要求是什么？

5. 什么情况下出具进口计量器具型式评价报告？对进口计量器具型式评价报告的要求是什么？

6. 什么情况下出具定量包装商品净含量检验报告？对定量包装商品净含量检验报告的要求是什么？

7. 证书、报告中不确定度的表述和使用的术语符号应依据什么文件？

8. 当校准结果有多个参数时，是否可以只给出其中一个参数测量结果的不确定度？

9. 在一个测量范围内，应如何给出校准结果的测量不确定度？

10. 当被检定、校准的对象是承担量值传递的某一级计量标准器具时，为满足其使用该计量标准器具进行检定、校准时分析评定测量不确定度的需要，应如何给出该计量标准器具的测量不确定度？

11. 证书、报告中给出的测量结果的测量不确定度应保留几位有效数字？何时保留 1 位？何时保留 2 位？末位数字如何舍入？

12. 测量结果数据与不确定度数据的修约有何关系？举例说明。

13. 证书、报告的最后审核批准由何人实施？他应具备什么条件？其职责范围是什么？

14. 已发出的证书、报告需要修改和变更时应遵循什么程序？

15. 何种情况对已发出的证书、报告需要追加文件？在追加的文件上应作什么声明？

16. 何种情况采用重新出具一份新的证书、报告？重新出具一份新的证书、报告时为什么要重新编号？在重新出具的证书、报告上要作什么声明？

17. 根据你的经历，列举证书、报告中常见错误有哪些？你认为如何避免这些错误的发生？

18. 对证书、报告的管理程序应包括哪些内容？

19. 为什么要保存证书、报告的副本？副本保存应注意什么问题？

20. 计量检定印、证包括哪些种类？每种印、证如何使用？

21. 使用计量检定印、证有何法律责任？

22. 应如何管理计量检定、校准、检测的专用印章？

（二）选择题（单选）

1. 对检定结论为不合格的计量器具，应出具__________。

A. 检定证书　　B. 检定结果通知书

C. 校准证书　　D. 测试报告

2. 依据计量检定规程进行非强制检定计量器具的相关部分的校准，出具的证书名称为__________。

A. 检定证书　　B. 检定结果通知书

C. 校准证书　　D. 测试报告

3. 存在计算机中的证书、报告副本应该__________。

A. 经实验室最高领导批准后可修改

B. 不得再修改

C. 只有经过技术负责人批准后才能修改

D. 必要时由检定员负责对错误之处作修改

4. 发现已发出的证书中存在错误，应按__________处理。

A. 将证书中的错误之处打电话告诉用户，请用户自行改正

B. 收回原证书并在原证书上划改和盖章后重新发出

C. 将原证书收回，重新出具一份正确的证书并重新编号，在新出的证书上声明代替原证书和原证书作废

D. 按原证书号重新出具一份正确的证书

5. 计量检定机构收到一份要求鉴定真伪的该机构出具的检定证书，应按__________处理。

A. 请求司法机构给以鉴定

B. 要求在被鉴定证书上签名的人员核对笔迹

C. 调查这份要求鉴定的证书是从哪里获得的

D. 按检定证书上的唯一性标识查找保留的证书副本和原始记录进行核对

（三）选择题（多选）

1. 检定、校准和检测所依据的计量检定规程、计量校准规范、型式评价大纲、定量包装商品净含量检验规则和经确认的非标准方法文件，都必须是__________。

A. 经审核批准的文本　　B. 现行有效版本

C. 经有关部门注册的版本　　D. 正式出版的文件

2. 计量检定印、证的种类包括__________。

A. 检定证书、检定结果通知书　　B. 检验合格证

C. 检定合格印、注销印　　D. 校准证

3. 检定证书的封面内容中至少包括__________。

A. 发出证书的单位名称；证书编号、页号和总页数

B. 委托单位名称；被检定计量器具名称、出厂编号

C. 检定结论；检定日期；检定、核验、主管人员签名

D. 测量不确定度及下次送检时的要求

4. 校准证书上关于是否给出校准间隔的原则是__________。

A. 一般校准证书上应给出校准间隔的建议

B. 如果是计量标准器具的溯源性校准，应按照计量校准规范的规定给出校准间隔

C. 一般校准证书上不给出校准间隔

D. 当顾客有要求时，可在校准证书上给出校准间隔

二、参考答案

（一）思考题（略）

（二）选择题（单选）：1. B；　2. C；　3. B；　4. C；　5. D。

（三）选择题（多选）：1. A B；　2. A C；　3. A B C；　4. B C D。

第三节　计量标准的建立、考核及使用

一、建立计量标准的依据和条件

（一）建立计量标准的法律法规依据

（1）《中华人民共和国计量法》（全国人大通过，国家主席令 28 号，1985 年 9 月 6 日发布，1986 年 7 月 1 日起实施）第六条、第七条、第八条及第九条。

（2）《中华人民共和国计量法实施细则》（国务院 1987 年 1 月 19 日批准，1987 年 2 月 1 日起实施）第七条、第八条、第九条及第十条。

（3）《计量标准考核办法》（国家质量监督检验检疫总局令第 72 号，2005 年 1 月 14 日发布，2005 年 7 月 1 日起实施）（共 24 条）。

（二）建立计量标准的技术依据

（1）国家计量技术规范 JJF 1033—2008《计量标准考核规范》（2008 年 1 月 31 日发布，

2008年9月1日起实施)。

(2) 国家计量检定系统表以及相应的计量检定规程或技术规范。

(三) 计量标准的使用条件

《中华人民共和国计量法实施细则》第七条规定了计量标准器具(简称计量标准,下同)的使用,必须具备下列条件:

(1) 经计量检定合格;

(2) 具有正常工作所需要的环境条件;

(3) 具有称职的保存、维护、使用人员;

(4) 具有完善的管理制度。

二、计量标准的命名规则

按JJF 1022—1991《计量标准命名规范》的规定,计量标准的命名应当遵循以下原则:

(一) 计量标准命名的基本类型

计量标准命名的基本类型为计量标准装置和计量标准器(或标准器组)。

(二) 计量标准装置的命名原则

(1) 以标准装置中的"计量标准器"或其反映的"参量"名称作为命名标识,命名为:计量标准器或参量名称+标准装置。

① 用于同一计量标准装置可以检定或校准多种计量器具的场合;

② 用于计量标准中计量标准器与被检或被校计量器具名称一致的场合。

例如:一项几何量计量标准由计量标准器——一等量块和配套设备——接触式干涉仪组成,开展二等及以下量块的检定或校准,则该计量标准可以命名为"一等量块标准装置"。又如无线电计量中以微波功率参量命名的"微波小功率标准装置"。

(2) 以被检或被校"计量器具"或"参量"名称作为命名标识,命名为:被检或被校计量器具或参量名称+检定或校准装置。

① 用于同一被检或被校计量器具的"参量"较多,需要多种标准器进行配套检定或校准的场合;

② 用于计量标准中计量标准器的名称与被检或被校计量器具名称不一致的场合;

③ 用于计量标准装置中,计量标准器等级概念不易划分,而被检或被校"计量器具"或"参量"名称作为命名标识,更能确切反映计量标准特征的场合。

例如:由超声功率计、人体组织超声仿真模块及数字万用表等组成检定医用超声源的计量标准,可以命名为"医用超声源检定装置"。又如被校示波器涉及多个参数,用于校准示波器的一套计量标准可以命名为"示波器校准装置"。

(三) 计量标准器(或标准器组)的命名原则

(1) 以计量标准器(或标准器组)的名称作为命名标识,命名为:计量标准器名称+标准器(或标准器组)。

① 用于同一计量标准，可以检定或校准多种计量器具的场合；

② 用于计量标准仅由实物量具构成的场合。

例如：由计量标准器 1mg～500mgF2 等级毫克组砝码组成的计量标准，可以开展电子天平、机械天平及架盘天平等的检定，则该计量标准可以命名为“F2 等级毫克组砝码标准器组”。

(2) 以被检或被校“计量器具”的名称作为命名标识，命名为：检定或校准＋被检或被校计量器具名称＋标准器组。

① 用于在检定或校准同一计量器具时，需多种标准器进行配套检定或校准的场合；

② 用于以被检或被校计量器具的名称为命名标识，更能确切反映计量标准特征的场合。

例如：一项几何量计量标准由计量标准器——四等量块和配套设备——光面量规、测长机、平面平晶、表面粗糙度样、测力仪等组成，可以开展千分尺、深度千分尺、内测千分尺、杠杆千分尺等的检定或校准，则该计量标准可以命名为“检定测微量具标准器组”。

(四) 命名原则的应用

具体一项计量标准的命名可以在 JJF 1022—1991《计量标准命名规范》附录 1 计量标准分类目录中查找，如果是 JJF 1022—1991《计量标准命名规范》中没有的，可按上述原则进行命名。

三、计量标准考核的原则和内容

(一) 计量标准考核的原则

1. 执行考核规范的原则

计量标准考核工作必须执行 JJF 1033—2008《计量标准考核规范》。

2. 逐项考评的原则

计量标准考核坚持逐项、逐条考评的原则，每一项计量标准必须按照 JJF 1033—2008《计量标准考核规范》规定的六个方面 30 项内容逐项进行考评。

3. 考评员考评的原则

计量标准考核实行考评员考评制度。考评员须经国家质检总局或省级质量技术监督部门考核合格，并取得计量标准考评员证，方能从事考评工作，考评员承担的考评项目应当与其所取得资格的考评项目一致。

(二) 计量标准考核的内容

《计量标准考核办法》第六条规定，计量标准考核应当考核以下内容：

(1) 计量标准器及配套设备齐全，计量标准器必须经法定或者计量授权的计量技术机构检定合格(没有计量检定规程的，应当通过校准、比对等方式，将量值溯源至计量基准或者社会公用计量标准)，配套的计量设备经检定合格或者校准；

(2) 具备开展量值传递的计量检定规程或者技术规范和完整的技术资料；

(3) 具备符合计量检定规程或者技术规范并确保计量标准正常工作所需要的温度、湿度、防尘、防震、防腐蚀、抗干扰等环境条件和工作场地；

(4) 具备与所开展量值传递工作相适应的技术人员，开展计量检定工作，应当配备2名以上获相应项目检定资质的计量检定人员，开展其他方式量值传递工作，应当配备具有相应资质的人员；

(5) 具有完善的运行、维护制度，包括实验室岗位责任制度，计量标准的保存、使用、维护制度，周期检定制度，检定记录及检定证书核验制度，事故报告制度，计量标准技术档案管理制度等；

(6) 计量标准的测量重复性和稳定性符合技术要求。

四、计量标准的考核要求

计量标准的考核要求是判断计量标准合格与否的准则。计量标准的考评内容包括计量标准器及配套设备、计量标准的主要计量特性、环境条件及设施、人员、文件集及计量标准测量能力的确认这六个方面的要求。

(一) 计量标准器及配套设备

计量标准器及配套设备是保证实验室正常开展检定或校准工作，并取得准确可靠的测量数据的最重要的装备。

(1) 计量标准器及配套设备(包括计算机及软件，下同)的配置应当科学合理、完整齐全，并能满足开展检定或校准工作的需要。

(2) 计量标准器及主要配套设备的计量特性必须符合相应计量检定规程或技术规范的规定。

(3) 计量标准的溯源性

计量标准的量值应当定期溯源至国家计量基准或社会公用计量标准；计量标准器及主要配套设备均应有连续、有效的检定或校准证书。

计量标准应当定期溯源。“定期溯源”的含义是指计量标准器及主要配套设备如果是通过检定溯源，检定周期不得超过计量检定规程规定的周期；如果是通过校准溯源，复校时间间隔应当执行国家计量校准规范规定的建议复校时间间隔；如果国家计量校准规范或者其他技术规范没有明确规定复校时间间隔，当由校准机构给出复校时间间隔，应当按照校准机构给出的复校时间间隔定期校准；当校准机构没有给出复校时间间隔，申请考核单位应当按照JJF 1139—2005《计量器具检定周期确定原则和方法》的要求制定合理的复校时间间隔并定期校准；当不可能采用计量检定或校准方式溯源时，则应当定期参加实验室之间的比对，以确保计量标准量值的可靠性和一致性。

计量标准应当有效溯源。“有效溯源”的含义如下：

① 有效的溯源机构：计量标准器应当向经法定计量检定机构或质量技术监督部门授权的计量技术机构溯源；主要配套设备可以向具有相应测量能力的计量技术机构溯源。

② 检定溯源要求：凡是有计量检定规程的计量标准器及主要配套设备，应当以检定方式溯

源，不能以校准方式溯源。在以检定方式溯源时，检定项目必须齐全，检定周期不得超过计量检定规程的规定。

③ 校准溯源要求：没有计量检定规程的计量标准器及主要配套设备，应当依据国家计量校准规范进行校准；如无国家计量校准规范，可以依据有效的校准方法进行校准。校准的项目和主要技术指标应当满足其开展检定或校准工作的需要。

④ 采用比对的规定：只有当不能以检定或校准方式溯源时，才可以采用比对方式，确保计量标准量值的一致性。

⑤ 计量标准中的标准物质的溯源要求：要求使用处于有效期内的有证标准物质。

⑥ 对溯源到国际计量组织或其他国家具备相应能力的计量标准的规定：当国家计量基准不能满足计量标准器及主要配套设备量值溯源需要时，应当按照有关规定向国家质检总局提出申请，经国家质检总局同意后方可溯源到国际计量组织或其他国家具备相应能力的计量标准。

（二）计量标准的主要计量特性

（1）计量标准的测量范围：测量范围用该计量标准所复现的量值或测量范围来表示，对于可以测量多种参数的计量标准，应当分别给出每种参数的测量范围。计量标准的测量范围应当满足开展检定或校准的需要。

（2）计量标准的不确定度或准确度等级或最大允许误差：应当根据计量标准的具体情况，按本专业规定或约定俗成用不确定度或准确度等级或最大允许误差进行表述。对于可以测量多种参数的计量标准，应当分别给出每种参数的不确定度或准确度等级或最大允许误差。计量标准的不确定度或准确度等级或最大允许误差应当满足开展检定或校准的需要。

（3）计量标准的重复性：通常用测量结果的分散性来定量表示，即用单次测量结果 y_i 的实验标准差 $s(y_i)$ 来表示。计量标准的重复性通常是检定或校准结果的一个不确定度来源。新建计量标准应当进行重复性试验，并提供试验的数据；已建计量标准，至少每年进行一次重复性试验，测得的重复性应满足检定或校准结果的测量不确定度的要求。

（4）计量标准的稳定性：新建计量标准一般应当经过半年以上的稳定性考核，证明其所复现的量值稳定可靠后，方能申请计量标准考核；已建计量标准应当保存历年的稳定性考核记录，以证明其计量特性的持续稳定。若计量标准在使用中采用标称值或示值，则计量标准的稳定性应当小于计量标准的最大允许误差的绝对值；若计量标准需要加修正值使用，则计量标准的稳定性应当小于修正值的扩展不确定度。

（5）计量标准的其他计量特性，如灵敏度、鉴别力、分辨力、漂移、滞后、响应特性、动态特性等也应当满足相应计量检定规程或技术规范的要求。

（三）环境条件及设施

（1）温度、湿度、洁净度、振动、电磁干扰、辐射、照明、供电等环境条件应当满足计量检定规程或技术规范的要求。

（2）应当根据计量检定规程或技术规范的要求和实际工作需要，配置必要的设施和监控设备，并对温度、湿度等参数进行监测和记录。

（3）应当对检定或校准工作场所内互不相容的区域进行有效隔离，防止相互影响。

(四) 人　员

人是最宝贵的资源之一，一个实验室水平的高低，计量标准能否持续正常运行，很大程度上取决于计量技术人员的素质与水平。因此人员对于计量标准是至关重要的。

计量标准负责人应当对计量标准的使用、维护、溯源、文件集的维护等负责。

每项计量标准应当配备至少两名与开展检定或校准项目相一致的，并符合下列条件之一的检定或校准人员：

(1) 持有本项目《计量检定员证》；

(2) 持有相应等级的《注册计量师资格证书》和质量技术监督部门颁发的相应项目《注册计量师注册证》。

(五) 文件集

1. 文件集的管理

计量标准的文件集是关于计量标准的选择、批准、使用和维护等方面文件的集合。为了满足计量标准的选择、使用、保存、考核及管理等的需要，应当建立计量标准文件集。文件集是原来计量标准档案的延伸，是国际上对于计量标准文件集合的总称。

每项计量标准应当建立一个文件集，在文件集目录中应当注明各种文件保存的地点和方式。所有文件均应现行有效，并规定合理的保存期限。申请考核单位应当保证文件的完整性、真实性、正确性。

文件集应当包含以下 18 个文件：

(1) 计量标准考核证书(如果适用)；

(2) 社会公用计量标准证书(如果适用)；

(3) 计量标准考核(复查)申请书；

(4) 计量标准技术报告；

(5) 计量标准的重复性试验记录；

(6) 计量标准的稳定性考核记录；

(7) 计量标准更换申报表(如果适用)；

(8) 计量标准封存(或撤销)申报表(如果适用)；

(9) 计量标准履历书；

(10) 国家计量检定系统表(如果适用)；

(11) 计量检定规程或技术规范；

(12) 计量标准操作程序；

(13) 计量标准器及主要配套设备使用说明书(如果适用)；

(14) 计量标准器及主要配套设备的检定或校准证书；

(15) 检定或校准人员的资格证明；

(16) 实验室的相关管理制度；

(17) 开展检定或校准工作的原始记录及相应的检定或校准证书副本；

(18) 可以证明计量标准具有相应测量能力的其他技术资料。

2. 五个重要文件的要求

(1) 计量检定规程或技术规范

申请考核单位应当备有开展检定或校准工作所依据的计量检定规程或技术规范。

如无计量检定规程或国家计量校准规范，申请考核单位可以根据国际、区域、国家或行业标准编制满足校准要求的校准方法作为校准的依据，经申请考核单位组织同行专家审定，连同所依据的技术规范和实验验证结果，报主持考核单位申请考核。

(2) 计量标准技术报告

新建计量标准，应当撰写《计量标准技术报告》，报告内容应当完整、正确；建立计量标准后，如果计量标准器及主要配套设备、环境条件及设施等发生重大变化而引起计量标准主要计量特性发生变化时，应当重新修订《计量标准技术报告》。

(3) 检定或校准的原始记录

检定或校准的原始记录格式规范、信息量齐全，填写、更改、签名及保存等符合相应规定；原始数据真实，数据处理正确。

(4) 检定或校准证书

检定或校准证书的格式、签名、印章及副本保存等符合有关规定的要求；检定或校准证书结论准确，内容符合计量检定规程或技术规范的要求。

(5) 管理制度

各项管理制度是保持计量标准技术状态稳定和建立正常工作秩序的保证，遵守各项管理制度是做好计量标准管理和开展好检定或校准工作的前提。申请考核单位应当建立并执行下列管理制度，以保持计量标准的正常运行：

① 实验室岗位管理制度；

② 计量标准使用维护管理制度；

③ 量值溯源管理制度；

④ 环境条件及设施管理制度；

⑤ 计量检定规程或技术规范管理制度；

⑥ 原始记录及证书管理制度；

⑦ 事故报告管理制度；

⑧ 计量标准文件集管理制度。

(六) 计量标准测量能力的确认

通过如下两种方式进行计量标准测量能力的确认：

1. 通过现场试验确认计量标准测量能力

通过现场试验的结果以及检定或校准人员实际的操作和回答问题的情况，判断计量标准测量能力是否满足开展检定或校准工作的需要。

2. 通过对技术资料的审查确认计量标准测量能力

通过申请考核单位提供的测量能力的验证、稳定性考核、重复性试验等技术资料，综合判断计量标准是否处于正常工作状态和测量能力是否满足开展检定或校准工作的需要。

申请考核单位应该积极参加由主持考核的质量技术监督部门组织或其认可的实验室之间的比对等测量能力的验证活动。获得满意结果的，在该计量标准复查考核时可以不进行现场考评；未获得满意结果的，申请考核单位应当进行整改，并将整改情况报主持考核的质量技术监督部门。

对于准确度较高和较重要的计量标准，如果有可能，建议申请考核单位尽可能采用测量过程控制的方法，对计量标准进行连续和长期的统计控制。采用测量过程统计控制的具体方法参见 JJF 1033—2008 附录 C.3。对于已经采用测量过程控制对计量标准进行连续和长期的统计控制的计量标准，可以不必再另外进行重复性试验和稳定性考核。

【案例 1】 检定员小王请教实验室主任：标准物质作为计量标准时应当怎么管理？主任回答：我们实验室的标准物质由专人购买、统一保存，有清单和发放登记。小王又问：为什么有些标准物质有证书而有些没有证书？有些注明了有效期，而有些没有注明？主任说：这些标准物质都是我们向国内一些权威机构或化工商店购买的，买的时候，人家给什么证书、资料，我们就接受什么，技术指标都在各个瓶子标签上标着，至于有效期，他们没有说明，我们也不知道，有的标准物质已经买了多年，但用量不大，一直在用。据我所知，我们同行的一些单位目前也是这样管的。

【案例分析】 依据 JJF 1033—2008《计量标准考核规范》第 4.1.2 条第 4 款的规定：计量标准中的标准物质应当是处于有效期内的有证标准物质。这个实验室所使用的有些作为计量标准器的标准物质无证和无有效期，在建立计量标准的申请书中也无法填写复校间隔，标准物质的管理存在问题。在国内一些权威机构或化工商店购买的试剂或标准物质不一定是有证标准物质。不是有证标准物质，就不能作为计量标准使用。有证标准物质应当具有有效期。

【案例 2】 检定员小张进行检测需要使用自动综合分析仪，就向使用过这台仪器的检定员老高询问这台自动综合分析仪的测试软件的测试情况。老高说：自动综合分析仪的测试软件是由本单位研究所设计编制的，使用一直正常。小张问：软件是否经过确认。老高回答“没有，如果我们发现问题，可以请研究所的技术人员来处理。”

【案例分析】 老高的概念是错误的。JJF 1033—2008《计量标准考核规范》第 4.1.1 条规定计量标准器及配套设备（包括计算机及软件）的配置应当科学合理，完整齐全，并能满足开展检定或校准工作的需要。该实验室的自动综合分析仪的计算机软件是自行研制的，不是成熟的商品软件，因此应当通过实验，确认其功能、可靠性等方面能否满足检定或校准工作的需要。

【案例 3】 某企业建立了 0.3 级、(1～60)kN 测力仪标准装置，后来，由于工作的需要，增加了一台 0.3 级(10～100)kN 测力仪和一台 0.1 级(3～30)kN 测力仪，该测力仪标准装置到期复查时，该企业拟利用新购仪器扩展标准装置的测量范围，但未修订《计量标准技术报告》，把开始建标时撰写的《计量标准技术报告》作为申请复查的资料上报。

【案例分析】 根据 JJF 1033—2008《计量标准考核规范》第 4.5.3 条“计量标准技术报告”要求，已建计量标准，如果计量标准器及主要配套设备、环境条件及设施等发生重大变化，引起计量标准主要计量特性发生变化时，应当重新修订《计量标准技术报告》。本案例中，测力仪标准装置的计量标准器——测力仪发生了变化，使测力仪标准装置的测量范围扩展宽了，准确度提高了，这时企业应当重新修订《计量标准技术报告》，而本案例中未进行修订，申请复查时，还把开始建标时撰写的《计量标准技术报告》作为资料上报是不对的。

五、计量标准考核中有关技术问题

(一) 计量标准的重复性

计量标准的重复性是指在相同测量条件下，重复测量同一个被测量，计量标准提供相近示值的能力。这些测量条件包括：相同的测量程序；相同的观测者；在相同的条件下使用相同的计量标准；在相同地点；在短时间内重复测量。通常用测量结果的分散性来定量地表示，即用单次测量结果 y_i 的实验标准差 $s(y_i)$ 来表示。

1. 重复性的试验方法

在重复性条件下，用计量标准对常规的被检定或被校准对象进行 n 次独立重复测量，若得到的测量结果为 $y_i(i=1,2,\cdots,n)$，则其重复性 $s(y_i)$ 为

$$s(y_i)=\sqrt{\frac{\sum_{i=1}^{n}(y_i-\bar{y})^2}{n-1}} \tag{4-1}$$

式中：$\bar{y}$——n 次测量结果的算术平均值；

n——重复测量次数，n 应尽可能大，一般应不少于 10 次。

对于常规的计量检定或校准，当无法满足 $n\geqslant 10$ 时，为使得到的实验标准差更可靠，如果有可能，建议采用合并样本标准差作为其重复性。

2. 计量标准重复性的要求

对于新建计量标准，只要按照要求进行重复性试验，并提供试验的重复性数据即可；对于已建计量标准，至少每年进行一次重复性试验，如果重复性试验结果不大于新建计量标准时的重复性，则重复性符合要求；如果重复性试验结果大于新建计量标准时的重复性时，应按照新的重复性结果重新进行检定或校准结果的测量不确定度评定，并判断检定或校准结果的测量不确定度是否满足被检定或校准对象的需要。

例如：对一项新建的质量计量标准装置进行重复性试验，选择经常检定的砝码作为被测件，进行重复性试验，记录测量数据并计算重复性。表 4－15 是记录的参考格式，每次记录必须注明试验条件，包括环境条件(温、湿度)，所用仪器及被测件的编号。试验时遇到的特殊情况应记录在备注中，完成试验后试验人员要签字。

(二) 计量标准的稳定性

计量标准的稳定性包括计量标准器的稳定性和配套设备的稳定性；不是所有计量标准都能进行稳定性考核，如果不存在核查标准，可以不进行稳定性考核。一次性使用的标准物质也可以不进行稳定性考核。

1. 计量标准稳定性的考核方法

(1) 对于新建计量标准，每隔一段时间(大于一个月)，用该计量标准对核查标准进行一组 n 次的重复测量，取其算术平均值作为该组的测量结果。共观测 m 组($m\geqslant 4$)。取 m 个测量结

果中的最大值和最小值之差，作为新建计量标准在该时间段内的稳定性。

表 4－15 计量标准的重复性试验记录参考格式

试验时间 测量值（ ） 测量次数	___年 ___月___日	___年 ___月___日	___年 ___月___日	___年 ___月___日	___年 ___月___日
试验条件					
1					
2					
3					
4					
5					
6					
7					
8					
9					
10					
$\overline{y}$					
$s(y_i)=\sqrt{\dfrac{\sum_{i=1}^{n}(y_i-\overline{y})^2}{n-1}}$					
结　论					
备　注					
试验人员					

例如：一个技术机构新建立了二等量块标准装置，如何进行稳定性考核？

首先选择常用量值点进行核查，例如选择一块 10mm 的三等量块作为核查标准，每隔一个半月，用该计量标准对核查标准进行一组 10 次的重复测量，共测量 5 组，5 组的算术平均值分别为：10.003mm，10.011mm，10.010mm，10.001mm，10.008mm。则该计量标准装置的稳定性为：10.011mm－10.001mm＝0.010mm。

（2）对于已建计量标准，每年用被考核的计量标准对核查标准进行一组 n 次的重复测量，取其算术平均值作为测量结果。以相邻两年的测量结果之差作为该时间段内计量标准的稳定性。

例如：一个技术机构已建了一项质量计量标准装置，如何进行稳定性考核？

首先确定核查标准，可以选择相应的砝码作为核查标准，进行稳定性考核，每年用被考核的计量标准对砝码进行一组 10 次的重复测量，取其算术平均值作为测量结果，以相邻两年的测量结果之差作为该时间段内计量标准的稳定性。表 4－16 是记录的参考格式，每次记录必须注明核查标准量值和编号。完成考核后，考核人员要签字。

2. 计量标准稳定性的判定方法

若计量标准在使用中采用标称值或示值（即不加修正值使用），则测得的稳定性应小于计量标准的最大允许误差的绝对值；如加修正值使用，则测得的稳定性应小于该修正值的扩展不确定度（$U, k=2$ 或 U_{95}）。

表 4 - 16　计量标准的稳定性考核记录参考格式

考核时间 / 测量值（　） / 测量次数	____年 ___月___日	____年 ___月___日	____年 ___月___日	____年 ___月___日	____年 ___月___日
核查标准					
1					
2					
3					
4					
5					
6					
7					
8					
9					
10					
$\overline{y}_i$					
变化量 $\lvert\overline{y}_i-\overline{y}_{i-1}\rvert$					
允许变化量					
结　论					
考核人员					

3. 核查标准的选择方法

在计量标准稳定性的测量过程中还不可避免地会引入被测对象对稳定性测量的影响，为使这一影响尽可能地小，必须选择一稳定的测量对象来作为稳定性测量的核查标准。核查标准的选择大体上可以按下述几种情况分别处理：

（1）被检定或被校准的对象是实物量具

在这种情况下可以选择一性能比较稳定的实物量具作为核查标准。

（2）计量标准仅由实物量具组成，而被检定或被校准的对象为非实物量具的测量仪器

实物量具通常可以直接用来检定或校准非实物量具的测量仪器，并且实物量具的稳定性通常远优于非实物量具的测量仪器，因此在这种情况下可以不必进行稳定性考核。但需画出计量标准器所提供的标准量值随时间变化的曲线，即计量标准器稳定性曲线图。

（3）计量标准器和被检定或被校准的对象均为非实物量具的测量仪器

如果存在合适的比较稳定的对应于该参数的实物量具，可以用它作为核查标准来进行计量标准的稳定性考核。如果对于该被测参数来说，不存在可以作为核查标准的实物量具，可以不作稳定性考核。

【案 例】 某实验室使用 3 等量块开展测长仪示值误差的校准。为了进行标准器的稳定性考核，实验室采用每 3 个月使用测长仪测量标准量块 10 次，其平均值的变化不超过 0.3μm，即

满足校准 MPE=±1+L/100(μm)测长仪的稳定性要求。

【案例分析】 一般来说,使用被校准的测量仪器——测长仪考核计量标准的稳定性是不严格的。因为该计量标准 3 等量块的稳定性和准确度比被校测量仪器测长仪高,使用被校测量仪器考核计量标准的稳定性,示值的变化反映的主要是被校测量仪器的变化,而不是计量标准的变化。案例中,因为测长仪的稳定性远不如标准量块的稳定性好,因此实验数据反映不出标准量块的稳定性,数据的变化反映了测长仪的稳定性。所以,这种考核标准器的稳定性方法是不正确的。

(三)测量过程的统计控制——控制图

控制图(又称休哈特控制图)是对测量过程是否处于统计控制状态的一种图形记录。它能判断并提供测量过程中是否存在异常因素的信息,以便于查明产生异常的原因,并采取措施使测量过程重新处于统计控制状态。

根据控制对象的数据性质,即所采用的统计控制量来分类,在测量过程控制中常用的控制图有平均值-标准偏差控制图(x-s 图)和平均值-极差控制图(x-R 图)。

控制图通常成对地使用,平均值控制图主要用于判断测量过程中是否受到不受控的系统效应的影响。标准偏差控制图和极差控制图主要用于判断测量过程是否受到不受控的随机效应的影响。

标准偏差控制图比极差控制图具有更高的检出率,但由于标准偏差要求重复测量次数 $n \geqslant 10$,对于某些计量标准可能难以实现。而极差控制图一般要求 $n \geqslant 5$,因此在计量标准考核中推荐采用平均值-标准偏差控制图,也可以采用平均值-极差控制图。

根据控制图的用途,可以分为分析用控制图和控制用控制图两类。

(1) 分析用控制图:用于对已经完成的测量过程或测量阶段进行分析,以评估测量过程是否稳定或处于受控状态。

(2) 控制用控制图:对于正在进行中的测量过程,可以在进行测量的同时进行过程控制,以确保测量过程处于稳定受控状态。

具体建立控制图时,应首先建立分析用控制图,确认过程处于稳定受控状态后,将分析用控制图的时间界限延长,于是分析用控制图就转化为控制用控制图。

(四)在计量标准考核中与不确定度有关的问题

1. 测量不确定度的评定方法

测量不确定度的评定方法应依据 JJF 1059—1999《测量不确定度评定与表示》的规定。使用的计量术语应执行 JJF 1001—1998《通用计量术语及定义》等技术规范的规定。

如果相关国际组织已经制定了该计量标准所涉及领域的测量不确定度评定指南,则测量不确定度评定也可以依据这些指南进行。

2. 检定和校准结果的测量不确定度的评定

(1) 在《计量标准技术报告》的“检定或校准结果的测量不确定度评定”一栏中应填写在计量检定规程或技术规范规定的条件下,用该计量标准对常规的被检定或被校准对象进行检定或校准时所得结果的测量不确定度评定详细过程,并给出各不确定度分量的汇总表。

(2) 如果计量标准可以检定或校准多种参数,则应分别评定每种参数的测量不确定度。

(3) 由于被检定或被校准的测量仪器通常具有一定的测量范围,因此检定和校准工作往往需要在若干个测量点进行,原则上对于每一个测量点,都应给出测量结果的不确定度。

(4) 如果检定或校准的测量范围很宽,并且对于不同的测量点所得结果的不确定度不同时,检定或校准结果的不确定度可用下列两种方式之一来表示:

一是在整个测量范围内,分段给出其测量不确定度(以每一分段中的最大测量不确定度表示)。

二是对于校准来说,如果用户只在某几个校准点或在某段测量范围使用,也可以只给出这几个校准点或该段测量范围的测量不确定度。

(5) 无论用上述何种方式来表示,均应具体给出典型值的测量不确定度评定过程。如果对于不同的测量点,其不确定度来源和数学模型相差甚大,则应分别给出它们的不确定度评定过程。

(6) 视包含因子 k 取值方式的不同,在各种技术文件(包括测量不确定度评定的详细报告、技术报告、以及检定或校准证书等)中最后给出的测量不确定度应采用下述两种方式之一表示:

① 扩展不确定度 U

当包含因子的数值是直接取定时,扩展不确定度应当用 U 表示。在此情况下一般均取 $k=2$。

在给出扩展不确定度 U 的同时,应同时给出所取包含因子 k 的数值。在能估计被测量接近于正态分布,并且能确保有效自由度不小于 15 时,还可以进一步说明:“估计被测量接近于正态分布,其对应的置信概率约为 95%”。

② 扩展不确定度 U_p

当包含因子的数值是由规定的置信概率 p 并根据被测量的分布计算得到时,扩展不确定度应该用 U_p 表示。当规定的置信概率 p 分别为 95% 和 99% 时,扩展不确定度分别用 U_{95} 和 U_{99} 表示。置信概率 p 通常取 95%,当采用其他数值时应注明其来源。

在给出扩展不确定度 U_p 的同时,应注明所取包含因子 k_p 的数值,以及被测量的分布类型。若被测量接近于正态分布,还应给出其有效自由度 ν_{eff}。

【案 例】 计量标准负责人老高安排检定员小赵对本单位在用的一项多参数、多量程计量标准装置进行测量不确定度评定。小赵认真准备后,提交出测量记录和测量不确定度评定报告。老高组织有关技术人员进行讨论,检定员小龙发现小赵的实验是仅在某一参数的特定量程的一个测量点上进行的,实验测量记录和测量不确定度评定没有给出装置实际使用范围的测量不确定度评定。小龙认为,小赵的实验不够充分,应该补充实验数据,对于装置的每一个测量点,都应给出测量结果的不确定度,在常用测量范围内,应当分段给出装置的测量不确定度。

【案例分析】 小赵对在用的一项多参数、多量程计量标准装置进行的测量不确定度评定不够充分。依据 JJF 1033—2008《计量标准考核规范》附录 C. 4“在计量标准考核中与不确定度有关的问题”中指出:如果一个计量标准可以检定或校准多种参数,则应分别评定每种参数的测量不确定度。如果检定或校准的测量范围很宽,并且对于不同的测量点所得结果的不确定度不同时,检定或校准结果的不确定度可在整个测量范围内,分段给出其测量不确定度(以每一分段中的最大测量不确定度表示)。对本案例多量程的情况来说,可以将每个量程作为一个段,给出每一量程中的最大不确定度。无论用何种方式来表示,均应具体给出典型值的测量不确定度评定过程。如果对于不同的测量点,其不确定度来源和数学模型相差甚大,则应分别给出它们的不确定度评定过程。

（五）检定或校准结果的验证

1. 验证方法

检定或校准结果的验证一般应通过更高一级的计量标准采用传递比较法进行验证。在无法找到更高一级的计量标准时，也可以通过具有相同准确度等级的实验室之间的比对来验证检定或校准结果的合理性。

（1）传递比较法

用被考核的计量标准测量一稳定的被测对象，然后将该被测对象用另一更高级的计量标准进行测量。若用被考核计量标准和高一级计量标准进行测量时的扩展不确定度（U_{95}或 $k=2$ 时的 U，下同）分别为$U_{\rm lab}$和$U_{\rm ref}$，它们的测量结果分别为$y_{\rm lab}$和$y_{\rm ref}$，在两者的包含因子近似相等的前提下应满足

$$|y_{\rm lab}-y_{\rm ref}|\leqslant\sqrt{U_{\rm lab}^2+U_{\rm ref}^2}\tag{4-2}$$

当$U_{\rm ref}\leqslant\frac{U_{\rm lab}}{3}$成立时，可忽略$U_{\rm ref}$的影响，此时上式成为

$$|y_{\rm lab}-y_{\rm ref}|\leqslant U_{\rm lab}\tag{4-3}$$

对于某些计量标准，例如量块，其检定规程规定其扩展不确定度对应于99%的置信概率，此时所给出的扩展不确定度所对应的 k 值与 2 相差较大。在进行判断时，应先将其换算到对应于 $k=2$ 时的扩展不确定度。由于经换算后的扩展不确定度变小，即其判断标准将比不换算更严格。

（2）比对法

如果不可能采用传递比较法时，可采用多个实验室之间的比对。假定各实验室的计量标准具有相同准确度等级，此时采用各实验室所得到的测量结果的平均值作为被测量的最佳估计值。

当各实验室的测量不确定度不同时，原则上应采用加权平均值作为被测量的最佳估计值，其权重与测量不确定度有关。但由于各实验室在评定测量不确定度时所掌握的尺度不可能完全相同，故仍采用算术平均值$\overline{y}$作为参考值。

若被考核实验室的测量结果为$y_{\rm lab}$，其测量不确定度为$U_{\rm lab}$，在被考核实验室测量结果的方差比较接近于各实验室的平均方差，以及各实验室的包含因子均相同的条件下，应满足

$$|y_{\rm lab}-\overline{y}|\leqslant\sqrt{\frac{n-1}{n}}U_{\rm lab}\tag{4-4}$$

2. 验证方法的选用

传递比较法是具有溯源性的，而比对法则并不具有溯源性，因此检定或校准结果的验证原则上应采用传递比较法，只有在不可能采用传递比较法的情况下才允许采用比对法进行检定或校准结果的验证，并且参加比对的实验室应尽可能多。

（六）计量标准的量值溯源和传递框图

计量标准的量值溯源和传递框图是表示计量标准溯源到上一级计量器具和传递到下一级计量器具的框图，计量标准的量值溯源和传递框图应当依据国家计量检定系统表来画，但是它

与国家计量检定系统表不一样，它只要求画出三级，不要求溯源到计量基准，也不一定传递到工作计量器具。

计量标准的量值溯源和传递框图包括三级三要素。三级是指上一级计量器具、本级计量器具和下一级计量器具；三要素是指每级计量器具都有三要素：上一级计量器具三要素为计量基(标)准名称、不确定度或准确度等级或最大允许误差和计量基(标)准拥有单位(即保存机构)；本级计量器具三要素为计量标准名称、测量范围和不确定度或准确度等级或最大允许误差；下一级计量器具三要素为计量器具名称、测量范围、不确定度或准确度等级或最大允许误差。三级之间应当注明溯源和传递方法。

例如：3 等量块标准器组计量标准的量值溯源和传递框图示例见图 4－2，本级计量器具是 3 等量块标准器组，通过比较仪向上溯源到 2 等量块标准器组，向下传递到 4 等或 2 级量块，以及用直接测量法传递到比较仪、指示表等。

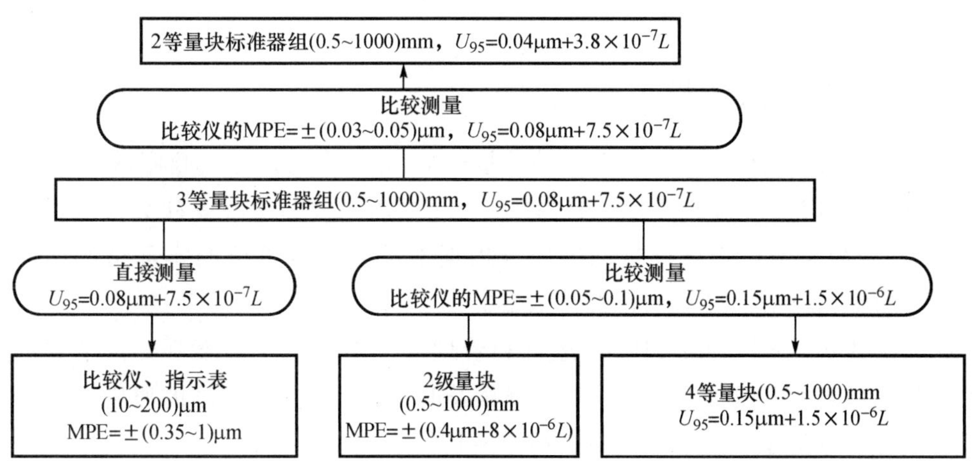

图 4－2　3 等量块标准器组计量标准的量值溯源和传递框图示例

六、建立计量标准的准备工作

(一) 建立计量标准的策划

建立计量标准要从实际需求出发、科学决策、讲求效益，减少建立计量标准的盲目性。

1. 策划时应当考虑的要素

(1) 进行需求分析，对国民经济和科技发展的重要和迫切程度，尤其分析被测量对象的测量范围、测量准确度和需要检定或校准的工作量；

(2) 需建立的基础设施与条件，如房屋面积、恒温条件及能源消耗等；

(3) 建立计量标准应当购置的标准器、配套设备及其技术指标；

(4) 是否具有或需要培养使用、维护及操作计量标准的技术人员；

(5) 计量标准的考核、使用、维护及量值传递保证条件；

(6) 建立计量标准的物质、经济、法律保障等基础条件。

2. 策划时应当进行评估

政府计量行政部门组织建立社会公用计量标准前，应当对行政辖区内的计量资源进行调查研究、摸底统计。树立科学的发展观，根据当地国民经济建设发展的需要，统筹规划、合理组织建立社会公用计量标准体系。对社会计量资源进行科学调配，避免重复投资，最大限度地发挥现有的计量资源的作用。强化社会公用计量标准的建设，兼顾部门和企事业单位计量标准的发展，对需要建设的社会公用计量标准统一规划、统一部署、科学立项、认真实施。明确各级各类计量技术机构的发展战略定位与目标，完善量值传递体系，解决项目交叉、重复建设、投入分散、资源浪费的问题。提高法定计量技术机构的技术保障水平，增强对社会开展计量检定和校准的服务能力。

当社会公用计量标准不能覆盖或满足不了部门专业特点的需求时，国务院有关部门和省、自治区、直辖市有关部门可以根据本部门的特殊需要建立部门内部使用的计量标准。

企事业单位建立计量标准不宜追求“全、高、精、尖”，企业建立计量标准是为了获得及时的、低成本的、高效的计量服务，是否建立取决于企业产品质量和工艺流程对计量工作的依赖程度。

3. 社会经济效益分析

只有具有良好的社会效益或经济效益的计量标准，才有必要建立。政府计量行政部门建立社会公用计量标准，应当根据本行政区域内统一量值的需要，着重考虑社会效益，同时兼顾经济效益；部门和企事业单位建立计量标准应当根据本部门和本单位的实际情况，重点建立生产、科研等需要的计量标准，主要考虑经济效益。

计量标准的建立、考核、维护、使用、运行和管理等一系列工作离不开经济基础的支撑，是否建立计量标准应以实际需要来确定，同时兼顾及时、方便、实用、经济的原则，需要经济效益分析。经济效益等于检定或校准收益减去检定或校准支出费用。

检定或校准的预计收益按照该计量标准一年开展检定或校准工作的台件数乘以每台件的收费来估计。检定或校准支出全部费用包括计量标准器及配套设备、房屋等固定资产折旧费、量值溯源保证费、低值易耗年消耗费、能源消耗费、人员费用、管理费用等。

核定建立计量标准的收支费用，应当把资金利用率、物价变动因素考虑进去。如果是部门和企事业单位建立计量标准有可能获得计量授权对社会开展计量检定或校准，也可以把增加收入部分估计进去，综合衡量，进行计量标准经济效益分析。

（二）建立计量标准的技术准备

建立计量标准的过程是一个技术性很强的工作过程，它要确定计量标准的计量性能和功能，完成计量标准器及配套设备及设施的配置，进行有效溯源，培训人员，还要进行重复性试验及稳定性考核，建立文件集等工作。

申请新建计量标准的单位，应当按 JJF 1033—2008 第 4 章“计量标准的考核要求”的规定进行准备，并按照如下七个方面的要求做好前期准备工作，这些准备工作是申请建立计量标准必要的前提条件。

(1) 科学合理配置计量标准器及配套设备；

(2) 计量标准器及主要配套设备进行有效溯源，并取得有效检定或校准证书；

(3) 新建计量标准应当经过至少半年的试运行，在此期间考察计量标准的重复性及稳定性；

(4) 申请考核单位应当完成《计量标准考核（复查）申请书》和《计量标准技术报告》的填写；

（5）环境条件及设施应当满足开展检定或校准工作的要求，并按要求对环境条件进行有效监测和控制；

（6）每个项目配备至少两名持证的检定或校准人员；

（7）建立计量标准的文件集。

七、计量标准考核（复查）申请资料的填写方法

无论申请新建计量标准的考核或计量标准的复查考核，均应填写《计量标准考核（复查）申请书》、《计量标准技术报告》、《计量标准的重复性试验记录》及《计量标准履历书》等申请资料。下面以《计量标准考核（复查）申请书》和《计量标准技术报告》为例进行说明。

（一）《计量标准考核（复查）申请书》的填写与使用说明

《计量标准考核（复查）申请书》各栏目的填写要点和具体要求如下：

——封面

1."[　　]　　量标　　　　证字第　　　　号"

填写《计量标准考核证书》的编号。新建计量标准申请考核时不必填写，待考核合格后，根据主持考核的质量技术监督部门签发的《计量标准考核证书》填写。

2."计量标准名称"和"计量标准代码"

按 JJF 1022—1991《计量标准命名规范》的规定查取计量标准名称和代码。《计量标准命名规范》中没有的，可按该规范规定的命名原则进行命名。

3."申请考核单位"和"组织机构代码"

分别填写申请计量标准考核（或复查）单位的全称和该单位的组织机构代码。

申请考核单位的全称应与本申请书"申请考核单位意见"栏内所盖公章中的单位名称完全一致。

4."单位地址"和"邮政编码"

分别填写申请计量标准考核（或复查）单位的具体地址，以及所在地区的邮政编码。

5."联系人"和"联系电话"

联系人可以是该单位分管计量标准的负责人，也可以是所建计量标准的具体负责人。联系电话应是联系人的办公电话号码（同时注明所在地区的长途区位号码）或手机号码。

6."______年______月______日"

填写申请计量标准考核（或复查）单位提出计量标准考核（或复查）申请的日期。该日期应与"申请考核单位意见"一栏内的日期相一致。

——申请书内容

1."计量标准名称"

本栏目填写内容与本申请书封面的同名栏目完全相同。

2."计量标准考核证书号"

申请新建计量标准时不必填写，申请计量标准复查时应填写原《计量标准考核证书》的编号，并与本申请书封面的"[　　]　　量标　　　证字第　　　号"填法一致。

3."存放地点"

填写该计量标准存放部门的名称，存放地点所在的地址、楼号和房间号。

4."计量标准总价值(万元)"

填写该计量标准的计量标准器和配套设备原价值的总和,单位为万元,数字一般精确到小数点后两位。该总价值应当和《计量标准履历书》中"总价值(万元)"相一致。

5."计量标准类别"

需要考核的计量标准,按其类别分为社会公用计量标准、部门最高计量标准和企事业单位最高计量标准三类。经过质量技术监督部门授权的,属于计量授权。此处应当根据该计量标准的类别和是否属于计量授权在对应的"□"内打"√"。

6."前两次复查时间和方式"

填写该计量标准前两次复查时间和方式。如果是新建计量标准,则不填;如果是新建后的第一次复查,则仅填新建计量标准考核时的时间和方式;如果是第二次复查,则填新建计量标准考核时和第一次复查的时间和方式;如果是三次及以上复查,则填最近两次复查的时间和方式;如果考核仅采用书面审查的方式,仅在书面审查的"□"内打"√",如果采用现场考评方式,则在书面审查和现场考评两者的"□"内均打"√"。

7."测量范围"

本栏应当填写该计量标准的量值或测量范围,即由计量标准器和配套设备组成的计量标准的量值或测量范围。根据计量标准的具体情况,它可能与计量标准器所提供的标准量值或测量范围相同,也可能与计量标准器所提供的标准量值或测量范围不同。对于可以测量多种参数的计量标准应该分别给出每一个参数的量值或测量范围。

8."不确定度或准确度等级或最大允许误差"

对于不同的计量标准,可以填写不确定度或准确度等级或最大允许误差。具体采用何种参数表示应根据具体情况确定,或遵从本行业的规定或约定俗成。填写时必须用符号明确注明所给参数的含义。

最大允许误差用符号 MPE 表示,其数值一般应带"±"号。例如:可以写为"MPE:±0.05mm","MPE:±0.01mg"。

准确度等级一般以该计量标准所符合的等别或级别表示,可以按各专业的规定填写,例如:可以写为"2 等","0.5 级"。

本栏中的不确定度,是指用该计量标准检定或校准被测对象时,该计量标准在测量结果中所引入的不确定度分量,不应包括由被测对象、测量方法以及环境条件等对测量结果的影响,例如:由环境效应导致的被测对象的不稳定,或由于被测对象和计量标准之间的失配而对测量结果的影响。

当填写不确定度时,可以根据该领域的习惯和方便的原则,用标准不确定度或扩展不确定度来表示。标准不确定度用符号 u 表示;扩展不确定度有两种表示方式,分别用 U 和 U_p 表示,与之对应的包含因子分别用 k 和 k_p 表示。当用扩展不确定度表示时,应同时注明所取包含因子 k 或 k_p 的数值。

当包含因子的数值是根据被测量 y 的分布,并由规定的置信水准 p 计算得到时,扩展不确定度用符号 U_p 表示,与之对应的包含因子用 k_p 表示。具体地说,当规定的置信水准 p 分别为 0.95 或 0.99 时,分别用符号 U_{95} 或 U_{99} 以及 k_{95} 或 k_{99} 表示。当包含因子的数值是直接取定(在绝大多数情况下取 2),而不是根据被测量 y 的分布计算得到时,扩展不确定度用符号 U 表示,与之对应的包含因子用 k 表示。

填写本栏目时,应根据计量标准具体情况的不同填写不同的参数。

（1）若计量标准简单地由单台仪表或量具组成

① 若在检定或校准中直接采用该仪表或量具的示值或标称值，即不加修正值使用，则填写该仪表或量具的最大允许误差；

② 若在检定或校准中，该仪表或量具需要加修正值使用，即采用其实际值，则填写该修正值的不确定度；

③ 若该仪表或量具有准确度等别和（或）级别的规定，则也可以填写该仪表或量具的等别和（或）级别。使用等别，相当于用不确定度来表示；使用级别，相当于用最大允许误差表示。

（2）若计量标准由多台仪表或测量设备组成的一套系统，则在原则上可以将计量标准分成计量标准器和比较器两部分

① 若可以分辨这两部分各自对测量结果的影响，则按上面的原则分别填写这两部分的不确定度或准确度等级或最大允许误差。当比较器是由多种设备构成时，则填写这些设备的合成不确定度。

② 若无法分辨这两部分各自对测量结果的影响，则直接填写上述两部分的合成不确定度。

对于可以测量多种参数的计量标准，应分别给出每种参数的测量不确定度或准确度等级或最大允许误差；若对于不同测量点或不同测量范围，计量标准具有不同的测量不确定度时，则应该分段给出其不确定度，以每一分段中的最大不确定度表示，如有可能，最好能给出测量不确定度随测量点变化的公式；若对于不同的分度值，计量标准的不确定度不同时，应该分别给出对应于每一分度值的不确定度。

9.“计量标准器”和“主要配套设备”

计量标准器是指计量标准在量值传递中对量值有主要贡献的那些计量设备。主要配套设备是指除计量标准器以外的对测量结果的不确定度有明显影响的其他设备。

其中“名称”和“型号”两栏分别填写各计量标准器及主要配套设备的名称和型号。

“测量范围”栏填写相应计量标准器或主要配套设备的量值或测量范围。

“不确定度或准确度等级或最大允许误差”栏填写相应计量标准器及主要配套设备的不确定度或准确度等级或最大允许误差。填写要求与本申请书的同名栏目相同。

“制造厂及出厂编号”栏填写各计量标准器及主要配套设备的制造厂及出厂编号。

“检定周期或复校间隔”栏填写各计量标准器及主要配套设备的检定周期或复校间隔，例如：1年、半年。

“末次检定或校准日期”栏填写各计量标准器及主要配套设备最近一次的检定或校准日期。

“检定或校准机构及证书号”栏填写各计量标准器及主要配套设备溯源单位的名称及检定或校准证书编号。

10.“环境条件及设施”

（1）应填写的环境条件项目可以分为三类：

① 在计量检定规程或技术规范中提出具体要求，并且对检定或校准结果及其测量不确定度有显著影响的环境项目；

② 在计量检定规程或技术规范中未提具体要求，但对检定或校准结果及其测量不确定度有显著影响的环境项目；

③ 在计量检定规程或技术规范中提出具体要求，但对检定或校准结果及其测量不确定度的影响不大的环境项目。

对第一类项目，在“要求”栏内填写计量检定规程或技术规范对该环境项目规定必须达到的

具体要求。“实际情况”栏填写实际使用该计量标准时环境条件所能达到的实际情况。“结论”栏是指是否符合计量检定规程或技术规范对该项目所提的要求。视情况分别填写“合格”或“不合格”。

对第二类项目，“要求”栏按《计量标准技术报告》的“检定或校准结果的不确定度评定”栏目中对该项目的要求填写。“实际情况”栏填写实际使用该计量标准时环境条件所能达到的实际情况。“结论”栏是指是否符合《计量标准技术报告》的“检定或校准结果的测量不确定度评定”栏中对该项目所提的要求。视情况分别填写“合格”或“不合格”。

对第三类项目，“要求”和“结论”栏可以不填，“实际情况”栏填写实际使用该计量标准时环境条件所能达到的实际情况。

(2) 在本栏中还应填写在计量检定规程或技术规范中提出具体要求，并对检定或校准结果及其测量不确定度有影响的，同时又是独立隶属于该计量标准装置的设施和监控设备。在“项目”栏内填写设施和监控设备名称，在“要求”栏内填写计量检定规程或技术规范对该设施和监控设备规定应当达到的具体要求。“实际情况”栏填写设施和监控设备的名称、型号和所能达到的实际情况，并应与《计量标准履历书》中相关内容一致。“结论”栏是指是否符合计量检定规程或技术规范的要求，对该项目所提的要求。视情况分别填写“合格”或“不合格”。

11.“检定或校准人员”

分别填写使用该计量标准进行检定或校准工作的持证计量检定或校准人员的有关信息。每项计量标准应有不少于两名的持证计量检定或校准人员。“姓名”、“性别”、“年龄”、“从事本项目年限”、“文化程度”等栏目按实际情况填写；“核准的检定或校准项目”应填写检定或校准人员所取得的相应的检定或校准项目。“资格证书名称及注册编号”可以填写《计量检定员证》的编号，或填写《注册计量师资格证书》的编号以及《注册计量师注册证》编号。“发证机关”填写颁发这些证件的机构简称。

12.“文件集登记”

对表中所列 18 种文件是否具备，分别按情况填写“是”或“否”。填写“否”应在“备注”中说明原因。

13.“拟开展的检定及校准项目”

本栏目是指计量标准拟开展的检定或校准项目。

“名称”栏填写被检或被校计量器具名称(如果只能开展校准，必须在被检或被校计量器具名称(或参数)注明“校准”字样)。

“测量范围”栏填写被检或被校计量器具的量值或测量范围。

“不确定度或准确度等级或最大允许误差”栏填写用该计量标准对被检定或被校准计量器具进行测量时所能达到的测量不确定度或准确度等级或最大允许误差。

如果被检定或被校准的计量器具不加修正值使用，则填写该计量器具的最大允许误差。如果被检定或被校准的计量器具有准确度级别的划分，也可以填写可以检定或校准的计量器具的级别。

如果被检定或被校准的计量器具需加修正值使用，则填写所出具的检定或校准证书上所提供的修正值的扩展不确定度，并同时给出有关该扩展不确定度的足够多的信息。如果被检定或被校准的计量器具有准确度等别的划分，也可以填写可以检定或校准的计量器具的等别。

“所依据的计量检定规程或技术规范的代号及名称”栏填写开展计量检定或校准所依据的计量检定规程或技术规范的代号及名称。填写时先写计量检定规程或技术规范的代号，再写名称的全称。例:JJG 146—2003 量块检定规程。若涉及多个计量检定规程或技术规范时,则应全部分别予以列出。此处应当填写被检或被校计量器具(或参数)的计量检定规程或技术规范,而不是计量标准器或主要配套设备的计量检定规程或技术规范。

14."申请考核单位意见"

申请考核单位的负责人(即主管领导)签署意见并签名和加盖公章。

15."申请考核单位主管部门意见"

申请考核单位的主管部门在本栏目签署意见。如申请建立部门最高计量标准,则应在意见中明确写明"同意建立本部门最高计量标准"并加盖公章。如企业申请建立本单位最高计量标准,申请考核企业的主管部门应在本栏目签署"同意建立该企业最高计量标准,请予考核"意见。

16."主持考核质量技术监督部门意见"

主持考核质量技术监督部门在审阅申请资料并确认受理申请后,根据所申请计量标准的准确度等级确定组织考核(复查)的质量技术监督部门。主持考核的质量技术监督部门应将是否受理的明确意见,如"同意受理该计量标准申请,请×××局组织考核"写入本栏并加盖公章。

17."组织考核(复查)质量技术监督部门意见"

组织考核(复查)质量技术监督部门在接受主持考核质量技术监督部门下达的考核任务后,确定考评单位或成立考评组,并将处理意见写入栏内并加盖公章。

(二)《计量标准技术报告》的填写与使用说明

《计量标准技术报告》各栏目的填写要点和具体要求如下:

——封面和目录

1."计量标准名称"

本栏目中填写的名称应与《计量标准考核(复查)申请书》中的名称相一致。

2."计量标准负责人"

填写所建计量标准负责人的姓名。

3."建标单位名称(公章)"

填写建立计量标准单位的全称并加盖公章。该单位名称应与《计量标准考核(复查)申请书》中申请考核单位的名称和公章中名称完全一致。

4."填写日期"

填写编写《计量标准技术报告》的日期。如果是重新修订,应注明第一次填写日期和本次修订日期。

——技术报告内容

1."建立计量标准的目的"

简要地叙述建立计量标准的目的意义,分析建立计量标准的社会经济效益,以及所建计量标准的传递对象及范围。

2."计量标准的工作原理及其组成"

用文字、框图或图表简要叙述该计量标准的基本组成,以及开展量值传递时采用的检定或校准方法。计量标准的工作原理及其组成应符合所建计量标准的国家计量检定系统表和国家计量检定规程或技术规范的规定。

3."计量标准器及主要配套设备"

本栏填写内容与《计量标准考核(复查)申请书》的同名栏目完全相同。

4.“计量标准的主要技术指标”

明确给出整套计量标准的测量范围、分辨力、最小分度值、不确定度或准确度等级或最大允许误差以及其他必要的技术指标。

对于可以测量多种参数的计量标准，必须给出对应于每种参数的主要技术指标。

若对于不同测量点，计量标准的不确定度（或最大允许误差）不相同时，建议用公式表示不确定度（或最大允许误差）与测量点的关系。如无法给出其公式，则分段给出其不确定度（或最大允许误差）。对于每一个分段，以该段中最大的不确定度（或最大允许误差）表示。

若对于不同的分度值具有不同的测量不确定度时，也应当分别给出。

5.“环境条件”

本栏的填写内容应与《计量标准考核（复查）申请书》中的“环境条件和设施”栏目一致。申请书中填写的设施也应填写在本栏中。

6.“计量标准的量值溯源和传递框图”

根据与所建计量标准相应的国家计量检定系统表，画出该计量标准的量值溯源和传递框图。要求画出该计量标准溯源到上一级计量标准和传递到下一级计量器具的量值溯源和传递框图。

7.“计量标准的重复性试验”

计量标准的重复性通常用单次测量结果 y_i 的实验标准差 $s(y_i)$ 来表示。本栏应该列出重复性试验的全部数据，建议用表格的形式反映重复性试验数据处理过程。

8.“计量标准的稳定性考核”

在计量标准考核中，计量标准的稳定性是指用该计量标准在规定的时间间隔内测量稳定的被测对象时所得到的测量结果的一致性。本栏应该列出计量标准稳定性考核的全部数据，建议用表格的形式反映稳定性考核的数据处理过程，并判断其稳定性是否符合要求。

9.“检定或校准结果的测量不确定度评定”

此处的“测量不确定度”是指在计量检定规程或技术规范规定的条件下，用该计量标准对常规的被检定（或校准）对象，进行检定（或校准）时所得结果的不确定度。因此，在该不确定度中应包含被测对象和环境条件对测量结果的影响。

本栏应详细给出测量不确定度的评定过程，包括应给出各不确定度分量的汇总表。

当不同量程或不同测量点，其测量结果的不确定度不相同时，如果各测量点的不确定度评定方法差别不大，允许仅给出典型测量点的不确定度评定过程。但应具体给出不同测量点的不确定度。

对于可以测量多种参数的计量标准，应分别给出各主要参数的测量不确定度评定过程。

10.“检定或校准结果的验证”

验证方法可以分为传递比较法和比对法两类。传递比较法具有溯源性，而比对法则不具有溯源性，因此检定或校准结果的验证原则上应采用传递比较法，只有在不可能采用传递比较法的情况下才允许采用比对法，并且参加比对的实验室应尽可能多。

11.“结论”

经过分析和实验验证，对所建计量标准是否符合国家计量检定系统表和计量检定规程或技术规范的要求，是否具有开展相应检定及校准项目的测量能力。

12.“附加说明”

填写认为有必要指出的其他附加说明。

八、计量标准考核的程序和考评方法

（一）计量标准考核的程序

计量标准考核是国家行政许可项目，其行政许可项目的名称为计量标准器具核准。计量标准器具核准行政许可实行分四级许可，即由国家质检总局和省、市（地）及县级质量技术监督部门对各自职责范围内的计量标准实施行政许可。计量标准考核应当按照如下流程办理。

1. 计量标准考核的申请

申请考核单位依据《计量标准考核办法》的有关规定向主持考核的质量技术监督部门提出考核申请，并按下列要求递交申请资料。

申请新建计量标准考核需提交以下 6 个方面的资料：

（1）《计量标准考核（复查）申请书》原件和电子版各一份；

（2）《计量标准技术报告》原件一份；

（3）计量标准器及主要配套设备有效的检定或校准证书复印件一套；

（4）开展检定或校准项目的原始记录及相应的模拟检定或校准证书复印件两套；

（5）检定或校准人员资格证明复印件一套；

（6）可以证明计量标准具有相应测量能力的其他技术资料。

注：

1. 如采用计量检定规程或国家计量校准规范以外的技术规范，应当提供技术规范和相应的文件复印件一套。

2.《计量标准技术报告》相应栏目中应当提供《计量标准重复性试验记录》和《计量标准稳定性考核记录》。

申请计量标准复查考核应提交以下 11 个方面的资料：

（1）《计量标准考核（复查）申请书》原件和电子版各一份；

（2）《计量标准考核证书》原件一份；

（3）《计量标准技术报告》原件一份；

（4）《计量标准考核证书》有效期内计量标准器及主要配套设备的连续、有效的检定或校准证书复印件一套；

（5）随机抽取该计量标准近期开展检定或校准工作的原始记录及相应的检定或校准证书复印件两套；

（6）《计量标准考核证书》有效期内连续的《计量标准稳定性考核记录》复印件一套；

（7）《计量标准考核证书》有效期内连续的《计量标准重复性试验记录》复印件一套；

（8）检定或校准人员资格证明复印件一套；

（9）计量标准更换申报表（如果适用）复印件一份；

（10）计量标准封存（或撤销）申报表（如果适用）复印件一份；

（11）可以证明计量标准具有相应测量能力的其他技术资料。

2. 计量标准考核的受理

主持考核的质量技术监督部门收到申请考核单位的申请资料后，应当对申请资料进行初审。通过查阅申请资料是否齐全、完整，是否符合考核的基本要求，确定是否受理。

申请资料齐全并符合要求的，受理申请，发送受理决定书。

申请资料不符合要求的：

(1) 可以立即更正的，应当允许申请考核单位更正。更正后符合要求的，受理申请，发送受理决定书；

(2) 申请资料不齐全或不符合要求的，应当在5个工作日内一次告知申请考核单位需要补正的全部内容，发送补正告知书。经补充符合要求的予以受理；逾期未告知的，视为受理；

(3) 申请不属于受理范围的，发送不予受理决定书，并将有关申请资料退回申请考核单位。

3. 计量标准考核的组织与实施

主持考核的质量技术监督部门受理考核申请后，应当及时组织考核，并将组织考核的质量技术监督部门、考评单位以及考评计划告知申请考核单位(必要时，征求申请考核单位的意见后确定)。计量标准考核的组织工作应当在10个工作日内完成。

每项计量标准一般由1至2名考评员执行考评任务。

4. 计量标准考核的审批

主持考核的质量技术监督部门对考核资料及考评结果进行审核，批准考核合格的计量标准，确认考核不合格的计量标准。审批工作应当在10个工作日内完成。

主持考核的质量技术监督部门应根据审批结果在10个工作日内向考核合格的申请考核单位下达准予行政许可决定书，并颁发《计量标准考核证书》；或者向考核不合格的申请考核单位发送不予行政许可决定书，说明其不合格的主要原因，并退回有关申请资料。

《计量标准考核证书》的有效期为4年。

【案 例】 一个计量检定机构正在筹建一项新的计量标准，准备开展计量检定工作。在计量标准装置安装完毕进行调试时，企业送来了2台计量器具需要使用新的计量标准进行检定。该机构为了满足企业的需要就帮助企业进行了检定，并出具了检定证书。请问该机构的做法是否正确?

【案例分析】 该计量检定机构积极为企业服务的精神是很好的。但是这种做法从法制管理和技术管理两个方面分析都是不正确的。

首先，从法制管理的要求来看：用于计量检定的计量标准，必须依据计量法律法规的规定，通过计量标准考核取得相应的计量标准证书，而且该计量标准器的量值必须通过计量检定或校准溯源到国家计量基准。

其次，从计量技术的要求来看：新筹建的计量标准装置刚刚安装完毕，正在调试过程中，该计量标准器具还没有经过检定或校准，计量标准装置的计量性能还没有经过评定，其测量不确定度或最大允许误差或准确度等级是否能够符合计量检定规程的要求还是未知数。如果用其开展检定，其检定结果必然具有很大的风险性，可能会给企业造成不必要的损失。

(二) 计量标准的考评原则和要求

计量标准的考评是指在计量标准考核过程中，计量标准考评员对计量标准测量能力的评价。计量标准的考评分为书面审查和现场考评。新建计量标准的考评首先进行书面审查，如果基本符合条件，再进行现场考评。复查计量标准的考评通常采用书面审查判断计量标准的测量能力，如果申请考核单位所提供的申请资料不能证明计量标准具有相应的测量能力，或者已经连续两次采用了书面审查方式进行复查考核的，应当安排现场考评；对于多项计量标准同时进行复查考核的，在书面审查的基础上，可以采用现场抽查的方式进行现场考评。

计量标准的考评内容包括计量标准器及配套设备、计量标准的主要计量特性、环境条件及设施、人员、文件集及计量标准测量能力的确认等六个方面共 30 项要求（具体考评项目见 JJF 1033—2008《计量标准考核规范》附录 J－1《计量标准考评表》）。其中重点考评项目（带 * 号的项目）有 10 项；书面审查项目（带△号的项目）有 20 项；可以简化考评项目（带○号的项目）有 3 项。考评时，如果有重点考评项目（带 * 号的项目）不符合要求，则为考评不合格；重点考评项目有缺陷，或其他项目不符合或有缺陷时，可以限期整改，整改时间一般不超过 15 个工作日。超过整改期限仍未改正者，则为考评不合格。

对于构成简单、准确度等级低、环境条件要求不高，并列入国家质检总局发布的《简化考核的计量标准目录》的计量标准，其重复性、稳定性、检定或校准结果的测量不确定度评定等 3 个项目可以根据计量标准的特点简化考评。

计量标准的考评应当在 60 个工作日内（包括整改时间）完成。

（三）计量标准的考评方法

1．书面审查

考评员通过查阅申请考核单位所提供的申请资料进行书面审查。审查的目的是确认申请资料是否齐全、正确，所建计量标准是否满足法制和技术的要求。如果考评员认为申请考核单位所提供的申请资料存在疑问时，应当与申请考核单位进行沟通。

（1）书面审查的内容

书面审查的内容是《计量标准考评表》中带△号的项目，共 20 项，其中包括重点考评项目中的 6 项，即既带△号，又带 * 号的项目。

（2）书面审查结果的处理

新建计量标准书面审查结果有如下三种处理方式：

① 基本符合考核要求的，安排现场考评。

② 存有一些小问题或某些方面不太完善，考评员应当与申请考核单位交流，申请考核单位经过补充、修改、完善，解决了存在问题的，则安排现场考评。

③ 如果发现计量标准存在重大的或难以解决的问题，考评员与申请考核单位交流后，确认计量标准测量能力不符合考核要求，则考评不合格。

计量标准复查考核书面审查结果有如下四种处理方式：

① 符合考核要求，则考评合格。

② 基本符合考核要求，存在部分缺陷或不符合项，考评员应当与申请考核单位进行交流，申请考核单位经过补充、修改、完善，符合考核要求的，则考评合格。

③ 对计量标准的检定或校准能力有疑问，考评员与申请考核单位交流后仍无法消除疑问；或者已经连续两次采用了书面审查方式进行复查考核的，应当安排现场考评。

④ 存在重大或难以解决的问题，考评员与申请考核单位交流后，确认计量标准的检定或校准能力不符合考核要求，则考评不合格。

2. 现场考评

现场考评是考评员通过现场观察、资料核查、现场实验和现场提问等方法，对计量标准的测量能力进行确认。现场考评以现场实验和现场提问作为考评重点。现场考评的时间一般为1天～2天。

（1）现场考评的内容

计量标准现场考评的内容为《计量标准考评表》中六个方面共30项；计量标准现场考评时，考评员应当按照《计量标准考评表》的内容逐项进行审查和确认。

（2）现场考评的程序和方法

① 首次会议

首次会议的主要内容为：考评组组长宣布考评的项目和考评组成员分工，明确考核的依据、现场考评程序和要求，确定考评日程安排和现场试验的内容以及操作人员名单；申请考核单位主管人员介绍本单位概况和计量标准（复查）考核准备工作情况。

② 现场观察

考评组成员在申请考核单位有关人员的陪同下对考评项目的相关场所进行现场观察。通过观察，了解计量标准器及配套设备、环境条件及设施等方面的情况，为进入考评作好准备。

③ 申请资料的核查

考评员应当按照《计量标准考评表》的内容对申请资料的真实性进行现场核查，核查时应当对重点考核项目以及书面审查没有涉及的项目予以重点关注。

④ 现场实验和现场提问

检定或校准人员用被考核的计量标准对考评员指定的测量对象进行检定或校准。根据实际情况可以选择盲样、被考核单位的核查标准、或经检定或校准过的计量器具作为测量对象。现场实验时，考评员应对检定或校准操作程序、过程、采用的检定或校准方法进行考评，并通过对现场实验数据与已知参考数据进行比较，确认计量标准测量能力。

现场提问的内容包括有关本专业基本理论方面的问题、计量检定规程或技术规范中有关的问题、操作技能方面的问题以及考核中发现的问题。

⑤ 末次会议

末次会议由考评组长或考评员报告考评情况，与申请考核单位有关人员交换意见，对考评中发现的主要问题予以说明，确认不符合项或缺陷项，提出整改要求和期限，宣布现场考评结论。

【案例1】 考评员老马在现场考评某项计量标准时，发现该项目使用的原始记录格式是已作废版本计量检定规程中规定的格式。老马知道新版检定规程在检定项目和方法上比旧版本有较大变化，记录的格式也相应有较大改变。老马问检定人员："你们现在执行的是新规程还是旧规程？"检定员回答说，"执行的是老规程，新规程还没有买回来"，老马又问："原始记录格式怎么是旧的？"检定人员回答："旧原始记录印得比较多，为了不浪费，所以仍然使用，总不能把这些空白记录都当废纸卖了吧。"老马认为回答有道理，就不再继续追查记录的实际执行情况。

【案例分析】 依据JJF 1033—2008《计量标准考核规范》第4.5.2条"计量检定规程或技术规范"和第4.5.4条"检定或校准的原始记录"，可以判断老马的行为是不当的。错在如下两点：①既然已经知道新旧版本规程在检定项目和方法上有较大变化，就应该执行新的检定规程；②新旧版本规程在记录的格式上有较大改变，应当采用新规程规定的原始记录格式，原来旧原始记录作废。怕纸张浪费而沿用旧的记录格式，检定人员容易遗漏新规程规定应该记录的内容。

【案例 2】 考评员在考评某市法定计量检定机构电学室时发现，原来从事电能计量标准的人员退休了，新招聘了小张、小王两位硕士研究生从事检定工作，两人以前没有从事过电能计量工作。该室方主任认为他们两位是硕士研究生，又是电学专业毕业，所以两人一到电学室，便让两人开展三相 0.05 级标准电能表的检定工作，允许他们在原始记录上签名，并出具检定或校准证书。

【案例分析】 计量检定是一项严谨的工作，计量标准应当配备合格的人员。根据 JJF 1033—2008《计量标准考核规范》第 4.4.2 条“有持证的检定或校准人员”规定，每项计量标准应当配备至少两名持有本项目《计量检定员证》或者持有相应等级的《注册计量师资格证书》和质量技术监督部门颁发的相应项目《注册计量师注册证》。案例中小张、小王尽管是电学专业毕业的硕士研究生，但是没有经过计量检定人员规定的考试，没有取得相应证件，就开展电能表的检定工作，并在原始记录上签名，并出具检定或校准证书。这是不对的。所以该室方主任这种做法不对，应当纠正。

【案例 3】 考评时发现电磁计量室墙上挂着一个干湿温度计，水舱中无水，检定员在检定原始记录环境参数栏目中填着温度 18℃，湿度 18%。当问及记录人员：你是怎样算出湿度的？答：“我看干湿温度计指示值是 18，就顺手填上了”。

【案例分析】 依据 JJF 1033—2008《计量标准考核规范》第 4.3.2 条的规定，应当配置必要的设施和监控设备，并对温度、湿度等参数进行监测和记录。题中干湿温度计的水舱中无水，显然监控设备不符合要求，另外，检定员没有掌握温度湿度计的使用方法，不会温度、湿度的换算，因此对环境参数不能进行正确监测和记录，应当加强对检定员的相关知识培训。

【案例 4】 老李在化学计量室进行计量标准复查时，调阅了检定和校准的原始记录，经察看格式比较规范，数据更改执行了划改的规定要求。但发现签字人中不少只签姓却不签名；数据有效位数取得也不一致。

【案例分析】 老李指出的问题是值得实验室全体人员重视的。依据 JJF 1033—2008《计量标准考核规范》第 4.5.4 条“检定或校准的原始记录”的规定，检定和校准的原始记录签字人应该签全名，只签姓而不签名是不对的；检定和校准的原始记录数据的有效位数应该执行数据处理的有关规定，不能乱取有效位数。

【案例 5】 某工厂计量实验室里有一台新进口的高精度电子分析天平，准备作为企业计量标准使用。这台天平已经使用了二个月，其使用说明书未翻译出中文，并贴着合格标志。考评员问：这台天平是否进行过检定？室主任回答说：“国外这个厂家的产品质量很好，我们事先做过调查，买的时候附有厂家产品合格证，质量上应该能够放心，我们准备使用一段时间后再请计量部门检定。”

【案例分析】 依据 JJF 1033—2008《计量标准考核规范》第 4.1.2 条规定：计量标准器应当经法定计量检定机构或质量技术监督部门授权的计量技术机构检定合格或校准来保证其溯源性；主要配套设备应当经持有质量技术监督部门考核合格的计量标准的计量技术机构检定合格或校准来保证其溯源性。厂家的产品合格证不能代替有效的溯源证明，经调查其质量好也不能代替溯源。所以室主任的观点是错误的。

【案例 6】 某企业所建的一项最高计量标准的主标准器检定证书的有效期为一年，而实际上已超过半年还在使用。该项标准的负责人说，由于日常检定的工作量不大，该项标准使用并不频繁，所以厂里公布的调整确认间隔的文件已将其确认间隔定为二年。依据这个文件，我们将其确认间隔标明为二年，所以我们是隔一年送一次，出现主标准器检定证书超期是自然的了。

【案例分析】 JJF 1033—2008《计量标准考核规范》第4.1.2条规定：有计量检定规程的计量标准器及主要配套设备，应当按照计量检定规程的要求进行检定。该企业所建的企业最高计量标准属于强制管理的范畴，经检定合格的最高计量标准的标准器，企业不应当自行调整检定周期。上级计量机构根据检定规程的要求，出具的检定证书标明有效期为一年，超过有效期半年还在使用是不对的。

【案例7】 现场考评时，考评员向建标单位的检定员小王问及被考核的计量标准装置的稳定性考核情况。小王说：我们是通过对主标准器组中任一个固定的主标准器实际值的年变化量是否超出规定要求来判定的。由于我们本身没有这种被检工作计量器具，我们邻厂刚刚新买了一台，我们就和他们共同使用新购置的而且已经送检的这种计量器具作为核查标准，对其一年检定4次，通过考察某一固定点的极差是否小于计量标准的扩展不确定度来判定。由于我们两个单位距离很近，平时也不会影响他们使用。这样既可以考核了他们计量器具的稳定性，也考核了我们计量标准的稳定性，一举两得。考评员认为这是个少花钱多办事的好办法。

【案例分析】 依据JJF 1033—2008《计量标准考核规范》第4.2.4条“计量标准的稳定性”及附录C.2“计量标准的稳定性”的规定，本案例中有两处不妥，一是选择的核查标准不妥，JJF 1033—2008《计量标准考核规范》第4.2.4条“计量标准的稳定性”及附录C.2“计量标准的稳定性”要求，必须选择一稳定的测量对象作为考核计量标准稳定性的核查标准。而案例中选用邻厂刚刚新买的一台被检计量器具作为核查标准，该被检计量器具未进行稳定性考核，如果核查标准稳定性差，不能满足核查要求，则实验数据中不能区分是被测核查标准的变化还是计量标准的变化，这种考核就说明不了什么问题。二是核查方法不妥，JJF 1033—2008《计量标准考核规范》附录C.2“计量标准的稳定性”规定：“对于已建计量标准，每年用被考核的计量标准对核查标准进行一组n次的重复测量，取其算术平均值作为测量结果。以相邻两年的测量结果之差作为该时间段内计量标准的稳定性”。而本案例中“用计量标准装置对其一年检定4次，通过考察某一固定点的极差是否小于计量标准的扩展不确定度来判定”，与要求不一致。

【案例8】 考评员在现场发现水质化验室建有的分光光度计计量标准，其主标准器是一台751型分光光度计，已经使用五年，有近期使用记录。但该设备没有五年来的检定证书，也没有校准证书。

【案例分析】 依据JJF 1033—2008《计量标准考核规范》第4.1.2条规定：“为了保证计量标准的溯源性，计量标准的量值应当定期溯源至国家计量基准或社会公用计量标准；当不能采用检定或校准方式溯源时，应当通过比对的方式，确保计量标准量值的一致性；计量标准器及主要配套设备均应有连续、有效的检定或校准证书”。计量标准必须定期溯源，才能确保其量值准确可靠，化验室建立的分光光度计计量标准已经使用5年，没有连续、有效的检定或校准证书，该单位的做法是不符合计量标准的溯源规定的，应定期将分光光度计送法定计量检定机构溯源。

【案例9】 考评员周某在计量标准考核中发现被考核单位有相当一部分主标准器未按相应的检定规程进行检定，而是采取自校的方式来确认，就问被考核单位是如何进行校准的？计量室负责人说，我们是参照相应计量检定规程，选几个项目来测的，专用设备还编了校准方法。周某又查了自校仪器的校准记录，也就认为没有问题了。

【案例分析】 依据JJF 1033—2008《计量标准考核规范》第4.1.2条规定：计量标准的量

值应当定期溯源至国家计量基准或社会公用计量标准；当不能采用检定或校准方式溯源时，应当通过比对的方式，确保计量标准量值的一致性；计量标准器及主要配套设备均应有连续、有效的检定或校准证书。同时，第 4.1.2 条 1）规定计量标准器应当经法定计量检定机构或质量技术监督部门授权的计量技术机构检定合格或校准来保证其溯源性；主要配套设备应当经检定合格或校准来保证其溯源性。第 4.1.2 条 2）规定有计量检定规程的计量标准器及主要配套设备，应当按照计量检定规程的要求进行检定。所以被考核单位的做法是有错误的。计量检定应当执行检定规程，不得随意用自校或比对的方式代替检定。

【案例 10】 为了帮助计量检定机构填写“建立计量标准技术报告”，某单位编制了建立计量标准技术报告的实例，在一份“直流比较电桥标准装置”建标报告中，列出了如下实验条件：

项目名称	要　求	实测结果	结论
温度	20±0.5℃	20±0.5℃	合格
湿度	40～60％	55％	合格

【案例分析】 温度湿度量值表达不正确，按 JJF 1001—1998《通用计量术语及定义》关于量值的定义，量值是指“一般由一个数乘以测量单位所表示的特定量的大小”。数值和量值不能连用。20±0.5℃中，前者(20)是数值，后者(0.5℃)为量值。55％是一个百分数，而不是湿度的量值。

(1) 20±0.5℃应表达为 20℃±0.5℃或(20±0.5)℃。

(2) 湿度应注明为相对湿度(RH)，40～60％应表达为 40％RH～60％RH。同理 55％应表达为 55％RH。

【案例 11】 一个计量技术人员，在外单位进行计量标准考核时，偶尔发现某厂的一份压力仪表自动校验台使用说明书。该说明书中的部分技术指标如下表所示。

内　容	压力源稳定性	供　电	重量	造压时间	输入阻抗	环境温度
技术指标	<0.005％MPa/FS·秒	AC220V±10％，5KVA	200Kg	<180 秒	大于 90KΩ	20±2℃

他把技术指标的内容记录下来，回所后与该厂取得联系，帮助该厂把技术指标的表述书写正确。

【案例分析】 该技术人员帮助该厂把技术指标的表述书写正确的做法是值得提倡的。在该说明书的技术指标中存在以下几个错误：

(1) 依据 JJF 1001—1998《通用计量术语及定义》中 7.14 条定义计量仪器的稳定性为“测量仪器保持其计量特性随时间恒定的能力。”并指出表示稳定性可用多种方式，如用计量特性变化某个规定的量所经过的时间，或用计量特性经过规定的时间所发生的变化等。在给出稳定性时应加以注明。

稳定性通常可以用百分数来表示，即压力源稳定性为 0.005％。表中将压力源稳定性表示为<0.005％MPa/FS·秒是错误的。FS 是满刻度的缩写字，即测量范围的上限，它不能与计量单位“秒”相乘；0.005％是相对量就不应该有单位 MPa/FS·秒。

(2) “供电 AC220V±10％”的表示也是错误的。220V 是一个量值，而 10％仅是一个百分数，两者不能相加或相减的。正确的表示方式是“220(1±10％)V”或 220V±22V 或(198～242)V。

（3）供电5KVA中的千(k)应该为小写，即应写成5kW。

（4）重量200Kg中词头K大写是错误的，应该是小写的k。因此，200Kg应书写为200kg。

（5）同样，输入阻抗大于90KΩ，应书写为大于90kΩ。

（6）环境温度20±2℃的表示也是错误的。20为数字量，2℃是量值，两者不能加减。所以正确的表示为20℃±2℃，或(20±2)℃。

（7）技术指标栏中，量值的计量单位要么全用国际符号，要么全用中文符号。所以造压时间<180秒的表示是不对的，应写成<180s。

九、计量标准考核的后续监管

计量标准考核是国家行政许可项目，根据国家行政许可的有关要求，质量技术监督部门要从计量标准器或主要配套设备的更换、其他更换、封存和撤销、恢复使用以及技术监督等五方面，加强后续监管。

（一）计量标准器或主要配套设备的更换

在计量标准的有效期内，计量标准器或主要配套设备发生更换，应当按下述规定履行相关手续。

（1）更换计量标准器或主要配套设备后，如果计量标准的不确定度或准确度等级或最大允许误差发生了变化，应按新建计量标准申请考核。

（2）更换计量标准器或主要配套设备后，如果计量标准的测量范围或开展检定或校准的项目发生变化，应当申请计量标准复查考核。

（3）更换计量标准器或主要配套设备后，如果计量标准的测量范围、准确度等级或最大允许误差以及开展检定或校准的项目均无变更，则应当填写《计量标准更换申报表》一式两份，提供更换后计量标准器或主要配套设备的有效检定或校准证书复印件一份，必要时，还应提供《计量标准重复性试验记录》和《计量标准稳定性考核记录》复印件一份，报主持考核的质量技术监督部门审核批准。申请考核单位和主持考核的质量技术监督部门各保存一份《计量标准更换申报表》。

（4）如果更换的计量标准器或主要配套设备为易耗品（如标准物质等），并且更换后不改变原计量标准的测量范围、准确度等级或最大允许误差，开展的检定或校准项目也无变更的，应当在《计量标准履历书》中予以记载。

（二）其他更换

（1）如果开展检定或校准所依据的计量检定规程或技术规范发生更换，应当在《计量标准履历书》中予以记载；如果这种更换使技术要求和方法发生实质性变化，则应当申请计量标准复查考核，申请复查考核时应当同时提供计量检定规程或技术规范变化的对照表。

（2）如果计量标准的环境条件及设施发生重大变化，例如：固定的计量标准保存地点发生变化、实验室搬迁等，应当向主持考核的质量技术监督部门报告，主持考核的质量技术监督部门根据情况决定采用书面审查或者现场考评的方式进行考核。

（3）更换检定或校准人员，应当在《计量标准履历书》中予以记载。

（4）如果申请考核单位名称发生更换，应当向主持考核的质量技术监督部门报告，并申请换发《计量标准考核证书》。

(三) 计量标准的封存和撤销

在计量标准有效期内,需要暂时封存或撤销的,申请考核单位应填写《计量标准封存(或撤销)申报表》一式两份,报主管部门审批。主管部门同意封存或撤销的,主管部门应在《计量标准封存(或撤销)申报表》的主管部门意见栏中签署意见,加盖公章后连同《计量标准考核证书》原件一并报主持考核的质量技术监督部门办理手续。封存的计量标准由主持考核的质量技术监督部门在《计量标准考核证书》上加盖"同意封存"印章。同意撤销的计量标准由主持考核的质量技术监督部门收回《计量标准考核证书》。

(四) 计量标准的恢复使用

封存的计量标准需要重新开展检定或校准工作时,如在《计量标准考核证书》的有效期内,申请考核单位应当向主持考核的质量技术监督部门申请计量标准复查考核;如《计量标准考核证书》超过了有效期,申请考核单位应当按新建计量标准向主持考核的质量技术监督部门申请考核。

(五) 计量标准的技术监督

计量标准的技术监督主要有如下两种方式:

(1) 主持考核的质量技术监督部门组织考评组对有效期内的计量标准进行不定期的监督抽查,以达到实现动态监督的目的。监督抽查的方式、频次、抽查项目、抽查内容等由主持考核的质量技术监督部门确定。抽查合格的,维持其有效期;抽查不合格的,要限期整改,整改后仍达不到要求的,主持考核的质量技术监督部门注销其《计量标准考核证书》并予以通报。

(2) 主持考核的质量技术监督部门采用技术手段进行监督。技术手段包括量值比对、盲样试验及测量过程控制等。要求凡是建立了相应项目计量标准的单位,都应当参加由主持考核的质量技术监督部门组织的技术监督活动。技术监督结果不合格的,应当限期整改,并将整改情况报主持考核的质量技术监督部门。对于无正当理由不参加技术监督活动的或整改后仍不合格的,由主持考核的质量技术监督部门注销其《计量标准考核证书》并予以通报。

十、计量标准的保存、维护和使用

(一) 计量标准的使用

(1) 计量标准经考核合格,取得《计量标准考核证书》后,建标单位应当按照计量标准的性质、任务及开展量值传递的范围,办理计量标准使用手续。

① 政府质量技术监督部门组织建立的社会公用计量标准,应当办理《社会公用计量标准证书》后,向社会开展量值传递;

② 部门最高计量标准应当经主管部门批准后,在本部门内部开展非强制检定或校准;

③ 企事业单位最高计量标准应当经本单位批准后,在本单位内部开展非强制检定或校准;

④ 部门、企事业单位计量标准，需要对社会开展强制检定、非强制检定的，或者需要对部门、企业、事业内部执行强制检定的，应当向有关质量技术监督部门申请计量授权。取得《计量授权证书》后，依据授权项目、范围开展计量检定工作。

（2）建立计量标准的单位应当授权取得计量检定或校准资格的人员负责计量标准的操作和日常检定或校准工作。

（二）计量标准的保存和维护

（1）建立计量标准的单位应当指定专门的人员，负责计量标准的保管、修理和维护工作。

（2）为监督计量标准是否处于正常状态，每年至少应当进行一次计量标准测量重复性试验和稳定性考核。当重复性和稳定性不符合要求时，应停止工作，要查找原因，予以排除。

（3）应制订计量标准器及配套设备量值溯源计划，并组织实施，保证计量标准溯源的有效性、连续性。

（4）使用标签或其他标识表明计量标准器及配套设备的检定或校准状态，以及检定或校准的日期和失效的日期。

（5）当计量标准器及配套设备检定或校准后产生了一组修正因子时，应确保其所有备份得到及时、正确的更新。

（6）当计量标准器及配套设备离开实验室而失去直接或持续控制时，计量标准器及配套设备在使用前应对其功能和检定或校准状态进行核查，满足要求后方可投入使用。

（7）计量标准器及配套设备如果出现过载、处置不当、给出可疑结果、已显示出缺陷及超出规定要求等情况时，均应停止使用。恢复功能正常后，必须经重新检定合格或校准后再投入使用。

（8）取得《计量标准考核证书》的计量标准，要自觉加强考核后的管理，对计量标准的更换、复查、改造、封存与撤销等，应当按照 JJF 1033—2008《计量标准考核规范》的要求实施管理。

（9）积极参加由主持考核的质量技术监督部门组织或其认可的实验室之间的比对等测量能力的验证活动。

（10）计量标准的文件集应当实施动态管理，及时更新。

习题及参考答案

一、习　题

（一）思考题

1. 建立计量标准的依据和条件是什么？
2. 计量标准如何命名？
3. 计量标准考核应当遵守哪些原则？
4. 计量标准的考核要求包括哪些方面？
5. 如何配置计量标准器及配套设备？
6. 计量标准如何进行定期溯源？
7. 计量标准如何进行有效溯源？
8. 计量标准的主要计量特性包括哪几个方面？

9. 如何进行计量标准的重复性试验？

10. 如何进行计量标准的稳定性考核？

11. 如何进行检定和校准结果的测量不确定度评定？

12. 如何进行检定或校准结果验证？

13. 如何进行文件集的管理？

14. 如何确认计量标准的测量能力？

15. 策划建立计量标准时要考虑哪些要素？

16. 建立计量标准需要做哪些技术准备？

17. 如何填写《计量标准考核（复查）申请书》和《计量标准技术报告》？

18. 计量标准考核程序是怎样规定的？

19. 如何进行书面审查和现场考评？

20. 如何加强计量标准考核的后续监管？

21. 如何进行计量标准的维护？

22. 已经封存的计量标准准备重新启用，原有的计量标准证书有效期已过，应当怎么办？

23. 计量标准考核合格后工作一直正常，可是执行的国家计量检定规程最近重新进行了修订，对于标准器的配置补充了新的要求，应当怎么办？

24. 计量中心新的实验室装修完成后，各项计量标准准备由原来的实验室搬迁至新的实验室，实验室应当办理哪些手续？

（二）选择题（单选）

1. 某企业建立一项三等量块计量标准作为企业最高标准，应将其主标准器送以下机构中的哪一家检定才合法？答案是________。

A. 具有相关能力的法定计量检定机构

B. 本市某产品检测所

C. 另外一家建立了二等量块计量标准的企业

D. 另外一家建立了一等量块计量标准的企业

2. 新建计量标准稳定性的考核，当计量检定规程中无明确规定时，可选一稳定被测对象，每隔一个月以上测一组结果，共测 m 组，m 应大于或等于________。

A. 3　　B. 4　　C. 5　　D. 6

3. 计量标准的稳定性是计量标准保持其________随时间恒定的能力。

A. 示值　　B. 复现值　　C. 计量特性　　D. 测量范围

4. 按规定，计量标准的重复性试验是在重复性条件下，用计量标准对常规的被检定或被校准对象进行 n 次独立重复测量，用________来表示重复性。

A. 单次测量值的实验标准差　　B. 算术平均值的实验标准差

C. 加权平均值的实验标准差　　D. B类估计的标准差

5. 检定或校准结果的验证方法为________。

A. 只能选择传递比较法

B. 只能选择比对法

C. 可以在传递比较法和比对法中任意选择一种

D. 原则上应采用传递比较法，只有在不可能采用传递比较法的情况下才允许采用比对法

6.《计量标准考核证书》的有效期为__________。

A. 新建 3 年,复查 5 年
B. 新建 5 年,复查 3 年
C. 4 年
D. 5 年

7. 某计量标准在有效期内,扩大了测量范围而没有改变准确度等级,则应__________。

A. 报主持考核的质量技术监督部门审核批准
B. 申请计量标准复查考核
C. 重新申请考核
D. 办理变更手续

8. 部门最高计量标准考核合格后,应当经__________批准后,在本部门内部开展非强制计量检定。

A. 主持考核的质量技术监督部门
B. 本单位领导
C. 其主管部门
D. 组织考核的质量技术监督部门

(三) 选择题(多选)

1. 企、事业单位最高计量标准的量值应当经__________检定或校准来证明其溯源性。

A. 法定计量检定机构
B. 质量技术监督部门授权的计量技术机构
C. 具有计量标准的计量机构
D. 知名的检测机构

2. 下列条件中__________是计量标准必须具备的条件。

A. 计量标准器及配套设备能满足开展计量检定或校准工作的需要
B. 具有正常工作所需要的环境条件及设施
C. 具有一定数量高级职称的计量技术人员
D. 具有完善的管理制度

3. 企、事业单位最高计量标准的主要配套设备中的计量器具可以向__________溯源。

A. 具有相应测量能力的计量技术机构
B. 法定计量检定机构
C. 质量技术监督部门授权的计量技术机构
D. 具有测量能力的高等院校

4. 计量标准文件集应做到__________。

A. 每项计量标准都应当建立一个文件集,适用时,文件集要包括《计量标准技术报告》等 18 个方面的文件
B. 计量标准文件集的目录中应当注明各种文件保存的地点和方式
C. 文件集中的所有文件均应归档,并永久保存
D. 申请考核单位应当保证文件的完整性、真实性和正确性

5. 每项计量标准应当配备至少两名持有__________的检定或校准人员。

A. 与开展检定或校准项目相一致的《计量检定员证》
B.《注册计量师资格证书》和相应项目的注册证
C. 相应专业的学历证书
D. 相应技术职称证书

6. 下列关于计量标准的稳定性描述中，__________是正确的。

A. 若计量标准在使用中采用标称值或示值，则稳定性应当小于计量标准的最大允许误差的绝对值

B. 若计量标准需要加修正值使用，则稳定性应当小于计量标准修正值的合成标准不确定度

C. 经常在用的计量标准，可不必进行稳定性考核

D. 新建计量标准一般应当经过半年以上的稳定性考核，证明其所复现的量值稳定可靠后，方能申请计量标准考核

7. 计量标准考核的后续监管包括计量标准器或主要配套设备的__________。

A. 更换 B. 撤销 C. 暂停使用 D. 恢复使用

二、参考答案

（一）思考题（略）

（二）选择题（单选）：1. A； 2. B； 3. C； 4. A； 5. D； 6. C； 7. B； 8. C。

（三）选择题（多选）：1. A B； 2. A B D； 3. A B C； 4. A B D； 5. A B； 6. A D； 7. A B D。

第四节 计量检定规程和校准规范的编写和使用

一、计量检定规程的编写

（一）计量检定规程编写的一般原则和表述要求

国家计量检定规程是为评定计量器具的计量特性而制定的技术文件，由国务院计量行政部门组织编写并批准颁布，在全国范围内施行，作为确定计量器具法定地位的技术法规。计量检定规程是全国计量技术机构评定计量器具的计量特性的依据，也是为国家量值统 进行法制管理的技术依据。

JJF 1002—2010《国家计量检定规程编写规则》对计量检定规程编写的一般原则作了如下规定：

① 符合国家有关法律、法规的规定；

② 适用范围必须明确，在其界定的范围内，按需求力求完整；

③ 各项要求科学合理，并考虑操作的可行性及实施的经济性；

④ 根据国情，积极采用国际法制计量组织（OIML）发布的国际建议、国际文件及有关的国际组织（如 ISO，IEC 等）发布的国际标准。

因此，编制检定规程应做到：

1. 满足法制管理要求

我国《计量法》第十条明确规定，“计量检定必须执行计量检定规程。”编写计量检定规程，应按照《国家计量检定规程管理办法》（2002 年 12 月 31 日国家质检总局发布）及

JJF 1002—2010《国家计量检定规程编写规则》及相关的计量法规、规章和计量技术规范的要求进行。

编制计量检定规程，还必须符合国家颁布的《国务院关于在我国统一实行法定计量单位的命令》、《通用计量术语及定义》、《测量仪器特性评定》、《测量不确定度评定与表示》、《计量器具检定周期确定原则和方法》、《计量器具型式评价大纲编写导则》等相关计量法规和技术规范。所以符合国家法律、法规的规定，是编写计量检定规程一条十分重要的原则。

2. 科学合理、经济、可行

计量检定规程中的各项要求，如计量性能要求、通用技术要求、计量器具控制要求、检定条件、检定项目、检定方法、检定结果的处理及检定周期，都必须科学合理。计量器具的准确度及量值传递途径应以国家计量检定系统表为依据。计量标准应按被检计量器具合理配备。在技术成熟、具有实施的可操作性前提下，应是最简单、最快捷、最高效的检定方法，要积极采用国际建议和国际文件。

3. 技术细节完备

检定规程的检定对象用于法制计量管理领域。要在检定规程中，对检定条件、检定项目、检定方法、采用的计量器具、检定结果的处理等技术细节作出明确规定。

4. 优先采用国际通用的方法

国际法制计量组织(OIML)制定颁布的国际建议，是为各国制定有关法制计量的国家技术法规提供的范本，采用国际建议是各成员国的义务，也是国际上相互承认计量器具型式批准和检定、测试结果的共同要求。在编写计量检定规程时，应积极采用国际建议以及 OIML 制定颁布的国际文件和 IEC，ISO 发布的国际标准，吸收国外实用计量技术和管理经验，推动我国计量技术进步和提高计量技术水平，在对外贸易中更好地与国际接轨，以利于推行 OIML 证书制度和适应我国国民经济发展的需要。

规程表述的基本要求：

① 文字表述应结构严谨、层次分明、用词确切、叙述清楚，不致产生不同的理解；

② 所用的术语、符号、代号、缩略语要统一，始终表达同一概念；

③ 按国家规定表述计量单位名称与符号、量的名称和符号、误差和测量不确定度名称与符号；

④ 公式、图样、表格、数据应准确无误地按要求表述；

⑤ 相关规程有关内容的表述均应协调一致，不能矛盾。

(二) 计量检定规程的主要内容

根据 JJF 1002—2010《国家计量检定规程编写规则》的规定，规程的各部分内容应包括如下：

1. 封　面

封面和封底格式见 JJF 1002—2010 的附录 B。

规程的编号由其代号、顺序号和发布年号(四位数字)组成。

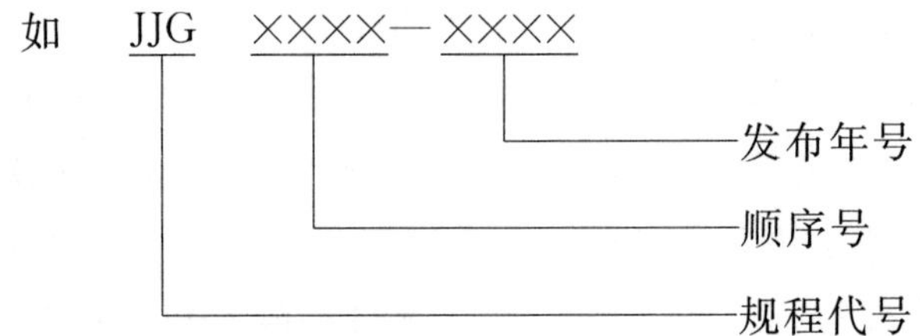

规程的名称应简明、准确、规范、概括性强，并有对应英文名称。

2. 扉 页

扉页的格式见 JJF 1002—2010 的附录 C。

应明确规程的归口单位、主要起草单位和参加起草单位、规程负责解释单位及主要起草人和参加起草人。

3. 目 录

目录应列出引言、章、第一层次的条和附录的标题、编号(不包括引言)及所在页码。标题与页码之间用虚线连接。扉页部分无页码，目录与引言部分的页码使用罗马数字，自规程正文起的页码使用阿拉伯数字。

4. 引 言

引言不编号，应包括如下内容：规程编制所依据的规则；采用国际建议、国际文件或国际标准的程度或情况。如对规程进行修订，还应包括如下内容：规程代替的全部或部分其他文件的说明；给出被代替的规程或其他文件的编号和名称，列出与前一版本相比的主要技术变化；所替代规程的历次版本发布情况。

5. 范 围

该部分用来说明规程的适用范围，以明确规定规程的主题及对该计量器具控制有关阶段的要求。如：本规程适用于××计量器具(量程，范围等)的首次检定、后续检定和使用中检查。

6. 引用文件

引用文件应是所编写的规程所必不可少的文件，如不引用，规程则无法实施。引用文件应为正式出版物。引用文件时，应给出文件的编号(引用标准时，给出标准代号、顺序号)以及完整的文件名称。凡是注日期的引用文件，仅注日期的版本适用于该规程；凡是不注日期的引用文件，应注明“其最新版本(包括所有的修改单)适用于本规程”。

引用国际文件时，应在编(年)号后给出中文译名，并在其后的圆括号中给出原文名称。

引用文件清单的排列依次为：国家计量技术法规、国家标准、国际建议、国际文件、国际标准，以上文件按顺序号排列。

7. 术语和计量单位

当规程涉及国家尚未作出规定的术语时，应给出必要的定义。

术语条目应包括以下内容：条目编码、术语、英文对应词(除专用名词外，英文对应词全部使用小写字母，名词为单数、动词为原型)、定义。编写方式应符合 GB/T 20001.1 的要求。

为了使规程更易于理解，也可引用已定义的术语。

内容应为：引导语及术语条目(清单)。引导语为给出具体的术语和定义之前的说明。

例如：在本规程中不仅界定了术语和定义，而且还引用了其他文件界定的术语和定义，则引导语为："……界定的及以下术语和定义适用于本规程"。

如果术语引用其他文件的，应在括号内给出此文件的编号和序号。

计量单位一律使用国家法定计量单位。

计量单位指规程中所描述的计量器具的主要计量特性的单位名称和符号，必要时可列出同类计量单位的换算关系。

8. 概　述

该部分主要是简述受检计量器具的原理、构造和用途(包括必要的结构示意图)。

9. 计量性能要求

该部分规定受检计量器具在计量器具控制各阶段中计量特性(最大允许误差、测量不确定度、影响量、稳定性等)及各准确度等级应当满足的计量要求。

10. 通用技术要求

该部分应规定为满足计量要求而必须达到的技术要求，如外观结构、防止欺骗、操作的适应性和安全性以及强制性标记和说明性标记等方面的要求。

11. 计量器具控制

该部分规定对计量器具控制中有关内容的要求。计量器具控制可包括首次检定、后续检定以及使用中检查。

型式评价也属于计量器具控制范畴。JJF 1002—2010 规定规程不涉及型式评价的内容，有关内容应按 JJF 1015《计量器具型式评价和型式批准通用规范》和 JJF 1016《计量器具型式评价大纲编写导则》的要求独立编写相应的技术规范。

(1) 首次检定、后续检定和使用中检查

检定规程要明确首次检定、后续检定及使用中检查分别要检定的项目。

首次检定是对未被检定过的计量器具进行的检定。

后续检定是计量器具在首次检定后的任何一种检定，包括强制周期检定和修理后检定。经安装及修理后的计量器具，其检定原则上须按首次检定进行。

使用中检查是为了检查计量器具的检定标记或检定证书是否有效，标记是否损坏，检定后的计量器具状态是否受到明显变动，及其误差是否超过使用中的最大允许误差。

① 检定条件

检定条件包括检定过程中所需计量器具(计量基准或计量标准)及配套设备的技术指标要求和环境条件要求等。检定用设备应标明其具体技术指标，并应与所用设备相应的规程、标准提法对应。检定环境条件要明确，不能把检定条件和使用条件相混淆。

② 检定项目和检定方法

检定项目是指受检计量器具的受检部位和内容，应与计量性能要求和通用技术要求一一对应。

根据首次检定、后续检定和使用中检查目的的不同，可根据实际情况对各自的检定项目酌情增减。规程中在规定各种检定项目时可用"检定项目一览表"的形式列出。

示例：

检定项目	首次检定	后续检定	使用中检查

凡需检定的项目用"＋"表示，不需检定的项目用"－"表示。

检定方法是对计量器具受检项目进行检定时所规定的操作方法、步骤和数据处理。检定方法的确定要有理论根据，切实可行，并有试验验证报告。检定中所用的公式以及公式中使用的常数和系数都必须有可靠的依据。

（2）检定结果的处理

检定结果的处理是指检定结束后对受检计量器具合格或不合格所作的结论。按照检定规程的规定和要求，检定合格的计量器具发给检定证书或加盖检定合格印；检定不合格的计量器具发给检定结果通知书，并注明不合格项目。

（3）检定周期

规程中一般应给出常规条件下的最长检定周期。

确定检定周期的原则是计量器具在使用过程中，能保持所规定的计量性能的最长时间间隔。即应根据计量器具的性能、要求、使用环境条件、使用频繁程度以及经济合理等其他因素具体确定检定周期的长短。

示例：××××检定周期一般不超过××××（时间）。

12. 附　录

附录是规程的重要组成部分。附录可包括：需要统一和有特殊要求的检定记录格式、检定证书内页格式、检定结果通知书内页格式及其他表格、推荐的检定方法、有关程序或图表以及相关的参考数据等。

【案例1】 依据JJG 907—2006《动态公路车辆自动衡器》，写出其检定项目一览表的格式和内容（表4－17）。

表4－17　动态公路车辆自动衡器检定项目一览表（示例）

章　节	检 定 项 目	首次检定	后续检定	使用中检验
8.2.2.2	外观检查	＋	＋	＋
a)	法制计量管理标志	＋	－	－
b)	衡器的结构与文件比较	＋	－	－
c)	计量性能及说明性标志	＋	－	－
d)	检定标记与印封装置	＋	＋	＋
8.2.2.3	安装与使用条件检查	＋	－	－
8.2.2.4	指示装置检查	＋	＋	＋
8.2.2.5	置零的准确度	＋	＋	－
8.2.2.6	整车称量的集成控制衡器的静态试验	＋	＋	－

续表

章　节	检 定 项 目	首次检定	后续检定	使用中检验
8.2.2.7	轴载荷称量的集成控制衡器的静态试验	+	+	—
8.2.2.8	具有静态称量模式的动态汽车衡的静态试验	+	+	—
8.2.2.9	参考车辆整车的静态称量	+	+	+
8.2.2.10	双轴刚性参考车辆静态单轴载荷的确定	+	+	+
8.2.2.11	动态称量检定	+	+	+
	接近最大秤量	+	—	—
	接近最小秤量	+	—	—
	常用秤量	+	+	+
	最高运行速度	+	—	—
	最低运行速度	+	—	—
	在典型速度下运行	+	+	+
	异常过衡速度检定	+	—	—
注："+"表示应检项目，"—"表示可不检项目。				

【案例 2】 依据 JJG 1033—2007《电磁流量计》中的计量性能和技术要求的规定，了解检定规程中对计量性能和技术要求编写的格式和内容要求。

电磁流量计检定规程示例：

1　计量性能要求

1.1　准确度等级

流量计在规定的流量范围内准确度等级、最大允许误差应符合表 4-18 的规定。流量计误差表示使用相对示值误差。

表 4-18　准确度等级及其最大允许误差

准确度等级	0.2	(0.25)	(0.3)	0.5	1.0	1.5	2.5
最大允许误差	±0.2%	(±0.25%)	(±0.3%)	±0.5%	±1.0%	±1.5%	±2.5%
注：优先采用不带括号的等级。							

1.2　引用误差

对于用于瞬时流量指示的流量计误差表示也可使用引用误差，其最大允许误差系列应符合表 4-18 规定，其检定结果的表示中不再给出准确度等级，而使用其最大允许误差表示，且还应在最大允许误差后标注 FS(表示满刻度的符号)，如±0.5%FS。

1.3　误差表示方法和选取原则

在一台流量计的一次检定中，应按照上述要求中的一种给出流量计误差表示方法；对于使用相对示值误差和引用误差组合表示误差的流量计，一次检定中也应统一使用一种方法表示其误差。

1.4　重复性

流量计的重复性不得超过相应准确度等级规定的最大允许误差绝对值的 1/3。

2　通用技术要求

2.1　随机文件

流量计应附有使用说明书，说明书上应说明技术条件和流量计的计量性能等。周期检定的流量计还应有前次检定的检定证书。

2.2 标识

2.2.1 流量计应有铭牌。表体或铭牌上一般应注明：

a. 产品及制造厂名称；

b. 产品规格及型号；

c. 出厂编号；

d. 制造计量器具许可证标志及编号；

e. 最大工作压力；

f. 适用工作温度范围；

g. 公称通径；

h. 流量(或流速)范围；

i. 准确度等级(或最大允许误差)；

j. 流量计特征系数；

k. 防爆等级和防爆合格证编号(用于爆炸性气体环境)；

l. 防护等级；

m. 制造年月。

2.2.2 流量计应有明显的流向标识。

2.3 外观

2.3.1 新制造的流量计的外表应有良好的处理，不得有毛刺、刻痕、裂纹、锈蚀、霉斑和涂镀层不得有起皮、剥落等现象。

2.3.2 流量计表体的连接部分的焊接应平整光洁，不得有虚焊、脱焊等现象。

2.3.3 密封面应平整，不得有损伤。

2.3.4 显示窗的数字应醒目、整齐，表示功能的文字符号和标志应完整、清晰、端正；读数装置上的防护玻璃应有良好的透明度，没有使读数畸变等妨碍读数的缺陷；按键应没有粘连现象。

2.4 密封性

流量计在试验安装条件下，保持在最大试验压力 5min，流量计及其上、下游直管段各连接处应无渗漏。

2.5 保护功能

流量计对流量特征系数的修改应有保护功能，能避免意外更改或能记录历史修改过程。检定中应记录该系数数值并且在检定证书中注明。周期检定的流量计特征系数的值应与上次检定时置入的系数相同并没有进行过修改。

【案例 3】 以血压计和血压表检定规程作为示例，掌握检定规程编写要求。

1 范围

本规程适用于(台式和立式)水银血压计(以下简称血压计)和弹性式血压表(以下简称血压表)的首次检定、后续检定和使用中检验。

2 概述

血压计和血压表是医院或家庭用间接测量方法观察人体血压的仪器。

血压计的工作原理是根据流体静力平衡原理，由连通器把贮汞瓶与示值管连通，当贮汞瓶内水银表面受压后，迫使示值管内水银升高而指示出压力值。

血压表是基于胡克定律而成，工作原理是在被测压力作用下，迫使弹性敏感元件（弹性膜盒）产生了相应的弹性变形——位移，借助于连杆，通过齿轮轴传动机构传动并予以放大，由固定于齿轮轴上的指针逐渐将被测压力值在分度盘上指示出来。

3 计量性能要求

3.1 零位误差

3.1.1 血压计的贮汞瓶与大气相通后，汞柱读数面顶端应处于与零位刻度线相切的位置，允许误差为：－0.2kPa～0.5kPa（－1.5mmHg～3.75mmHg）。

3.1.2 血压表的弹性敏感元件内腔与大气相通后，指针应在零位标志内。

3.2 血压计的灵敏度

汞柱在快速下降中突然停顿时，其波动幅度不应小于 0.3kPa（2.25mmHg）。

3.3 气密性

3.3.1 橡皮球上的气阀旋钮旋紧时应不漏气，旋松时应不会脱落；回气阀应有止气作用。

3.3.2 血压计、血压表在 1min 内压力下降值：首次检定不应超过 0.5kPa（3.75mmHg），后续检定和使用中检验不应超过 0.8kPa（6mmHg）；血压计的贮汞瓶不得漏汞，水银柱不得有翻泡现象。

3.4 示值误差

血压计、血压表的示值最大允许误差均为：±0.5kPa（±3.75mmHg）。

3.5 血压表指针偏转平稳性

血压表指针偏转时应平稳，不应有跳动和停滞现象。

4 通用技术要求

4.1 外观

4.1.1 血压计、血压表的外壳应坚固，并能保护内部零件不受损伤和不沾染污秽。

4.1.2 新制造的血压计、血压表外壳上的涂层、镀层应均匀光泽，并无明显剥脱现象。

4.1.3 血压计、血压表在适当的位置上应有产品名称、制造厂名或商标、制造计量器具许可证标志和编号、计量单位、产品编号、生产年月，并清晰可辨。

4.1.4 血压计、血压表应具有以 kPa 和 mmHg 为计量单位的双刻度标度，其分度值分别为：0.5kPa 和 2mmHg，标度应正确、清晰。

4.1.5 血压计的水银示值管和血压表的表面应无色透明，其上不允许有明显妨碍读数的缺陷。

4.1.6 台式血压计外壳上盖和底座应扣合可靠、开启灵活；上盖开足后，水银示值管应处于垂直位置。

4.1.7 立式血压计在地面放置时应稳固；血压计计身门开启应灵活，受振时应无自行开启现象。

4.1.8 血压计水银示值管中的水银柱读数面的宽度应大于 3mm。

4.1.9 血压表的指针指示端应伸入外圈短刻线的 1/3～2/3 处，指针与刻度盘平面间的距离为（1～2）mm。

5 计量器具控制

计量器具控制包括首次检定、后续检定和使用中检验。

5.1 检定条件

5.1.1 标准器

5.1.1.1 血压计、血压表检定用压力标准器可在下列仪器中选择：

a) 弹性式压力计；

b) 数字式压力计；

c) 液体式压力计；

d) 活塞式压力计。

5.1.1.2 检定血压计、血压表的压力标准器的允许误差绝对值应不大于血压计、血压表允许误差绝对值的1/4。

5.1.2 辅助设备

a) 压力发生器；

b) 三通管；

c) 医用胶管；

d) 秒表：分度值1/5s或1/10s。

5.1.3 检定环境条件

5.1.3.1 环境温度

a) 血压计：(20±10)℃；

b) 血压表：(20±5)℃。

5.1.3.2 相对湿度：不大于85%

5.2 检定项目

血压计、血压表检定项目见表4-19。

表4-19 检定项目一览表

检定项目	首次检定	后续检定	使用中检验
4.1外观	+	+	−
3.1零位误差	+	+	+
3.2血压计的灵敏度	+	+	−
3.3气密性	+	+	+
3.4示值误差	∣	∣	∣
3.5血压表指针偏转平稳性	+	+	+

注：表中“+”表示应检项目，“—”表示可不检项目。

5.3 检定方法

5.3.1 检定前的准备工作及要求

血压计、血压表应在检定环境条件下放置2h以上方可进行检定。

5.3.2 外观检查

用目力观察。

5.3.3 零位误差检查

在无臂带的条件下，使血压计、血压表与大气相通，用目力观察。

5.3.4 血压计的灵敏度检查

在无臂带的条件下，用压力发生器造压，使血压计示值升到38kPa(285mmHg)处，然后旋松气阀旋钮快速放气，使压力值降至32kPa～26kPa(240mmHg～196mmHg)范围内任一位置，快速关闭气阀旋钮，用目力观察汞柱波动值。

5.3.5　气密性检查

5.3.5.1　橡皮球上的气阀旋钮和回气阀的检查用手感目测方法进行。

5.3.5.2　在臂带圈扎的条件下，用压力发生器造压，使血压计或血压表升压至 38kPa（285mmHg），切断压力源停留 2min，从第 3min 开始计算压力下降值。

5.3.6　示值误差的检定

5.3.6.1　检定设备的连接

用医用橡胶管和三通管把被检血压计或血压表与压力标准器、压力发生器相连通，如图4-3所示。

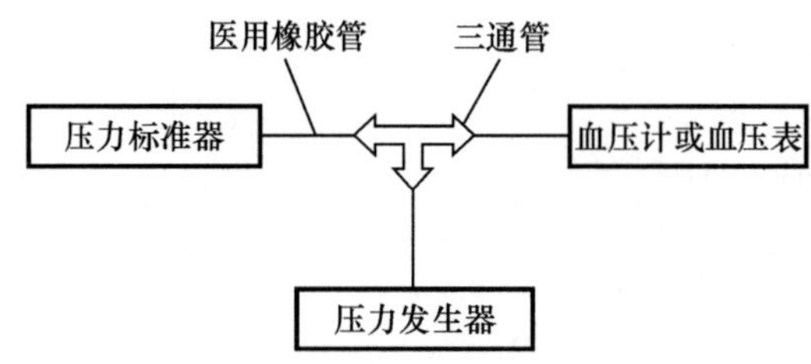

图 4-3　检定设备连接示意图

5.3.6.2　检定点数和次数

血压计和血压表的检定点不得少于 5 个（不含零点），共进行两次降压检定，血压表以 40kPa（300mmHg）为起始点，每隔 8kPa（60mmHg）作为一个检定点进行降压检定，血压计允许以 38kPa（285mmHg）为起始点进行降压检定，其他检定点与血压表相同。

5.3.6.3　检定步骤及方法

a）第一次降压检定

用压力发生器平稳加压，使血压计或血压表和标准器的压力值升高到最高检定点，然后以最高检定点为第一检定点，依次逐点进行降压检定，在每个检定点先对准标准器的示值，然后再从血压计或血压表上读取相应的压力值，读数按分度值的 1/5 估读。

b）第二次降压检定

第二次降压检定时，血压计的检定步骤和方法完全与 a）相同。血压表在第二次降压检定前，应在最高检定点的压力值上保压 1min，然后按 a）的方法依次逐点进行降压检定。

5.3.6.4　示值误差计算公式

$$\Delta = p - p_0$$

式中：Δ——血压计或血压表的示值误差，kPa（或 mmHg）；

p——各检定点血压计或血压表的示值，kPa（或 mmHg）；

p_0——各检定点压力标准器的示值，kPa（或 mmHg）。

5.3.6.5　零位误差复检

血压计或血压表两次降压检定后，使其通大气，然后对其零位误差进行复检。

5.3.7　血压表指针偏转平稳性检查

在示值误差检定过程中，用目力观察。

5.4　检定结果的处理

经检定合格的血压计、血压表，出具检定证书；经检定不合格的血压计、血压表，出具检定结果通知书，并注明不合格项目。

5.5　检定周期

血压计和血压表的检定周期一般不超过半年。

______________________(终结线)

(三)计量检定规程的制定、修订

凡制定、修订、审批、发布、复审计量检定规程应遵守《国家计量检定规程管理办法》的规定。

(1)计划

国家计量检定规程管理办法规定,国家计量检定规程项目由国家质检总局下达给各专业计量技术委员会,组织指导起草单位进行制定、修订工作。各专业计量技术委员会由国家质检总局组织建立,在本专业领域内负责组织制定、修订、审定、报批和宣贯计量技术法规任务。

(2)制定

各技术委员会根据国家质检总局下达的国家计量检定规程项目计划组织和指导起草工作,起草单位应当按照《国家计量检定规程编写规则》的要求,在调查研究、试验验证的基础上,提出国家计量检定规程征求意见稿,以及编写说明等有关附件,分送技术委员会各委员、通讯单位成员、有关制造企业、省级政府计量行政部门、计量检定机构、使用单位、相关标准起草单位和个人,广泛征求意见。附件应包括以下内容:

① 编写说明

阐明任务来源、编写依据与国际建议、国际文件和国际标准、国家标准等技术文件的兼容情况,对规程内容及重大分歧意见进行说明。

② 试验报告

对国家计量检定规程中规定的计量性能、技术条件,应当用规定的检定条件、检定方法对其适用范围的对象进行检测,用试验数据证明是否可行。

③ 误差分析

应用误差理论和不确定度评估方法分析所规定的计量性能要求、技术条件、检定条件、检定方法是否科学合理。同时应列出误差源、误差的类别、合成的方法及置信概率等。

④ 采用国际建议、国际文件或国际标准的原文及中文译本

起草人或起草单位收到意见后进行综合分析,形成"征求意见汇总表"。根据"征求意见汇总表",对征求意见稿进行修改后,提出国家计量检定规程报审稿,及编写说明、试验报告、误差分析、征求意见汇总表、国际建议、国际文件或国际标准的原文及中文译本等有关附件,送技术委员会秘书处审阅。

技术委员会秘书处按规定的工作程序,组织报审稿的审查,用会审或函审方式,审查至少应获得委员人数四分之三以上赞成方为通过。通过的国家计量检定规程,由起草单位根据审定意见整理后,形成报批稿。报批稿和规定的有关上报材料报技术委员会审该。技术委员会审核后,在报批表中签署意见,上报国家计量检定规程审查部进行审核。

(3)审批、发布

国家计量检定规程由国家质检总局统一审批、编号,以公告形式发布。

(4)复审

国家计量检定规程发布后,技术委员会应适时提出复审计划,可采取会审或函审,一般应有起草人参加。对不需要修改的国家计量检定规程,确认继续有效,可在重版时在封面上,写"××××年确认有效"字样;对需要修改的国家计量检定规程,作为修订项目列入计

划；对已不须进行检定的计量器具国家计量检定规程，予以废止。

国家计量检定规程属于科技成果，可纳入国家或部门科技进步奖范围，予以奖励。

作为计量检定规程的起草人员，必须了解计量检定规程的制定、修订程序，了解作为起草人编写计量检定规程中应尽的责任，才能更好地完成这一任务。

(四) 检定周期确定的原则和方法

确定计量器具的检定周期必须遵循以下两条原则：

1. 要确保在使用中的计量器具给出的量值准确可靠，即超出允差的风险应尽可能小；

2. 要做到经济合理，即尽量使风险和费用两者平衡达到最佳化。

计量检定规程中一般给出的是常规条件下的最长周期。

计量器具的检定周期的确定方法可执行 JJF 1139—2005《计量器具检定周期确定原则和方法》。确定检定周期应考虑下列原则：

(1) 原则 1

应根据所检定的计量器具本身特征、计量性能要求及使用情况确定检定周期。计量性能要求和使用情况，在编制计量检定规程时已经考察，在制定型式评价大纲时应予考虑。

计量器具本身特征包括计量器具的工作原理、结构型式和所用材质。型式评价进行资料审查和评价试验，考察提交的计量器具的工作原理、结构型式和所用材质及其设计、制造，能否满足检定规程规定的要求，即在规定的使用条件和检定周期内，计量器具是否具有规定的可靠性和持续工作的能力。当该计量器具满足要求时，给予型式批准，否则不予型式批准。

(2) 原则 2

应明确被检计量器具的测量可靠性目标 R。一般计量器具的测量可靠性目标 $R \geqslant 90\%$。

测量可靠性目标 R 指计量器具的整体性能在重新确认(即后续检定)时保持在所期望的合格范围内的概率(见图 4－4)。

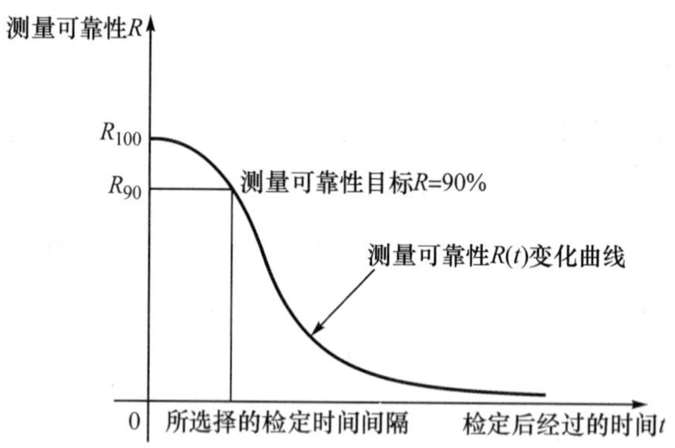

图 4－4　测量可靠性

对于不同的使用场所和要求，测量可靠性目标 R 是不同的。错误数据造成的危险或经济风险越大，测量可靠性目标 R 就应规定得越高。

二、计量校准规范的编写

(一) 计量校准规范编写的一般原则和表述要求

为开展计量器具的校准，必须制定相应的计量校准技术规范，为此国家质检总局发布了

JJF 1071—2010《国家计量校准规范编写规则》，对国家计量校准规范编写的基本原则、要求和方法作出了规定，各类实验室校准规范可参照编写。国家计量校准规范是由国务院计量行政部门组织制定并批准、颁布，在全国范围内施行，作为校准依据的技术文件。在《国家计量校准规范编写规则》中规定了计量校准规范编写的一般原则如下：

（1）符合国家有关法律、法规的规定；

（2）适用范围应明确，在其界定的范围内，按需要力求完整；

（3）充分考虑技术和经济的合理性，并为采用最新技术留有空间。

1. 符合国家有关法律、法规的规定

校准是指在规定条件下，为确定计量器具示值与对应的计量标准复现的量值之间关系的一种操作，它是实现量值传递和溯源的一种重要方式。校准规范的编制也要符合国家有关法律、法规、规章和计量技术规范的规定，如使用国家法定计量单位，使用统一的计量名词术语，执行《计量标准考核办法》、《测量仪器特性评定》、《测量不确定度评定与表示》等。

2. 适用范围应明确，在其界定的范围内，按需要力求完整

应当明确校准规范所针对的测量仪器，以及该测量仪器的计量特性，如示值或量值。

校准规范的内容应力求完整，国家计量校准规范应与 JJF 1071—2010《国家计量校准规范编写规则》规定的结构相符合，根据校准的具体情况，规范可不包括结构所提出的全部要素，但必须包括具有下划线的要素，所有要素应符合规定的顺序。内容的完整才能保证校准的准确可靠。

3. 充分考虑技术和经济的合理性，并为采用最新技术留有空间

计量校准的领域十分广泛，涉及科研、生产各个方面，范围甚广，而随着科研、生产发展，被校准的计量器具也在不断的发展，要求也越来越高，为此校准规范的内容也必须完善提高，尤其是校准设备、校准方法应充分考虑采用先进的技术，提高校准的效率和可靠性。当然先进技术必须是十分成熟的、科学的、可信的，新的成果必须经实际的大量验证后才能应用，不然会影响校准活动的正常开展，影响量值的溯源性。校准的客观需求在不断发展，在校准中校准设备、校准方法的应用应为采用最新技术留有空间。

校准规范表述的基本要求如下：

（1）文字表述应做到结构严谨、层次分明、用词确切、叙述清楚，不致产生不同的理解；

（2）所用的术语、符号、代号、缩略语要统一，并始终表达同一概念；

（3）按国家规定表述计量单位名称与符号、量的名称和符号、计量名词、误差和测量不确定度名称与符号；

（4）公式、图样、表格、数据应准确无误；

（5）规范相关内容的表述均应协调一致，不能矛盾。

（二）计量校准规范的主要内容

计量校准规范是开展计量校准的依据，根据 JJF 1071—2010《国家计量校准规范编写规则》，校准规范的各部分应包括以下内容：

1. 封　面

封面的格式见 JJF 1071 的附录 A。

规范的编号由其代号、顺序号和发布年号(四位数字)组成。如:

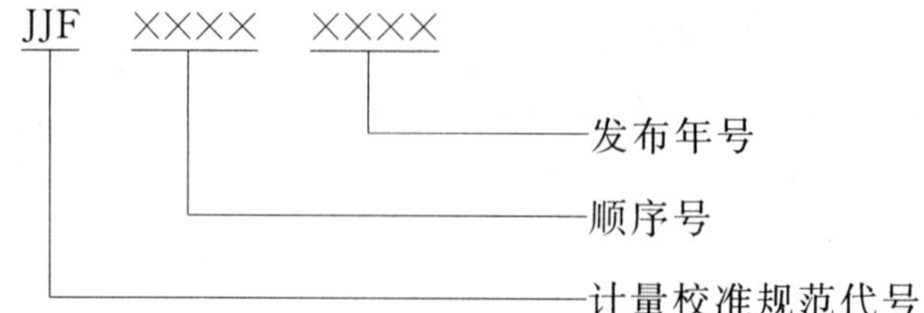

规范名称应简明、准确、规范、概括性强,一般以被校对象或被标参数命名,如不适应,应选用能确切反映其适用范围或性能的名称,并有对应的英文名称。

2. 扉　页

扉页的格式见 JJF 1071—2010 的附录 B。

3. 目　录

目录要能使人对规范有一个总体概念,并便于查阅。一般只列出引言、章、第一层次的条和附录的编号、标题及所在页码。标题与页码之间用虚线连接。其书写格式见 JJF 1071—2010 的附录 C。

4. 引　言

引言不编号,应包括如下内容:规范编制所依据的规则;采用国际建议、国际文件或国际标准的程度或情况。如对规范进行修订,还应包括以下内容:规范代替的全部或部分其他文件的说明;给出被代替的规范或其他文件的编号和名称,列出与前一版本相比的主要技术变化;所替代规范的历次版本发布情况。

5. 范　围

主要叙述规范的适用范围,以明确规定规范的主题。如:本规范适用于××计量器具(××量程、范围)的校准。

6. 引用文件

引用文件应是编制规范时必不可少的文件,如不引用,规范则无法实施。引用文件应为正式出版物。引用文件时,应给出文件的编号(引用标准时,给出标准代号、顺序号)以及完整的文件名称。凡是注日期的引用文件,仅注日期的版本适用于该规范;凡是不注日期的引用文件,应注明“其最新版本(包括所有的修改单)适用于本规范”。

引用国际文件时,应在编(年)号后给出中文译名,并在其后的圆括号中给出原文名称。

引用文件清单的排列顺序依次为:国家计量技术法规、国家标准、行业标准、国际建议、国际文件、国际标准;以上文件按顺序号排列。

7. 术语和计量单位

当规范涉及国家尚未作出规定的术语时,应在本章给出必要的定义。

术语条目应包括以下内容：条目编码、术语、英文对应词（除专用名词外，英文对应词全部使用小写字母，名词为单数、动词为原形）、定义。编写方式应符合 GB/T 20001.1 的要求。

为了使规范更易于理解，也可引用已定义的术语。

内容应为：引导语及术语条目（清单）。引导语为给出具体的术语和定义之前的说明。

例如：在本规范中不仅界定了术语和定义，而且还引用了其他文件界定的术语和定义，则引导语为："……界定的及以下术语和定义适用于本规范"。

如果术语引用其他文件的，应在括号内给出此文件的编号。

计量单位使用国家法定计量单位。

计量单位指规范中所描述的测量仪器的主要计量特性的单位名称和符号，必要时可列出同类计量单位的换算关系。

8. 概　述

主要简述被校对象的用途、原理和结构（包括必要的结构示意图）。如被校对象的原理和结构比较简单，该要素可省略。

9. 计量特性

本部分规定被校对象的计量特性，应包括被校对象所有可能的示值或量值。通过对本条规定的计量特性的校准，可以确定被校仪器的计量性能。

10. 校准条件

（1）环境条件

环境条件是指校准活动中对测量结果有影响的环境条件。可能时，应给出确保校准活动中（测量）标准、被校对象正常工作所必需的环境条件，如温度、相对湿度、气压、振动、电磁干扰等。

（2）测量标准及其他设备

应描述使用的测量标准和其他设备及其必须具备的计量特性。

11. 校准项目和校准方法

校准项目应包括被校对象的计量特性。校准项目可根据被校仪器的预期用途选择使用。对校准规范的偏离，应在校准证书中注明。

校准方法应优先采用国家计量技术法规、国际的、地区的、国家的或行业的标准或技术规范中规定的方法。

必要时，应规定检查影响量的检查项目和方法。

必要时，应提供校准原理示意图、公式、公式所含的常数或系数等。

对带有调校器的仪器，经校准后应规定需要采取的保护措施，如封印、漆封等，以防使用不当导致数据发生变化。

12. 校准结果

校准结果应在校准证书上反映。校准证书应至少包括以下信息：

a）标题："校准证书"；

b）实验室名称和地址；

c）进行校准的地点（如果与实验室的地址不同）；

d）证书的唯一性标识（如编号），每页及总页数的标识；

e）客户的名称和地址；

f）被校对象的描述和明确标识；

g）进行校准的日期，如果与校准结果的有效性和应用有关时，应说明被校对象的接收日期；

h）如果与校准结果的有效性应用有关时，应对被校样品的抽样程序进行说明；

i）校准所依据的技术规范的标识，包括名称及代号；

j）本次校准所用测量标准的溯源性及有效性说明；

k）校准环境的描述；

l）校准结果及其测量不确定度的说明；

m）对校准规范的偏离的说明；

n）校准证书或校准报告签发人的签名、职务或等效标识；

o）校准结果仅对被校对象有效的声明；

p）未经实验室书面批准，不得部分复制证书的声明。

13. 复校时间间隔

规范可作出有一定科学依据的复校时间间隔的建议供参考，并应注明：由于复校时间间隔的长短是由仪器的使用情况、使用者、仪器本身质量等诸因素所决定的，因此，送校单位可根据实际使用情况自主决定复校时间间隔。

14. 附　录

附录是规范的重要组成部分。附录可包括：校准记录内容、校准证书内页内容及其他表格、推荐的校准方法、有关程序或图表以及相关的参考数据等。

在附录中应给出测量不确定度评定示例。

测量不确定度评定示例应符合 JJF 1059《测量不确定度评定与表示》的要求，包括不确定度的来源及其分类、不确定度合成的公式和表示形式等。

15. 附加说明

以“附加说明”为标题，写在规范终结线的下面，说明一些规范中需另行表述的事项。

（三）计量校准规范的制定、修订

按我国目前的管理形式，计量校准规范有国家计量校准规范、部门计量标准规范、地方计量校准规范和各类实验室校准规范。计量校准规范的编写，JJF 1071—2010《国家计量校准规范编写规则》已作了明确规定，当没有可供依据的国家校准规范时，各类实验室可以参照此规范编写试验时使用的校准规范或校准方法。

国家计量校准规范的制定、修订程序应按照《国家计量检定规程管理办法》的规定执行。

对于各类校准实验室自行编写和制定校准规范的要求，在 JJF 1069—2007《法定计量检定机构考核规范》7.3.2 节已作了规定。开展校准时，如无国家计量校准规范，应尽可能使用公开发布的，如国际的（包括地区的）或国家的标准或技术规范，或参考相应的计量检定规程。校准实验室应确保其使用的标准或技术规范经过确认和审批，且是现行有效版本。必要时，应采用附加细则对标准或技术规范加以补充，以确保应用的一致性。

当顾客未指定所用的校准方法时，校准实验室应选择由国际、区域或国家标准规定的，或由知名的技术组织或有关科学书籍和期刊最新公布的，或由设备制造商指定的方法。校准实验室依据 JJF 1071—2010《国家计量校准规范编写规则》制定的方法如能满足顾客的预期用途、并经过验证和方法确认后可以使用。所选用的方法应通知顾客。

各类校准实验室编写的计量校准规范，应经方法确认。确认是通过核查并提供客观证据，以证实某一特定预期用途的特殊要求得到满足。如果校准方法有变更，要重新进行确认。

三、计量检定规程、校准规范的使用

（一）正确选择计量检定规程和校准规范

计量检定应当选择与检定对象相对应的国家计量检定规程；没有国家计量检定规程的，可采用部门或地方计量检定规程。

校准应当优先选择国家计量标准规范；没有国家计量校准规范的，可以参照相应的计量检定规程或与被校对象相适应的校准规范。

（二）正确执行计量检定规程和校准规范

1. 正确执行计量检定规程

计量检定规程中规定的检定条件、检定设备要求、检定项目和检定方法是针对被检仪器的计量特性的，执行检定规程，必须严格执行检定规程中的所有规定，保证检定结果的真实可靠。

计量检定规程是实施《计量法》的重要条件，是从事计量检定的法定依据。为了解决执行计量检定规程中的一些问题，原国家计量局发布过《在实施计量法中有关计量检定规程问题的意见》〔(86)量局法字第 337 号〕文件，内容如下：

（1）关于计量检定手段和条件不完全满足规程要求时的检定出证

① 检定手段和条件按规程考核不合格的，不能开展检定，也不能出具检定证书。

② 制定计量检定规程时，对某些特[illegible]些项目可以不作检定。

（2）关于按实际使用需要进行部分检定或出证

① 具备检定手段和条件，根据实际需要又符合规程要求的，在周期检定中可作部分检定，并出具检定证书，但在证书中必须注明。

② 对允许作部分检定的计量器具，应在相应的规程中加以注明。

（3）关于没有计量检定规程的计量器具如何管理

① 国家制定的计量器具目录是国家规定依法管理的范围，至于实施检定和监督的具体项目可由各部门、各地方制定明细目录确定。

② 没有计量检定规程的（包括国家、部门和地方计量检定规程），可暂对其执行检定的情况进行计量法制监督检查，由各地方、各部门根据具体情况掌握。

③ 没有计量检定规程的，不能进行仲裁检定，可按纠纷双方协商的办法进行计量调解。

④ 由于某地区或某部门实施计量法制管理和生产上急需，而又尚未制定计量检定规程的，应由部门和地方尽快制定计量检定规程加以解决。

(4) 关于参照某检定规程所进行的检定或出证

① 规程中规定允许参照的，可以作为该计量器具检定的依据，可出具检定证书。

② 为便于规程的实施，参照的具体内容应在计量检定规程中作出明确规定。

(5) 关于没有计量检定规程为依据所进行的“检定”

① 计量检定必须执行计量检定规程，凡没有以计量检定规程为依据的，不能称为检定。

② 如只确定计量器具的示值的校准值或示值误差可称为“校准”。

(6) 关于执行规程和技术标准的协调

① 制定计量检定规程和技术标准，应努力使两者协调一致。

② 从事计量检定必须执行计量检定规程。

③ 因执行规程与技术标准出现的计量纠纷，经双方协商，不能自行解决时，可按法定程序申请仲裁检定。仲裁检定应以计量基准或社会公用计量标准的数据为准。

(7) 关于执行部门和地方计量检定规程的协调

① 部门规程在本部门范围内实施，地方规程在本地区范围内实施，部门内部的管理，以执行国家和部门规程为主；凡涉及社会的，以执行国家和地方规程为主。

② 凡同一种计量器具具有多种部门或地方检定规程，则由国务院计量行政部门尽快制订国家计量检定规程。

(8) 关于计量检定规程中对检定周期的规定

① 计量检定规程作为技术法规应对检定周期作出规定，它是规程内容的组成部分。具体规定形式，可为强制性的最大周期(如不得超过×年)，也可规定为建议性周期(如一般不得超过×年)。

② 具体执行检定周期的长短，应根据规程的规定，结合不同计量器具、不同使用情况和法制管理要求，按管理权限确定。

(9) 关于规程修订以后，对使用中旧的计量器具的检定

① 检定规程修订时，必须注意新、旧规程的过渡问题，应考虑规程修订之前投入使用的计量器具的处理，必要时在规程中作出相应的规定。

② 新规程颁布后，旧规程应作废，检定应按新规程执行。

“经检定不合格不准使用”的含义，应包括“经检定不合格不准按原计量器具准确度等级的用途使用”。

2. 正确执行校准规范

正确执行校准规范可保证校准结果符合规范要求。正确执行校准规范包括：了解被校仪器、选择计量标准及相关设备、控制相关的校准条件、按照规定的程序进行测量。首先需要明确校准规范中适用于被校仪器的计量特性。评定的计量特性必须覆盖被校测量仪器的使用要求。

校准规范中，对各种不确定度因素的控制，不一定有详细规定。因此各实验室应该根据自己实验室的实际情况，规定校准结果的目标不确定度，并根据目标不确定度配备校准设备和设施，控制各种不确定度因素的大小。

各校准实验室为贯彻校准规范，有时需要制定作业指导书，当校准规范中规定的校准程序

还不够详细时,实验室可以对校准程序的细节,进行进一步的规定。

校准规范中给出的测量不确定度评定示例,有助于校准人员对校准结果进行不确定度分析和评定时作为参考。

习题及参考答案

一、习 题

(一) 思考题

1. 检定规程与校准规范有哪些异同?
2. 编制计量检定规程的一般原则是什么?
3. 编写检定规程有哪些基本要求?
4. 计量检定规程应包括哪些主要内容?
5. 如何制定、修订计量检定规程?
6. 确定检定周期的原则是什么?
7. 编制计量校准规范的一般原则是什么?
8. 校准规范应包括哪些主要内容?
9. 编制校准规范时应注意哪些问题?
10. 如何正确执行检定规程?
11. 如何正确执行校准规范?

(二) 选择题(单选)

1. 检定规程是__________的技术文件。

A. 保证计量器具达到统一的测量不确定度

B. 保证计量器具按照统一的方法,达到法定要求

C. 保证计量器具达到出厂标准

D. 保证计量器具达到客户要求

2. 通常,校准方法应该统一到__________上来,这是量值统一的重要方面。

A. 国家计量检定规程　　B. 国家计量检定系统表

C. 国家计量校准规范　　D. 国家测试标准

3. 国家计量检定规程是由__________组织编写并批准颁布,在全国范围内施行,作为确定计量器具法定地位的技术文件。

A. 全国专业计量技术委员会　　B. 计量测试学会

C. 国家计量院　　D. 国务院计量行政部门

4. 计量检定规程是用于对__________领域计量器具检定的依据。

A. 教学　　B. 科学研究

C. 产品检测　　D. 法制计量管理

5. JJG 是__________的符号。

A. 计量检定规程　　B. 计量校准规范

C. 测试标准　　D. 检测规范

6. 开展校准可否依据实验室自己制定的校准规范? 答案是__________。

A. 可以,只要有校准规范就行

B. 可以，但需要经过确认并获得客户对校准规范的认可

C. 不可以，只有依据国家校准规范才可以开展校准

D. 不可以，该校准规范只能校准本实验室的仪器

（三）选择题（多选）

1. 制定校准规范应做到__________。

A. 符合国家有关法律、法规的规定

B. 适用范围应按照校准实际需要规定，力求完整

C. 必须规定被校仪器的计量要求和使用的计量标准的型号

D. 应充分考虑采用先进技术和为采用最新技术留有空间

2. 国家计量校准规范的内容至少应包括__________。

A. 被校仪器的计量特性　　B. 校准条件

C. 校准项目和校准方法　　D. 记录格式和检定结论

二、参考答案

（一）思考题（略）

（二）选择题（单选）：1. B； 2. C； 3. D； 4. D； 5. A； 6. B。

（三）选择题（多选）：1. A B D； 2. A B C。

第五节 比对和测量审核的实施

一、比对和测量审核的定义和作用

（一）比对和测量审核的含义

比对是指两个或两个以上实验室，在一定时间范围内，按照预先规定的条件，测量同一个性能稳定的传递标准器，通过分析测量结果的量值，确定量值的一致程度，确定该实验室的测量结果是否在规定的范围内，从而判断该实验室量值传递的准确性的活动。

测量审核是指由实验室对被测物品进行实际测试，将测试结果与参考值进行比较的活动。典型的测量审核活动是将一个已校准具有参考值的样品寄送给实验室，将实验室结果与参考值进行比较，从而判断该实验室的测量结果是满意结果、可疑结果，还是不满意结果。

（二）比对是实现国际互认和考核实验室能力的有效手段

通过比对，能够考察各实验室测量量值的一致程度、考察实验室计量标准的可靠程度，检查各计量检定机构的检定准确度是否保持在规定的范围内。通过比对也能够考察各实验室计量检定人员技术水平和数据处理的能力，发现问题，积累经验。

各国家计量院参加国际计量局和亚太区域计量组织实施的比对且测量结果在等效线以内，其比对结果可以作为各国计量院互相承认校准及测量能力的技术基础，测量能力得到国际计量局认可，其校准和测试证书在米制公约成员国得到承认。国家实验室按照政府协议参加双边或多边比对且结果满意，可以按协议条款在一定条件下互认证书。

由国家质检总局批准的国内计量基准、计量标准的比对是对计量基准、计量标准监督管理、考核计量技术机构的校准测量能力的一种方式，以提高我国计量基准、计量标准的水平，确保量值正确、一致、可靠。

（三）比对和测量审核是能力验证活动的组成部分

能力验证是利用实验室间比对确定实验室的校准/检测能力或检查机构的检测能力。任何用于监视实验室能力的实验室间比对和测量审核的活动称为能力验证活动。能力验证活动包括能力验证计划、实验室间比对和测量审核。能力验证计划是为保证实验室在特定检测、测量或校准领域的能力而设计和运作的实验室间比对。

二、比对的类型和组织

（一）比对的类型

1. 国际比对

（1）国际计量局（BIPM）组织的比对

① 关键比对：根据互认协议，由国际计量委员会的各咨询委员会或国际计量局实施而取得关键比对参考值的比对。

② 辅助比对：由国际计量委员会的各咨询委员会和国际计量局实施，旨在满足关键比对未涵盖的特定需求的比对。

③ 双边比对：如某一研究院参加了相关的关键比对或辅助比对，则此研究院可以作为主导实验室，采用同关键比对或辅助比对相同或相似的技术方案，与另一研究院开展双边比对。

以上比对一般由米制公约成员国的国家计量院参加，其结果进入关键比对数据库。

（2）亚太区域计量规划组织（APMP）组织的区域比对

① 关键比对：由 APMP 组织实施的与 BIPM 关键比对相对应的比对。它通过参加 BIPM 关键比对的实验室的数据，以链接方式采用 BIPM 关键比对的参考值。

② 辅助比对：由 APMP 组织实施，旨在满足关键比对未涵盖的特定需求的比对，包括支持由参加比对的计量院签发的校准及测量证书有效性的相互信任的比对。

以上比对一般由区域计量组织成员和其他研究院参加，其结果进入关键比对数据库。

（3）双边或多边比对

① 政府协定中安排的比对：两个或多个政府或国家计量院可以根据签订的协议组织双边或多边比对，其结果可以按照协议规定使用。一般可以用于检测证书的互认以及相关研究工作。

② 其他形式的比对：各计量实验室可以根据自己的需要开展非官方比对。

2. 国内比对

国内比对应当按照国家质检总局 2008 年 6 月发布的《计量比对管理办法》和 2010 年 6 月发布的 JJF 1117—2010《计量比对》的要求实施。

（1）国家计量比对

经国家质检总局考核合格，并取得计量基准证书或者计量标准考核证书的计量基准或计量标准量值的比对，称国家计量比对。

国家计量比对的组织：

① 可以由全国专业计量技术委员会或者大区国家计量测试中心向国家质检总局提交国家计量比对计划申报书。国家质检总局审查批准后，委托有关单位或机构组织实施国家计量比对。

② 也可以由国家质检总局直接指定全国专业计量技术委员会或者大区国家计量测试中心作为组织单位，组织实施国家计量比对。

（2）地方计量比对

经县级以上地方质量技术监督部门考核合格，并取得计量标准考核证书的计量标准量值的比对，称地方计量比对。

（3）其他形式的比对

各计量实验室可以根据自己的需要开展非官方的实验室间比对。

（二）比对的组织

由比对的组织者确定主导实验室和参比实验室，按照 JJF 1117—2010《计量比对》的规定，应具备一定条件才能作为主导实验室，主导实验室和参比实验室应承担相应的责任。

1. 主导实验室

主导实验室是在比对中起主导作用的实验室。

（1）主导实验室应具备的条件

① 在技术上具备优势，参加过相关量的国际比对或对比对有较深入了解；

② 在比对涉及的领域内有稳定、可靠的计量基准或者计量标准，其测量不确定度符合比对的要求；

③ 具有与所承担比对主导实验室工作相适应的技术能力的人员；

④ 环境条件、材料供应满足要求。

（2）主导实验室承担的责任

① 预先估计比对的有效性，设计或选择比对结果明确、可靠、溯源性清晰的比对方案并起草比对实施方案；

② 确定稳定、可靠的传递标准及适当的传递方式；

③ 开展前期实验，包括但不限于传递标准的重复性、均匀性和稳定性实验以及运输特性实验；

④ 对传递标准采取必要的包装措施，保证传递过程的安全；

⑤ 澄清或解释比对实施方案，协调或解决比对过程中出现的问题，监督比对实验进程，记录比对过程，特别是可能引起争议和分歧的问题的处理过程；

⑥ 汇总参比实验室的实验数据及相关资料，分析结果，编写比对总结报告；

⑦ 遵守有关比对的保密规定。

2. 参比实验室

参加比对的实验室，称为参比实验室。责任如下：

① 当收到比对组织者发布的比对计划时，应按要求及时书面表明是否参加比对；

② 参与比对实施方案的讨论，并对所确定的比对实施方案正确理解；

③ 按比对实施方案的要求接收和交送（或发运）传递标准，确保其安全和完整，如出现意外情况，应及时报告主导实验室；

④ 按照比对实施方案的进度完成比对工作，并记录比对过程。按时向主导实验室上报比对原始数据、测量结果及其不确定度；

⑤ 参与比对总结报告的讨论，参加比对总结会及相关技术活动；

⑥ 遵守有关比对的保密规定。

三、比对技术方案的制定

下面以全国比对为例说明比对技术方案的制定。

（一）计量比对实施程序

计量比对应遵循以下程序：

（1）国家质检总局下达比对计划任务；

（2）比对组织者确定主导实验室和参比实验室；

（3）主导实验室针对传递标准进行前期实验，起草比对实施方案，并征求参比实验室意见，意见统一后执行；

（4）主导实验室和参比实验室按规定运送传递标准（或样品），开展比对实验、报送比对数据及资料；

（5）主导实验室按比对实施方案要求完成数据处理，撰写比对报告，比对组织者召开比对总结会；

（6）向比对组织者报送比对报告，并在一定范围内公布比对结果。

（二）比对实施方案的制定

由主导实验室起草比对实施方案，征求参比实验室的意见后执行。比对实施方案应包括以下几方面的内容：

1. 概　述

说明比对任务来源、比对目的、范围和性质。

2. 总体描述

说明比对所针对的量及选定的量值，对设备和环境的要求。

3. 实验室

明确主导实验室和参比实验室，标明联系人与有效联系方式，包括单位、姓名、地址、邮编、电话、E-mail 等。

4. 传递标准（或样品）描述

应对所选用的传递标准（或样品）进行详细描述，包括尺寸、重量、制造商、所需的附属设备、与比对实验相关的特性及操作所需的技术数据；传递标准应稳定可靠，必要时需开展稳定性、运输、高低温等相关实验，为比对方案制定提供依据；当可靠性不理想时，可以采用两台传递标准同时进行比对的方案。

以热能表检测装置比对用传递标准——热水流量计为例：在比对前应通过实验确定水温变化时其仪表系数是否会变化，变化是否有规律，变化率是多少；安装条件的影响有多大，用何种方法能更好消除其影响；运输能力是否满足实验要求，应做实验设计以得到传递标准稳定性要求。

5. 传递路线及比对时间

根据比对所选择的传递标准（或样品）的特性确定比对路线。应充分考虑实验和运输中各因素的影响，确定一个实验室所需的最长比对工作时间，从而确定各参比实验室的具体日程安排。

6. 传递标准（或样品）的运输和使用

针对传递标准（或样品）的特性提出搬运处理要求，包括拆包、安装、调试、校准、再包装。

7. 传递标准（或样品）的交接

规定发送、接收传递标准（或样品）时采取的措施及交接方式。设计传递标准（或样品）交接单。主导实验室确定传递标准的运输方式，并保证传递标准在运输交接过程中的安全。各参比实验室在接到传递标准后应立即核查传递标准是否有损坏，核对货物清单，填好交接单并通知主导实验室。交接单一式三联，交接双方各执一联，第三联随传递标准传递。参比实验室完成比对实验后应按比对实施方案的要求将传递标准传递到下一站，并通知主导实验室。

表 4-20　传递标准交接单示例

交接单

经检查，如果没有问题，请在相应方框内打“√”，否则打“×”。

1. 标准流量计（编号 7626501001）　共 1 箱　□
2. 标准铂电阻温度计　共 2 支　□
3. 请在收到后和送出前仔细检查，如有问题请在下面注明并及时与主导实验室联系。

	经办人签字	日期	如有问题请注明
接收			
发送			

此表一式三份，接收方、发送方各存留一份，另一份随货物装箱送到下一站。

8. 比对方法和程序

明确比对的方法和程序，包括安装要求、预热时间、实验点、实验次数、实验顺序等。明确数据处理方法。比对方法应由主导实验室提出，由参比实验室讨论通过。比对方法应遵循科学合理的原则，首选国际建议、国际标准推荐的并已经过适当途径所确认的方法和程序，也可以采用国家计量检定规程或国家计量技术规范规定的方法和程序。如采用其他方法，应在比对实施方案中给出清晰的操作程序。

9. 意外情况处理程序

明确传递标准(或样品)在运输过程中出现意外故障的处理程序及传递标准(或样品)在某实验室比对过程中因意外发生延时情况下的处理程序。

10. 记录格式

规定原始记录的内容和格式,应包含比对结果分析所需的所有信息。对于原始记录格式,主导实验室应进行一次试填写,以确定其可用性。必要时应提供规定格式的电子文件,以利于后期数据分析。

11. 参比实验室报告

明确参比实验室提交证书、报告的时间、内容和要求。可以要求提交实验原始记录的复印件及电子文件,但实验结果应以校准证书所示为准。可以要求提交由参比实验室独立完成的测量结果的不确定度分析报告,但测量结果的不确定度应以校准证书所示为准。由于资料汇总和分析的需要,可以要求提交标准器的情况描述及标准器校准证书复印件。

对于国家计量比对,参比实验室的测量结果的不确定度应与该装置建标考核时给出的不确定度基本一致,并考虑比对实际测量条件和要求与建标不确定度评定的差异。

12. 参考值及数据处理方法

明确参考值的来源及计算方法,明确比对数据处理方法及比对结果判定原则。

13. 保密规定

明确规定在比对数据尚未正式公布之前,所有与比对相关的实验室和人员均应对比对结果保密,不允许出现任何数据串通,不得泄露与比对结果有关的信息,以确保比对数据的公正性。

14. 其他注意事项

说明在传送和比对过程中应注意的事项。

(三) 对传递标准的要求

由主导实验室提供传递标准、样品及其附件;主导实验室可根据具体条件针对以下情况采取相应措施:

(1) 传递标准应稳定可靠,必要时可以采用一台主传递标准和两台或多台副传递标准同时投入比对。

(2) 根据比对所选择的传递标准的特性确定比对路线,可以选择环式、星形式、花瓣式(见图 4—5)三种典型的路线形式中的一种。当传递标准器稳定性水平高时可采用圆环式,当传递标准器稳定性容易受环境、运输等影响时,为了比对结果的有效性,应选择花瓣式。

(3) 当传递标准中途发生问题时主导实验室应能提供辅助措施,保证比对按计划进行。

(4) 应按比对实施方案所规定的时间开展比对工作,当比对时间延误时,主导实验室应通知相关的参比实验室,必要时修改比对日程表或采取其他应对措施。

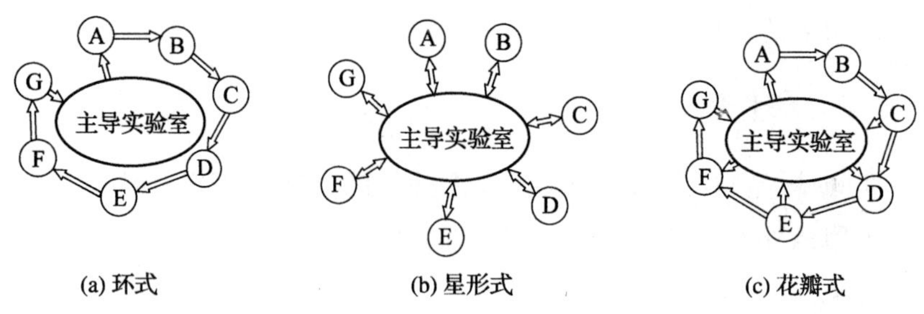

图 4－5　比对路线方案

（5）主导实验室确定传递标准的运输方式，并保证传递标准在运输交接过程中的安全。各参比实验室在接到传递标准后应立即检查传递标准是否有损坏，填好交接单并通知主导实验室。

（6）参加比对的实验室完成比对实验后应按比对实施方案的要求将传递标准传递到下一站，并通知主导实验室。

（四）参考值及数据处理方法

参考值及数据处理方法应在比对实施方案中明确。

1. 确定测量结果的计算方法

（1）规定测量的量值点、测量次数。

（2）确定什么是测量结果，比如流量比对时，测量结果可能是仪表系数，也可能是示值误差。这取决于流量计读数方式、计算方便等。由主导实验室在实施方案中给定，并给出计算公式。

（3）测量结果可以是可修正的，如仪表系数随温度变化，当实验温度偏离规定温度时可以进行修正。可以规定该修正由参比实验室完成，也可以在最终数据处理时由主导实验室进行。

2. 参考值的来源

参考值主要由两种方式得到：

（1）以权威数据的量值作为参考值

如以计量基准或上一级计量标准的量值作为参考值。

（2）由多个参比实验室的量值经计算得到参考值

对于这类情况，需要首先分析参比实验室量值的独立性与相关性，确定用哪些实验室的测量结果计算参考值，如何分组计算；需考虑各测量结果的不确定度数值差异及评定可靠性，选择适合的计算方法。参考值的计算通常采用算术平均法、加权平均法、中位值法等方法。

参考值的确定方法由主导实验室提出并征得参比实验室同意后确定。鼓励各主导实验室根据比对的具体情况采用合理的方式来确定参考值。

3. 几种确定参考值的常见方案

在实际比对时可以使用以下几种方案：

（1）由主导实验室将传递标准送国家计量基准校准并给出不确定度，以对传递标准的校准值作为参考值。此时，参考值是保存在主导实验室的已知值。

（2）由主导实验室提供传递标准，当其标准考核证书上的测量不确定度及自己分析的校准传递标准的校准值的不确定度明显小于参比实验室测量结果的不确定度时，可采用主导实验室传递标准的校准值作为参考值。此时参考值的不确定度为主导实验室测量结果的不确定度。主导实验室应在比对报告中给出参考值的来源及其测量不确定度的分析过程。

（3）各参比实验室测量结果的算术平均值作为参考值。

当参与参考值计算的各实验室量值的不确定度接近时，可采用算术平均法计算参考值；当各实验室量值的测量不确定度可靠性不能被确认且实验室数量较多时，为体现权益上的“平等”，算术平均法也常被采用。比对实验第 i 个测量点的参考值 Y_{ri} 如式（4－5）所示：

$$Y_{ri}=\frac{1}{n}\sum_{j=1}^{n}Y_{ji} \tag{4-5}$$

式中：j——参与参考值计算的实验室序号；

i——比对实验的测量点序号；

n——参与参考值计算的实验室数量；

Y_{ji}——第 j 个实验室在第 i 个测量点上的测量结果。

若各实验室的不确定度之间完全不相关，且比对实验中传递标准引入的不确定度的影响可以忽略，参考值 Y_{ri} 的不确定度按式（4－6）计算：

$$u_{ri}=\frac{1}{n}\sqrt{\sum_{j=1}^{n}u_{ji}^{2}} \tag{4-6}$$

式中：u_{ji}——第 j 个实验室在第 i 个测量点上测量结果的标准不确定度；

u_{ri}——第 i 个测量点的参考值的标准不确定度。

（4）各参比实验室测量结果的加权平均值作为参考值。

当参与参考值计算的各实验室量值的测量不确定度可靠性可被确认而且有显著差异时，可采用加权平均法计算参考值。若比对实验中传递标准引入的不确定度的影响可以忽略，则权重与各实验室宣称不确定度平方成反比，即 $W_{ji}=1/u_{ji}^{2}$。第 i 个测量点的参考值 Y_{ri} 如式（4－7）所示：

$$Y_{ri}=\frac{\sum_{j=1}^{n}\frac{Y_{ji}}{u_{ji}^{2}}}{\sum_{j=1}^{n}\frac{1}{u_{ji}^{2}}} \tag{4-7}$$

此时加权算术平均值的标准不确定度按式（4－8）计算：

$$u_{ri}=\sqrt{\frac{1}{\sum_{j=1}^{n}\frac{1}{u_{ji}^{2}}}} \tag{4-8}$$

（5）参考值为主导实验室和部分参比实验室测量结果的加权算术平均值。

比如在流量装置比对中，参加比对实验室的测量装置有原始法装置和标准表法装置两种，因为标准表法装置的量值是来自于原始法装置，也就是说它的量值不是独立的，而是与某一原始法装置相关，且与原始法装置相比，该装置的不确定度偏大，因此在确定参考值时，可以仅采用原始法装置测量结果的加权平均值。

（6）参考值为在同种类仪器测量结果的平均值基础上的不同种类仪器测量结果的算术平均值。

当用同一种测量设备和测量方法可能会产生系统偏差时可以采用此种方案。例如在全国衰减量值比对中，比对的参考值计算采用不同种类标准设备间不加权平均的方法，但是当两个或两个以上的实验室采用同一型号的标准设备和相同的测量方法时，则这些具有同种类标准设备的每个实验室的权重为 $1/N$（N 为相同标准设备和方法的实验室个数）。例如有 5 个实验室均采用 HP8902 作为标准设备时，这 5 个实验室中每个实验室的权重为 0.2。将这 5 个实验室的平均值再与其他具有不同测量设备的实验室的测量结果进行算术平均。此时的计算方法自然是先按（3）或（4）的计算方法把各种标准设备自己的参考值及不确定度计算出来，再按（3）的计算方法将各种标准设备的值进行算术平均，即可得到参考值及其不确定度。

四、比对结果的评价

（1）比对结果的评价方法和依据取决于比对的目的，由主导实验室提出，参比实验室同意后确定。

（2）比对结果通常用比对判据 E_n 值进行评价，E_n 值又称为归一化偏差，为各实验室比对结果与参考值的差值与该差值的不确定度之比。

$$E_n=\frac{Y_{ji}-Y_{ri}}{k\cdot u_i} \tag{4-9}$$

式中：k——包含因子，一般情况 $k=2$；

u_i——第 i 个测量点上 $Y_{ji}-Y_{ri}$ 的标准不确定度；

当 u_{ri}，u_{ei} 与 u_{ji} 相互无关或相关较弱时，

$$u_i=\sqrt{u_{ji}^2+u_{ei}^2+u_{ri}^2} \tag{4-10}$$

式中：u_{ei}——传递标准在第 i 个测量点上在比对传递环节引入的不确定度。

比对测量结果一致性评判原则：

$|E_n|\leqslant 1$　参比实验室的测量结果与参考值之差与不确定度之比在合理的预期范围之内，比对结果可接受；

$|E_n|>1$　参比实验室的测量结果与参考值之差与不确定度之比超出合理的预期，应分析原因。

五、比对过程举例

下面以一个参加比对的实验室为例进行说明。

1. 比对前准备

在比对传递标准抵达实验室前，检查装置工作状态是否正常，保证各设备处于完好状态，检查辅助设备是否齐备。检查所有使用的仪器设备是否有有效的检定或校准证书，如没有，应完成校准。

如比对时间有所调整，主导实验室应提前通知参比实验室，以利于安排工作。

2. 传递标准器的交接

传递标准器到达实验室时，应按交接单逐项检查设备及附件是否齐备，必要时通电检查设备状态。填好交接单并按规定要求放置或保存。

3. 比对实验

按比对实施方案要求安装、调试传递标准器。

按比对实施方案要求由 2 名检定员完成实验，将实验数据记录在实施方案规定的记录表格中，并完成计算。检查实验结果正常后，将传递标准器按要求装箱、运输。

如果比对过程中传递标准器出现故障，应及时通知主导实验室并停止试验，等待处理。

如果比对过程中由于标准装置故障、停电等出现时间延误，应及时通知主导实验室并停止实验，等待处理。一般情况下，若延误时间较短，则比对工作顺延并通知相关实验室；若延误时间较长，则此实验室不再参加比对，传递标准器向下一实验室传递。

4. 提交资料的内容

提交资料内容以比对实施方案要求为准。国内比对一般应包含以下资料：

(1) 实验室在比对实施方案规定的时间范围内将比对结果的报告以恰当和有效的方式提交给主导实验室。

(2) 报告应包含比对原始数据复印件。注意：对删除的数据应保留痕迹，使其清晰可辨别。

(3) 实验室应将比对结果以比对仪器的校准报告的形式提交。

(4) 报告应包含测量结果的不确定度，并附不确定度分析报告。

(5) 为了更好地进行比对结果分析，比对实施方案中可以要求参比实验室提供标准器证书复印件等文件。

六、比对总结报告及相关事项

(一) 收集及查验数据

1. 比对数据的收集

主导实验室应检查参比实验室提交文件的完整性。如果缺少相关的资料，则视为没有完成，应退回补充。经主导实验室催促后，在规定的时间内仍不能提交资料的，则该实验室的结果在比对报告中不予考虑。为方便使用，可以要求参比实验室提供电子文档数据，但需以校准证书数据为准。

2. 数据的修改

在比对总结报告发出之前，参比实验室对数据的任何修改均应以正式书面方式，且应在报告中体现修改过程和原因。主导实验室不得以任何理由提示参比实验室修改数据或报告。

如果在处理完全部数据后，主导实验室发现某参比实验室的结果出现异常，可以通过适当途径了解比对细节，以便分析原因。但该实验室对比对数据和结论不允许做任何修改。

3. 数据的保密

在整个比对过程中主导实验室应注意数据保密，直至报告发出。

（二）数据处理

（1）主导实验室在接到所有有效参比实验室的测量结果后，应及时组织并按规定进行数据的统计分析。

① 对数据的处理，应遵循比对实施方案，不得随意变更处理方法。

② 传递标准的稳定性应有实验数据作支持，并有合理的计算方法。

（2）当参考值为各实验室测量结果平均值时，在计算 E_n 值时，要考虑实验室测量结果与参考值间的相关性。

（3）比对数据中剔除异常值。

当参考值为各实验室测量结果平均值时，如个别实验室的测量结果偏离过大，为了公平起见，需要将该实验室的测量结果剔除出去。格拉布斯准则是常用的判别与剔除异常值的方法之一。设 y_r 为参考值，在一组比对结果 y_i 中，y_i 与参考值之差的绝对值最大者为可疑值 y_d，在给定的置信概率为 $p=99\%$ 或 $p=95\%$，也就是显著性水平 $\alpha=1-p$ 为 1% 或 5% 时，如果满足式（4-11），则可以判定 y_d 为异常值。

$$\frac{|y_d-y_r|}{s}\geqslant G(\alpha,n) \tag{4-11}$$

式中：$G(\alpha,n)$——与显著性水平 α 及与参加比对的实验室数量 n 有关的格拉布斯临界值，见表 4-21。

s——各实验室测量结果的实验标准偏差。

表 4-21　格拉布斯准则的临界值 $G(\alpha,n)$ 表

（$\alpha=0.01$，即 $p=0.99$）

n	3	4	5	6	7	8	9	10	11	12
G	1.155	1.492	1.749	1.944	2.097	2.221	2.323	2.410	2.485	2.550

（三）比对总结报告的内容

比对总结报告应包括以下内容：

（1）比对概况及相关说明。

（2）传递标准（或样品）技术状况的描述，包括稳定性和运输性能。传递标准的稳定性应有实验数据作支持；稳定性的实验设计应合理并充分考虑各种因素影响。

（3）比对数据记录及必要的图表。报告中应给出主导实验室的原始数据，以便于参比实验室核验；参比实验室的记录也应在报告中给出；报告中所列计算结果均应明示其数学模型及所有假设和边界条件。参比实验室应该可以从报告中给出的数据完成比对结果的计算。

（4）比对结果及不确定度分析，包括参比实验室上报的测量结果及测量不确定度、比对参考值及其测量不确定度、参比实验室的测量结果与参考值之差及其测量不确定度、E_n 值等。

（5）结论及分析。

① 比对结论

比对结论一般用以下方式给出：

a. 比对结果评价图。

b. E_n 值表。凡 $|E_n|$ 值大于 1 的实验室数据，表明比对结果与评定的不确定值不符合概率预期。

② 问题分析

对比对过程作补充说明，如问题原因、整改方案等。

③ 明确给出比对结论。

【案 例】 在进行比对数据处理时，主导实验室发现参比实验室丙的实验数据偏离参考值较远，要求该实验室重新提交数据。参比实验室丙检查了数据，没有发现数据处理的问题，遂向参比实验室甲询问，参比实验室甲将本实验室比对报告传真给了参比实验室丙。参比实验室丙发现自己在温度修正上计算公式使用不当，做了修改并重新把自己的比对报告交给主导实验室。主导实验室使用了该报告的数据。

【案例分析】 依据 JJF 1117—2010《计量比对》规范第 6.2.13 条“在比对数据尚未正式公布之前，所有参与比对的相关人员均应对比对数据保密，不允许出现任何数据串通，不得泄露与比对数据有关的信息，以确保比对结果的公正性”，首先，主导实验室的做法是不对的，它不得以任何理由提示参比实验室修改数据或报告；参比实验室甲也是不对的，在比对数据尚未正式公布之前，所有与比对相关的实验室和人员均应对比对结果保密，不允许出现任何数据串通，不得泄露与比对结果有关的信息，以确保比对结果的公正性。

(四) 比对总结会

(1) 主导实验室应在规定的时间内完成比对初步报告，向参比实验室公布并征求意见，并要求参比实验室在规定的日期内向主导实验室返回意见。如到期没有返回意见，则按没有意见处理。

(2) 主导实验室在修改初步报告的基础上应在规定的时间内完成最终报告。

(3) 最终报告由比对组织者召开会议审查通过。

(五) 比对结果举例

1. 比对结果评价示例图

比对结果评价示例图如图 4-6。

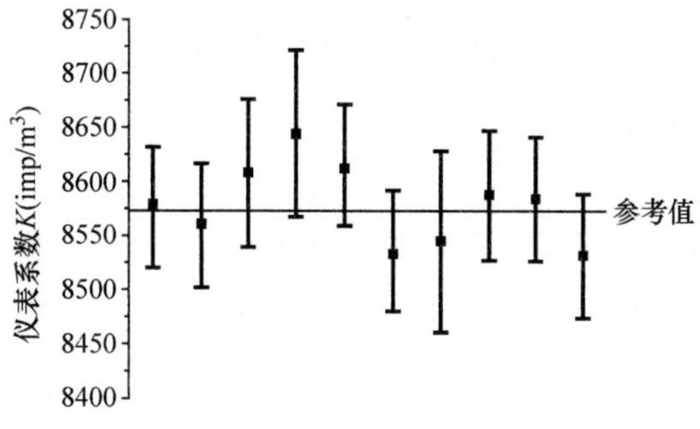

图 4-6　比对结果评价的示例图

2. 某次实验室比对的结果举例

某次实验室比对的结果举例见表 4-22。

表 4-22 1V 直流电压标准装置比对结果(示例)

	参考值 $Y_r=0$	参考值的不确定度 $U_r=1\mu V$	
实验室编号 j	实验室结果与参考值之差 $(Y_j-Y_s)/\mu V$	$U_j/\mu V$	E_n
1	−1	2	−0.45
2	2	2	0.89
3	−3	3	−0.95
4	2	1	1.41
5	0.5	1.5	0.28
6	2.5	2	−1.12

表 4-22 中 U_j 是每个实验室自报的测量结果的扩展不确定度($k=2$)。

由 E_n 值计算结果看,第 4 和第 6 实验室的结果的 $|E_n|$ 值大于 1,存在问题。

可见,如果一个实验室报告了过小的测量不确定度,则有可能会导致 $|E_n|$ 值大于 1 而离群,第 4 号实验室有可能是这种情况。参加比对的第 3 和第 2 实验室虽然 $|E_n|$ 值小于 1,但已经接近 1,也应从比对结果中看到自己存在薄弱之处,应查找原因,采取预防措施,加以改进。

七、测量审核相关要求

测量审核在传递标准(也称测量审核样品)的选取、测量方法确定、包装和运输等方面与比对基本相同,不再赘述。下面就需注意的几点事项进行说明。

(一) 测量审核细则的制定和实施

1. 概 述

说明本次测量审核的目的、范围和性质。

2. 总体描述

说明测量审核所针对的量及选定的量值,对设备和环境的要求。

3. 传递标准(或样品)描述

应对所选用的传递标准(或样品)进行详细描述,包括尺寸、重量、制造商、所需的附属设备、与比对实验相关的特性及操作所需的技术数据;传递标准应稳定可靠。

4. 方法和程序

(1) 被审核实验室按照规定的规程或标准方法进行测量,首选国家计量检定规程或国家计量技术规范规定的方法和程序,如采用其他方法应提供作业指导书。

(2) 对被审核实验室进行测量审核时,应要求实验室按照日常方式进行测量,并提前告知实验室做好准备。

（二）测量审核样品的选择

（1）测量审核的样品应是稳定的，以期在测量审核活动周期内保持校准状态。当不可能时，必须重新校准。

（2）被测的量应避免“整数”的值，例如“十进制”的整数值，这样的值通常不易审核出测量中的误差。

（3）测量审核样品应具有适合于参比实验室的最佳测量能力的准确度。

（4）最好选择已经在实验室间比对或测量审核中使用过的样品，这样可以知道该制品的性能和稳定状况。

（5）通常情况下，测量审核样品的选择及运作程序应使参比实验室在8个小时之内完成测量，但对于有专业特性要求的，按照专业要求运作。

（三）测量审核样品的校准

（1）测量审核是将被审核实验室的结果与参考值进行比较和判断，因此该参考值通常由国家计量技术机构提供。

（2）必须确保参考值的测量不确定度小于被审核的实验室的测量结果的测量不确定度。

（3）必须确保样品在校准的有效期内。

（四）测量审核结果的判定和报告

（1）测量审核结果的判定采用 E_n 值、稳健统计方法（利用能力验证计划的留样时）等评价技术。

（2）对实验室能力的判定，在采用统计技术进行评价的同时，还应考虑实验室获授权项目依据的标准中的相关要求。

（3）测量审核结果报告应至少包括实施机构名称及联系方式、实验室名称及联系方式、测量审核结果及判定依据等相关信息。

【案 例】 在一次测量审核过程中，参比实验室的测量数据偏离参考实验室的指定值。参比实验室知道后就重新送检了标准器，并检修了装置；然后用原传递标准重新测量，发现数据与参考实验室数据一致性很好。参考实验室根据新的测量数据出具了测量审核报告。

【案例分析】 测量审核应测量盲样，在测量审核报告出具之前实验室不应该知道实验数据偏离指定值的情况，在知道以后再测量是无效的。

习题及参考答案

一、习　题

（一）思考题

1. 什么是比对？
2. 什么是能力验证？
3. 国际比对中辅助比对与关键比对的区别是什么？
4. 国家质检总局对国家计量比对和地方计量比对有哪些管理规定？
5. 主导实验室在比对中应承担哪些职责？

6．参加实验室在比对中应承担哪些职责？

7．比对实施方案应包括哪些内容？

8．对传递标准有哪些要求？

9．比对中数据处理的方法是什么？

10．如何评价比对结果？

11．怎样撰写比对总结报告？

12．什么是测量审核？

（二）选择题（单选）

1．两个或两个以上实验室之间的比对是在一定时间范围内，按照__________，测量同一个性能稳定的传递标准器，通过分析测量结果的量值，确定量值的一致程度。

A．国家标准的规定　　B．实验室校准规范的要求

C．检定规程的规定　　D．预先规定的条件

2．进行比对时，由__________提供传递标准或样品，确定传递方式。

A．参加实验室　　B．主导实验室

C．比对组织者　　D．与本次比对无关的实验室

3．在比对工作中，参考值的确定方法有多种，由主导实验室提出经专家组评审并征得__________同意后确定。

A．同行专家　　B．参加实验室

C．比对组织者　　D．主导实验室的领导

4．在比对数据尚未正式公布之前，所有与比对相关的实验室和人员__________。

A．可以与其他参加实验室交流比对数据，但不得在刊物上公布

B．不得泄露本实验室参加比对的标准器的规格型号

C．不得泄露比对结果

D．不得泄露参加比对的人员情况

5．当比对时间延误时，__________应通知相关的参比实验室，必要时修改比对日程表或采取其他应对措施。

A．比对管理者　　B．发生延误的参加实验室

C．比对组织者　　D．主导实验室

6．国家计量院参加国际计量局和亚太区域计量组织组织实施的比对且测量结果在等效线以内，比对结果可以作为各国计量院互相承认校准及测量能力的技术基础，测量能力得到__________认可，其校准和测试证书在米制公约成员国得到承认。

A．国际计量局　　B．外资企业

C．各国政府　　D．各国计量院

（三）选择题（多选）

1．比对中，主导实验室应__________。

A．做好传递标准的稳定性实验和运输特性实验

B．起草比对实施方案

C．处理比对数据和编写比对报告

D．做好比对总结工作

2．比对中，参加实验室应做到__________。

A. 起草比对方案

B. 按要求接收和发送传递标准

C. 上报比对结果和测量不确定度分析报告

D. 遵守保密规定

3. 比对结果的评价方法通常用比较各实验室的________。

A. 测量不确定度　　B. E_n值（又称为归一化偏差）

C. 实验标准偏差　　D. 测量结果间的差

二、参考答案

（一）思考题（略）

（二）选择题（单选）：1. D；　2. B；　3. B；　4. C；　5. D；　6. A。

（三）选择题（多选）：1. A B C D；　2. B C D；　3. A B。

第六节　期间核查的实施

一、期间核查

（一）什么是期间核查

期间核查（intermediate check）是指对测量仪器在两次校准或检定的间隔期内进行的核查。期间核查的目的是在两次校准（或检定）之间的时间间隔期内保持测量仪器校准状态的可信度。

JJF 1069—2007《法定计量检定机构考核规范》中规定："应根据规定的程序和日程对计量基（标）准、传递标准或工作标准以及标准物质进行核查，以保持其检定或校准状态的可信度"。GB/T 27025—2008 idt ISO/IEC 17025：2005《检测和校准实验室能力的通用要求》规定："当需要利用期间核查以保持设备校准状态的可信度时，应按照规定的程序进行。"第 5.6.3.3 条也规定："期间核查——应根据规定的程序和日程对参考标准、基准、传递标准或工作标准以及标准物质进行核查，以保持其校准状态的置信度。"

期间核查的对象是测量仪器，包括计量基准、计量标准、辅助或配套的测量设备等。"校准状态"是指"示值误差"、"修正值"或"修正因子"等校准结果的状态。利用期间核查以保持设备校准状态的可信度，指利用期间核查的方法提供证据，可以证明"示值误差"、"修正值"或"修正因子"保持在稳定状态，可以有足够的信心认为它们对校准值的偏离在现在和规定的周期内可以保持在允许范围内。这个允许范围就是测量仪器示值的最大允许误差或扩展不确定度或准确度等别/级别。

因此，期间核查是指：为保持测量仪器校准状态的可信度，而对测量仪器示值（或其修正值或修正因子）在规定的时间间隔内是否保持其在规定的最大允许误差或扩展不确定度或准确度等级内的一种核查。也就是说，期间核查实质上是核查系统效应对测量仪器示值的影响是否有大的变化，其目的与方法同 JJF 1033—2008《计量标准考核规范》中所述的稳定性考核是相似的。只要可能，计量实验室应对其所用的每项计量标准进行期间核查，并保存相关记录；但针对不同测量仪器，其核查方法、频度是可以不同的。

期间核查的常用方法是由被核查的对象适时地测量一个核查标准，记录核查数据，必要时画出核查曲线图，以便及时检查测量数据的变化情况，以证明其所处的状态满足规定的要求，或与期望的状态有所偏离，而需要采取纠正措施或预防措施。

期间核查对于计量技术机构保证工作质量具有现实意义。例如：某单位使用的计量标准在周检后发现其准确度等级已经超出计量要求，因此做了调修，经再次检定合格后可以继续使用。但是由于没有定期的期间核查制度，没有证据说明该测量仪器是何时失准的，只有该仪器上次（比如一年前）送检仪器合格的证书，即只能证明一年前使用该计量标准进行检定或校准所出具的证书是有效的，其后出具的所有证书都存在质量风险。经检索，一年来使用该计量标准检定出具的证书达 2618 份，因此按照规定对这些证书要进行复查，带来的经济损失将十分可观。如果该实验室按照该计量标准的使用频次，在上次检定后做过多次期间核查，就能及时发现仪器的变化。如果核查时发现超差现象，可及时采取纠正措施，需要复查的证书数量不会超过一个月或一个季度的检定量。如果核查时发现有可能超差的趋势，可及时采取预防措施，就可避免上述质量风险。

任何测量仪器，由于材料的不稳定、元器件的老化、使用中的磨损、使用或保存环境的变化、搬动或运输等原因，都可能引起计量性能的变化。在校准有效期内仪器计量性能变化可能情况的示意图如图 4－7 所示，计量性能的变化可能是单方向的，如图中曲线①和②；也可能是有起伏变化的，如图中曲线③；或单方向有起伏变化的，如图中曲线④。通过在有效期内的多次核查可以发现仪器计量性能的变化情况及其变化趋势。

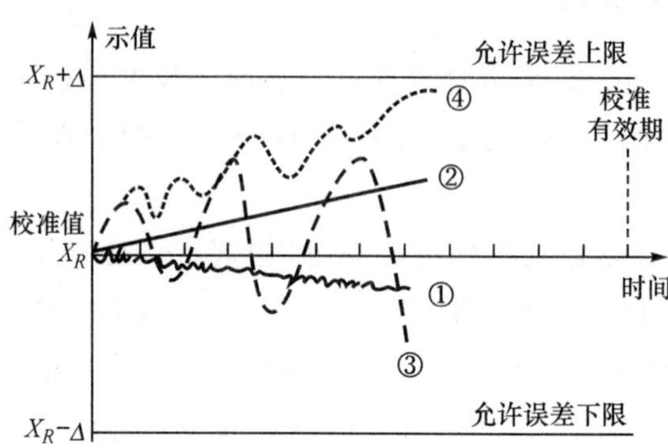

图 4－7 校准或检定有效期内仪器计量性能变化可能情况的示意图

（二）期间核查与校准或检定的不同

（1）校准或检定是在标准条件下，通过计量标准确定测量仪器的校准状态。而期间核查是在两次校准或检定之间，在实际工作的环境条件下，对预先选定的同一核查标准进行定期或不定期的测量，考察测量数据的变化情况，以确认其校准状态是否继续可信。

（2）校准或检定必须由有资格的计量技术机构用经考核合格的计量标准按照规程或规范的方法进行。期间核查是由本实验室人员使用自己选定的核查标准按照自己制定的核查方案进行。

（3）核查不能代替校准或检定。校准或检定的核心是用高一级计量标准对测量仪器的计量性能进行评估，以获得该仪器量值的溯源性。而核查只是在使用条件下考核测量仪器的计量特性有无明显变化，由于核查标准一般不具备高一级计量标准的性能和资格，这种核查不具有溯源性。

(4) 期间核查不是缩短校准或检定周期后的另一次校准或检定,而是用一种简便的方法对测量仪器是否依然保持其校准或检定状态进行的确认。期间核查的目的是获得测量仪器状态是否正常的信息和证据。在能够实现上述目的的条件下,希望用较少的时间和较低的测量成本。因此期间核查的方法,只要求核查标准的稳定性高,并可以考察出示值的测量过程综合变化情况即可。而校准或检定是要评价测量仪器的计量特性,需要控制各种因素的影响,必须使用经溯源的计量标准进行,校准或检定所用的计量标准的准确度应高于被校或被检仪器的准确度,成本比较高。

(5) 期间核查还可以为制定合理的校准间隔提供依据或参考。如果通过足够多个周期的核查数据证明某台或某类测量仪器的测量结果始终受控,可以适当延长该台或该类仪器的校准间隔。

【案 例】 某实验室的坐标测量机采用稳定的零件作为核查标准,定期进行期间核查,并按照要求绘制了核查曲线图。由于核查结果基本保持在控制限内,因此决定不再进行定期的校准。

问题:期间核查是否可以代替周期检定或校准?

【案例分析】 依据 GB/T 27025—2008 idt ISO/IEC 17025:2005《检测和校准实验室能力的通用要求》中的规定,测量溯源性是对所有测量设备和计量标准的最基本要求,由此可以确保其测量准确度和量值的一致性。该标准规定,对于计量基准、标准和标准物质,应进行期间核查以保持其校准状态的可信度。而对于一般测量设备,只有那些根据使用要求需要保持设备校准状态的可信度时可进行期间核查。因此,无论是否进行了期间核查,必须定期进行周期检定或校准,实现溯源性。

期间核查不可以代替周期校准或检定。校准或检定的核心是用计量标准对测量仪器的计量性能进行评估,以获得仪器量值的溯源性,以保证测量仪器量值与其他同类仪器量值统一。利用稳定的核查标准进行的核查,只是观察被核查仪器校准状态是否有变化,它是在两次检定或校准期间内检查测量仪器可信度的一个好方法,但是由于核查标准一般不具备高一级计量标准的性能和资格,这种核查不具有溯源性。

二、期间核查的策划

(一) 期间核查对象的确定

1. 核查对象

实验室的基准、参考标准、传递标准、工作标准应纳入期间核查对象。

2. 辅助设备及其他测量仪器

对于辅助设备及其他测量仪器是否进行期间核查,应根据在实际情况下出现问题的可能性、出现问题的严重性及可能带来的质量追溯成本等因素,合理确定是否进行期间核查。

通常从以下方面来考虑:

(1) 对测量结果的质量有重要影响的关键测量设备的关键量值;

(2) 具备相应的核查标准和实施核查的条件;

（3）不够稳定、易漂移、易老化且使用频繁的测量设备；
（4）经常携带到现场检测的工作标准或测量仪器；
（5）使用频次高的和使用环境恶劣的检测设备；
（6）曾经过载或被怀疑出现过质量问题的测量设备；
（7）有特殊规定的或仪器使用说明中有要求的。

3．无需单独实行期间检查的部分

在检测中使用的采样、制样、抽样的设备，没有量值要求的辅助性设备，计算机及其外设等设备，无需单独实行期间核查。

4．对于性能稳定的实物量具

对于性能稳定的实物量具，如砝码、量块等，通常不需要单独进行期间核查。这是因为从材料的稳定性而言，通常在校准间隔内不会出现大的量值变化。玻璃量具等性能稳定的计量器具也一般可不作期间核查。

（二）核查方案的制定

对每项核查对象制定的核查方案应包括以下内容：
（1）选用的核查标准；
（2）核查点；
（3）核查程序；
（4）核查频次；
（5）核查记录的方式；
（6）核查结论的判定原则；
（7）发现问题时可能采取的措施以及核查时的其他要求等。
核查方法应经过评审后实施。

【案 例】 某实验室的最高计量标准器是 3 等量块标准器组，用于在实验室内对 4 等量块进行量值传递。实验室还开展坐标测量机校准工作，使用另一组 3 等量块标准器组作为工作标准到现场开展校准。对这两套量块如何开展期间核查？

【案例分析】 依据 JJF 1033—2008《计量标准考核规范》的规定，由于实物量具通常可以直接用来检定或校准非实物量具的测量仪器，并且实物量具的稳定性通常远优于非实物量具的测量仪器，一般可以不必进行期间核查。

案例中的最高计量标准仅由实物量具组成，仅用于受力较小条件下的量值传递，又仅限于室内使用，因此，用于最高标准器的 3 等量块不需要单独专门安排期间核查。可根据每次溯源校准的结果画出各量块标准器的校准值随时间变化的曲线，即计量标准器稳定性曲线图，如果没有出现明显的变化，说明该 3 等量块保持其校准状态。还可以利用开展的 4 等量块校准工作，对定期送校的 4 等量块的校准值进行统计，观察校准结果是否出现系统性变化，作为确认量块的状态的参考。如果观测结果没有出现系统性的数据变化，可以认为所开展的校准工作质量受控。如果出现了明显变化，说明校准过程存在问题，但不能判断是 3 等标准量块的问题。

用于开展坐标测量机校准作为工作标准的 3 等量块标准器组，由于经常要带到现场开展校准工作，使用条件相对比较差，使用频率比较高，安排期间核查可以及时发现量块的量值是否发生变化，提高对该组量块持续保持校准状态的信心，因此，期间核查是非常必要的。对校准坐标测量机的3等量块的期间核查可以用它与另一组4等量块的长度差作为核查标准，观察长度差是否发生变化来实现。

（三）核查标准的选择

选择核查标准的一般原则：

（1）核查标准应具有需核查的参数和量值，能由被核查仪器、计量基准或计量标准测量；

（2）核查标准应具有良好的稳定性，某些仪器的核查还要求核查标准具有足够的分辨力和良好的重复性，以便核查时能观察到被核查仪器及计量标准的变化；

（3）必要时，核查标准应可以提供指示，以便再次使用时可以重复前次核查实验时的条件，例如环规使用刻线标示使用直径的方向；

（4）由于期间核查是本实验室自己进行的工作，不必送往其他实验室，因此核查标准可以不考虑便携和搬运问题；

（5）核查标准主要是用来观察测量结果的变化，因此不一定要求其提供的量值准确。

例如：标准物质或实物量具，如砝码、量块、线绕电阻器、标准电池等均可提供稳定的量值，做核查标准是非常好的选择。而稳定性良好的日常被测对象作为核查标准，由于测量条件与日常工作一致，只要符合上述选择原则也是很好的核查标准。

为特定的仪器也可以专门设计核查标准，以便使用最少的测量，获得尽可能多的核查数据。如：德国VDI/VDE 2617－5，对坐标测量机的期间核查规定使用球板。通过花费（10～20）min对球板上25个球心坐标的测量，获得300个长度测量值，可以方便地评价坐标测量机的示值误差。又如：德国物理技术研究院（PTB）研制的球立方体，通过对立方体上8个球的测量，可以获得16个坐标测量机的参数误差，非常直观地展示了坐标测量机校准状态的变化。

【案 例】 某实验室建立了长度计量工作标准。为了对该计量标准进行核查，又不增加支出，向单位领导提出申请使用单位最高标准的量块作为该工作标准的核查标准。

【案例分析】 最高标准的量块只用于量值传递，主要在实验室内部使用，受力很小，量值变化的风险很小，一般不用于进行期间核查。一旦作为单位最高标准的量块被损坏，又没有及时发现，可能对实验室量值传递造成影响；重新购置高等级量块的经费比较高，过去积累的标准器稳定性数据全部失效，对实验室造成的损失已经不仅仅是量块本身的成本了。因此单位领导不应批准该申请。

（四）测量范围和测量参数的选择

期间核查不是重新校准或再校准，不需要对设备的所有测量参数和所有测量范围进行核查。实验室可根据自身的实际情况和实践经验进行选择，总体上有以下几种情况：

（1）原则上对设备的关键测量参数应进行期间核查。但是，对于多功能设备，应选择基本参数。例如，对数字多用表可以选择直流电压和直流电流，因为电阻可以由直流电压和电流导出；而交流电压/电流是通过积分转换为直流电压/电流的。

（2）选择设备的基本测量范围及其常用的测量点（示值）进行期间核查。例如，对数字多用表的直流电压可选择10V进行期间核查，因为其内部基准电压为10V；而直流电流可选择1mA，因为其内部直流电流为1mA的恒流发生器。又如，电子天平可选择100mg进行期间核查，因为电子天平通常配备有100mg的砝码。必要时，可以选择多个测量点进行期间核查。

(五) 核查时机的确定

期间核查分为定期和不定期的期间核查。

在确定开展一个检定、校准或测量工作项目,并确定了采用的仪器后,通常已经确定了涉及仪器的关键计量特性及其计量要求。根据测量仪器使用的条件、频度及仪器可靠性资料,可以编制期间核查的作业指导书,规定期间核查的间隔时间。

1. 定期的期间核查

对定期的期间核查,应规定两次核查之间的最长时间间隔,视被核查仪器设备的状况和计量人员的经验确定。期间核查为了能充分反映实际工作中各种影响因素的变化,在规定的最长间隔内可以随机地选择时间进行。如果仅仅要了解仪器的变化情况,则核查时必须注意保持所有实验条件的复现,才能够保证数据变化只反映仪器状态的变化。

测量仪器刚刚完成溯源(送上级计量技术机构检定或校准)时做首次核查,有利于确定初始校准状态或初始测量过程的状态,以便于对比观察以后的数据变化。因此,这是最佳的时机。

2. 不定期的期间核查

不定期的期间核查的核查时机一般包括:

(1) 测量仪器即将用于非常重要的测量,或非常高准确度的测量、测量对仪器的准确度要求已经接近测量仪器的极限时,测量前应进行核查;

(2) 测量仪器即将用于外出的测量时;

(3) 测量仪器刚刚从外出测量回来时;

(4) 大型测量仪器的环境温、湿度或其他测量条件发生了大的变化,刚刚恢复;

(5) 测量仪器发生了碰撞、跌落、电压冲击等意外事件后;

(6) 对测量仪器性能有怀疑时。

三、期间核查的实施

(一) 期间核查的程序文件

实验室应该编制有关期间核查的程序文件,期间核查的程序文件应规定:

(1) 需要实施期间核查的计量标准或测量仪器;

(2) 核查方法和评审程序;

(3) 期间核查的职责分工及工作流程;

(4) 出现测量过程失控或发现有失控趋势时的处理程序等。

(二) 期间核查的作业指导书

针对每一类被核查的计量基准、计量标准以及需核查的其他测量仪器制定期间核查的作业指导书,作业指导书应规定:

(1) 被核查的测量仪器或测量系统;

(2) 使用的核查标准;

（3）测量的参数和测量方法；

（4）核查的位置或量值点；

（5）核查的记录信息、记录形式和记录的保存；

（6）必要时，核查曲线图或核查控制图的绘制方法；

（7）核查的时间间隔；

（8）关于需要增加临时核查的特殊情况（如磕碰、包装箱破损、环境温度的意外大幅波动、出现特殊需要等）的规定；

（9）核查结果的判定原则与核查结论。

【案 例】 某实验室制定的原子吸收分光光度计期间核查程序的概述中对期间核查程序进行了如下说明：本期间核查程序参考《原子吸收分光光度计》[JJG 694（现行有效版本）]制定。核查内容覆盖大部分检定规程要求。核查频度为每年一次，时间为距上次外校 6 个月。该实验室期间核查采用的方法是否合理？

【案例分析】 显然该实验室的期间核查采取的方法接近检定方法，要求实验室具有能检定原子吸收分光光度计的计量标准和能力，才可能执行检定规程，是自行进行的一次检定过程，如果该实验室具备这些条件，采用这种方法从经济和技术上说是不合理的。通常，实验室不具备这种条件，所以每年需要外送检定或校准，这样就不是在实际使用情况下进行核查，失去核查的意义。核查程序笼统地照搬检定规程的内容，不突出重点，做了许多没有必要的工作。由于程序的复杂，实验室规定在两次送校之间只进行一次核查。每年仅进行一次期间核查，致使因数据太少而很难看出数据变化的趋势，承担的质量风险还是很大的。案例中所用的核查方法和核查频次是不提倡的。

（三）测量标准和检测设备期间核查的实施

1. 基准、参考标准、工作标准的期间核查

（1）被校准对象为实物量具时，可以选择一个性能比较稳定的实物量具作为核查标准实施期间核查。

（2）参考标准、基准、或工作标准仅由实物量具组成，而被校准对象为测量仪器，鉴于实物量具的稳定性通常远优于测量仪器，此时可以不必进行期间核查；但需利用参考标准、基准、或工作标准历年的校准证书画出相应的标称值或校准值随时间变化的曲线。

（3）参考标准、基准、传递标准或工作标准和被校准的对象均为测量仪器，若存在合适的比较稳定的实物量具，则可用该实物量具作为核查标准进行期间核查；若不存在可作为核查标准的实物量具，此时可以不进行期间核查。

2. 检测设备的期间核查

（1）若存在合适的比较稳定的实物量具，就可用它作为核查标准进行期间核查。

（2）若存在合适的比较稳定的被测物品，也可选用一个被测物品作为核查标准进行期间核查。

（3）若对于被核查的检测设备来说，不存在可作为核查标准的实物量具或稳定的被测物品，则可以不进行期间核查。

3. 一次性使用的有证标准物质

对于一次性使用的有证标准物质，可以不进行期间核查。

(四) 核查方法

1. 通用的期间核查方法

(1) 设备经高一等级计量标准检定或校准后，立即进行一组附加测量，将参考值 y_s赋予核查标准。即用被核查对象测量核查标准得到 $\overline{y}_0$ 值，由检定证书或校准证书查找到相应的示值误差 δ，用下式确定参考值 y_s: $y_s=\overline{y}_0-\delta$。

式中 $\overline{y}_0$ 是被核查的测量仪器对核查标准进行 k 次(通常取 $k\geqslant10$)重复测量所得的算术平均值。

检定或校准后立即进行附加测量的目的是保持校准状态，防止引入因仪器不稳定等因素带来的误差。

(2) 隔一段时间(大于一个月)后，进行第一次期间核查，测量并记录 m 次(m 可以不等于 k)重复测量的数据，得到算术平均值 $\overline{y}_1$。

(3) 每隔一段时间(大于一个月)重复上述期间核查步骤，直到 n 次核查，得到各次核查的核查数据：$\overline{y}_1$，$\overline{y}_2$，…，$\overline{y}_n$。

(4) 以被核查的测量仪器的最大允许误差(Δ)或计量标准的扩展不确定度(U)确定核查控制的上、下限，测量设备期间核查曲线可以参照图 4－8 进行绘制，图中给出参考值 y_s以及控制区间[上限，下限]：[$y_s-\Delta$，$y_s+\Delta$]或[y_s-U，y_s+U]。如果绘制的是一个检定周期(或校准间隔)内的曲线图，时间轴可以月份为单元；如果绘制历年的期间核查曲线，则时间轴以年份为单元。

如果确实不存在稳定的核查标准，实验室不能进行期间核查，此时可依据历年检定/校准证书的数据来绘制稳定性考核曲线，时间轴以年份为单元。

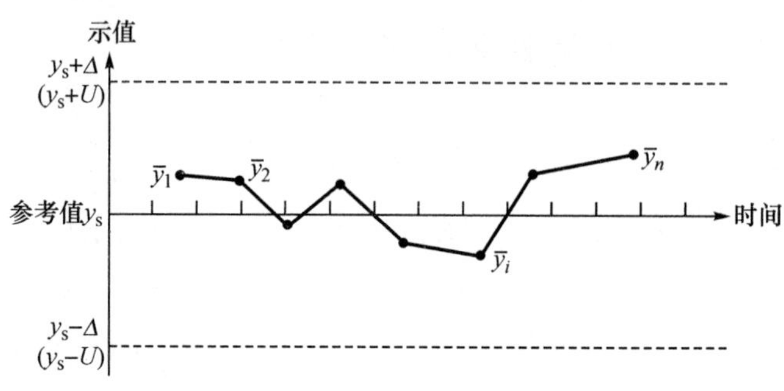

图 4－8 测量设备期间核查曲线

2. 测量过程控制的核查方法——控制图法

控制图是对测量过程是否处于统计控制状态的一种图形记录。对于准确度较高且重要的计量基、标准，若有可能，建议尽量采用控制图对其测量过程进行持续及长期的统计控制。控制图通常是成对地使用，平均值控制图主要用于判断测量过程中是否受到不受控的系统效应的影响，标准偏差控制图和极差控制图主要用于判断测量过程是否受到不受控的随机效应的变化。

关于控制图的绘制方法可详见 JJF 1033—2008《计量标准考核规范》附录 C。

四、核查记录的内容及记录的形式和保存

期间核查记录是证明测量仪器在某个时刻是否处于校准状态的证据，也是用于数据分析和为下次期间核查提供对比数据的依据。期间核查记录的信息应该充分，记录内容应完整，对核

查中所有可能影响结果数据的环节均应该记录，以便多次测量的数据具有可比性。期间核查的记录形式应便于判断校准状态是否发生变化及便于分析测量仪器的变化趋势。

(一) 核查记录的内容

核查记录可以包括下列内容：

(1) 期间核查依据的技术文件；

(2) 被核查仪器的信息：名称、编号、生产厂、使用的附件等；如果被核查的计量基准、标准是由多台仪器组成，并可改变组合，则应该记录测量系统的组合及其连接件和连接状态的信息；

(3) 核查标准的信息：名称、编号、生产厂，使用的参数、量程或量值、测量位置等；如果对核查标准进行过稳定性考核或为建立过程参数所做的实验，应记录相关的信息；

(4) 核查时的环境参数：温度，必要时还包括：湿度、空气压力、振动等；

(5) 核查的相关信息：核查时间、核查的参数、核查操作人员，必要时包括核查结果的审查人员等；

(6) 原始数据记录；

(7) 数据处理过程的记录；

(8) 核查曲线图或控制图；

(9) 核查结论；

(10) 关于拟采取措施的建议。

(二) 核查记录的形式和保存

核查记录可以使用表格的形式和图的形式并存，将原始数据和核查曲线图按照程序文件的要求进行保存和管理。核查记录也可以用电子文档形式保存，以便于数据更新和查阅。

核查记录的形式参见以下示例。

记录编号：Lab08-3542-05

设备名称	测长仪	设备编号	Ba849
生产商	KBR	测试配置	ϕ8 平面测帽
核查标准	量块	编号	638
核查方法	Zy234-4	环境条件	20℃±0.5℃
核查日期	2008-1-21	核查人员	×××

核查记录：　　单位：mm

参考值 x_s	测量 1	测量 2	测量 3	测量 4	测量 5	平均值 $\bar{x}$	极差 R
30.0001	30.0004	30.0007	30.0005	30.0005	30.0006	30.0005	0.0003
95.0012	95.0023	95.0021	95.0023	95.0025	95.0022	95.0023	0.0004

被核查测长仪的最大允许误差 $\Delta=\pm0.002$mm

由于 $|\bar{x}-x_s|<|\Delta|$，核查结论：合格。

核查人：×××　　2008 年 1 月 21 日

实验室主任：×××　　2008 年 1 月 22 日

说明：核查方法在作业指导书 Zy234-4 中进行规定，这里仅用作业指导书编号说明。本次核查是仪器校准后的第 3 次。

五、核查标准的保存

核查标准的保存应保证其稳定性，因此应保证可能影响其稳定性的保存条件能满足要求，如温度、湿度、电磁场、振动、光辐射等。

对于核查用的消耗性标准物质，应注意保证两次检定或校准期间的所有核查使用同一批次的标准物质，以减少不同批次标准物质之间差异的影响。

习题及参考答案

一、习　题

（一）思考题

1. 期间核查的目的是什么？

2. 期间核查的对象是什么？

3. 期间核查与校准或检定有什么区别？

4. 持续进行了期间核查，是否可以不进行校准了？

5. 某实验室要制定一个机械天平的期间核查方案，基本确定：机械天平每三月对 1.0000g，100.0000g 两个点进行一次核查，请你考虑并给出一个核查方案的初稿。

6. 通常的期间核查方法是什么？如何画核查曲线图？

（二）选择题（单选）

1. 进行期间核查是为了＿＿＿＿＿＿＿。

A. 是为了在两次校准（或检定）之间的时间间隔期内保持设备校准状态的可信度

B. 代替校准获得新的校准值

C. 代替检定获得溯源的证据

D. 节约成本

2. 在下列计量器具中，需要对＿＿＿＿＿＿＿进行期间核查。

A. 稳定的实物量具，如砝码等

B. 经常使用的计量标准装置

C. 检测中使用的采样、制样、抽样的设备

D. 没有量值要求的辅助性设备，计算机及其外设等设备

3. 选择核查标准的一般原则是必须＿＿＿＿＿＿＿。

A. 具有良好的稳定性　　B. 具有准确的量值

C. 是经校准证明其有溯源性的测量仪器　　D. 是可以搬运的测量设备

（三）选择题（多选）

1. 常用的期间核查方法是：用被核查的测量设备适时地测量一个核查标准，记录核查数据，必要时画出核查曲线图，以便＿＿＿＿＿＿＿。

A. 证明被核查对象的状态满足规定的要求，或与期望的状态有所偏离而需要采取措施

B. 使测量设备具有溯源性

C. 及时发现测量仪器、计量标准出现的变化

D. 使测量过程保持受控，确保测量结果的质量

2. 按对法定计量检定机构关于期间核查的规定要求，下列各项中需要期间核查的对象是＿＿＿＿＿。

A. 计量基准　　B. 工作计量器具

C. 工作标准　　D. 本单位最高计量标准

3. 不定期核查通常是在＿＿＿＿＿情况下进行。

A. 测量仪器即将用于非常重要的或非常高准确度要求的测量

B. 大型测量仪器在周期检定前

C. 测量仪器发生了碰撞、跌落、电压冲击等意外事件后

D. 测量仪器带到现场使用返回时

二、参考答案

（一）思考题（略）

（二）选择题（单选）：1. A；　2. B；　3. A。

（三）选择题（多选）：1. A C；　2. A C D；　3. A C D。

第七节　型式评价的实施

《计量法》第十三条规定：制造计量器具的企业、事业单位生产本单位未生产过的计量器具新产品，必须经省级以上人民政府计量行政部门对其样品的计量性能考核合格，方可投入生产。

对于计量器具新产品的管理，国家质检总局以国质检总局令[2005]第 74 号公布了《计量器具新产品管理办法》。在该办法中，对计量器具新产品的概念、计量器具新产品法制管理的要求、计量器具新产品法制管理体制、型式批准的申请程序、型式评价程序、型式批准程序以及型式批准的监督管理等内容做出了明确的规定。

一、计量器具的型式

计量器具的型式指某一计量器具、它的样机以及它的技术文件（图纸、设计资料）等。这个组合决定了计量器具的工作原理、结构型式、所用材质和工艺质量，并最终决定了该仪器的计量性能和可靠性。

二、计量器具型式评价的目的和要求

型式评价（pattern evaluation）是指“为确定计量器具型式可否予以批准，或是否应当签发拒绝批准文件，而对该计量器具型式进行的一种检查”。型式评价有时也称定型鉴定。

型式批准（pattern approval）是指“承认计量器具的型式符合法定要求的决定”。

型式评价是法制计量领域中的计量技术活动之一，其目的是为型式批准提供技术数据和技术评价，作为给予或拒绝给予所申请的计量器具型式批准的依据。型式评价作为计量技术活动，要求科学严谨。无论什么机构承担型式评价工作，应执行统一的标准和要求。

三、计量器具型式评价的范围和实施机构

型式批准是传统的法制计量内容。法律可能要求管理全部计量器具。虽然常常要求对大

多数的计量器具进行型式批准，但有时对有些简易的计量器具，只需进行检定就足够了。型式批准的对象是那些准备用于社会公众关心其测量工作质量的计量器具，这些应用涉及特定种类的物体、商品、现象、材料或条件的测量。例如，由于出租汽车计价器一般用于确定出租汽车的车费，因此要求对其进行型式批准。有时，用于社会公共测量领域中的某些简易的计量器具也可能免于型式批准。

目前在我国，需要办理型式批准的计量器具的范围，是指列入《中华人民共和国依法管理的计量器具的目录（型式批准部分）》的装置、仪器仪表和量具。

进口计量器具需要办理型式批准的范围，是列入《中华人民共和国进口计量器具型式审查目录》的装置、仪器仪表和量具。

上述两个目录的内容是一致的，即对国内计量器具的管理范围和进口计量器具的管理范围是协调一致的，完全符合 WTO/TBT 的规定。

承担国家计量器具型式评价的技术机构，通常是法定计量技术机构，是经考核合格，获得国家相关质量技术监督部门的授权，其必须具备独立执行型式评价大纲所有试验项目的技术能力（防爆试验等项目除外），专业技术水准处于国内领先等条件要求。

承担型式评价的技术机构在质监部门的监督管理之下，必须按照规定，保护客户的利益。技术机构对申请单位提供的样机和技术文件、资料必须保密。违反规定的，应当按照国家有关规定，赔偿申请单位的损失，并给予直接责任人员行政处分；构成犯罪的，依法追究刑事责任。技术机构出具虚假数据的，由国家质检总局或省级质量技术监督部门撤销其授权型式评价技术机构资格。

型式评价结束后，经审查合格的，由受理申请的政府计量行政部门向申请单位颁发型式批准证书。

四、型式评价的程序

在按照规定程序向政府计量行政部门递交申请书，并获得受理后，受理申请的政府计量行政部门将委托有条件的技术机构进行型式评价，并通知申请单位。申请国内计量器具型式批准的单位向省级政府计量行政部门递交型式批准申请书；申请进口计量器具型式批准的外商或其代理人向国务院计量行政部门递交申请书。

（一）提交资料和试验样机

型式批准申请获得受理后，申请单位向执行型式评价任务的技术机构提交完整的技术资料和试验样机。

1. 申请单位提交的技术文件和资料

（1）样机照片；

（2）产品标准（含检验方法）；

（3）总装图、电路图和主要零部件图；

（4）使用说明书；

（5）制造单位或技术机构所做的试验报告。

如果到现场试验，可以先提交该部分资料清单，型式评价人员到达现场后进行审查。

2. 申请单位应提供自己生产的试验样机

申请单位可以按单一产品提出申请，也可以按系列产品提出申请。

凡按单一产品申请的，一般情况下应提供三台样机；大型或价值昂贵的产品，提供二台或一台样机。

按系列产品申请的，每个系列产品中抽取三分之一有代表性的规格产品；每种规格提供试验样机的数量，按申请单一产品的原则执行；按以上原则，数量太多的，可适当减少样机数量。具有代表性的规格，由受理申请的政府计量行政部门与承担试验的技术机构根据申请单位提供的技术文件确定。

一般情况下，样机由申请单位自行送样。对于大型或者在线检测的计量器具，在技术机构的实验室安装、试验有困难的，可由技术机构提出，经委托的政府计量行政部门同意后，技术机构派技术人员到申请单位的生产现场或者使用现场进行试验。

【案 例】 某产品申请型式批准时，提交的资料中，没有总装图、电路图和主要零部件图，样机照片看起来只是CAD的效果图，因此拒绝受理该申请，要求重新提交资料。

【案例分析】 型式批准针对已经定型的产品，而不是针对设计中的产品。型式批准是针对符合相关的法定要求，并适用于规定的领域，可以期望它在所规定的时间间隔内能够提供可靠的测量结果的测量仪器准予进入市场的法制性决定。这个决定是根据对该测量仪器的设计和工艺的考察和样机试验结果做出的。如果一种测量仪器还在设计阶段，或者工艺过程还在调整阶段，型式评价的结果可能不能代表测量仪器的批量生产型式。

总装图、电路图、主要零部件图和样机照片均是已经形成批量生产的证据，便于计量行政部门接受申请时的初步判断。如果说为了技术安全，暂不提交总装图、电路图、主要零部件图还情有可原，没有实拍的样机照片就无法证明该仪器已经完成生产工艺设计和试生产。拒绝受理该申请，要求重新提交资料的决定是正确的。

(二) 型式评价的阶段划分

技术机构收到完整的技术资料和样机后，开始型式评价工作，包括下列阶段：

(1) 审查技术文件、资料；

(2) 制定型式评价大纲；

(3) 试验；

(4) 出具型式评价报告等技术文件，并上报。

五、型式评价大纲的要求

依据国家计量检定规程、国家有关强制性标准，参照国家有关推荐性标准、国际建议、企业标准，制定型式评价大纲。大纲由技术机构指定技术人员起草，经科学论证，技术机构的技术负责人审批后生效。凡是国家计量检定规程中已规定了型式评价要求的，按规程执行。

型式评价大纲的编制应结合JJF 1015—2002《计量器具型式评价和型式批准通用规范》、JJF 1016—2009《计量器具型式评价大纲编写导则》的相关规定和具体评价对象，确定型式评价的内容。

(一) 技术文件、资料审查内容和要点

1. 审查主要关注技术资料是否齐全、科学、合理

(1) 通过样机照片确定样机已经完成;

(2) 通过产品标准(含检验方法)确定产品已经有特定的型式和评价准则;

(3) 通过总装图、电路图和主要零部件图确认产品已经具有完整的设计;

(4) 通过使用说明书了解仪器的使用方法和功能;

(5) 通过制造单位或技术机构所做的试验报告,确认制造单位了解产品的性能指标。

2. 样机和技术资料在行政管理要求方面的符合性

(1) 计量器具采用法定计量单位;

(2) 准确度符合国家计量检定系统表和检定规程相应等级的规定。国家计量检定系统表或者检定规程中没有准确度等级或者最大允许误差要求的,其准确度等级可参照《计量器具的准确度等级》(OIML 国际建议 No. 34)或 JJF 1094—2002《测量仪器特性评定》的要求;

(3) 必须在计量器具的铭牌或面板、表头等明显部位标注计量器具标识,并清晰、牢固;

计量器具标识一般包括以下内容:计量器具的生产厂名;计量器具的名称、规格(型号);准确度(或等级标志);计量器具的其他主要技术指标;需要限制使用场合的特殊说明(仅适用于特殊用途的计量器具);

(4) 对不允许使用者自行调整的计量器具,应该采用封闭式结构设计或者留有加盖封印的位置;对需要进行现场检测的计量器具,应该有方便现场检测的接口、接线端子等结构;

(5) 对安装不当会影响准确度等性能的计量器具应该有安装说明的标志。

3. 计量器具的计量性能指标

计量器具的计量性能指标,可以包括测量范围、准确度等级、最大允许误差、灵敏度、鉴别力、分辨力、漂移、响应特性、重复性、稳定性等特性。确定评价的计量器具计量特性应该遵循下列原则:

(1) 计量特性的选择应保证这些计量特性是可测量的;

(2) 计量特性的评价条件和状态应该与仪器的使用条件和状态一致;

(3) 评价方法的成本应该是可接受的;

(4) 所选择的计量特性组合应该可以对计量器具的性能进行全面的评估。

4. 计量器具的技术要求

(1) 计量器具支架和外壳机械方面的适用性,包括防止错误操作的控制装置、标尺和度盘数字的可读性、器具双面读数的可见性、由于疏忽引起连接线路开路时的安全性、防止弄虚作假的防护措施等;

(2) 计量器具在不同气候环境条件下的适应性,包括温度、湿度、气压、盐雾、霉菌、空气腐蚀、生物损害、沙尘、淋雨、太阳辐射等;

(3) 计量器具在不同机械环境条件下的适应性,包括振动、冲击、碰撞、跌落等;

(4) 计量器具在防爆、绝缘等方面的安全性能要求,应根据计量器具的结构类型、使用条

件、准确度等的不同加以区别；

(5) 计量器具在抗电磁干扰、电源突变等方面的性能。

5．型式评价结论的确定原则和判断准则

(1) 系列产品中，凡有一种规格不合格的，该系列判定为不合格。

(2) 对每一规格的判定，一般分为单项判定和综合判定：

单项判定要写出每个项目的技术要求、实测数据和是否合格的结论，其中有一台样机不合格时，此单项结论判为不合格。

试验项目可划分为主要单项和非主要单项。主要单项一般是指影响法制管理要求、计量性能、安全性能等的项目。非主要单项一般是指不影响法制管理要求、计量性能、安全性能等的其他项目。

综合判定要依据单项判定的结论做出：凡有一项以上(含一项)主要单项不合格的，综合判定为不合格；有两项以上(含两项)非主要单项不合格的，综合判定为不合格。

6．编制试验记录表格

记录表格应包括试验中涉及的各种细节，包括时间、地点、人员、标准设备的资料、样机的资料、环境条件等。记录内容应尽可能保证在必要时可以复现试验过程和结果。

(二) 型式评价的条件和方法

试验一般按下列项目进行：

(1) 样机的型号(规格)、数量的验收；

(2) 外观检查；

(3) 标志及法制性结构要求的检查；

(4) 读出部分检查；

(5) 基本安全试验；

(6) 参考条件下计量性能试验；

(7) 额定操作条件下计量性能变化量试验；

(8) 重复性试验；

(9) 短期稳定性试验；

(10) 模拟运输、贮存情况下计量性能适应性的试验；

(11) 抗干扰试验；

(12) 可靠性与寿命试验；

(13) 特殊试验；

(14) 关键材料和元器件试验。

有些产品是在老产品的基础上做了部分改进，如改进部分与原产品在结构上有一定独立性时，可以只做改进部件的试验；有些产品在研制单位做过可靠性、寿命试验，且数据准确可靠，可以免做这些时间长、耗费大的试验；特殊试验可以采用分包形式，利用其他单位的条件进行。

进行计量性能试验时，所用的计量标准器具及高准确度计量器具应置于参考条件下。参考条件要符合国家有关技术文件要求。

进行基本安全试验、可靠性与寿命试验以及模拟储存、运输等环境试验时，计量器具要置于

其额定操作条件下。

进行试验的机械类仪器及其他辅助设备可以置于一般室内条件下。有特殊要求的，要符合其要求的条件。

(三)计量器具可靠性试验

在型式评价试验中包含有可靠性与寿命试验。型式评价试验中可靠性试验是为了证实计量器具(包括系统、设计、零部件及材料)的可靠性而进行的试验，是获得可靠性数据的重要手段。JJF 1024—2006《测量仪器可靠性分析》给出了可靠性分析程序和方法、可靠性评估等方面的指南。型式评价主要利用其中的可靠性评估部分。下面就该部分内容进行简要介绍。

计量器具的可靠性(reliability [performance])指计量器具在规定条件下和规定时间内，完成规定功能的能力。

计量器具的可靠性指标规定为平均故障间隔时间(MTBF)或平均失效前时间(MTTF)和可靠度 $R(t)$，根据具体计量器具可选择其一或两者作为可靠性要求指标。

可靠性试验通常指寿命试验。寿命试验的分类：

1. 根据试验场所分类

(1) 现场寿命试验。这是产品在实际使用条件下观测到的实际寿命数据，最能说明产品可靠性的特征，可以说是最终的客观标准。然而，现场寿命试验也会遇到各种困难，需要时间长，工作情况也难以一致，而且要有相应的组织管理工作，因此在型式评价中无法采用。

(2) 实验室寿命试验。实验室试验是模拟现场情况的试验，并加以人工的控制，也可设法加速取得试验的结果，缩短试验时间。在型式评价中通常采用实验室寿命试验。

2. 根据试验截止情况分类

(1) 全数寿命试验。样本全部失效才停止试验。这种试验可以获得较完整的数据，统计分析结果也较为可信。但是所需试验时间较长，甚至难以实现。

(2) 实时截尾试验。试验到规定的时间 t，不管样本已失效多少，试验就截止。由于型式评价中的寿命试验目的主要是验证计量器具在规定的检定周期内的可靠性，因此实时截尾试验比较适合型式评价试验采用。

(3) 定数截尾试验。试验到规定的失效数 r 时试验就截止。若规定失效数为全部试样 n，即为全数寿命试验。在型式评价中可以将这种试验与实时截尾试验结合使用，当没有达到规定的试验时间，失效数已经超过了规定数量，试验即告结束，可靠性不满足要求；否则在达到规定的试验时间，统计失效数，以确定试验结论。

3. 根据试验中失效的仪器是否允许替换分类

根据试验中失效的仪器是否允许替换，寿命试验又可分为两类：一类是无替换试验，试验中失效仪器不用相同的仪器替换；另一类是有替换试验，试验中失效仪器要用相同的仪器替换或对失效仪器立即修复，然后继续试验。

假定受试验计量器具数为 n，试验时间为 t，规定的失效数为 r，按上述分类，可以组成四种类型：

(1) 取 n 个计量器具进行有替换定时截尾试验，记为(n，有，t)；

(2) 取 n 个计量器具进行有替换定数截尾试验,记为(n,有,r);

(3) 取 n 个计量器具进行无替换定时截尾试验,记为(n,无,t);

(4) 取 n 个计量器具进行无替换定数截尾试验(包括全数寿命试验),记为(n,无,r)。

此外还有分组最小值寿命试验、中止寿命试验等。分组最小值寿命试验是将 n 个试件分为 m 个组,各组试件同时试验到 1 个失效就截止试验,以节省试验时间。中止寿命试验在试验开始时,样本大小为 n,随着试验的进行,有些试件中途失效,试验截止。在收集现场数据时,就常发生这种情况。

【案 例】 某电子秤产品上市后,周检合格率很低。

【案例分析】 该电子秤产品上市后,周检合格率很低,说明在检定规程规定的检定周期内,大量产品出现了失准现象,其可靠性不能达到"在所规定的时间间隔内能够提供可靠的测量结果"的要求。而型式评价中没有能够发现该产品的这个缺陷。说明型式评价试验中可靠性试验不够充分。

六、型式评价的实施

JJF 1015—2002《计量器具型式评价和型式批准通用规范》中规定:

申请单位应向技术机构提交完整的技术资料和试验样机,技术机构进行型式评价。

型式评价工作一般应在 3 个月内完成。有的测量仪器有长期稳定性、可靠性试验项目的,可适当延长试验时间,但应事先向委托型式评价的政府计量行政部门和申请单位说明。

首次试验不合格的,由技术机构通知申请单位,可在 3 个月内对样机和技术资料进行一次改进。改进后,送原技术机构重新进行型式评价。

具体实施中包括下列阶段和工作:

(1) 虽然在受理申请单位申请时,政府计量行政部门进行了初审,但申请单位提交的资料从技术的角度可能仍然不够齐全,在审查技术资料期间需要技术机构与申请单位沟通,以获得全部必要的资料。

(2) 完成型式评价大纲起草工作后,应与申请单位沟通,使申请单位了解大纲的内容,避免日后的争议。公开发布的技术文献中已经包含型式评价大纲的,也需要通过沟通,以达成对大纲内容的共识。

(3) 提出样机要求或清单,等待样机到位;或与申请单位协商现场试验的地点和时间,形成协议。

(4) 上述工作结束后,如果已经消耗了过多的时间,应向委托型式评价的政府计量行政部门和申请单位说明,并提交后续工作的时间计划。

(5) 首次试验不合格的,由技术机构通知申请单位,可在 3 个月内对样机和技术资料进行一次改进。改进后,送原技术机构重新进行型式评价。此时也应向委托型式评价的政府计量行政部门说明,并提交后续工作的时间计划。

(6) 技术机构向委托型式评价的政府计量行政部门提交以下材料一式三份:型式评价大纲;型式评价报告;计量器具型式注册表(带有样机照片)。不合格的,不报注册表。

(7) 技术机构向申请单位交付:所有试验用的样机;图纸和需要保密的其他技术资料。

(8) 型式评价完成后,技术机构应该保留有关资料和原始记录,保存期不少于 3 年。

七、型式评价结果的判定

根据技术资料审查阶段和试验阶段获得的数据，在型式评价报告中应给出下列结论：

技术资料审查结论：应明确是否符合 JJF 1015—2002《计量器具型式评价和型式批准通用规范》的有关要求。

型式评价总结论：应明确是否合格，是否符合型式评价大纲的要求。对系列产品，应给出系列产品是否合格的结论。

某些情况下需增加其他说明，包括说明分包项目和单位、现场试验等情况。

八、计量器具型式批准标志和编号的使用

型式评价结束后，技术机构向委托的政府计量行政部门报送型式评价大纲、型式评价报告、计量器具型式注册表。受理申请的政府计量行政部门对型式评价报告进行审查。经审查合格的，向申请单位颁发型式批准证书，并准予使用国家统一规定的型式批准标志和编号。经审查不合格的，书面通知申请单位；以后再申请须重新办理申请手续。

对获得型式批准的计量器具，可以在计量器具的铭牌或面板、表头等明显部位标注计量器具型式批准标志和编号。

习题及参考答案

一、习　题

（一）思考题

1. 什么是型式评价？型式评价的目的是什么？
2. 型式评价大纲的编制应依据哪两个计量技术规范？
3. 型式评价资料审查时要关注哪些内容？
4. 为什么要求型式批准申请单位提交样机照片？
5. 为什么要求型式批准申请单位提交总装图、电路图和主要零部件图？
6. 为什么要求型式批准申请单位提交试验报告？
7. 为什么型式评价中要求进行可靠性试验？

（二）选择题（单选）

1. 型式评价是为__________。

   A. 承认计量器具的型式符合法定要求提供技术数据和技术评价

   B. 批准计量器具的出口提供依据

   C. 批准法定计量器具准予使用提供证明

   D. 代替产品检测以提供计量器具合格的证明

2. 型式批准的对象是__________。

   A. 列入强检目录的工作计量器具

   B. 凡申请制造的计量器具新产品

   C. 列入强检目录的进口计量器具

D. 列入《中华人民共和国依法管理的计量器具目录(型式批准部分)》的计量器具

3. 型式评价的试验项目可划分为主要单项和非主要单项。主要单项一般是指__________的项目。

A. 检定规程中列出　　B. 校准规范中列出

C. 影响法制管理要求　　D. 不影响法制管理要求

4. 型式评价结论的确定原则和判断准则之一是:在系列产品中,凡有一种规格不合格的,判为__________。

A. 该系列不合格　　B. 该规格不合格

C. 除去不合格的规格外,系列中其他产品合格　　D. 重新试验后再作评价

5. 型式评价结束后,经审查合格的,由__________向申请单位颁发型式批准证书。

A. 计量技术机构　　B. 受理申请的政府计量行政部门

C. 上级政府计量主管部门　　D. 国家质检总局

(三) 选择题(多选)

1. 型式评价是根据文件要求对一个特定型式测量仪器的一个或多个样品的性能所进行的__________的检查和试验。

A. 计量性能　　B. 安全性能

C. 可靠性性能　　D. 机械性能

2. 型式批准申请获得受理后,申请单位应向执行型式评价任务的技术机构提交__________。

A. 完整的技术资料　　B. 试验样机

C. 用户使用证明　　D. 科技查新

3. 计量器具的可靠性指计量器具在规定条件下和规定时间内,完成规定功能的能力。可靠性一般可以用__________表示。

A. 平均故障间隔时间(MTBF)　　B. 平均失效前时间(MTTF)

C. 可靠度 R(t)　　D. 可靠使用时间 R(T)

二、参考答案

(一) 思考题(略)

(二) 选择题(单选):1. A;　2. D;　3. C;　4. A;　5. B。

(三) 选择题(多选):1. A B C;　2. A B;　3. A B C。

第八节　计量科学研究

一、计量科学研究概述

随着近代科学技术快速发展和应用,需要测量的量从物理量扩展到工程量、化学量、生理量,甚至是心理量等。随着全球经济一体化和科学技术的快速发展,高新技术研究及其产业已成为各经济体竞争力的重要体现。作为科学技术的基础手段,计量已成为生物、医学、环保、信息技术、航天等高新技术的重要组成部分,在经济社会发展和国际竞争中的地位和作用日益重

要。同时,计量学作为专门研究测量的科学,又以基础科学为依托,不断采用最新的科技成果提升发展计量理论和测量手段,与其他学科相互交叉、相互促进,取得了快速的发展。计量不仅保障了经济社会的需要,计量产业也成为经济发展的重要组成部分。计量科技水平已成为提高科技创新能力、发展高新技术产业、推动经济发展、促进社会进步、维护国家安全、增强贸易竞争力和提高综合国力的重要技术手段和基础保障,计量科学研究也愈来愈受到各国政府的高度重视。为了保持和提升国家测量能力,为国民经济、社会发展和国防建设提供计量技术保障,实现全面建设小康社会和建设创新型国家的宏伟目标,我国计量科学研究必须与国民经济、社会发展和国防建设同步发展并有超前储备。

(一)计量科学研究的内容

计量科学研究是为了认识计量的内在本质、活动规律、发展新的计量理论、探索新的计量技术、开发新的计量产品而进行的调查、分析、实验、试制等一系列的活动。计量是实现单位统一、量值准确可靠的活动,包含为达到测量单位统一、量值准确可靠测量的全部活动,如确定计量单位制、研究建立计量基(标)准,进行量值传递、开展应用测量、实施计量监督管理等。计量科学研究的内容通常有:

① 计量技术的研究;

② 计量基准和标准的研究;

③ 测量的理论、原理、方法、技术和设备的研究;

④ 量值溯源与传递方法的研究;

⑤ 标准物质和物理常量的研究;

⑥ 技术法规及检定、校准方法的研究;

⑦ 计量管理科学和管理方法的研究等。

从科学研究的组织形式上看,各级政府管理部门设立的各类计量科研项目,以及各类计量科研、生产、服务机构自主设立的研究开发项目是开展科学研究的主要组织形式。同时,各级技术机构和专业技术人员在日常工作中,进行的各类计量技术革新、改进、探索、创新和发明,也是计量科学研究的重要补充。这些革新、改进、探索、创新和发明对计量技术的普及、推广和提高,起到了非常重要的作用,应给予高度的重视和积极的鼓励。

(二)我国计量科学研究的现状和趋势

在国家的大力支持下,我国计量科技工作者以满足国家科技、经济和社会发展及高新技术应用的需要为目标,瞄准国际计量科学前沿,开展了大量基础性、前瞻性和综合性的计量技术研究,取得可喜成绩,以量子物理为基础的计量科学前沿研究取得重大突破。以铯冷原子喷泉时间频率基准、量子化霍尔电阻基准等为代表的多项计量前沿研究项目取得了显著的成果,达到了国际先进,甚至是领先水平,多项科研成果获得国家和省部级奖励,并有相当数量的成果广泛应用于高新技术领域,服务于国民经济和社会发展。2006年~2007年,"铯冷原子喷泉时间频率基准"和"量子化霍尔电阻国家基准"相继获得国家科技进步一等奖。在计量应用研究方面,智能化仪表、多功能仪表发展迅速,我国已成为重要的计量器具出口国。通过开展计量科学研究,培养了一批高素质的计量科技人才,保证了经济社会特别是高新技术发展对计量的基本需要,提高了我国产品的国际竞争力,取得了良好的社会效益和经济效益,我国的计量科学研究进入了一个快速发展的新时期,并呈现以下趋势:

1. 在单位复现和基准研究方面，量子基准取代实物基准成为发展趋势

量子物理的发展，使计量基准发生了从实物基准到量子基准的巨大变革。物理学上，基本物理常数（如真空中的光速 c、普朗克常数 h、电子电荷 e 等）具有极好的稳定性。用基本物理常数定义基本单位，可使基本单位的定义长期保持稳定，而复现基本单位的技术手段可以随着科学技术的进步而不断改进，这样，基本单位制将更加稳定科学。

1982 年把长度单位定义成真空中光在（1/299792458）秒中走过的距离，就是把长度单位用真空中的光速和时间频率标准来定义。1988 年国际计量委员会又建议用约瑟夫森量子电压标准和量子化霍尔电阻标准代替原来的电压、电阻实物基准，等效于用普朗克常数 h、电子电荷 e 和时间频率标准复现电压和电阻单位。在温度计量方面，正在试探用玻尔兹曼常数 k 定义温度单位开尔文的可能性。质量单位千克目前仍定义为保存在国际计量局（BIPM）的千克原器的质量，如何用基本物理常数重新定义质量单位，已成为新世纪对于计量科技工作者的挑战之一。

2. 不断拓宽的应用领域给计量技术研究和发展带来巨大机遇和挑战

当今科学技术的发展，使信息技术、生命科学、生物技术、纳米技术、新能源和新材料等领域成为 21 世纪关注的焦点，这些高新技术给全世界带来了深刻技术革命的同时，也带来了诸多复杂的测量和量值溯源问题，迫切要求计量科学研究向这些新领域延伸。生命科学、医疗技术、环境监测的发展依赖于复杂而准确的测量；现代科学技术的发展还需解决极限量、动态量、连续量的测量，以及非接触、多参数测量等复杂的计量问题；信息技术在经济生活中的作用日益重要，利用网络技术的远程校准、测量软件成为了计量科学研究的工具和对象。另有一些领域，如生理计量、心理计量等还有待于深入研究。

3. 在计量实用技术方面，高新技术不断推动着量值传递技术的发展

电子技术广泛应用于计量技术，计量的自动化程度不断提高。计算机和各种测量软件成为计量不可缺少的工具，并发挥着越来越重要的作用。信息技术逐渐地应用于计量，网络技术已经让快捷、经济、准确的远程校准变成现实。新材料和新型元器件大大提高了计量设备的可靠性和实用性，新的原理、新的测量方法和先进的制造工艺使测量技术不断提升，测量范围和量程不断扩展，测量水平不断提高。

4. 在工程计量方面，各种计量技术的综合运用更加突出，计量的系统工程技术的作用日益重要

随着全球经济一体化、高新技术产业的不断发展和产品质量评价体系的不断完善，工程计量在国民经济各个领域中的作用显得越来越重要。我国大力开展了检验技术、在线测控、校准方法等方面的研究，并针对工程计量中一些基础性、关键性和共性技术，开展了一些国家技术创新项目，如管道泄漏安全监测系统、脉冲参数及基本电量综合测试系统等。计量的系统工程在国家一些重大项目，如“西气东输” 工程、“神舟 7 号”航天计划中也发挥了应有的作用。计量的系统工程已发展成为多学科、多专业、测量技术与管理技术交叉运用的复杂系统。

5. 在计量管理理论和方法研究方面，更加注重对最新管理理论和统计理论的运用

在计量管理法规的研究制定方面，更加注重绩效评价、成本管理，系统决策成为法规制定

的基础。在不确定度理论、质量管理理论、统计理论的指导下，技术法规具有更强的适应性、科学性和兼容性。

6. 软件、信息技术在测量、管理方面的应用迅速普及

软件、信息技术渗透到各个测量环节，不仅提高了测量的自动化程度，方便了测量结果和测量信息的开发利用。虚拟仪表的出现和发展对传统仪表概念、测量原理和量传模式等都提出了更新课题。

7. 标准物质的发展趋势

标准物质的前沿技术研究包括研制开发新的品种、提高已有品种的质量、变革和改进量值传递方法和体系，包括对金属标准物质等提高其纯度和增加定值元素，发展临床、食品、环境等领域的新品种；改进现有计量方法和发展新的计量方法，特别是有机化合物的计量方法；开展标准物质制备技术和储存方法的研究，探索制备均匀材料的新途径和痕量成分的稳定保存方法；开展有关标准物质抽样检验和计量数据处理的研究等。

二、计量科学研究方法

(一) 计量科学研究的特点

计量科学研究作为自然科学研究的一部分，既具有探索性、创造性、继承性、连续性等自然科学研究的特点，又具有准确性、一致性、溯源性、法制性等计量学的特点。

1. 探索性

计量科学研究是不断探索、把未知变为已知、把知之较少的变为知之较多的过程；这一特点决定了研究过程及其成果的不确定性，要求科研的组织计划具有一定的灵活性。

2. 创造性

计量科学研究就是把原来没有的东西创造出来，没有创造性，就不能成为科学研究；这一特点要求计量科研人员具有创造能力和创造精神。

3. 继承性

计量科学研究的创造是在前人成果基础上的创造，是在继承中发展的，这一特点决定了计量科研人员只有掌握了一定科学的知识，才有可能进行计量科学研究。

4. 连续性

计量科学研究是一项长期性的活动，必须连续不断地进行；这一特点决定了在科研组织管理中，要给科研人员提供必要的条件和时间，才能获得较高的效率并取得满意的成果，同时允许和鼓励计量科研人员在项目完成以后，继续开展深入持续的研究工作。

5. 准确性

计量科学研究的项目都是要求以满足一定的测量误差或测量不确定度为目标进行的，这一

特点决定测量准确度是评价研究成果的重要指标。

6. 一致性

计量科学研究的目的是为了确保量值的复现和传递，这一特点决定了计量科学研究的成果，以及利用其研究成果进行的测量都应是可重复、可再现、可比较的，并且应有证据证明其量值与国内或国际上同类标准或测量设备测量的结果是一致的。

7. 溯源性

计量科学研究的成果是为了量值的准确、可靠，这一特点要求计量科学研究应保证其技术成果具备基本的可溯源性，量值能溯源到国家基准、国际基准或自然基准。

8. 法制性

由于计量工作不仅依赖于科技，还有相应的法制和法规作保障，这一特点要求计量科学研究及其研究成果应与相关计量法律法规相配合。

（二）计量科学研究选题的方法

科学研究的任务在于发现问题和解决问题。科研工作首先要发现、界定问题并建立研究架构。

1. 发现和提出问题的一般方法

（1）从国家发布的科技计划中得到带有问题的课题

国家在一定的时期会根据科技发展的需要制定出适应国情的科技发展纲要，就计量科技而言，国家质量监督检验检疫总局在一定阶段也会发布不同的科研计划。其中包含了大量对计量科研工作的需求，有时在计划中直接提出了需要研究的课题。

（2）从计量工作所急需解决的问题中提出问题

计量工作服务的对象涉及到社会的各个方面。随着我国经济的不断发展，各方面对计量的要求也越来越高，特别是涉及在线计量和动态计量方面的问题是国民经济运行中亟待解决的问题。这些课题具有很大的现实意义，也是计量科学研究的重要方向。例如：三峡大坝建设中，如何对每个发电机组过水量进行准确计量，提出了超声波流量计在流量计量上的应用研究课题。

（3）从平时的工作实践中发现问题

每个计量科研工作者都是计量技术工作的实践者，通过对日常使用的标准设备的深入了解，对其工作原理、实现方法、工作流程和不确定度来源分析等都会有进一步的研究，从中发现新的测试方法、发现标准装置需进一步完善的问题，都是科研工作的方向。

（4）国际建议和国际标准中发现问题

通过对国际建议和国际标准的研究，建立完善的计量检测体系，提出先进的检测方法，也是计量科研工作者的研究目标。

2. 分析问题、形成课题的一般方法

（1）对所提出的问题进行定性分析

从一个问题的提出到科研课题的建立，还应对问题进行定性分析，界定研究问题的主要矛

盾，区分需要解决的是技术问题、方法问题或是工艺问题等，以确立解决问题的关键技术路线。

（2）对所提出的问题进行定量分析和模型的建立

对提出的问题进行定性分析，确立解决问题的关键技术路线后，就应对问题进行定量分析。建立解决模型，模型中应包括课题实施的各部分研究内容、解决方案、技术分析、设备供应、试验统计、预算分解和各部分实现的预期时间等。

（3）对所提出的问题进行分解、组合

对课题提出的问题进行分解或组合，使课题有明确的分工并有可考核的目标。

（三）自然科学研究方法在计量科学研究中的应用

自然科学研究方法是前人进行自然科学研究的智慧结晶，在计量科学研究领域也经常会被采用。

1. 文献查询法

文献为“已发表过的、或虽未发表但已被整理、报道过的那些记录有知识的一切载体”。文献不仅包括图书、期刊、学位论文、科学报告、档案等常见的纸面印刷品，也包括电子出版物、录音、录像等形式的材料。

通过对文献的查阅，充分收集与自己课题相关的信息，通过对信息的归类和整理，可以吸收文献中有用的成果、数据、方法等。特别是在研究和制定计量的规程和规范等技术法规的过程中，我们不可能也不必要对所有的技术指标和试验方法进行重新实验或验证，因此，文献查询是必不可少的。

例如，在流量计量中，被广泛采用的国家标准 GB/T 2624—2006《用安装在圆形截面管道中的差压装置测量满管流体流量》中就大量采用国际标准 ISO 5167 中的实验数据和设计方法。其原因是，从 20 世纪初，AGA（美国煤气协会）、ASME（美国机械工程师协会）和 NBS（美国国家标准局）就对节流装置进行了大量的研究，确认了俄亥俄州立大学的测试报告，在上述测试数据基础上拟合了白金汉（Buckingham）公式，经过以后多年的试验和验证，形成了被国际公认的设计规范和测试方法，出版了国际标准 ISO 5167。采用经过证明的数据和经验对于计量科学研究是必要的、经济的，也是可行的、快捷的。

2. 科学实验法

文献查询法是对前人的某种论理、方法和实验数据的采集，这种方法的优点在于能够使用较少的时间和资金投入达到研究目的。但是要在创新技术的研究中，对于前人未进行过充分研究或研究未被确认的技术进行研究，要拿出具有说服力的实验数据和试验方法，就必须进行科学实验。

以三相 0.01 级交流电能表检定装置的研究为例，理论上通过反馈可以将功率稳定度控制在 0.015%以内，但通过实验发现，在大电流和小电流时，功率稳定度明显恶化，在对线路各部分进行测试的基础上发现，大电流时的功率稳定度恶化主要是由温升引起的，而小电流时，主要是由于线路漂移和干扰引起。采取相应的措施后，基本上解决了整个测量范围内的功率稳定度问题。

3. 数学模型分析法

当对一个系统的内部结构、功能和相互之间的关系比较明确，可以通过数学的方法给出输入和输出的函数关系、经验公式或关系列表时，根据这些关系建立符合研究要求的数学模型，并以该模型为理论基础进行研究的方法称为数学模型法。

建立数学模型的主要用途在于根据数学模型对各输入量对整个系统的影响进行量化分析，在理论上给出各输入量可能对整个系统施加的影响，为系统的结构和功能设计提供依据。

数学模型分析法的一般步骤为：分析问题——模型假设——建立模型——模型求解——模型的分析、检验和应用。

例如，计划建立一套 0.2 级气体流量标准装置，满足 DN(15～200)mm 低压气体流量计的检定。利用数学模型分析法制定一套合理的技术方案的步骤如下：

(1) 分析问题

首先，应对任务和数据进行分析，明确要解决的问题，通过分析，明确哪些问题是与学科相关的，判断可能用到的知识和方法，并能确定解决问题的重点和关键所在。

对于气体流量装置，我们最为关注的主要问题就是如何获得准确的气体流量量值，与气体流量量值相关的主要因素有标准器、温度和压力。

(2) 模型假设

通过上述分析，我们已确立了问题的关键，据此需要假设解决问题的方法(即模型)。目前，国际上气体流量标准装置的建立采用的方法有 mt 法、标准流量计法和音速喷嘴法三种。其中，mt 法常用于高压气体的检定中，在低压气体装置中应用有一定的困难；采用标准流量计，如要达到 0.2 级以上的准确度需要进口昂贵设备，而且流量计可动部件多、稳定度较差，溯源周期仅为一年，使用不方便；音速喷嘴法可动部件少、稳定度较好，溯源周期为五年。综合分析结果，初步选定音速喷嘴法。

(3) 模型建立

确定了拟采用的模型，就可以根据假设模型建立反映有关参数和变量关系的数学模型，拟定数学模型可以使用数学表达式、图形或表格、或者算法等。采用数学表达式来描述音速喷嘴法装置的数学关系

$$q_m = A^* C C^* \frac{p}{\sqrt{RT}}$$

式中：q_m——音速喷嘴的质量流量，kg/h；

A^*——音速喷嘴喉部的内截面积，m^2；

C——流出系数；

C^*——临界流函数；

p——音速喷嘴前的气体滞止绝对压力，Pa；

T——音速喷嘴前的气体滞止热力学温度，K；

R——气体常数，$J \cdot kg^{-1} \cdot K^{-1}$。

(4) 模型求解

在上式中我们可以看到，当一个喷嘴加工完成后，其内截面积 A^* 就得到确定，根据装置测得的音速喷嘴前的气体滞止绝对压力 p 和音速喷嘴前的气体滞止热力学温度 T，即可获得音速喷嘴的质量流量 q_m。

(5) 模型的分析、检验和应用

对公式进行数学分析，找出影响音速喷嘴的质量流量 q_m 的因素和其灵敏度，灵敏度一般采用求偏导的方法求得。根据各参量的灵敏度确定对建立装置满足 0.2 级要求音速喷嘴、测温

测压仪表必须达到的最低配置。再根据上式计算出满足 DN(15～200)mm 流量计检定所需喷嘴数量和配套仪表数量,从而完成技术方案的建立。

4. 黑箱分析法

在研究对象内部要素和结构未知的情况下,常采用"黑箱分析法"的测试分析方法。黑箱分析方法就是对黑箱系统施加外部作用(即输入),并观察和记录其输出,这样,观察者与黑箱就构成了一个耦合系统,观察者通过综合分析输入给黑箱的信息和黑箱输出的信息来推断黑箱系统的功能。实际上,黑箱方法就是通过外部观测、试验、探索而找出输入和输出关系,并由此来研究黑箱的整体功能和特性并推断其内部结构的一种研究方法。大部分的计量测试采用的都是这种方法,这时仅关注被检仪器的输入和输出的关系是否符合该仪器的工作特性要求,而不必详细了解仪器内部的原理和结构。

例如,对一个新型的流量传感器计量特性进行研究时,就可以不必了解此流量传感器的内部结构,通过反复测量在一定的流量下对应的输出(例如电流),得到在参比条件下流量和电流间的关系数据,可以运用一定的数学方法,如最小二乘法、回归分析法等对实验数据进行分析,就可得到流量和电流间的关系方程或关系曲线,建立数学模型,作为利用这种流量传感器设计显示仪表的依据。

【案 例】 某计量技术人员接到一个制定仪器校准规范的任务后,收集了许多关于该仪器的使用说明和相关研究文献,然而,由于无法获得该新型仪器内部的工作原理和数学模型,难以选择合适的校准方法,致使校准规范的制定工作陷入困境。

【案例分析】 在科学研究中,遇到既定研究方法无法解决的问题时,应及时对遇到问题进行分析,根据研究目的选择合适的研究方法。在校准规范的制定过程中,如果能够了解仪器内部的工作原理和数学模型,无疑可以为制定校准规范提供有力的技术支持。然而,制定校准规范毕竟不是新产品的研制,在校准方法的研究中,关心的是被校仪器输入和输出的关系是否符合该仪器的工作要求,而不必完全了解仪器内部的结构。因此,如果受限于客观条件的限制,无法获得仪器内部计算的数学模型,也可以通过对使用目的、相关文献的分析,通过大量的试验来判断仪器的工作特性和实验方法是否适合。当受到某些条件的限制,对一个系统的内部结构还不太清楚时,可以采用黑箱分析法,即通过外部观测和试验去认识其功能和特性。

该技术人员缺乏科研及制定校准规范的经验,遇到困难时束手无策。需要学会选择合适的研究方法,以便完成研究任务。应该从研究的目的着手进行科学分析,当缺乏数学模型时,应分析被校仪器输入和输出的关系,从而选择合适的校准方法。

(四)具有计量特色的研究方法

1. 不确定度分析在计量科学研究中的应用

在进行计量标准和测量设备的研制、计量检定或校准方法的研究、计量技术法规的制、修订过程中,以不确定度分析和预估作为科学研究的指导,是计量科学研究中常用的方法。在研究项目方案论证时,应进行不确定度预估,分析该方案能否达到预期的目标不确定度。通过不确定度的分析和预估,还可以较方便地找到该计量科研项目中对不确定度起主要影响的因素,从而准确判断需解决的关键技术,合理分解研究任务,寻找最佳成本效果的平衡点。在一些情况下,某个输入量的灵敏系数很小,则即使该输入量的不确定度较大,对最终测量结果的不确定度影响不大；另一些情况，某输入量的不确定度很大，其灵敏系数接近 1，这个不确定度分量成为我们研究过程中需要特别关注的问题，要想尽一切办法采取措施来减小该不确定度分量。例如：由不确定度预估中发现，长度测量的不确定度分量是该计量标准研制项目中最突出的分量，则在方案中采用激光测长仪测长，并且采取控制环境条件等因素的措施，使所研制的计量标准能提供尽可能满意的测量不确定度。

2. 误差理论在计量科学研究中的应用

根据误差理论，可以在研究过程中分析误差来源，适当进行误差指标分配，使各部件的设计合理，易于制造；设计测量方法，使部分误差可以适当抵消或对某些误差项作适当的修正，形成性能更加优良的整体。

例如，经误差分析，在电能计量中的误差与标准表的误差、CT、PT 和线路压降的同向误差和 CT、PT 和线路压降的正交误差有关，其关系式可表示成

$$e_{装置}=e_{标准表}+e_{PT}+e_{CT}+e_{L}+\tan\varphi(\delta_{CT}-\delta_{PT}-\delta_{L})$$

式中：e_{CT}，e_{PT}，e_{L} 是 CT，PT 和线路压降的同向误差，δ_{CT}，δ_{PT}，δ_{L} 是 CT，PT 和线路压降的正交误差，φ 是两个压降的夹角。

据此公式，在研制 YES-1000 电能表标准装置时设计了误差修正功能，装置可以根据装置的输出电量，自动判别 CT、PT、标准表、φ 值的状态，然后在数据库中查找修正参数，进行实时修正，大大提高了整机性能。

同样利用上述误差公式分析某因素的影响，例如，当电压回路并联时相当于消除了 PT 的影响，分别在电压并联、通过 PT 的情况下测量装置的误差，然后比较加入 PT 前后的测量结果，可以判断 PT 部分是否存在需要改进的问题。

3. 量值溯源和比对在计量科学研究中的作用

进行量值溯源和比对试验是评估计量研究成果必不可少的一环。在研究过程中，采用量值溯源和比对，是验证科研方案、寻找问题、缺陷的重要方法，同时也是评价计量科研成果的一种手段。

三、计量科学研究的程序

组织实施一项计量科学研究，特别是承担有关科技管理部门的科研任务，通常可将整个过程分成若干的阶段：调研选题、申请立项、研究实施、鉴定验收、成果登记。

（一）调研选题

调研选题是研究人员根据有关信息（如工作经验、社会需求和有关政策），确定研究方向，提出课题设想，拟订工作计划的过程。能否详细调研和准确选题关系到计划的审批、研究的实施和成果的价值。虽然此时研究计划尚未被正式确立，仍应重视和加强调研选题工作。

【案 例】 某计量技术机构的科研人员，研制了一种可以用于化工厂气体流量在线校准的计量设备样机，并在实验室模拟状态下试验成功。但在现场试验中发现设备总是不稳定，测得数据和实验室数据比对没有规律性，在征询相关方面意见时发现一些化工厂早已有类似设备使用，并且使用效果良好。

【案例分析】 在选定计量科学研究课题前，应通过文献检索、走访调研、科技查新等方式充分收集与研究课题相关的信息。通过对信息的归类和整理，了解相关领域的技术发展状况，分析拟开展课题的创新性、必要性和可行性，借鉴现有成果和技术，避免不必要的重复研究。同时，为了控制风险，研究人员应有丰富的专业知识，熟悉研究的领域。在本案例中，研究人员不知道早已有类似设备，说明该技术人员对该领域的技术发展状况并不了解。而在现场试验时才了解到这种信息，说明选择课题时没有进行充分的调研分析。

1. 根据相关信息提出科研设想

调研选题首先需要分析信息，提出科研设想，或从信息中选择科研意向，通常这些信息来源包括：

（1）来自计量工作实践

如在计量工作中遇到的异常现象和疑难问题，新技术的应用、新学科出现、学科交叉和综合技术的应用为计量技术的发展提供的可能和机遇，对改进测量工作的设想和灵感等。

（2）来自社会各方面的需求

如社会秩序、经济贸易、工业生产、环境保护、健康安全以及技术进步对计量工作的需求，新型计量器具对测量原理、方法、装置、途径和管理方面的需求等。

（3）来自政府管理部门的计划

如国家、各级政府和各有关部门的科技发展规划、重大项目、重点项目、科技攻关、公益项目、预研专项等科技计划，通常这些规划和计划是在总结各种社会需求、征集有关计量科技工作者建议和意见的基础上制定的，从某种意义上讲，同样源于计量工作实践和社会发展需求。

（4）来自文献或法规

查阅各种技术文献，会发现前人、同行提出的问题。技术法规贯彻执行，也会提出一些新的要求。

2. 调研分析，完善和确认科研设想

通过综合各种信息得出的初步科研设想常带有一些主观性、片面性。因此，还需进行细致的调研工作，分析科研设想的可行性、合理性、研究的意义以及影响研究的各种因素。进一步完善科研设想，使之更科学、更具体，并搜集相关证据，为申请论证做好相关准备。课题调研的主要内容包括：

（1）研究意义的调研

研究工作要解决什么问题、达到什么效果、起到什么作用，是决定研究设想能否批准的重要因素，要从研究工作涉及的领域、研究成果对各相关领域的促进作用、研究成果本身的应用开发价值等方面搜集资料，综合分析。

（2）相关技术的调研

必须对支撑开展研究的相关技术及其发展趋势进行研究，确定目前各种技术水平是否支持所选课题的研究。要分析是否已经有同类技术，已有同类技术成果的，就没有重复研究的必要；已有相近研究技术的，可以借鉴参考。要分析科研设想实施时可能采用的技术是否成熟，存在哪些不确定因素和风险。要对科研设想涉及的原理、工艺、材料、成本等方面进行分析评价，创新能否满足预期研究目的。对相关技术的调研中要考虑直接借鉴和利用已有技术，避免

不必要的重复研究，减少研究中的曲折和失误。

（3）研究条件的调研

科学研究需要人、财、物等各种条件的支持，其中最重要的是具有相关资质和能力的研究人员、研究人员之间合作的可能和最佳合作方式。

（4）社会环境的调研

包括对国家政策、行业政策和计量法规的调研。计量科学研究要对有关计量技术法规进行研究和分析，任何违背国家量值传递系统、可能造成量值混乱的技术和研究是根本行不通的。

调研可以采取很多方式，常用的有走访、咨询、座谈、论证、科技查新、网上搜索、资料检索、函调、电话询问、问卷等。不仅在选题阶段需要调研，在此后的各个研究阶段都可根据需要开展调研。

调研时应准确拟定调研问题，合理选择调研方式，科学分析调研信息，做好资料整理、归纳和保存，必要时，应写出调研报告。

3．提出研究任务计划

根据调研得到的信息不断完善科研设想，提出包括研究内容、研究目标、技术路线、进度安排、必要条件等在内的研究任务计划。此后，按规定向有关部门提交申请立项的建议。

（二）申请立项

申请立项阶段要选择合适的申报渠道、编制申请书、准备论证答辩。

1．选择合适的申报渠道

申请科研项目应根据研究的方向和性质选择合适的申报渠道。首先，申请者应了解相关计划的管理规定，及时关注主管部门发布的项目申请通知，了解允许申请项目的性质、资助的类型以及对申请资格的要求。选定申报渠道后，申请者还要进一步阅读项目申报指南，了解相关项目资助的研究领域和主要范围，选择合适的研究题目。国家有关部门的资助计划主要支持研究人员在公开发布的《项目指南》范围内自主选题，参与竞争。当拟申报项目符合这些要求时，申请者即可着手撰写申请书。

需要注意的是，申报渠道和选定研究课题不存在严格的先后顺序，一方面，申报渠道及其要求是调研选题的重要依据；另一方面，也可以根据申报渠道的要求去调研选定课题。

2．申请书的撰写

申请材料是审批立项的重要依据。不同的申报渠道有不同的要求，对申请资料内容和格式有不同要求，常见的有项目建议书、项目申请书、计划任务书、可行性报告等。但目的都是要说明申请者的基本情况、要研究什么、为什么研究、怎样研究、需要什么条件、现有基础怎样、预期取得什么成果等。下面将这些申报资料统称为申请书。申请书一般包括以下内容：

（1）基本信息

题目名称：题目应简明、具体、新颖、醒目，最好能概括研究对象、技术原理，反映出课题依据和研究目的。

联系方式：除单位负责人外，联系方式尽量填写在申报过程中负责具体事务的人员的信息，以方便及时沟通。

(2) 项目摘要

概要描述项目的原理和技术路线,简述项目背景和研究意义。避免项目背景和研究意义浓墨重彩、项目原理和技术路线轻描淡写。

(3) 项目背景

说明项目的社会背景和技术背景,社会背景包括:政策环境、社会需求、项目来源和涉及领域,技术背景要介绍国外发展动态,介绍国内技术状况,包括申请单位的技术状况。必要时应提供查新报告或数据证明等资料。

(4) 目的意义

主要论述现存问题对技术、经济和社会发展的影响,研究成果的学术意义,开发效益,对相关行业的推动作用。

(5) 研究内容

根据国内外的研究现状,分析提出需解决的共性问题,说明本项目拟解决的问题,研究内容应紧紧围绕目标任务,做到明确、具体、可行。还应充分考虑经济、技术等方面的可行性,避免内容空泛,重点不突出。

(6) 技术路线

技术路线是对研究工作采用什么原理、利用什么技术、使用什么方法、通过什么步骤、如何进行研究的综合描述。所选的技术路线应切实可行,关键点突出、有所创新;对拟采用的原理、技术、方法的描述要具体、清晰。既要说明问题,又要注意知识产权的保护,不泄露"技术诀窍"。要对技术路线从学术思想角度进行可行性分析,说明新颖的学术观点和特别的研究方法。

(7) 技术关键

说明技术关键,即对研究工作起到决定作用的技术要点、创新点、专有技术或专利。

(8) 研究基础

说明申请单位和项目成员与本项目有关的研究经历、学术水平和工作成就,如:与项目相关的前期工作、已取得的一些进展和成果、产学研结合情况;申请单位和项目组成员的学历和研究工作简历;已发表的与本项目有关的主要论著和获得的学术奖励情况及在本项目中承担的任务;申请单位和项目组成员正在承担的科研项目情况。

(9) 研究条件

说明已具备的科研试验条件,并对尚欠缺的条件提出解决的途径和方法。

(10) 预期目标

说明预期要达到的技术、经济指标;说明预期成果可能对经济、社会、环境产生的影响;与国内外同类产品或技术进行比较,预测成果应用和产业化的前景。对预期目标提出相应的考核和评估办法。

(11) 研究计划

研究计划应科学合理、便于实施,描述要详细具体,便于管理部门了解进度安排、评价考核。当研究周期较长时,应给出各个研究阶段的预期目标和考核办法。

(12) 风险分析

说明研究过程可能遇到的主要困难和不确定因素,从技术、市场、政策等方面分析存在的风险。

(13) 经费计划

经费计划要包括资金筹措计划及渠道来源、资金支出计划及列支科目。经费支出预算要根据充分，合理支出，要列出经费支出明细，并说明估算的根据和理由。预算标准和方法必须符合有关财务规定。

（14）有关附件

① 相关研究经历的证明材料；

② 相关专利检索、查新报告等材料；

③ 关联计划和活动的证明材料；

④ 配套资金来源（如贷款、地方部门配套资金等）的证明材料；

⑤ 中试或产业化项目所需相关产品生产的许可证明文件；

⑥ 与项目相关的其他证明材料或文件。

承担单位需对该申请书内容的真实性、实现研究方案的可行性、申请资助经费的必要性、经费预算的合理性以及本部门能否保证其基本工作条件签署意见。

3. 填写申请书应注意的几个问题

（1）要注意全面学习和理解相关规定，准确把握填写时的要求和注意事项，保证资料齐全、信息充分、内容和格式符合相关要求。申请书填写要严肃、认真，做到论证充分，表述准确，内容丰富，客观真实，及时办理各种审批上报手续。

（2）保证所选项目的领域范围、专业方向和研究性质符合申报的规定；做到选题准确、目标明确、思想新颖、技术创新、方案完整和方法科学。

（3）要合理安排人员分工，明确计划进度，准确预测研究成效。保证申请书的计划可行、条理清晰、逻辑性强、便于操作。申请书一经批准，申请单位不得擅自更改。

（4）坚持目标相关性、政策相符性和经济合理性相结合的原则，严格遵守有关规定，详细合理地编制预算。从研究的目标和任务出发，合理地安排支出重点，咨询费、劳务费、管理费等不得超出规定的比例限制，合理控制不可预见支出。

4. 做好论证答辩

科研管理部门收到申请后，为了进一步了解申请项目，加强科学决策，常常召集有关专家对申请进行审议论证，必要时需要申请单位答复质询。因此，申请者应提前做好答辩准备，充分梳理调研信息，可编制一些答辩提纲、资料和幻灯，按照社会背景、技术背景、技术路线、可行性分析、效益预测等归纳证据，答辩时力争做到重点突出、论据确凿、回答准确、言简意赅。

5. 批准立项

通过管理部门审查的项目，管理部门一般以正式文件的形式下达科研计划。有时为了加强科研项目的管理，管理部门还会要求项目承担单位签订项目任务书、责任任务书、合同书等用以约束管理部门和承担单位的责任、权利的文件文本。履行这些程序后，一个科研项目就正式立项了。

（三）研究实施

研究实施是科研工作的最重要环节。研究实施过程还应注意做好以下工作：

1. 做好组织工作

承担单位应积极开展项目的组织实施工作。按照项目批复和申请书要求，检查、督促项目实施，落实相关配套条件，确保研究工作按计划执行。避免重立项、轻落实的现象。

2. 注意控制计划进度

项目承担单位应严格按照计划进度开展研究任务，并按照管理部门的要求定期报告计划执行情况。对实施周期在三年以上的项目，必须进行中期评估，应积极引入第三方科技服务机构对项目执行情况、组织管理、配套条件落实、经费管理、预期前景等进行独立的评估监督。

在实施过程中出现下列情况的，应及时调整或撤销项目：

(1) 市场、技术等情况发生重大变化，造成项目原定目标及技术路线需要修改；

(2) 匹配的自筹资金或其他条件不能落实，影响项目或项目正常实施；

(3) 项目所依托的工程已不能继续实施；

(4) 技术引进、国际合作等发生重大变化导致研究工作无法进行；

(5) 项目的技术骨干发生重大变化，致使研究工作无法正常进行；

(6) 由于其他不可抗拒的因素，致使研究工作不能正常进行。

需要调整或撤销的项目，由承担单位提出书面意见，逐级核准后执行。必要时，管理部门可根据实施情况、评估意见等直接进行调整。对经批准撤销的项目，承担单位应当对已开展工作、经费使用、已购置设备仪器、阶段性成果、知识产权等情况提出书面报告，报管理部门核查备案。

3. 重视研究过程中的调研工作，避免闭门造车

针对研究过程中遇到的问题，除了坚持自主创新，积极发挥“科学有险阻、苦战能过关”的钻研精神外，还要重视调研工作，注意随时参考、借鉴、吸收、利用最新科学技术成果，避免闭门造车和重复研究。

4. 加强资料档案管理

在研究过程中取得的各种资料和数据是重要的工作记录和参考资料，也是科研成果的有机组成部分，而且是总结研究工作不可缺少的资料，必须及时整理，存档保管。

(四) 鉴定验收

1. 鉴定验收的形式

研究任务完成后，通常要对研究成果进行技术评价，对研究工作进行总结验收。常见的形式主要有成果鉴定和项目验收两大类。

科技成果鉴定是由有关科技管理部门聘请同行专家，按照规定的形式和程序，对科技成果进行审查和评价，并做出相应的结论。科技成果鉴定是评价科技成果质量和水平的方法之一，是申报各级各类计划项目的基础材料和成果奖励的重要依据。

项目验收是计划管理部门依据申请书和项目计划对承担单位开展研究工作、履行研究任务、取得研究成果的检查验收。

2. 成果鉴定

(1) 鉴定的范围

列入国家和省、自治区、直辖市以及国务院有关部门科技计划(以下简称科技计划)的应用

技术成果，以及少数科技计划外的重大应用技术成果可以申请技术鉴定。

（2）鉴定的准备

在申请鉴定前应做好以下准备：

① 取得必要的技术检测试验证明；

② 进行成果查新；

③ 取得试用证明（必要时）；

④ 撰写成果说明书（必要时）；

⑤ 撰写研究工作报告；

⑥ 撰写研究技术报告；

⑦ 准备其他必要的技术资料。

（3）鉴定的申请

需要鉴定的科技成果，由科技成果完成单位或者个人根据任务来源或者隶属关系，向其主管机关申请鉴定。隶属关系不明确的，科技成果完成单位或者个人可以向其所在地区的省、自治区、直辖市科学技术委员会申请鉴定。申请时按照主管机关规定填报《鉴定申请书》并附送有关材料。

（4）鉴定的组织

鉴定科技成果管理机构（以下简称组织鉴定单位）负责组织。必要时可以授权省级人民政府有关主管部门组织鉴定，或者委托有关单位（以下简称主持鉴定单位）主持鉴定。

组织鉴定单位和主持鉴定单位可以根据科技成果的特点选择下列鉴定形式：

① 检测鉴定是指由专业技术检测机构通过检验、测试性能指标等方式，对科技成果进行评价。采用检测鉴定时，由组织鉴定单位或者主持鉴定单位指定经过省、自治区、直辖市或者国务院有关部门认定的专业技术检测机构进行检验、测试。专业技术检测机构出具的检测报告是检测鉴定的主要依据，必要时，组织鉴定单位或者主持鉴定单位可以会同检测机构聘请三至五名同行专家，成立检测鉴定专家小组，提出综合评价意见。

② 会议鉴定是指由同行专家采用会议形式对科技成果做出评价。需要进行现场考察、测试，并经过讨论答辩，才能做出评价的科技成果，可以采用会议鉴定形式。采用会议鉴定时，由组织鉴定单位或者主持鉴定单位聘请同行专家七至十五人组成鉴定委员会。鉴定委员会到会专家不得少于应聘专家的五分之四，鉴定结论必须经鉴定委员会专家三分之二以上多数或者到会专家的四分之三以上多数通过。

③ 函审鉴定是指同行专家通过书面审查有关技术资料，对科技成果做出评价。不需要进行现场考察、测试和答辩即可做出评价的科技成果，可以采用函审鉴定形式。采用函审鉴定时，由组织鉴定单位或者主持鉴定单位聘请同行专家五至九人组成函审组。提出函审意见的专家不得少于应聘专家的五分之四，鉴定结论必须依据函审组专家四分之三以上多数的意见形成。

被鉴定科技成果的完成单位、任务下达单位或者委托单位的人员不得作为同行专家参加对该成果的鉴定。非特殊情况，组织鉴定单位和主持鉴定单位一般不聘请非专业人员担任鉴定委员会、检测专家小组或者函审组成员。参加鉴定工作的专家在鉴定工作中，应当对被鉴定的科技成果进行全面认真的技术评价，并对所提出的评价意见负责。参加鉴定工作的专家应当保守被鉴定科技成果的技术秘密。

（5）鉴定的内容

① 是否完成合同或计划任务书要求的指标；

② 技术资料是否齐全完整，并符合规定；

③ 应用技术成果的创造性、先进性和成熟程度；

④ 应用技术成果的应用价值及推广的条件和前景；

⑤ 存在的问题及改进意见。

(6) 鉴定的程序

组织鉴定单位应当在收到鉴定申请之日起三十天内，明确是否受理鉴定申请，并做出答复。对符合鉴定条件的，应当批准并通知申请鉴定单位。对不符合鉴定条件的，不予受理。对特别重大的科技成果，受理申请的科技成果管理机构可以报请上一级科技成果管理机构组织鉴定。

组织鉴定单位或者主持鉴定单位应当在确定的鉴定日期前十天，将被鉴定科技成果的技术资料送达承担鉴定任务的专家。

组织鉴定单位和主持鉴定单位应当对鉴定结论进行审核，并签署具体意见。鉴定结论不符合本办法有关规定的，组织鉴定单位或者主持鉴定单位应当及时指出，并责成鉴定委员会或者检测机构、函审组改正。

经鉴定通过的科技成果，由组织鉴定单位颁发《科学技术成果鉴定证书》。

科技成果鉴定的文件、材料，分别由组织鉴定单位和申请鉴定单位按照科技档案管理部门的规定归档。

3. 项目验收

(1) 验收的要求

研究项目应在规定的时间内组织验收，逾期无法申请验收的，应提前向管理部门说明情况。

验收形式主要包括：会议审查验收、网上(通信)评审验收、实地考核验收、功能演示验收等。根据项目、特点和验收需要，由管理部门选择合适的方式，也可采用多种方式联合验收。验收工作可采取组织专家组或委托具有相应资质的科技服务机构进行。

验收结论分为通过验收、不通过验收。项目计划目标和任务已按照考核目标要求完成，经费使用合理，为通过验收。凡具有下列情况的，为不通过验收：

① 项目目标任务未完成的；

② 所提供的验收文件、资料、数据不真实，存在弄虚作假；

③ 未经申请或批准，项目承担单位、项目负责人、考核目标、研究内容、技术路线等发生变更；

④ 超过项目规定的执行年限半年以上未完成，并且事先未做出说明；

⑤ 经费使用存在严重问题。

因提供文件资料不详、难以判断等导致验收意见争议较大、项目成果资料未按要求进行归档和整理、研究过程及结果等存在纠纷尚未解决的，需要复议。需要复议的项目，应在首次验收后的半年内，针对存在的问题做出改进或补充材料，再次提出验收申请。若未再提出申请或未按要求进行改进或补充材料，视同不通过验收。

(2) 验收程序

项目验收(或鉴定)程序见图 4－9 所示。

(3) 项目验收(鉴定)而提供的资料包括：

项目验收(鉴定)申请表、项目经费决算表、项目购置仪器、设备等固定资产一览表、项目验收信息表、项目验收专家组意见、项目成果登记表。

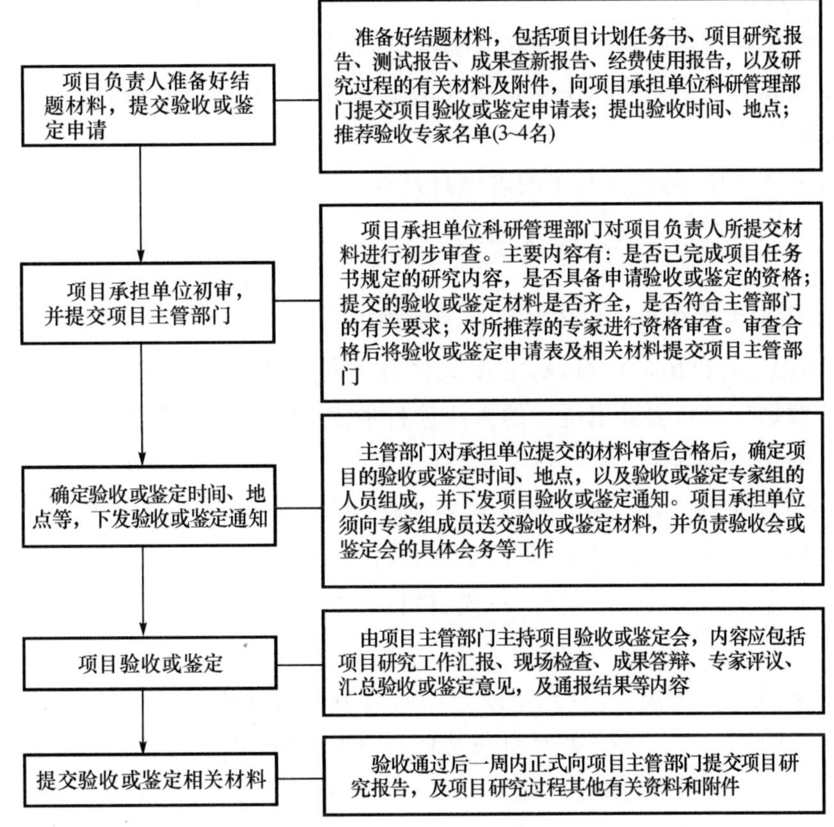

图 4－9　项目验收程序图

4. 研究报告的撰写

按照计划完成科学研究，取得研究成果之后，应根据项目的研究内容、研究成果等撰写研究报告。研究报告是对研究工作、研究成果的全面反映和文字记载，是科研工作全过程的缩影，也是成果鉴定和项目验收时最重要的技术文件。

研究报告的格式和主要内容包括：

（1）题目

（2）署名

（3）内容提要

用简练的语言介绍主要内容，一般不超过 300 字。

（4）关键词

根据题意及内容列出 3～5 个关键的词，便于计算机分类录入和读者查阅。

（5）前言

一般要扼要写明：本项目的来源；立项背景，研究的目的和意义；当前国内外研究状况，项目研究的有关背景、研究基础、理论依据；研究成果将产生的作用和价值。

（6）项目研究的主要内容及任务

（7）研究开发过程

（8）关键技术

（9）主要成果

(10) 前景分析

(11) 问题和讨论

一般包括:由于客观原因未进行研究的问题;已进行研究但由于各种条件限制而未取得结果的问题;与本项目有关但未列入本项目研究重点的问题;值得与同行商榷的有关问题。

(12) 有关附件

参考文献、引文注释、与正文有关的附件材料等。

5. 撰写研究报告应注意的几个问题

(1) 撰写研究报告应预先做好相关资料的整理准备。要提前整理实验数据与素材,做好材料的选取。要选用最有价值的材料,确定正文材料和附件材料。做好材料的加工,调查数据、测试数据、实验数据等材料要采用统计的方法进行加工、提炼,使之条理化、规范化、系统化,从中找出规律,得到正确的结论。

(2) 研究报告应主题突出、层次分明、思路清晰、逻辑性强。报告要紧紧围绕研究项目所涉及的研究对象、研究内容和研究目标撰写,必要时可先拟出提纲,讨论确定后分头撰写,最后再汇总讨论、集体商定。研究报告的结构、格式、栏目可有差别,但都做到实事求是、表达准确、用词恰当、行文流畅。

(3) 研究报告应反映创新性,重点从独、特、新等方面说明项目的创造性,"独"就是人无我有,即常说的"填补了空白"。"特"就是自我特色,区别一般技术的优势。"新"就是在现有基础上的创新,项目研究得出的新论断、新观点、新见解、新看法、新技术等。

(4) 研究报告应注重学术性,力求说明指导研究过程的理论依据,揭示从实验和研究中建立(或总结)的新理论,形成可以指导今后实践的系统理论。要站在当前科学发展的最前沿,应用当代科学的最新成果,探求现象发生、发展和变化的规律性,形成可以传承和推广的技术。

(5) 研究报告应强调严谨性,做到推理严谨、论证充分、资料翔实、分析透彻。不得牵强附会。

(6) 研究报告应具有完整性,应能够将研究内容和技术完整地记录下来,使科学研究能够继承延续,便于科研成果的推广应用。

6. 科技查新

在鉴定验收时,为了证明研究成果的新颖性,一般应进行科技查新。科技查新是文献检索和情报调研相结合的情报研究工作,它以文献为基础,以文献检索和情报调研为手段,以检索结果为依据,通过综合分析,对查新项目的新颖性进行情报学审查,写出有依据、有分析、有对比、有结论的查新报告。也就是说查新是以通过检出文献的客观事实来对项目的新颖性做出结论。

科技查新可以为科技成果的鉴定、评估、验收、转化、奖励等提供客观的文献依据;在这些工作中,若无查新部门提供可靠的查新报告作为文献依据,只凭专家小组的专业知识和经验,可能很难得出准确的结论。

科技查新、文献检索、专家评审的主要区别:

专家评审:主要是依据专家本人的专业知识、实践经验、对事物的综合分析能力以及所了解的专业信息,对被评对象的创造性、先进性、新颖性、实用性等做出评价。评审专家的作用是一般科技情报人员无法替代的,但具有一定程度的个人因素。

文献检索:针对具体项目的需要,仅提供文献线索和原文,对项目不进行分析和评价。

科技查新：有较严格的时限、范围和程序规定，有查全、查准的严格要求，要求给出明确的结论，查新结论具有客观性和鉴证性，但不是全面的成果评审结论。这是单纯的文献检索所不具备的，也有别于专家评审。

由于科技查新是查新机构根据查新委托人提供的需要查证其新颖性的科学技术内容，按照《科技查新规范》操作，并做出结论的过程，因此在申请科技查新时，申请人应重点表述主要技术特征、参数、指标、发明点、创新点等，以便专业查新人员检索和比较。

（五）成果登记

执行各级、各类科技计划（含专项）产生的科技成果和非财政投入产生的科技成果都应当登记（未经登记的科技成果不得参加科学技术奖的评审）；涉及国家秘密的科技成果，按照国家科技保密的有关规定进行管理。

科学技术部管理指导全国的科技成果登记工作。省、自治区、直辖市科学技术行政部门负责本地区的科技成果登记工作；国务院有关部门、直属机构、直属事业单位负责本部门的科技成果登记工作。

各申报部门及单位在推荐申报前应对成果的真实性进行审查。科技成果登记坚持客观、准确、及时的原则。已通过鉴定或取得视同鉴定证明的科技成果，应及时申报登记。

科技成果完成人（含单位）可按直属或属地关系向科技成果登记机构办理科技成果登记手续。两个或两个以上完成人（单位）共同完成的科技成果，由第一完成人（单位）办理登记手续，不得重复登记。

科技成果（包括应用技术成果、基础理论成果、软科学成果）登记时应当材料规范、完整；已有的评价结论持肯定性意见；不违背国家的法律、法规和政策。

申报科技成果登记应当提交下列材料：

(1)《科技成果登记表》；

(2) 利用“国家科技成果登记系统”录入的成果信息软盘；

(3) 鉴定证书（或视同通过鉴定的证明）；

(4) 主要技术资料。

《科技成果登记表》采用科学技术部统一制定的格式。由申报登记单位从网上下载或按统一格式打印，打印时可省略“填写说明”。

四、我国重要科技计划简介

1. 国家 863 计划

863 计划是解决事关国家长远发展和国家安全的战略性、前沿性和前瞻性高技术问题，发展具有自主知识产权的高技术，统筹高技术的集成和应用，引领未来新兴产业发展的计划。

863 计划按照研究开发任务的性质，选择若干高技术领域作为发展重点，领域内设置专题和项目，采取分类管理的方式。专题以前沿技术研究为导向，以提高原始性创新能力和获取自主知识产权为目标；项目以国家战略需求为导向，以提高集成创新能力和形成战略产品原型或技术系统为目标。

863 计划的有关信息参考网址：http://www.863.org.cn

2. 国家科技支撑计划

为贯彻落实《国家中长期科学和技术发展规划纲要(2006年～2020年)》(以下简称《纲要》),在原国家科技攻关计划基础上,设立国家科技支撑计划(以下简称“支撑计划”)。

支撑计划是面向国民经济和社会发展需求,重点解决经济社会发展中的重大科技问题的国家科技计划。支撑计划主要落实《纲要》重点领域及其优先主题的任务,以重大公益技术及产业共性技术研究开发与应用示范为重点,结合重大工程建设和重大装备开发,加强集成创新和引进消化吸收再创新,重点解决涉及全局性、跨行业、跨地区的重大技术问题,着力攻克一批关键技术,突破瓶颈制约,提升产业竞争力,为我国经济社会协调发展提供支撑。

国家科技支撑计划的有关信息参考网址:http://kjzc.jhgl.org

3. 国家科技基础条件平台建设

为了贯彻落实《中共中央关于完善社会主义市场经济体制若干问题的决定》中“改革科技管理体制,加快国家创新体系建设,促进全社会科技资源高效配置和综合集成,提高科技创新能力,实现科技和经济社会发展紧密结合”的精神,科技部会同有关部门在广泛征求科技界意见的基础上,启动了国家科技基础条件平台(以下简称平台)建设,平台建设得到了国务院领导和有关部门的支持以及科技界的广泛赞同。

平台是国家创新体系的重要组成部分,是服务于全社会科技进步与技术创新的基础支撑体系,主要由大型科学仪器设备和研究实验基地、自然科技资源保存和利用体系、科学数据和文献资源共享服务网络、科技成果转化公共服务平台、网络科技环境等物质与信息保障系统,以及以共享为核心的制度体系和专业化技术人才队伍三方面组成。平台建设就是要充分运用信息、网络等现代技术,对科技基础条件资源进行的战略重组和系统优化,以促进全社会科技资源高效配置和综合利用,提高科技创新能力。

平台建设近期首先制定并颁布平台建设的总体规划,完成若干重点领域和区域科技基础条件资源的整合,实施一批对推动科技创新具有重要意义、能够有效带动资源共享的试点、示范工程,初步形成以共享为核心的制度框架,构建重要科技基础条件资源信息平台。到2010年,将初步建成适应科技创新和科技发展需要的科技基础条件支撑体系,以共享机制为核心的管理制度,与平台建设和发展相适应的专业化人才队伍和研究服务机构。

4. 科技基础性工作专项

科技基础性工作是一项通过对科学数据、科学标本、资源、资料、信息的采(收)集、整理、保存、传输以及制定相关技术基础标准,为科学研究与技术开发提供共享资源和条件的工作。例如,“十五”期间,科技基础性工作按照“突出重点、有限目标、建设基地、凝聚队伍”的指导思想,通过稳定地投入和支持,使我国科技基础性工作的整体水平有显著提高,基本适应科技发展和国民经济持续增长的需求。

“十五”科技基础性工作专项重点解决科技基础数据库、资源库和科技基础标准建设的主要问题,造就一支稳定、高素质的骨干队伍,形成一批具有科技优势的基础性工作基地,构筑科技基础性工作的有效机制和科学体系。科技基础性工作专项包括:

(1) 科学技术数据的采(收)集、加工处理与服务。通过观测(监测)、探测、调查、测试实验等手段,重点对科技、经济与社会发展和国家安全具有重要影响的基本科技数据与资料,进行系统地、连续不断地采集、加工处理，并形成数据资源共享机制，突出数据资料服务。

(2) 资源和科学实物标本的长期积累与保藏。重点支持对科技发展具有重要意义，体现我国自然资源特色的农作物及其他重要生物种质资源及各类标(样)本的采集、鉴定、保存和服务工作；支持有中国特色且具有国际重大意义的古生物、古人类化石标本和国家标准物质样品的收集和整理。

(3) 科技基础标准的建立。重点做好对经济与社会发展具有重要作用的国家基础科技标准和计量、检测体系建立、维护、更新等方面的工作。在国家层面上，加强面向全社会、具有重要影响的国家基础标准和高技术产业发展急需配套的基础标准的研究制定；支持国家计量、检测技术体系维护更新和与国际接轨、国际公认的分析方法的建立。

“十五”科技基础性工作专项通过项目的实施带动科技基础性工作基地的建设，促进科技基础性工作体系的完善和发展。集中80%以上的经费，集中、连续支持重大项目，同时扶持相关科研院所的优势项目。专项的实施以中央科研院所为实施主体，逐步建立和完善资源与成果的共享机制，保证社会共享的实现。

科技基础性工作专项的有关信息参考网址：http://www.most.gov.cn。

5. 公益性行业科研专项

为贯彻落实《国家中长期科学和技术发展规划纲要(2006～2020年)》(以下简称《规划纲要》)，支持开展公益性行业科研工作，根据《国务院办公厅转发财政部科技部关于改进和加强中央财政科技经费管理若干意见的通知》(国办发[2006]56号)，中央财政设立公益性行业科研专项经费(以下简称“专项经费”)。

专项经费主要用于支持公益性科研任务较重的国务院所属行业主管部门，围绕《规划纲要》重点领域和优先主题，组织开展本行业应急性、培育性、基础性科研工作。主要包括：

(1) 行业应用基础研究；

(2) 行业重大公益性技术前期预研；

(3) 行业实用技术研究开发；

(4) 国家标准和行业重要技术标准研究；

(5) 计量、检验、检测技术研究。

习题及参考答案

一、习　题

(一) 思考题

1. 计量科学研究有什么特点？
2. 在计量科学研究的实施中常用的方法有哪几种？
3. 计量科学研究的前期调研应注意什么问题？
4. 研究报告主要包括哪些内容？撰写时要注意哪些问题？
5. 申请科技成果鉴定的程序有什么规定？
6. 申请科技成果鉴定应准备哪些资料？

(二) 选择题(单选)

1. 在鉴定验收时，为了证明研究成果的新颖性，一般应进行_________。

A. 科技查新　　B. 调查研究

C. 测试检定　　D. 专家咨询

2. 科技查新按目的可分为________。

A. 文献检索、专家评审

B. 科研立项查新、成果鉴定查新、申请奖励查新

C. 新颖性查新、创造性查新

D. 科学性查新、创造性查新

（三）选择题（多选）

1. 计量科学研究课题的阶段划分一般包括________。

A. 筹集资金、招聘人员　　B. 调研选题、申请立项

C. 研究实施、撰写报告　　D. 鉴定验收、推广应用

2. 下列各项中________是申请科技成果登记必须提交的资料。

A. 按照"国家科技成果登记系统"录入的成果信息

B. 鉴定证书

C. 全套技术资料

D. 科技查新报告

3. 申请计量研究课题鉴定前必须做的准备包括________。

A. 取得必要的技术检测试验证明　　B. 进行成果查新

C. 撰写调研报告　　D. 取得用户试用证明

4. 撰写研究报告应做到________。

A. 具有条理性，主题突出、层次分明、思路清晰、逻辑性强

B. 反映创新性，重点从独、特、新等方面说明项目的创造性

C. 注重学术性，力求说明指导研究过程的理论依据

D. 强调严谨性，做到推理严谨、论证充分、资料翔实、分析透彻

二、参考答案

（一）思考题（略）

（二）选择题（单选）：1. A；　2. B。

（三）选择题（多选）：1. B C D；　2. A B D；　3. A B D；　4. A B C D。

附　录

附录 1

综合案例题举例

在实际的计量工作中，遇到的问题往往是综合的，注册计量师应提高综合运用所学知识和解决实际问题的能力。本附录给出 2 个案例，仅作示范。

【案例 1】 检查人员在对一个法定计量检定机构的实验室检查时，检查到 3 份作为社会公用计量标准新开展检定项目的检定证书的副本，在核实证书上签字的检定员的资质时，发现没有检定员证。主任介绍：该技术人员是一名大学毕业的硕士生，有很好的理论基础，动手能力也很强，所以一参加工作后，就帮助实验室筹建了该项新的检定项目，由于他对新建计量标准非常熟悉，因此安排他开展检定和出具检定证书，取得了很好的经济效益。

检查人员问该技术人员："你筹建的计量标准装置性能如何？是否有相关的文件证明？"该技术人员介绍说："该装置已经通过了科研成果鉴定，达到国内先进水平。有科研成果鉴定证书可以证明。"

检查人员问："你开展检定的依据是什么？"该技术人员回答："我们自己编写了计量检定规程，经过机构负责人批准后使用的。"

检查人员又问："你们是如何保证该装置的量值准确可靠的？"该技术人员回答："因为送上级计量标准检定的费用比较大，我们是自己想办法与其他类似的计量装置进行比对的。这样既节约经费，又节约时间。"

检查人员又查阅了该实验室的检定原始记录，发现有 3 个人从事该项目的检定。检查人员问该实验室负责人，这 3 个人是否取得该项目的检定员证？实验室负责人回答："这 3 个人中 2 个人有其他项目的检定员证。另外一个人就是该项目的筹建人员，他没有检定员证，但是他对该项目非常熟悉，不会有任何问题的。"

请问该实验室的工作存在哪些不符合计量法律法规的情况？

在回答此题时，要注意依据相关的法律法规的要求。

答案如下：

(1)《计量法》第六条规定"县级以上地方人民政府计量行政部门根据本地区的需要，建立社会公用计量标准器具，经上级人民政府计量行政部门主持考核合格后使用。"该法定计量检定机构在计量标准装置筹建完成后，应编写计量标准技术报告，通过计量标准考核，取得《计量标准考核证书》和《社会公用计量标准证书》，方可开展检定工作。项目的科研成果鉴定不能代替计量标准考核；科研成果鉴定证书不能代替《计量标准考核证书》和《社会公用计量标准证书》。

(2) 依据《计量法》第十条规定："计量检定必须执行计量检定规程。国家计量检定规程由国务院计量行政部门制定。没有国家计量检定规程的由国务院有关主管部门和省、自治区、直辖市人民政府计量行政部门分别制定部门计量检定规程和地方计量检定规程，并向国务院计量行政部门备案。"所以，该计量检定机构自行编制计量检定规程，并开展检定的做法是不符合

《计量法》第十条规定的，是不正确的。

(3)《计量法》第九条明确规定："县级以上人民政府计量行政部门对社会公用计量标准、部门和企业、事业单位使用的最高计量标准，以及用于贸易结算、安全防护、医疗卫生、环境监测四个方面的列入强制检定目录的工作计量器具，实行强制检定。未按规定申请检定或者检定不合格的，不得使用。"该法定计量检定机构的计量标准属于社会公用计量标准，是属于强制检定的范畴。因此未按规定申请检定或者检定不合格的，不得使用。因此不能用与其他类似的计量装置进行比对的方法来代替强制检定。

(4) 依据《计量法》第二十条明确规定："执行计量检定任务的人员，必须经考核合格。"《计量检定人员管理办法》第四条规定："计量检定人员从事计量检定活动，必须具备相应条件，并经质量技术监督部门的核准，取得检定人员资格。"此外检定人员资格仅对核准的项目有效。因此该实验室 3 名从事该项目的人员都不符合计量法律法规规定的要求。

【案例 2】 某实验室校准一台直流电压表，按照校准规范，连接并操作被校表和标准装置，标准装置是一台标准电压源，将标准电压输入到被校表，被校表在 100V 量程上置于示值 100.000V。读标准装置显示的输出标准电压值，共测量 10 次，将标准装置在每次测量时的读数记录在表 1 中。

表 1 原始记录表

序号 i	读数 x_i/V
1	100.015
2	100.016
3	100.001
4	99.998
5	99.988
6	100.008
7	100.012
8	100.013
9	100.015
10	100.011

查最近本实验室标准装置的校准证书，由上级计量机构给出的 100V 时的修正值及其不确定度为：(20±45)μV/V，k 为 3。

注 1：括号中±号前的数为修正值，±号后的数表示修正值的扩展不确定度。

注 2：符号 μV/V 表示无量纲量 10^{-6}，如同符号%表示无量纲量 10^{-2} 一样。

要求：

(1) 计算原始记录中测量结果的算术平均值和实验标准偏差。

(2) 确定标准装置的修正值及其扩展不确定度。

(3) 给出被校直流电压表在 100V 时的校准值及其 $k=2$ 的扩展不确定度。

在回答和计算此题时，要注意：法定计量单位的使用、量的符号的表示、数据的有效位数、算术平均值和实验标准偏差的计算方法、测量结果的修正方法、测量不确定度的评定和表示方法。

答案如下：

（1）计算原始记录中测量结果的算术平均值和实验标准偏差。

算术平均值：$\overline{X}=\dfrac{\sum_{i=1}^{10}x_i}{10}=100.008\text{V}$；

实验标准偏差：$s(x)=\sqrt{\dfrac{\sum_{i=1}^{10}(x_i-\overline{X})^2}{10-1}}=0.009\text{V}$。

因此，按照记录的信息，算术平均值为100.008V，实验标准偏差为0.009V。

（2）根据标准装置的最近的校准证书，标准装置的修正值应为20μV/V。

由上级出具的校准证书给出的修正值的扩展不确定度为$U=45\mu\text{V/V}$，$k=3$；

（3）给出上述被校表在100V点的校准值及其$k=2$时扩展不确定度。

① 由原始记录得出，标准装置读数的算术平均值为100.008V，修正值为$20\mu\text{V/V}=20\times10^{-6}$，经修正后的测量结果为

$$100.008\text{V}\times(1+20\times10^{-6})=100.010\text{V}$$

所以，被校表100V示值的校准值是100.010V。

② 分析和评定被校表校准值的不确定度。

a. 标准不确定度分量评定：

ⓐ 标准装置的修正值引入的标准不确定度分量u_1

标准装置的修正值的不确定度由上级出具的校准证书给出，该标准不确定度分量用B类方法评定。

由于修正值的扩展不确定度为$U=45\mu\text{V/V}$，k为3，

$$u_1=U/k=45\mu\text{V/V}/3=15\mu\text{V/V}$$

ⓑ 校准时测量重复性引入的标准不确定度分量u_2

测量数据的重复性由各种随机因素引起，也包括被校表的重复性。该标准不确定度分量用A类方法评定，由本次对被校表测量10次的数据，计算实验标准偏差得$s(x)=0.009\text{V}$，以10次测量的算术平均值作为测量结果，所以测量结果的重复性引入的标准不确定度分量u_2为

$$u_2=\frac{s(x)}{\sqrt{n}}=\frac{0.009\text{V}}{\sqrt{10}}=0.0028\text{V}$$

相对标准不确定度为$u_2=0.0028\text{V}/100\text{V}=28\times10^{-6}\ \text{V/V}=28\mu\text{V/V}$

b. 计算合成标准不确定度：

$$u_c=\sqrt{15^2+28^2}\mu\text{V/V}=32\mu\text{V/V}$$

c. 计算$k=2$时的扩展不确定度：

$$U=2\times32\mu\text{V/V}=64\mu\text{V/V}=64\times10^{-6}=0.0064\%$$

所以，被校表在100V示值的校准值为100.010V，其相对扩展不确定度为$U_{rel}=0.0064\%$，$k=2$。

附录 2

相关计量法律法规、规章、规范及标准目录

(1) 《中华人民共和国计量法》(1985)

(2) 《中华人民共和国计量法实施细则》(1987)

(3) 《计量标准考核办法》(2005)

(4) 《计量检定人员管理办法》(2007)

(5) 《国家计量检定规程管理办法》(2003)

(6) 《计量比对管理办法》(2008)

(7) 《国家计量(基)标准互认协议》(1999)

(8) JJF 1001—1998《通用计量术语及定义》

(9) JJF 1069—2007《法定计量检定机构考核规范》

(10) JJF 1033—2008《计量标准考核规范》

(11) JJF 1022—1991《计量标准命名技术规范》

(12) JJF 1002—2010《国家计量检定规程编写规则》

(13) JJF 1071—2010《国家计量校准规范编写规则》

(14) JJF 1139—2005《计量器具检定周期确定原则和方法》

(15) JJF 1015—2002《计量器具型式评价和型式批准通用规范》

(16) JJF 1016—2009《计量器具型式评价大纲编写导则》

(17) JJF 1070—2005《定量包装商品净含量计量检验规则》

(18) JJF 1059—1999《测量不确定度评定与表示》

(19) JJF 1094—2002《测量仪器特性评定》

(20) JJF 1117—2010《计量比对》

(21) GB/T 27025—2008 idt ISO / IEC 17025:2005《检测和校准实验室能力的通用要求》

(22) GB/T 15483.1—1999《利用实验室间比对的能力验证　第1部分　能力验证计划的建立和运作》

(23) GB/T 15483.2—1999《利用实验室间比对的能力验证　第2部分　实验室认可机构对能力验证计划的选择和使用》

(24) GB/T 4883—2008《数据的统计处理和解释　正态样本离群值的判断和处理》

(25) GB/T 8170—2008《数据修约规则与极限数值的表示和判定》

注:应使用法律、法规、规章、规范、标准的最新版本。